建筑结构

（第2版）

主　编　张　会　宗　兰

副主编　赵　慧　党玲博　徐士云

参　编　（以拼音为序）

陈娟玲　黄利涛　孙鸣皋

王凤波　王莹瑜　余　佳

张　文　张雪勤

东南大学出版社

·南京·

内 容 提 要

本书是按照建筑工程专业技能型人才的培养目标，并根据新颁布的国家标准《混凝土结构设计规范》(GB 50010—2010)、《砌体结构设计规范》(GB 50003—2011)和《钢结构设计标准》(GB 50017—2017)等有关规范和规程编写的。

本书共分为四篇，包括建筑结构概论、混凝土结构、砌体结构和钢结构。本书在讲清物理概念和计算原理的基础上，介绍了建筑工程设计中实用的计算方法，并列举了适量的实例。同时，每章附有复习思考题和习题。

本书可作为高职高专院校建筑工程专业以及应用型高等院校非建筑工程专业有关专业的教学用书，也可供工程技术人员参考。

图书在版编目(CIP)数据

建筑结构 / 张会，宗兰主编. — 2 版. —南京：东南大学出版社，2019.10

ISBN 978-7-5641-8648-7

Ⅰ.①建… Ⅱ.①张… ②宗… Ⅲ.①建筑结构—高等职业教育—教材 Ⅳ.①TU3

中国版本图书馆 CIP 数据核字(2019)第 272537 号

建筑结构(第 2 版)

Jianzhu Jiegou(Di-er Ban)

主　　编：张　会　宗　兰
出版发行：东南大学出版社
社　　址：南京市四牌楼 2 号　邮编：210096
出 版 人：江建中
责任编辑：戴坚敏
网　　址：http://www.seupress.com
电子邮箱：press@seupress.com
经　　销：全国各地新华书店
印　　刷：南京京新印刷有限公司
开　　本：787mm×1092mm　1/16
印　　张：29
字　　数：745 千字
版　　次：2019 年 10 月第 2 版
印　　次：2019 年 10 月第 1 次印刷
书　　号：ISBN 978-7-5641-8648-7
印　　数：1～2 000 册
定　　价：69.00 元

本社图书若有印装质量问题，请直接与营销部联系。电话：025－83791830

土建系列规划教材编审委员会

前　　言

《建筑结构》(第2版)，是按照建筑工程专业(高职高专)的教学要求，并根据中华人民共和国住房和城乡建设部、中华人民共和国国家质量监督检验检疫总局联合颁布的《混凝土结构设计规范》(GB 50010—2010)(2015年版)、《砌体结构设计规范》(GB 50003—2011)(2015年版)、《钢结构设计标准》(GB 50017—2017)以及其他相关规范和规程编写的。

为了更好地适应我国高职高专教育事业的发展，依据江苏省重点教材要求规范修订内容，使教材的理论知识与实践知识相结合，更符合工学结合的教学特点，本书根据最新的建筑结构方面的相关规范与标准，补充了教材出版以来学科最新研究、新的工艺以及施工技术不断更新与发展的内容及相关规范与标准的新修订内容。为了提高教学效果，每个章节增设二维码信息教学方法，为学生课后自学提供在线教学视频、课件、在线测试等相关教学资料。

《建筑结构》第1版出版后，很多使用了该教材的教师、学生以及相关行业企业的专家为本教材提供了很多的宝贵意见，本次修订从高级土木工程应用型人才的职业需要出发，着重体现对学生运用建筑结构知识分析与解决建筑工程中实际问题的基本能力的培养，突出课程的基本要求和土建施工类人才培养的实用性。

本书可作为高职高专院校建筑工程技术专业和应用型本科院校非建筑工程专业的有关专业的教学用书，也可供工程技术人员参考。

本书由金肯职业技术学院张会、南京工程学院宗兰担任主编；金肯职业技术学院赵慧、黄河科技学院党玲博、江苏建筑职业技术学院徐士云担任副主编；金肯职业技术学院王凤波、王莹瑜、陈娟玲、张雪勤、孙鸣皋，江苏联合职业技术学院无锡汽车工程分院张文，江苏工程职业技术学院余佳，九州职业技术学院黄利涛参加编写。

特别感谢东南大学蓝宗建教授。

由于作者水平有限，书中难免有不妥或疏忽之处，敬请读者批评指正。

编　者

2019年9月

目　　录

第一篇　建筑结构概论

1　建筑结构基本概念 …… 1

1.1　建筑结构的组成和分类 …… 1

1.2　混凝土结构 …… 5

1.3　钢结构 …… 7

1.4　砌体结构 …… 8

1.5　建筑结构设计的基本要求与学习方法 …… 9

2　结构设计的基本原则 …… 11

2.1　数理统计的基本概念 …… 11

2.2　结构的功能要求和极限状态 …… 13

2.3　结构的可靠度和极限状态方程 …… 14

2.4　极限状态设计表达式 …… 17

第二篇　混凝土结构

3　钢筋混凝土材料的物理力学性能 …… 24

3.1　钢筋混凝土的一般概念 …… 24

3.2　混凝土 …… 25

3.3　钢筋 …… 31

3.4　钢筋和混凝土的黏结 …… 34

3.5　钢筋的锚固 …… 34

3.6　混凝土和钢筋的强度指标 …… 36

3.7　混凝土结构耐久性设计规定 …… 38

4　钢筋混凝土受弯构件正截面承载力 …… 42

4.1　受弯构件的一般构造要求 …… 42

4.2　受弯构件正截面受力全过程和破坏特征 …… 44

4.3　受弯构件正截面承载力计算的基本原则 …… 47

4.4　单筋矩形截面受弯构件正截面承载力计算 …… 51

4.5　双筋矩形截面受弯构件正截面承载力计算 …… 57

4.6　单筋T形截面受弯构件正截面承载力计算 …… 62

5 钢筋混凝土受弯构件斜截面承载力 …… 72
5.1 受弯构件斜截面的受力特点和破坏形态 …… 72
5.2 影响受弯构件斜截面受剪承载力的主要因素 …… 76
5.3 受弯构件斜截面受剪承载力计算 …… 77
5.4 纵向受力钢筋的弯起和截断 …… 83
5.5 箍筋和弯起钢筋的一般构造要求 …… 87
5.6 受弯构件斜截面受剪承载力的计算方法和步骤 …… 90

6 钢筋混凝土受压构件承载力 …… 95
6.1 配有纵向钢筋和普通箍筋的轴心受压构件承载力计算 …… 95
6.2 配有纵向钢筋和螺旋箍筋的轴心受压构件 …… 99
6.3 偏心受压构件正截面的受力特点和破坏特征 …… 103
6.4 偏心受压构件的二阶效应 …… 105
6.5 偏心受压构件正截面承载力计算的基本原则 …… 107
6.6 矩形截面偏心受压构件正截面承载力计算 …… 108
6.7 偏心受压构件正截面承载力 N_u 与 M_u 的关系 …… 124
6.8 受压构件的一般构造要求 …… 125

7 钢筋混凝土构件正常使用极限状态计算 …… 129
7.1 概述 …… 129
7.2 裂缝宽度验算 …… 129
7.3 受弯构件的刚度和挠度计算 …… 138

8 预应力混凝土结构设计 …… 145
8.1 预应力混凝土的基本原理 …… 145
8.2 预应力混凝土的分类与施加方法 …… 146
8.3 预应力混凝土的夹具和锚具 …… 148
8.4 预应力混凝土的材料 …… 150
8.5 张拉控制应力与预应力损失 …… 151
8.6 预应力混凝土轴心受拉构件各阶段应力分析 …… 157
8.7 预应力混凝土构件的构造要求 …… 161

9 现浇钢筋混凝土楼盖 …… 165
9.1 现浇钢筋混凝土楼盖的类型 …… 165
9.2 钢筋混凝土单向板肋梁楼盖 …… 167
9.3 单向板肋梁楼盖连续梁板考虑塑性内力重分布的设计方法 …… 174
9.4 单向板肋梁楼盖板、梁的截面计算与构造 …… 183
9.5 钢筋混凝土双向板肋梁楼盖 …… 203
9.6 双向板的设计要点 …… 210

10 钢筋混凝土框架结构 …… 215
10.1 框架结构的组成和布置 …… 215
10.2 框架结构内力和水平位移的近似计算方法 …… 218
10.3 框架结构的内力组合 …… 238

第三篇 砌体结构

11 砌体结构的材料及砌体的力学性能 …… 243
11.1 砌体材料 …… 243
11.2 砌体的种类 …… 246
11.3 砌体的受压性能 …… 248
11.4 砌体的受拉、受弯、受剪性能和其他性能 …… 251
11.5 砌体强度标准值与设计值 …… 256

12 砌体结构构件的承载力计算 …… 259
12.1 无筋砌体受压构件承载力计算 …… 259
12.2 无筋砌体局部受压承载力计算 …… 262

13 混合结构房屋墙体设计 …… 271
13.1 混合结构房屋的结构布置方案 …… 271
13.2 房屋的静力计算方案 …… 274
13.3 墙、柱的高厚比验算 …… 277
13.4 单层房屋承重墙体计算 …… 290
13.5 多层房屋承重墙体计算 …… 294
13.6 过梁、墙梁、挑梁及墙体构造措施 …… 299

第四篇 钢结构

14 钢结构的材料 …… 306
14.1 钢材的塑性破坏和脆性破坏 …… 306
14.2 钢材的机械性能 …… 306
14.3 影响钢材机械性能的因素 …… 312
14.4 钢和钢材的种类及选用 …… 320

15 钢结构的连接 …… 326
15.1 构件间的连接 …… 326
15.2 焊缝连接 …… 328

15.3 普通螺栓连接 …… 334
15.4 高强螺栓连接 …… 336
15.5 螺栓群的计算 …… 338

16 轴向受力构件 …… 344
16.1 轴心受力构件 …… 344
16.2 实腹式轴心受压柱 …… 350
16.3 格构式轴心受压柱 …… 353
16.4 偏心受压柱 …… 354
16.5 柱脚 …… 355

17 钢梁 …… 359
17.1 钢梁的型式和应用 …… 359
17.2 梁的强度和刚度 …… 360
17.3 梁的整体稳定和局部稳定 …… 364
17.4 次梁与主梁的连接 …… 370
17.5 梁柱连接 …… 371

18 钢桁架 …… 375
18.1 桁架型式的选择 …… 375
18.2 桁架的荷载和内力 …… 376
18.3 桁架杆件截面设计 …… 377

19 拉弯和压弯构件 …… 381
19.1 拉弯和压弯构件的基本概念 …… 381
19.2 拉弯和压弯构件的强度、刚度计算 …… 382
19.3 实腹式压弯构件弯矩作用平面内的整体稳定 …… 384
19.4 实腹式压弯构件弯矩作用平面外的整体稳定 …… 387
19.5 实腹式压弯构件的局部稳定 …… 388
19.6 格构式压弯构件 …… 390

附录 …… 393

参考文献 …… 452

在线测试客观
题及解析

课后复习思考
题、习题

第一篇　建筑结构概论

1　建筑结构基本概念

1.1　建筑结构的组成和分类

1.1.1　建筑结构的发展概况

建筑结构是随着人类社会的进步、科学技术的发展而不断发展起来的。在远古时期，人们为了挡风避雨而“掘土为穴，构木为巢”。我国最早应用的建筑结构是木结构和砖石结构。山西五台山佛光寺大殿(公元857年)，山西应县高66 m的木塔(公元1056年)，均为木结构梁柱体系；河北省赵县的安济桥(公元581—617年)是世界上最早的单孔空腹式石拱桥；举世闻名的万里长城，现存最完整的古都城墙——南京城墙，南京灵谷寺无梁殿，陕西西安的大雁塔等，均采用的是砖石结构。

钢结构在我国应用得也较早，公元56—75年，在我国西南地区建造了最早的铁链桥——兰津桥。19世纪，随着炼钢技术的发展，钢结构在国外的应用得到迅速发展，如法国巴黎的埃菲尔铁塔等。1949年新中国成立以后，我国的钢结构得到了一定程度的发展，但是由于我国的钢产量在一定时期较低，钢结构仅用在一些重型厂房及大跨度建筑中。改革开放后，我国经济迅速发展，1996年我国钢产量跃居世界第一位，年产量达到1亿t，钢材的质量、规格和数量能够满足我国建筑市场的需求，使钢结构的应用领域有了较大扩展。随着我国BIM技术和装配式结构的发展和应用，可以预计，钢结构在我国将会得到迅猛发展。

混凝土结构从问世到现在，也就是一百多年的历史。1824年，英国人阿斯普丁取得了波特兰水泥(我国称为硅酸盐水泥)的专利权，1850年开始生产。这就形成了混凝土的主要胶结材料，使混凝土在土木工程中得到广泛应用。1854年，英国人威尔金获得了一种混凝土板的专利。1861年，法国人莫尼埃用铁丝加固混凝土制成花盆；1867年，莫尼埃获得了这种花盆的专利，并把这种方法推广到工程中，建造了一座蓄水池。1886年，美国人杰克逊首先应用预应力混凝土制作建筑配件，后来又用它制作楼板。1930年，法国工程师弗列西涅将高强度钢丝用于预应力混凝土，克服了因混凝土徐变造成的所施加的预应力完全丧失的问题。于是，预应力混凝土在土木工程中得到广泛应用。第二次世界大战以后，社会经济建设对建筑结构提出了日益复杂和高标准的要求，使高强度钢筋和高强度混凝土开始被广泛应用。由于商品混凝土、泵送混凝土、装配式混凝土结构等工业化生产技术的推广，混凝土结构得到迅猛发展，许多大型结构工程，如高层建筑超高层建筑结构、大跨桥梁、高耸结构及城市地下空间工程中广泛采用了混凝土结构。在我国,混凝土结构不仅在建筑工程、桥梁工程、道路工程、水利工程、地下工程、城市综合管廊工程等领域中得到非常广泛的应用,而且在混凝土结构设计理论和施工技术等方面也取得了巨大成就。

1.1.2 建筑结构的组成

建筑结构是由若干个单元,按照一定的组成规则,通过正确的连接方式所组成的能够承受并传递荷载和其他作用的骨架,而这些单元就是建筑结构的基本构件。

以图 1-1 所示多层房屋为例,建筑结构的基本构件有板、梁、墙、柱、基础等。

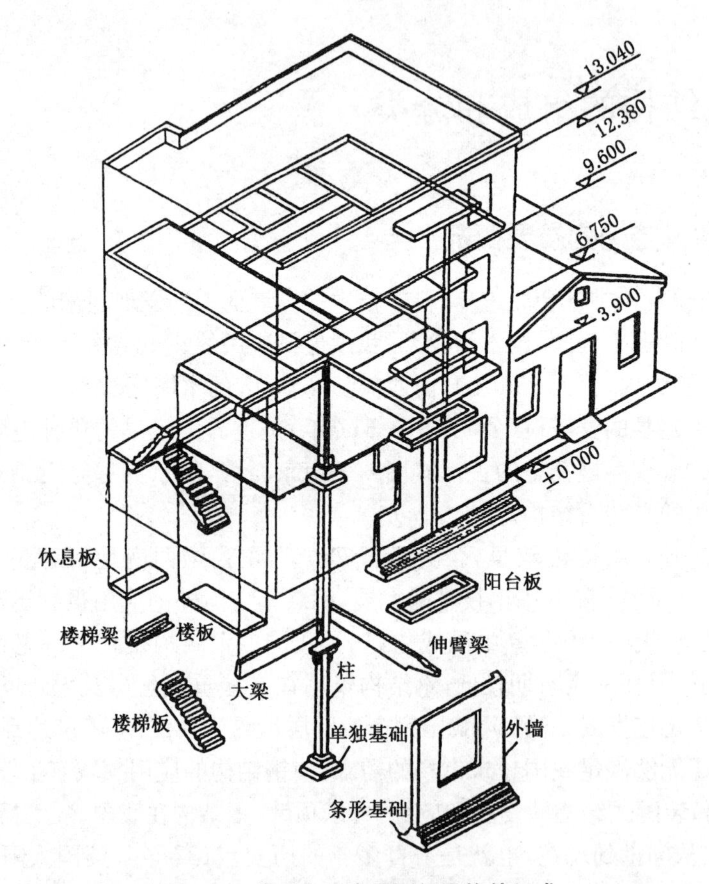

图 1-1　典型多层房屋透视及构件组成

(1) 板　板承受施加在楼板的板面上并与板面垂直的重力荷载(含板自重、楼面层做法、顶棚层的永久荷载和楼面上人群、家具、设备等可变荷载)。板的长、宽两方向的尺寸远大于其高度(也称厚度),板的作用效应主要为受弯。图 1-1 中的楼板、阳台板、楼梯板都属于这类构件。

(2) 梁　梁承受板传来的荷载以及梁的自重。梁的截面宽度和高度尺寸远小于其长度尺寸;梁受荷载作用方向与梁轴线垂直,其作用效应主要为受弯和受剪。图 1-1 中的大梁、伸臂梁、楼梯梁都属于这类构件。

(3) 墙　墙承受梁、板传来的荷载及墙体自重。墙的长、宽两方面尺寸远大于其厚度,但荷载作用方向却与墙面平行(主要形式),其作用效应为受压(当荷载作用于墙的截面形心轴线上时)，有时还可能受弯(当荷载偏离形心轴时)。

(4) 柱　柱承受梁传来的压力以及柱自重。柱的截面尺寸远小于其高度，荷载作用方向与柱轴线平行。当荷载作用于柱截面形心时为轴心受压；当荷载偏离截面形心时为偏心受压(压弯构件)。

(5) 基础　基础承受墙体、柱传来的荷载并将它们扩散到地基上去。

除了上述构件以外，在其他各类房屋中还经常采用直线形杆或曲面、曲线形构件。如：

(1) 杆。杆是截面尺寸远小于其长度的杆件，主要承受轴向压力或拉力。在房屋结构中经常由它们组成平面桁架(图 1-2(a))或空间网架承受荷载。

(2) 拱(图 1-2(b))。拱由曲线形构件(称为拱圈)或折线型构件及其支座组成，在荷载作用下主要承受轴向压力，有时也承受弯矩和剪力。它比同跨度的梁要节省材料。

(3) 壳(图 1-2(c))。壳由曲线形板与作为边缘构件的梁、拱或桁架组成。它是一种空间形式的结构构件，在荷载作用下主要承受压力。它就像动物的蛋壳以最薄的壳面构成最大的蛋体一样，能以较小的构件厚度形成承载能力很高的结构。

在房屋建筑中，由板、梁和用杆件做成的桁架、网架组成房屋的水平方向结构，它一般是房屋的楼盖或屋盖；由柱、墙和用墙体做成的井筒组成房屋的竖向结构，它承担房屋的全部重量以及水平作用，并把它们通过基础传给地基，是房屋的主体结构。

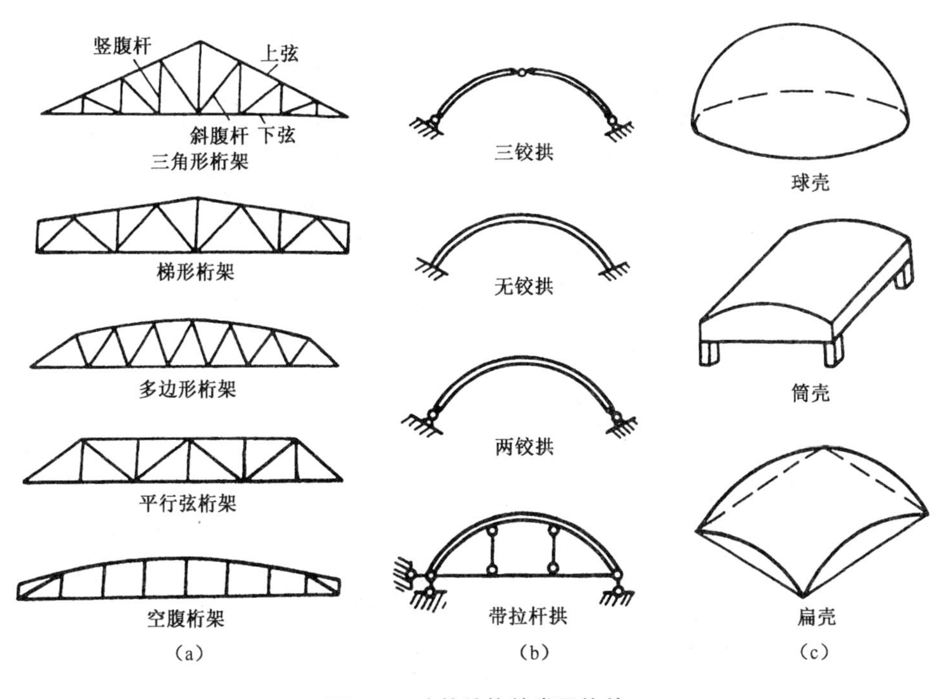

图 1-2　建筑结构的常见构件

1.1.3　建筑结构的分类

建筑结构的种类很多，有多种分类方法，一般可以按照结构所用的材料、结构受力体系、使用功能、外形特点以及施工方法等进行分类。各种结构有其一定的适用范围，应根据建筑结构的功能、材料性能、不同结构形式的特点和使用要求以及施工和环境条件等合理选用。

1）按照所采用的材料分类

建筑结构的类型主要有混凝土结构、钢结构、砌体结构和竹木结构、混合结构等。混凝土结构包括素混凝土结构、钢筋混凝土结构、预应力混凝土结构、纤维筋混凝土结构和其他各种形式的加筋混凝土结构。砌体结构包括砖结构、石结构、砌块砌体结构。不同结构材料可以在同一结构体系中混合使用，形成混合结构。如屋盖、楼盖采用钢筋混凝土结构，墙体采用砖砌体结构，就形成了砖混结构；而高层建筑核心筒用混凝土结构，外部采用钢结构，就形成钢—钢筋混凝土混合结构；在钢管中灌注混凝土，就形成了钢管混凝土结构。近年发展迅速的竹木结构，利用我国南方丰富的竹子资源，建造节能环保的绿色建筑等。

2）按组成建筑主体结构的形式和受力体系（也称结构受力体系）分类

建筑结构的类型主要有墙体结构（也称抗震墙或剪力墙结构）、框架结构、筒体结构以及它们相互连接形成的框架—剪力墙结构、框架—筒体结构、深梁结构、组合筒体结构、网架结构、拱结构、空间薄壳结构、空间折板结构、钢索结构等，如图 1-3 所示。

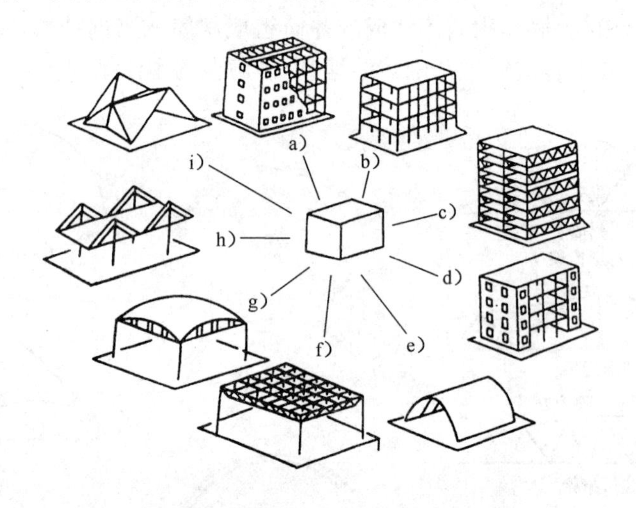

图 1-3　房屋主体结构的各种形式

3）其他分类方法

（1）按照建筑物、构筑物或结构使用功能，可分为房屋建筑结构，如住宅、公共建筑、工业建筑；特种结构，如烟囱、水池、水塔、筒仓、挡土墙等；地下空间结构，如隧道、涵洞、综合管廊、人防工程、地下轨道交通建筑等。

（2）按照建筑物的外形特点，可以分为单层建筑结构、多层建筑结构、高层建筑结构、大跨结构和高耸结构（如电视塔等）。

（3）按照建筑结构的施工方法，可以分为现浇结构、预制装配式结构、装配整体式结构。另外，按照结构使用前是否施加预应力，还可以分为预应力结构和非预应力结构等。

1.2 混凝土结构

1）混凝土结构的定义与分类

混凝土结构是以混凝土为主要承载材料制成的结构，包括素混凝土结构、钢筋混凝土结构、预应力混凝土结构等。素混凝土结构是由无筋或不配置受力钢筋的混凝土制成的结构；钢筋混凝土结构是由配置受力的钢筋、钢筋网或钢筋骨架的混凝土制成的结构；预应力混凝土结构是由配置受力的预应力钢筋，通过张拉或其他方法建立预加应力的混凝土结构。

2）钢筋混凝土结构

钢筋混凝土是由两种不同的材料——混凝土和钢筋，按照一定的原则结合成一体，共同发挥作用的材料。混凝土硬化后如同石料，抗压强度很高，但是抗拉强度很低。而钢筋的抗拉和抗压强度均高，但是其耐火能力差，在一定环境下容易腐蚀。两者结合，可以取长补短，成为性能优良的结构材料。

钢筋和混凝土有较好的共同工作基础，这是基于以下 3 点：

（1）钢筋和混凝土之间存在较好的传递应力的能力。在荷载作用下，不产生相对滑移，保证两种材料协调变形、共同受力。混凝土硬化后，钢筋与混凝土之间存在着粘结力，粘结作用主要来源于混凝土中水泥凝胶体的化学粘着力、混凝土硬化收缩握裹钢筋产生摩擦力，以及钢筋表面凸凹不平与混凝土产生的咬合力。

（2）钢筋和混凝土两种材料的线膨胀系数相近，钢材线膨胀系数为 $1.2\times10^{-5}/℃$，混凝土的线膨胀系数为（$1.0\times10^{-5}/℃\sim1.5\times10^{-5}/℃$）。当温度变化时，两者不会产生过大的不协调变形而导致破坏。

（3）混凝土对钢筋的保护作用，使结构的耐火性和耐久性大大提高。

钢筋混凝土结构可以充分发挥两者的强度优势，现以图 1-4 所示的素混凝土和钢筋混凝土简支梁为例进行说明。

根据力学原理，简支梁在荷载作用下，梁的跨中正截面上由于弯矩作用，中和轴以上受压，中和轴以下受拉，离轴和轴距离越大，应力值越高。荷载较小时，随着荷载的增大，受拉区和受压区应力近似线性增大(图 1-4(a))，当受拉区边缘混凝土的拉应力还没有超过混凝土的抗拉强度时，该梁尚能继续承担荷载。当荷载继续加大至一定值时，受拉区边缘混凝土的拉应力达到混凝土的抗拉能力就会出现裂缝。此时素混凝土梁由于截面裂缝处混凝土退出工作，裂缝向上延伸，截面的实际高度减小，迅速丧失承担外弯矩的能力，梁发生断裂破坏(图 1-4(b))。再看钢筋混凝土梁，受拉区出现裂缝后，受拉钢筋承担了大部分受拉区的拉力，该梁仍可以继续承担荷载。随着外荷载的继续增大，钢筋所受的拉应力也不断增大，直至受拉钢筋应力达到屈服强度，受压区混凝土达到抗压强度时被压碎，梁才破坏(图 1-4(c))。显然，钢筋混凝土梁的承载能力远高于素混凝土梁。对钢筋混凝土梁而言，其承载能力取决于钢筋的抗拉强度和混凝土的抗压强度，两种材料的优势均得到充分发挥。

钢筋混凝土结构在工程结构中得以广泛应用，除了上述能够充分发挥利用两种材料的强度优势外，还有以下一些优点：

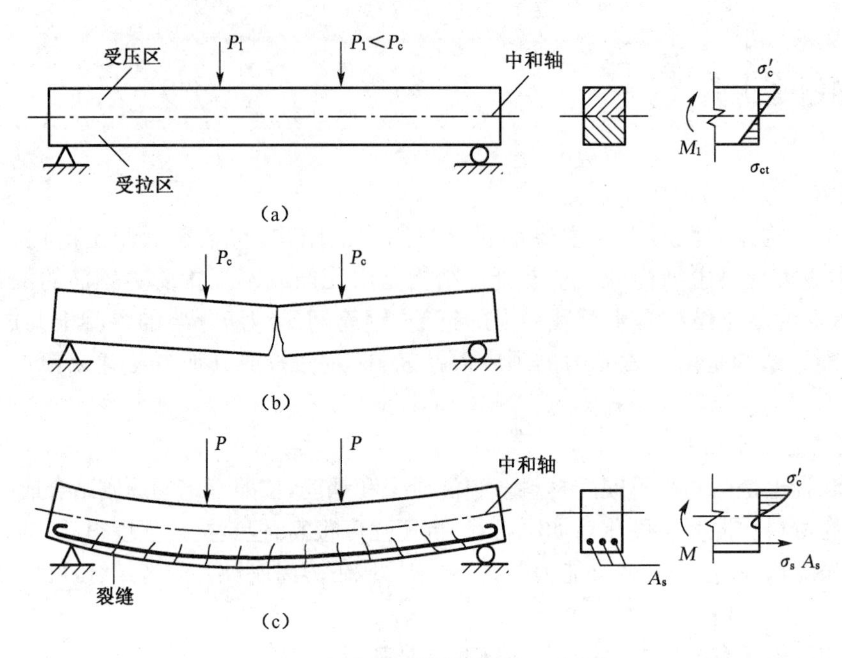

图 1-4　混凝土简支梁破坏示意图

(1) 耐久性好。在正常环境条件下，混凝土材料本身具有很好的化学稳定性，其强度随着时间的增长也有所增长。同时，钢筋被混凝土包裹，不易生锈。

(2) 耐火性好。混凝土材料的耐火性能高于其他建筑材料。混凝土的热传导性能较差，在火灾中，由于混凝土对钢筋的包裹，延缓了钢筋的升温过程，使其不至于很快达到软化温度而导致结构破坏。

(3) 可塑性好。新拌混凝土是可塑的，可以根据需要，浇筑成各种形状和尺寸的结构以满足各种工程的需要。

(4) 整体性好。现浇混凝土结构的整体性好，抵御地震、振动和爆炸以及结构的不均匀沉降能力强。

(5) 就地取材。混凝土材料中的沙、石等用量大的材料产地广泛，易于就地取材。另外，也可以充分利用工业废料、既有建筑的拆余物，有利于环境保护。

混凝土结构的主要缺点：

(1) 自重大。钢筋混凝土的重力密度接近 25 kN/m^3。与钢结构相比，混凝土结构的截面尺寸较大，因此结构的自重较大，这对于建造大跨度结构、高层结构以及减少地震反应等不利。

(2) 抗裂性差。由于混凝土材料的抗拉性能差，加之在混凝土硬化过程中产生收缩，钢筋混凝土结构很容易出现裂缝，与素混凝土相比，钢筋混凝土抗裂能力提高不多。所以，钢筋混凝土结构在正常使用条件下一般是带裂缝工作的。

(3) 施工环节多，周期长。钢筋混凝土结构的建造需要经过绑扎钢筋、支模板、浇筑、养护等多道施工工序，生产周期较长，施工质量和施工进度等易受环境条件的影响。

(4) 拆除、改造难度大。混凝土通过内部水泥的水化反应形成一体，其硬化后强度较高，不能像钢材一样，通过焊接、气割等措施进行二次加工，使构件加大或分割，所以，已有钢筋混凝土结构的拆除和改造补强难度较大。

3）混凝土结构的现状与展望

与木结构、砌体结构、钢结构相比，混凝土结构的发展速度以及在土木工程中占有的比重是其他结构形式无法相比的，其应用范围涉及土木工程的各个领域。

在建筑工程中，房屋建筑的楼板几乎全部采用现浇钢筋混凝土板或预制板。多层工业厂房、综合楼、多层住宅楼、写字楼等结构体系一般均采用钢筋混凝土梁、柱等组成的框架结构体系。在高层和超高层建筑中，混凝土结构占主导地位，一般采用的是钢筋混凝土框架—剪力墙结构、框架筒体结构等。上海浦东环球金融中心大厦，设计 101 层，高 492 m，其内筒采用的就是钢筋混凝土结构。

在其他一些领域，如人防工程、地下停车场、地下铁路车站等城市地下空间工程，电视塔、烟囱等高耸结构，水池、水塔、输水管道等市政设施，筒仓、海上采油平台、核发电站的安全壳等特种工业设施，大部分采用了钢筋混凝土结构。

混凝土结构在 20 世纪获得了巨大的发展，可以肯定，在 21 世纪，混凝土仍将作为主要的土木工程材料，并在材料的性能构造形式等方面得到进一步发展。

混凝土材料作为混凝土结构的主体材料，主要向着具有优良物理力学性能和良好的耐久性的轻质高强混凝土发展。目前。我国普遍应用的混凝土强度等级一般在 C20～C60，个别工程已经达到 C80。新型外加剂的研制与应用将不断改善混凝土的物理力学性能，以适应不同环境、不同要求的混凝土结构。

配筋材料作为混凝土结构的关键组成部分，除了传统的钢筋材料本身的物理力学性能将会不断改善外，新型的配筋材料和配筋方式也将不断发展，从而形成许多新的混凝土结构形式，极大地扩大了混凝土结构的应用范围。如在混凝土中掺入钢纤维等短纤维，形成纤维混凝土结构，可以有效提高混凝土抗拉、抗剪等强度，改善混凝土抗裂、抗疲劳、抗冲击等性能；以高强碳纤维筋等作为配筋，形成纤维筋混凝土结构，可以提高结构的承载能力和耐久性；把型钢与混凝土结构组合，形成钢—混凝土组合结构、钢骨混凝土结构和钢管混凝土结构，可以减少混凝土结构的截面尺寸，提高结构的承载能力，改善结构的延性；在既有混凝土加固时，采用外贴钢板可以提高结构的承载能力和刚度；采用外贴碳纤维或玻璃纤维等材料，可以在提高结构承载能力和刚度的同时保护原有结构，提高结构的耐久性。

1.3 钢结构

1）钢结构的特点

钢结构是用钢板、角钢、工字钢、槽钢、钢管和圆钢等钢材，通过焊接等有效的连接方式所形成的结构。

钢结构是建筑工程的主要结构形式之一，它与其他材料相比具有以下优点：

（1）强度和比强度高。与混凝土、砖、石和木材等材料相比，钢材密度较大，但是由于其强度要高得多，比强度仍然远高于这些材料。因此，在同等条件下，钢结构构件小，自重轻，特别适用于大跨度和高层建筑结构。

（2）材质均匀，性能好，结构的可靠度高，钢材内部结构均匀，是比较理想的各向同性的弹塑性材料，按照一般的力学计算理论可以较好反映钢结构的实际工作性能。另外，钢材由工厂生产，便于严格控制质量。因此，钢结构的可靠性高。

(3) 施工简便，工期短。钢结构材料均为专业化工厂成批生产的成品材料，精确度较高，材料的可加工性能好，便于现场裁料和拼接，构件质量轻，便于现场吊装。因此，钢结构具有较高的工业化生产程度，采用钢结构可以有效缩短工期。

(4) 结构延性好，抗震能力强。钢结构由于材料强度高，塑性和韧性好，结构自重轻，结构体系较柔软，在地震时，地震作用小，结构耗能高，造成的损坏小。因此，钢结构具有较强的抗震性能。

(5) 易于改造和加固。钢材具有较好的可加工性能，连接措施简单。因此，与其他建筑材料相比，对既有钢结构进行改造和加固相对比较容易。

钢结构的主要缺点：

(1) 耐腐蚀性差。在正常使用环境下，钢材易腐蚀，材料耐腐蚀能力较差。因此，对钢结构应注意结构防护。

(2) 耐火性差。虽然当温度在250℃以下时钢材的材料性质变化很小，具有较好的耐热性能，但是当温度达到300℃以上时钢材强度明显降低，当温度达到600℃时钢材的强度几乎降为零。在火灾中，没有防护措施的钢结构耐火时间只有20分钟左右。因此，对钢结构必须采取可靠的防火措施。

(3) 钢材价格相对较高。钢材相对于混凝土来说，其价格较高。

2) 钢结构的现状与展望

过去，由于受钢产量和造价的制约，我国钢结构应用相对较少。随着我国经济建设的迅速发展，钢产量的大幅增加，钢结构的应用领域有了较大扩展。在单层轻型钢结构房屋、重型厂房、大跨度建筑结构、高层及超高层建筑等工业与民用建筑工程领域，在大跨度公路和铁路、桥梁工程中，在城市人行天桥、高架桥、储水池、储气罐、输水管等市政工程建设中，在电视塔、微波通信塔、高压输电线路支架等信息能源设施中，在筒仓、海上采油平台、船闸、井架等特种工业设施中，钢结构均有广泛的应用。目前，我国钢结构正处于大发展的前期，可以预计，钢结构在我国将得到越来越广泛的应用。

1.4 砌体结构

1) 砌体结构的特点

砌体结构是用砖、石或砌块，用砂浆等胶结材料砌筑而成的结构。

砌体结构在建筑工程领域的应用非常广泛，在我国多层住宅建筑中，用砌体内外承重墙和钢筋混凝土楼板组成的混合结构房屋占据很大的比重，这是因为砌体结构具有以下方面的优点：

(1) 耐久性好。砖石等材料具有较好的化学稳定性和大气稳定性，抵抗风化、冻融和其他外部侵蚀因素影响的能力优于其他建筑材料。例如南京中华门城堡，建于明洪武年间，历经600多年的风雨侵蚀、战火洗礼，仍然屹立于南京城墙。

(2) 耐火性好。砖是经过烧结而成，本身具有较好的抗高温能力。砖墙的热传导性能较差，在火灾中，除本身具有较好的结构稳定性外，还能够起到防火墙的作用，阻止或延缓火灾蔓延。

(3) 便于就地取材。天然砂石料、制砖的粘土、河道清淤的淤泥或工业废料等砌体结构的主要材料几乎到处都有，来源比较方便。

(4) 造价低廉。由于主要材料可以就地取材，水泥用量也很少，施工技术要求低，不需要模板等辅助材料，因此与其他结构形式相比，砌体结构造价相对较低。

砌体结构的主要缺点：

(1) 强度低。块材强度和砂浆强度较低，砂浆与块材之间的黏结力较弱，砌体的强度不高，尤其是砌体的抗拉和抗剪强度很低，因此，结构抵抗地震等水平作用力的能力相对较差，在温度变化、地基产生不均匀沉降等情况下容易产生裂缝。

(2) 砌筑工作量大。由于砖、石、砌块均为小体积块，需要人工砌筑，因此劳动强度高，结构的自重大。

(3) 黏土用量大。烧制黏土砖需要大量的黏土，占用人类赖以生存的耕地，不利于环境保护和可持续发展。

2) 砌体结构的现状与展望

前已述及，砌体结构的应用范围较广，不但可以在住宅房屋建筑中大量使用，也可以用于建造桥梁、隧道、挡墙、涵洞以及坝、堰、渡槽等水工结构，还可以用于建造特种结构，如水池、水塔支架、料仓、烟囱等。

由于目前我国砌体结构的材料强度较低，砌体结构的整体性能和延性差，不利于结构抗震等因素，砌体结构的应用范围也受到一定的限制，在高层、跨度较大的结构等一些大型结构中采用较少。

砌体结构作为最传统的建筑结构之一，同样在20世纪获得了较大发展。为了充分发挥其优势，人们在砌体结构的材料和结构形式上进行了很多探讨，取得了一些进展，拓宽了砌体结构的应用范围。如采用配筋砌体、组合砌体、约束砌体和预应力砖砌体等新的结构形式，可以克服砌体的材料性能不足，改善砌体结构的受力性能；采用空心承重砌块以降低结构自重；采用新材料、新技术，使砌体结构实现"轻质高强"；进行墙体材料改革，发展非烧结材料，利用工业废料和既有建筑的拆余物，减少对农田的占用，有利于可持续发展。

1.5 建筑结构设计的基本要求与学习方法

练一练

1) 建筑结构设计的基本要求

一栋建筑物的设计包括建筑设计、结构设计、给排水设计、供热通风设计、建筑电气设计，如果有特殊要求时，还有特殊内容的设计。虽然每个专业都要遵守各专业的相关设计规范，但是各专业都应满足4个基本要求：建筑功能的要求、建筑美观的要求、建筑经济的要求、环境保护的要求。

对于建筑结构设计来说，结构设计的基本目的是：在满足建筑功能要求的前提下，使结构在设计使用年限内满足结构的安全性、适用性、耐久性要求。

2) 建筑结构课程学习方法

(1) 要注意掌握建筑结构所用材料特性。在工程力学课程中，主要是研究单一的、匀质的弹性材料，从而建立了作用效应的计算方法以及强度理论。在建筑结构中所用材料可能是由两种以上材料组合而成的(如钢筋混凝土结构)，而且材料可能是非匀质的弹塑性体材料。为了对建筑结构的受力性能和破坏特征有较好的了解，首先要求很好地掌握组成结构或构件的材料性能，才能理解其受力过程和破坏特点。

(2) 加强试验和实践性教学环节，注意扩大知识面。建筑结构设计计算理论是以工程实践和试验研究为基础的，因此除课堂教学以外，还要加强试验的教学环节，以进一步理解学习内容，掌握试验的基本技能。同时，建筑结构课程的实践性很强，因此要加强课程作业、课程设计和毕业设计等实践性教学环节，并在学习过程中逐步熟悉、理解、应用我国颁布的系列规范、标准、规程。如《混凝土结构设计规范》(2015年版)(GB 50010—2010)、《建筑结构可靠性设计统一标准》(GB 50068—2018)、《建筑结构荷载规范》(GB 50009—2012)、《建筑抗震设计规范》(2016年版)(GB 50011—2010)、《砌体结构设计规范》(GB 50003—2011)等。

另外，建筑结构是一门发展很快的学科，在我国经济建设快速发展的今天，新材料、新技术、新施工方法不断出现，建筑设计理论也要不断发展，所以学习时要注意建筑结构的新动向和新成就，以不断扩大知识面。

(3) 深刻理解重要的概念，熟练掌握设计计算基本功。建筑结构课程内容多、符号多、计算公式多、构造要求多，如果死记硬背是非常困难的。在学习过程中，要注意对概念的理解，有时可能不会一步到位，而是随着学习内容的展开和深入逐步加深。要求熟练掌握的内容在教学大纲中已经明确规定，它们是本课程的基本功。本教材各章后面给出的思考题和习题要认真完成，同时注意建筑结构课的习题往往正确答案不是唯一的，这也是与力学课程所不同的。

本章小结

1. 建筑结构的组成　建筑结构是由若干个单元，按照一定的组成规则，通过正确的连接方式所组成的能够承受并传递荷载和其他作用的骨架。建筑结构的基本构件有板、梁、墙、柱、基础等。

2. 建筑结构的分类　建筑结构可以按照材料、按组成建筑主体结构的形式和受力体系(也称结构受力体系)、按其他分类方法(按照建筑物、构筑物或结构使用功能，按照建筑物的外形特点，按照建筑结构的施工方法)分类。

3. 混凝土结构、砌体结构、钢结构的特点，建筑结构的发展沿革。

4. 建筑结构设计的基本要求　4个基本要求：建筑功能的要求、建筑美观的要求、建筑经济的要求、环境保护的要求；结构设计的基本目的：在满足建筑功能要求的前提下，使结构在设计使用年限内，满足结构的安全性、适用性、耐久性要求。

思考题解析

复习思考题

1.1　组成建筑结构的基本构件和部件有哪些？它们的受力特点如何？

1.2　建筑结构按照采用的材料分类时，主要有哪几类？它们的优缺点如何？

1.3　建筑结构按照施工方法分类时，主要有哪几类？

1.4　建筑结构设计的基本要求有哪些？

2 结构设计的基本原则

2.1 数理统计的基本概念

为了便于学习本章的内容，先对数理统计的基本概念作简要的介绍。

2.1.1 随机事件和随机变量

具有多种可能发生的结果，而究竟发生哪一种结果事先不能确定的事件，称为随机事件。表示随机事件各种结果的变量称为随机变量。譬如，钢筋的抽样检测是随机的，每一根钢筋都同样有被抽到的可能性，因此，钢筋的强度值即为随机变量。就个体而言，随机变量的取值具有不确定性，但就总体而言，随机变量的取值又具有一定的规律。

2.1.2 平均值、标准差和变异系数

算术平均值 μ、标准差 σ 和变异系数 δ 是离散型随机变量的 3 个主要统计参数。

1) 平均值

平均值 μ 表示随机变量的波动中心，亦即代表随机变量值 x_i 的平均水平的特征值，即

$$\mu = \frac{\sum_{i=1}^{n} x_i}{n} \tag{2-1}$$

式中：n——随机变量的个数。

譬如，有两组钢筋进行拉伸试验，第Ⅰ组的屈服强度为 387 N/mm^2、382 N/mm^2、371 N/mm^2；第Ⅱ组为 402 N/mm^2、375 N/mm^2、363 N/mm^2。Ⅰ、Ⅱ组的平均值均为 380 N/mm^2。

2) 标准差

标准差 σ 是表示随机变量 X 取值离散程度的特征值，按下列公式计算：

$$\sigma = \sqrt{\frac{\sum_{i=1}^{n} (x_i - \mu)^2}{n}} \tag{2-2}$$

譬如，上述两组钢筋屈服强度的平均值相同，但其离散程度却不同，而每组各个试验值对平均值的偏差之和又都是零(因为偏差有正有负，互相抵消)，由此将看不出二者的离散程度的不同。但是，如果将每个偏差平方，则将消去正负号，然后，求和后再除以试件数 n，则得方差。方差具有随机变量二次方的量纲。为了使量纲与随机变量相同，可将方差开方，则得标准差。由此可得上述两组试验值的标准差分别为 $\sigma_{\mathrm{I}} = 6.7$ N/mm^2、$\sigma_{\mathrm{II}} = 16.3$ N/mm^2，可见第Ⅱ组钢筋屈服强度的离散程度较大。

3）变异系数

由上述可见，标准差 σ 只是反映绝对离散（波动）的大小，而在实践中，人们往往更关心相对离散的大小，因此，在数理统计上又用变异系数来反映随机变量的离散程度。

变异系数 δ 是反映随机变量相对离散程度的特征值，按下列公式计算：

$$\delta = \frac{\sigma}{\mu} \tag{2-3}$$

2.1.3 频率和概率

设在 n 次试验中随机事件 A 出现的次数为 n_A，则 $f_n(A) = n_A/n$ 称为该随机变量的频率。当 n 逐渐增多时，频率 $f_n(A)$ 逐渐稳定于某个常数 $P(A)$。当 n 很大时，就有 $f_n(A) \approx P(A)$，则 $P(A)$ 称为随机事件 A 发生的概率。

2.1.4 正态分布

为了更完整地了解随机变量离散情况的规律，必须找出频率的分布情况。随机变量的分布频率（或称分布密度）有多种形式。实践中最常遇到的随机变量的分布密度具有如下形式：

$$f(x) = \frac{1}{\sigma\sqrt{2\pi}} \mathrm{e}^{-\frac{(x-\mu)^2}{2\sigma^2}} \tag{2-4}$$

式中：$f(x)$——某一随机变量在大量事件中出现的频率。

公式（2-4）表示对称于通过平均值频率轴的钟形曲线，如图 2-1 所示。这种分布规律称为正态分布。正态分布曲线的特点是一条单峰值曲线，与峰值对应的横坐标为平均值 μ，曲线以峰值为中心，对称地向两边单调下降，在峰值两侧各一倍标准差处曲线有一个拐点，然后以横轴为渐近线趋向于正负无穷大。

2.1.5 保证率

对随机变量数列中其数值不小于或不大于某一定值时随机变量出现的概率，称为保证率。

图 2-1 中曲线和横轴（$-\infty \to +\infty$）之间的总面积代表总概率，为 100% 或 1。对于 $-\infty < x \leqslant \mu$，曲线和横轴之间的面积为 50%，也就是随机变量位于区间（$-\infty, \mu$）的概率 $P(-\infty < x \leqslant \mu)$ 为 50%，即 $x > \mu$ 的保证率为 50%，又称为分位数为 0.5。同理可得随机变量位于区间（$-\infty, \mu - 1.645\sigma$）的概率 $P(-\infty < x \leqslant \mu - 1.645\sigma)$ 的概率为 5%，即 $x > \mu - 1.645\sigma$ 的保证率为 95%（图 2-2），其分位数为 0.05。

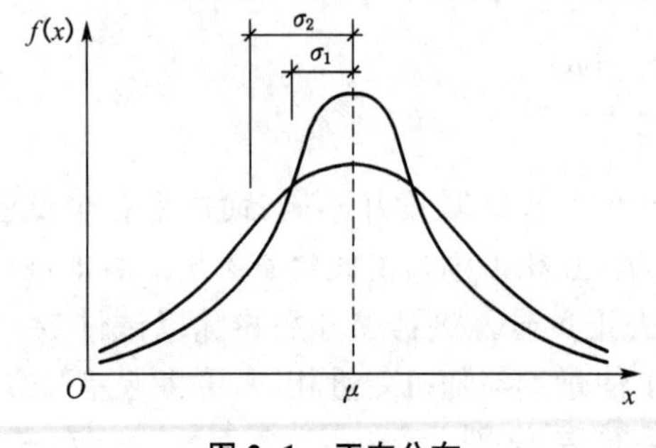

图 2-1 正态分布

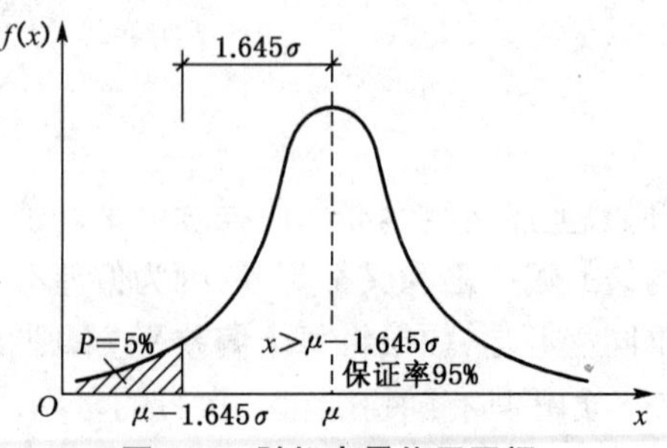

图 2-2 随机变量位于区间（$-\infty, \mu - 1.645\sigma$）的概率 P

2.2 结构的功能要求和极限状态

2.2.1 结构的功能要求

建筑结构设计的基本目的是：在一定的经济条件下，使结构在预定的使用期限内能满足设计所预期的各种功能要求。结构的功能要求包括安全性、适用性和耐久性。《建筑结构可靠性设计统一标准》(以下简称《统一标准》)规定，结构在规定的设计使用年限内应满足下列功能要求：

(1) 在正常施工和正常使用时能承受可能出现的各种作用(例如，荷载、温度、地震等)。

(2) 在正常使用时具有良好的工作性能(例如，不发生影响使用的过大变形或振幅，不发生过宽的裂缝等)。

(3) 在正常维护下具有足够的耐久性能。所谓足够的耐久性能，系指结构在规定的工作环境中，在预定时期内，其材料性能的恶化(例如，混凝土风化、脱落，钢筋锈蚀等)不导致结构出现不可接受的失效概率(详见 2.3.3 节)。换句话说，足够的耐久性就是指在正常维护条件下结构能正常使用到规定的设计使用年限。

(4)在设计规定的偶然事件发生时及发生后，结构仍能保持必需的整体稳定性，即结构仅产生局部损坏而不致发生连续倒塌。

上述第(1)和(4)两项通常是指结构的承载力和稳定性，即安全性；第(2)和(3)两项分别指结构的适用性和耐久性。

2.2.2 结构的极限状态

在使用中若整个结构或结构的一部分超过某一特定状态就不能满足设计规定的某一功能要求，此特定状态称为该功能的极限状态。极限状态是区分结构工作状态可靠或失效的标志。极限状态可分为两类：承载能力极限状态和正常使用极限状态。

1) 承载能力极限状态

承载能力极限状态是指对应于结构或结构构件达到最大的承载能力或不适于继续承载的变形。当结构或结构构件出现下列状态之一时，应认为超过了承载能力极限状态：

(1) 整个结构或结构的一部分作为刚体失去平衡(如倾覆等)；

(2) 结构构件或连接因超过材料强度而破坏(包括疲劳破坏)，或因过度变形而不适于继续承载；

(3) 结构转变为机动体系；

(4) 结构或结构构件丧失稳定(如压屈等)；

(5) 地基丧失承载能力而破坏(如失稳等)。

练一练

2) 正常使用极限状态

正常使用极限状态是指对应于结构或结构构件达到正常使用或耐久性能的某项规定的限值。当结构或结构构件出现下列状态之一时，应认为超过了正常使用极限状态：

(1) 影响正常使用或外观的变形；

(2) 影响正常使用或耐久性能的局部损坏(包括裂缝);

(3) 影响正常使用的振动;

(4) 影响正常使用的其他特定状态。

2.3 结构的可靠度和极限状态方程

2.3.1 作用效应和结构抗力

任何结构或结构构件中都存在对立的两个方面:作用效应 S 和结构抗力 R。习惯上称为荷载。这是结构设计中必须解决的两个问题。

1) 作用和作用效应

结构上的作用分为直接作用和间接作用两种。直接作用是指以力的形式作用于结构上,如永久荷载、可变荷载、风荷载和雪荷载等。间接作用是指引起结构外加变形和约束变形的其他作用,如地基沉降、混凝土收缩、温度变化和地震等。

结构上的作用,可按下列原则分类:按时间的变异性、按空间位置的变异和按结构的反应特点等。

当按时间的变异性分类时,可分为:

(1) 永久作用在设计基准期内量值不随时间变化或其变化与平均值相比可以忽略的作用。例如,结构自重、土压力、预加力等。

(2) 可变作用在设计基准期内量值随时间变化,且其变化与平均值相比不可忽略的作用。例如,安装荷载、楼面活荷载、风荷载、雪荷载、吊车荷载和温度变化等。

(3) 偶然作用在设计基准期内不一定出现,而一旦出现,其量值很大且持续时间很短的作用。例如,地震、爆炸、撞击等。

作用效应 S 是指作用引起的结构或结构构件的内力、变形和裂缝等。

2) 结构抗力

结构抗力 R 是指结构或结构构件承受作用效应的能力,如结构构件的承载力、刚度和抗裂度等。它主要与结构构件的材料性能和几何参数以及计算模式的精确性等有关。

2.3.2 结构的可靠性和可靠度

结构和结构构件在规定的时间内、规定的条件下完成预定功能的可能性,称为结构的可靠性。结构的作用效应小于结构抗力时,结构处于可靠工作状态。反之,结构处于失效状态。由于作用效应和结构抗力都是随机的,因而结构不满足或满足其功能要求的事件也是随机的。一般把出现前一事件(不满足其功能要求)的概率称为结构的失效概率,记为 P_f;把出现后一事件(满足其功能要求)的概率称为可靠概率,记为 P_s。

结构的可靠概率亦称结构可靠度。更确切地说,结构在规定的时间内、规定的条件下,完成预定功能的概率称为结构可靠度。由此可见,结构可靠度是结构可靠性的概率度量。由于可靠概率和失效概率是互补的,即 $P_f+P_s=1$。因此,结构可靠性也可用结构的失效概率来度量。目前,国际上已比较一致地认为,用结构的失效概率来度量结构的可靠性能比较确切的反映问题的本质。

2.3.3 极限状态方程和结构失效概率

结构的极限状态可用极限状态方程来表示。

当只有作用效应 S 和结构抗力 R 两个基本变量时，可令

$$U = R - S \tag{2-5}$$

显然，当 $U > 0$ 时，结构可靠；当 $U < 0$ 时，结构失效；当 $U = 0$ 时，结构处于极限状态。U 是 S 和 R 的函数，一般记为 $U = g(S, R)$，称为极限状态函数。相应地，$U = g(S, R) = R - S = 0$，称为极限状态方程。于是结构的失效概率为

$$P_{\mathrm{f}} = P[U = R - S < 0] = \int_{-\infty}^{0} f(U)\mathrm{d}U \tag{2-6}$$

图 2-3 中所示为 S 和 R 的概率密度分布曲线，作用效应分布的上尾部分和结构抗力分布的下尾部分相重合，说明在较弱的构件上可能出现大于其结构抗力 R 的作用效应 S，导致结构失效。两曲线重叠部分(阴影部分)面积愈大表示结构失效概率愈大。

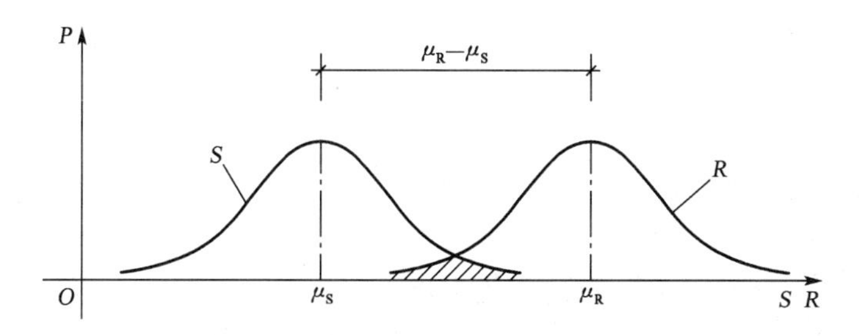

图 2-3 R、S 的概率密度分布曲线

当结构功能函数中仅有两个独立的随机变量 R 和 S，且它们都服从正态分布时，则功能函数 $Z = R - S$ 也服从正态分布，其平均值 $\mu_Z = \mu_R - \mu_S$，标准差 $\sigma_Z = \sqrt{\sigma_R^2 + \sigma_S^2}$。功能函数 Z 的概率密度曲线如图 2-4 所示，结构的失效概率 p_{f} 可直接通过 $Z < 0$ 的概率(图中阴影面积)来表达，即

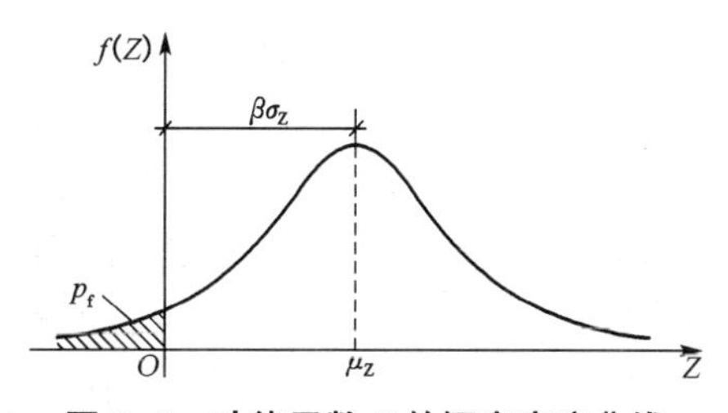

图 2-4 功能函数 Z 的概率密度曲线

$$\begin{aligned} p_{\mathrm{f}} &= P(Z < 0) = \int_{-\infty}^{0} f(Z)\mathrm{d}Z \\ &= \int_{-\infty}^{0} \frac{1}{\sigma_Z \sqrt{2\pi}} \exp\left[-\frac{1}{2}\left(\frac{Z - \mu_Z}{\sigma_Z}\right)^2\right]\mathrm{d}Z \end{aligned} \tag{2-7}$$

用失效概率度量结构可靠性具有明确的物理意义，能较好地反映问题的实质。但 p_{f} 的计算比较复杂，因而国际标准和我国标准目前都采用可靠指标 β 来度量结构的可靠性。

2.3.4 可靠指标 β

由图 2-4 可以看到，阴影部分的面积与 μ_Z 和 σ_Z 的大小有关：增大 μ_Z，曲线右移，阴影面

积将减少；减少 σ_Z，曲线变得高而窄，阴影面积也将减少。如果将曲线对称轴至纵轴的距离表示成 σ_Z 的倍数，取

$$\mu_Z = \beta\sigma_Z \tag{2-8}$$

则

$$\beta = \frac{\mu_Z}{\sigma_Z} = \frac{\mu_R - \mu_S}{\sqrt{\sigma_R^2 + \sigma_S^2}} \tag{2-9}$$

可以看出 β 大，则失效概率 p_f 小。所以，β 和 p_f 一样可以作为衡量结构可靠度的一个指标，也具有与 p_f 相对应的物理意义。β 越大，p_f 就越小，即结构越可靠，称为可靠指标(reliability index)。β 与 p_f 之间有一一对应关系，见表 2-1。

表 2-1　可靠指标 β 与失效概率 p_f 的对应关系

β	1.0	1.5	2.0	2.5	2.7	3.2	3.7	4.2
p_f	1.59×10^{-1}	6.68×10^{-2}	2.28×10^{-2}	6.21×10^{-3}	3.5×10^{-3}	6.9×10^{-4}	1.1×10^{-4}	1.3×10^{-5}

由式(2-9)可以看出，β 直接与基本变量的平均值和标准差有关，而且还可以考虑基本变量的概率分布类型，所以它能反映影响结构可靠度的各主要因素的变异性，这是传统的安全系数所未能做到的。

2.3.5　目标可靠指标

目标可靠指标是指结构设计必须要达到的可靠指标，用[β]表示。

结构按承载能力极限状态设计时，要保证其完成预定功能的概率不低于某一允许的水平，应对不同情况下的目标可靠指标[β]值作出规定。《统一标准》根据建筑物的重要性，即根据结构破坏可能产生的后果(危及人的生命、造成经济损失、产生社会影响等)的严重性，将建筑物划分为 3 个安全等级。

建筑物中各类结构构件的安全等级宜与整个结构的安全等级相同，对其中部分结构构件的安全等级，可根据其重要程度适当调整，但不得低于三级。

结构和结构构件的破坏类型分为延性破坏和脆性破坏两类。延性破坏有明显的预兆，可以及时采取补救措施，所以目标可靠指标可定得稍低些。脆性破坏常常是突发性破坏，破坏前没有明显的预兆，所以目标可靠指标就应该定得高一些。《统一标准》根据结构的安全等级和破坏类型，在对代表性的构件进行可靠度分析的基础上，规定了按承载能力极限状态设计时的目标可靠指标[β]值，见表 2-2。

练一练

表 2-2　建筑结构的安全等级及结构构件承载力极限状态的目标可靠指标

建筑结构的安全等级	破坏后果	建筑物类型	结构构件承载力极限状态的目标可靠指标	
			延性破坏	脆性破坏
一级	很严重	重要建筑	3.7	4.2
二级	严重	一般建筑	3.2	3.7
三级	不严重	次要建筑	2.7	3.2

用可靠指标 β 进行结构设计和可靠度校核，可以全面考虑可靠度影响因素的客观变异性，

使结构满足预期的可靠度要求。对于一般建筑结构构件，根据目标可靠指标[β]，按上述概率极限状态设计法进行设计显然过于繁复。目前除对少数十分重要的结构，如原子能反应堆、海上采油平台等直接按上述方法设计外，一般结构仍采用极限状态设计表达式进行设计。

2.4 极限状态设计表达式

考虑到多年来的设计习惯和实用上的简便，《混凝土结构设计规范》将极限状态方程转化为以基本变量标准值和分项系数形式表达的极限状态设计表达式。这就意味着，设计表达式中的各分项系数是根据结构构件基本变量的统计特性、以结构可靠度的概率分析为基础经优选确定的，它们起着相当于目标可靠指标[β]的作用。但是表达式中虽然用了统计与概率的方法，但也仅在概率极限状态分析中用到统计平均值和均方差，并非实际的概率分布，并且在分离导出分项系数时还做了一些假定，运算中采用了一些近似的处理方法，因而计算结果是近似的，所以只能称为近似概率设计方法。

2.4.1 承载能力极限状态设计表达式

混凝土结构如为杆系结构或简化为杆系结构计算模型，则由结构分析可得构件控制截面内力；如为平面板或空间大体积结构，则由结构分析可得构件控制截面应力。因此，混凝土结构构件截面设计表达式可用内力或应力表达。

1）基本表达式

对于混凝土结构当用内力的形式表达时，结构构件应采用下列承载能力极限状态设计表达式：

$$\gamma_0 S_d \leqslant R_d \tag{2-10}$$

$$R_d = R(f_c, f_s, a_k, \cdots)/\gamma_{Rd} \tag{2-11}$$

式中：γ_0——结构重要性系数：在持久设计状况和短暂设计状况下，对安全等级为一级的结构构件不应小于 1.1；对安全等级为二级的结构构件不应小于 1.0；对于安全等级为三级的结构构件不应小于 0.9；对地震设计状况下应取 1.0；

S_d——承载能力极限状态下作用组合的效应设计值：对持久设计状况和短暂设计状况应按作用的基本组合计算；对地震设计状况应按作用的地震组合计算；

R_d——结构构件的抗力设计值；

$R(\cdot)$——结构构件的抗力函数；

γ_{Rd}——结构构件的抗力模型不定性系数：静力设计取 1.0，对不确定性较大的结构构件根据具体情况取大于 1.0 的数值；抗震设计应用承载力抗震调整系数 γ_{RE} 代替 γ_{Rd}；

f_c、f_s——混凝土、钢筋的强度设计值；

a_k——几何参数的标准值，当几何参数的变异性对结构性能有明显不利影响时，应增减一个附加值。

注：式(2-10)中 $\gamma_0 S_d$ 为内力设计值，即轴力、弯矩、剪力、扭矩等内力设计值。

对偶然作用下的结构进行承载能力极限状态时，按式(2-10)中的作用效应设计值 S_d 按偶然组合计算，结构重要性系数 γ_0 取不小于 1.0 的数值；当计算结构构件承载力函数时，式(2-11)中混凝土、钢筋的强度设计值 f_c、f_s 改用强度标准值 f_{ck}、f_{yk}(f_{pyk})。

当进行结构防连续倒塌验算时，作用宜考虑结构相应部位倒塌冲击引起的动力系数；在承载力函数的计算中，混凝土强度取强度标准值 f_{ck}，普通钢筋强度取极限强度标准值 f_{stk}，预应力筋强度取极限强度标准值 f_{ptk} 并考虑锚具的影响；a_k 宜考虑偶然作用下结构倒塌对结构几何参数的影响；必要时可考虑材料强度在动力作用下的强度和脆性，并取相应的强度特征值。

2) 荷载效应组合的设计值 S_d

结构设计时，应根据所考虑的设计状况，选用不同的组合：对持久和短暂设计状况，应采用基本组合；对偶然设计状况，应采用偶然组合；对地震设计状况，应采用地震组合。

对于基本组合，荷载效应组合的设计值 S_d 应从下列组合值中取最不利值确定：

(1) 由可变荷载效应控制的组合：

$$S_d = \sum_{j=1}^{m} \gamma_{G_j} S_{G_j k} + \gamma_{Q_1} \gamma_{L_1} S_{Q_1 k} + \sum_{i=2}^{n} \gamma_{Q_i} \gamma_{L_i} \psi_{c_i} S_{Q_i k} \tag{2-12}$$

(2) 由永久荷载效应控制的组合：

$$S_d = \sum_{j=1}^{m} \gamma_{G_j} S_{G_j k} + \sum_{i=1}^{n} \gamma_{Q_i} \gamma_{L_i} \psi_{c_i} S_{Q_i k} \tag{2-13}$$

式中：γ_{G_j}——第 j 个永久荷载分项系数；

γ_{Q_1}、γ_{Q_i}——第 1 个可变荷载(主导可变荷载)的分项系数，第 i 个可变荷载的分项系数；

γ_{L_i}——第 i 个可变荷载考虑设计使用年限的调整系数，其中 γ_{L_1} 为主导可变荷载考虑设计使用年限的调整系数；

$S_{G_j k}$——第 j 个永久荷载标准值 G_{j_k} 计算的荷载效应值；

$S_{Q_1 k}$、$S_{Q_i k}$——按第 1 个可变荷载(主导可变荷载)标准值 Q_{1k} 计算的荷载效应，按第 i 个可变荷载标准值 Q_{ik} 计算的荷载效应；

ψ_{ci}——第 i 个可变荷载的组合系数，应分别按相关规定采用；

m——参与组合的永久荷载数；

n——参与组合的可变荷载数。

应当指出，基本组合中的设计值仅适用于荷载与荷载效应为线性的情况。此外，当对 $S_{Q_1 k}$ 无法明显判断时，轮次以各可变荷载效应为 $S_{Q_1 k}$，选其中最不利的荷载效应组合。在应用式(2-13)组合时，对于可变荷载，出于简化目的，也可仅考虑与结构自重方向一致的竖向荷载，而忽略影响不大的水平荷载。

对于偶然组合，荷载效应组合的设计值宜按下列规定确定：偶然荷载的代表值不乘分项系数，这是因为偶然荷载标准值的确定本身带有主观的臆测因素；与偶然荷载同时出现的其他荷载可根据观测资料和工程经验采用适当的代表值。各种情况下荷载效应的设计值公式，可按有关规范确定。

3) 荷载分项系数和荷载设计值

(1) 荷载分项系数 γ_G、γ_Q

荷载标准值是结构在使用期间、在正常情况下可能遇到的具有一定保证率的偏大荷载值。统计资料表明，各类荷载标准值的保证率并不相同，如按荷载标准值设计，将造成结构可靠度的严重差异，并使某些结构的实际可靠度达不到目标可靠度的要求，所以引入荷载分项系数予以调整。考虑到荷载的统计资料尚不够完备，并为了简化计算，《统一标准》暂时按永久荷载和可变荷载两大类分别给出荷载分项系数。

荷载分项系数是根据下述原则经优选确定的，即在各项荷载标准值已给定的条件下，对各类结构构件在各种常遇的荷载效应比值和荷载效应组合下，用不同的分项系数值，按极限状态设计表达式(2-10)设计各种构件并计算其所具有的可靠指标，然后从中选取一组分项系数，使按此设计所得的各种结构构件所具有的可靠指标，与规定的设计可靠指标之间在总体上差异最小。

根据分析结果，《荷载规范》规定荷载分项系数应按表 2-3 规定采用。

表 2-3　房屋建筑结构荷载的分项系数

适用情况 / 分项系数	当荷载效应对承载力不利时		当荷载效应对承载力有利时
	可变荷载效应控制	永久荷载效应控制	
γ_G	1.2	1.35	≤1.0
γ_Q	1.4		0

可变荷载分项系数 γ_Q，一般情况下应取 1.4；对工业建筑楼面结构，当活荷载标准值大于 4 kN/m^2 时，从经济效果考虑，应取 1.3。

对结构的倾覆、滑移或漂浮验算，荷载的分项系数应满足有关建筑结构设计规范的规定。

荷载设计值即荷载分项系数与荷载标准值的乘积。如永久荷载设计值为 $\gamma_G G_k$，可变荷载设计值为 $\gamma_Q Q_k$。

(2) 可变荷载组合值系数 ψ_{ci} 和荷载组合值 $\psi_{ci}Q_{ik}$

当结构上作用几个可变荷载时，各可变荷载最大值在同一时刻出现的概率很小，若设计中仍采用各荷载效应设计值叠加，则可能造成结构可靠度不一致，因而必须对可变荷载设计值再乘以调整系数。荷载组合值系数 ψ_{ci} 就是这种调整系数。$\psi_{ci}Q_{ik}$ 称为可变荷载的组合值。

在荷载标准值和荷载分项系数已给定的情况下，对于有两种或两种以上的可变荷载参与组合的情况，引入 ψ_{ci} 对荷载标准值进行折减，使按极限状态设计表达式(2-10)设计所得的各类结构构件所具有的可靠指标，与仅有一种可变荷载参与组合时的可靠指标有最佳的一致性。

根据分析结果，《荷载规范》给出了各类可变荷载的组合值系数。当按式(2-12)或式(2-13)计算荷载效应组合值时，除风荷载取 $\psi_{ci}=0.6$ 外，大部分可变荷载取 $\psi_{ci}=0.7$，个别可变荷载取 $\psi_{ci}=0.9\sim0.95$（例如，对于书库、储藏室的楼面活荷载，$\psi_{ci}=0.9$）。

4) *材料强度分项系数和材料强度设计值*

为了充分考虑材料的离散性和施工中不可避免的偏差带来的不利影响，再将材料强度标准值除以一个大于 1 的系数，即得材料强度设计值，相应的系数称为材料分项系数，即

$$f_c = f_{ck}/\gamma_c \qquad f_s = f_{sk}/\gamma_s \tag{2-14}$$

确定钢筋和混凝土材料分项系数时，对于具有统计资料的材料，按目标可靠指标$[\beta]$通过可靠度分析确定。即在已有荷载分项系数的情况下，在设计表达式(2-11)中采用不同的材料分项系数，反演推算出结构构件所具有的可靠指标β，从中选取与规定的目标可靠指标$[\beta]$最接近的一组材料分项系数。

确定钢筋和混凝土材料分项系数时，先通过对钢筋混凝土轴心受拉构件进行可靠度分析(此时构件承载力仅与钢筋有关，属延性破坏，取$[\beta]=3.2$)，求得钢筋的材料分项系数γ_s；再根据已经确定的γ_s，通过对钢筋混凝土轴心受压构件进行可靠度分析(此时属于脆性破坏，取$[\beta]=3.7$)，求出混凝土的材料分项系数γ_c。

根据上述原则确定的混凝土材料分项系数$\gamma_c=1.4$，HPB300、HRB335、HRB400和HRBF400级钢筋的材料分项系数$\gamma_s=1.1$，HRB500、HRBF500级钢筋的材料分项系数$\gamma_s=1.15$，预应力钢筋(包括钢绞线、中强度预应力钢丝、消除应力钢丝和预应力螺纹钢筋)的材料分项系数$\gamma_s=1.2$。

2.4.2 正常使用极限状态设计表达式

1) 基本表达式

对于正常使用极限状态，结构构件应分别按荷载效应的标准组合、频遇组合、准永久组合或标准组合并考虑长期作用影响，采用下列极限状态设计表达式：

$$S_d \leqslant C \tag{2-15}$$

式中：S_d——正常使用极限状态荷载组合的效应设计值(如变形、裂缝宽度、应力等的效应设计值)；

C——结构构件达到正常使用要求所规定的变形、应力、裂缝宽度和自振频率等的限值。

(1) 标准组合的效应设计值S_d可按下式确定：

$$S_d = S_{Gk} + S_{Q_1k} + \sum_{i=2}^{n} \psi_{c_i} S_{Q_ik} \tag{2-16}$$

这种组合主要用于当一个极限状态被超越时将产生严重的永久性损害的情况，即标准组合一般用于不可逆正常使用极限状态。

(2) 频遇组合的效应设计值S_d可按下式确定：

$$S_d = S_{Gk} + \psi_{f_1} S_{Q_1k} + \sum_{i=2}^{n} \psi_{q_i} S_{Q_ik} \tag{2-17}$$

式中：ψ_{f_1}、ψ_{q_i}——分别为可变荷载Q_1的频遇值系数、可变荷载Q_i的难永久值系数，可由《荷载规范》查取。

可见，频遇组合是指永久荷载标准值、主导可变荷载的频遇值与伴随可变荷载的准永久值的效应组合。这种组合主要用于当一个极限状态被超越时将产生局部损害、较大变形或短暂振动等情况，即频遇组合一般用于可逆正常使用极限状态。

(3) 准永久组合的效应设计值S_d可按下式确定：

$$S_d = S_{Gk} + \sum_{i=1}^{n} \psi_{q_i} S_{Q_ik} \tag{2-18}$$

这种组合主要用于当荷载的长期效应是决定性因素时的一些情况。

应当注意，对荷载与荷载效应为线性的情况，才可按式(2-16)～式(2-18)确定荷载效应组合值。另外，正常使用极限状态要求的目标可靠指标[β]较小([β]在 0～1.5 之间取值)，因而设计时对荷载不乘分项系数，对材料强度取标准值。由材料的物理力学性能已知，长期持续作用的荷载使混凝土产生徐变变形，并导致钢筋与混凝土之间的粘结滑移增大，从而使构件的变形和裂缝宽度增大。所以，进行正常使用极限状态设计时，应考虑荷载长期效应的影响，即应考虑荷载效应的难永久组合，有时尚应考虑荷载效应的频遇组合。

2) 正常使用极限状态验算规定

(1) 对结构构件进行抗裂验算时，应按荷载标准组合的效应设计值(式(2-16))进行计算，其计算值不应超过规范规定的限值。

(2) 受弯构件的最大挠度，对钢筋混凝土构件，按荷载准永久组合(式(2-18))，对预应力混凝土构件按荷载标准组合(式(2-16))，并均应考虑荷载长期作用影响进行计算，其计算值不应超过规范规定的挠度限值，受弯构件的挠度限值按附表 2-13 确定。

(3) 结构构件的裂缝宽度，对钢筋混凝土构件，按荷载准永久标准组合(式(2-18))并考虑长期作用影响进行计算；对预应力混凝土构件，按荷载标准组合(式(2-16))并考虑长期作用影响进行计算。构件的最大裂缝宽度不应超过规范规定的最大裂缝宽度限值。

练一练

【例题 2-1】 某教学楼中钢筋混凝土简支梁，受力简图如图 2-5，根据荷载规范，可变荷载组合系数取 0.7，频遇系数取 0.6，准永久系数取 0.5。试计算：(1)按承载能力极限状态设计时跨中截面弯矩设计值；(2)按正常使用极限状态设计时梁跨中截面荷载效应的标准组合、频遇组合和准永久组合弯矩值。

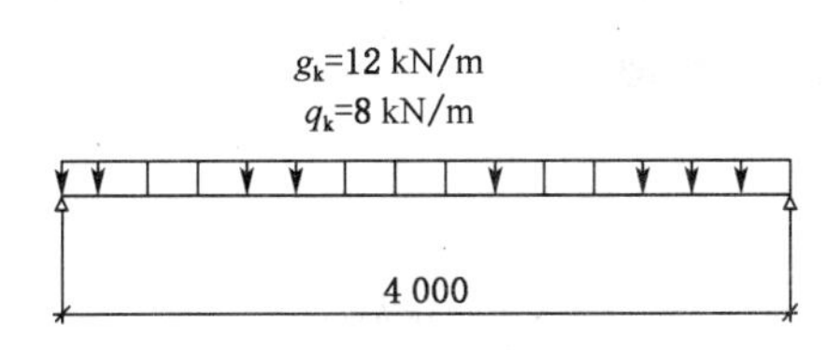

图 2-5 简支梁计算简图

【解】 (1) 跨中截面弯矩设计值

安全等级为二级，$\gamma_0 = 1.0$

按可变荷载效应控制的组合值计算，$\gamma_G = 1.2$，$\gamma_Q = 1.4$

$$M = \gamma_0(\gamma_G M_{Gk} + \gamma_Q M_{Qk}) = \gamma_0\left(\gamma_G \cdot \frac{1}{8} g_k l_0^2 + \gamma_Q \cdot \frac{1}{8} q_k l_0^2\right)$$

$$= 1.0 \times \frac{1}{8} \times (1.2 \times 12 + 1.4 \times 8) \times 4^2 = 51.20(\text{kN} \cdot \text{m})$$

按永久荷载效应控制的组合值计算，$\gamma_G = 1.35$，$\gamma_Q = 1.4$，$\psi_c = 0.7$

$$M = \gamma_0(\gamma_G M_{Gk} + \psi_c \gamma_Q M_{Qk}) = \gamma_0\left(\gamma_G \cdot \frac{1}{8} g_k l_0^2 + \psi_c \gamma_Q \cdot \frac{1}{8} q_k l_0^2\right)$$

$$= 1.0 \times \frac{1}{8} \times (1.35 \times 12 + 0.7 \times 1.4 \times 8) \times 4^2 = 48.08(\text{kN} \cdot \text{m})$$

(2) 按正常使用极限状态设计时

标准组合：

$$M_k = M_{Gk} + M_{Qk} = \frac{1}{8}g_k l_0^2 + \frac{1}{8}q_k l_0^2 = \frac{1}{8} \times (12 + 8) \times 4^2 = 40.00(\text{kN} \cdot \text{m})$$

频遇组合：

$$M_k = M_{Gk} + \psi_f M_{Qk} = \frac{1}{8}g_k l_0^2 + \psi_q \frac{1}{8}q_k l_0^2 = \frac{1}{8} \times (12 + 0.6 \times 8) \times 4^2 = 33.60(\text{kN} \cdot \text{m})$$

准永久组合：

$$M_k = M_{Gk} + \psi_q M_{Qk} = \frac{1}{8}g_k l_0^2 + \psi_q \frac{1}{8}q_k l_0^2 = \frac{1}{8} \times (12 + 0.5 \times 8) \times 4^2 = 32.00(\text{kN} \cdot \text{m})$$

【例题 2-2】 排架结构简图如图 2-6，在左边柱柱底截面 A 处，屋面和恒载、柱自重、吊车梁重的永久荷载标准值产生的弯矩为 −2.08 kN·m（正号表示左侧受拉），屋面活荷载标准值产生的弯矩为 −0.11 kN·m，左来风荷载标准值产生的弯矩为 35.35 kN·m，吊车最大轮压作用于 A 柱时荷载标准值产生的总弯矩为 20.70 kN·m，试求该截面在这些荷载作用下的弯矩组合设计值。

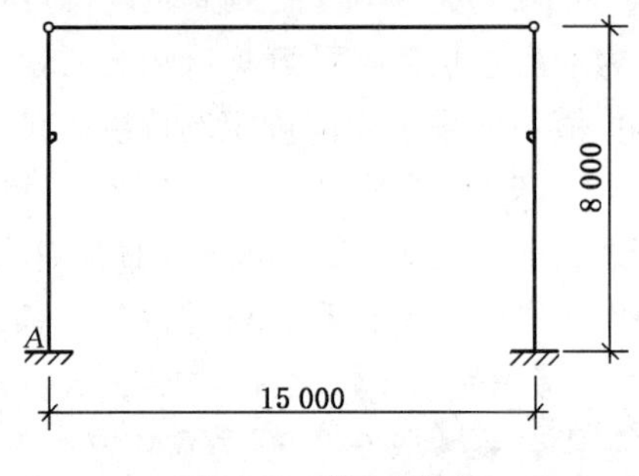

图 2-6 排架简图

【解】 将各可变荷载在截面 A 产生的弯矩值比较后可知，左来风标准值产生的弯矩值最大，因此有

$$\begin{aligned} M &= \gamma_0(\gamma_G M_{Gk} + \gamma_{Q1} M_{Qk} + \gamma_{Q2}\psi_{Q2} M_{Q2k} + \gamma_{Q3}\psi_{Q3} M_{Q3k}) \\ &= 1.0 \times [1.2(-2.08) + 1.4 \times 35.35 + 1.4 \times 0.7(-0.11 + 20.7)] \\ &= 67.17(\text{kN} \cdot \text{m}) \end{aligned}$$

$M_{Gk} = -2.08\ \text{kN} \cdot \text{m}$，$M_{Q1k} = 35.35\ \text{kN} \cdot \text{m}$，$M_{Q2k} = -0.11\ \text{kN} \cdot \text{m}$，$M_{Q3k} = 20.70\ \text{kN} \cdot \text{m}$

本章小结

1. 结构的功能要求包括安全性、适用性和耐久性。

2. 结构的极限状态分为承载能力极限状态和正常使用极限状态两类。承载能力极限状态对应结构的安全性功能，正常使用极限状态对应结构的适应性和耐久性功能。

3. 结构上的作用分为直接作用和间接作用，直接作用可称为荷载。荷载按作用时间可分为永久荷载、可变荷载和偶然荷载。

4. 由作用引起的结构内力和变形称为作用效应。结构或构件承受作用效应的能力为结构的抗力。

5. 承载能力极限状态荷载效应组合设计一般采用基本组合设计值。正常使用极限状态下荷载效应组合设计值一般采用标准组合和准永久组合设计值。

复习思考题

2.1　什么是结构上的作用？荷载属于哪种作用？作用效应与荷载效应有什么区别？

2.2　荷载按时间的变异分为几类？荷载有哪些代表值？在结构设计中，如何应用荷载代表值？

2.3　什么是结构抗力？影响结构抗力的主要因素有哪些？

2.4　什么是材料强度标准值和材料强度设计值？从概率意义来看，它们是如何取值的？分别说明钢筋、混凝土的强度标准值、平均值和设计值之间的关系。

2.5　什么是结构的预定功能？什么是结构的可靠度？可靠度如何度量和表达？

思考题解析

2.6　什么是结构的极限状态？极限状态分为几类，各有什么标志和限值？

2.7　什么是失效概率？什么是可靠指标？二者有何联系？

2.8　什么是概率极限状态设计法，其主要特点是什么？

2.9　说明承载能力极限状态设计表达式中各符号的意义，并分析该表达式是如何保证结构可靠度的。

2.10　对正常使用极限状态，如何根据不同的设计要求确定荷载组合的效应设计值？

2.11　解释下列名称：安全等级，设计状况，设计基准期，设计使用年限，目标可靠指标。

习　题

2.1　一端部受集中荷载 P 作用的悬臂梁(如图 2-7 所示)，已知截面抗力：平均值 $\mu_R = 20\ \text{kN} \cdot \text{m}$，均方差 $\sigma_R = 1.9\ \text{kN} \cdot \text{m}$；荷载：平均值 $\mu_P = 3.6\ \text{kN}$，均方差 $\sigma_P = 0.9\ \text{kN}$。忽略结构尺寸的变异和计算方法的误差，也不考虑梁自重，求按弯矩承载能力考虑时的可靠指标 β 及失效概率 p_f。

习题解析

2.2　两端简支的钢筋混凝土走道板，宽度为 0.6 m，计算跨度 $l_0 = 3.5\ \text{m}$。板面采用 25 mm 厚水泥砂浆抹面，板底采用 15 mm 厚石灰砂浆粉刷，板面活荷载标准值 $2.5\ \text{kN/m}^2$，安全等级按二级考虑。试计算沿板长的均布线荷载标准值和按承载能力极限状态组合计算板的最大弯矩设计值。

2.3　一钢筋混凝土简支梁如图 2-8 所示，计算跨度 $l_0 = 6.0\ \text{m}$，跨中承受集中活载 $Q_k = 12\ \text{kN}$，均布活载 $q_k = 5\ \text{kN/m}$，该梁的均布恒载为 $g_k = 8.5\ \text{kN/m}$(含自重)，结构安全等级为二级。试求：①承载能力极限状态时的跨中最大弯矩设计值和支座处的最大剪力设计值；②按正常使用极限状态设计时跨中弯矩的标准组合值和准永久组合值。

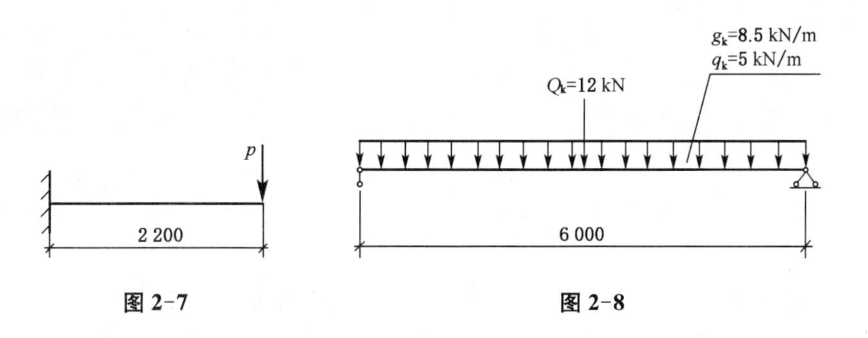

图 2-7　　　　图 2-8

第二篇　混凝土结构

3　钢筋混凝土材料的物理力学性能

3.1　钢筋混凝土的一般概念

钢筋混凝土是由两种力学性能不同的材料——钢筋和混凝土结合成整体，共同发挥作用的一种建筑材料。

混凝土是一种人造石材，其抗压强度很高，而抗拉强度则很低(约为抗压强度的 1/18～1/8)。当用混凝土梁承受荷载时(图 3-1(a))，在梁的正截面(垂直于梁的轴线的截面)上受到弯矩作用，中和轴以上受压，中和轴以下受拉。随着荷载的逐渐增大，混凝土梁中的压应力和拉应力将增大，其增大的幅度大致相同。当荷载较小时，梁的受拉区边缘的拉应力未达到其抗拉强度，梁尚能承担荷载。当荷载达到某一数值 P_c时，梁的受拉区边缘混凝土的拉应力达到其抗拉强度，即出现裂缝。这时，裂缝截面处的混凝土脱离工作，该截面处的受力高度减小，即使荷载不增加，拉应力也将增大。因而，裂缝继续向上发展，使梁很快裂断(图 3-1(b))。这种破坏是很突然的，也就是说，当荷载达到 P_c的瞬间，梁立即发生破坏，属于脆性破坏。P_c为混凝土梁受拉区出现裂缝的荷载，一般称为混凝土梁的抗裂荷载，也是混凝土梁的破坏荷载。由此可见，混凝土梁的承载力是由混凝土的抗拉强度控制的，而受压区混凝土的抗压强度则远未被充分利用。如果要使梁承受更大的荷载，则必须将其截面加大很多，这是不经济的，有时甚至是不可能的。

为了解决上述矛盾，可采用抗拉强度高的钢筋来加强混凝土梁的受拉区，也就是在混凝土梁的受拉边配置纵向钢筋，这就构成了钢筋混凝土梁。试验表明，和混凝土梁有相同截面尺寸的钢筋混凝土梁承受荷载时，其抗裂荷载虽然比混凝土梁要增大些，但增大的幅度是不大的。因此，当荷载略大于 P_c，达到某一数值 P_{cr}时，梁仍出现裂缝。在出现裂缝的截面处，受拉区混凝土脱离工作，配置在受拉区的钢筋将承担几乎全部的拉应力。这时，钢筋混凝土梁不会像混凝土梁那样立即裂断，而能继续承担荷载(图 3-1(c))，直至受拉钢筋应力达到屈服强度，裂缝向上延伸，受压区混凝土达到其抗压强度而被压碎，梁才达到破坏。因此，钢筋混凝土梁的受弯承载力可较混凝土梁提高很多，其提高的幅度与配置的纵向钢筋数量和强度有关。

由上述内容可知，钢筋混凝土梁充分发挥了混凝土和钢筋的特性，用抗压强度高的混凝土承担压力，用抗拉强度高的钢筋承担拉力，合理地做到了物尽其用。必须指出，与混凝土梁相比，钢筋混凝土梁的承载力提高很多，但抵抗裂缝的能力提高并不多。因此，在使用荷载下，钢筋混凝土梁一般是带裂缝工作的。当然，其裂缝宽度应控制在允许限值内。

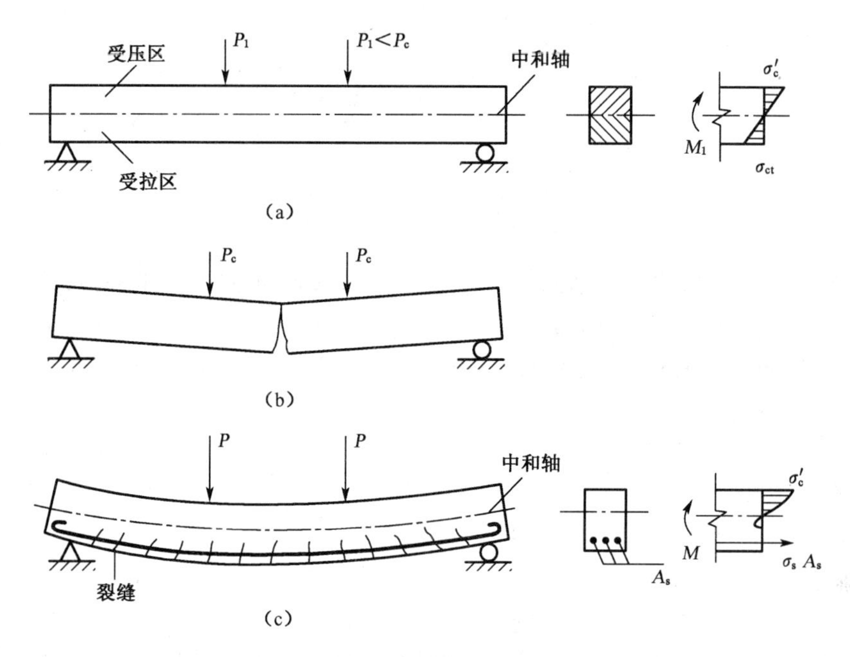

图 3-1　混凝土梁和钢筋混凝土梁

3.2　混凝土

3.2.1　混凝土的强度

在设计和施工中常用的混凝土强度可分为立方体强度、轴心抗压强度和轴心抗拉强度等。现分别叙述如下。

1）混凝土立方体强度

混凝土的立方体抗压强度(简称立方体强度)是衡量混凝土强度的主要指标。混凝土立方体强度不仅与养护时的温度、湿度和龄期等因素有关，而且与试件的尺寸和试验方法也有密切关系。在一般情况下，试件的上下表面与试验机承压板之间将产生阻止试件向外自由变形的摩阻力，它将像两道套箍一样将试件套住，延缓了裂缝的发展，从而提高了试件的抗压强度。破坏时，试件中部剥落，其破坏形状如图 3-2(a)所示。如果在试件的上下表面涂上润滑剂，试验时摩阻力就大大减小，所测得的抗压强度较低，其破坏形状如图 3-2(b)所示。工程中实际采用的是不加润滑剂的试验方法。试验还表明，立方体的尺寸不同，试验时测得的强度也不同，立方体尺寸愈小，摩阻力的影响愈大，测得的强度也愈高。《混凝土结构设计规范》(GB 50010—2010)(以下简称《混凝土结构设计规范》)规定，混凝土立方体抗压强度，系指按标准方法制作、养护的边长为 150 mm 的立方体试件，在 28 d 龄期，用标准试验方法测得的抗压强度。

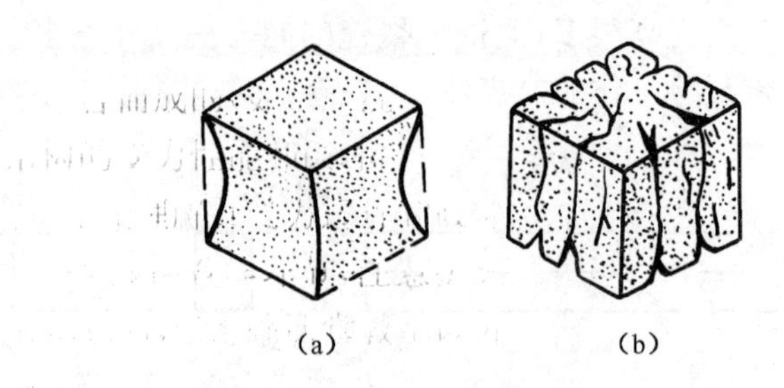
(a) (b)

图 3-2 混凝土立方体受压破坏特征

在生产实际中，有时也采用边长为 100 mm 或 200 mm 的立方体试件，则所测得的立方体强度应分别乘以换算系数 0.95 或 1.05。

《混凝土结构设计规范》规定的混凝土强度等级用符号 C 表示，系按立方体抗压强度标准值确定，亦即按上述方法测得的具有 95%保证率的抗压强度。

《混凝土结构设计规范》规定的混凝土强度等级有 14 级，为 C15、C20、C25、C30、C35、C40、C45、C50、C55、C60、C65、C70、C75 和 C80。

2) 混凝土轴心抗压强度(棱柱体强度)

在实际工程中，一般的受压构件不是立方体而是棱柱体，即构件的高度要比截面的宽度或长度大。因此，有必要测定棱柱体的抗压强度，以更好地反映构件的实际受力情况。试验表明，棱柱体试件的抗压强度较立方体试件的抗压强度低。棱柱体试件高度与截面边长之比愈大，则强度愈低。当高宽比由 1 增至 2 时，混凝土强度降低很快。因此，根据《普通混凝土力学性能试验方法标准》(GB/T 50081—2002)规定，混凝土的轴心抗压强度试验以 150 mm × 150 mm ×300 mm 的试件为标准试件。

根据试验结果可得轴心抗压强度 f_c^o 与立方体强度 f_{cu}^o 的关系为

$$f_c^o = 0.88\alpha_{c1}\alpha_{c2}f_{cu}^o \tag{3-1}$$

式中：α_{c1}——棱柱体强度与立方体强度的比值，对 C50 及以下，取 $\alpha_{c1} = 0.76$；对 C80，取 $\alpha_{c1} = 0.82$，其间按线性插值；

α_{c2}——混凝土脆性折减系数，对 C40 及以下，取 $\alpha_{c2} = 1.0$；对 C80，取 $\alpha_{c2} = 0.87$，其间按线性插值。

公式(3-1)中的系数 0.88 为对试件的混凝土强度修正系数。

3) 混凝土轴心抗拉强度

混凝土轴心抗拉强度和轴心抗压强度一样，都是混凝土的重要基本力学指标。但是，混凝土的抗拉强度比抗压强度低得多。它与同龄期混凝土抗压强度的比值大约在 1/18～1/8，其比值随着混凝土强度的增大而减小。

混凝土抗拉强度的试验方法主要有 3 种：直接轴向拉伸试验、弯折试验和劈裂试验。

根据试验结果可得混凝土轴心抗拉强度 f_t^o 与立方体抗压强度 f_{cu}^o 的关系为

$$f_t^o = 0.348\,(f_{cu}^o)^{0.55}\alpha_{c2} \tag{3-2}$$

4) 复合应力状态下的混凝土强度

在钢筋混凝土结构中，混凝土一般都处于复合应力状态。例如，钢筋混凝土梁剪弯段的剪压区。在复合应力状态下，混凝土的强度和变形性能有明显的变化。

双向应力状态(在两个互相垂直的平面上，作用着法向应力 σ_1 和 σ_2，第三个平面上应力为零)下混凝土强度的变化曲线如图 3-3 所示，其强度变化规律的特点如下：

(1) 当双向受压时(图 3-3 中第三象限)，一向的强度随另一向压应力的增加而增加，当横向应力与轴向应力之比为 0.5 时，其强度比单向抗压强度增加 25%左右。而在两向压应力相等的情况下，其强度仅增加 16%左右。

(2) 当双向受拉时(图 3-3 中第一象限)，一向的抗拉强度基本上与另一向拉应力大小无关，即其抗拉强度几乎和单向抗拉强度一样。

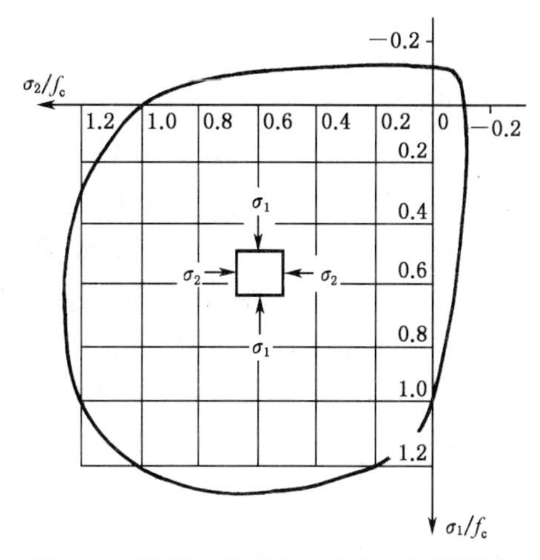

图 3-3　混凝土在双向应力状态下的强度

(3) 当一向受拉、一向受压时(图 3-3 中第二、四象限)，混凝土的抗压强度几乎随另一向拉应力的增加而线性降低。

如果在单元体上，除作用着剪应力 τ 外，并在一个面上同时作用着法向应力 σ，就形成压剪或拉剪复合应力状态。这时，其强度变化曲线如图 3-4 所示。图 3-4 中的曲线表明，混凝土的抗压强度由于剪应力的存在而降低。当 $\sigma/f_c^\circ < 0.5 \sim 0.7$ 时，抗剪强度随着压应力的增大而增大；当 $\sigma/f_c^\circ > 0.5 \sim 0.7$ 时，抗剪强度随着压应力的增大而减小。

混凝土三向受压时，混凝土一向抗压强度随另两向压应力的增加而增加，并且混凝土的极限应变也大大增加。

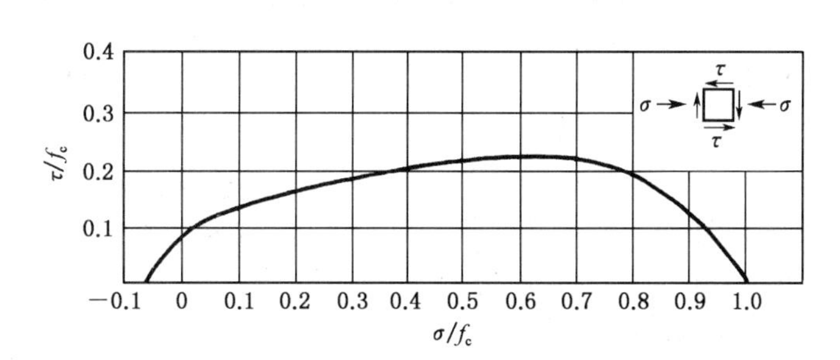

图 3-4　混凝土在法向应力和剪应力组合下的强度

混凝土圆柱体三向受压的轴向抗压强度 f_{cc}° 与侧压力 σ_r 之间的关系可用下列经验公式表示：

$$f_{cc}^\circ = f_c^\circ + k\sigma_r \tag{3-3}$$

式中：k——侧压效应系数，侧向压力较低时，其值较大。为简化起见，可取为常数。一般可取 $k = 4.0$。

在工程实践中，为了进一步提高混凝土的抗压强度，常常用横向钢筋来约束混凝土。例如，螺旋箍筋柱，它是用密排螺旋钢筋或矩形箍筋来约束混凝土以限制其横向变形，使其处于三向受压应力状态，从而大大提高混凝土的抗压强度和延性。

3.2.2 混凝土的变形

混凝土的变形可分为两类。一类是由于受力而产生的变形;另一类是由于收缩和温湿度变化而产生的变形。

1) 混凝土在一次短期加荷时的变形性能

(1) 混凝土的应力-应变曲线

混凝土的应力-应变关系是混凝土力学特性的一个重要方面,在钢筋混凝土结构承载力计算、变形验算、超静定结构内力重分布分析、结构延性计算和有限元非线性分析等方面,它都是理论分析的基本依据。

典型的混凝土应力-应变曲线包括上升段和下降段两部分(图 3-5)。在上升段,当应力较小时,一般在(0.3～0.4)f_c^o 以下时,混凝土可视为线弹性体,超过(0.3～0.4)f_c^o 时,应力-应变曲线逐渐弯曲(在图 3-5 中,ε_{ce}为弹性应变,ε_{cp}为塑性应变)。当应力达到峰值点 C 后,曲线开始下降。在下降段,曲线渐趋平缓,并有一个反弯点(D 点)。

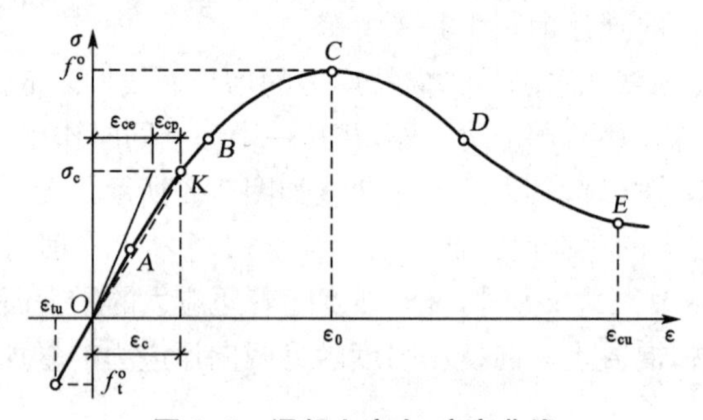

图 3-5 混凝土应力-应变曲线

影响混凝土应力-应变曲线的因素很多,诸如混凝土的强度、组成材料的性质、配合比、龄期、试验方法以及箍筋约束等。试验表明,混凝土强度对其应力-应变曲线有一定的影响。对于上升段,混凝土强度的影响较小,与应力峰值点相应的应变大致为 0.002。随着混凝土强度增大,则应力峰值点处的应变也稍大些。对于下降段,混凝土强度有较大的影响,混凝土强度愈高,应力下降愈剧烈,延性也就愈差。

(2) 混凝土的弹性模量、变形模量和剪变模量

在实际工程中,为了计算结构的变形、混凝土及钢筋的应力分布和预应力损失等,都必须要有一个材料常数——弹性模量。而混凝土的拉、压弹性模量与钢材不同,混凝土的拉、压应力与应变的比值不是常数,是随着混凝土的应力变化而变化的。所以,混凝土弹性模量的取值比钢材复杂得多。

混凝土的弹性模量有 3 种表示方法(图 3-6):

① 原点弹性模量

在混凝土受压应力-应变曲线的原点作切线,该切线的斜率即为原点弹性模量(简称弹性模量),即

$$E_c = \frac{\sigma_c}{\varepsilon_{ce}} = \tan\alpha_0 \tag{3-4}$$

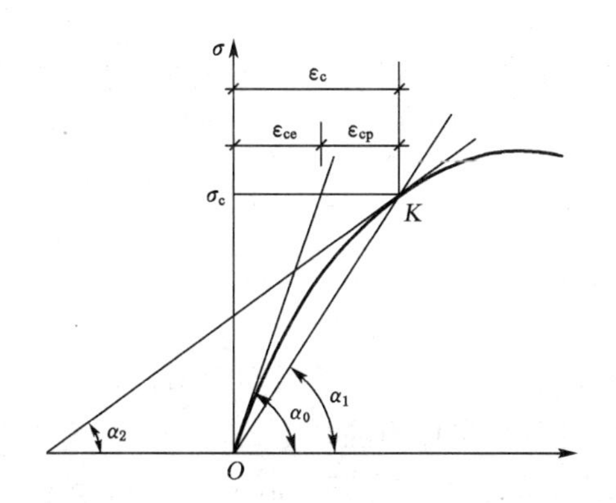

图 3-6 混凝土的弹性模量、变形模量和切线模量

② 变形模量

连接混凝土应力-应变曲线的原点 O 及曲线上某一点 K 作一割线，K 点混凝土应力为 σ_c，则该割线（OK）的斜率即为变形模量，也称为割线模量或弹塑性模量，即

$$E_c' = \frac{\sigma_c}{\varepsilon_c} = \tan\alpha_1 \tag{3-5}$$

③ 切线模量

在混凝土应力-应变曲线上某一应力 σ_c 处作一切线，该切线的斜率即为相应于应力 σ_c 时的切线模量，即

$$E_c'' = \frac{d\sigma_c}{d\varepsilon_c} = \tan\alpha_2 \tag{3-6}$$

在某一应力 σ_c 下，混凝土应变 ε_c 可认为是由弹性应变 ε_{ce} 和塑性应变 ε_{cp} 两部分组成。于是混凝土的变形模量与弹性模量的关系为

$$E_c' = \frac{\sigma_c}{\varepsilon_c} = \frac{\varepsilon_{ce}}{\varepsilon_c} \cdot \frac{\sigma_c}{\varepsilon_{ce}} = \nu E_c \tag{3-7}$$

式中：ν——弹性特征系数，即 $\nu=\varepsilon_{ce}/\varepsilon_c$。

弹性特征系数 ν 与应力值有关。当 $\sigma_c = 0.5f_c^o$ 时，$\nu = 0.8 \sim 0.9$；当 $\sigma_c = 0.9f_c^o$ 时，$\nu = 0.4 \sim 0.8$。一般情况下，混凝土强度愈高，ν 值愈大。

根据试验结果，《混凝土结构设计规范》规定，混凝土受压弹性模量按以下公式计算：

$$E_c = \frac{10^5}{2.2 + \frac{34.7}{f_{cu,k}}} \tag{3-8}$$

式中：E_c 和 $f_{cu,k}$ 的计量单位为 N/mm^2。

混凝土的剪变模量可根据胡克定律，按下式确定：

$$G_c = \frac{\tau}{\gamma} \tag{3-9}$$

式中：τ——剪应力；

γ——剪应变。

混凝土的剪变模量 G_c 一般可根据抗压试验测得的弹性模量 E_c 和泊松比按下式确定：

$$G_c = \frac{E_c}{2(\nu_c + 1)} \tag{3-10}$$

在《混凝土结构设计规范》中取 $\nu_c = 0.2$，故近似取 $G_c = 0.4E_c$。

2) 混凝土在长期荷载作用下的变形性能

在荷载的长期作用下，混凝土的变形将随时间而增加，亦即在应力不变的情况下，混凝土的应变随时间继续增长，这种现象称为混凝土的徐变。徐变对钢筋混凝土和预应力混凝土结构有着有利和不利两方面的影响。在某些情况下，徐变有利于防止结构物产生裂缝，同时还有利于结构或构件内力重分布。但在预应力混凝土结构中，徐变则引起预应力损失。徐变变形还可能超过弹性变形，甚至达到弹性变形的 2～4 倍，因而能够改变超静定结构的应力状态，所以对混凝土徐变的试验研究已为大家所重视。

影响混凝土徐变的因素很多，其主要规律如下：

(1) 施加的初应力对混凝土徐变有重要影响。当压应力 $\sigma_c < 0.5f_c^o$ 时，徐变大致与应力成正比，称为线性徐变。混凝土的徐变随着加荷时间的延长而逐渐增加，在加荷初期增加很快，以后逐渐减缓以至停止；当压应力 $\sigma_c > 0.5f_c^o$ 时，徐变的增长较应力的增大为快，这种现象称为非线性徐变；应力过高（如 $\sigma_c > 0.8f_c^o$）时的非线性徐变往往是不收敛的，从而导致混凝土的破坏。

(2) 加荷龄期对徐变也有重要影响。加荷时的混凝土龄期越短，即混凝土越“年轻”，徐变越大。

(3) 养护和使用条件下的温湿度是影响徐变的重要环境因素。受荷前养护的温度愈高，湿度愈大，水泥水化作用就愈充分，徐变就愈小。加荷期间温度愈高，湿度愈低，徐变就愈大。

(4) 混凝土组成成分对徐变有很大影响。混凝土中水泥用量越多，或者水灰比越大，徐变越大。相同强度的水泥，徐变随所用水泥品种按下列顺序而增加：早强水泥，高强水泥，普通硅酸盐水泥，矿渣硅酸盐水泥。

(5) 结构尺寸越小，徐变越大，所以增大试件横截面可减少徐变。混凝土中骨料强度和弹性模量越高，徐变越小。

练一练

3.2.3 混凝土的收缩、膨胀和温度变形

混凝土在空气中结硬时体积会收缩，在水中结硬时体积会膨胀。

混凝土收缩随着时间增长而增加，收缩的速度随时间的增长而逐渐减缓。一般在 1 个月内就可完成全部收缩量的 50%，3 个月后增长缓慢，2 年后趋于稳定，最终收缩量约为 $(2\sim5)\times10^{-4}$。

混凝土收缩主要是由于干燥失水和碳化作用引起的。混凝土收缩量与混凝土的组成有密切的关系。水泥用量愈多，水灰比愈大，收缩愈大；骨料愈坚实（弹性模量愈高），更能限制水泥浆的收缩；骨料粒径愈大，愈能抵抗砂浆的收缩，而且在同一稠度条件下，混凝土用水量就愈少，从而减少了混凝土的收缩。

由于干燥失水引起混凝土收缩，所以养护方法、存放及使用环境的温湿度条件是影响混凝土收缩的重要因素。在高温下湿养时，水泥水化作用加快，使可供蒸发的自由水分较少，从而使收缩减小；使用环境温度越高，相对湿度愈小，其收缩愈大。

混凝土收缩对于混凝土结构起着不利的影响。在钢筋混凝土结构中，混凝土往往由于钢筋或相邻部件的牵制而处于不同程度的约束状态，使混凝土因收缩产生拉应力，从而加速裂缝的出现和开展。

混凝土的膨胀往往是有利的，故一般不予考虑。

混凝土的温度线膨胀系数随骨料的性质和配合比不同而略有不同，约为$(1.0\sim1.5)\times10^{-5}/℃$，《混凝土结构设计规范》取为$1.0\times10^{-5}/℃$。它与钢的线膨胀系数$(1.2\times10^{-5}/℃)$相近。因此，当温度发生变化时，在混凝土和钢筋之间仅引起很小的内应力，不至于产生有害的影响。

3.3 钢筋

3.3.1 钢筋的类型

钢筋型式分为柔性钢筋和劲性钢筋两类。一般所称的钢筋系指柔性钢筋，劲性钢筋系指用于混凝土中的型钢(角钢、槽钢及工字钢等)。

柔性钢筋包括钢筋和钢丝。

钢筋有光面钢筋(图 3-7(a))和带肋钢筋(图 3-7(b)～(d))两种。带肋钢筋又分为螺纹钢筋(图 3-7(b))、人字纹钢筋(图 3-7(c))和月牙纹钢筋(图 3-7(d))。带肋钢筋直径是标志尺寸(和光面钢筋具有相同重量的当量直径)，其截面按当量直径确定。

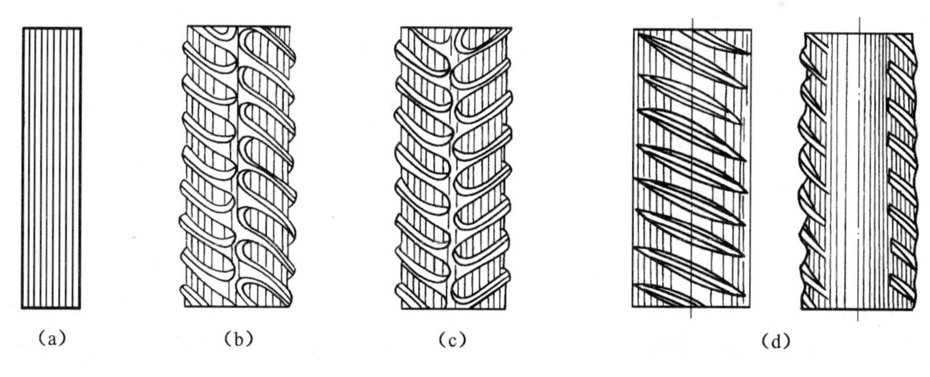

图 3-7 钢筋的类型

钢丝(直径在 5 mm 以内)可以是单根的，也可以编成钢绞线或钢丝束。

3.3.2 钢筋的成分、品种和级别

建筑工程中采用的钢材，不仅要强度高，而且要具有良好的塑性和可焊性，同时还要求与混凝土有较好的黏结性能。

我国建筑工程中采用的钢材，按化学成分可分为碳素钢和普通低合金钢两大类。

碳素钢除含铁元素外，还含有少量的碳、锰、硅、磷、硫等元素。其中含碳量愈高，钢筋的强度愈大，但是钢筋的塑性和可焊性就愈差。含碳量小于0.25%的碳素钢称为低碳钢或软钢，含碳量为0.6%～1.4%的碳素钢称为高碳钢或硬钢。

在碳素钢的元素中加入少量的合金元素，就成为普通低合金钢，如20MnSi、20MnSiV、20MnSiNb、20MnTi等。

我国用于钢筋混凝土结构和预应力混凝土结构的钢筋和钢丝主要有以下几种。

1）钢筋

(1) 热轧钢筋

热轧钢筋由低碳钢或普通低合金钢在高温下轧制而成，有HPB300、HRB335、HRB400、RRB400、HRBF400、HRB500、HRBF500等。

(2) 预应力螺纹钢筋

预应力螺纹钢筋也称精轧螺纹钢筋，是在整根钢筋上轧有外螺纹的大直径、高强度、高尺寸精度的直条钢筋。该钢筋在任意截面处都拧上带有内螺纹的连接器进行连接或拧上带螺纹的螺帽进行锚固。预应力螺纹钢筋的公称直径有18 mm、25 mm、32 mm、40 mm、50 mm等。

2）钢丝

按制造工艺不同，钢丝有冷拉钢丝（由高碳镇静钢轧制成圆盘后，经多道冷拔后制成）、消除应力钢丝（由高碳镇静钢轧制成圆盘后，经多道冷拔，并进行应力消除、矫直、回火处理而制成）。按表面形状不同，钢丝有光面钢丝、刻痕钢丝（在光面钢丝表面进行机械刻痕处理制成）、螺旋肋钢丝等。

3）钢绞线

钢绞线是由多根高强钢丝在绞丝机上绞合，再经低温回火制成。按其股数可分为3股和7股两种。

此外，还有冷拉钢筋（由热轧钢筋在常温下经机械拉伸而成）、冷轧带肋钢筋和冷轧扭钢筋以及冷拔低碳钢丝等，这类钢筋（丝）的延性较差，故在《混凝土结构设计规范》中未列入。若在建筑工程中采用时，应遵守专门规程的规定。

3.3.3 钢筋的强度和变形

钢筋的强度和变形性能主要由单向拉伸测得的应力-应变曲线来表征。试验表明，钢筋的拉伸应力-应变曲线可分为两类：有明显的流幅（图3-8）和没有明显的流幅（图3-9）。图3-8所示为有明显流幅钢筋的应力-应变曲线，亦即软钢的应力-应变曲线。由图3-8可见，轴向拉伸时，在达到比例极限a点之前，材料处于弹性阶段，应力与应变的比值为常数，即为钢筋的弹性模量E_s。此后应变比应力增加快，当应力达到σ_{yh}（相当于b_h点）时，材料开始屈服，即荷载不增加，应变却继续增加很多，应力-应变图形接近水平线，称为屈服台阶（或流幅）。对于有屈服台阶的热轧钢筋来说，有两个屈服点，即屈服上限σ_{yh}和屈服下限σ_{yl}（相当于b_l点）。屈服上限受加荷速度、截面形式和表面光洁度等因素的影响而波动；屈服下限则较稳定，故一般以屈服下限为依据，称为屈服强度。

过c点后，钢筋又恢复部分弹性。按曲线上升到最高点d。d点的应力称为极限强度。cd段称为强化阶段或硬化阶段。过了d点，试件的薄弱处发生局部“颈缩”现象，应变迅速增加，应力随之下降（按原来的截面面积计算），到 e 点后发生断裂，e 点所对应的应变（用百分数表示）称为延伸率。延伸率是衡量钢筋塑性性能的一个指标，用 δ_{10} 或 δ_5 表示（分别对应于量测标距为 $10d$ 或 $5d$，d 为钢筋直径）。含碳量愈低的钢筋，流幅愈长，塑性愈大，延伸率也愈大。

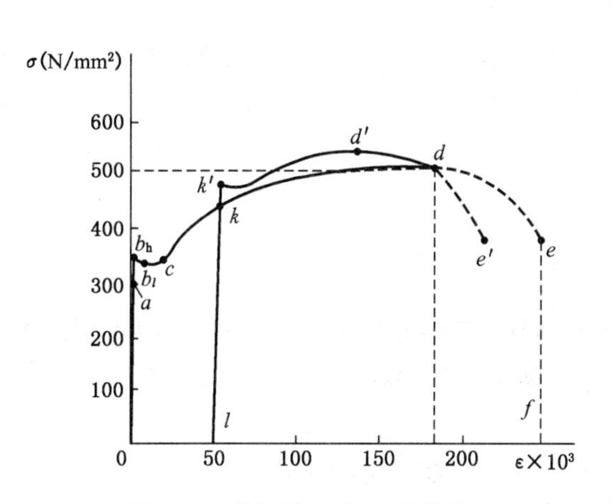

图 3-8　软钢的应力-应变曲线

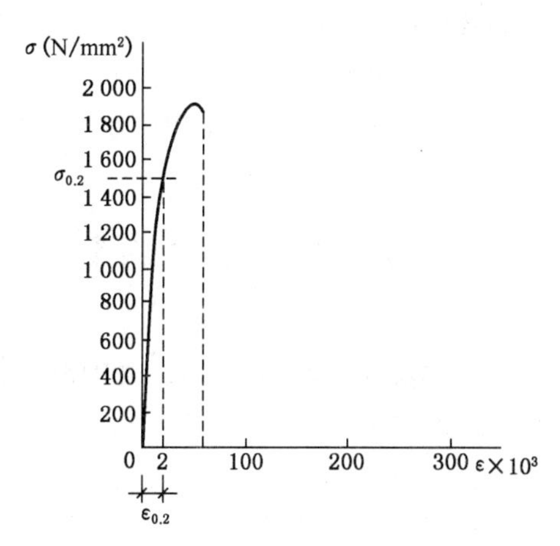

图 3-9　硬钢的应力-应变曲线

硬钢与软钢不同，它没有明显的屈服台阶，塑性变形小，延伸率亦小，但极限强度高。通常用残余应变为 0.2%时的应力（用 $\sigma_{0.2}$ 表示）作为它的条件屈服强度，如图 3-9 所示。

3.3.4　钢筋的冷加工

钢筋经冷加工后，其强度可显著提高，但延性常明显下降。

1）冷拉

冷拉是将钢筋拉到超过钢筋屈服强度的某一应力值，然后卸载至零，利用"冷拉时效"，使钢筋的强度得到提高，但其塑性下降。由于冷拉只能提高钢筋的抗拉强度，故不宜作受压钢筋。

2）冷拔

冷拔是将热轧钢筋用强力拔过比它本身直径还小的硬质合金拔丝模，钢筋同时受到纵向和横向挤压的作用，产生较大的塑性变形，内部金属晶粒发生形变和位移，形成较细钢丝。经过多次冷拔后，钢丝的抗拉强度和抗压强度比原来提高很多，但塑性大幅度下降。

3.3.5　混凝土结构对钢筋性能的要求

练一练

建筑工程中采用的钢筋，不仅要求强度高，而且要求具有好的塑性和可焊性，同时还要求与混凝土有较好的黏结。此外，还应具有一定的耐火性。

1）钢筋的强度

钢筋的强度是指钢筋的屈服强度及极限强度。

钢筋的屈服强度是设计计算的主要依据（对无明显流幅的钢筋，取条件屈服强度）。采用强度高的钢筋可以节约钢材，取得较好的经济效益。

2）钢筋的塑性

钢筋的塑性可用拉伸变形能力和弯曲变形能力来衡量。钢材的弯曲变形能力可用冷弯角度来衡量。将钢筋沿一个直径为 D 的钢辊进行弯转，要求达到一定的角度 α 时，钢筋不发生裂纹。

3）钢筋的可焊性

可焊性是评定钢筋焊接后的接头性能的指标。可焊性好，即要求在一定的工艺条件下，钢筋焊接后的接头强度不低于母材的强度，且不产生裂纹和过大的变形。

4）钢筋与混凝土的黏结力

为了保证钢筋与混凝土的共同工作，钢筋与混凝土之间必须具有足够的黏结力。钢筋表面形状是影响黏结力的重要因素（详见3.4节）。

3.4 钢筋和混凝土的黏结

在钢筋混凝土结构中，钢筋和混凝土这两种性质不同的材料之所以能够共同工作，主要是依靠钢筋和混凝土之间的黏结力。由于这种黏结力的存在，使钢筋和周围混凝土之间的内力得到相互传递。

钢筋和混凝土的黏结力，主要由三部分组成：胶结力、摩阻力和咬合力。第一部分是钢筋和混凝土接触面上的黏结——化学吸附力，亦称胶结力。第二部分是钢筋与混凝土之间的摩阻力。第三部分是钢筋与混凝土的咬合力。

影响钢筋与混凝土黏结强度的因素很多，主要有钢筋表面形状、混凝土强度、浇注位置、保护层厚度、钢筋净间距、横向钢筋和横向压力等。

带肋钢筋的黏结强度比光面钢筋大。

带肋钢筋和光面钢筋的黏结强度均随混凝土强度的提高而提高。

混凝土保护层和钢筋间距对于黏结强度也有重要的影响。对于高强度的带肋钢筋，当混凝土保护层太薄时，外围混凝土将可能发生径向劈裂而使黏结强度降低；当钢筋净距太小时，将可能出现水平劈裂而使整个保护层崩落，从而使黏结强度显著降低。

横向钢筋（如梁中的箍筋）可以延缓径向劈裂裂缝的发展和限制劈裂裂缝的宽度，从而可以提高黏结强度。

当钢筋的锚固区作用有侧向压应力时，黏结强度将会提高。

3.5 钢筋的锚固

为了使钢筋和混凝土能可靠地共同工作，钢筋在混凝土中必须有可靠的锚固。

3.5.1 受拉钢筋的锚固

当计算中充分利用钢筋的强度时，混凝土结构中纵向受拉钢筋的锚固长度应符合下列要求：

（1）基本锚固长度应按下列公式计算：

普通钢筋

$$l_{ab}=\alpha\frac{f_y}{f_t}d \tag{3-11}$$

预应力钢筋

$$l_{ab}=\alpha\frac{f_{py}}{f_t}d \tag{3-12}$$

式中：l_{ab}——受拉钢筋的锚固长度；

f_y、f_{py}——普通钢筋、预应力钢筋的抗拉强度设计值，按本书附表 2-4-2、附表 2-5-2 采用；

f_t——混凝土轴心抗拉强度设计值，按本书附表 2-2 采用，当混凝土强度大于 C60 时，按 C60 取值；

d——钢筋的公称直径；

α——钢筋的外形系数，按表 3-1 取用。

表 3-1　锚固钢筋的外形系数 α

钢筋类型	光面钢筋	带肋钢筋	螺旋肋钢丝	3 股钢绞线	7 股钢绞线
α	0.16	0.14	0.13	0.16	0.17

注：光面钢筋末端应做 180°弯钩，弯后平直段长度不应小于 $3d$，但作受压钢筋时可不做弯钩。

(2)受拉钢筋的锚固长度应根据具体锚固条件按下列公式计算，且不应小于 200 mm：

$$l_a=\zeta_a l_{ab} \tag{3-13}$$

式中：l_a——受拉钢筋的锚固长度；

ζ_a——锚固长度修正系数，应按下述规定取用，当多于一项时，可按连乘计算，但不应小于 0.6。

(3) 纵向受拉普通钢筋的锚固长度修正系数 ζ_a 应根据钢筋的锚固条件按下列规定取用：

① 当带肋钢筋的公称直径大于 25 mm 时取 1.10。

② 环氧树脂涂层带肋钢筋取 1.25。

③ 施工过程中易受扰动的钢筋取 1.10。

④ 当纵向受力钢筋的实际配筋面积大于其设计计算面积时，修正系数取设计计算面积与实际配筋面积的比值，但对有抗震设防要求及直接承受动力荷载的结构构件，不应考虑此项修正。

⑤ 锚固区保护层厚度为 $3d$ 时修正系数可取 0.80，保护层厚度为 $5d$ 时修正系数可取 0.70，中间按内插取值，此处 d 为纵向受力带肋钢筋的直径。

(4)当锚固钢筋保护层厚度不大于 $5d$ 时，锚固长度范围内应配置横向构造钢筋，其直径不应小于 $d/4$；对梁、柱等杆状构件间距不应大于 $5d$，对板、墙等平面构件间距不大于 $10d$ 的，且均不应小于 100 mm，此处 d 为锚固钢筋的直径。

(5) 为了减小锚固长度，可在纵向受拉钢筋末端采用机械锚固措施。当采用钢筋弯钩或机械锚固措施时，包括弯钩或锚固端头在内的锚固长度（投影长度）可取为基本锚固长度 l_{ab}的 0.6 倍。钢筋弯钩和机械锚固的形式和技术要求应符合表 3-2 及图 3-10 的规定。

表 3-2 钢筋弯钩和机械锚固的形式和技术要求

锚固形式	技术要求
90°弯钩	末端 90°弯钩,弯后直段长度 12d
135°弯钩	末端 135°弯钩,弯后直段长度 5d
一侧贴焊锚筋	末端一侧贴焊长 5d 同直径钢筋,焊缝满足强度要求
两侧贴焊锚筋	末端两侧贴焊长 3d 同直径钢筋,焊缝满足强度要求
焊端锚板	末端与厚度 d 的锚板穿孔塞焊,焊缝满足强度要求
螺栓锚头	末端旋入螺栓锚头,螺纹长度满足强度要求

注:1. 锚板或锚头的承压净面积应不小于锚固钢筋计算截面积的 4 倍。
2. 螺栓锚头产品的规格、尺寸应满足螺纹连接的要求,并应符合相关标准的要求。
3. 螺栓锚头和焊接锚板的间距不大于 3d 时,宜考虑群锚效应对锚固的不利影响。
4. 截面角部的弯钩和一侧贴焊锚筋的布筋方向宜向内偏置。

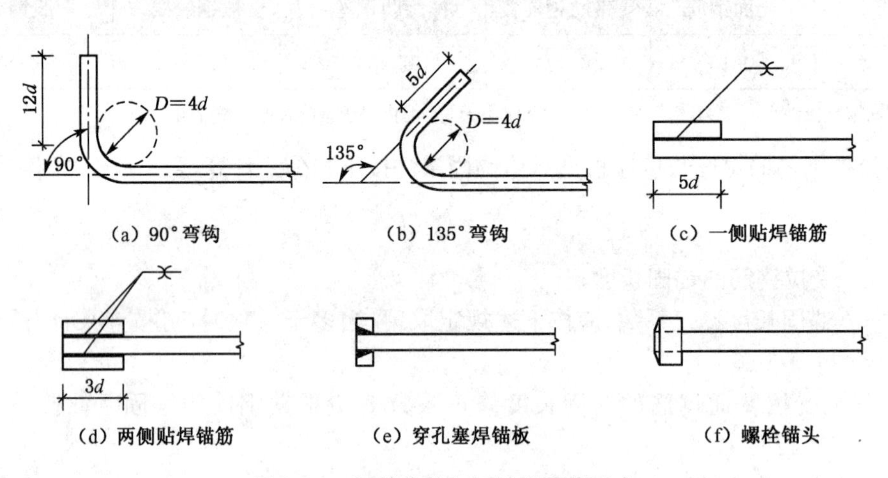

图 3-10 钢筋弯钩和机械锚固的形式

锚固长度范围内的构造钢筋应符合受拉钢筋锚固要求。

3.5.2 受压钢筋的锚固

当计算中充分利用钢筋的抗压强度时,受压钢筋的锚固长度应不小于相应受拉锚固长度的 0.7 倍。

受压钢筋不应采用末端弯钩和一侧贴焊锚筋的锚固措施。

机械锚固措施不得用于钢筋的锚固。

3.6 混凝土和钢筋的强度指标

3.6.1 材料强度指标的取值原则

材料的强度指标有两种:标准值和设计值。

材料强度标准值是结构设计时所采用的材料强度的基本代表值，也是生产中控制材料性能质量的主要指标。

按照《统一标准》规定，钢筋和混凝土的强度标准值一般按标准试验方法测得的具有不小于95%保证率的强度值确定，即

$$f_k = f_m - 1.645\sigma = f_m(1 - 1.645\delta) \tag{3-14}$$

式中：f_k、f_m——分别为材料强度的标准值和平均值；

σ、δ——分别为材料强度的标准差和变异系数。

钢筋和混凝土的强度设计值系由强度标准值除以相应的材料分项系数确定，即

$$f_d = f_k/\gamma_d \tag{3-15}$$

式中：f_d——材料强度设计值；

γ_d——材料分项系数。

钢筋和混凝土的材料分项系数及其强度设计值主要是通过对可靠指标的分析及工程经验校准确定。

为了明确起见，公式(3-15)可改写为

$$f_s = f_{sk}/\gamma_s \tag{3-16}$$

$$f_c = f_{ck}/\gamma_c \tag{3-17}$$

式中：f_s、f_c——分别为钢筋强度设计值和混凝土强度设计值；

f_{sk}、f_{ck}——分别为钢筋强度标准值和混凝土强度标准值；

γ_s、γ_c——分别为钢筋材料分项系数和混凝土材料分项系数。

3.6.2 混凝土的强度等级、强度标准值和强度设计值

1) 混凝土强度等级

混凝土强度等级($f_{cu,k}$)应按立方体抗压强度标准值确定。立方体抗压强度标准值系指按照标准方法制作和养护的边长为150 mm的立方体试件，在28 d龄期用标准试验方法测得的具有95%保证率的抗压强度，即

$$f_{cu,k} = f_{cu,m} - 1.645\sigma_{cu} = f_{cu,m}(1 - 1.645\delta_{cu}) \tag{3-18}$$

式中：$f_{cu,m}$——混凝土立方体强度的平均值；

σ_{cu}——混凝土立方体强度的标准差；

δ_{cu}——混凝土立方体强度的变异系数。

《混凝土结构设计规范》规定的混凝土强度等级有14级，分别为C15、C20、C25、C30、C35、C40、C45、C50、C55、C60、C65、C70、C75和C80。

C35代表 $f_{cu,k} = 35\ \text{N/mm}^2$ 的强度等级，C20代表 $f_{cu,k}=20\ \text{N/mm}^2$ 的强度等级，其余以此类推。

2) 混凝土的强度标准值和强度设计值

假定混凝土轴心抗压强度和抗拉强度的变异系数与立方体强度的变异系数 δ_{cu} 相同，则混凝土轴心抗压强度标准值 f_{ck} 和轴心抗拉强度标准值 f_{tk} 可按下列公式确定：

$$f_{ck}=f_{c,m}(1-1.645\delta_{cu})=0.88\alpha_{c1}\alpha_{c2}f_{cu,m}(1-1.645\delta_{cu})$$

即
$$f_{ck}=0.88\alpha_{c1}\alpha_{c2}f_{cu,k} \tag{3-19}$$

式中：$f_{c,m}$——混凝土轴心抗压强度平均值；

α_{c1}——混凝土轴心抗压强度与立方体强度的比值；

α_{c2}——混凝土脆性折减系数，对 C40 取 $\alpha_{c2}=1.0$，对 C80 取 $\alpha_{c2}=0.87$，其间按线性插入。

$$f_{tk}=f_{t,m}(1-1.645\delta_{cu})=0.88\times0.395\alpha_{c2}f_{cu,m}^{0.55}(1-1.645\delta_{cu})^{0.45}$$

即
$$f_{tk}=0.348\alpha_{c2}f_{cu,m}^{0.55}(1-1.645\delta_{cu})^{0.45} \tag{3-20}$$

式中：$f_{t,m}$——混凝土轴心抗拉强度平均值。

按照上述方法求得的混凝土轴心抗压强度和轴心抗拉强度的材料分项系数为 1.4。将混凝土轴心抗压强度标准值和轴心抗拉强度标准值除以上述材料分项系数，即可得混凝土轴心抗压强度设计值和轴心抗拉强度设计值。

混凝土强度的标准值和设计值列于附表 2-1 和附表 2-2。

3.6.3 钢筋的强度标准值和强度设计值

普通钢筋的标准强度应具有 95%的保证率。普通钢筋的标准强度取为屈服强度。由于没有明显的屈服强度，预应力筋的标准强度取为抗拉强度，条件屈服强度取为抗拉强度的 0.85。

将钢筋强度标准值除以相应的材料分项系数，即可得钢筋强度设计值。

钢筋抗压强度设计值按 $f'_y=\varepsilon'_s E_s$ 确定（f'_y 为钢筋抗压强度设计值；ε'_s 为受压钢筋应变，取 $\varepsilon'_s=0.2\%$），但不得大于相应的钢筋抗拉强度设计值。

钢筋强度的标准值和强度设计值列于附表 2-4。

3.7 混凝土结构耐久性设计规定

混凝土结构在预期的自然环境的化学和物理作用下，应能满足设计工作寿命要求，亦即混凝土结构在正常维护下应具有足够的耐久性。为此，对混凝土结构，除了进行承载能力极限状态计算和正常使用极限状态验算外，尚应进行耐久性设计。

混凝土结构的耐久性应根据使用环境类别和设计使用年限进行设计。

根据工程经验，并参考国外有关规范，《混凝土结构设计规范》将混凝土结构的使用环境分为 5 类，并按表 3-3 的规定确定。

表 3-3 混凝土结构的环境类别

环境类别	条 件
一	室内干燥环境： 无侵蚀性静水浸没环境

续表 3-3

环境类别	条　件
二 a	室内潮湿环境： 非严寒和非寒冷地区的露天环境 非严寒和非寒冷地区与无侵蚀性的水或土壤直接接触的环境 严寒和寒冷地区的冰冻线以下与无侵蚀性的水或土壤直接接触的环境
二 b	干湿交替环境： 水位频繁变动环境 严寒和寒冷地区的露天环境 严寒和寒冷地区冰冻线以上与无侵蚀性的水或土壤直接接触的环境
三 a	严寒和寒冷地区冬季水位变动区环境： 受除冰盐影响环境 海风环境
三 b	盐渍土环境： 受除冰盐作用环境 海岸环境
四	海水环境
五	受人为或自然的侵蚀性物质影响的环境

注：1. 室内潮湿环境是指构件表面经常处于结露或湿润状态的环境。
2. 严寒和寒冷地区的划分应符合国家现行标准《民用建筑热工设计规范》(GB 50176)的有关规定。
3. 海岸环境和海风环境宜根据当地情况，考虑主导风向及结构所处迎风、背风部位等因素的影响，由调查研究和工程经验确定。
4. 受除冰盐影响环境为受到除冰盐盐雾影响的环境；受除冰盐作用环境指被除冰盐溶液溅射的环境以及使用除冰盐地区的洗车房、停车楼等建筑。

在工业与民用建筑中，混凝土结构所处的环境主要为一、二、三类。因此，《混凝土结构设计规范》仅对于一、二、三类环境中的混凝土结构的耐久性设计作出规定，而对四、五类环境中的混凝土结构的耐久性设计未作出规定。

《混凝土结构设计规范》根据环境类别和使用年限，对混凝土结构的耐久性设计作出如下规定。

（1）一类、二类和三类环境中，设计使用年限为50年的结构混凝土应符合表3-4的规定。

表 3-4　结构混凝土材料的耐久性基本要求

环境等级	最大水胶比	最低强度等级	最大氯离子含量(%)	最大碱含量(kg/m^3)
一	0.60	C20	0.30	不限制
二 a	0.55	C25	0.20	3.0
二 b	0.50(0.55)	C30(C25)	0.15	
三 a	0.45(0.50)	C35(C30)	0.15	
三 b	0.40	C40	0.10	

注：1. 氯离子含量系指其占胶凝材料总量的百分比。
2. 预应力构件混凝土中的最大氯离子含量为0.05%；最低混凝土强度等级应按表中的规定提高2个等级。
3. 素混凝土构件的水胶比及最低强度等级的要求可适当放松。
4. 有可靠工程经验时，二类环境中的最低混凝土强度等级可降低一个等级。
5. 处于严寒和寒冷地区二 b、三 a 类环境中的混凝土应使用引气剂，并可采用括号中的有关参数。
6. 当使用非碱活性骨料时，对混凝土中的碱含量可不作限制。

(2) 一类环境中，设计使用年限为100年的结构混凝土应符合下列规定：

① 钢筋混凝土结构的最低强度等级为C30；预应力混凝土结构的最低强度等级为C40。

② 混凝土中的最大氯离子含量为0.05%。

③ 宜使用非碱活性骨料，当使用碱活性骨料时，混凝土中的最大碱含量为3.0 kg/m^3。

④ 混凝土保护层厚度应按本书附表2-7的规定增加40%；当采取有效的表面防护措施时，混凝土保护层厚度可适当减小。

⑤ 在设计使用年限内，应建立定期检测、维修的制度。

(3) 二类和三类环境中，设计使用年限为100年的混凝土结构应采取专门有效的措施。

(4) 对下列混凝土结构及构件，尚应采取加强耐久性的相应措施：

① 预应力混凝土结构中的预应力筋应根据具体情况采取表面防护、管道灌浆、加大混凝土保护层厚度等措施，外露的锚固端应采取封锚和混凝土表面处理等有效措施。

② 有抗渗要求的混凝土结构，混凝土的抗渗等级应符合有关标准的要求。

③ 严寒及寒冷地区的潮湿环境中，结构混凝土应满足抗冻要求，混凝土抗冻等级应符合有关标准的要求。

④ 处于二、三类环境中的悬臂构件宜采用悬臂梁-板的结构形式，或在其上表面增设防护层。

⑤ 处于二、三类环境中的结构构件，其表面的预埋件、吊钩、连接件等金属部件应采取可靠的防锈措施。

⑥ 处在三类环境中的混凝土结构构件，可采用阻锈剂、环氧树脂涂层钢筋或其他具有耐腐蚀性能的钢筋、采取阴极保护措施或采用可更换的构件等措施。

(5) 混凝土结构在设计使用年限内尚应遵守下列规定：

① 设计中的可更换混凝土构件应按规定定期更换。

② 构件表面的防护层，应按规定维护或更换。

③ 结构出现可见的耐久性缺陷时，应及时进行处理。

(6) 耐久性环境类别为四类和五类环境中的混凝土结构，其耐久性要求应符合有关标准的规定。

最后，还需指出，未经技术鉴定或设计许可，不得改变结构的使用环境和用途。

本章小结

1. 简述钢筋混凝土梁与素混凝土梁的区别。

2. 混凝土的强度主要包括立方体抗压强度、轴心抗压强度和轴心抗拉强度。立方体抗压强度标准值是混凝土各种力学指标的基本代表值。根据立方体抗压强度标准值，混凝土可以划分为14个强度等级。

3. 混凝土的变形，混凝土的收缩与徐变的特点。混凝土的收缩与徐变对混凝土结构受力有一定的影响，在工程中可采用措施减小混凝土收缩与变形。

4. 钢筋与混凝土之间的黏结是钢筋和混凝土共同工作的基础，黏结应力主要由钢筋与混凝土之间的化学胶结力、摩擦力和机械咬合力三部分构成。

5. 钢筋按其力学性能可分为两种：有明显流幅(屈服点)的钢筋和无明显流幅(屈服点)的钢筋。前者取屈服强度作为钢筋的设计依据，后者取残余应变为0.2%时的应力为条件屈服强度作为设计依据。

6. 混凝土结构中对钢筋性能的基本要求：强度高、塑性好、可焊性好、黏结性能好。

复习思考题

3.1 素混凝土梁和钢筋混凝土梁的破坏特点如何？

3.2 与素混凝土梁相比，钢筋混凝土梁抗裂弯矩的提高程度如何？为什么？

3.3 与素混凝土梁相比，钢筋混凝土梁受弯承载力的提高程度如何？为什么？

3.4 钢筋混凝土结构有哪些优点和缺点？

3.5 钢筋和混凝土共同工作的基础是什么？

3.6 混凝土立方体抗压强度是如何确定的？为什么采用非标准尺寸的立方体试块时，测得的立方体抗压强度应乘以换算系数？

3.7 混凝土强度等级是如何确定的？

3.8 混凝土轴心抗压强度与立方体抗压强度的关系如何？

3.9 混凝土轴心抗拉强度与立方体抗压强度的关系如何？

思考题解析

3.10 在双向受压、双向受拉及一向受拉一向受压的应力状态下，混凝土强度的变化规律如何？

3.11 在剪压应力状态下混凝土强度的变化规律如何？

3.12 在三向应力状态下混凝土强度的变化规律如何？

3.13 何谓混凝土的徐变？

3.14 何谓混凝土的收缩？影响混凝土收缩的主要因素有哪些？混凝土收缩对结构会产生什么不利影响？

3.15 混凝土结构对钢筋性能有哪些要求？

3.16 钢筋和混凝土之间的黏结作用由哪几部分组成？

习　题

3.1 混凝土的立方体抗压强度为 30 N/mm^2，试计算其轴心抗压强度、轴心抗拉强度和弹性模量。

习题解析

3.2 试写出热轧钢筋的级别、符号及其屈服强度标准值。

3.3 钢筋混凝土结构的混凝土为 C30，纵向受力钢筋为 HRB400 级，试计算其锚固长度应为钢筋直径的多少倍。

4 钢筋混凝土受弯构件正截面承载力

4.1 受弯构件的一般构造要求

4.1.1 截面形式和尺寸

房屋建筑中的梁、板是典型的受弯构件，其截面一般为对称形状，常用的有矩形、T形、I形、槽形、空心形和环形等(图4-1)，有时也采用非对称形状，如倒L形。

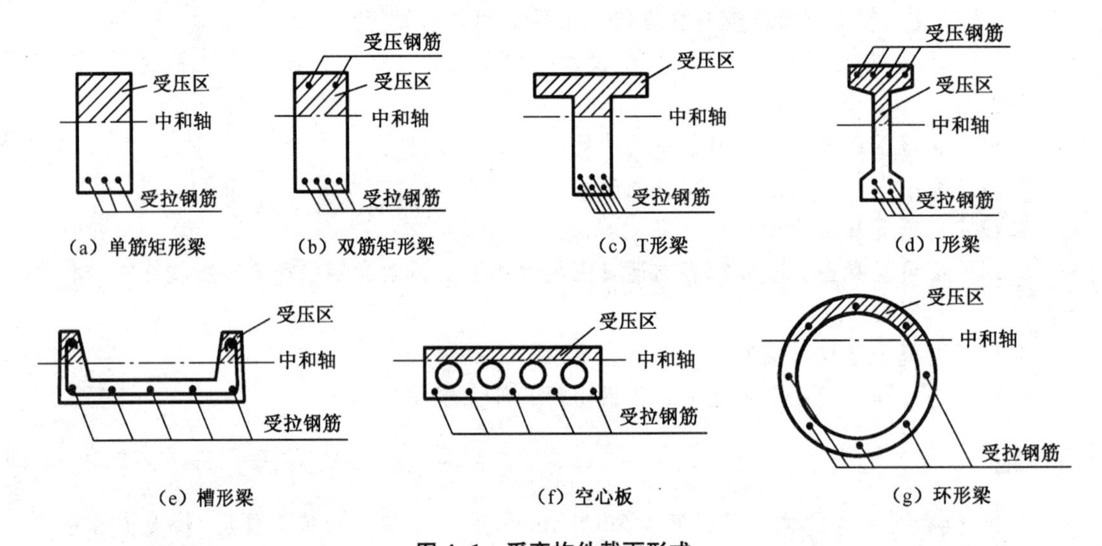

图4-1 受弯构件截面形式

梁中一般配置有纵向受力钢筋、弯起钢筋、箍筋和架立钢筋(图4-2)。

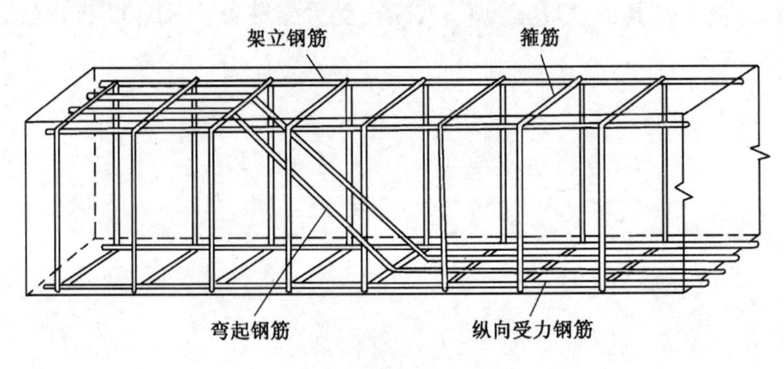

图4-2 梁的配筋

梁式板中一般布置有两种钢筋:受力钢筋和分布钢筋。受力钢筋沿板的跨度方向放置,分布钢筋则与受力钢筋互相垂直,放置在受力钢筋的内侧(图 4-3)。

在受弯构件中,如果纵向受力钢筋仅配置于受拉区,这种截面称为单筋截面(图 4-1(a))。如果在截面的受拉区和受压区都配置有纵向受力钢筋,这种截面称为双筋截面(图 4-1(b))。

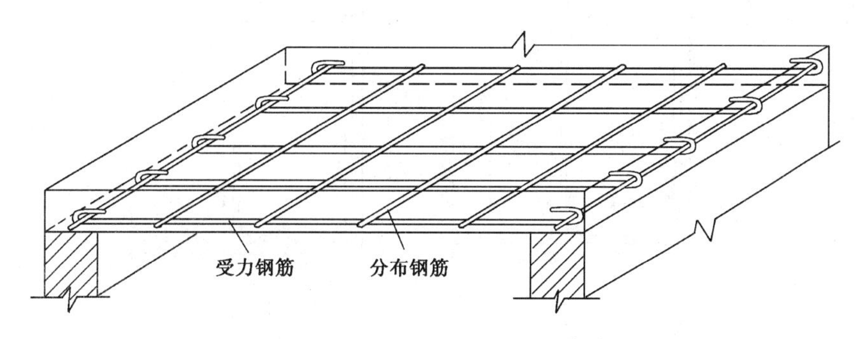

图 4-3 梁式板的配筋

为了使构件截面尺寸统一,便于施工,对于现浇钢筋混凝土构件,其截面尺寸宜按下述规定采用:

(1) 矩形截面的宽度和 T 形截面的腹板宽度一般为 100 mm、120 mm、150 mm、180 mm、200 mm、220 mm、250 mm 和 300 mm,300 mm 以上每级差 50 mm。

(2) 矩形和 T 形截面的高度一般为 250 mm、300 mm……直至 800 mm,每级差 50 mm;800 mm 以上则每级差 100 mm。

(3) 板的厚度与使用要求有关。屋面板和楼板最小厚度为 60 mm;悬臂板的厚度,当悬臂长度不大于 500 mm 时为 60 mm,大于 500 mm 时为 80 mm;以下均每级差 10 mm。

对于预制构件,其级差可酌情调整。

对于截面的高宽比 h/b,在矩形截面中,一般为 2.0~2.5,在 T 形截面中,一般为 2.5~3.0。但这并非不可变更,如在浅梁中,高宽比可小些,在薄腹梁中,高宽比则大得多。

4.1.2 混凝土保护层

在钢筋混凝土构件中,为了保护钢筋不受空气的氧化和其他因素的作用,同时,也为了保证钢筋和混凝土有良好的黏结,钢筋的混凝土保护层应有足够的厚度。混凝土保护层最小厚度与钢筋直径、构件种类、环境条件和混凝土强度等级等因素有关。《混凝土结构设计规范》规定,受力钢筋的混凝土保护层最小厚度(从最外层钢筋的外缘算起)应遵守附表 2-7 的要求,且不宜小于受力钢筋的直径。

4.1.3 钢筋的间距和直径

为了保证混凝土能很好地将钢筋包裹住,使钢筋应力能可靠地传递到混凝土,以及避免因钢筋过密而妨碍混凝土的捣实,梁的上部纵向钢筋水平方向的净间距(钢筋外缘之间的最小距离)不应小于 30 mm 和 $1.5d$(d 为钢筋的最大直径)。梁的下部纵向钢筋净间距不得小于 25 mm 和 d(图 4-4)。为了满足上述间距,有时受力钢筋须配置成 2 层。某些情况下还有多于2层的。当构件下部钢筋配置多于2层时，2层以上钢筋水平方向的中距应比下面2层的中距增大1倍。各层钢筋之间的净间距不应小于25 mm和d。

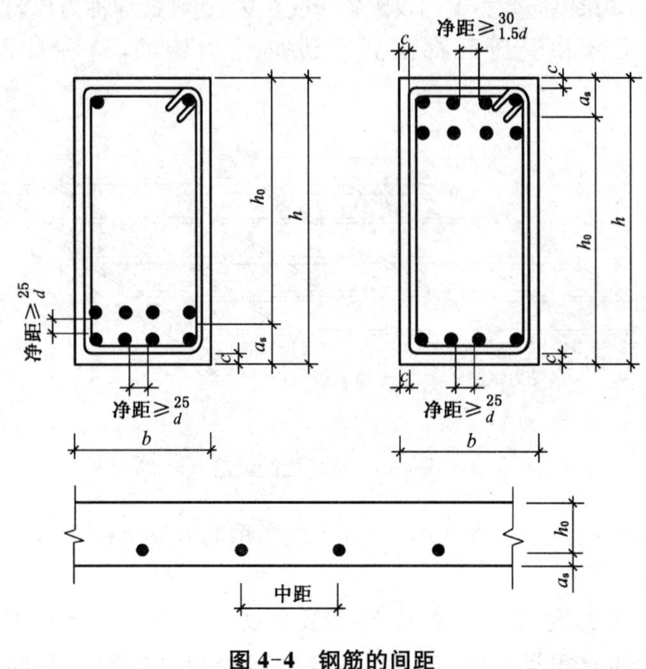

图4-4 钢筋的间距

为了便于浇注混凝土，保证钢筋周围混凝土的密实性，板内钢筋间距不宜太密。为了使板能正常地承受外荷载，钢筋间距也不宜过稀。当用绑扎钢筋配筋时，受力钢筋的间距(中距)一般为70～200 mm；当板厚$h \leqslant 150$ mm时，不应大于200 mm；当板厚$h > 150$ mm时，不应大于1.5h，且不应大于300 mm。

梁中常用的纵向受力钢筋直径为10～28 mm。设计时若需要用两种不同直径的钢筋，其直径相差至少为2 mm，以便在施工中能用肉眼识别。

顺便指出，截面上配置钢筋的多少，通常用配筋率来衡量。对于矩形和T形截面，其受拉钢筋的配筋率可表示为$\rho = A_s/(bh_0)$。A_s为截面中纵向受拉钢筋截面面积；b为矩形截面宽度或T形截面的腹板宽度；h_0为截面有效高度，即从受拉钢筋截面重心至受压边缘的距离，亦即$h_0 = h - a_s$(图4-4)。a_s可按实际尺寸计算，一般情况下(如一类环境)也可近似的按下述确定：在梁内，当受拉钢筋为1层时，$a_s = 35$ mm(或40 mm)，当受拉钢筋为2层时，$a_s = 60$ mm(或65 mm)；在板内，$a_s = 20$ mm(或25 mm)。当混凝土强度等级小于或等于C20时，宜用较大值。

4.2 受弯构件正截面受力全过程和破坏特征

钢筋混凝土受弯构件正截面的受力性能和破坏特征与纵向受拉钢筋的配筋率、钢筋强度和混凝土强度等因素有关。一般可按照其破坏特征分为3类：适筋截面、超筋截面和少筋截面。

4.2.1 适筋截面

根据在工程实践和科学研究中对钢筋混凝土梁的观察和试验，对于配筋率适当的钢筋混凝土梁跨中正截面（单筋截面），从施加荷载到破坏的全过程可分为3个阶段：

1）第Ⅰ阶段（整体工作阶段）

当弯矩很小时，在截面中和轴以上的混凝土处于受压状态，在中和轴以下的混凝土处于受拉状态。同时，配置在受拉区的纵向受拉钢筋也负担一部分拉力。这时，混凝土的压应力和拉应力都很小，混凝土的工作性能接近于匀质弹性体，应力分布图形接近于三角形（图4-5(a)）。

当弯矩增大时，混凝土的应力（拉应力和压应力）和钢筋的拉应力都有不同程度的增大。由于混凝土抗拉强度远较抗压强度低，混凝土受拉区表现出明显的塑性特征，应变增大的速度比应力快，拉应力图形呈曲线分布，并将随荷载的增加而渐趋均匀。这个阶段即为第Ⅰ工作阶段。在这个阶段中，受拉区混凝土尚未开裂，整个截面都参加工作，一般又称为整体工作阶段。当达到这个阶段的极限时（图4-5(b)），受拉区应力图形大部分呈均匀分布，拉应力达到混凝土抗拉强度 f_t^o（上角码 o 表示实际值，下同），受拉边缘纤维应变达到混凝土受弯时的极限拉应变 ε_{tu}，截面处在将裂未裂的极限状态。由于混凝土的抗压强度很高，这时的受压区最大应力与其抗压强度相比是不大的，受压塑性变形发展不明显，故受压区混凝土应力图形仍接近三角形。这种应力状态称为抗裂极限状态，一般用 I_a 表示。这时，截面所承担的弯矩称为抗裂弯矩（M_{cr}），抗裂计算即以此为依据。

2）第Ⅱ阶段（带裂缝工作阶段）

当弯矩继续增加时，受拉区混凝土拉应变超过其极限拉应变 ε_{tu}，因而产生裂缝，截面进入第Ⅱ工作阶段，即带裂缝工作阶段。由整体工作阶段到带裂缝工作阶段的转化是突然的，截面的受力特点将产生明显变化。裂缝出现后，在裂缝截面处，受拉区混凝土大部分退出工作，拉力几乎全部由受拉钢筋承担；在裂缝出现的瞬间，钢筋应力将突然增大很多。因而，裂缝一出现就立即开展至一定的宽度，并延伸到一定的高度，中和轴位置也将随之上移。随着弯矩的增加，裂缝不断开展。由于受压区应变不断增大，受压区混凝土塑性特征将表现得越来越明显，应力图形呈曲线分布（图4-5(c)）。第Ⅱ工作阶段的应力状态代表了受弯构件在使用时的应力状态，使用阶段变形和裂缝宽度的计算即以此应力状态为依据。

当钢筋应力达到屈服强度 f_y^o 时，标志着截面即将进入破坏阶段，这即为第Ⅱ阶段的结束，以 II_a 表示，这也是第Ⅲ阶段的起点（图4-5(d)），这时截面所能承担的弯矩称为屈服弯矩（M_y）。

3）第Ⅲ阶段（破坏阶段）

当弯矩再增加时，由于受拉钢筋已屈服，截面进入第Ⅲ工作阶段，即破坏阶段。这时受拉钢筋应力将仍停留在屈服点而不再增大，但应变则迅速增大，这就促使裂缝急剧开展，并向上延伸，中和轴继续上移，混凝土受压区高度迅速减小。为了平衡钢筋的总拉力，混凝土受压区的总压力将保持不变，其压应力迅速增大，受压区混凝土的塑性特征将表现得更充分，压应力图形呈显著的曲线分布（图4-5(e)）。当弯矩再增加，直至混凝土受压区的压应力峰值达到其抗压强度 f_c^o，且边缘纤维混凝土压应变达到其极限压应变 ε_{cu} 时，受压区将出现一些纵向裂缝，混凝土被压碎甚至崩脱，截面即告破坏，亦即截面达到第Ⅲ工作阶段极限，以$Ⅲ_a$表示(图 4-5(f))。这时截面所承担的弯矩即为破坏弯矩(M_u),按极限状态设计方法的受弯承载力计算即以此应力状态为依据。

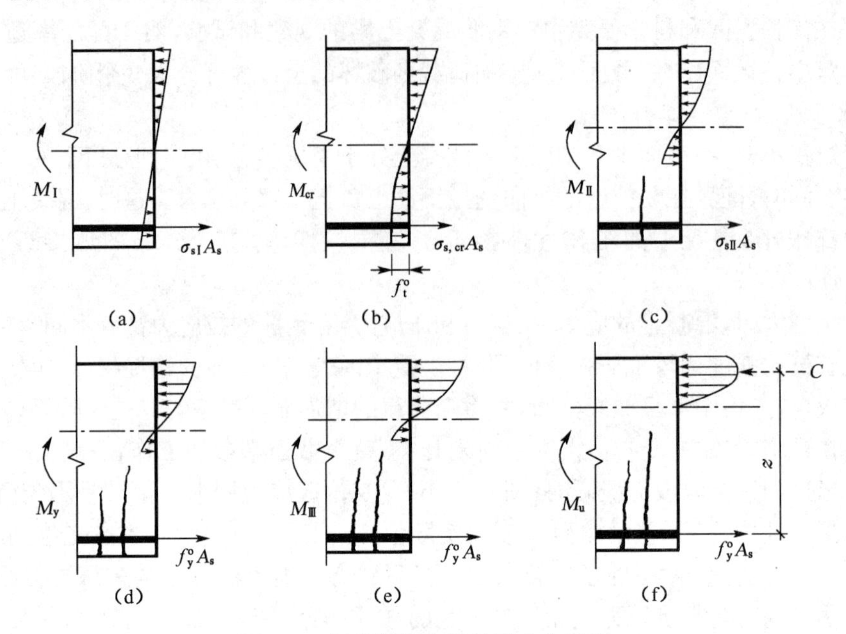

图 4-5　钢筋混凝土梁的受力全过程

综上所述,对于适筋截面,其破坏是始于受拉钢筋屈服。在受拉钢筋应力刚达到屈服强度时,混凝土受压区应力峰值及边缘纤维的压应变并未达到其极限值,因而混凝土并未立即被压碎,还需施加一定的弯矩(即弯矩将由M_y增大到M_u)。在这个阶段,由于钢筋屈服而产生很大的塑性伸长,随之引起裂缝急剧开展和梁的挠度急剧增大,这就给人以明显的破坏预兆。一般称这种破坏为延性破坏(图 4-6(a))。

练一练

4.2.2　超筋截面

试验表明,在纵向受拉钢筋刚屈服的瞬间,混凝土受压边缘的应变和应力的大小与受拉钢筋的配筋率有密切的关系,它随着受拉钢筋配筋率的增加而增大。当受拉钢筋配筋率达到某种程度时,在钢筋屈服的瞬间,混凝土受压区边缘纤维的压应变将同时达到其极限压应变,亦即钢筋屈服的瞬间,截面也同时发生破坏。这种破坏形态一般称为界限破坏。当受拉钢筋配筋率超过这一限值时,则在受拉钢筋屈服之前,混凝土受压区边缘纤维的压应变将先达到其极限压应变,受压区混凝土将先被压碎,截面即告破坏(图 4-6(b))。由于在截面破坏前受拉钢筋还没有屈服,所以裂缝延伸不高,开展也不大,梁的挠度也不大。也就是说,截面是在没有明显预兆的情况下,由于受压区被压碎而破坏,破坏是比较突然的,一般称这种破坏为脆性破坏。如上所述,当截面的配筋率超过某一界限后就会发生脆性破坏,则称这种截面为超筋截面。

超筋截面不仅破坏突然,而且用钢量大,不经济,因此,在设计中不应采用。

4.2.3　少筋截面

在钢筋混凝土受弯构件中,受拉区一旦产生裂缝,在裂缝截面处,原受拉混凝土所承担的拉力将几乎全部移交给钢筋承担，钢筋应力将突然剧增。受拉钢筋配筋率愈少，钢筋应力增加愈多。如果受拉钢筋配筋率极少，则当裂缝一产生，钢筋应力就立即达到其屈服强度，甚至经历整个流幅而进入强化阶段。一般称这种截面为少筋截面(图 4-6(c))。由于少筋截面的尺寸一般较大，承载力相对很低，因此也是不经济的，且破坏也较突然，故在工业与民用建筑中不应采用。

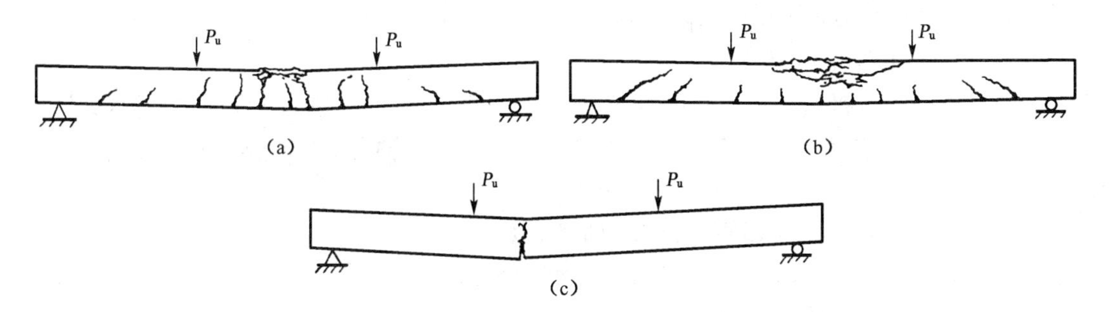

图 4-6 钢筋混凝土梁的 3 种破坏形态

4.3 受弯构件正截面承载力计算的基本原则

4.3.1 基本假定

根据受弯构件正截面的破坏特征，《混凝土结构设计规范》规定，其正截面承载力计算采用下述基本假定：

(1) 截面应变保持平面。

国内外大量的试验证明，对于钢筋混凝土受弯构件，从开始加荷直至破坏的各阶段，截面的平均应变都能较好的符合平截面假定。

(2) 不考虑混凝土的抗拉强度。

在裂缝截面处，受拉区混凝土已大部分退出工作，但在靠近中和轴附近，仍有一部分混凝土承担着拉应力。由于其拉应力较小，且内力臂也不大，因此所承担的内力矩是不大的，故在计算中可忽略不计，其误差仅 1%～2%。

(3) 混凝土受压的应力-应变曲线按下列规定采用(图 4-7)。

当 $\varepsilon_c \leqslant \varepsilon_0$ 时

$$\sigma_c = f_c\left[1-\left(1-\frac{\varepsilon_c}{\varepsilon_0}\right)^n\right] \quad (4\text{-}1)$$

当 $\varepsilon_0 \leqslant \varepsilon_c \leqslant \varepsilon_{cu}$ 时

$$\sigma_c = f_c \quad (4\text{-}1a)$$

$$\varepsilon_0 = 0.002 + 0.5(f_{cu,k} - 50) \times 10^{-5} \quad (4\text{-}1b)$$

$$\varepsilon_{cu} = 0.0033 - (f_{cu,k} - 50) \times 10^{-5} \quad (4\text{-}1c)$$

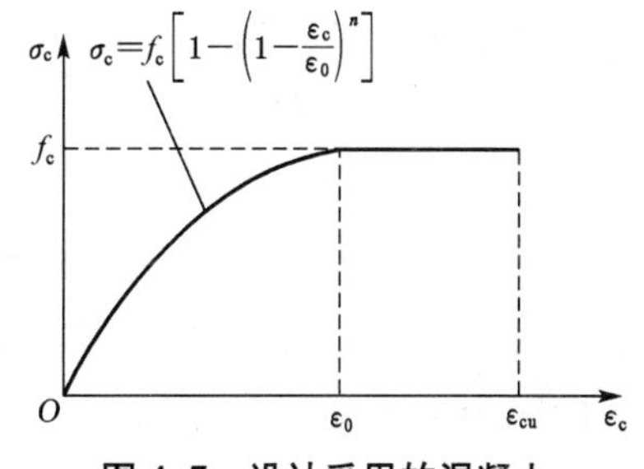

图 4-7 设计采用的混凝土受压应力-应变曲线

$$n=2-\frac{1}{60}(f_{cu,k}-50) \tag{4-1d}$$

式中：ε_c——混凝土压应变；

σ_c——混凝土压应变为 ε_c 时的混凝土压应力；

f_c——混凝土轴心抗压强度设计值；

ε_0——对应于混凝土压应力刚达到 f_c 时的混凝土压应变，当计算的 ε_0 值小于 0.002 时，取为 0.002；

ε_{cu}——正截面的混凝土极限压应变，当处于非均匀受压时，按公式(4-1c)计算，如计算的 ε_{cu} 值大于 0.003 3 时，取为 0.003 3；当处于轴心受压时，取为 ε_0；

$f_{cu,k}$——混凝土立方体抗压强度标准值；

n——系数，当计算的 n 值大于 2.0 时，取为 2.0。

(4) 纵向钢筋应力取等于钢筋应变与其弹性模量的乘积，但其绝对值不大于其相应的强度设计值，纵向受拉钢筋的极限拉应变取 0.01。

这一假定意味着钢筋的应力-应变关系可采用弹性-全塑性曲线(图 4-8)。在纵向钢筋屈服以前，纵向钢筋应力和应变成正比；在纵向钢筋屈服以后，纵向钢筋应力保持不变。

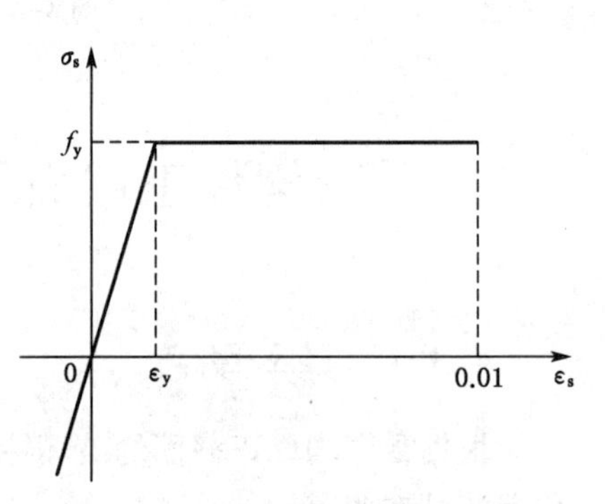

图 4-8 钢筋的应力-应变曲线

4.3.2 等效矩形应力图形

当混凝土的应力-应变曲线为已知，同时，受压区混凝土的应变规律也已知，则可根据各点的应变值从混凝土应力-应变曲线上求得相应的应力值。于是，受压区混凝土的应力图形(图 4-9)即可确定。可以证明在受压区混凝土应变符合平截面假定的前提下，当混凝土的应力-应变曲线给定时(例如，按图 4-7 所示曲线采取)，其受压区应力图形将和给定的应力-应变曲线相同。

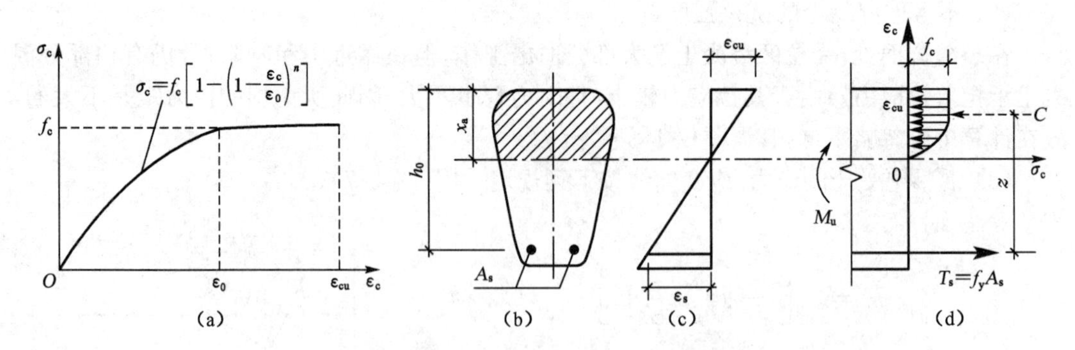

图 4-9 受压区混凝土的应力图形

为了简化计算，受压区混凝土的曲线应力图形可以用一个等效的矩形应力图形来代替。由于在计算正截面受弯承载力时，只需知道受压区混凝土压应力合力的大小及其作用点位置，因此，等效矩形应力图形可按以下原则确定：保证压应力合力的大小和作用点位置不变。

分析表明，矩形应力图形的受压区高度 x 和应力值 f_{ce} 可按下列公式确定(图 4-10)：

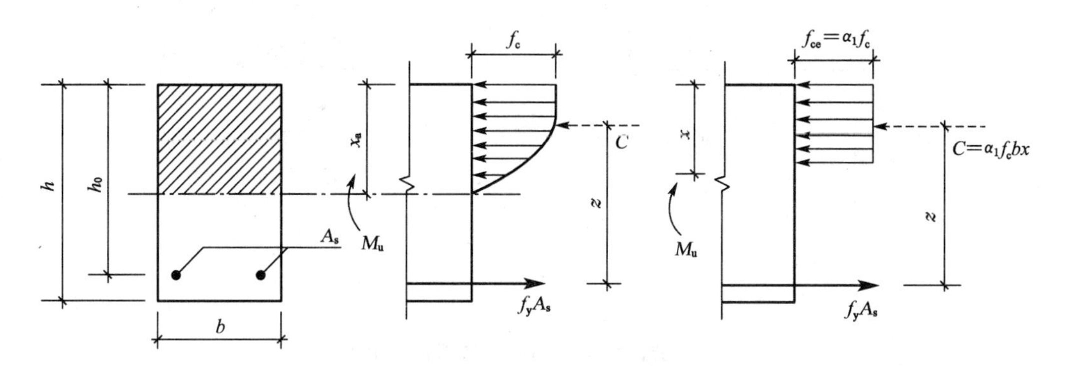

图 4-10　等效矩形应力图形的换算

$$x = \beta_1 x_a \tag{4-2}$$

$$f_{ce} = \alpha_1 f_c \tag{4-3}$$

式中：x_a——按截面应变保持平面的假定和规定的混凝土应力-应变曲线确定的受压区高度，简称为实际受压区高度；

x——等效矩形应力图形的换算受压区高度，简称受压区高度；

β_1——受压区高度 x 与实际受压区高度 x_a 的比值，当混凝土强度等级不超过 C50 时，β_1 取为 0.8；当混凝土强度等级为 C80 时，β_1 取为 0.74；其间按线性内插法确定；

f_{ce}——等效矩形应力图形的等效混凝土抗压强度；

α_1——等效混凝土抗压强度与混凝土轴心抗压强度的比值，当混凝土强度不超过 C50 时，α_1 取为 1.0；当混凝土强度等级为 C80 时，α_1 取为 0.94；其间按线性内插法确定。

4.3.3　适筋截面的界限条件

1）界限受压区高度

如前面所述，当受拉钢筋达到屈服时，受压区混凝土也同时达到其抗压强度（受压区混凝土外边缘纤维达到其极限压应变），这种破坏称为界限破坏。

根据平截面假定，界限破坏时的实际受压区高度可按下列公式确定（图 4-11）：

$$\frac{x_{ba}}{h_0} = \frac{\varepsilon_{cu}}{\varepsilon_{cu} + \varepsilon_y} \tag{4-4}$$

式中：x_{ba}——界限破坏时的实际受压区高度；

ε_{cu}——混凝土受压区边缘纤维的极限压应变；

ε_y——受拉钢筋的屈服应变，即 $\varepsilon_y = f_y/E_s$；

f_y——钢筋抗拉强度设计值；

E_s——钢筋弹性模量。

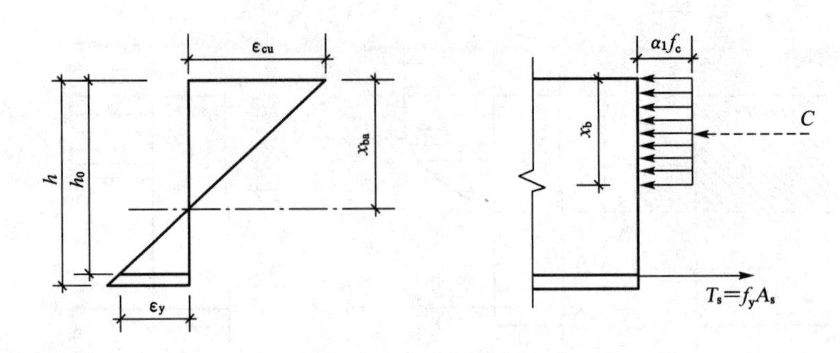

图 4-11　界限破坏时的应力状态和受压区高度

公式(4-4)可改写为

$$\xi_{ba} = \frac{1}{1+\frac{f_y}{\varepsilon_{cu}E_s}} \tag{4-5}$$

式中：ξ_{ba}——界限破坏时的实际相对受压区高度，即 $\xi_{ba}=x_{ba}/h_0$。

当简化为等效矩形应力图形时，界限破坏时的相对受压区高度 ξ_b 为

$$\xi_b = \beta_1 \xi_{ba}$$

于是可得

$$\xi_b = \frac{\beta_1}{1+\frac{f_y}{\varepsilon_{cu}E_s}} \tag{4-6}$$

式中：ξ_b——界限破坏时的相对受压区高度(也可称为界限破坏时的受压区高度系数)，即 $\xi_b=x_b/h_0$。

由公式(4-6)可知，ξ_b 与 ε_{cu}、f_y 和 E_s 有关，它随着混凝土极限压应变 ε_{cu} 的增大而增大，随着受拉钢筋屈服强度的增大而减小。

当混凝土强度等级不大于 C50 时，取 $\varepsilon_{cu}=0.003\,3$ 及 $\beta_1=0.8$，可得

$$\xi_b = \frac{0.8}{1+\frac{f_y}{0.003\,3E_s}} \tag{4-7}$$

练一练

于是，对于适筋截面，破坏时的相对受压区高度 ξ(即 x/h_0)应小于或等于 ξ_b，即

$$\xi \leqslant \xi_b \tag{4-8}$$

2) 最小配筋率

如 4.2.3 节所述，在工业与民用建筑中，不应采用少筋截面，以免一旦出现裂缝后，构件因裂缝宽度或挠度很快达到规定的限值而失效。从原则上讲，最小配筋率规定了少筋截面和适筋截面的界限，亦即配有最小配筋率的钢筋混凝土受弯构件在破坏时所能承担的弯矩 M_u 等于相同截面的素混凝土受弯构件所能承担的弯矩 M_c。

《混凝土结构设计规范》规定的最小配筋率列于附表 2-8。必须指出，附表 2-8 中规定的受弯构件最小配筋率除按上述原则确定外，还考虑了温度和收缩应力的影响以及以往的设计经验。

必须注意,计算最小配筋率和计算配筋率的方法是不同的,详见公式(4-16)和附表 2-8。为了便于区别,最小配筋率用 $\rho_{1\min}$ 表示。

4.4 单筋矩形截面受弯构件正截面承载力计算

4.4.1 基本计算公式

1) 计算应力图形

根据适筋截面在破坏瞬间的应力状态,并考虑第 3 章所述的计算原则,采用材料的强度设计值进行计算,则单筋矩形截面受弯承载力的计算应力图形如图 4-12 所示。这时,受拉区混凝土不承担拉力,全部拉力由钢筋承担,钢筋的拉应力达到其抗拉强度设计值 f_y,受压区混凝土应力图形简化为矩形,其应力值取为等效混凝土抗压强度设计值 $\alpha_1 f_c$,受压区高度 x 取为 $\beta_1 x_a$。

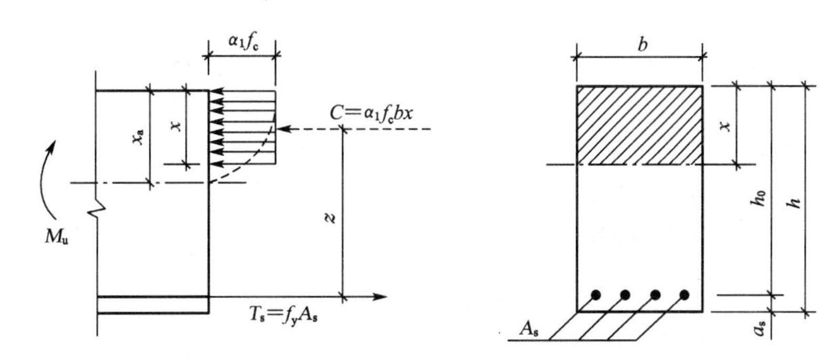

图 4-12 单筋矩形截面受弯承载力计算应力图形

2) 计算公式

按图 4-12 所示计算应力图形,单筋矩形截面构件正截面受弯承载力计算公式可根据力的平衡条件推导如下。

由截面上水平方向的内力之和为零,即 $\sum X=0$,可得

$$\alpha_1 f_c bx = f_y A_s \tag{4-9}$$

式中:f_c——混凝土轴心抗压强度设计值;

b——截面宽度;

x——混凝土受压区高度;

f_y——钢筋抗拉强度设计值;

A_s——纵向受拉钢筋截面面积。

由截面上内、外力对受拉钢筋合力点的力矩之和等于零,即 $\sum M=0$,可得

$$M_u = \alpha_1 f_c bx(h_0 - 0.5x) \tag{4-10}$$

式中:M_u——正截面受弯承载力设计值;

h_0——截面的有效高度。

如果截面上内、外力的力矩平衡条件不是对受拉钢筋合力点取矩，而是对受压区混凝土合力点取矩，则得

$$M_u = f_y A_s(h_0 - 0.5x) \tag{4-11}$$

为了便于设计，可将公式(4-9)、(4-10)、(4-11)改为无量纲的形式。

3) 适用条件

(1) $\xi \leqslant \xi_b$

公式(4-10)和公式(4-11)仅适用于适筋截面，而不适用于超筋截面，因为超筋截面破坏时钢筋的拉应力σ_s并未达到屈服强度，这时的钢筋应力σ_s为未知数，故在以上公式中不能按f_y考虑，上述平衡条件不能成立。由4.3.3节可知，对于适筋截面应满足公式(4-8)的条件。

由公式(4-9)可得

$$\xi = \frac{x}{h_0} = \frac{f_y}{\alpha_1 f_c} \cdot \frac{A_s}{bh_0} = \rho \frac{f_y}{\alpha_1 f_c} \tag{4-12}$$

于是，适用条件，即公式(4-8)可改写为

$$\rho \leqslant \xi \frac{\alpha_1 f_c}{f_y} \tag{4-13}$$

由此可得适筋截面的最大配筋率ρ_{max}为

$$\rho_{max} \leqslant \xi_b \frac{\alpha_1 f_c}{f_y} \tag{4-13a}$$

由公式(4-10)可得适筋截面的最大受弯承载力设计值为

$$M_{max} = \alpha_1 f_c b x_b (h_0 - 0.5x_b) \tag{4-14}$$

$$M_{max} = \xi_b(1 - 0.5\xi_b)\alpha_1 f_c b h_0^2 \tag{4-14a}$$

$$\xi_b(1 - 0.5\xi_b) = \alpha_{s,max} \tag{4-14b}$$

则

$$M_{max} = \alpha_{s,max}\alpha_1 f_c b h_0^2 \tag{4-14c}$$

于是，适用条件又可改写为

$$M \leqslant M_{max} = \xi_b(1 - 0.5\xi_b)\alpha_1 f_c b h_0^2 \tag{4-15}$$

当混凝土强度不大于C50时，对于常用的钢筋品种，ξ_b和$\alpha_{s,max}$可按表4-1采取。

表4-1　界限破坏时的相对受压区高度ξ_b和$\alpha_{s,max}$

钢筋品种	f_y(N/m^2)	ξ_b	$\alpha_{s,max}$
HPB300	270	0.576	0.410
HRB335	300	0.55	0.400
HRB400、HRBF400、RRB400	360	0.518	0.384
HRB500、HRBF500	435	0.482	0.364

试验表明，超筋截面（截面实际配筋率 $\rho \geqslant \rho_{max}$）的受弯承载力设计值基本上与配筋率无关，这时其受弯承载力设计值可按上述 M_{max} 确定。

(2) $\rho_1 \geqslant \rho_{1min}$

此外，设计截面时还应满足最小配筋率的要求，亦即应符合下列条件：

$$\rho_1 = \frac{A_s}{bh} \geqslant \rho_{1min} \tag{4-16}$$

必须注意，验算纵向受拉钢筋最小配筋时，计算配筋率的截面面积应取全截面面积 $(b \times h)$，不应取有效截面面积 $(b \times h_0)$，为区别起见，其配筋率用 ρ_1 表示。《混凝土结构设计规范》规定，对于矩形截面，最小配筋率 ρ_{1min} 取 0.2%和 $0.45\frac{f_t}{f_y}$ 两者的较大值，详见附表 2-8。

4.4.2 计算表格的编制和应用

在设计截面时，需由公式(4-9)和公式(4-10)联立求解二次方程式，并验算适用条件，比较麻烦。为了便于应用，可将上述公式适当变换后，编制成计算表格。

公式(4-10)可改写为

$$M_u = \xi(1-0.5\xi)\alpha_1 f_c b h_0^2 = \alpha_s \alpha_1 f_c b h_0^2 \tag{4-17}$$

$$\alpha_s = \xi(1-0.5\xi) \tag{4-17a}$$

则

$$\alpha_s = \frac{M_u}{\alpha_1 f_c b h_0^2} \tag{4-17b}$$

α_s 称为截面抵抗矩系数。

在公式(4-11)中令 $z = h_0 - \frac{x}{2}$ 及 $\frac{z}{h_0} = \gamma_s$，则可得

$$M_u = f_y A_s z \tag{4-18}$$

或

$$M_u = f_y A_s \gamma_s h_0 \tag{4-19}$$

$$\gamma_s = 1 - 0.5\xi \tag{4-19a}$$

式中：z——内力臂长度，即纵向受拉钢筋合力点至受压区混凝土应力合力点的距离；

γ_s——内力臂系数，即内力臂长度与截面有效高度的比值。

由公式(4-17a)和公式(4-19a)可得

$$\xi = 1 - \sqrt{1-2\alpha_s} \tag{4-20}$$

$$\gamma_s = \frac{1+\sqrt{1-2\alpha_s}}{2} \tag{4-21}$$

当取 $M_u = M$ 时，由公式(4-17b)、公式(4-19)和公式(4-9)可得

$$\alpha_s = \frac{M}{\alpha_1 f_c b h_0^2}$$

$$A_s = \frac{M}{f_y \gamma_s h_0}$$

$$A_s = \xi \frac{\alpha_1 f_c}{f_y} b h_0$$

由公式(4-20)、公式(4-21)可知，系数ξ和γ_s仅与α_s有关，可以预先算出，并编制成计算表格，以便应用(详见附表2-9)。

对于钢筋混凝土矩形截面，α_s为变量。α_s随着ξ的增大而增大，当ξ达到其界限值ξ_b时，α_s也相应达到其最大值，即$\alpha_{s,max}$。

在附表2-9中最下一行及黑线处的值分别为对应于用HPB300级钢筋、HRB335(或HRBF335)级钢筋、HRB400(或HRBF400或RRB400)级钢筋和HRB500(或HRBF500)级钢筋配筋时的ξ_b，即$\xi_b = 0.576$、0.55、0.518和0.482，与其相应的α_s值即为$\alpha_{s,max}$。因此，只要ξ小于相应的ξ_b，或α_s小于相应的$\alpha_{s,max}$，则满足第一个适用条件($\xi \leqslant \xi_b$)。对于第二个适用条件，即$\rho_1 \geqslant \rho_{1min}$，则必须进行验算。

4.4.3 计算方法

受弯构件正截面的承载力计算一般分为两类问题:设计截面和复核截面。

1) 设计截面

设计截面是指根据截面所需承担的弯矩设计值M选定材料、确定截面尺寸和配筋量。设计时应满足$M_u \geqslant M$。为了经济起见，一般按$M_u = M$进行计算，计算的一般步骤如下：

(1) 选择混凝土强度等级和钢筋品种

纵向受力普通钢筋采用HRB400、HRB500、HRBF400、HRBF500、HRB335、RRB400、HPB300钢筋;梁的纵向受力钢筋宜采用HRB400、HRB500、HRBF400、HRBF500钢筋。

素混凝土结构的混凝土强度等级不应低于C15;钢筋混凝土结构的混凝土强度等级不应低于C20;采用强度级别400 MPa及以上的钢筋时，混凝土强度等级不应低于C25。

(2) 确定截面尺寸

练一练

截面高度h一般是根据受弯构件的刚度、常用配筋率以及构造和施工要求等拟定。截面宽度b也应根据构造要求来确定。如果构造上无特殊要求，一般可根据设计经验给定$b \times h$(当求得的钢筋截面面积不合适时，应修改截面尺寸后重算)，也可按下列公式估算：

$$h_0 = (1.05 \sim 1.1)\sqrt{\frac{M}{\rho f_y b}} \tag{4-22}$$

公式(4-22)是根据$\xi = 0.35 \sim 0.18$，按公式(4-11)推算求得的。式中，M的单位为N·mm，h_0的单位为mm;ρ可在较常用的配筋率范围内选用。当ρ较小时，取公式(4-22)的下限;当ρ较大时，则取上限。计算板时，取$b = 1\,000$ mm; 计算梁时，b可按经验确定。

确定截面尺寸时，还应参照4.1节所述有关规定。

(3) 计算钢筋截面面积和选用钢筋

所需钢筋截面面积可按公式(4-9)、公式(4-10)进行计算。然后根据计算求得的钢筋截面面积A_s，选择钢筋直径和根数，并进行布置。选择钢筋时应使其实际的截面面积和计算值接近，一般不应少于计算值，也不宜超过计算值的5%。钢筋的直径、间距等应符合4.1节所述的有关规定。

2）复核截面

复核截面时一般已知材料强度设计值（f_c、f_y）、截面尺寸（b、h 及 h_0）和钢筋截面面积（A_s），要求计算该截面受弯承载力设计值（M_u），并和已知弯矩设计值（M）比较，以确定构件是否安全和经济，必要时应修改设计。

【例题 4-1】 已知矩形截面承受弯矩设计值 $M = 172\ \text{kN}\cdot\text{m}$，环境类别为一类，试设计该截面。

【解】 本题属设计截面，要求选用材料、确定截面尺寸及配置钢筋。

（1）选用材料

混凝土用 C25，由附表 2-2 查得 $f_c = 11.9\ \text{N/mm}^2$，$f_t = 1.27\ \text{N/mm}^2$。

采用 HRB400 级钢筋，由附表 2-4-2 查得 $f_y = 360\ \text{N/mm}^2$。

（2）确定截面尺寸

选取 $\rho = 1\%$，假定 $b = 250\ \text{mm}$，则

$$h_0 = (1.05 \sim 1.1)\sqrt{\frac{M}{\rho f_y b}} = 1.05\sqrt{\frac{172\times10^6}{0.01\times360\times250}} = 459\ \text{mm}$$

因 ρ 不高，假定布置一层钢筋，混凝土保护层厚度 $c = 20\ \text{mm}$，$a_s = 35\ \text{mm}$，则 $h = 459 + 35 = 494\ \text{mm}$，实际取 $h = 500\ \text{mm}$，此时 $b/h = 250/500 = 1/2$，合适。于是，截面实际有效高度 $h_0 = 500 - 35 = 465\ \text{mm}$。

（3）计算钢筋截面面积和选择钢筋

由公式（4-17b）可得（取 $M_u = M$）

$$\alpha_s = \frac{M}{\alpha_1 f_c b h_0^2} = \frac{172\times10^6}{1.0\times11.9\times250\times465^2} = 0.267$$

查附表 2-9，得 $\gamma_s = 0.841$，且可知 $\alpha_s < \alpha_{s,\max} = 0.384$ 或 $\xi < \xi_{\max} = 0.518$，属适筋截面。由公式（4-19）得

$$A_s = \frac{M}{f_y\gamma_s h_0} = \frac{172\times10^6}{360\times0.841\times465} = 1\ 222\ \text{mm}^2$$

说明：γ_s 也可按公式（4-21）计算。

查附表 2-10，选用 4Φ20，$A_s = 1\ 256\ \text{mm}^2$。

$\rho_{1\min} = 0.45\dfrac{f_t}{f_y} = 0.45\times\dfrac{1.27}{360} = 0.16\% < 0.2\%$，取 $\rho_{1\min} = 0.2\%$。

$$\rho_1 = \frac{1\ 256}{250\times500} = 1.0\% > \rho_{1\min} = 0.2\%\text{（符合要求）}$$

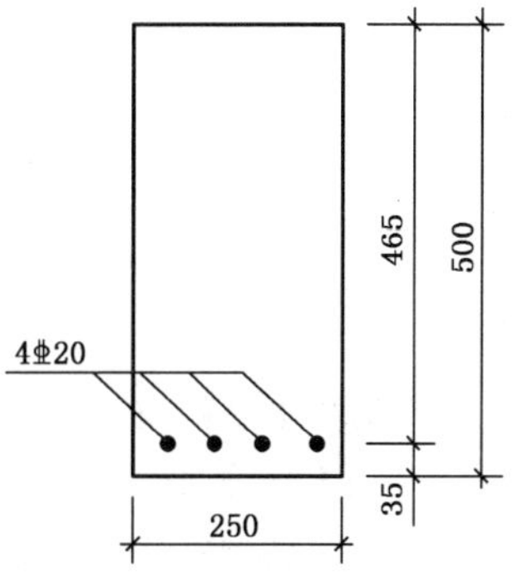

图 4-13

钢筋布置如图 4-13 所示。

【例题 4-2】 已知一单跨简支板（图 4-14），计算跨度 $l_0 = 2.4\ \text{m}$，承受均布荷载设计值为 $6.4\ \text{kN/m}^2$（包括板的自重），混凝土强度等级为 C25，用 HPB300 级钢筋配筋，环境类别为一类，试设计该板。

【解】 取宽度 $b = 1\ \text{m}$ 的板带计算单元。

(1) 计算跨中弯矩

板的计算简图如图 4-14 所示。板上均布线荷载设计值 $q = 6.4\ \text{kN/m}$。跨中最大弯矩设计值为

$$M=\frac{ql_0^2}{8}=\frac{1}{8}\times 6.4\times 2.4^2=4.608\ \text{kN}\cdot\text{m}$$

(2) 确定板厚

选取 $\rho = 0.6\%$，按公式(4-22)可得

$$h_0 = 1.05\sqrt{\frac{4.608\times 10^6}{0.006\times 270\times 1\,000}} = 56\ \text{mm}$$

取 $h = 80\ \text{mm}$，则 $h_0 = 80 - 20 = 60\ \text{mm}$

(3) 计算钢筋截面面积和选择钢筋

$$\alpha_s = \frac{M}{\alpha_1 f_c b h_0^2} = \frac{4.608\times 10^6}{1.0\times 11.9\times 1\,000\times 60^2} = 0.108$$

查附表 2-9，得 $\gamma_s = 0.943$，则

$$A_s = \frac{M}{f_y \gamma_s h_0} = \frac{4.608\times 10^6}{270\times 0.943\times 60} = 302\ \text{mm}^2$$

查附表 2-11，选用 Φ6/8@130，实用 $A_s = 302\ \text{mm}^2$，受力钢筋布置见图 4-14。

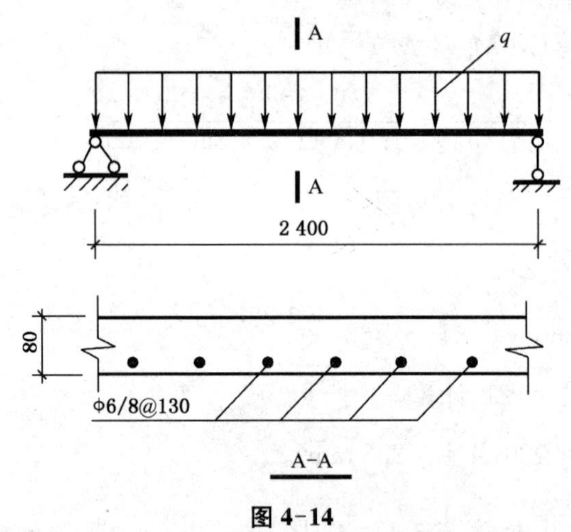

图 4-14

【例题 4-3】 有一截面尺寸为 $b\times h = 200\ \text{mm}\times 450\ \text{mm}$ 的钢筋混凝土梁，环境类别为一类。采用 C25 混凝土和 HRB400 级钢筋，截面构造如图 4-15 所示，该梁承受弯矩设计值 $M = 78\ \text{kN}\cdot\text{m}$，试复核该截面是否安全。

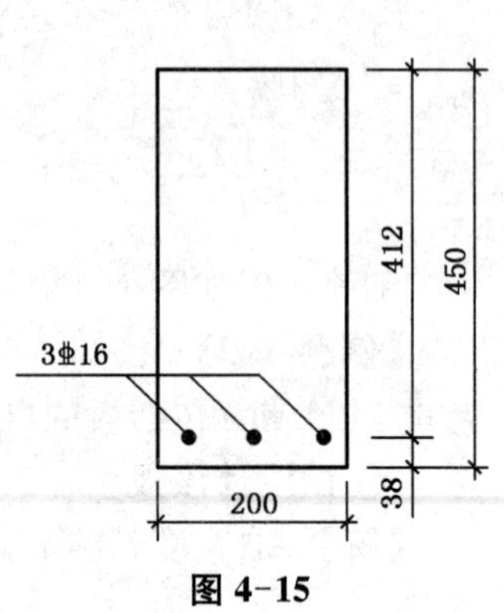

图 4-15

【解】 $\xi = \rho\frac{f_y}{\alpha_1 f_c} = \frac{603}{200\times 412}\times\frac{360}{1.0\times 11.9} = 0.221$

查附表 2-9，得 $\alpha_s = 0.197$，则

$$M_u = \alpha_s \alpha_1 f_c b h_0^2 = 0.197\times 1.0\times 11.9\times 200\times 412^2$$
$$= 79.6\times 10^6\ \text{N}\cdot\text{mm}$$

$=79.6\ \text{kN}\cdot\text{m}>M=78\ \text{kN}\cdot\text{m}$（安全）

【例题 4-4】 同例题 4-1，但混凝土强度等级为 C30，仍采用 HRB400 级钢筋。

【解】 由例题 4-1 已知 $M=172\ \text{kN}\cdot\text{m}$，$b\times h=250\ \text{mm}\times 500\ \text{mm}$，$h_0=465\ \text{mm}$，$f_y=360\ \text{N/mm}^2$。

混凝土强度等级为 C30，$f_c=14.3\ \text{N/mm}^2$。

$$\alpha_s=\frac{M}{\alpha_1 f_c b h_0^2}=\frac{172\times 10^6}{1.0\times 14.3\times 250\times 465^2}=0.2225$$

查附表 2-9，按线性内插法得 $\gamma_s=0.868$，则

$$A_s=\frac{M}{f_y\gamma_s h_0}=\frac{172\times 10^6}{360\times 0.868\times 465}=1\,184\ \text{mm}^2$$

与例题 4-1 相比，钢筋用量仅减少 3.1%。

4.5 双筋矩形截面受弯构件正截面承载力计算

4.5.1 双筋矩形截面的应用

当截面所需承受的弯矩较大，而截面尺寸由于某些条件限制不能加大，以及混凝土强度不宜提高时，常会出现这样的情况，如果按单筋截面设计，则受压区高度 x 将大于界限受压区高度 x_b 而成为超筋截面。在这种情况下，可采用双筋截面，即在受压区配置钢筋以协助混凝土承担压力，而将受压区高度 x 减小到界限受压区高度 x_b 的范围内。

此外，当截面上承受的弯矩可能改变符号时，也必须采用双筋截面。

双筋截面虽然可以提高截面的受弯承载力和延性，并可减小构件在荷载作用下的变形，但其耗钢量较大，在一般情况下是不经济的，应尽量少用。

4.5.2 基本计算公式

1）计算应力图形

试验表明，双筋截面破坏时的受力特点与单筋截面相似。在受拉钢筋配置不过多的情况下，双筋矩形截面的破坏也是受拉钢筋的应力先达到其抗拉强度（屈服强度），然后，受压区混凝土的应力达到其抗压强度。

因此，在受弯承载力计算时，受拉钢筋的应力可取抗拉强度设计值 f_y，受压钢筋的应力一般可取抗压强度设计值 f'_y，受压区混凝土的应力图形可简化为矩形，其应力值取等效抗压强度设计值 $\alpha_1 f_c$。于是，受弯承载力计算的应力图形如图 4-16(a)所示。

2）计算公式

根据平衡条件，可写出下列计算公式：

$$\alpha_1 f_c bx+f'_y A'_s-f_y A_s=0 \tag{4-23}$$

$$M_u=\alpha_1 f_c bx(h_0-0.5x)+f'_y A'_s(h_0-a'_s) \tag{4-24}$$

式中：f'_y——钢筋抗压强度设计值；

A'_s——受压钢筋截面面积；

a'_s——受压钢筋合力点至受压区边缘的距离。

分析公式(4-23)和公式(4-24)可以看出，双筋矩形截面受弯承载力设计值M_u可以分为两部分。一部分是由受压钢筋 A'_s 和相应的一部分受拉钢筋 A_{s1} 所承担的弯矩 M_{u1}(图 4-16(b))；另一部分是由受压区混凝土和相应的另一部分受拉钢筋 A_{s2} 所承担的弯矩 M_{u2}(图 4-16(c))，即

$$M_u = M_{u1} + M_{u2} \tag{4-25}$$

$$A_s = A_{s1} + A_{s2} \tag{4-26}$$

对第一部分(图 4-16(b))，由平衡条件可得

$$f'_y A'_s = f_y A_{s1} \tag{4-27}$$

$$M_{u1} = f'_y A'_s (h_0 - a'_s) \tag{4-28}$$

对第二部分(图 4-16(c))，由平衡条件可得

$$\alpha_1 f_c bx = f_y A_{s2} \tag{4-29}$$

$$M_{u2} = \alpha_1 f_c bx(h_0 - 0.5x) \tag{4-30}$$

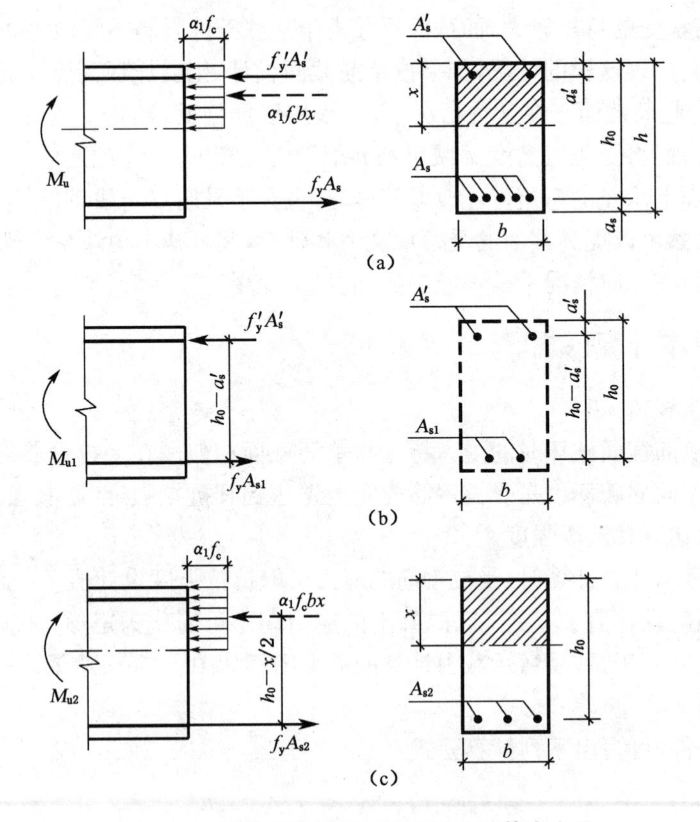

图 4-16 双筋矩形截面受弯承载力计算应力图

3）适用条件

（1）$\xi \leqslant \xi_b$

与单筋矩形截面相似，这一限制条件是为了防止截面发生脆性破坏。这一适用条件也可改写为

$$\rho_2 = \frac{A_{s2}}{bh_0} \leqslant \xi_b \frac{\alpha_1 f_c}{f_y} \tag{4-31}$$

（2）$x \geqslant 2a'_s$

如果 $x < 2a'_s$，则受压钢筋合力点将位于受压区混凝土合力点的内侧，这表明，受压钢筋的位置将离中和轴太近，截面破坏时其应力可能未达到其抗压强度，与计算中所采取的应力状态不符。因此，对受压区高度 x 的最小值应予以限制，即 x 应满足下述条件：

$$x \geqslant 2a'_s \tag{4-32}$$

对于双筋截面，其最小配筋率一般均能满足，可不必检查。

4.5.3 计算方法

1）设计截面

设计双筋截面时，一般是已知弯矩设计值、截面尺寸和材料强度设计值。计算时有下面两种情况：

（1）已知弯矩设计值 M，截面尺寸 $b \times h$ 及材料强度设计值，求受拉钢筋截面面积 A_s 和受压钢筋截面面积 A'_s。

由公式（4-23）和公式（4-24）可见，其未知数有 A'_s、A_s 和 x（亦即 ξ）3 个，而计算公式只有 2 个。因此，可先指定其中一个未知数。可以证明，当充分利用混凝土受压，亦即取 $\xi = \xi_b$ 时，所需的用钢量最经济。

在公式（4-24）中令 $\xi = \xi_b$，则可得

$$A'_s = \frac{M - \xi_b(1 - 0.5\xi_b)\alpha_1 f_c b h_0^2}{f'_y(h_0 - a'_s)} \tag{4-33}$$

或

$$A'_s = \frac{M - M_{max}}{f'_y(h_0 - a'_s)} \tag{4-34}$$

式中

$$M_{max} = \alpha_{s,max}\alpha_1 f_c b h_0^2$$

在公式（4-23）中令 $x = \xi_b h_0$，可得

$$A_s = A_{s1} + A_{s2} = \xi_b \frac{\alpha_1 f_c}{f_y} b h_0 + \frac{f'_y}{f_y} A'_s \tag{4-35}$$

（2）已知弯矩设计值 M、截面尺寸 $b \times h$、材料强度设计值及受压钢筋截面面积 A'_s，求受拉钢筋截面面积 A_s。

这类问题往往是由于变号弯矩的需要，或由于构造要求，已在受压区配置截面面积为 A'_s 的钢筋，因此，应充分利用 A'_s，以减少 A_s，达到节约钢材的目的。

当受压钢筋截面面积 A'_s 为已知时，由公式（4-27）和公式（4-28）可得

$$A_{s1}=\frac{f'_y}{f_y}A'_s \tag{4-36}$$

$$M_{u1}=f'_yA'_s(h_0-a'_s)$$

则
$$M_{u2}=M-M_{u1}=M-f'_yA'_s(h_0-a'_s) \tag{4-37}$$

这时，M_{u2}为已知，与M_{u2}相应的x不一定等于$\xi_b h_0$，因此，就不能简单地用公式(4-35)计算A_s，而必须按与单筋截面相同的方法计算对应于M_{u2}所需的钢筋截面面积A_{s2}，最后可得

$$A_s=A_{s1}+A_{s2}$$

在这类问题中，还可能遇到如下几种情况：

① 当求得的$x>\xi_b h_0$（即$\alpha_s>\alpha_{s,max}$），说明已知的A'_s太少，不符合公式(4-31)的要求。这时应增加A'_s，计算方法与第一类问题相同。

② 当求得的$x<2a'_s$，即表明受压钢筋A'_s不能达到其抗压强度设计值。这时，A_s可按以下公式计算：

$$A_s=\frac{M}{f_y(h_0-a'_s)} \tag{4-38}$$

公式(4-38)系按下述方法导出：假想只考虑部分受压钢筋为有效，这时其应力可达到抗压强度设计值，而相应的混凝土受压区高度x等于$2a'_s$，亦即受压区混凝土合力点与受压钢筋A'_s合力点相重合。于是，对受压钢筋A'_s合力点取矩，即可导出公式(4-38)。

③ 若$\frac{a'_s}{h_0}$较大，以致按公式(4-38)求得的受拉钢筋截面面积比按单筋矩形截面（即不考虑受压钢筋）计算的受拉钢筋截面面积还大时，则计算时可不考虑受压钢筋的作用。这时即可不遵守公式(4-32)的规定。当$M<2\alpha_1 f_c ba'_s(h_0-a'_s)$时，就属于这种情况。

2）复核截面

练一练

复核截面时，截面尺寸、材料强度设计值以及受拉钢筋A_s和受压钢筋A'_s均为已知，要求计算截面的受弯承载力设计值M_u。

这时，首先由公式(4-23)求得x，然后，按下列情况计算M_u。

(1) 若$\xi_b h_0\geqslant x\geqslant 2a'_s$，按公式(4-24)计算截面的受弯承载力设计值$M_u$。

(2) 若$x<2a'_s$，由公式(4-38)可得

$$M_u=f_yA_s(h_0-a'_s) \tag{4-39}$$

(3) 若$x>\xi_b h_0$，这表明截面可能发生超筋破坏。由公式(4-33)可得

$$M_u=\xi_b(1-0.5\xi_b)\alpha_1 f_c bh_0^2+f'_yA'_s(h_0-a'_s) \tag{4-40}$$

【例题4-5】 有一矩形截面$b\times h=200\ \mathrm{mm}\times 500\ \mathrm{mm}$，承受弯矩设计值$M=244\ \mathrm{kN\cdot m}$，混凝土强度等级为C25（$f_c=11.9\ \mathrm{N/mm^2}$），用HRB400级钢筋配筋（$f_y=f'_y=360\ \mathrm{N/mm^2}$），环境类别为二a类，求所需钢筋截面面积。

【解】 (1) 检查是否需采用双筋截面

假定受拉钢筋为二层，$h_0=500-65=435\ \mathrm{mm}$

若为单筋截面，其所能承担的最大弯矩设计值为

$$M_{max}=\alpha_{s,max}\alpha_1 f_c bh_0^2=0.384\times1.0\times11.9\times200\times435^2=172.9\times10^6\ \text{N}\cdot\text{mm}$$
$$=172.9\ \text{kN}\cdot\text{m}<M=244\ \text{kN}\cdot\text{m}$$

计算结果表明,必须设计成双筋截面。

(2) 求 A_s'

假定受压钢筋为一层,则 $a_s'=40$ mm。

由公式(4-33)可得

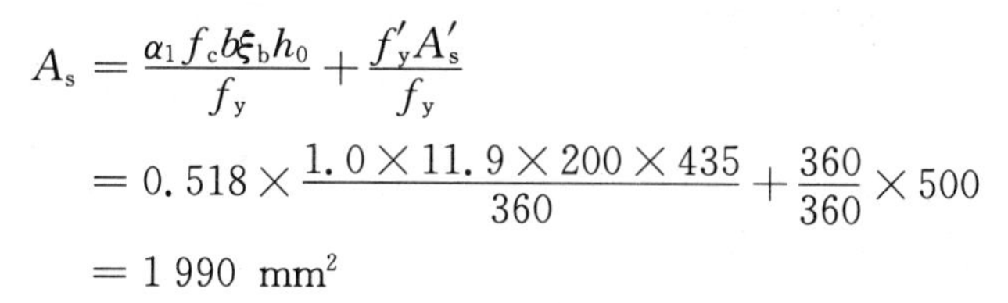

$$A_s'=\frac{M-\alpha_{s,max}\alpha_1 f_c bh_0^2}{f_y'(h_0-a_s')}=\frac{244\times10^6-172.9\times10^6}{360\times(435-40)}=500\ \text{mm}^2$$

(3) 求 A_s

由公式(4-35)可得

$$A_s=\frac{\alpha_1 f_c b\xi_b h_0}{f_y}+\frac{f_y'A_s'}{f_y}$$
$$=0.518\times\frac{1.0\times11.9\times200\times435}{360}+\frac{360}{360}\times500$$
$$=1\,990\ \text{mm}^2$$

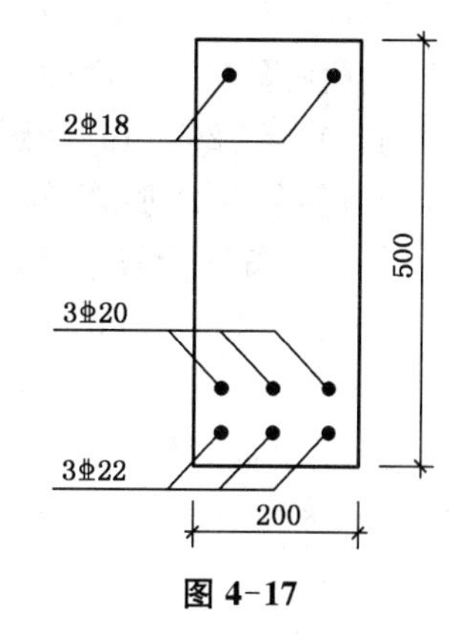

图 4-17

(4) 选择钢筋

受拉钢筋选用 3Φ22+3Φ20,A_s=2 081 mm²;受压钢筋选用 2Φ18,$A_s'=509$ mm²。钢筋布置如图 4-17 所示。

【例题 4-6】 由于构造要求,在例题 4-5 中的截面上已配置 3Φ18 的受压钢筋,试求所需受拉钢筋截面面积。

【解】 (1) 验算适用条件 $x\geqslant 2a_s'$

$A_s'=763$ mm²

$M_{u1}=f_y'A_s'(h_0-a_s')=360\times763\times(435-40)=108.5\times10^6\ \text{N}\cdot\text{mm}=108.5\ \text{kN}\cdot\text{m}$

$M_{u2}=M-M_{u1}=244-108.5=135.5\ \text{kN}\cdot\text{m}$

$2\alpha_1 f_c ba_s'(h_0-a_s')=2\times1.0\times11.9\times200\times40\times(435-40)=75.2\ \text{kN}\cdot\text{m}<M_{u1}=108.5\ \text{kN}\cdot\text{m}$

表明 $x>2a_s'$。

(2) 求 A_s

$$A_{s1}=\frac{f_y'}{f_y}A_s'=\frac{360}{360}\times763=763\ \text{mm}^2$$

按单筋矩形截面计算 A_{s2}。

$$\alpha_s=\frac{M_{u2}}{\alpha_1 f_c bh_0^2}=\frac{135.5\times10^6}{1.0\times11.9\times200\times435^2}=0.301$$

查附表 2-9,得 $\gamma_s=0.815$

$$A_{s2}=\frac{M_{u2}}{\gamma_s f_y h_0}=\frac{135.5\times10^6}{0.815\times360\times435}=1\,062\ \text{mm}^2$$

$$A_s=A_{s1}+A_{s2}=763+1\,062=1\,825\ \text{mm}^2$$

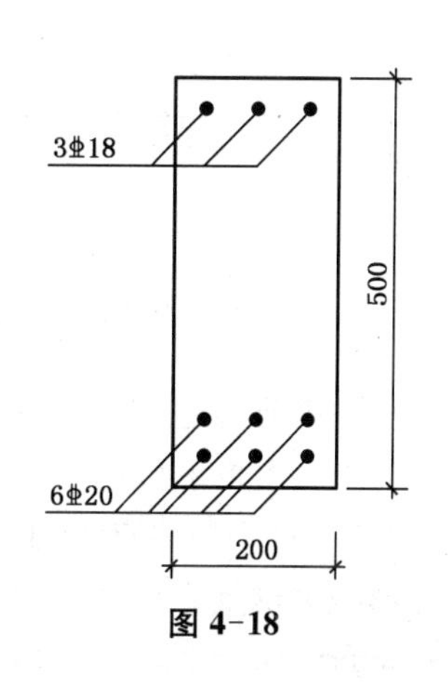

图 4-18

(3) 选择钢筋

受拉钢筋选用6⌀20，$A_s=1\,884\ \text{mm}^2$。钢筋布置如图4-18所示。

由计算结果可见，虽然所需A_s较例题4-5少，但所需钢筋总用量$A_{sum}=A_s+A'_s=1\,825+763=2\,588\ \text{mm}^2$，比例题4-5多。

【例题4-7】 截面尺寸及材料与例题4-5相同，承受弯矩设计值$M=88.0\ \text{kN}\cdot\text{m}$，已配置$A'_s=226\ \text{mm}^2$（2⌀12），求所需的受拉钢筋截面面积。

【解】 (1) 验算适用条件$x\geqslant 2a'_s$

因已知弯矩较小，假定布置一层钢筋，$a_s=a'_s=40\ \text{mm}$，$h_0=500-40=460\ \text{mm}$。

$M_{u1}=f'_yA'_s(h_0-a'_s)=360\times226\times(460-40)=34.2\ \text{kN}\cdot\text{m}$

$2\alpha_1 f_c ba'_s(h_0-a'_s)=2\times1.0\times11.9\times200\times40\times(460-40)=79.97\ \text{kN}\cdot\text{m}>88.0-34.2=53.8\ \text{kN}\cdot\text{m}$

表明$x<2a'_s$

(2) 求A_s

$$A_s=\frac{M}{f_y(h_0-a'_s)}=\frac{88.0\times10^6}{360\times(460-40)}=582\ \text{mm}^2$$

选用3⌀16，$A_s=603\ \text{mm}^2$，钢筋布置如图4-19所示。

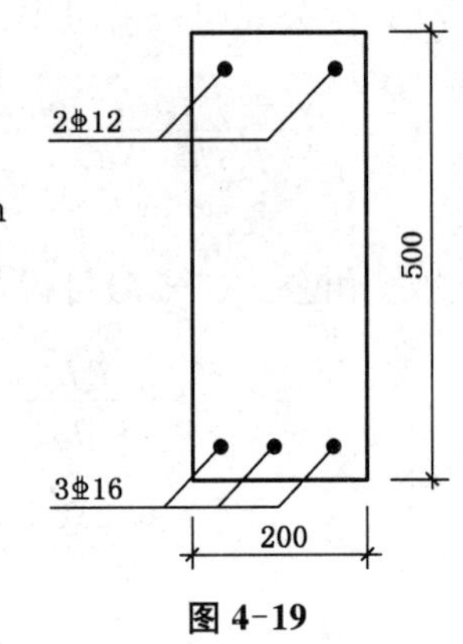

图4-19

【例题4-8】 已知梁截面尺寸$b\times h=200\ \text{mm}\times400\ \text{mm}$，混凝土强度等级为C25（$f_c=11.9\ \text{N/mm}^2$），采用HRB400级钢筋（$f_y=f'_y=360\ \text{N/mm}^2$），受拉钢筋为3⌀25（$A_s=1\,473\ \text{mm}^2$），受压钢筋为2⌀16（$A'_s=402\ \text{mm}^2$），要求承受弯矩设计值$M=150\ \text{kN}\cdot\text{m}$。试验算该截面是否安全。

【解】 $h_0=400-40=360\ \text{mm}$

$$\xi=\frac{f_yA_s-f'_yA'_s}{\alpha_1 f_c bh_0}=\frac{(1\,473-402)\times360}{1.0\times11.9\times200\times360}=0.45<\xi_b=0.518$$

查附表2-9，得$\alpha_s=0.349$

$$\begin{aligned}M_u&=\alpha_s\alpha_1 f_c bh_0^2+f'_yA'_s(h_0-a'_s)\\&=0.349\times1.0\times11.9\times200\times360^2+360\times402\times(360-40)\\&=154\ \text{kN}\cdot\text{m}>M=150\ \text{kN}\cdot\text{m}\end{aligned}$$

由此可见，设计是符合要求的。

4.6 单筋T形截面受弯构件正截面承载力计算

4.6.1 T形截面的应用及其受压翼缘计算宽度

由前所述，当矩形截面受弯构件发生裂缝后，在裂缝截面处，中和轴以下（受拉区）的混凝土将不再承担拉力。因此，可将受拉区混凝土的一部分去掉，即形成T形截面（图4-20）。这时，只要把原有纵向受拉钢筋集中布置在腹板内，且使钢筋截面重心位置不变，则此T形截面的受弯承载力将与原矩形截面相同。这不仅可节省混凝土用量，而且可减轻构件自重。

在工程实践中，T形截面受弯构件是很多的。例如，在整体式肋梁楼盖中，楼板和梁浇注在一起，形成了整体T形梁（图4-21(a)），以及T形檩条、T形吊车梁（图4-21(b)）等。此外，如I形屋面大梁（图4-21(c)）及箱形截面梁等，在正截面受弯承载力计算时，当翼缘位于受压区，均可按T形截面考虑。

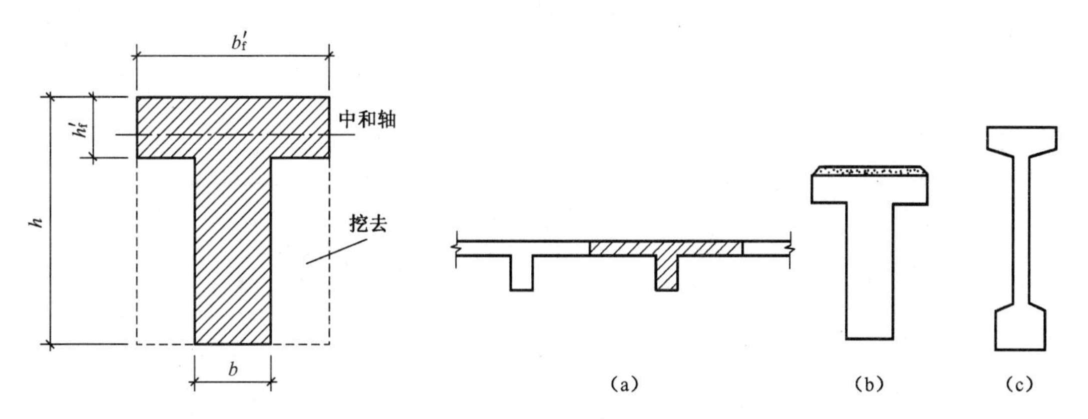

图4-20 T形截面的形成

图4-21 T形、I形截面的形成

为了发挥T形截面的作用，应充分利用翼缘受压，使混凝土受压区高度减小，内力臂增大，从而减少钢筋用量。但是，试验和理论分析表明，T形梁受弯后，翼缘上的纵向压应力的分布是不均匀的，距离腹板愈远，压应力愈小（图4-22(a)）、图4-22(c)）。因此，当翼缘较宽时，计算中应考虑其应力分布不均匀对截面受弯承载力的影响。为了简化计算，可把T形截面的翼缘宽度限制在一定范围内，称为翼缘计算宽度b_f'（图4-22(b)、图4-22(d)）。在这个宽度范围内，假定其应力均匀分布，而在这个范围以外，认为翼缘不起作用。

翼缘的应力分布和计算应力图形翼缘的计算宽度b_f'是随着受弯构件的工作情况（整体肋形梁或独立梁）、跨度及翼缘的高度与截面有效高度之比(h_f'/h_0)有关。《混凝土结构设计规范》中规定的翼缘计算宽度b_f'列于表4-2。确定b_f'时，应取表中有关各项的最小值（图4-23）。

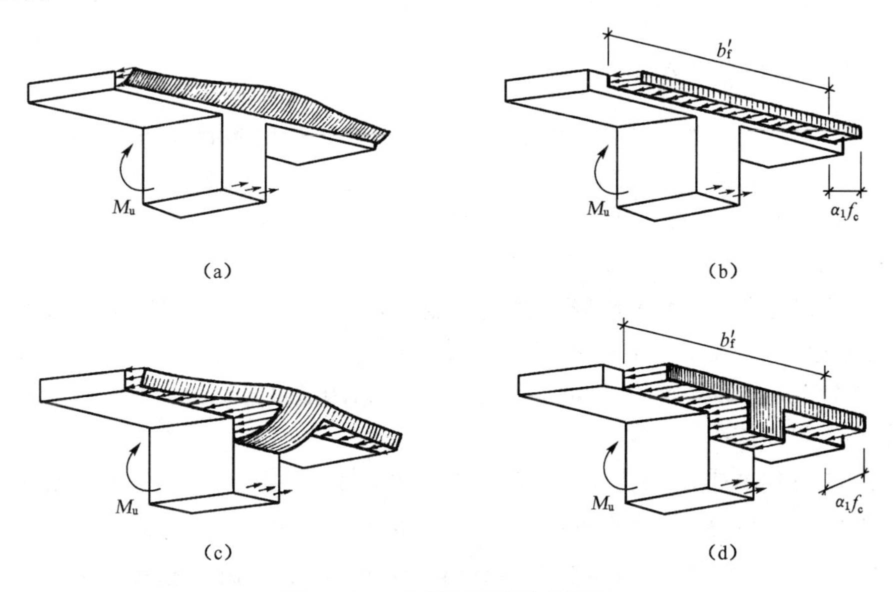

图4-22 T形截面受弯构件受压

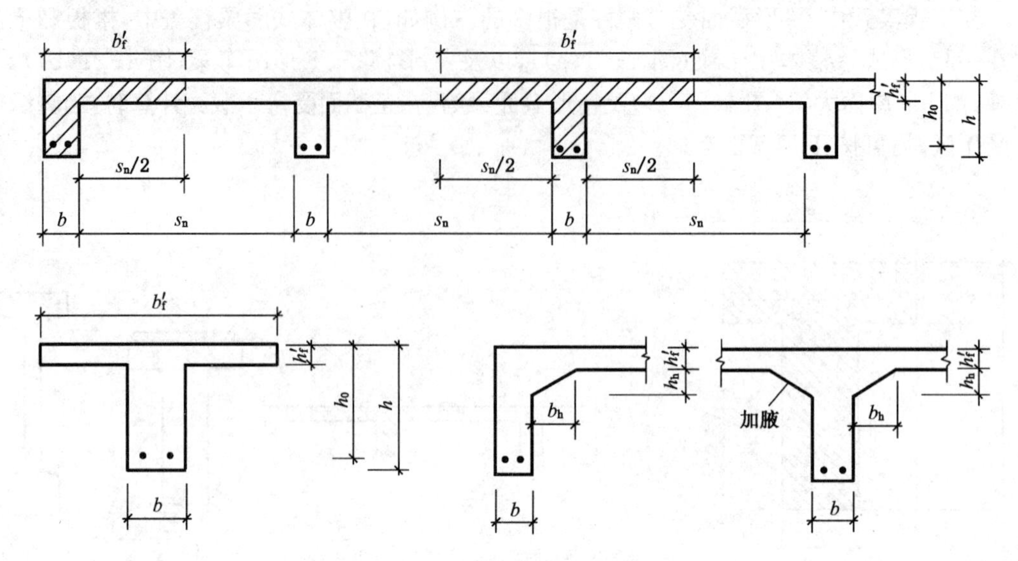

图 4-23　T 形截面受压翼缘的计算宽度

表 4-2　T 形、I 形及倒 L 形受弯构件受压区有效翼缘计算宽度 b'_f

情况		T 形、I 形截面		倒 L 形截面
		肋形梁(板)	独立梁	肋形梁(板)
1	按计算跨度 l_0 考虑	$l_0/3$	$l_0/3$	$l_0/6$
2	按梁(纵肋)净距 s_n 考虑	$b+s_n$	—	$b+s_n/2$
3	按翼缘高度 h'_f 考虑	$b+12h'_f$	b	$b+5h'_f$

注：1. 表中 b 为梁的腹板厚度。

2. 肋形梁在梁跨内设有间距小于纵肋间距的横肋时，可不考虑表中情况 3 的规定。

3. 加腋的 T 形、I 形和倒 L 形截面，当受压区加腋的高度 h_h 不小于 h'_f 且加腋的长度 b_h 不大于 $3h_h$ 时，其翼缘计算宽度可按表中情况 3 的规定分别增加 $2b_h$(T 形、I 形截面)和 b_h(倒 L 形截面)。

4. 独立梁受压区的翼缘板在荷载作用下经验算沿纵肋方向可能产生裂缝时，其计算宽度应取腹板宽度 b。

4.6.2　基本计算公式

T 形截面的受弯承载力计算，根据其受力后中和轴位置的不同，可以分为两种类型：第一种 T 形截面，其中和轴位于翼缘内；第二种 T 形截面，其中和轴通过腹板。

1) 第一种 T 形截面的计算

(1) 计算公式

当 $x \leqslant h'_f$ 时，为第一种 T 形截面，受弯承载力的计算应力图形如图 4-24 所示。受拉钢筋应力达到抗拉强度设计值 f_y，中和轴以下受拉区的混凝土早已开裂，在承载力计算中不予考虑；中和轴以上混凝土受压区的形状为矩形，应力图形可简化为均匀分布(矩形)，其应力值为混凝土等效抗压强度设计值 $\alpha_1 f_c$。

就正截面受弯承载力看，整个截面的作用实际上与尺寸为 $b'_f \times h$ 的矩形截面相同。因此，可按宽度为 b'_f 的单筋矩形截面进行计算。根据平衡条件可得

$$\alpha_1 f_c b'_f x = f_y A_s \tag{4-41}$$

$$M_u = \alpha_1 f_c b_f' x \left(h_0 - \frac{x}{2}\right) \tag{4-42}$$

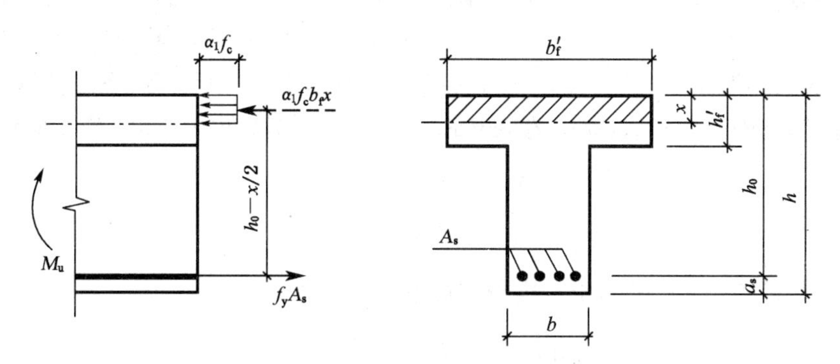

图 4-24　第一种 T 形截面受弯承载力计算应力图形

(2) 适用条件

由于第一种 T 形截面的正截面受弯承载力计算相当于宽度为 b_f' 的矩形截面的正截面受弯承载力计算，所以，也应符合 4.4.1 节所述的适用条件。

① $\xi \leqslant \xi_b$

比照公式(4-13)和公式(4-15)可得

$$\frac{A_s}{b_f' h_0} \leqslant \xi_b \frac{\alpha_1 f_c}{f_y}$$

即

$$\rho = \frac{A_s}{bh_0} = \frac{A_s}{b_f' h_0} \cdot \frac{b_f'}{b} \leqslant \frac{b_f'}{b} \cdot \xi_b \frac{\alpha_1 f_c}{f_y} \tag{4-43}$$

$$M \leqslant \xi_b (1 - 0.5\xi_b) \alpha_1 f_c b_f' h_0^2 \tag{4-44}$$

对于第一种 T 形截面，由于 $\xi \leqslant \frac{h_f'}{h}$，所以，一般均能满足 $\xi \leqslant \xi_b$ 的条件，故可不必验算。

② $\rho_1 \geqslant \rho_{1\min}$

由于素混凝土截面的受弯承载力主要取决于受拉区的强度，因此，T 形截面与同样高度和宽度为腹板宽度的矩形截面的受弯承载力相差不多。为了简化计算，在验算 $\rho_1 \geqslant \rho_{1\min}$ 时，T 形截面配筋率的计算方法与矩形截面相同，近似的按腹板宽考虑，即应满足下列条件：

$$\rho_1 = \frac{A_s}{bh} \geqslant \rho_{1\min} \tag{4-45}$$

2) 第二种 T 形截面的计算

(1) 计算公式

当 $x \geqslant h_f'$ 时，为第二种 T 形截面，受弯承载力的计算应力图形如图 4-25 所示。受拉钢筋应力达到抗拉强度设计值 f_y，中和轴通过腹板，混凝土受压区的形状变为 T 形。这时，可将翼缘挑出部分和腹板的混凝土的抗压强度均取为等效混凝土抗压强度设计值 $\alpha_1 f_c$。根据平衡条件可得

$$\alpha_1 f_c (b_f' - b) h_f' + \alpha_1 f_c bx = f_y A_s \tag{4-46}$$

$$M_u = \alpha_1 f_c (b_f' - b) h_f' (h_0 - 0.5h_f') + \alpha_1 f_c bx (h_0 - 0.5x) \tag{4-47}$$

如同双筋矩形截面，可把第二种T形截面所承担的弯矩 M_u 分为以下两部分：一部分是由翼缘挑出部分的混凝土和相应的一部分受拉钢筋 A_{s1} 所承担的弯矩 M_{u1}（图4-25(b)），另一部分是由腹板的混凝土和另一部分受拉钢筋 A_{s2} 所承担的弯矩 M_{u2}（图4-25(c)）。不难看出，这实际和双筋截面相似，翼缘的挑出部分相当于双筋截面的受压钢筋。于是可得

$$M_u = M_{u1} + M_{u2} \tag{4-48}$$

$$A_s = A_{s1} + A_{s2} \tag{4-49}$$

对第一部分（图4-25(b)），由平衡条件可得

$$\alpha_1 f_c (b_f' - b) h_f' = f_y A_{s1} \tag{4-50}$$

$$M_{u1} = \alpha_1 f_c (b_f' - b) h_f' \left(h_0 - \frac{h_f'}{2}\right) \tag{4-51}$$

对第二部分（图4-25(c)），由平衡条件可得

$$\alpha_1 f_c bx = f_y A_{s2} \tag{4-52}$$

$$M_{u2} = \alpha_1 f_c bx \left(h_0 - \frac{x}{2}\right) \tag{4-53}$$

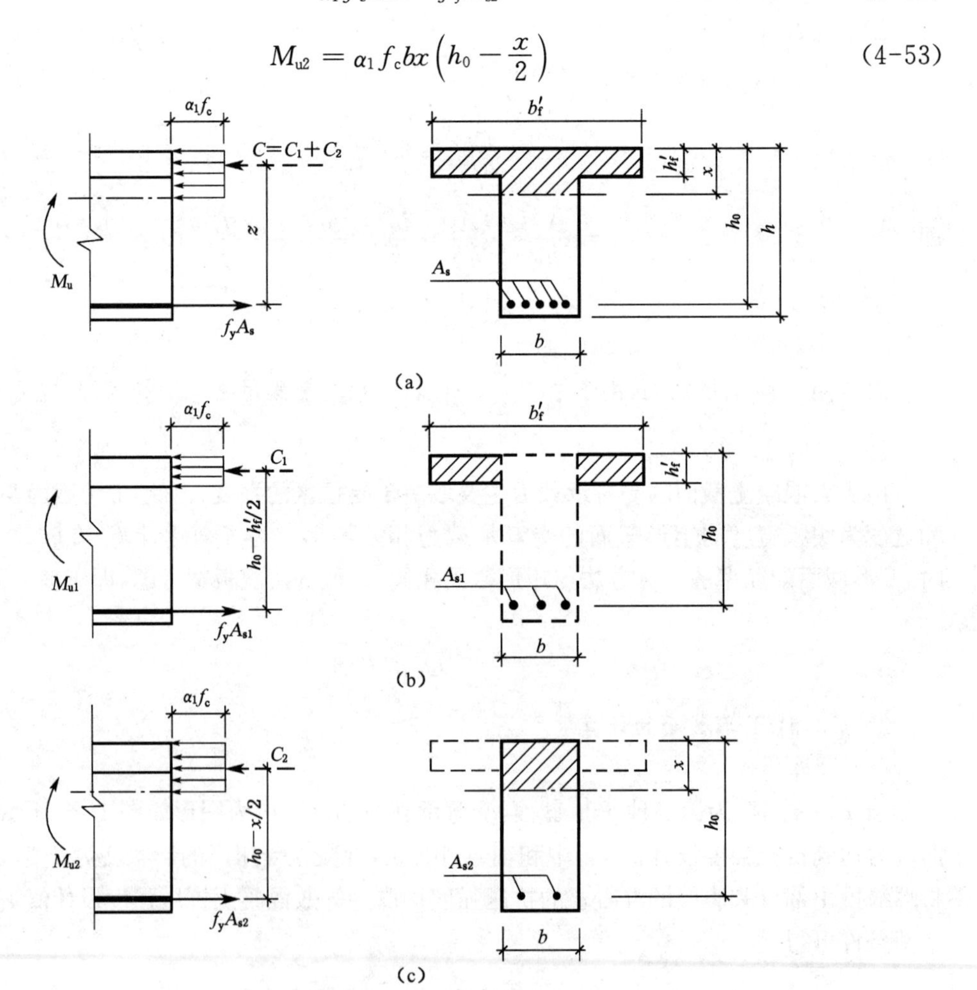

图4-25　第二种T形截面受弯承载力计算应力图形

(2) 适用条件

① $\xi \leqslant \xi_b$

与单筋矩形截面相似,这一限制条件是为了防止截面发生超筋破坏。这时公式(4-13)可改写为

$$\rho_2 = \frac{A_{s2}}{bh_0} \leqslant \xi_b \frac{\alpha_1 f_c}{f_y} \tag{4-54}$$

② $\rho_1 \geqslant \rho_{1\min}$

对于第二种 T 形截面,一般均能满足 $\rho_1 \geqslant \rho_{1\min}$ 的要求,可不必验算。

3) 两种 T 形截面的鉴别

为了正确的应用上述公式进行计算,首先必须鉴别出截面属于哪一种 T 形截面。为此,可先以中和轴恰好在翼缘下边缘处(图 4-26)的这一界限情况进行分析。

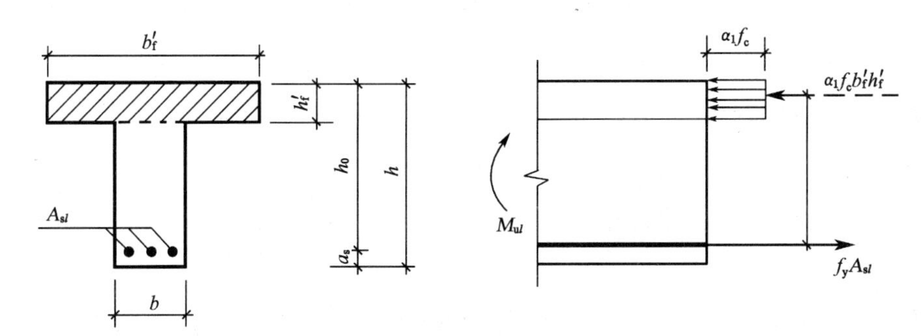

图 4-26　两种 T 形截面的界限

按照图 4-26,由平衡条件可得

$$\alpha_1 f_c b'_f x = f_y A_{sl} \tag{4-55}$$

$$M_{ul} = \alpha_1 f_c b'_f h'_f (h_0 - 0.5h'_f) \tag{4-56}$$

式中:A_{sl}——第一种 T 形截面界限时所需的受拉钢筋截面面积;

M_{ul}——第一种 T 形截面界限时的受弯承载力设计值。

根据公式(4-55)和公式(4-56),两种 T 形截面的鉴别可按下述方法进行。

(1) 设计截面

这时弯矩设计值 M 为已知,若满足下列条件:

$$M \leqslant \alpha_1 f_c b'_f h'_f (h_0 - 0.5h'_f) \tag{4-57}$$

则说明 $x \leqslant h'_f$,即中和轴在翼缘内,属于第一种 T 形截面。反之,属于第二种 T 形截面。

(2) 复核截面

当钢筋截面面积为已知,若满足下列条件:

$$A_s \leqslant \frac{\alpha_1 f_c}{f_y} b'_f h'_f \tag{4-58}$$

则说明 $x \leqslant h'_f$,属于第 种 T 形截面。反之,属丁第二种 T 形截面。

4.6.3 计算方法

1) 设计截面

设计T形截面时,一般是已知弯矩设计值和截面尺寸,求受拉钢筋截面面积。

(1) 第一种T形截面

当满足公式(4-57)的条件时,则属于第一种T形截面,其计算方法与截面尺寸为 $b'_f \times h$ 的单筋矩形截面相同。

(2) 第二种T形截面

当不满足公式(4-57)的条件时,则属于第二种T形截面。这时,由公式(4-50)可求得

$$A_{s1} = \frac{\alpha_1 f_c (b'_f - b) h'_f}{f_y} \tag{4-59}$$

相应的 M_{u1} 可由公式(4-51)求得,则由公式(4-48)可得

$$M_{u2} = M - M_{u1} = M - \alpha_1 f_c (b'_f - b) h'_f (h_0 - 0.5h'_f) \tag{4-60}$$

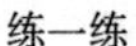

练一练

于是,即可按截面尺寸为 $b \times h$ 的单筋矩形截面求得 A_{s2}。最后可得

$$A_s = A_{s1} + A_{s2}$$

同时,必须验算 $\xi \leqslant \xi_b$ 的条件。

2) 复核截面

(1) 第一种T形截面

当满足公式(4-58)的条件时,属于第一种T形截面,则可按截面尺寸为 $b'_f \times h$ 的单筋矩形截面计算。

(2) 第二种T形截面

当不满足公式(4-58)的条件时,属于第二种T形截面,可按下述步骤进行计算:

① 计算 A_{s1} 和 M_{u1}

A_{s1} 和相应的 M_{u1} 仍可按公式(4-59)和公式(4-51)确定。

② 计算 A_{s2} 和 M_{u2}

$$A_{s2} = A_s - A_{s1}$$

M_{u2} 可按配置钢筋 A_{s2} 的单筋矩形截面 ($b \times h$) 确定。

③计算 M_u

$$M_u = M_{u1} + M_{u2}$$

【例题4-9】 有一T形截面(图4-27),其截面尺寸为: $b = 250$ mm, $h = 750$ mm, $b'_f = 1\,200$ mm, $h'_f = 80$ mm, 承受弯矩设计值 $M = 450$ kN·m, 混凝土强度等级为C25 ($f_c = 11.9$ N/mm^2), 采用HRB400级钢筋配筋 ($f_y = 360$ N/mm^2), 环境类别为一类,试求所需钢筋截面面积。

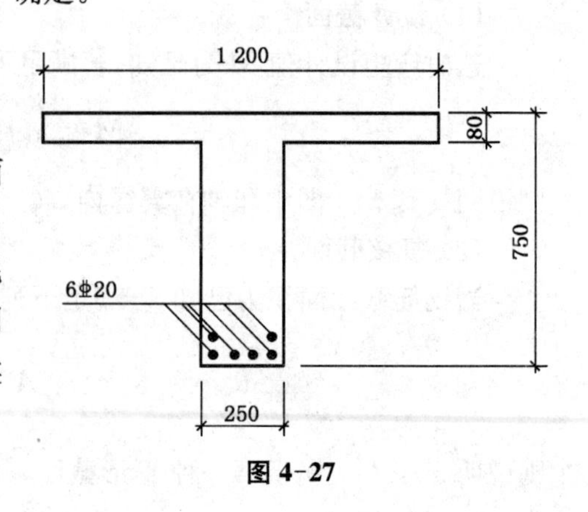

图 4-27

【解】 (1) 类型鉴别

$$h_0 = 750 - 60 = 690 \text{ mm}$$

$$\alpha_1 f_c b'_f h'_f \left(h_0 - \frac{h'_f}{2}\right) = 1.0 \times 11.9 \times 1200 \times 80 \times \left(690 - \frac{80}{2}\right) = 742.6 \times 10^6 \text{ N} \cdot \text{mm}$$

$$= 742.6 \text{ kN} \cdot \text{m} > M = 450 \text{ kN} \cdot \text{m}$$

这表明属于第一种 T 形截面，按截面尺寸 $b'_f \times h = 1\,200 \text{ mm} \times 750 \text{ mm}$ 的矩形截面计算。

(2) 计算 A_s

$$\alpha_s = \frac{M_u}{\alpha_1 f_c b'_f h_0^2} = \frac{450 \times 10^6}{1.0 \times 11.9 \times 1200 \times 690^2} = 0.066\,2$$

查附表 2-9，得 $\gamma_s = 0.965$，则

$$A_s = \frac{M_u}{f_y \gamma_s h_0} = \frac{450 \times 10^6}{360 \times 0.965 \times 690} = 1\,877 \text{ mm}^2$$

选用 6⏀20，$A_s = 1\,884 \text{ mm}^2$。钢筋配置如图 4-27 所示。

(3) 验算适用条件

$$\rho_{1\min} = 0.45 \frac{f_t}{f_y} = 0.45 \times \frac{1.27}{360} = 0.16\% < 0.2\%，取\ \rho_{1\min} = 0.2\%$$

$$\rho_1 = \frac{A_s}{bh} = \frac{1884}{250 \times 750} = 1\% > \rho_{1\min} = 0.2\%（符合要求）$$

【例题 4-10】 有一 T 形截面(图 4-28)，其截面尺寸为：$b = 300 \text{ mm}, h = 800 \text{ mm}, b'_f = 600 \text{ mm}, h'_f = 100 \text{ mm}$，承受弯矩设计值 $M = 650 \text{ kN} \cdot \text{m}$，混凝土强度等级为 C25，用 HRB400 级钢筋配筋，环境类别为一类。求受拉钢筋截面面积。

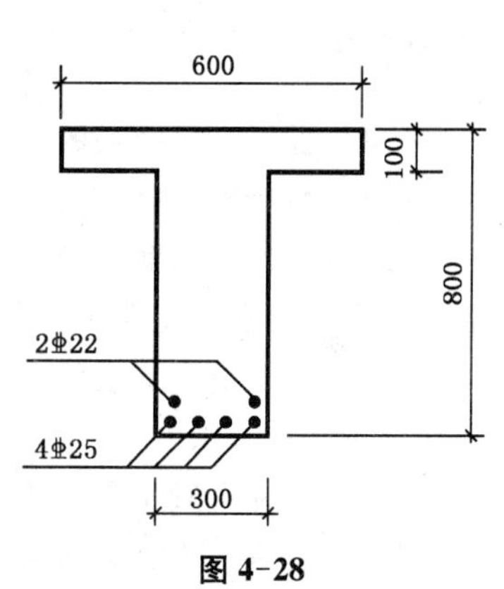

图 4-28

【解】 (1) 类型鉴别

$$h_0 = 800 - 60 = 740 \text{ mm}$$

$$\alpha_1 f_c b'_f h'_f \left(h_0 - \frac{h'_f}{2}\right)$$

$$= 1.0 \times 11.9 \times 600 \times 100 \times \left(740 - \frac{100}{2}\right)$$

$$= 492.7 \times 10^6 \text{ N} \cdot \text{mm} = 492.7 \text{ kN} \cdot \text{m} < M = 650 \text{ kN} \cdot \text{m}$$

这表明属于第二种 T 形截面。

(2) 计算 A_{s1} 和 A_{s2}

① 求 A_{s1}：由公式(4-59)可得

$$A_{s1} = \frac{\alpha_1 f_c (b'_f - b) h'_f}{f_y} = \frac{1.0 \times 11.9 \times (600 - 300) \times 100}{360} = 992 \text{ mm}^2$$

② 求 A_{s2}：由公式(4-51)可得

$$M_{u1} = \alpha_1 f_c (b'_f - b) h'_f \left(h_0 - \frac{h'_f}{2}\right)$$

$$= 1.0 \times 11.9 \times (600 - 300) \times 100 \times \left(740 - \frac{100}{2}\right) = 246.3 \text{ kN} \cdot \text{m}$$

则
$$M_{u2} = M - M_{u1} = 650 - 246.3 = 403.7 \text{ kN} \cdot \text{m}$$

$$\alpha_s=\frac{M_{u2}}{\alpha_1 f_c b h_0^2}=\frac{403.7\times10^6}{1.0\times11.9\times300\times740^2}=0.207$$

查附表 2-9,得 $\gamma_s=0.882$,则

$$A_{s2}=\frac{M_{u2}}{\gamma_s f_y h_0}=\frac{403.7\times10^6}{0.882\times360\times740}=1\,718\ \text{mm}^2$$

(3) 计算 A_s

$$A_s=A_{s1}+A_{s2}=992+1\,718=2\,710\ \text{mm}^2$$

选用 $4\Phi25+2\Phi22$,$A_s=2\,724\ \text{mm}^2$。钢筋布置如图 4-28 所示。

本章小结

1. 钢筋混凝土受弯构件按照其破坏特征分为 3 类:适筋截面、超筋截面和少筋截面。

2. 适筋截面从施加荷载到破坏的全过程可分为 3 个阶段:第Ⅰ阶段(整体工作阶段)、第Ⅱ阶段(带裂缝工作阶段)、第Ⅲ阶段(破坏阶段)。第Ⅰ阶段末I_a,作为受弯构件抗裂计算的依据;第Ⅱ阶段是受弯构件变形和裂缝宽度计算的依据;第Ⅲ阶段末III_a是受弯构件承载力的计算依据。

3. 受弯构件正截面承载力计算方法和构造要求。

4. 单筋、双筋、T 形截面正截面承载力计算。

复习思考题

4.1 混凝土保护层的作用是什么?梁、板的混凝土保护层厚度是多少?

4.2 在钢筋混凝土梁、板中,受力钢筋是如何布置的?对钢筋净距有哪些要求?

4.3 适筋梁正截面受力全过程分为几个阶段?各阶段的应变分布、应力分布、裂缝开展及中和轴位置的变化规律如何?各阶段的主要特征是什么?

4.4 承载能力极限状态计算和正常使用极限状态计算分别以哪个阶段为依据,该阶段的主要特征是什么?

思考题解析

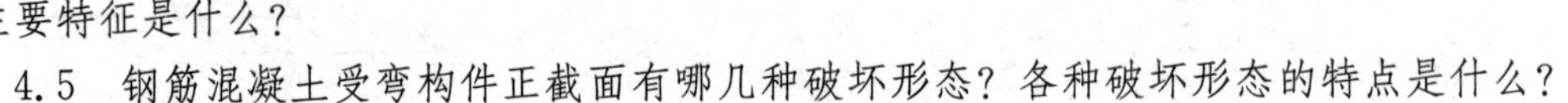

4.5 钢筋混凝土受弯构件正截面有哪几种破坏形态?各种破坏形态的特点是什么?

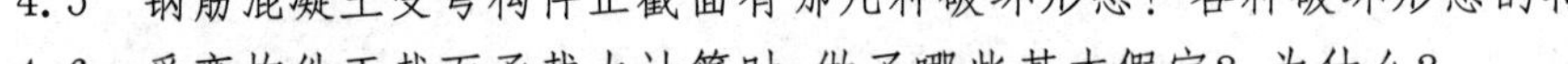

4.6 受弯构件正截面承载力计算时,做了哪些基本假定?为什么?

4.7 钢筋混凝土受弯构件正截面承载力计算时,受压区混凝土应力分布图形是如何简化的?

4.8 在等效矩形应力图形中,等效混凝土受压区高度 x 与实际受压区高度 x_a 的关系如何?等效混凝土抗压强度与混凝土轴心抗压强度的关系如何?

4.9 何谓界限破坏?何谓相对界限受压区高度 ξ_b?其计算公式如何?ξ_b 主要与哪些因素有关?随着钢筋强度提高,ξ_b 是如何变化的?

4.10 在钢筋混凝土受弯构件中,纵向受拉钢筋最大配筋率 ρ_{max} 和最小配筋率 ρ_{1min} 是根据什么原则确定的?

4.11 判别适用条件 $\rho_1\geqslant\rho_{1min}$ 时,ρ_1 应如何计算?为什么要考虑受拉翼缘的影响而不考虑受压翼缘的影响?

4.12 计算单筋矩形截面受弯承载力时,其计算应力图形如何?计算公式是如何建立的?有哪些适用条件?

4.13 用查表法计算单筋矩形截面受弯承载力时，公式 $M = \alpha_s \alpha_1 f_c b h_0^2$ 或 $M = f_y A_s \gamma_s h_0$ 中的 α_s、γ_s 的物理意义是什么？它与哪些因素有关？

4.14 对于适筋截面，ξ、α_s、γ_s的变化范围怎样？用查表法计算受弯构件正截面承载力时，适用条件是如何判别的？

4.15 复核单筋矩形截面受弯承载力时，如何判别截面的破坏形态？当截面为超筋破坏时，应如何处理？

4.16 对于单筋矩形截面，影响其受弯承载力的因素有哪些？各个因素（A_s、f_y、h、b、f_c）的影响规律如何？

4.17 计算双筋矩形截面受弯承载力时，其计算应力图形如何？计算公式是如何建立的？有哪些适用条件？与单筋矩形截面有何不同？

4.18 设计双筋矩形截面时，分为几种情况？

4.19 设计双筋截面时，当 A_s 和 A_s' 为未知时，其计算步骤如何？为什么要指定 $\xi = \xi_b$？

4.20 设计双筋截面时，当 A_s'为已知时，其计算步骤如何？有哪些适用条件？当不满足适用条件 $x \geqslant 2a'_s$ 时，如何计算 A_s？当不满足 $\xi \leqslant \xi_b$ 时，意味着什么？应如何处理？

4.21 何谓 T 形截面的受压翼缘计算宽度 b_f'？其取值如何？

4.22 第一类 T 形截面受弯承载力的计算应力图形如何？计算公式如何建立？有哪些适用条件？与单筋矩形截面受弯承载力计算有哪些共同点和不同点？

4.23 第二类 T 形截面受弯承载力的计算应力图形如何？计算公式如何建立？有哪些适用条件？与双筋矩形截面受弯承载力计算有哪些共同点和不同点？

4.24 在设计或复核 T 形截面时，如何判别第一类和第二类 T 形截面？

4.25 第一类、第二类 T 形截面的设计步骤如何？

习 题

4.1 单筋矩形梁的截面尺寸 $b \times h = 250\,\text{mm} \times 600\,\text{mm}$，弯矩设计值 $M = 254\,\text{kN} \cdot \text{m}$，环境类别为一类。采用 C25 混凝土（$f_c = 11.9\ \text{N/mm}^2$，$f_t = 1.27\ \text{N/mm}^2$）和 HRB400 级钢筋（$f_y = 360\ \text{N/mm}^2$）。试设计该截面。

4.2 单跨简支板每米宽的跨中截面弯矩设计值 $M = 5\ \text{kN} \cdot \text{m}$，环境类别为一类。采用混凝土（$f_c = 9.6\ \text{N/mm}^2$，$f_t = 1.1\ \text{N/mm}^2$）和 HPB300 级钢筋（$f_y = 270\ \text{N/mm}^2$）。试设计该板。

习题解析

4.3 单筋矩形截面梁的截面尺寸 $b \times h = 200\ \text{mm} \times 450\ \text{mm}$，采用 C20 混凝土，配置 4⏀16 钢筋，弯矩设计值 $M = 92\ \text{kN} \cdot \text{m}$。试复核该截面是否安全、经济？

4.4 矩形截面梁的截面尺寸 $b \times h = 220\,\text{mm} \times 500\,\text{mm}$，弯矩设计值 $M = 280\,\text{kN} \cdot \text{m}$。采用 C25 混凝土和 HRB400 级钢筋。试设计该截面。

4.5 已知条件同习题 4.4，但已配置受压钢筋 3⏀18（$A_s' = 763\ \text{mm}^2$），试设计该截面。

4.6 已知条件同习题 4.4，但已配置受压钢筋 4⏀22（$A_s' = 1\,520\ \text{mm}^2$），试设计该截面。

4.7 单筋 T 形截面的尺寸为：$b = 250\,\text{mm}$，$h = 750\,\text{mm}$，$b_f' = 1\,200\,\text{mm}$，$h_f' = 80\,\text{mm}$，弯矩设计值 $M = 460\ \text{kN} \cdot \text{m}$。采用 C30 混凝土和 HRB400 级钢筋。试求纵向受拉钢筋截面面积。

4.8 单筋 T 形截面尺寸为：$b = 200\,\text{mm}$，$h = 800\,\text{mm}$，$b_f' = 600\,\text{mm}$，$h_f' = 100\,\text{mm}$，弯矩设计值 $M = 560\ \text{kN} \cdot \text{m}$。采用 C30 混凝土和 HRB500 级钢筋。试求纵向受拉钢筋截面面积。

5 钢筋混凝土受弯构件斜截面承载力

5.1 受弯构件斜截面的受力特点和破坏形态

钢筋混凝土受弯构件在主要承受弯矩的区段内产生垂直裂缝，若受弯承载力不足，则将沿正截面发生弯曲破坏。受弯构件除承受弯矩外，往往还同时承受剪力。在同时承受剪力和弯矩的区段内，常产生斜裂缝，并可能沿斜截面（斜裂缝）发生破坏。因此，为了保证受弯构件的承载力，除了进行正截面承载力计算外，还须进行斜截面承载力计算。

为了防止受弯构件沿斜截面破坏，应使构件的截面符合一定的要求，并配置必要的箍筋，有时还必须配置弯起钢筋。箍筋和弯起钢筋统称为腹筋。一般称配置了腹筋的梁为有腹筋梁，反之为无腹筋梁。

5.1.1 无腹筋梁斜裂缝形成前后应力状态

1）无腹筋梁斜裂缝的形成

图 5-1 所示为一矩形截面钢筋混凝土无腹筋简支梁在两集中荷载作用下的应力状态、弯矩图和剪力图。图 5-1(a)中 CD 段为纯弯段，AC、DB 段为剪弯（同时作用有剪力和弯矩）段。在荷载较小，梁内尚未出现裂缝之前，梁处于整体工作阶段。此时，可将钢筋混凝土梁视作匀质弹性梁，而把纵向钢筋按钢筋与混凝土的弹性模量比（即 E_s/E_c）换算成等效的混凝土，成为一个换算截面（图 5-1(c)）。截面上任意一点的正应力 σ、剪应力 τ 和主应力可用材料力学公式计算。

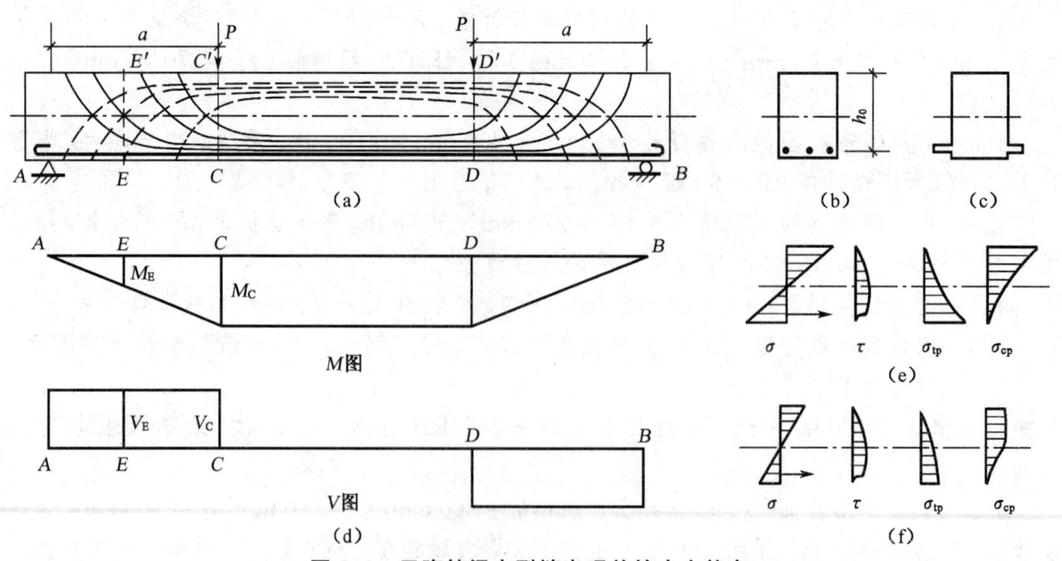

图 5-1 无腹筋梁在裂缝出现前的应力状态

截面 CC'(左边)的应力分布图如图 5-1(e)所示,梁的主应力迹线如图 5-1(a)所示。在纯弯段(CD 段),剪力和剪应力为零,主拉应力 σ_{tp} 的作用方向与梁纵轴的夹角 α 为零,即作用方向是水平的。最大主拉应力发生在截面的下边缘,当其超过混凝土的抗拉强度时,将出现垂直裂缝。在剪弯段(AC 及 DB 段),主拉应力 σ_{tp} 的方向是倾斜的。在截面中和轴以上的受压区内,主拉应力 σ_{tp} 因压应力 σ_c 的存在而减小,作用方向与梁纵轴的夹角 α 大于 45°;中和轴处 $\sigma=0$,τ 最大,σ_{tp} 和 σ_{cp} 作用方向与梁纵轴的夹角 α 等于 45°;在中和轴以下的受拉区内,由于拉应力的存在,使 σ_{tp} 增大,σ_{cp} 减小,σ_{tp} 作用方向与梁纵轴的夹角 α 小于 45°,在受拉边缘 $\alpha=0$,即其作用方向仍是水平的。剪弯段 EE' 截面的应力分布如图 5-1(f)所示。

由于中和轴附近的主拉应力的方向是倾斜的,所以,当主拉应力 σ_{tp} 和主压应力 σ_{cp} 的复合作用效应超过混凝土的抗拉强度时,在剪弯段将出现斜裂缝。但在截面的下边缘,由于主拉应力的方向仍是水平的,故仍可能出现较小的垂直裂缝。

试验表明,在集中荷载作用下,无腹筋简支梁的斜裂缝出现过程有两种典型情况。当剪跨比 a/h_0(a 为剪跨,即竖向集中力作用线至支座间的距离;h_0 为截面有效高度)较大时,在剪跨范围内,梁底首先因弯矩的作用而出现垂直裂缝,随着荷载的增加,初始垂直裂缝将逐渐向上发展,并随主拉应力作用方向的改变而发生倾斜,即沿主压应力迹线向集中荷载作用点延伸,坡度逐渐减缓,裂缝下宽上细。此种裂缝称为弯剪斜裂缝,如图 5-2(a)所示。当剪跨比较小,且梁腹很薄时,将首先在梁的中和轴附近出现大致与中和轴成 45°倾角的斜裂缝。随着荷载的增加,它将沿主压应力迹线向支座和集中荷载作用点延伸,此种裂缝两头细,中间粗,呈枣核形,称为腹剪斜裂缝,如图 5-2(b)所示。

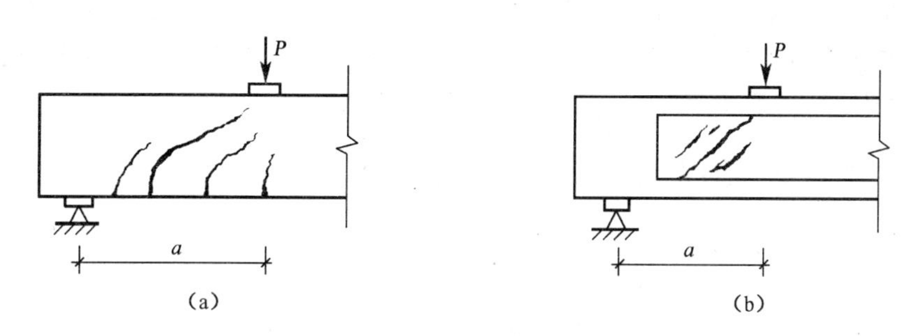

图 5-2 无腹筋简支梁的斜裂缝

2) 无腹筋梁斜裂缝出现后的应力状态

无腹筋梁出现斜裂缝后,其应力状态发生了显著变化。这时已不可再将其视作为匀质弹性梁,截面上的应力亦不能用一般材料力学进行计算。图 5-3(a)为一出现斜裂缝 EF 的无腹筋梁。

在斜裂缝出现后,梁内应力状态发生了以下变化:

(1) 在斜裂缝出现前,荷载引起的剪力 V 由全截面承受,而在斜裂缝出现后,剪力 V 全部由斜裂缝上端混凝土截面上的 V_c 来平衡。同时,由 V 和 V_c 这两个力所组成的力偶由纵向钢筋的拉力 T_s 和混凝土的压力 C_c 所组成的力偶来平衡。换句话说,剪力 V 不仅引起 V_c,还引起 T_s 和 C_c。所以,斜裂缝上端混凝土截面既受剪,又受压,称为剪压区。由于剪压区截面面积远小于全截面面积,故其剪应力 τ_c 将显著增大。同时,剪压区混凝土压应力亦将显著增大。τ_c 和 σ_c 的分布大体如图 5-3(c)所示。

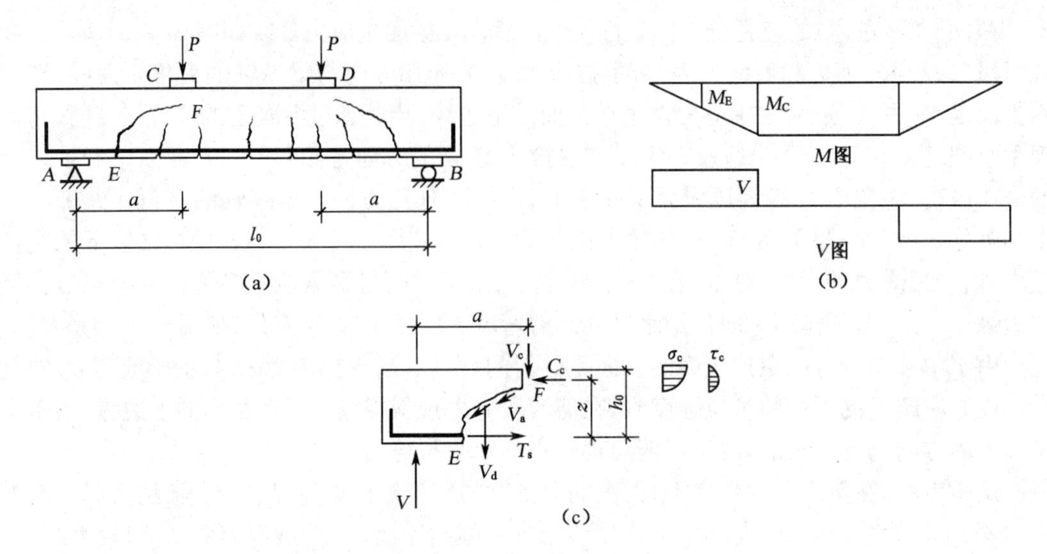

图 5-3　无腹筋梁在斜裂缝出现后的应力状态

(2) 在斜裂缝出现前,在剪弯段的某截面处(如图 5-3(a)中 E 处),纵向钢筋的拉应力由该处正截面的弯矩(M_E)所决定。在斜裂缝出现后,由 $T_s z = V_a$ 得 $\sigma_s A_s z = V_a$,即 $\sigma_s = V_a/(A_s z) = M_C/(A_s z)$,这表明将由该处斜截面上端的弯矩($M_C$)所决定。由于 M_C 远大于 M_E,故斜裂缝出现后,纵向钢筋的拉应力 σ_s 将突然增大。

此后,随着荷载的继续增加,剪压区混凝土承受的剪应力 τ_c 和压应力 σ_c 亦继续增大,混凝土处于剪压复合应力状态。当其应力达到混凝土在此种应力状态下的极限强度时,剪压区即破坏,则梁将沿斜截面发生破坏。

5.1.2　有腹筋梁斜裂缝形成前后应力状态

为了提高钢筋混凝土梁的受剪承载力,防止梁沿斜裂缝发生脆性破坏,在实际工程结构中,除跨度很小的梁以外,一般梁中都配置有腹筋(箍筋和弯筋)。与无腹筋梁相比,有腹筋梁斜截面的受力性能和破坏形态有着相似之处,也有许多不同的特点。

对于有腹筋梁,在荷载较小、斜裂缝出现之前,腹筋中的应力很小,腹筋作用不大,对斜裂缝出现荷载影响很小,其受力性能与无腹筋梁相近。然而,在斜裂缝出现后,有腹筋梁的受力性能与无腹筋梁相比,将有显著的不同。

在有腹筋梁中,斜裂缝出现后,与斜裂缝相交的腹筋(箍筋和弯筋)应力显著增大,直接承担部分剪力。同时,腹筋能抑制斜裂缝的开展和延伸,增大斜裂缝上端混凝土剪压区的截面面积,提高混凝土剪压区的抗剪能力。此外,箍筋还将提高斜裂缝交界面骨料的咬合和摩擦作用,延缓沿纵向钢筋的黏结劈裂裂缝的发展,防止混凝土保护层的突然撕裂,提高纵向钢筋的销栓作用。因此,腹筋将使梁的受剪承载力有较大的提高。

5.1.3　斜截面的破坏形态

(1) 无腹筋梁在集中荷载作用下,沿斜截面的破坏形态主要与剪跨比 a/h_0 有关;在均布荷载作用下,则主要与跨高比 l_0/h_0 有关。一般沿斜截面破坏的主要形态有以下 3 种:

① 斜压破坏

当剪跨比较小时(集中荷载时为 $a/h_0<1$；均布荷载时为 $l_0/h_0<4$)，可能发生这种破坏。随着荷载的增加，梁腹将首先出现一系列大体上相互平行的斜裂缝，这些斜裂缝将梁腹分割成若干根倾斜的受压杆件，最后由于混凝土沿斜向压酥而破坏。这种破坏称为斜压破坏，如图 5-4 所示。

② 剪压破坏

在中等剪跨比(集中荷载时为 $1\leqslant a/h_0\leqslant 3$，均布荷载时为 $4\leqslant l_0/h_0\leqslant 9$)情况下可能发生这种破坏。如前所述，梁承受荷载后，在剪跨范围内出现弯剪斜裂缝。当荷载继续增加到某一数值时，在数条斜裂缝中，将出现一条延伸较长、开展相对较宽的主要斜裂缝，称为临界斜裂缝。随着荷载继续增大，临界斜裂缝将不断向荷载点延伸，使混凝土剪压区高度不断减小，导致剪压区混凝土在正应力 σ_c、剪应力 τ_c 的共同作用下达到复合应力状态下的极限强度而破坏。这种破坏称为剪压破坏，如图 5-5 所示。

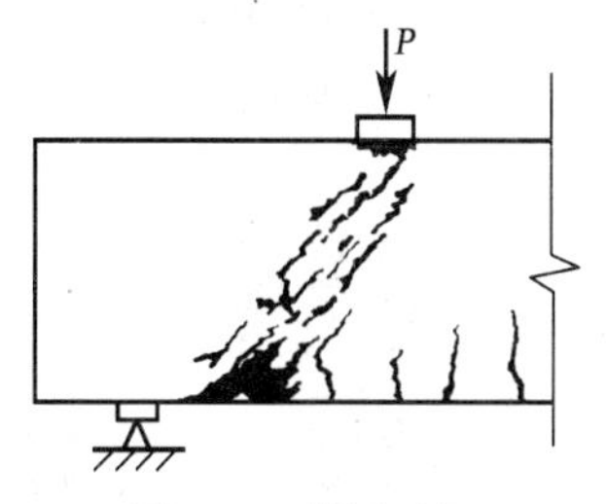

图 5-4　斜压破坏

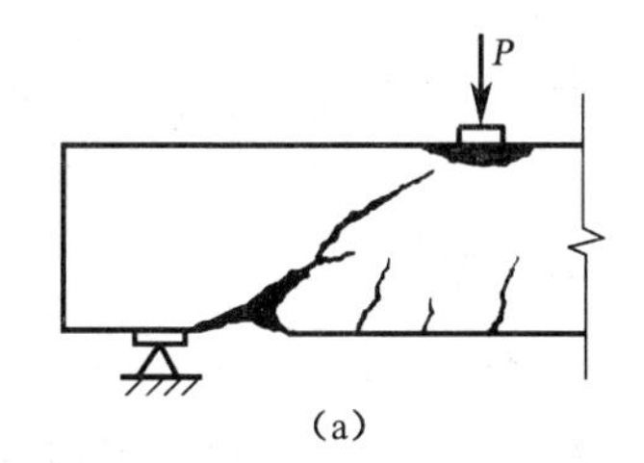

(a)　　(b)

图 5-5　剪压破坏

练一练

③ 斜拉破坏

当剪跨比较大时(集中荷载时为 $a/h_0>3$，均布荷载时为 $l_0/h_0>9$)可能发生这种破坏。在这种情况下，弯剪斜裂缝一出现便很快发展，形成临界斜裂缝，并迅速向荷载点延伸而使混凝土截面裂通，梁即被分成两部分而丧失承载力。同时，沿纵向钢筋往往伴随产生水平撕裂裂缝。这种破坏称为斜拉破坏，如图 5-6 所示。这种破坏的发生是较突然的，破坏荷载等于或略高于临界斜裂缝出现的荷载，破坏面较整齐，无压碎现象。

无腹筋梁除上述 3 种主要破坏形态外，在不同条件下，尚可能发生其他破坏形态，例如荷载离支座很近时的纯剪破坏以及局部受压破坏和纵向钢筋锚固破坏等。

(2) 有腹筋梁沿斜截面的破坏形态。

与无腹筋梁类似，有腹筋梁的斜截面破坏形态主要有 3 种：斜压破坏、剪压破坏和斜拉破坏。

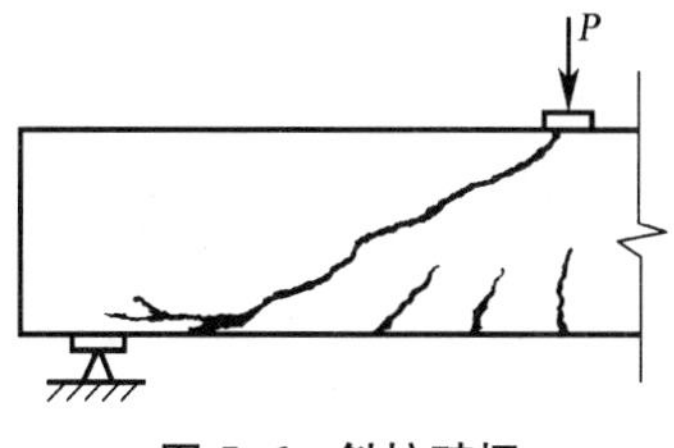

图 5-6　斜拉破坏

当剪跨比较小或箍筋的配置数量过多，则在箍筋尚未屈服时，斜裂缝间混凝土即因主压应力过大而发生斜压破坏。梁的受剪承载力取决于构件的截面尺寸和混凝土强度，并与无腹筋梁斜压破坏时的受剪承载力接近。

当箍筋的配置数量适当，则斜裂缝出现后，原来由混凝土承受的拉力转由与斜裂缝相交的箍筋承受，在箍筋尚未屈服时，由于箍筋的受力作用，延缓和限制了斜裂缝的开展和延伸，荷载尚能有较大的增长。当箍筋屈服后，其变形迅速增大，不再能有效地抑制斜裂缝的开展和延伸，最后斜裂缝上端的混凝土在剪压复合应力作用下达到极限强度，发生剪压破坏。此时，梁的受剪承载力主要与混凝土强度和箍筋配置数量有关，而剪跨比和纵筋配筋率等因素的影响相对较小。

当剪跨比较大，且箍筋配置的数量过少，则斜裂缝一出现，截面即发生急剧的应力重分布，原来由混凝土承受的拉力转由箍筋承受，使箍筋很快达到屈服，变形剧增，不能抑制斜裂缝的开展，此时梁的破坏形态与无腹筋梁相似，也将产生脆性的斜拉破坏。

5.2 影响受弯构件斜截面受剪承载力的主要因素

影响受弯构件斜截面受剪承载力的因素很多，主要有剪跨比、混凝土强度、纵向钢筋配筋率、箍筋强度及其配筋率等。

5.2.1 剪跨比对斜截面受剪承载力的影响

对于承受集中荷载的梁，剪跨比 λ 系指剪跨 a 与截面有效高度 h_0 的比值(图 5-3)，即

$$\lambda = \frac{a}{h_0} = \frac{V_a}{Vh_0} = \frac{M_C}{Vh_0} \tag{5-1}$$

公式(5-1)表明，剪跨比 λ 实质上反映了截面上弯矩 M 与剪力 V 的相对比值。

试验研究表明，剪跨比是影响集中荷载下无腹筋梁受剪承载力和破坏形态的最主要因素之一。图 5-7 所示为相同条件的无腹筋梁在各种剪跨比时的试验结果。从图 5-7 中可以看出，剪跨比对无腹筋梁受剪承载力和破坏形态的影响是显著的。随着剪跨比的增大，破坏形态发生显著变化，梁的受剪承载力显著降低。小剪跨比时，发生斜压破坏，受剪承载力很高；中等剪跨比时，发生剪压破坏，受剪承载力次之；大剪跨比时，发生斜拉破坏，受剪承载力很低。当 $\lambda > 3$，则剪跨比增大对受剪承载力的影响不明显。

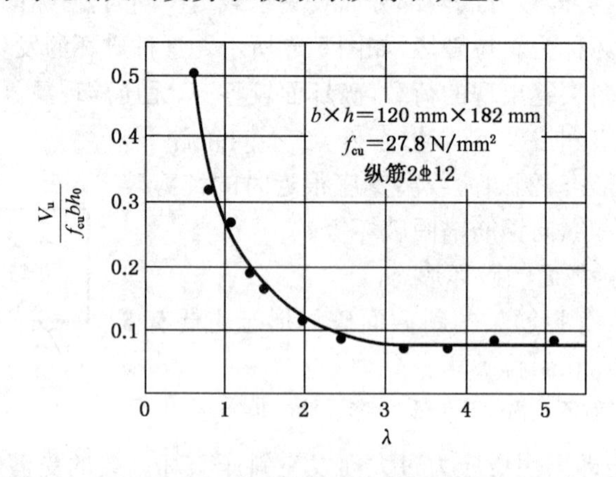

图 5-7 不同剪跨比的无腹筋梁的破坏形态和受剪承载力

对于有腹筋梁，在配箍率较低时，剪跨比的影响较大；在配箍率为中等时，剪跨比的影响要小些；而在配箍率较高时，剪跨比的影响则很小。

5.2.2 混凝土强度对斜截面受剪承载力的影响

梁的剪切破坏是由于混凝土达到相应应力状态下的极限强度而发生的。因此,混凝土的强度对梁的受剪承载力影响很大。分析表明,梁的受剪承载力将基本上与混凝土的抗拉强度呈线性关系。

5.2.3 配箍率和箍筋强度对斜截面受剪承载力的影响

有腹筋梁出现斜裂缝后,箍筋不仅直接承受相当部分的剪力,而且有效地抑制斜裂缝的开展和延伸,对提高剪压区混凝土的抗剪能力和纵向钢筋的销栓作用有着积极的影响。试验表明,在配箍量适当的范围内,梁的受剪承载力随配箍量的增多、箍筋强度的提高而有较大幅度的增长。

配箍量一般用配箍率(又称箍筋配筋率)ρ_{sv}表示,即

$$\rho_{sv}=\frac{nA_{sv1}}{bs} \tag{5-2}$$

式中:ρ_{sv}——竖向箍筋配筋率;

n——在同一截面内箍筋的肢数;

A_{sv1}——单肢箍筋的截面面积;

b——截面宽度;

s——沿构件长度方向上箍筋的间距。

练一练

5.2.4 纵向钢筋配筋率对斜截面受剪承载力的影响

试验表明,梁的受剪承载力随纵向钢筋配筋率ρ的提高而增大。一方面,因为纵向钢筋能抑制斜裂缝的开展和延伸,使斜裂缝上端的混凝土剪压区的面积较大,从而提高了剪压区混凝土承受的剪力V_c。显然,纵向钢筋数量增加,这种抑制作用也增大。另一方面,纵向钢筋数量增加,其销栓作用随之增大,销栓作用所传递的剪力亦增大。

5.2.5 弯起钢筋的配筋量和强度对斜截面受剪承载力的影响

有腹筋梁出现斜裂缝后,与斜裂缝相交的弯起钢筋将直接承受一部分剪力,并对斜裂缝的开展和延伸起着一定的抑制作用。因此,弯起钢筋的截面面积越大,强度越高,梁的斜截面受剪承载力也越高。

除上述主要影响因素之外,构件的类型(如简支梁、连续梁、轴力杆件等)、构件截面形式(如矩形、T形等)及荷载形式(如集中荷载、均布荷载、轴向荷载、复杂荷载等)、加载方式(如直接加载、间接加载等)诸因素,都将影响梁的受剪承载力。

5.3 受弯构件斜截面受剪承载力计算

5.3.1 基本原则

如前所述,钢筋混凝上梁沿斜截面的主要破坏形态有斜压破坏、斜拉破坏和剪压破坏

等。在设计时,对于斜压和斜拉破坏,一般是采取一定的构造措施予以避免。对于常见的剪压破坏,由于发生这种破坏形态时梁的受剪承载力变化幅度较大,故必须进行受剪承载力计算,《混凝土结构设计规范》的基本计算公式就是根据剪压破坏形态的受力特征而建立的。假定梁的斜截面受剪承载力 V_u 由斜裂缝上端剪压区混凝土的抗剪能力 V_c、与斜裂缝相交的箍筋的抗剪能力 V_{sv} 以及与斜裂缝相交的弯起钢筋的抗剪能力 V_{sb} 三部分所组成(图 5-8)。由平衡条件 $\sum Y = 0$ 可得

$$V_u = V_c + V_{sv} + V_{sb} \tag{5-3}$$

当无弯起钢筋时,则得

$$V_u = V_c + V_s = V_{cs} \tag{5-4}$$

式中:V_{cs}——构件斜截面上混凝土和箍筋的受剪承载力设计值。

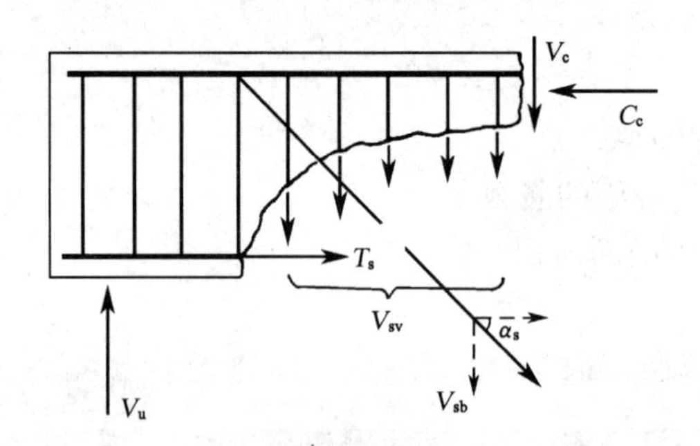

图 5-8　有腹筋梁斜截面破坏时的受力状态

5.3.2　计算公式

由于影响梁斜截面受剪承载力的因素很多,尽管各国学者已进行了大量的试验研究,但迄今为止,梁的受剪承载力计算理论尚未得到圆满解决。目前各国规范采用的计算公式均为半经验、半理论的公式。我国《混凝土结构设计规范》所建议的计算公式也是采用理论与经验相结合的方法,通过对大量的试验数据的统计分析得出的。

1) 无腹筋受弯构件

(1) 矩形、T 形和 I 形截面的一般受弯构件

根据试验资料的分析,对无腹筋的矩形、T 形和 I 形截面的一般受弯构件的斜截面受剪承载力设计值可按下列公式计算:

$$V_u = 0.7 f_t b h_0 \tag{5-5}$$

式中:V_u——无腹筋梁受剪承载力设计值;

f_t——混凝土轴心抗拉强度设计值。

于是,《混凝土结构设计规范》规定,对于矩形、T 形和 I 形截面的一般受弯构件,其斜截面受剪承载力应按下列公式计算,即

$$V \leqslant V_u = 0.7 f_t b h_0 \tag{5-5a}$$

(2) 集中荷载作用下的独立梁

试验表明，对于集中荷载作用下的无腹筋梁，剪跨比对受剪承载力的影响很大，在大剪跨比时，按公式(5-5)的计算值偏高。因此，对集中荷载作用下的独立梁，应改按下列公式计算(图 5-4(b))：

$$V_u = \frac{1.75}{\lambda+1} f_t b h_0 \tag{5-6}$$

式中：λ——计算截面的剪跨比，可取 λ 等于 a/h_0，a 为集中荷载作用点至支座截面或节点边缘的距离；当 $\lambda < 1.5$ 时，取 $\lambda = 1.5$；当 $\lambda > 3$ 时，取 $\lambda = 3$；集中荷载作用点至支座之间的箍筋应均匀配置。

《混凝土结构设计规范》规定，对于集中荷载作用下的独立梁(包括作用有多种荷载，且其中集中荷载对支座截面或节点边缘所产生的剪力值占总剪力值的 75%以上的情况)，其斜截面受剪承载力应按下列公式计算：

$$V \leqslant V_u = \frac{1.75}{\lambda+1} f_t b h_0 \tag{5-6a}$$

2) 配置箍筋的梁

(1) 矩形、T 形和 I 形的一般受弯构件

根据试验资料的统计分析，《混凝土结构设计规范》规定，对矩形、T 形和 I 形截面的受弯构件，当仅配有箍筋时，其受剪承载力按下列公式计算：

$$V \leqslant V_u = V_{cs} = 0.7 f_t b h_0 + \frac{f_{yv} A_{sv}}{s} h_0 \tag{5-7}$$

式中：V——构件斜截面上的最大剪力设计值；

V_{cs}——构件斜截面上混凝土和箍筋的受剪承载力设计值；

A_{sv}——配置在同一截面内箍筋各肢的全部截面面积，$A_{sv} = nA_{sv1}$；

n——在同一截面内箍筋肢数；

A_{sv1}——单肢箍筋的截面面积；

s——沿构件长度方向的箍筋间距；

f_t——混凝土轴心抗拉强度设计值；

f_{yv}——箍筋抗拉强度设计值。

(2) 集中荷载作用下的独立梁

对集中荷载作用下(包括作用有多种荷载，且其中集中荷载对支座截面或节点边缘所产生的剪力值占总剪力值的 75%以上的情况)的独立梁，改按下列公式计算：

$$V_u = V_{cs} = \frac{1.75}{\lambda+1} f_t b h_0 + \frac{f_{yv} A_{sv}}{s} h_0 \tag{5-8}$$

式中：λ——计算截面的剪跨比，其取值与公式(5-6)相同。

3) 配置箍筋和弯起钢筋的梁

当配有箍筋和弯起钢筋时，弯起钢筋所能承担的剪力为弯起钢筋的总拉力在垂直于梁轴方向的分力，即 $V_{sb} = 0.8 f_y A_{sb} \sin\alpha_s$。系数 0.8 是考虑弯起钢筋在破坏时可能达不到其屈

服强度的应力不均匀系数。因此，对于配有箍筋和弯起钢筋的矩形、T形和I形截面的受弯构件，其受剪承载力按下列公式计算：

$$V \leqslant V_{cs} + V_{sb} = V_{cs} + 0.8 f_y A_{sb} \sin\alpha_s \tag{5-9}$$

式中：V——配置弯起钢筋处的剪力设计值；

f_y——弯起钢筋的抗拉强度设计值；

A_{sb}——同一弯起平面内弯起钢筋的截面面积；

α_s——弯起钢筋与构件纵轴线之间的夹角，一般取45°，梁截面高度较大时取60°。

4）计算截面位置

在计算斜截面受剪承载力时，其剪力设计值的计算截面位置应按以下规定采用（图5-9）：

（1）支座边缘处的截面1-1（图5-9(a)、图5-9(b)）。

（2）受拉区弯起钢筋弯起点处的截面2-2、3-3（图5-9(a)）。

（3）箍筋数量（间距或截面面积）改变处的截面4-4（图5-9(b)）。

（4）腹板宽度改变处的截面。

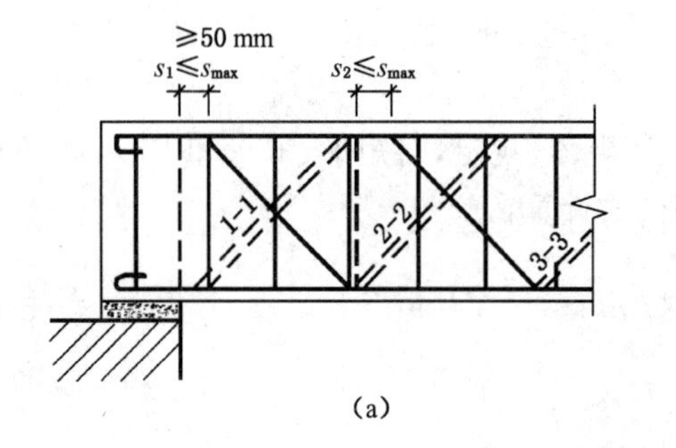

(a)

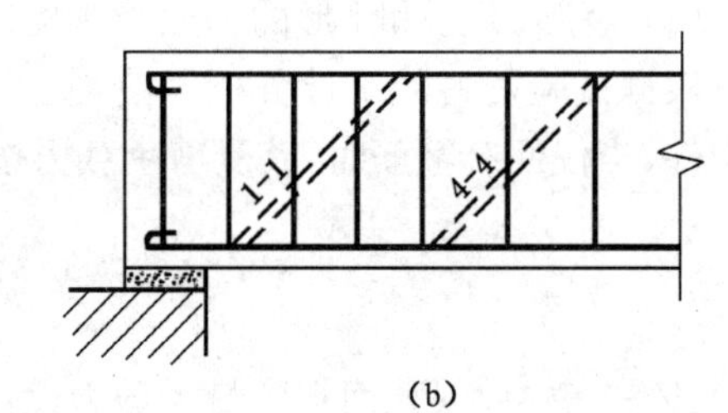

(b)

图5-9 斜截面受剪承载力的计算截面

计算截面处的剪力设计值按下述方法采用（图5-9）：计算支座边缘处的截面时，取该处的剪力值；计算箍筋数量改变处的截面时，取箍筋数量开始改变处的剪力值；计算第一排（从支座算起）弯起钢筋时，取支座边缘处的剪力值；计算以后每一排弯起钢筋时，取前一排弯起钢筋弯起点处的剪力值。

5）计算公式的适用范围——上、下限

（1）上限值——最小截面尺寸及最大配箍率

由公式（5-7）、公式（5-8）可知，对于仅配箍筋的梁，其受剪承载力由斜截面上混凝土的抗剪能力和箍筋的抗剪能力所组成。但当梁的截面尺寸确定后，斜截面受剪承载力并不能随配箍量（一般用配箍系数 $\rho_{sv} f_{yv}/f_t$ 表示）的增大而无限提高。当配箍量超过一定数值后，梁的斜截面受剪承载力几乎不再增大，破坏时箍筋的拉应力达不到屈服强度，箍筋不能充分发挥作用。配箍量过大，梁还可能发生斜压破坏。因此，梁承受较大的剪力时，其截面尺寸不能太小，配箍量不能太大。根据我国工程实践经验及试验结果分析，为防止斜压破坏和限制在使用荷载下斜裂缝的宽度，对矩形、T形和I形截面受弯构件，设计时必须满足下列截面限制条件：

当$\frac{h_w}{b}\leqslant 4.0$时 $$V\leqslant 0.25\beta_c f_c bh_0 \tag{5-10}$$

当$\frac{h_w}{b}\geqslant 6.0$时 $$V\leqslant 0.2\beta_c f_c bh_0 \tag{5-11}$$

当$4.0<\frac{h_w}{b}<6.0$时按线性内插法取用。

式中：V——构件斜截面上的最大剪力设计值；

β_c——混凝土强度影响系数，当混凝土强度等级不超过C50时，取1.0；当混凝土强度等级为C80时，取0.8；其间按线性内插法取用；

f_c——混凝土轴心抗压强度设计值；

b——矩形截面宽度，T形截面和I形截面的腹板宽度；

h_w——截面的腹板高度，对矩形截面取有效高度h_0；对T形截面取有效高度减去上翼缘高度；对I形截面取腹板净高。

以上各式表示梁在相应情况下斜截面受剪承载力的上限值，相当于限制了梁所必须具有的最小截面尺寸和不可超过的最大配箍率。如果上述条件不能满足，则必须加大截面尺寸或提高混凝土的强度等级。

(2) 下限值——最小配箍率

钢筋混凝土梁出现斜裂缝后，斜裂缝处原来由混凝土承担的拉力全部转给箍筋承担，使箍筋的拉应力突然增大。如果配置的箍筋过少，则斜裂缝一出现，箍筋应力很快达到其屈服强度，不能有效地抑制斜裂缝的发展，甚至箍筋被拉断而导致梁发生斜拉破坏。当梁内配置一定数量的箍筋，且其间距又不过大，能保证与斜裂缝相交时，即可防止发生斜拉破坏。因此，对斜拉破坏可通过规定合适的最小配箍率来防止。《混凝土结构设计规范》规定最小配箍率为

$$\rho_{sv,min}=\frac{A_{sv,min}}{bs}=0.24\frac{f_t}{f_{yv}} \tag{5-12}$$

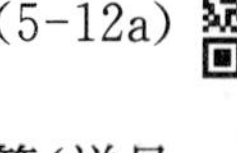

练一练

即

$$\rho_{sv,min}\frac{f_{yv}}{f_t}=0.24 \tag{5-12a}$$

当梁承受的剪力较小而截面尺寸较大，满足下列条件时，可按构造要求配置箍筋(详见5.5.1节)：

对一般受弯构件

$$V\leqslant 0.7f_t bh_0 \tag{5-13}$$

对于集中荷载作用下的独立梁，上述条件改为

$$V\leqslant \frac{1.75}{\lambda+1}f_t bh_0 \tag{5-14}$$

关于对集中荷载的规定及λ的限值，与公式(5-6)和公式(5-6a)相同。

【例题5-1】 钢筋混凝土简支梁(如图5-10所示)的截面尺寸为$b\times h=180\text{ mm}\times 450\text{ mm}$，承受均布恒荷载设计值$g=18.8\text{ kN/m}$，均布活荷载设计值$q=12.0\text{ kN/m}$，混凝

土强度等级为C25（$f_c = 11.9\ \text{N/mm}^2$，$f_t = 1.27\ \text{N/mm}^2$），采用HPB300级钢筋作箍筋（$f_{yv} = 270\ \text{N/mm}^2$），按正截面受弯承载力计算配置的纵向受拉钢筋为3Φ18。环境类别为二(a)类。试进行斜截面受剪承载力计算。

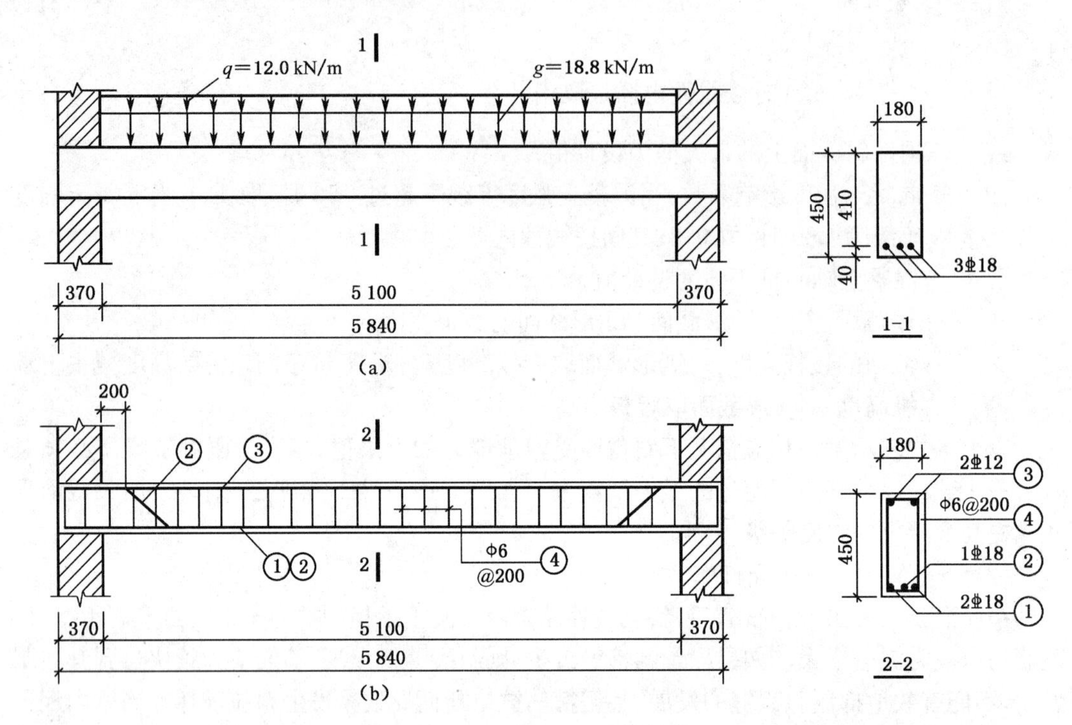

图5-10 【例题5-1】的简支梁

【解】 (1) 计算剪力设计值

总均布荷载设计值

$$p = g + q = 18.8 + 12.0 = 30.8\ \text{kN/m}$$

支座边缘处剪力设计值

$$V = \frac{1}{2}pl_n = \frac{1}{2} \times 30.8 \times 5.10 = 78.54\ \text{kN}$$

(2) 复核梁的截面尺寸

$$h_0 = h - a_s = 450 - 40 = 410\ \text{mm}$$

$$\frac{h_w}{b} = \frac{h_0}{b} = \frac{410}{180} = 2.3 < 4$$

按式(5-10)复核截面尺寸，即

$$0.25\beta_c f_c bh_0 = 0.25 \times 1.0 \times 11.9 \times 180 \times 410$$

$$= 219\ 600\ \text{N} = 219.6\ \text{kN} > V = 78.54\ \text{kN}(\text{满足要求})$$

(3) 确定是否需按计算配置腹筋

$$0.7f_t bh_0 = 0.7 \times 1.27 \times 180 \times 410 = 65\ 600\ \text{N} = 65.6\ \text{kN} < V = 78.54\ \text{kN}$$

需按计算配置腹筋。

(4) 配置箍筋，计算V_{cs}

按构造要求，根据表5-1，选用Φ6@200双肢箍筋，则

$$\rho_{sv}=\frac{nA_{svl}}{bs}=\frac{2\times 28.3}{180\times 200}=0.157\%>\rho_{sv,min}=0.24\frac{f_t}{f_{yv}}=0.24\times\frac{1.27}{270}=0.11\%$$

符合最小配箍率要求。

$$\begin{aligned}V_{cs}&=0.7f_tbh_0+f_{yv}\frac{nA_{svl}}{s}h_0\\&=0.7\times 1.27\times 180\times 410+270\times\frac{2\times 28.3}{200}\times 410\\&=65\,600+31\,300=96\,900\text{ N}=96.9\text{ kN}>V=78.54\text{ kN}\end{aligned}$$

按计算可以不设置弯起钢筋，但构造上可弯起中间 1⌀18。配筋如图 5-10(b)所示。

5.4 纵向受力钢筋的弯起和截断

受弯构件斜截面受剪承载力的基本计算公式(5-3)主要是根据竖向力的平衡条件而建立的。显然，按照这个基本公式计算是能够保证斜截面的受剪承载力的。但是，在实际工程中，纵筋往往要弯起，有时要截断，这就有可能影响构件的承载力，尤其是斜截面的受弯承载力。因此，除了按上述基本公式计算斜截面受剪承载力外，还必须研究斜截面受弯承载力及纵筋弯起和截断对斜截面受弯承载力、正截面受弯承载力影响及有关构造措施。

5.4.1 纵向钢筋的弯起

对于受弯构件，为了保证其受弯承载力，纵向钢筋的弯起应满足下列 3 个条件(详细论证从略)：

(1) 为了保证斜截面受弯承载力，在钢筋混凝土梁的受拉区中，纵向受力钢筋弯起点应设在按正截面受弯承载力计算时该钢筋强度被充分利用的截面(可称为充分利用点)以外，其水平距离不小于 $h_0/2$ 处。例如图 5-11 中，1-1 截面处的 4 根钢筋恰好承担该截面的弯矩 M_A，即在 1-1 截面处钢筋的强度被充分利用。如果先弯起①号钢筋，应使其弯起点 D 与充分利用点 A 的水平距离 $l_{AD}\geqslant h_0/2$。同理，如果再弯起②号钢筋，应使其弯起点 E 与充分利用点 B 的水平距离 $l_{BE}\geqslant h_0/2$。

(2) 为了保证正截面受弯承载力，在钢筋混凝土梁中，弯起钢筋的弯起点可设在按正截面受弯承载力计算不需要该钢筋的截面之前，但弯起钢筋与构件纵轴线的交点应位于按正截面受弯承载力计算不需要该钢筋的截面(可称为不需要点)以外。换句话说，也就是要求抵抗弯矩图(M_u图)不得切入设计弯矩图(M 图)，如图 5-11 所示。如果将①号钢筋在 H 点弯起，与构件纵轴交于 I 点，由于该处已接近于正截面抗弯的受压区，故在正截面受弯承载力计算中，不宜再考虑①号钢筋的作用。因此，在 J-J'截面留下的纵向钢筋所能承受的弯矩为 M_{uJ}，小于作用于该截面上的弯矩 M_J。由此可见，虽然弯起点 H 的位置满足了 $l_{AH}\geqslant h_0/2$ 的要求，但仍然是不允许的。只有当①号钢筋在 D 点弯起，与纵轴的交点 F 位于按正截面受弯承载力计算时不需要该钢筋的截面 K-K'以外，才是安全的。

(3) 当按斜截面受剪承载力计算要求布置弯起筋时，弯起筋布置尚应满足有关构造要求。

同理，在负弯矩区段，为了保证斜截面受弯承载力，纵向受拉钢筋向下弯折时也应符合上述(1)、(2)的要求(图 5-11(b))。

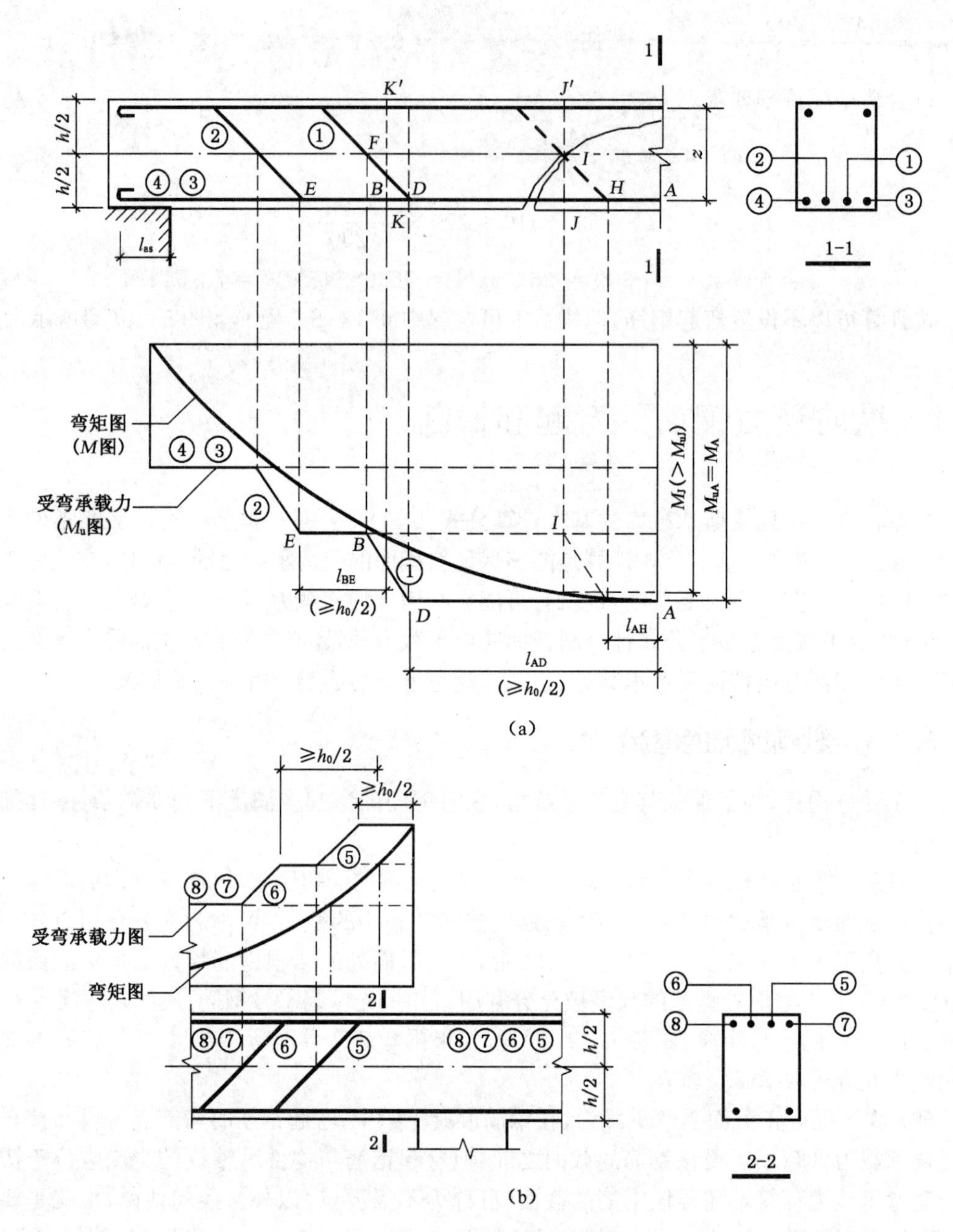

图 5-11 纵向钢筋弯起的构造要求

5.4.2 纵向钢筋的截断和锚固

1) 纵向钢筋的截断

钢筋混凝土梁支座截面负弯矩纵向受拉钢筋不宜在受拉区截断。当必须截断时，应符合下列规定(图 5-12)：

(1) 当 $V \leqslant 0.7f_tbh_0$ 时，应延伸至按正截面受弯承载力计算不需要该钢筋的截面(简称为理论截断点)以外不小于 $20d$ 处截断；且从该钢筋强度充分利用截面(简称为充分利用点，如图 5-12 中①号钢筋的 A 点）伸出的长度不应小于 $1.2l_a$。

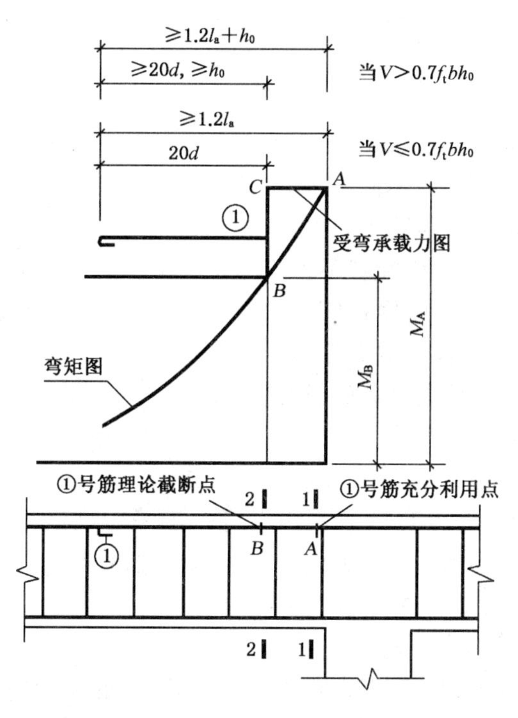

图 5-12 受弯纵向钢筋截断时的延伸长度

(2) 当 $V > 0.7f_tbh_0$ 时，应延伸至按正截面受弯承载力不需要该钢筋的截面以外不小于 h_0 且不小于 $20d$ 处截断；且从该钢筋强度充分利用截面伸出的长度尚不应小于 $1.2l_a + h_0$。

(3) 若按上述规定确定的截断点仍位于与支座最大负弯矩对应的受拉区内，则应延伸至按正截面受弯承载力计算不需要该钢筋的截面以外不小于 $1.3h_0$ 且不小于 $20d$；同时，从该钢筋强度充分利用截面伸出的延伸长度不应小于 $1.2l_a + 1.7h_0$。

在悬臂梁中，应有不少于 2 根上部纵向钢筋伸至悬臂外端，并向下弯折不小于 $12d$；其余钢筋不应在梁的上部截断，而应向下弯折，并符合弯起钢筋的构造要求（例如，弯起钢筋的弯终点外应留有平行于梁轴向方向的锚固长度，其长度在受拉区不应小于 $20d$，在受压区不应小于 $10d$；外层钢筋中的角部钢筋不应弯起；弯起钢筋的弯起角宜取 45°或 60°）。

2) 纵向钢筋在支座和节点中的锚固

(1)下部纵向钢筋的锚固

伸入支座的纵向钢筋应有足够的锚固长度，以防止斜裂缝形成后纵向钢筋被拔出而导致构件破坏。

① 简支端支座

钢筋混凝土简支梁和连续梁简支端的下部纵向受力钢筋伸入支座内的锚固长度 l_{as} 应符合下列条件（图 5-13）：

当 $V < 0.7f_tbh_0$ 时

$$l_{as} \geqslant 5d$$

当$V \geqslant 0.7 f_t b h_0$时

对带肋钢筋 $l_{as} \geqslant 12d$

对光面钢筋 $l_{as} \geqslant 15d$

此处，d为纵向受力钢筋的直径。

如果纵向受力钢筋伸入支座的锚固长度不符合上述规定时，应采取有效的锚固措施，见本书3.5节。

支承在砌体结构上的钢筋混凝土独立梁，在纵向受力钢筋锚固长度l_{as}范围内应配置不少于2个箍筋。箍筋直径不应小于纵向受力钢筋最大直径的0.25倍，间距不宜大于纵向受力钢筋最小直径的10倍；当采用机械锚固措施时，箍筋间距尚不宜大于纵向受力钢筋最小直径的5倍。

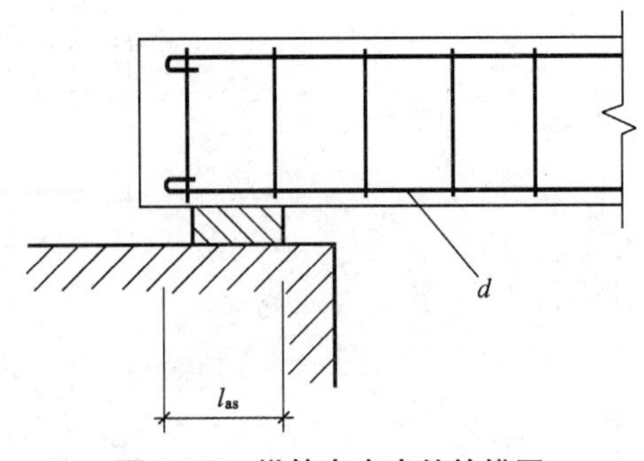

图5-13 纵筋在支座处的锚固

对混凝土强度等级小于或等于C25的简支梁和连续梁的简支端，在距支座边1.5h范围内作用有集中荷载(包括作用有多种荷载，且其中集中荷载在支座产生的剪力值占总剪力值的75%以上的情况)，且$V > 0.7 f_t b h_0$时，对带肋钢筋宜采用附加锚固措施，或取锚固长度$l_{as} \geqslant 15d$。

② 中间节点和中间支座

框架梁或连续梁下部纵向钢筋在中间节点或支座处的锚固应符合下列要求：

A. 当计算中不利用钢筋强度时，其伸入节点或支座的锚固长度应符合简支端支座中$V > 0.7 f_t b h_0$时的规定。

B. 当计算中充分利用钢筋抗拉强度时，下部纵向钢筋应锚固在节点或支座内。此时，可采用直线锚固形式(图5-14(a))，钢筋的锚固长度不应小于受拉钢筋锚固长度l_a(见本书3.5节)；亦可采用带90°弯折的锚固形式(图5-14(b))，其中竖直段应向上弯折，锚固端的水平投影长度取为0.4l_a，弯折后的垂直投影长度取为15d。下部纵向钢筋亦可贯穿节点或支座范围，并在节点或支座外梁内弯矩较小部位设置搭接接头(图5-14(c))。

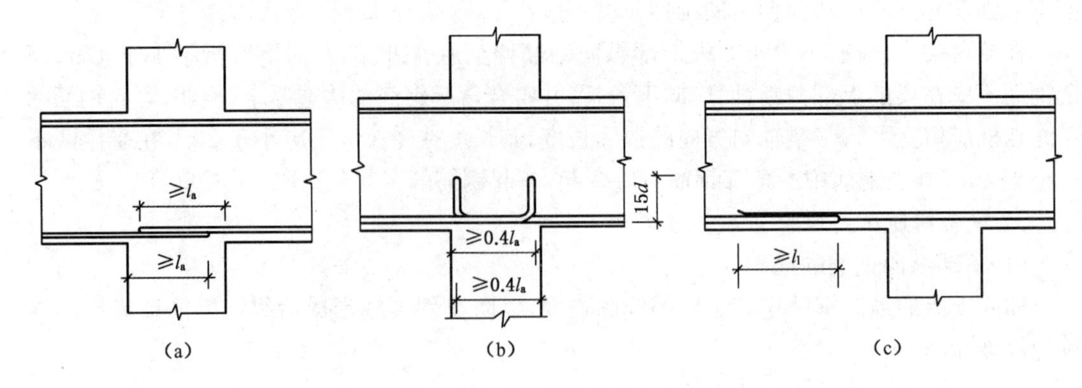

图5-14 梁下部纵向钢筋在中间节点或支座范围的锚固和搭接

C. 当计算中充分利用钢筋的抗压强度时，下部纵向钢筋应按受压钢筋锚固在中间节点或支座内，其直线锚固长度不应小于0.7l_a。下部纵向钢筋亦可贯穿节点或支座范围，在节点或支座范围以外梁中弯矩较小位置设置搭接接头。

③ 框架梁端节点

框架梁下部纵向钢筋在端节点的锚固要求与中间节点处梁下部纵向钢筋的锚固要求相同。

(2) 上部纵向钢筋的锚固

① 中间层端节点

框架梁上部纵向钢筋伸入中间层端节点的锚固长度，当采用直线锚固形式时，不应小于受拉钢筋锚固长度 l_a，且伸过柱中心线不小于 $5d$（d 为梁上部纵向钢筋直径）；当柱截面尺寸不足时，梁上部纵向钢筋应伸至节点外侧边并向下弯折，其包含弯弧段在内的水平投影长度应取为 $0.4l_a$，包含弯弧段在内的垂直投影长度应取为 $15d$（图 5-15）。

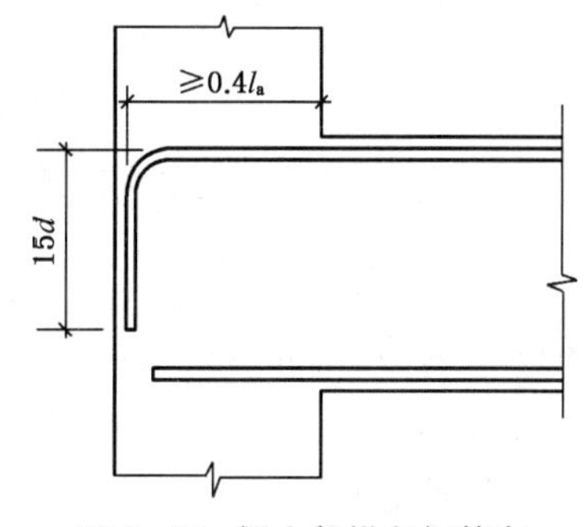

图 5-15　梁上部纵向钢筋在框架中间层端节点内的锚固

练一练

②中间节点和中间支座

框架梁或连续梁的上部纵向钢筋应贯穿中间节点或中间支座范围（图 5-14），该钢筋自节点或支座边缘伸向跨中的截断位置应符合本节中的有关规定。

5.4.3　弯矩抵抗图的绘制

在弯矩（设计值）图（M 图）上用同一比例尺，按实际布置的纵向钢筋绘出的正截面所能承担的弯矩（设计值）图称为正截面受弯承载力图（M_u图）或抵抗弯矩图。由图 5-11 可见，在等截面构件中，在纵向钢筋截面面积不变的区段，梁的受弯承载力为常值，抵抗弯矩图形为水平线；在纵向钢筋弯起的范围内，从钢筋弯起点到其与构件纵轴的交点为止，梁的受弯承载力逐渐降低，抵抗弯矩图形为斜线。如图 5-12 所示，在纵向钢筋理论截断点，梁的受弯承载力发生突变（降低），抵抗弯矩图形为竖直线。显然，当抵抗弯矩图与弯矩图按同一比例尺绘制时，抵抗弯矩图必须在弯矩图的外边，构件才不会因受弯承载力不足而破坏。如果抵抗弯矩图截到弯矩图里面，如 I 点那样是不允许的。为了节省钢材，抵抗弯矩图应尽可能贴近弯矩图，但弯筋形式不宜过多，以便于施工。

5.5　箍筋和弯起钢筋的一般构造要求

5.5.1　箍筋的构造要求

1）形式和肢数

箍筋通常有开口式和封闭式两种（图 5-16 所示）。为了使箍筋更好地发挥作用，应将其端部锚固在受压区内。对于封闭式箍筋，其在受压区的水平肢将约束混凝土的横向变形，有助于提高混凝土抗压强度。所以，在一般梁中通常采用封闭式箍筋。对于现浇 T 形截面梁，当不承受扭矩和动荷载时，在承受正弯矩的区段内，可采用开口式箍筋。

箍筋的肢数有单肢、双肢和四肢等，如图 5-17 所示。当梁的截面宽度 $b < 350$ mm 时，一般采用双肢箍筋；当 $b \geqslant 350$ mm 或一层中受拉钢筋超过 4 根或按计算配置的纵向受压钢

筋超过 3 根(或当梁宽不大于 400 mm,一层内的纵向受压钢筋多于 4 根)时,宜采用四肢箍筋。只有在某些特殊情况下(如梁宽较小等)才采用单肢箍筋。

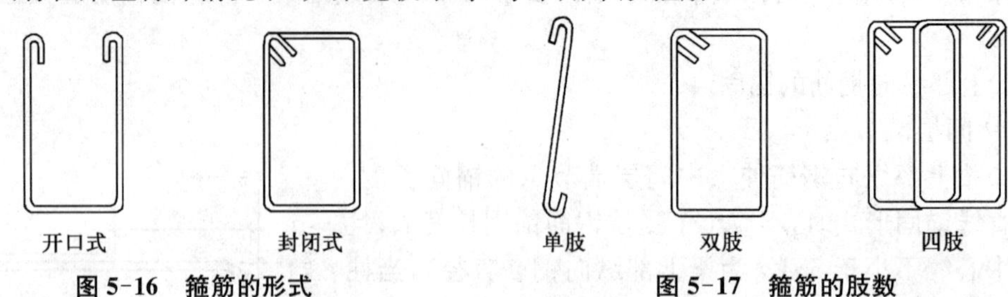

图 5-16 箍筋的形式　　　　图 5-17 箍筋的肢数

2) 直径

箍筋除承受剪力外,尚能固定纵向钢筋的位置,与纵筋一起构成钢筋骨架。为了使钢筋骨架具有足够的刚度。对截面高度 $h>800$ mm 的梁,其箍筋直径不宜小于 8 mm;对截面高度 $h\leqslant 800$ mm 的梁,其箍筋直径不宜小于 6 mm;梁中配有计算需要的纵向受压钢筋时,箍筋直径不应小于 $d/4$(d 为纵向受压钢筋的最大直径)。

3) 间距

试验表明,箍筋的分布对斜裂缝开展宽度有显著的影响。如果箍筋的间距过大,则斜裂缝可能不与箍筋相交,或者相交在箍筋不能充分发挥作用的位置,以致箍筋不能有效地抑制斜裂缝的开展和提高梁的受剪承载力。因此,一般宜采用直径较小、间距较密的箍筋。《混凝土结构设计规范》规定,箍筋的最大间距 s_{max} 应符合表 5-1 的要求,当 $V>0.7f_tbh_0$ 时,箍筋配筋率 ρ_{sv}(即 $A_{sv}/(bs)$)不应小于 $0.24f_t/f_{yv}$。

表 5-1 梁中箍筋的最大间距 s_{max}(mm)

项次	梁高 h	$V>0.7f_tbh_0$	$V\leqslant 0.7f_tbh_0$
1	$150<h\leqslant 300$	150	200
2	$300<h\leqslant 500$	200	300
3	$500<h\leqslant 800$	250	350
4	$h>800$	300	400

当梁中配有按计算需要的纵向受压钢筋时,应采用封闭式箍筋,此时,箍筋间距不应大于 $15d$(d 为纵向受压钢筋的最小直径),同时,不应大于 400 mm;当一层内的纵向受压钢筋多于 5 根,且直径大于 18 mm 时,箍筋间距不应大于 $10d$;当梁的宽度大于 400 mm,且一层内的纵向受压钢筋多于 3 根时,或当梁的宽度不大于 400 mm,但一层内的纵向受压钢筋多于 4 根时,应设置复合箍筋。

此外,《混凝土结构设计规范》规定,如按计算不需要设置箍筋时,对截面高度 $h>300$ mm 的梁,仍应沿梁全长设置箍筋;对截面高度 $h=15\sim 300$ mm 的梁,可仅在构件端部 1/4 跨度范围内(即容易出现斜裂缝的区段)设置箍筋,但当在构件中部 1/2 跨度范围内有集中荷载作用时,则应沿梁全长设置箍筋;对截面高度 $h<150$ mm 以下的梁,可不设置箍筋。

5.5.2 弯起钢筋的构造要求

1) 弯筋的锚固

为了防止弯筋因锚固不善而发生滑动,导致斜裂缝开展过大及弯筋的强度不能充分发挥，弯筋的弯终点以外应有足够的平行于梁轴向方向的锚固长度。当锚固在受压区时，其锚固长度不应小于 $10d$（图 5-18（a））；锚固在受拉区时，其锚固长度不应小于 $20d$（图 5-18（b）、（c）），此处，d 为弯起钢筋的直径。对于光面钢筋，在末端尚应设置弯钩。

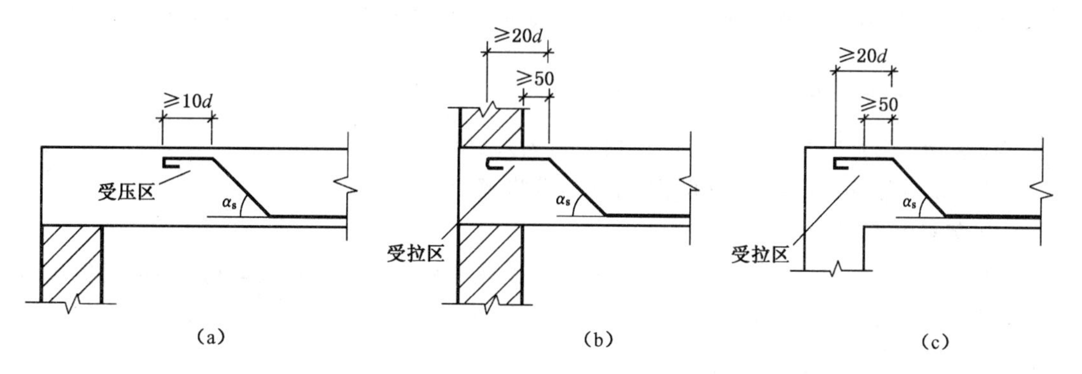

图 5-18　弯起钢筋的锚固

2）弯筋间距

为了防止因弯筋间距过大，可能在相邻两排弯筋之间出现不与弯筋相交的斜裂缝，使弯筋不能发挥抗剪作用，因此，当按抗剪计算需设置两排及两排以上弯起钢筋时，前一排（从支座算起）弯筋的弯起点到后一排弯筋的弯终点之间的距离（包括支座边缘至第一排弯筋的弯终点之间的距离）不应大于表 5-1 中 $V > 0.7f_tbh_0$ 栏规定的箍筋的最大间距 s_{max}（图 5-9（a））。为了避免由于钢筋尺寸误差而使弯筋的弯终点进入梁的支座范围，以致不能充分发挥其作用，且不利于施工，靠近支座的第一排弯筋的弯终点到支座边缘的距离不宜小于50 mm，但不应大于 s_{max}（图 5-9（a））。

3）弯筋的设置

位于梁侧的底层钢筋不宜弯起。当充分利用弯筋强度时，宜将其配置在靠梁侧面不小于 $2d$ 的位置处，以防止弯转点处混凝土过早破坏，以致弯筋强度不能充分发挥。如前所述，弯筋的数量和弯起位置必须满足构件材料图的要求。同时，又必须满足上述关于最大间距等方面的构造要求。因此，二者有时会互相矛盾。为了解决这一矛盾，可附加按抗剪计算所需的弯筋，而不从纵向受力钢筋中弯起。这种专为抗剪而设置的弯筋，一般称为“鸭筋”（如图 5-19（a）所示），但决不可采用“浮筋”（如图 5-19（b）所示）。为了满足弯起钢筋的需要，亦可重新选配按正截面承载力计算所需的纵向受力钢筋的直径和根数。

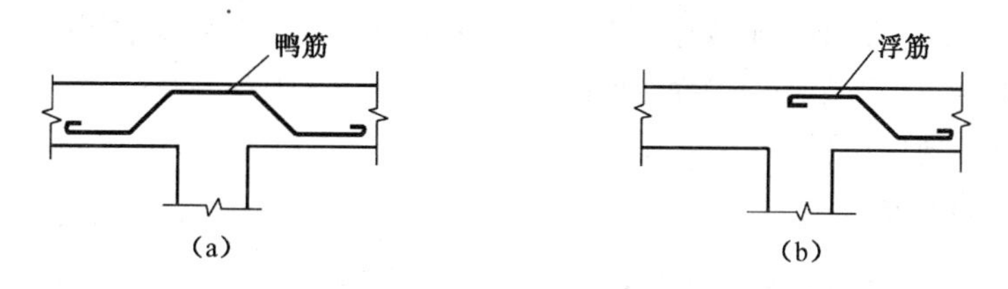

图 5-19　鸭筋和浮筋

5.6 受弯构件斜截面受剪承载力的计算方法和步骤

在实际工程中，梁的斜截面受剪承载力计算通常有两类问题，即设计截面和复核截面。

5.6.1 设计截面

当已知剪力设计值 V(必要时应包括剪力图)、材料强度设计值(f_c、f_t、f_{yv}、f_y)和截面尺寸，要求确定箍筋和弯起钢筋的数量时，其计算步骤如下：

(1) 复核截面尺寸

梁的截面尺寸通常先由正截面受弯承载力计算和刚度要求等确定，在斜截面受剪承载力计算时，应再按公式(5-10)、公式(5-11)进行复核。如不满足要求，则应加大截面尺寸或提高混凝土强度等级。

(2) 确定是否需按计算配置腹筋

当满足公式(5-13)、公式(5-14)的条件时，可按构造要求配置腹筋，否则按计算配置。

(3) 计算斜截面上受压区混凝土和箍筋的受剪承载力 V_{cs}

当需按计算配置腹筋时，一般可根据构造要求等选定箍筋的直径、肢数和间距，然后按公式(5-7)、公式(5-8)计算 V_{cs}。

(4) 确定是否需配置弯起钢筋

如果剪力设计值 $V \leqslant V_{cs}$，则可不配置弯起钢筋或只按构造要求配置弯起钢筋。否则，按计算配置弯起钢筋。

(5) 计算弯起钢筋截面面积

当需按计算配置弯起钢筋时，可按公式(5-9)计算弯起钢筋截面面积 A_{sb}，即

$$A_{sb} = \frac{V - V_{cs}}{0.8 f_y \sin\alpha_s} \tag{5-15}$$

然后，根据计算和构造规定以及弯矩图布置弯筋，并绘制构件配筋图。

【例题 5-2】 钢筋混凝土矩形截面简支梁，截面尺寸 $b \times h = 200\ \text{mm} \times 600\ \text{mm}$，$a_s = 40\ \text{mm}$，荷载设计值如图 5-20 所示，采用 C20 混凝土，箍筋为 HPB300，纵筋为 HRB500，试按仅配箍筋设计腹筋。

【解】 (1) 确定计算参数

C20 混凝土：$f_c = 9.6\ \text{N/mm}^2$，$f_t = 1.10\ \text{N/mm}^2$，$\beta_c = 1.0$；HPB300 箍筋：$f_{yv} = 270\ \text{N/mm}^2$；HRB500 纵筋：$f_y = 435\ \text{N/mm}^2$。截面有效高度为 $h_0 = 600 - 40 = 560\ \text{mm}$。

(2) 剪力设计值图(见图 5-20)。

(3) 验算截面尺寸

$\frac{h_w}{b} = \frac{560}{200} = 2.8 < 4$，属于一般梁，应按式(5-10)验算：

$$0.25\beta_c f_c b h_0 = 0.25 \times 1.0 \times 9.6 \times 200 \times 560 = 268.8\ \text{kN} > V_A, V_B$$

截面尺寸符合要求。

(4) 确定箍筋数量

该梁既受集中荷载,又受均布荷载,其中集中荷载对两支座截面所产生的剪力值均占总剪力值的75%以上。

A 支座:$\dfrac{V_{集}}{V_{总}} = \dfrac{160}{180} = 88.9\%$

B 支座:$\dfrac{V_{集}}{V_{总}} = \dfrac{140}{160} = 87.5\%$

故梁的左右两半区段均应按式(5-8)计算受剪承载力。

根据剪力的变化情况,可将梁分为 AC、CD、DE 及 EB 四个区段来计算斜截面的受剪承载力。

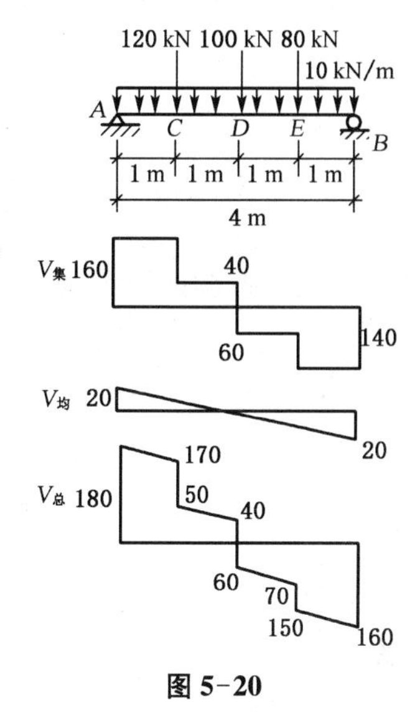

图 5-20

① AC 段:$V_A = 180\ \text{kN}$

$$\lambda = \frac{a}{h_0} = \frac{1\,000}{560} = 1.79 < 3,\text{同时} > 1.5$$

$$\frac{1.75}{\lambda+1} f_t b h_0 = \frac{1.75}{1.79+1} \times 1.10 \times 200 \times 560 \times 10^{-3}$$
$$= 77.28\ \text{kN} < V_A = 180\ \text{kN}$$

必须按计算配置箍筋。

由式(5-8)得

$$\frac{A_{sv}}{s} = \frac{V - \dfrac{1.75}{\lambda+1} f_t b h_0}{f_{yv} h_0} = \frac{180\,000 - \dfrac{1.75}{1.79+1} \times 1.10 \times 200 \times 560}{270 \times 560} = 0.679\ \text{mm}^2/\text{mm}$$

截面设置双肢箍筋,箍筋直径取 8 mm,箍筋截面积 $A_{sv} = 2 \times 50.3 = 100.6\ \text{mm}^2$,则箍筋间距为

$$s = \frac{100.6}{0.679} = 148.2\ \text{mm}$$

取箍筋间距 $s = 140$ mm,配箍率 $\rho_{sv} = \dfrac{A_{sv}}{bs} = \dfrac{100.6}{200 \times 140} = 0.36\%$

最小配箍率 $\rho_{sv,min} = 0.24 \dfrac{f_t}{f_{yv}} = 0.24 \times \dfrac{1.10}{270} = 0.098\% < \rho_{sv}$ (可以)

故 AC 段箍筋可选用 Φ8@140。

② EB 段:$V_B = 160\ \text{kN}$

与 AC 段同理,$\lambda = \dfrac{1\,000}{560} = 1.79$,可得

$$\frac{A_{sv}}{s} = \frac{V - \dfrac{1.75}{\lambda+1} f_t b h_0}{f_{yv} h_0} = \frac{160\,000 - \dfrac{1.75}{1.79+1} \times 1.10 \times 200 \times 560}{270 \times 560} = 0.547\ \text{mm}^2/\text{mm}$$

设置双肢箍筋,箍筋直径取 8 mm,箍筋间距为

$$s = \frac{100.6}{0.547} = 183.9\ \text{mm}$$

取箍筋间距 $s=180\text{ mm}$，配箍率 $\rho_{sv}=\dfrac{A_{sv}}{bs}=\dfrac{100.6}{200\times180}=0.28\%>\rho_{sv,min}$（可以）

故 EB 段箍筋可选用 ϕ8@180。

③ CD 段：$V_C=50\text{ kN}$

$$\lambda=\frac{a}{h_0}=\frac{2\,000}{560}=3.57>3\text{，取 }\lambda=3$$

$$\frac{1.75}{\lambda+1}f_tbh_0=\frac{1.75}{3+1}\times1.10\times200\times560\times10^{-3}=53.90\text{ kN}>V_C=50\text{ kN}$$

仅需按构造配置箍筋，选用 ϕ8@350。此时配箍率为

$$\rho_{sv}=\frac{A_{sv}}{bs}=\frac{100.6}{200\times350}=0.14\%>\rho_{sv,min}\text{（可以）}$$

故 CD 段箍筋可选用 ϕ8@350。

④ DE 段：$V_E=70\text{ kN}$

与 CD 段同理，$\lambda=\dfrac{2\,000}{560}=3.57>3$，取 $\lambda=3$

$$\frac{1.75}{\lambda+1}f_tbh_0=53.90\text{ kN}<V_E=70\text{ kN}$$

由式(5-10)得

$$\frac{A_{sv}}{s}=\frac{V-\dfrac{1.75}{\lambda+1}f_tbh_0}{f_{yv}h_0}=\frac{70\,000-\dfrac{1.75}{3+1}\times1.10\times200\times560}{270\times560}=0.106\text{ mm}^2/\text{mm}$$

截面设置双肢箍筋，箍筋直径取 8 mm，箍筋截面积 $A_{sv}=100.6\text{ mm}^2$，则箍筋间距为

$$s=\frac{100.6}{0.106}=949\text{ mm}$$

仅需按构造配置箍筋，选用 ϕ8@250。这里需要说明的是，若按满足箍筋最小直径、最大间距及最小配箍率的要求，可选用 ϕ6@250，但考虑实际工程应用，在同一根梁中宜选用相同直径的箍筋，故 DE 段箍筋采用 ϕ8@250。

5.6.2 复核截面

当已知材料强度设计值（f_c、f_{yv}、f_y）、截面尺寸（b、h_0）、配箍量（n、A_{sv1}、s）和弯起钢筋截面面积（A_{sb}）等，要求复核斜截面受剪承载力设计值 V_u 时，只要将各已知数代入公式(5-7)或公式(5-8)或公式(5-9)，即可求得解答。同时，还应校核公式的适用范围，即公式(5-10)、公式(5-11)和公式(5-12)或公式(5-12a)。

本章小结

1. 随着梁的剪跨比和配箍率的变化，梁沿斜截面发生斜拉破坏、剪压破坏和斜压破坏等主要破坏形态，需要指出的是剪切破坏均为脆性破坏。

2. 影响斜截面受剪承载力的主要因素有剪跨比、高跨比、混凝土等级强度、配箍率及箍

筋强度、纵筋配筋率等。

3. 钢筋混凝土受弯构件斜截面破坏的各种形态中，斜压破坏和斜拉破坏可以通过一定的构造措施来避免。对于常见的剪压破坏，因为梁的受剪承载力变化幅度较大，设计时必须计算。我国现行的《混凝土结构设计规范》中的基本公式就是根据剪压破坏形态的受力特征而建立的。受剪承载力计算公式有适用范围，其截面限制条件是为了防止斜压破坏，最小配箍率和箍筋的构造规定是为了防止斜拉破坏。

复习思考题

5.1　在简支钢筋混凝土梁的支座附近为什么会出现斜裂缝？斜裂缝有几种？其特点如何？

5.2　斜截面破坏的主要形态有哪几种？其破坏特征如何？

5.3　有腹筋梁斜截面受剪承载力由哪几部分组成？影响有腹筋梁斜截面受剪承载力的主要因素有哪些？

5.4　何谓剪跨比？剪跨比对斜截面的破坏形态和受剪承载力有何影响？

5.5　有腹筋梁斜截面受剪承载力计算的基本原则是什么？对各种破坏形态用什么方法来防止？

思考题解析

5.6　有腹筋梁斜截面受剪承载力计算公式是以何种破坏形态为依据建立的？为什么？

5.7　配箍筋梁斜截面受剪承载力的计算公式如何？其中各项的物理意义是什么？

5.8　受剪截面限制条件的物理意义是什么？截面限制条件与腹板的高宽比(h_w/b)有何关系？

5.9　配箍率 ρ_{sv} 如何计算？它对斜截面受剪承载力有何影响？规定最小配箍率的目的是什么？

5.10　配置箍筋和弯筋后，梁的斜截面受剪承载力如何计算？

5.11　计算斜截面受剪承载力时，其计算截面应取哪几个？剪力设计值应如何取用？

5.12　限制箍筋和弯起钢筋的最大间距 s_{max} 的目的是什么？当满足 $s \leqslant s_{max}$ 的要求时，是否一定满足 $\rho_{sv} \geqslant \rho_{sv,min}$ 的要求？

5.13　当纵筋截断时，应符合哪些构造要求？为什么？

5.14　简述钢筋混凝土受弯构件斜截面承载力的计算步骤。

5.15　梁内箍筋有哪些作用？主要构造要求有哪些？

习　题

5.1　承受均布线荷载的矩形截面简支梁的截面尺寸 $b \times h = 180\ \mathrm{mm} \times 450\ \mathrm{mm}$，支座边缘截面剪力设计值 $V = 118\ \mathrm{kN}$。混凝土强度等级为 C30，箍筋采用 HPB300。环境类别为一类。试配置箍筋。

习题解析

5.2　两端支承在砖墙上的矩形截面简支梁(图 5-21)，$b \times h = 250\ \mathrm{mm} \times 550\ \mathrm{mm}$，承受均布线荷载设计值 $p = 60\ \mathrm{kN/m}$（包括自重）。采用 C30 混凝土。按正截面受弯承载力计算，已配置纵向受拉钢筋 6⌀22。试求：(1) 若只配置箍筋，确定箍筋直径和间距，箍筋采用 HPB300 级钢筋；(2) 按构造要求已配置箍筋 Φ6@180，计算所需的弯起钢筋的直径、根数及排数。

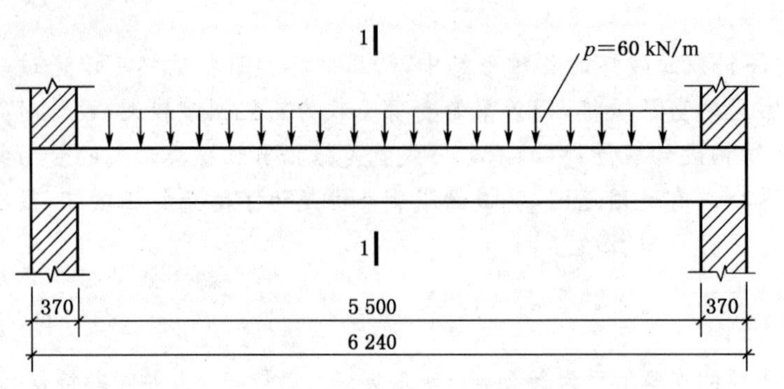

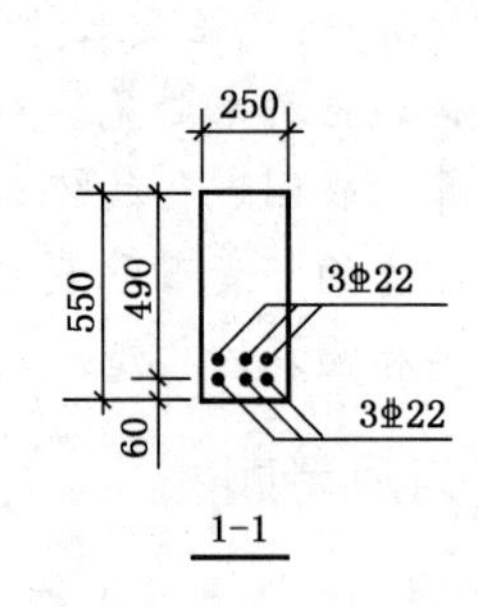

图 5-21

5.3 钢筋混凝土矩形截面简支独立梁(图 5-22)，$b\times h=220\,\text{mm}\times 550\,\text{mm}$，承受位于5分点处的两个集中荷载的作用，集中荷载设计值 $P=160$ kN（梁自重已折算为集中荷载）。采用 C30 混凝土，纵向受拉钢筋采用 HRB400 级，箍筋采用 HRB335 级。环境类别为一类。试按下列两种情况进行斜截面受剪承载力计算：(1) 仅配箍筋，要求选择箍筋直径和间距；(2) 按构造要求配置双肢箍筋 Φ6@200，试设计该梁（经计算，纵向受拉钢筋 A_s 选用 6Φ20，要求布置弯起钢筋）。

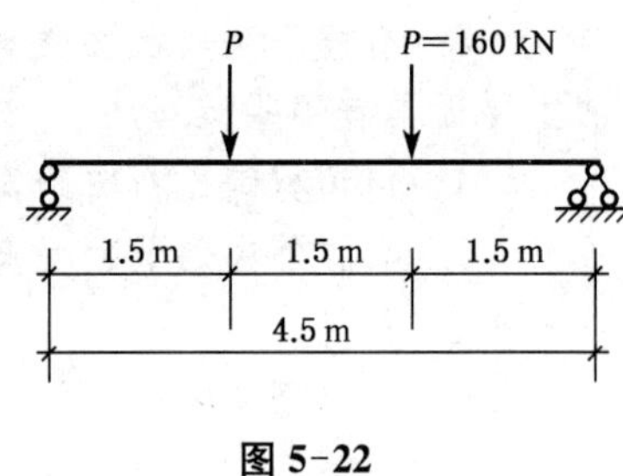

图 5-22

6 钢筋混凝土受压构件承载力

6.1 配有纵向钢筋和普通箍筋的轴心受压构件承载力计算

在钢筋混凝土结构中实际上不存在理想的轴心受压构件。但是，在设计以永久作用为主的多层房屋的内柱以及桁架的受压腹杆等构件时，常因实际存在的弯矩很小而略去不计，近似按轴心受压构件计算。

轴心受压构件最常见的配筋形式是配有纵向钢筋（沿构件纵向放置）及普通箍筋（配置在纵向钢筋外面，将纵向钢筋箍住，一般沿构件纵向方向等距离布置），如图 6-1 所示。

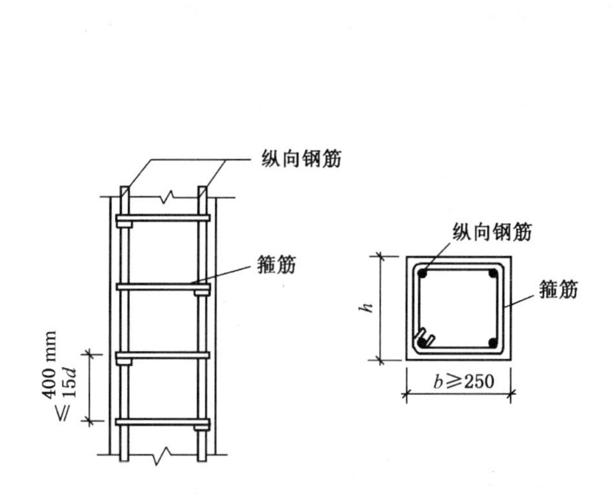

图 6-1 配有纵向钢筋和普通箍筋的轴心受压柱

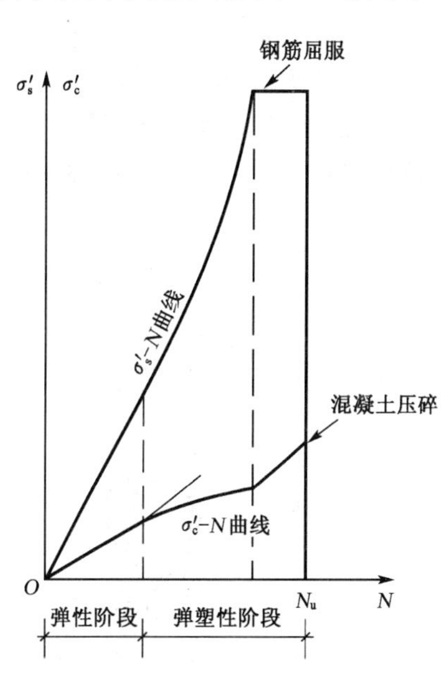

图 6-2 轴心受压柱的应力-荷载曲线

6.1.1 受力特点和破坏形态

对于配有纵向钢筋（以下简称纵筋）和箍筋的短柱，在轴心荷载作用下，整个截面的应变基本上是均匀分布的。纵向钢筋压应力和混凝土压应力与轴向压力的关系如图 6-2 所示。当荷载较小时，纵向压应变的增加与荷载的增加成正比，钢筋和混凝土压应力增加也与荷载的增加成正比。当荷载较大时，由于混凝土的塑性变形，纵向压应变的增加速度加快，纵筋配筋率愈小，这个现象愈明显。同时，在相同荷载增量下，纵筋应力的增长加快，而混凝土应力的增长减缓。临近破坏时，纵筋屈服（当钢筋强度较高时，可能不会屈服），应力保持不变，混凝土压应力增长加快，最后，柱子出现与荷载平行的纵向裂缝，然后，箍筋间的纵筋压屈，向外鼓出,混凝土被压碎,构件即告破坏(图 6-3)。

素混凝土棱柱体试件的极限压应变约为 0.001 5～0.002,钢筋混凝土短柱达到最大承载力时的压应变一般为 0.002 5～0.003 5。因此,纵筋将首先达到屈服强度。此后,随着荷载增加,钢筋应力保持不变,而混凝土应力增长加快(在相同荷载增量时,其应力增加值比弹性阶段还要大些)。当混凝土被压碎,柱即告破坏。若纵筋强度很高,则在混凝土达到其极限压应变而被压碎时,纵筋应力却尚未达到其屈服强度(或条件屈服强度)。在实际结构中,柱子承受的荷载大部分是长期荷载,因此,混凝土将产生徐变,使混凝土应力降低,而纵筋应力增大,柱中纵向钢筋的应力将更早达到其屈服强度。

对于长细比较大的柱子,由于各种偶然因素造成的初始偏心距的影响,在荷载作用下,将产生附加弯曲和相应的侧向挠度,而侧向挠度又加大了荷载的偏心距。随着荷载的增加,附加弯矩和侧向挠度将不断增大。这样相互影响的结果,使长柱在轴力和弯矩的共同作用下而破坏。破坏时,首先在凹侧出现纵向裂缝,然后,混凝土被压碎,纵筋被压屈,向外鼓出,凸侧混凝土出现垂直于纵轴方向的横向裂缝,侧向挠度急速增大,柱子即告破坏(图 6-4)。此外,当荷载长期作用时,由于混凝土的徐变,侧向挠度将增大更多,因此,长柱的承载力将比短柱的承载力降低更多。长期荷载在全部荷载中所占的比例愈大,长柱的承载力降低愈多。由于上述原因,长细比较大的柱子的承载力将低于其他条件相同的短柱。长细比越大,由于各种偶然因素造成的初始偏心距将愈大,在荷载作用下产生的附加弯曲和相应的侧向挠度也愈大,因而其承载力降低也越多。对于长细比很大的细长柱,还可能发生失稳破坏。

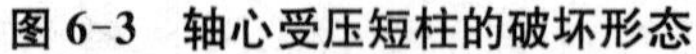
图 6-3　轴心受压短柱的破坏形态

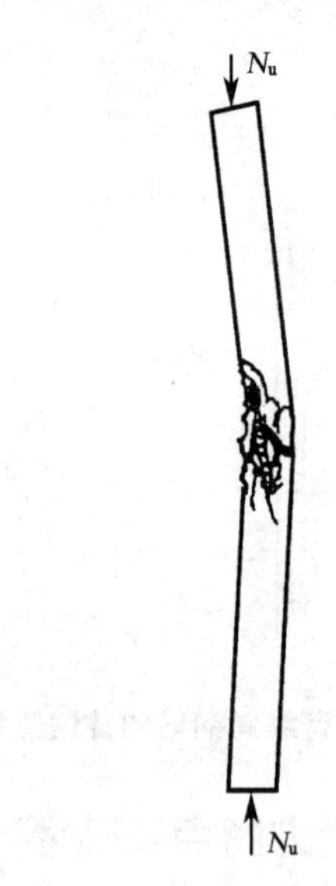

图 6-4　轴心受压长柱的破坏形态

6.1.2　正截面承载力计算公式

1) 基本计算公式

由前文所述,配有纵筋和箍筋的短柱在破坏时的应力图形如图 6-5 所示,混凝土应力达到其轴心抗压强度设计值,纵筋应力则已达到屈服强度。于是,短柱的承载力设计值 N_{us} 可按以下公式计算:

$$N_{us} = f_c A + f'_y A'_s \tag{6-1}$$

式中：f_c——混凝土轴心抗压强度设计值；

A——构件截面面积；

f'_y——纵向钢筋的抗压强度设计值；

A'_s——全部纵向钢筋的截面面积。

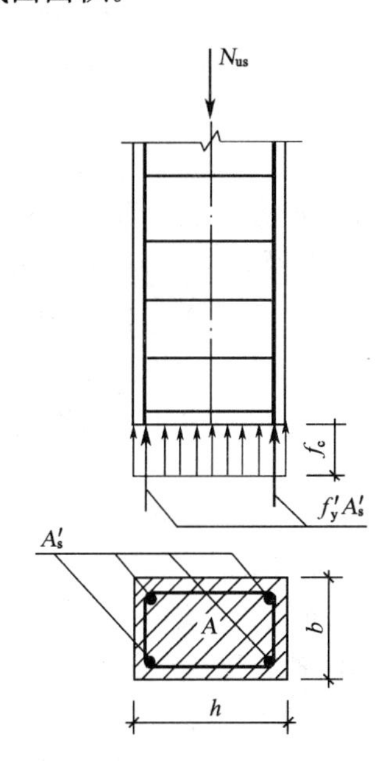

图 6-5　箍筋柱的轴心受压承载力计算应力图形

对于长柱，其承载力设计值可由短柱承载力设计值乘以降低系数 φ 而得。换句话说，φ 代表长柱承载力 N_u 与短柱承载力 N_{us} 之比，称为稳定系数。长柱的承载力设计值可按下列公式计算：

$$N_u = 0.9\varphi(f_c A + f'_y A'_s) \tag{6-2}$$

公式(6-2)中的系数 0.9 是为使轴心受压构件承载力设计值与偏心受压构件承载力设计值能相互协调而引入的修正系数。

当纵向钢筋配筋率大于 3%时，公式(6-1)和公式(6-2)中的 A 应改用$(A-A'_s)$代替。

此外，纵向钢筋配筋率还应满足最小配筋率的要求。《混凝土结构设计规范》规定，轴心受压构件的全部纵向钢筋的最小配筋率 ρ_{min} 为 0.6%，且每侧的纵向钢筋最小配筋率应大于 0.2%。

2) 稳定系数

稳定系数 φ 又称为纵向弯曲系数，主要与柱子的长细比$\frac{l_0}{i}$(此处，l_0 为柱的计算长度，i 为截面的回转半径)有关。此外，混凝土强度和配筋率对稳定系数也有一定影响，但影响较小。对于矩形截面，长细比可改用$\frac{l_0}{b}$表示。

根据试验结果，并考虑了长期荷载的影响，《钢筋混凝土结构设计规范》给出 φ 值的计算表格，列于附表 2-12。

当需用公式计算 φ 值时，对于矩形截面，也可近似用以下公式计算：

$$\varphi=[1+0.002(l_0/b-8)^2]^{-1} \tag{6-3}$$

构件计算长度 l_0 与构件两端支承情况有关。由材料力学可知，当两端不动铰支时，取 $l_0=l$（l 为构件实际长度）；当两端固定时，取 $l_0=0.5l$；当一端固定，一端不动铰支时，取 $l_0=0.7l$；当一端固定，一端自由时，取 $l_0=2l$。但是，在实际结构中，构件端部的支承情况并非是理想的铰接或固定，因此，在确定构件计算长度 l_0 时，应根据具体情况进行分析。

练一练

6.1.3 设计方法

轴心受压构件正截面承载力计算可分为设计截面和复核截面两种情况。

设计截面时，一般是已知轴心压力设计值 N 和材料强度设计值（即 f_c、f_y'），需确定截面面积 A（或截面尺寸 b、h 等）和纵向受压钢筋 A_s'。由于轴心受压构件承载力计算公式只有1个，而未知数却有3个，即 A、A_s'和 φ。因此，可先根据设计经验初步给定构件截面尺寸以确定 A，也可先假定 ρ'（即 A_s'/A）和 φ，然后由公式(6-2)确定 A。求出 A 后，即可根据构件的实际长度和支承情况确定 l_0，并按 $\dfrac{l_0}{b}\left(\text{或}\dfrac{l_0}{h},\text{或}\dfrac{l_0}{i}\right)$，由附表2-12查得 φ。于是，可由公式(6-2)求得 A_s'。最后，还应检查是否满足最小配筋率 ρ_{min}'（见附表2-8）的要求。

复核截面时，截面尺寸及材料强度设计值均为已知，则可按与上述相类似的方法求得 l_0 和 φ。于是，可按公式(6-2)求得构件轴心受压承载力设计值。

【例题6-1】 某无侧移多层现浇框架结构的第二层中柱，承受轴心压力设计值 $N=1\,840$ kN，柱的计算长度 $l_0=3.9$ m，混凝土强度等级为C30（$f_c=14.3$ N/mm²），用HRB400级钢筋配筋（$f_y'=360$ N/mm²），环境类别为一类。试设计该截面。

【解】 (1) 假定 $\rho'=\dfrac{A_s'}{A_s}=0.8\%$，$\varphi=1.0$，则由公式(6-2)可求得

$$A=\frac{N}{0.9\varphi(f_c+\rho' f_y')}=\frac{1\,840\times10^3}{0.9\times1.0\times(14.3+0.008\times360)}=119\times10^3\ \text{mm}^2$$

采用正方形截面，则

$$b=h=\sqrt{119\,000}=345\ \text{mm}$$

取 $b=h=350$ mm。

(2) 计算 l_0 及 φ

$l_0=3.9$ m，则 $\dfrac{l_0}{b}=\dfrac{3\,900}{350}=11.1$，由附表2-12查得 $\varphi=0.965$。

(3) 求 A_s'

$$A_s'=\frac{\dfrac{N}{0.9\varphi}-f_cA}{f_y'}=\frac{\dfrac{1\,840\times10^3}{0.9\times0.965}-14.3\times350\times350}{360}=1\,019\ \text{mm}^2$$

选用4Φ18，$A_s'=1\,017$ mm²。

$$\rho'=\frac{A_s'}{bh}=\frac{1\,017}{350\times350}=0.83\%$$

$\rho'<3\%$，故计算中取 $A=350\ \text{mm}\times350\ \text{mm}$ 是可行的（如果所得 $\rho'>3\%$，则在计算

A 值时，应扣除 A'_s 值，重新计算）。

$\rho' > \rho'_{min} = 0.6\%$，符合最小配筋率的要求。

【例题 6-2】 某无侧移现浇框架结构底层中柱的柱高 $H = 3.5\,\text{m}(l_0 = 1.0H)$，截面尺寸 $b \times h = 250\,\text{mm} \times 250\,\text{mm}$，柱内配有 4$\Phi$16 纵筋（$A'_s = 804\,\text{mm}^2$），混凝土强度等级为 C30。柱承受轴心压力设计值 $N = 810\,\text{kN}$，试核算该柱是否安全。

【解】 (1) 求 l_0 和 φ

$l_0 = 1.0H = 1.0 \times 3.5\,\text{m} = 3.5\,\text{m}$，则 $\dfrac{l_0}{b} = \dfrac{3\,500}{250} = 14.0$，由附表 2-12 查得 $\varphi = 0.92$。

(2) 求 N_u

$$\begin{aligned} N_u &= 0.9\varphi(f_c A + f'_y A'_s) \\ &= 0.9 \times 0.92 \times (0.8 \times 14.3 \times 250 \times 250 + 360 \times 804) \\ &= 831\,700\,\text{N} = 831.7\,\text{kN} > 810\,\text{kN}(\text{满足要求}) \end{aligned}$$

说明：由于截面长边尺寸小于 300 mm，故将混凝土抗压强度设计值乘以系数 0.8。

6.2 配有纵向钢筋和螺旋箍筋的轴心受压构件

在实际结构中，当柱承受很大的轴向压力，而截面尺寸又受到限制时（由于建筑上或使用上的要求），若仍采用有纵筋和普通箍筋的柱，即使提高混凝土强度和增加纵筋配筋量，也不足以承受该荷载时，可考虑采用螺旋箍筋柱或焊接环筋柱，以提高构件的承载力。螺旋箍筋柱或焊接环筋柱的用钢量较多，施工复杂，造价较高，故一般很少采用。螺旋箍筋柱或焊接环筋柱的截面形状一般为圆形或多边形，其构造形式如图 6-6 所示。由于螺旋箍筋柱和焊接环筋柱的受力性能相同，为了叙述方便，下面将不再区别，统称为螺旋箍筋柱。

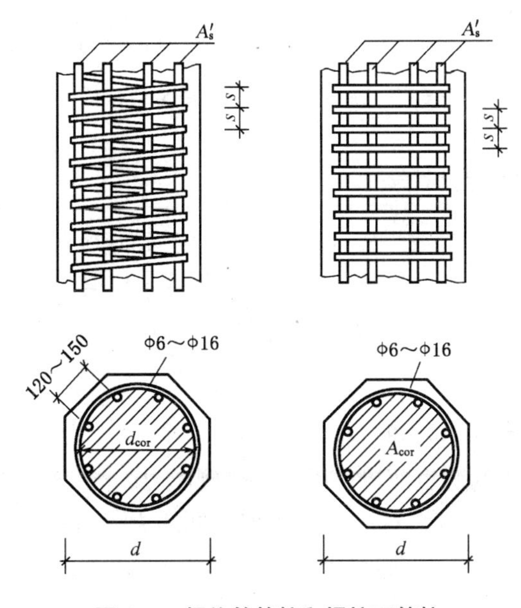

图 6-6 螺旋箍筋柱和焊接环筋柱

6.2.1 受力特点和破坏特征

图6-7中分别表示普通箍筋柱和螺旋箍筋柱的荷载-应变曲线。在临界荷载(大致相当于 $\sigma_c' = 0.8f_c$)以前,螺旋箍筋应力很小,螺旋箍筋柱的荷载-应变曲线与普通箍筋柱基本相同。当荷载继续增加,直至混凝土和纵筋的纵向压应变 $\varepsilon = 0.0033 \sim 0.0035$ 时,纵筋已屈服,箍筋外面的混凝土保护层开始崩裂剥落,混凝土的截面减小,荷载略有下降。这时,核心部分混凝土由于受到螺旋箍筋的约束,仍能继续承受压力,其抗压强度超过了轴心抗压强度,补偿了剥落的外围混凝土所承担的压力,曲线逐渐回升。随着荷载不断增大,螺旋箍筋中环向拉应力也不断增大,直至螺旋箍筋达到屈服,不能再约束核心混凝土的横向变形,核心部分混凝土的抗压强度不再提高,混凝土被压碎,构件即告破坏。这时,荷载达到第二次峰值,柱子的纵向压应变可达0.01以上。第二次荷载峰值及相应的压应变值与螺旋箍筋的配筋率(箍筋直径和间距)有关。螺旋箍筋的配筋率越大,其值越大。此外,螺旋箍筋柱具有很好的延性,在承载力不降低的情况下,其变形能力比普通钢筋混凝土柱提高很多。

由此可见,在螺旋箍筋柱中,沿柱高连续缠绕的、间距很密的螺旋箍筋犹如一个套筒,将核心部分的混凝土包住,有力地限制了核心混凝土的横向变形,使核心混凝土处于三向受压状态,从而提高了柱的承载力。因此,这种钢筋又称为“间接钢筋”。

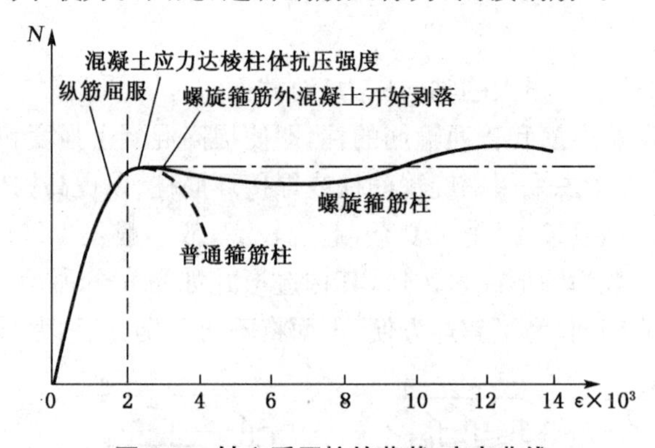

图6-7 轴心受压柱的荷载-应变曲线

6.2.2 正截面承载力计算

在螺旋箍筋柱中,螺旋箍筋或焊接环筋(又称间接钢筋)所包围的核心混凝土处于三向受压状态,其实际抗压强度高于混凝土的轴心抗压强度。根据圆柱体三向受压试验结果,约束混凝土的轴心抗压强度 f_{cc} 可近似按下列公式计算:

$$f_{cc} = f_c + 4\sigma_c \tag{6-4}$$

式中:f_c——混凝土轴心抗压强度设计值;

σ_c——作用于圆柱体的侧表面单位面积上的侧压力。

假设螺旋箍筋达到屈服时,它对混凝土施加的侧压力(径向压应力)为 σ_c(图6-8)。沿径向把箍筋切开,则在间距 s 范围内,σ_c 的合力应与箍筋的拉力平衡,即

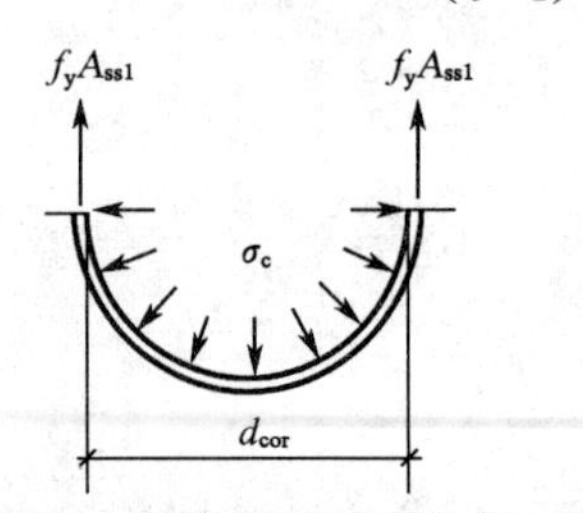

图6-8 螺旋箍筋的受力状态

$$\sigma_c s d_{cor} = 2f_y A_{ss1} \tag{6-5}$$

式中：A_{ss1}——螺旋式或焊接环式单根间接钢筋的截面面积；

f_y——间接钢筋的抗拉强度设计值；

s——沿构件轴线方向间接钢筋的间距；

d_{cor}——构件的核心直径，按间接钢筋的内表面计算。

将公式(6-5)代入公式(6-4)，则核心混凝土的抗压强度设计值为

$$f_{cc} = f_c + \frac{8f_y A_{ss1}}{s d_{cor}} \tag{6-6}$$

由于箍筋屈服时，外围混凝土已严重剥落，所以承受压力的混凝土截面面积应取核心混凝土的截面面积 A_{cor}。于是，根据轴向力的平衡条件，可得螺旋箍筋柱的承载力为

$$N_u = f_{cc} A_{cor} + f'_y A'_s \tag{6-7}$$

将公式(6-6)代入公式(6-7)，则得

$$N_u = f_c A_{cor} + \frac{8A_{cor} f_y A_{ss1}}{s d_{cor}} + f'_y A'_s \tag{6-7a}$$

公式(6-7a)右端第一项为核心混凝土无约束时的承载力，第二项为配置螺旋箍筋后混凝土承载力的增量。为了使公式(6-7a)表达成更为简单的形式，可按体积相等的原则将间距为 s 的间接钢筋换算成纵向钢筋截面面积 A_{ss0}，即

$$\pi d_{cor} A_{ss1} = s A_{ss0}$$

即

$$A_{ss0} = \frac{\pi d_{cor} A_{ss1}}{s} \tag{6-8}$$

则

$$A_{ss0} = \frac{4A_{ss1} A_{cor}}{s d_{cor}}$$

于是

$$\frac{8A_{cor} f_y A_{ss1}}{s d_{cor}} = 2f_y A_{ss0} \tag{6-8a}$$

将公式(6-8a)代入公式(6-7a)，则得

$$N_u = f_c A_{cor} + 2f_y A_{ss0} + f'_y A'_s \tag{6-9}$$

试验结果表明，当混凝土强度等级大于 C50 时，间接钢筋对构件受压承载力的影响将减小。因此，公式(6-9)中右面的第 2 项应乘以折减系数 α。于是公式(6-9)改写为

$$N_u = f_c A_{cor} + 2\alpha f_y A_{ss0} + f'_y A'_s \tag{6-9a}$$

如同公式(6-2)，为了使轴心受压构件承载力设计值与偏心受压构件承载力设计值互相协调，将按公式(6-9a)求得的 N_u 值乘以系数 0.9，于是可得

$$N \leqslant N_u = 0.9(f_c A_{cor} + 2\alpha f_y A_{ss0} + f'_y A'_s) \tag{6-10}$$

式中：α——间接钢筋对混凝土约束的修正系数，当混凝土强度等级不大于 C50 时，取 1.0，当混凝土强度等级为 C80 时，取 0.85，其间按线性内插法取用。

由公式(6-10)右端括号内第 3 项可见，螺旋箍筋所承担的轴向力比相同用钢量的纵筋

所承担的轴向力大1倍左右。

为了保证螺旋箍筋外面的混凝土保护层不至于过早剥落，按公式(6-10)算得的柱的承载力设计值不应比按公式(6-2)算得的大50%。

当遇到下列情况之一时，不考虑间接钢筋的影响，按公式(6-2)进行计算。

(1) 当$l_0/d \geqslant 12$时(对长细比$l_0/d \geqslant 12$的柱子，由于纵向弯曲的影响，其承载力较低，破坏时混凝土压应力低于其轴心抗压强度，横向变形不显著，间接钢筋不能发挥作用，故不考虑间接钢筋的影响)。

(2) 当按公式(6-10)算得的受压承载力小于公式(6-2)算得的受压承载力时。

(3) 当间接钢筋的换算截面面积A_{ss0}小于纵向钢筋的全部截面面积的25%时。

对于螺旋箍筋柱，箍筋间距不应大于$d_{cor}/5$，并不大于80 mm。为了便于浇灌混凝土，箍筋间距也不应小于40 mm。纵筋通常为6～8根，沿圆周等距离布置。

【例题6-3】 某大楼底层门厅内现浇钢筋混凝土柱，承受轴心压力设计值$N=$ 2 749 kN，计算长度$l_0=4.06$ m，根据建筑设计要求，柱的截面为圆形，直径$d_c=400$ mm。混凝土强度等级为C30($f_c=14.3\ \text{N/mm}^2$)，纵筋采用HRB400级钢筋($f'_y=360\ \text{N/mm}^2$)，箍筋采用HRB335级钢筋($f_y=300\ \text{N/mm}^2$)，试确定柱的配筋。

【解】 (1) 判别是否可采用螺旋箍筋柱

$\dfrac{l_0}{d_c}=\dfrac{4\,060}{400}=10.15<12$ (可设计成螺旋箍筋柱)

(2) 求A'_s

$$A=\frac{\pi d_c^2}{4}=\frac{3.142\times 400^2}{4}=125\,700\ \text{mm}^2$$

假定$\rho'=0.025$，则$A'_s=0.025\times 125\,700=3\,142\ \text{mm}^2$。

选用10⌀20，$A'_s=3\,142\ \text{mm}^2$。

(3) 求A_{ss0}

混凝土保护层厚度为30 mm，则

$$d_{cor}=400-60=340\ \text{mm}$$

$$A_{cor}=\frac{3.142\times 340^2}{4}=90\,800\ \text{mm}^2$$

由公式(6-10)可得

$$A_{ss0}=\frac{\dfrac{N}{0.9}-(f_cA_{cor}+f'_yA'_s)}{2\alpha f_y}$$

$$=\frac{\dfrac{2\,749\times 10^3}{0.9}-(14.3\times 90\,800+360\times 3\,142)}{2\times 1.0\times 300}=1\,041\ \text{mm}^2$$

$A_{ss0}>0.25A'_s=0.25\times 3\,142=786\ \text{mm}^2$ (满足要求)

(4) 确定螺旋箍筋直径和间距

假定螺旋箍筋直径$d=8$ mm，则单根螺旋箍筋截面面积$A_{ss1}=50.3\ \text{mm}^2$，由公式(6-8)可得

$$s=\frac{\pi d_{cor}A_{ss1}}{A_{ss0}}=\frac{3.142\times 340\times 50.3}{1\,041}=51.6\ \text{mm}$$

取 $s=50\ \text{mm}$，$40\ \text{mm}\leqslant s\leqslant 80\ \text{mm}$，$s<0.2d_{cor}=0.2\times 340=68\ \text{mm}$　（满足构造要求）

（5）复核混凝土保护层是否过早脱落

按 $l_0/d=10.15$ 查附表 2-12，得 $\varphi=0.955$。

$$
\begin{aligned}
1.5\times 0.9\varphi(f_cA+f_y'A_s') &= 1.5\times 0.9\times 0.995\times(14.3\times 125\,700+360\times 3\,142)\\
&= 3\,776\,000\ \text{N}=3\,776\ \text{kN}>N\quad\text{（满足要求）}
\end{aligned}
$$

6.3 偏心受压构件正截面的受力特点和破坏特征

钢筋混凝土偏心受压构件正截面的受力特点和破坏特征与轴向压力的偏心率（偏心距与截面有效高度的比值，又称为相对偏心距）、纵向钢筋的数量、钢筋强度和混凝土强度等因素有关。一般可分为大偏心受压破坏（又称为受拉破坏）和小偏心受压破坏（又称为受压破坏）两类。

6.3.1 大偏心受压破坏

当轴向压力的偏心率较大，且受拉钢筋配置不太多时，在荷载作用下，靠近轴向压力的一侧受压，另一侧受拉，随荷载的增加，首先在受拉区产生横向裂缝。轴向压力的偏心率愈大，横向裂缝出现愈早，裂缝的开展和延伸愈快，受拉变形的增长较受压变形快，受拉钢筋应力较大。随着荷载继续增大，主裂缝逐渐明显，主裂缝可能有 1～2 条。临近破坏荷载时，受拉钢筋的应力首先达到屈服强度，受拉区横向裂缝迅速开展，并向受压区延伸，从而导致混凝土受压区面积迅速减小，混凝土压应力迅速增大，在压应力较大的混凝土受压边缘附近出现纵向裂缝。当受压区边缘混凝土的应变达到其极限值，受压区混凝土被压碎，构件即告破坏。破坏时，如混凝土受压区不过小，受压区的纵筋应力也可达到其受压屈服强度。破坏时的情况如图 6-9 所示。

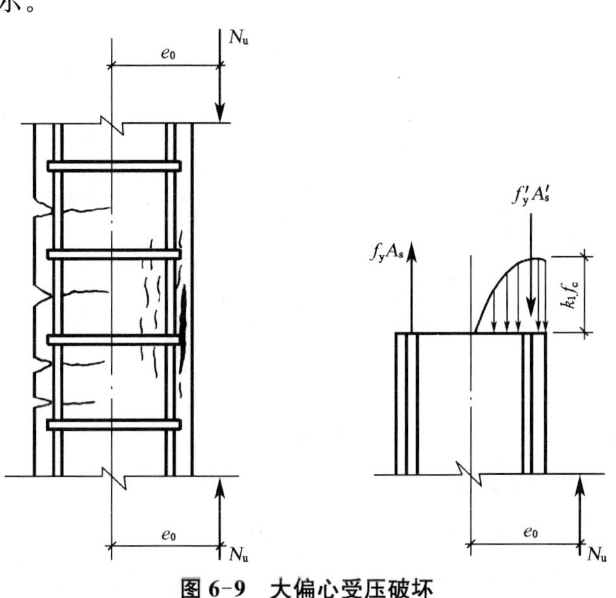

图 6-9　大偏心受压破坏

这种破坏的过程和特征与适筋的双筋受弯截面相似，有明显的预兆，为延性破坏。由于这种破坏特征一般是发生于轴向压力的偏心率较大的情况，故习惯上称为大偏心受压破坏。又由于其破坏是始于受拉钢筋先屈服，故又称为受拉破坏。

6.3.2 小偏心受压破坏

当轴向压力的偏心率较小，或者偏心率虽不太小，但配置的受拉钢筋很多时，在荷载作用下，截面大部分受压或全部受压。当截面大部分受压时，其受拉区虽然也可能出现横向裂缝，但出现较迟，开展也不大。轴向压力的偏心率愈小，横向裂缝出现愈迟，开展也愈小，一般没有明显的主裂缝。临近破坏荷载时，在压应力较大的混凝土受压边缘附近出现纵向裂缝。当受压区边缘混凝土的应变达到其极限值，受压区混凝土被压碎，构件即告破坏。破坏时，靠近轴向压力一侧的受压钢筋达到其抗压屈服强度，而另一侧的钢筋受拉，但应力未达到其抗拉屈服强度。破坏时的情况如图 6-10(a)所示。当轴向压力的偏心率更小时，截面将全部受压，构件不出现横向裂缝。一般是靠近轴向压力一侧的混凝土的压应力较大，由于靠近轴向压力一侧边缘混凝土的应变达到极限值，混凝土被压碎而破坏。破坏时，靠近轴向压力一侧的钢筋应力达到其抗压屈服强度，而离轴向压力较远一侧的钢筋可能达到其抗压屈服强度，也可能未达到其抗压屈服强度。破坏时的情况如图 6-10(b)所示。此外，当轴向压力的偏心率很小，而离轴向压力较远一侧的钢筋相对较少时，离轴向压力较远一侧的混凝土的压应力有时反而大些，也可能由于离轴向压力较远的一侧边缘混凝土的应变达到极限值，混凝土被压碎而破坏。

练一练

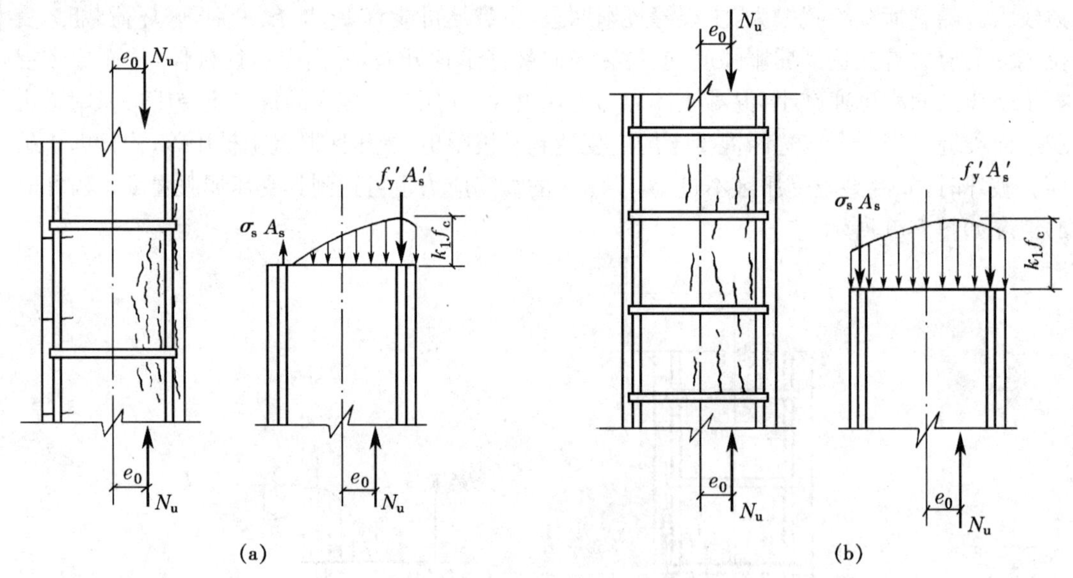

图 6-10 小偏心受压破坏

这种破坏过程和特征与超筋的双筋受弯截面或轴心受压截面的破坏相似，无明显的预兆，为脆性破坏。由于这种破坏特征是发生于轴向压力的偏心率较小的情况，故习惯上称为小偏心受压破坏。又由于其破坏是由混凝土先被压碎而引起的，故又称为受压破坏。

6.4 偏心受压构件的二阶效应

6.4.1 基本概念

钢筋混凝土偏心受压构件的长细比较大时，在偏心轴向压力的作用下将产生侧向位移，导致临界截面的轴向压力偏心距增大。图 6-11 所示为一两端铰支柱，在其两端的对称平面内作用有偏心距为 e_{01} 和 e_{02} 的轴向压力 N。为便于读者理解，先以 $e_{01}=e_{02}$ 的情况来说明。由于偏心压力 N 的作用，在弯矩作用平面内将产生弯曲变形，在临界截面处将产生侧移 δ，从而使临界界面上轴向压力的偏心距由 e_{02} 增大为 $(e_{02}+\delta)$，最大弯矩也由 Ne_{02} 增大为 $N(e_{02}+\delta)$，这种现象称为二阶效应。对于长细比小的构件(称为“短柱”)，二阶效应的影响小，可忽略不计；对于长细比较大的构件(称为“长柱”)，二阶效应的影响较大，必须予以考虑。

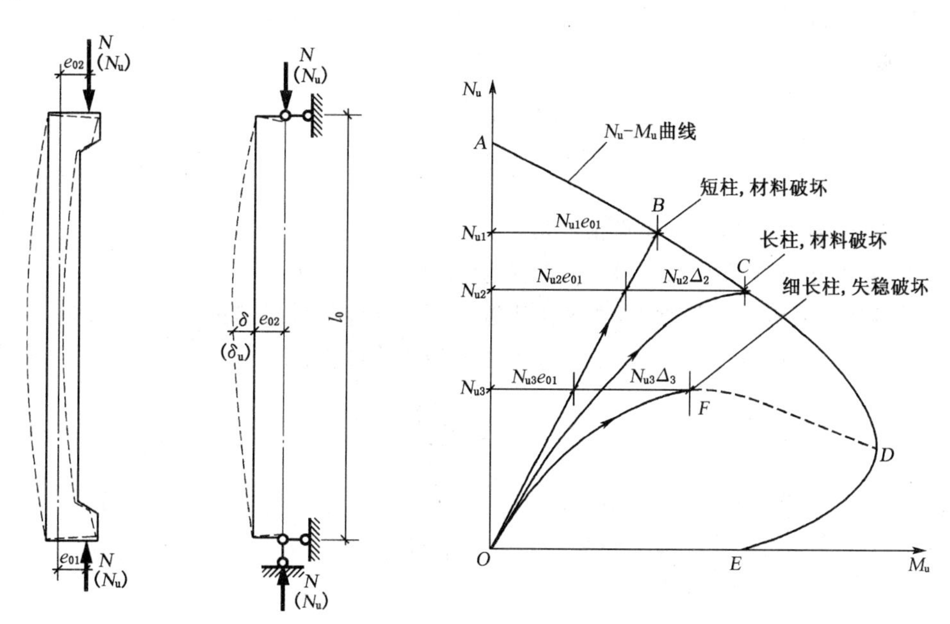

图 6-11 偏心受压构件的二阶效应

6.4.2 轴向力偏心距增大系数

由上述可知，计算钢筋混凝土偏心受压构件的承载力时，应考虑二阶效应。根据工程设计的不同要求，可分别采用精确法或近似法进行计算。

由于精确计算方法较为复杂，需借助计算机进行，故只在某些特殊的杆系结构的二阶效应分析中才采用。目前，《钢筋混凝土结构设计规范》推荐的方法是近似法。

首先用两端铰支、作用着等偏心距的轴向压力的构件进行试验，根据试验结果并结合理论分析，导出在承载能力极限状态下构件中点的轴向力偏心距增大系数 η_{ns}(即控制截面的弯矩增大系数)的计算公式。然后,通过对各种杆系结构变形特性的分析(考虑轴向力二阶效应),求出不同情况下的杆端截面弯矩调整系数 C_m,以求得不同情况下各构件控制截面的弯矩(包括二阶弯矩)。

《混凝土结构设计规范》给出了偏心距增大系数 η_{ns} 的计算公式:

$$\eta_{ns}=1+\frac{1}{1\,300(M_2/N+e_a)h_0}\left(\frac{l_0}{h}\right)^2\zeta_c \tag{6-11}$$

$$\zeta_c=\frac{0.5f_cA}{N} \tag{6-11a}$$

对于I形、T形、环形和圆形截面,η_{ns} 仍可按式(6-11)计算,只需将公式中的 h_0 和 h 用相应的截面有效高度和截面高度(或直径)代替即可。

式(6-11)是根据杆件两端轴向力偏心距相等的情况导出的。试验研究表明,对于杆件两端轴向力偏心距不等的情况,必须进行修正。

根据试验研究结果和借鉴国外有关规范,《钢筋混凝土结构设计规范》规定,除排架结构柱以外的偏心受压构件,在其偏心方向上考虑杆件自身挠曲影响的控制截面弯矩设计值可按下列公式计算:

$$M=C_m\eta_{ns}M_2 \tag{6-12}$$

练一练

即

$$e_0=C_m\eta_{ns}e_{02} \tag{6-13}$$

式中:C_m——柱端截面偏心弯矩调节系数;

η_{ns}——弯矩增大系数,又可称为偏心距增大系数。

在经典弹性解析解的基础上,考虑了钢筋混凝土柱非弹性性能的影响,并根据有关的试验资料,《混凝土结构设计规范》规定,C_m 可按下列公式计算:

$$C_m=0.7+0.3\frac{M_1}{M_2}\geqslant 0.7 \tag{6-14}$$

式中:M_1、M_2——分别为偏心受压构件两端截面按结构分析确定的对同一主轴的弯矩设计值,绝对值较大端为 M_2,绝对值较小端为 M_1;当构件为单曲率时,M_1/M_2 为正值,否则为负值。

根据国内对不同杆端弯矩比、不同轴压比和不同长细比的杆件进行的分析计算结果表明,当柱端弯矩比不大于0.9且轴压比不大于0.9时,若杆件长细比满足一定的要求,则考虑杆件自身挠曲后中间区段截面的弯矩值一般不会超过杆端弯矩,即可以不考虑该方向自身挠曲产生的附加弯矩影响。因此,《混凝土结构设计规范》规定,弯矩作用平面内截面对称的偏心受压构件,当同一主轴方向的杆端弯矩比 $\frac{M_1}{M_2}$ 不大于0.9且设计轴压比$\left(\text{即}\frac{N}{f_cA}\right)$不大于0.9时,若构件长细比满足式(6-15)的要求,可不考虑该方向构件自身挠曲产生的附加弯矩影响,即

$$l_0/i\leqslant 34-12(M_1/M_2) \tag{6-15}$$

式中:l_0——构件的计算长度,可近似取偏心受压构件相应主轴方向两支撑点之间的距离;

i——偏心方向的截面回转半径。

对于排架结构，由于作用在排架结构上绝大多数荷载都会引起排架的侧移，因此，可以近似用 $P-\Delta$ 效应增大系数 η_s 乘以引起排架侧移荷载产生的端弯矩 M_s 与不引起排架侧移荷载产生的端弯矩 M_{ns} 之和，即

$$M = \eta_s(M_{ns} + M_s) \tag{6-16}$$

《钢筋混凝土结构设计规范》还规定，排架结构中的 η_s 可按下列公式计算：

$$\eta_s = 1 + \frac{1}{1\,500 e_0/h_0}\left(\frac{l_0}{h}\right)^2 \zeta_c \tag{6-17}$$

$$\zeta_c = \frac{0.5 f_c A}{N}$$

式中：ζ_c——截面曲率修正系数，按式(6-11a)计算，当 $\zeta_c > 1.0$ 时，取 $\zeta_c = 1.0$；

e_0——轴向压力对截面中心轴的偏心距；

l_0——柱的计算长度；

h、h_0——分别为所考虑弯曲方向柱的截面高度和截面有效高度；

A——柱的截面面积，对于 I 形截面，$A = bh + 2(b'_f + b)h'_f$。

6.5 偏心受压构件正截面承载力计算的基本原则

6.5.1 基本假定

由于偏心受压构件正截面破坏特征与受弯构件破坏特征是相似的。因此，对于偏心受压构件正截面承载力计算可采用与受弯构件正截面承载力计算相同的假定。同样地，受压区混凝土的曲线应力图形也可以用等效的矩形应力图形来代替，并且取受压区高度 $x = \beta_1 x_a$ 和等效混凝土抗压强度设计值为 $\alpha_1 f_c$（详见 4.3 节）。

6.5.2 两种破坏形态的界限

偏心受压构件正截面界限破坏与受弯构件正截面界限破坏是相似的。因此，与受弯构件正截面承载力计算一样，也可用界限受压区高度 x_b 或界限相对受压区高度 ξ_b 来判别两种不同的破坏形态。这样，4.3.3 节所述的公式均可采用。于是，当符合下列条件时，截面为大偏心受压破坏，即

$$\xi \leqslant \xi_b \tag{6-18}$$

或

$$x \leqslant \xi_b h_0 \tag{6-18a}$$

$$\xi_b = \frac{\beta_1}{1 + \dfrac{f_y}{\varepsilon_{cu} E_s}} \tag{6-19}$$

当混凝土强度等级不大于 C50 时，公式(6-19)可简化为

$$\xi_b = \frac{0.8}{1+\frac{f_y}{0.0033E_s}} \tag{6-19a}$$

反之,截面为小偏心受压破坏。

6.5.3 轴向力的初始偏心距

在设计计算时,按照一般力学方法求得作用于截面上的弯矩 M 和轴向力 N 后,即可求轴向力的偏心距 $e_0(=M/N)$。但是,由于荷载作用位置和大小的不定性,混凝土质量的不均匀性以及施工造成的截面尺寸偏差等因素,将使轴向力产生附加偏心距 e_a。因此,轴向力的计算初始偏心距 e_i(以下简称初始偏心距)可按下列公式计算:

$$e_i = e_0 + e_a \tag{6-20}$$

对于附加偏心距 e_a,其值应取 20 mm 和偏心方向截面尺寸的 1/30 两者中的较大值。

6.6 矩形截面偏心受压构件正截面承载力计算

6.6.1 基本计算公式

对于矩形截面偏心受压构件的两种不同破坏形态,其破坏时截面的应力状态是不同的,因此,计算公式也不同。现分别叙述如下。

1) 大偏心受压破坏

(1) 计算公式

当截面为大偏心受压破坏时,在承载能力极限状态下截面的计算应力图形如图 6-12 所示。这时,受拉区混凝土不承担拉力,全部拉力由钢筋承担,钢筋的拉应力达到其抗拉强度设计值 f_y,受压区混凝土应力图形可简化为矩形分布,其应力达到等效混凝土抗压强度设计值 $\alpha_1 f_c$。在一般情况下,受压钢筋应力也达到其抗压强度设计值 f'_y。

按图 6-12 所示计算应力图形,由轴向内、外力之和为零,以及对受拉钢筋合力点的力矩之和为零的条件可得

$$N_u = \alpha_1 f_c bx + f'_y A'_s - f_y A_s \tag{6-21}$$

$$N_u e = \alpha_1 f_c bx(h_0 - 0.5x) + f'_y A'_s(h_0 - a'_s) \tag{6-22}$$

$$e = e_i + \frac{h}{2} - a_s \tag{6-22a}$$

式中:N_u——偏心受压承载力设计值;

e——轴向力作用点至受拉钢筋 A_s 合力点的距离;

x——混凝土受压区高度。

(2) 适用条件

为了保证截面为大偏心受压破坏,亦即破坏时,受拉钢筋应力能达到其抗拉强度设计值,必须满足以下条件:

$$\xi \leqslant \xi_b \tag{6-23}$$

与双筋受弯构件相似，为了保证截面破坏时受压钢筋应力能达到其抗压强度设计值，必须满足以下条件：

$$x \geqslant 2a_s' \tag{6-24}$$

当 $x < 2a_s'$，可偏安全地取 $z = h_0 - a_s'$，并对受压钢筋合力点取矩，则可得

$$N_u e' = f_y A_s (h_0 - a_s') \tag{6-25}$$

式中：e'——轴向力作用点至受压钢筋 A_s' 合力点的距离，即 $e' = e_i - \frac{h}{2} + a_s'$。

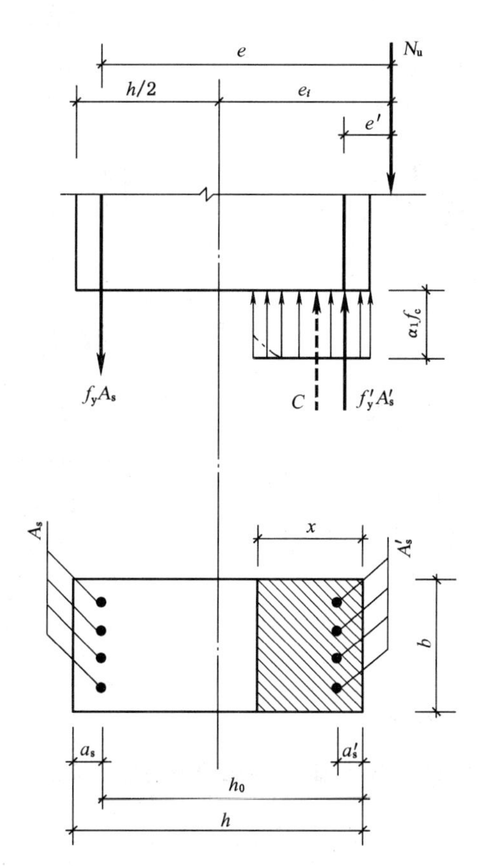

图 6-12　矩形截面大偏心受压承载力计算应力图形

此外，尚应验算配筋率是否满足最小配筋率的要求，即 $\rho \geqslant \rho_{min}$，$\rho' \geqslant \rho'_{min}$。

2）小偏心受压破坏

（1）计算公式

当截面为小偏心受压破坏时，一般情况下，靠近轴向力一侧的混凝土先被压碎。这时截面可能部分受压，也可能全部受压。当部分截面受压，部分截面受拉时，计算应力图形如图 6-13(a)所示，受压区混凝土应力图形可简化为矩形分布，其应力达到等效混凝土抗压强度设计值 $\alpha_1 f_c$，受压钢筋应力达到其抗压强度设计值 f_y'，而受拉钢筋应力 σ_s 小于其抗拉强度设计值。和大偏心受压破坏一样，可取 $x = \beta_1 x_a$。而 σ_s 可根据平截面假定，由变形协调条件

确定。当全截面受压时，在一般情况下，靠近轴向力一侧的混凝土先被压碎，其计算应力图形如图 6-13(b)所示。这时，受压区混凝土应力图形也可简化为矩形分布，其应力达到等效混凝土抗压强度设计值 $\alpha_1 f_c$。靠近轴向力一侧的受压钢筋应力达到其抗压强度设计值，而离轴向力较远一侧的钢筋应力可能未达到其抗压强度设计值，也可能达到其抗压强度设计值。如前面所述，这时 x 与 x_a的关系较为复杂。为了简化计算，近似取 $x=\beta_1 x_a$。离轴向力较远一侧的钢筋 A_s的应力 σ_s也可根据平截面假定，由变形协调条件确定。由此可得

$$\sigma_s=\varepsilon_{cu}E_s\left(\frac{\beta_1 h_0}{x}-1\right) \tag{6-26}$$

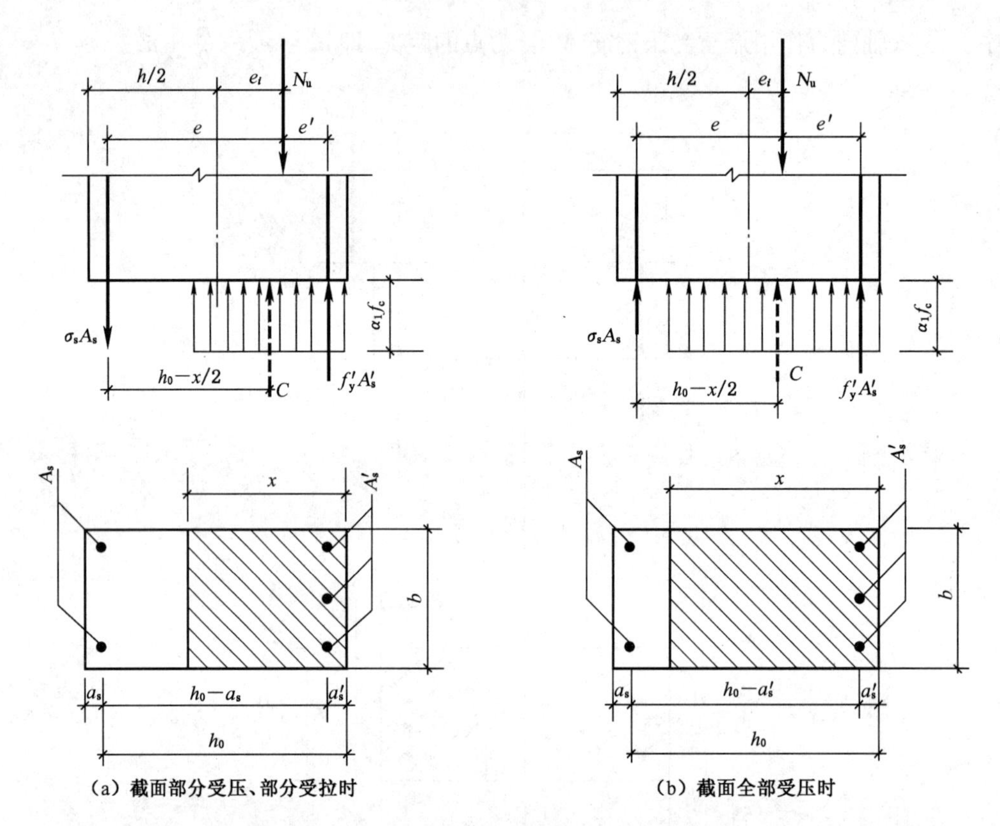

(a) 截面部分受压、部分受拉时　　(b) 截面全部受压时

图 6-13　矩形截面小偏心受压承载力计算应力图形

当混凝土强度等级不大于 C50 时，可取 $\varepsilon_{cu}=0.0033$ 和 $\beta_1=0.8$，于是可得

$$\sigma_s=0.0033E_s\left(\frac{0.8h_0}{x}-1\right) \tag{6-26a}$$

按公式(6-26)和公式(6-26a)计算的 σ_s，正号代表拉应力，负号代表压应力。显然，σ_s的计算值必须符合下列条件：

$$f'_y\leqslant\sigma_s\leqslant f_y \tag{6-27}$$

当利用公式(6-26)和公式(6-26a)及相应的平衡条件计算截面承载力设计值时将出现三次方程，计算较复杂。

不难看出，当 $\xi=\xi_b$ 时，$\sigma_s=f_y$；当 $\xi=\beta_1$ 时，$\sigma_s=0$；当 ξ 为其他值时，为了简化计算，

σ_s可线性内插或外插，于是公式(6-26)和公式(6-26a)可分别改写为

$$\sigma_s = \frac{\xi - \beta_1}{\xi_b - \beta_1} f_y \tag{6-28}$$

$$\sigma_s = \frac{\xi - 0.8}{\xi_b - 0.8} f_y \tag{6-28a}$$

σ_s的计算值也必须符合公式(6-29)的要求。

按图 6-13(b)所示计算应力图形，根据平衡条件可得

$$N_u = \alpha_1 f_c bx + f'_y A'_s - \sigma_s A_s \tag{6-29}$$

式中：σ_s——钢筋 A_s的应力，按公式(6-26)和(6-26a)或公式(6-28)和(6-28a)计算。

$$N_u e = \alpha_1 f_c bx(h_0 - 0.5x) + f'_y A'_s(h_0 - a'_s) \tag{6-30}$$

或

$$N_u e' = \alpha_1 f_c bx(0.5x - a'_s) - \sigma_s A_s(h_0 - a'_s) \tag{6-31}$$

式中

$$e = e_i + \frac{h}{2} - a_s \tag{6-31a}$$

(2) 适用条件

当靠近轴向力一侧的混凝土先被压碎时，必须满足下列条件：

$$\xi > \xi_b \tag{6-32}$$

$$\xi \leqslant 1 + \frac{a_s}{h_0} \tag{6-33}$$

当不满足公式(6-33)的要求，即 $x > h$ 时，在公式(6-29)～公式(6-33)中，取 $x = h$。

当离轴向力较远一侧的混凝土先被压碎时，必须满足以下条件：

$$\xi' \leqslant 1 + \frac{a'_s}{h_0} \tag{6-34}$$

在实际计算中，σ_s或 σ'_s 均可采用简化的线性公式，即公式(6-28)或公式(6-28(a))，其计算的准确性是较好的。

此外，为了避免离轴向力较远一侧混凝土先发生破坏，其界限情况为截面处于轴心受压状态，亦即 N_u作用点与截面的物理重心相重合，此时，截面的计算应力图形如图 6-13 所示。同时，计算时不考虑偏心距增大系数，并取初始偏心距 $e_i = e_0 - e_a$，以确保安全。

按照图 6-13 所示计算应力图形，对钢筋 A'_s 的截面重心取矩，可得

$$N_u[0.5h - a'_s - (e_0 - e_a)] = \alpha_1 f_c bx(h'_0 - 0.5h) + f'_y A_s(h'_0 - a_s) \tag{6-35}$$

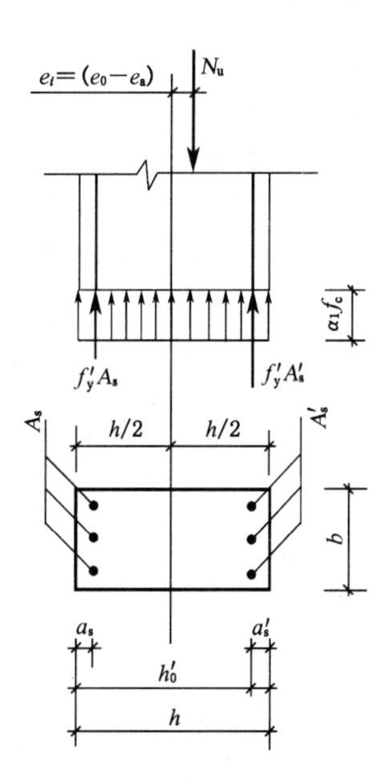

图 6-14 轴向力作用于截面物理重心时的承载力计算应力图形

式中：h_0'——钢筋 A_s' 合力点至离轴向力较远一侧边缘的距离，即 $h_0'=h-a_s'$。

必须注意，对于小偏心受压构件，尚应按轴心受压构件验算垂直于弯矩作用平面的承载力。

6.6.2 非对称配筋矩形截面的计算方法

1) 设计截面

当作用于构件正截面上的轴向压力设计值 N(设计时取 $N_u=N$) 和弯矩设计值 M(或轴向力偏心距 e_0)为已知，欲设计该截面时，一般可先选择混凝土强度等级和钢筋种类，确定截面尺寸，然后再计算钢筋截面面积和选用钢筋。由于混凝土强度对偏心受压构件承载力的影响比对受弯构件大，所以宜选用较高强度等级的混凝土，以便节省钢材，一般可采用C20～C40。当构件承受的荷载较小，而按刚度要求截面尺寸不宜过小时，则可适当选用较低强度等级的混凝土。纵向受力钢筋一般宜采用 HRB400、HRB500、HRBF400、HRBF500钢筋，也可采用 HRB335、HRBF335、HPB300、RRB400 钢筋。构造钢筋常采用 HPB300 级或 HRB335 级钢筋。箍筋常采用 HPB300 级或 HRB335 级钢筋。偏心受压构件除应具有一定的承载力外，还必须具有足够的刚度。因此，其截面尺寸往往由经验(如参考类似的设计资料)或其他构造条件确定。

由于截面的破坏形态不仅与轴向力的偏心距有关，还与轴向力的大小、混凝土强度和钢筋强度以及配筋形式和数量有关。设计截面时，由于 A_s和 A_s' 尚未确定，所以，x 也未能确定。这时，要根据公式(6-23)来判定截面的破坏形态是困难的。理论分析结果表明，当 $e_i<0.3h_0$ 时，截面总是属于小偏心受压破坏；当 $e_i\geqslant 0.3h_0$ 时，截面则可能属于大偏心受压破坏，也可能属于小偏心受压破坏。因此，在一般情况下，当 $e_i<0.3h_0$ 时，可按小偏心受压破坏进行计算；当 $e_i\geqslant 0.3h_0$ 时，可先按大偏心受压破坏进行计算，然后再判断其适用条件是否满足。

(1) 大偏心受压破坏

大偏心受压破坏的计算可分为两种情况。

① 当钢筋 A_s和 A_s' 均为未知时

与双筋受弯构件一样，为使钢筋总用量 (A_s+A_s') 最少，可取 $x=\xi_b h_0$。于是，由公式(6-22)可得(取 $N_u=N$)

$$A_s'=\frac{Ne-\xi_b(1-0.5\xi_b)\alpha_1 f_c b h_0^2}{f_y'(h_0-a_s')} \tag{6-36}$$

将求得的 A_s' 及 $x=\xi_b h_0$ 代入公式(6-21)，则得

$$A_s=\xi_b b h_0\frac{\alpha_1 f_c}{f_y}+\frac{f_y'}{f_y}A_s'-\frac{N}{f_y} \tag{6-37}$$

当 $f_y=f_y'$ 时，公式(6-37)简化为

$$A_s=\xi_b b h_0\frac{\alpha_1 f_c}{f_y}+A_s'-\frac{N}{f_y} \tag{6-38}$$

若按公式(6-36)求得的 A_s' 小于最小配筋率(见附表 2-8)或为负值，A_s' 应按最小配筋

率或构造要求配置。这时，A_s可按 A'_s 为已知的情况计算。

若按公式(6-37)或公式(6-38)求得的 A_s不能满足最小配筋率的要求或为负值，A_s应按最小配筋率或构造要求配置。

②当钢筋 A'_s 为已知时

这类问题往往是由于承受变号弯矩的需要或由于构造要求，必须在受压区配置截面面积为 A'_s 的钢筋，设计时应充分利用 A'_s 以减少 A_s，节省用钢量。这时混凝土受压区高度 x 将不等于 $\xi_b h_0$，因此，也就不能用公式(6-37)或公式(6-38)来计算 A_s。

为了便于计算，可将图 6-15(a)所示计算应力图形转化为图 6-15(b)所示的计算应力图形，这与承受弯矩 $M=Ne$ 的双筋受弯截面是类似的。因此，可仿照双筋受弯截面的计算方法，将 $M=Ne$ 分解为两部分，一部分是由受压钢筋 A'_s 的压力 $f'_yA'_s$和相应的一部分受拉钢筋 A_{sI}的拉力 f_yA_{sI}所承担的弯矩 M_{u1}（图 6-15(c)）；另一部分是由受压区混凝土的压力 $\alpha_1 f_c bx$ 和相应的另一部分受拉钢筋 A_{sII} 的拉力 f_yA_{sII} 及轴向力 N 所承担的弯矩 M_{u2}（图 6-15(d)）。必须注意，图 6-15(c)中的 A_{sI}相当于图 4-16 中的 A_{s1}，而图 6-15(d)中的 A_{sII} 并不相当于图 4-16 中的 A_{s2}，必须是$\left(A_{sII}+\dfrac{N}{f_y}\right)$才相当于图 4-16 中的 A_{s2}。同时，A_{sII} 可能为正值，也可能为负值。于是，即可按与双筋受弯截面相同的方法求得 A_{s1}（即 A_{sI}）和 $A_{s2}\left(\text{即 } A_{sII}+\dfrac{N}{f_y}\right)$。

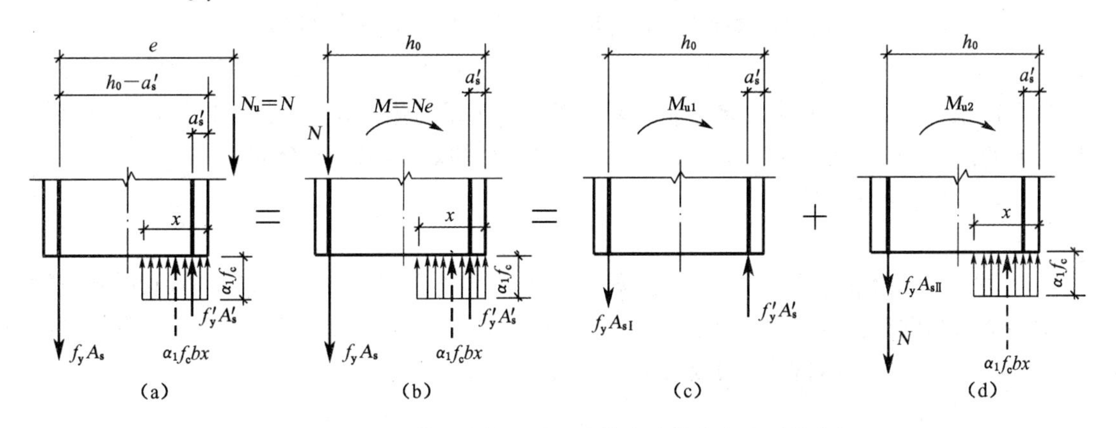

图 6-15　矩形截面大偏心受压承载力计算应力图形的分解

由图 6-15(c)可得

$$A_{sI}=A_{s1}=\frac{f'_y}{f_y}A'_s \tag{6-39}$$

于是可得

$$M_{u1}=f'_yA'_s(h_0-a'_s) \tag{6-40}$$

或

$$M_{u1}=f_yA_{sI}(h_0-a'_s) \tag{6-41}$$

则

$$M_{u2}=Ne-M_{u1}$$

这时，M_{u2}为已知，与 M_{u2}相应的 x 不一定等于 $\xi_b h_0$，因此，必须按与单筋矩形截面相同

的方法求得 A_{s2}，即 $A_{s\text{II}}+\frac{N}{f_y}$。由此可得

$$A_{s\text{II}}=A_{s2}-\frac{N}{f_y} \tag{6-42}$$

因此，所必须配置的钢筋 A_s 为

$$A_s=A_{s\text{I}}+A_{s\text{II}}$$

即

$$A_s=A_{s1}+A_{s2}-\frac{N}{f_y} \tag{6-43}$$

必须注意，在计算 A_{s2} 时，若求得的 $x>\xi_b h_0$，则表明给定的 A'_s 偏少，可改按 A'_s 为未知的情况重新计算，使其满足 $x\leqslant\xi_b h_0$；若求得的 $x<2a'_s$，则可仿照双筋受弯截面，直接对受压钢筋 A'_s 合力点取矩，以计算 A_s，即

$$A_s=\frac{Ne'}{f_y(h_0-a'_s)} \tag{6-44}$$

$$e'=e_i-\frac{h}{2}+a'_s \tag{6-45}$$

式中：e'——轴向力作用点到受压钢筋 A'_s 合力点的距离。

当所求得的 $x<2a'_s$ 很多时，还可再按不考虑受压钢筋 A'_s，即取 $A'_s=0$，利用公式(6-21)和公式(6-22)或采用公式(6-41)、公式(6-42)所述相同步骤求 A_s 值，然后与按公式(6-44)所求得的 A_s 比较，取二者之较小者来配筋。为了简化计算，也可不必进行这一计算，因二者的用钢量一般相差不多，且按公式(6-44)求得的 A_s 是偏于安全的。

(2) 小偏心受压破坏

① 计算 A_s

由公式(6-29)和公式(6-30)可见，未知数有 3 个，而独立的方程只有 2 个，故可先指定其中一个未知数。为节省钢材，应充分利用混凝土受压。于是，可按最小配筋率确定 A_s(即取 $A_s=\rho_{\min}bh$，$\rho_{\min}$ 见附表 2-8)或按构造要求确定 A_s。

② 计算 A'_s

确定 A_s 以后，A'_s 可由公式(6-29)和公式(6-30)求得。

当混凝土强度等级不大于 C50 时 ($\alpha_1=1.0$, $\beta_1=0.8$)，可得下列公式：

$$\xi=u+\sqrt{u^2+v} \tag{6-46}$$

式中

$$u=\frac{a'_s}{h_0}+\frac{A_s f_y}{(\xi_b-0.8)\alpha_1 f_c b h_0}\left(1-\frac{a'_s}{h_0}\right)$$

$$v=\frac{2Ne'}{\alpha_1 f_c b h_0^2}-\frac{1.6A_s f_y}{(\xi_b-0.8)\alpha_1 f_c b h_0}\left(1-\frac{a'_s}{h_0}\right)$$

$$e'=\frac{h}{2}-e_i-a'_s$$

则

$$e_i=e_0+e_a \tag{6-47}$$

式中
$$\sigma_s = \frac{\xi - 0.8}{\xi_b - 0.8} f_y$$

ξ 必须满足下列条件：

$$\xi \leqslant 0.8 + (0.8 - \xi_b) \frac{f'_y}{f_y} \tag{6-48}$$

当 $f_y = f'_y$ 时，公式(6-48)简化为

$$\xi \leqslant 1.6 - \xi_b \tag{6-49}$$

如果上述条件不满足，表明钢筋 A_s 已受压屈服。这时，可将原来确定的 A_s 乘以修正系数 $\frac{\xi - 0.8}{0.8 - \xi_b}$。为区别起见，修正后的 A_s 用 A_{sa} 表示，则有

$$A_{sa} \leqslant \frac{\xi - 0.8}{0.8 - \xi_b} A_s \tag{6-50}$$

2) 复核截面

复核截面时，一般已知截面尺寸 $b \times h$、混凝土强度等级、钢筋级别、钢筋截面面积 A_s 和 A'_s 以及构件计算长度 l_0、轴向力设计值 N 及其偏心距 e_0，需验算截面是否能承担该轴向力。

当混凝土强度等级不大于 C50 时 ($\alpha_1 = 1.0, \beta_1 = 0.8$)，其计算步骤和计算公式如下。

当 $e_i < 0.3h_0$ 时，按小偏心受压破坏计算。这时对轴向力 N 作用点取矩可得(图 6-15)

$$\alpha_1 f_c bx(0.5x - e' - a'_s) - f'_y A'_s e' + \sigma_s A_s e = 0 \tag{6-51}$$

式中
$$e = e_i + \frac{h}{2} - a_s$$

$$e' = \frac{h}{2} - e_i - a'_s$$

$$e_i = e_0 + e_a$$

$$\sigma_s = \frac{\frac{x}{h_0} - 0.8}{\xi_b - 0.8} f_y = \frac{\xi - 0.8}{\xi_b - 0.8} f_y$$

于是可得

$$\xi = p_1 + \sqrt{p_1^2 + q_1} \tag{6-52}$$

式中
$$p_1 = \frac{0.5h - e_i}{h_0} + \frac{f_y A_s e}{(\xi_b - 0.8)\alpha_1 f_c b h_0^2}$$

$$q_1 = \frac{2f'_y A'_s e'}{\alpha_1 f_c b h_0^2} - \frac{1.6 f_y A_s e}{(\xi_b - 0.8)\alpha_1 f_c b h_0^2}$$

则
$$N_u = \alpha_1 f_c b h_0 \xi + f'_y A'_s - \frac{\xi - 0.8}{\xi_b - 0.8} f_y A_s \tag{6-53}$$

按公式(6-52)求得的 ξ 必须满足公式(6-48)或公式(6-49)的要求。当 ξ 不能满足公式

(6-48)或公式(6-49)的要求，尚应按下列公式计算：

$$N_u = \frac{\alpha_1 f_c bh(h'_0 - 0.5h) + f'_y A'_s(h'_0 - a_s)}{0.5h - a'_s - (e_0 - e_a)} \tag{6-54}$$

这时，截面的偏心受压承载力设计值 N_u 应取按公式(6-53)和公式(6-54)的计算值的较小者。

当 $e_i \geqslant 0.3h_0$ 时，先按大偏心受压破坏计算。这时，对轴向力 N_u 作用点取矩可得(图 6-14)

$$\alpha_1 f_c bx(e - h_0 + 0.5x) - f_y A_s e + f'_y A'_s e' = 0 \tag{6-55}$$

由公式(6-55)可得

$$\xi = -\left(\frac{e}{h_0} - 1\right) + \sqrt{\left(\frac{e}{h_0} - 1\right)^2 + \frac{2(f_y A_s e - f'_y A'_s e')}{\alpha_1 f_c bh_0^2}} \tag{6-56}$$

式中

$$e = e_i + \frac{h}{2} - a_s$$

$$e' = e_i - \frac{h}{2} + a'_s$$

若 $2\frac{a'_s}{h_0} \leqslant \xi \leqslant \xi_b$

$$N_u = \alpha_1 f_c bh_0 \xi + f'_y A'_s - f_y A_s \tag{6-57}$$

若 $\xi < 2\frac{a'_s}{h_0}$，则由公式(6-25)可得

$$N_u = \frac{f_y A_s(h'_0 - a_s)}{e'} \tag{6-58}$$

式中

$$e' = e_i - \frac{h}{2} + a'_s$$

若 $\xi > \xi_b$，则应按小偏心受压破坏计算。

当混凝土强度等级大于 C50 时，可按类似的方法推导出计算公式，此处从略。

【例题 6-4】 矩形截面偏心受压柱的截面尺寸 $b \times h = 300\ \text{mm} \times 400\ \text{mm}$，柱的计算长度 $l_0 = 4.0\ \text{m}$，$a_s = a'_s = 40\ \text{mm}$，混凝土强度等级为 C30（$f_c = 14.3\ \text{N/mm}^2$，$\alpha_1 = 1.0$），用 HRB400 级钢筋配筋（$f_y = f'_y = 360\ \text{N/mm}^2$），承受轴心压力设计值 $N = 400\ \text{kN}$，弯矩设计值 $M_1 = M_2 = 200\ \text{kN·m}$，试计算所需的钢筋截面面积 A_s 和 A'_s。

【解】 (1)计算 η_{ns} 和 e_i

$$\frac{l_0}{h} = \frac{4\,000}{400} = 10.0$$

$$h_0 = h - a_s = 400 - 40 = 360\ \text{mm}$$

$$e_{02} = \frac{M_2}{N} = \frac{200 \times 10^6}{400 \times 10^3} = 500\ \text{mm}$$

$$\frac{h}{30} = \frac{400}{30} = 13.3\ \text{mm} < 20\ \text{mm}$$

取 $$e_a = 20\ \text{mm}$$

由附表 2-2 查得 $f_c = 14.3\ \text{N/mm}^2$

$$\zeta_c = \frac{0.5f_c bh}{N} = \frac{0.5 \times 14.3 \times 300 \times 400}{400 \times 10^3} = 2.15 > 1.0 \quad 取\ \zeta_c = 1.0$$

$$\eta_{ns} = 1 + \frac{1}{1\,300 \times (M_2/N + e_a)/h_0}\left(\frac{l_0}{h}\right)^2 \zeta_c$$

$$= 1 + \frac{1}{1\,300 \times \left(\frac{200 \times 10^6}{400 \times 10^3} + 20\right)/360} \times 10^2 \times 1.0 = 1.053$$

$$C_m = 0.7 + 0.3\frac{M_1}{M_2} = 0.7 + 0.3 = 1.0$$

$$M = C_m \eta_{ns} M_2 = 1.0 \times 1.053 \times 200 = 210.6\ \text{kN}\cdot\text{m}$$

$$e_0 = \frac{M}{N} = \frac{210.6 \times 10^6}{400 \times 10^3} = 526.5\ \text{mm}$$

$$e_i = e_0 + e_a = 526.5 + 20 = 546.5\ \text{mm} > 0.3h_0 = 0.3 \times 360 = 108\ \text{mm}$$

故可先按大偏心受压破坏计算。

(2) 计算 A'_s

$$e = e_i + \frac{h}{2} - a_s = 546.5 + \frac{400}{2} - 40 = 706.5\ \text{mm}$$

$$A'_s = \frac{Ne - \xi_b(1 - 0.5\xi_b)\alpha_1 f_c bh_0^2}{f'_y(h_0 - a'_s)}$$

$$= \frac{400 \times 10^3 \times 706.5 - 0.518 \times (1 - 0.5 \times 0.518) \times 1.0 \times 14.3 \times 300 \times 360^2}{360 \times (360 - 40)}$$

$$= 602\ \text{mm}^2 > \rho'_{min} bh = 0.002 \times 300 \times 400 = 240\ \text{mm}^2$$

(3) 计算 A_s

$$A_s = \frac{\xi_b \alpha_1 f_c bh_0 + f'_y A'_s - N}{f_y} = \frac{0.518 \times 1.0 \times 14.3 \times 300 \times 360 + 360 \times 602 - 400 \times 10^3}{360}$$

$$= 1\,713\ \text{mm}^2$$

(4) 选择钢筋

受拉钢筋选用 2Φ25+2Φ22,A_s=1 742 mm²,受压钢筋选用 2Φ20,A'_s=628 mm²。

【例题 6-5】 由于构造要求,在例题 6-4 中的截面上已配置受压钢筋 A'_s=941 mm²(3Φ20),试计算所需的受拉钢筋截面面积 A_s。

【解】 η_{ns}、e_i等的计算与例题 6-4 相同。A_s按下述计算。

(1) 计算 A_{s2}

$$M_{u1} = f'_y A'_s(h_0 - a'_s) = 360 \times 941 \times (360 - 40) = 108.4 \times 10^6\ \text{N}\cdot\text{mm}$$

$$M_{u2} = Ne - f'_y A'_s(h_0 - a'_s) = 400 \times 10^3 \times 706.8 - 108.4 \times 10^6$$

$$= 174.3 \times 10^6\ \text{N}\cdot\text{mm}$$

(2) 计算 α_s和 ξ

$$\alpha_s = \frac{M_{u2}}{\alpha_1 f_c bh_0^2} = \frac{174.3 \times 10^6}{1.0 \times 14.3 \times 300 \times 360^2} = 0.313$$

由附表 2-9,线性内插法得 $\xi = 0.388$,$\xi < \xi_b$,属大偏心受压破坏。

(3) 计算 A_s

$$x=\xi h_0=0.388\times360=140\ \text{mm}>2a_s'=2\times40=80\ \text{mm}$$

按式(6-53)计算 A_s，即

$$A_s=\frac{\alpha_1 f_c bx}{f_y}+\frac{f_y'}{f_y}A_s'-\frac{N}{f_y}=\frac{1.0\times14.3\times300\times140}{360}+\frac{360}{360}\times941-\frac{400\times10^3}{360}$$
$$=1\,498\ \text{mm}^2$$

选用 4⏀22，A_s=1 520 mm²。

由计算结果可见，在例题 6-4 中，总用钢量为 602＋1 713 = 2 315 mm²，在本例题中，总用钢量为 941＋1 498 = 2 439 mm²，后者较前者用钢量增加 4.5%。

【例题 6-6】 由于构造要求，在例题 6-4 中的截面上已配置受压钢筋 A_s'=1 520 mm²(4⏀22)，试计算所需受拉钢筋截面面积 A_s。

【解】 (1) 计算 M_u

η_{ns}、e_i 等的计算与例题 6-4 相同。

$$M_{u1}=f_y'A_s'(h_0-a_s')=360\times1\,520\times(360-40)=175.1\times10^6\ \text{N}\cdot\text{mm}$$

$$M_{u2}=Ne-f_y'A_s'(h_0-a_s')=400\times10^3\times706.8-360\times1\,520\times(360-40)$$
$$=107.6\times10^6\ \text{N}\cdot\text{mm}$$

(2) 计算 α_s 和 ξ

$$\alpha_s=\frac{M_e}{\alpha_1 f_c bh_0^2}=\frac{107.6\times10^6}{1.0\times14.3\times300\times360^2}=0.193$$

由附表 2-9，按线性内插法得 $\xi=0.215$，$\xi<\xi_b$，属大偏心受压破坏。

(3)计算 A_s

$$x=\xi h_0=0.215\times360=77.4\ \text{mm}<2a_s'=2\times40=80\ \text{mm}$$

$$e'=e_i-\frac{h}{2}+a_s'=546.8-\frac{400}{2}+40=386.8\ \text{mm}$$

$$A_s=\frac{Ne'}{f_y(h_0-a_s')}=\frac{400\times10^3\times386.8}{360\times(360-40)}=1\,343\ \text{mm}^2$$

选用 2⏀20＋2⏀22，A_s=1 388 mm²。

【例题 6-7】 矩形截面偏心受压柱的截面尺寸 bh = 300 mm×500 mm，柱的高度 H = 4.8 m，柱的计算长度 $l_0=1.25H$，$a_s=a_s'$= 40 mm，混凝土强度等级为 C30，采用 HRB400 级钢筋，承受轴心压力设计值 N = 1 500 kN，弯矩设计值 $M_1=M_2$ = 120 kN·m，试计算所需的钢筋截面面积 A_s 和 A_s'。

【解】 (1) 计算 η_{ns}、e_i 和判别破坏形态

$$h_0=500-40=460\ \text{mm}$$

$$e_{02}=\frac{M_2}{N}=\frac{120\times10^6}{1\,500\times10^3}=80\ \text{mm}$$

$$\frac{h}{30}=\frac{500}{30}=16.7\ \text{mm}<20\ \text{mm}$$

取 e_a = 20 mm

$$l_0=1.25H=1.25\times4.8=6.0\ \text{m}$$

$$\frac{l_0}{h}=\frac{6\,000}{500}=12.0$$

η_{ns}的计算如下：

由附表 2-2 查得 $f_c=14.3\text{ N/mm}^2$

$$\zeta_c=\frac{0.5f_cbh}{N}=\frac{0.5\times14.3\times300\times500}{1\,500\times10^3}=0.715$$

$$\eta_{ns}=1+\frac{1}{1\,300\times(M_2/N+e_a)/h_0}\left(\frac{l_0}{h}\right)^2\zeta_c$$

$$=1+\frac{1}{1\,300\times\left(\dfrac{120\times10^6}{1\,500\times10^3}+20\right)/460}\times12^2\times0.715=1.364$$

$$C_m=0.7+0.3\frac{M_1}{M_2}=0.7+0.3=1.0$$

$$M=C_m\eta_{ns}M_2=1.0\times1.364\times120=163.7\text{ kN}\cdot\text{m}$$

$$e_0=\frac{M}{N}=\frac{163.7\times10^6}{1\,500\times10^3}=109.1\text{ mm}$$

$$e_i=e_0+e_a=109.1+20=129.1\text{ mm}<0.3h_0=0.3\times460=138\text{ mm}$$

属于小偏心受压破坏。

(2) 确定 A_s

$$A_s=\rho_{1\min}bh=0.002\times300\times500=300\text{ mm}^2$$

$$h_0'=h-a_s'=500-40=460\text{ mm}$$

$$N=1\,500\text{ kN}<f_cbh=2\,145\text{ kN}$$

故取 $A_s=300\text{ mm}^2$，选用 2Φ14，实用 $A_s=308\text{ mm}^2$。

(3) 确定 A_s'

$$e'=\frac{h}{2}-a_s'-e_i=\frac{500}{2}-40-129.1=80.9\text{ mm}$$

$$u=\frac{a_s'}{h_0}+\frac{A_sf_y}{(\xi_b-0.8)\alpha_1f_cbh_0}\left(1-\frac{a_s'}{h_0}\right)$$

$$=\frac{40}{160}+\frac{308\times360}{(0.518-0.8)\times1.0\times14.3\times300\times460}\times\left(1-\frac{40}{460}\right)=-0.095\,0$$

$$v=\frac{2Ne'}{\alpha_1f_cbh_0^2}-\frac{1.6A_sf_y}{(\xi_b-0.8)\alpha_1f_cbh_0}\left(1-\frac{a_s'}{h_0}\right)$$

$$=\frac{2\times1\,500\times10^3\times80.9}{1.0\times14.3\times300\times460^2}-\frac{1.6\times308\times360}{(0.518-0.8)\times1.0\times14.3\times300\times400}\times\left(1-\frac{40}{460}\right)$$

$$=0.558$$

$$\xi=u+\sqrt{u^2+v}=-0.095\,0+\sqrt{(-0.095\,0)^2+0.558}=0.658\,0$$

$$\sigma_s=\frac{\xi-0.8}{\xi_b-0.8}f_y=\frac{0.658\,0-0.8}{0.518-0.8}\times360=504\text{ N/mm}^2$$

$$A_s'=\frac{N-\alpha_1f_cbh_0\xi+\sigma_sA_s}{f_y'}$$

$$=\frac{1\,500\times10^3-1.0\times14.3\times300\times460\times0.658\,0+504\times308}{360}=990\text{ mm}^2$$

选用 4Φ18，$A_s'=1\,017\text{ mm}^2$。

(4) 验算垂直于弯矩作用平面方向的轴心受压承载力（略）

【例题 6-8】 矩形截面偏心受压柱的截面尺寸 $bh = 400\ \text{mm} \times 600\ \text{mm}$，$a_s = a_s' = 40\ \text{mm}$，混凝土强度等级为 C35，采用 HRB500 级钢筋，$A_s = 1\ 017\ \text{mm}^2$（4$\Phi$18），$A_s' = 1\ 256\ \text{mm}^2$（4$\Phi$20），柱的高度 $H = 6.0\ \text{m}$，柱的计算长度 $l_0 = 1.2H$。承受轴向压力设计值 $N = 1\ 220\ \text{kN}$，弯矩设计值 $M_1 = M_2 = 400\ \text{kN} \cdot \text{m}$。试复核该截面。

【解】 (1)计算 e_i 和 η_{ns}

$$h_0 = h - a_s = 600 - 40 = 560\ \text{mm}$$

$$e_{02} = \frac{M_2}{N} = \frac{400 \times 10^6}{1\ 220 \times 10^3} = 328\ \text{mm}$$

$$\frac{h}{30} = \frac{600}{30} = 20\ \text{mm}，取\ e_a = 20\ \text{mm}$$

$$l_0 = 1.2H = 1.2 \times 6\ \text{m} = 7.2\ \text{m}$$

$$\frac{l_0}{h} = \frac{7\ 200}{600} = 12.0$$

由附表 2-2 查得 $f_c = 16.7\ \text{N/mm}^2$

$$\zeta_c = \frac{0.5 f_c bh}{N} = \frac{0.5 \times 16.7 \times 400 \times 600}{1220 \times 10^3} = 1.643 > 1.0，取\ \zeta_c = 1.0$$

$$\eta_{ns} = 1 + \frac{1}{1\ 300 \times (M_2/N + e_a)/h_0} \left(\frac{l_0}{h}\right)^2 \zeta_c$$

$$= 1 + \frac{1}{1\ 300 \times \left(\frac{400 \times 10^6}{1\ 220 \times 10^3} + 20\right)/560} \times 12^2 \times 1.0 = 1.178$$

$$C_m = 0.7 + 0.3\frac{M_1}{M_2} = 0.7 + 0.3 = 1.0$$

$$M = C_m \eta_{ns} M_2 = 1.0 \times 1.178 \times 400 = 471.2\ \text{kN} \cdot \text{m}$$

$$e_0 = \frac{M}{N} = \frac{471.2 \times 10^6}{1\ 220 \times 10^3} = 386.3\ \text{mm}$$

$$e_i = e_0 + e_a = 386.3 + 20 = 406.3\ \text{mm} > 0.3h_0 = 0.3 \times 560 = 168\ \text{mm}$$

按大偏心受压破坏计算。

(2) 计算 ξ

$$e = e_i + \frac{h}{2} - a_s = 406.3 + \frac{600}{2} - 40 = 666.3\ \text{mm}$$

$$e' = e_i - \frac{h}{2} + a_s' = 406.3 - \frac{600}{2} + 40 = 146.3\ \text{mm}$$

$$\xi = -\left(\frac{e}{h_0} - 1\right) + \sqrt{\left(\frac{e}{h_0} - 1\right)^2 + \frac{2(f_y A_s e - f_y' A_s' e')}{\alpha_1 f_c b h_0^2}}$$

$$= -\left(\frac{666.3}{560} - 1\right) + \sqrt{\left(\frac{666.3}{560} - 1\right)^2 + \frac{2 \times (435 \times 1\ 017 \times 666.3 - 435 \times 1256 \times 146.3)}{1.0 \times 16.7 \times 400 \times 560^2}}$$

$$= 0.300\ 4$$

(3) 计算 N_u

$$\xi < \xi_b = 0.518，且\ \xi > \frac{2a_s'}{h_0} = \frac{2 \times 40}{560} = 0.143$$

则 $$\begin{aligned} N_u &= \alpha_1 f_c b h_0 \xi + f'_y A'_s - f_y A_s \\ &= 1.0 \times 16.7 \times 400 \times 560 \times 0.3004 + 435 \times 1256 - 435 \times 1017 \\ &= 1228 \times 10^3\ \text{N} = 1228\ \text{kN} > 1220\ \text{kN} \end{aligned}$$

可见设计是安全和经济的。

6.6.3 对称配筋矩形截面的计算方法

在实际工程中，偏心受压构件在各种不同荷载效应组合作用下可能承受相反方向的弯矩，当两种方向的弯矩相差不大时，应设计成对称配筋截面（$A_s = A'_s$）。当弯矩相差虽较大，但按对称配筋设计求得的纵向钢筋总用量比按不对称配筋设计增加不多时，亦宜采用对称配筋。装配式柱一般采用对称配筋，以免吊装时发生差错。设计时，取 $N_u = N$。

1）设计截面

对称配筋时，$A_s = A'_s$，$f_y = f'_y$，则由公式(6-21)可得

$$x = \frac{N}{\alpha_1 f_c b} \tag{6-59}$$

当 $x \leqslant \xi_b h_0$，按大偏心受压破坏计算；当 $x > \xi_b h_0$，按小偏心受压破坏计算。

(1) 大偏心受压破坏

若 $2a'_s \leqslant x \leqslant \xi_b h_0$，则由公式(6-22)可得

$$A_s = A'_s = \frac{Ne - N(h_0 - 0.5x)}{f_y(h_0 - a'_s)} \tag{6-60}$$

练一练

若 $x < 2a'_s$，则由公式(6-25)可得

$$A_s = A'_s = \frac{Ne'}{f_y(h_0 - a'_s)} \tag{6-61}$$

式中 $$e' = e_i - \frac{h}{2} + a'_s$$

当 a'_s 较大时，按公式(6-61)求得的钢筋 A_s 有可能比不考虑受压钢筋 A'_s 时还多，故尚应按不考虑 A'_s 的作用进行计算，并取求得的 A_s 的较小者。但一般相差不大，为简化计算，亦可不必进行验算。

必须注意，若求得的 A_s、A'_s 不能满足最小配筋率的要求，应按最小配筋率的要求或有关构造要求配置钢筋。

(2) 小偏心受压破坏

对于小偏心受压破坏，当 $A_s = A'_s$，$f_y = f'_y$ 时，由公式(6-28)～公式(6-30)可得

$$N = \alpha_1 f_c b x + f_y A_s - \frac{\frac{x}{h_0} - \beta_1}{\xi_b - \beta_1} f_y A_s \tag{6-62}$$

$$Ne = \alpha_1 f_c b x \left(h_0 - \frac{x}{2}\right) + f_y A_s (h_0 - a'_s) \tag{6-63}$$

为了求得混凝土受压区高度 x，必须联立求解公式(6-62)和公式(6-63)，这将导致三次方程式，计算较为复杂。

理论分析表明，x 可按下列近似公式求得：

$$x=\xi h_0 \tag{6-64}$$

$$\xi=\frac{N-\xi_b\alpha_1 f_c h_0}{\dfrac{Ne-0.43\alpha_1 f_c b h_0^2}{(\beta_1-\xi_b)(h_0-a_s')}+\alpha_1 f_c b h_0}+\xi_b \tag{6-65}$$

当混凝土强度不大于 C50 时(此时，$\alpha_1=1.0$，$\beta_1=0.8$)，公式(6-65)简化为

$$\xi=\frac{N-\xi_b f_c b h_0}{\dfrac{Ne-0.43 f_c b h_0^2}{(0.8-\xi_b)(h_0-a_s')}+f_c b h_0}+\xi_b \tag{6-65a}$$

2) 复核截面

复核截面可按非对称配筋的方法进行计算，但在有关公式中，取 $A_s=A_s'$，$f_y=f_y'$。同时，在小偏心受压破坏时，只需考虑在靠近轴向力一侧的混凝土先破坏的情况。

【例题 6-9】 已知条件同例题 6-4，但要求设计成对称配筋。

【解】 (1) 计算 e_i 和 η_{ns}

同例题 6-4，$N=400$ kN，$M_1=M_2=200$ kN·m，$e_i=520$ mm，$\eta_{ns}=1.053$，$e=706.8$ mm

(2) 计算 $A_s=A_s'$

$$x=\frac{N}{\alpha_1 f_c b}=\frac{400\times10^3}{1.0\times14.3\times300}=93.2\text{ mm}$$

$$x<\xi_b h_0=0.518\times360=186\text{ mm}，且\ x>2a_s'=2\times40=80\text{ mm}$$

则 $A_s=A_s'=\dfrac{Ne-N(h_0-0.5x)}{f_y(h_0-a_s')}=\dfrac{400\times10^3\times706.8-400\times10^3\times(360-0.5\times93.2)}{360\times(360-40)}$

$=1\,366\text{ mm}^2$

A_s和 A_s'各选用 2⌀22+2⌀20，$A_s=A_s'=760+628=1\,388\text{ mm}^2$。

例题 6-4 的用钢量为 2 315 mm²，本题用钢量为 2 732 mm²。与例题 6-4 相比，对称配筋截面的总用钢量要多些。

【例题 6-10】 矩形截面偏心受压柱的截面尺寸 $b\times h=300\text{ mm}\times400\text{ mm}$，柱的计算长度 $l_0=4.0$ m，$a_s=a_s'=40$ mm，混凝土强度等级为 C30，用 HRB400 级钢筋配筋，承受轴向压力设计值 $N=320$ kN，弯矩设计值 $M_1=200$ kN·m，$M_2=220$ kN·m，采用对称配筋。试计算所需的钢筋截面面积 $A_s=A_s'$。

【解】 (1) 计算 η_{ns}和 e_i

$$\frac{l_0}{h}=\frac{4\,000}{400}=10$$

$$h_0=h-a_s=400-40=360\text{ mm}$$

$$e_{02}=\frac{M_2}{N}=\frac{220\times10^6}{320\times10^3}=687\text{ mm}$$

$$\frac{h}{30}=\frac{400}{30}=13.3\text{ mm}<20\text{ mm}$$

$$取\ e_a=20\text{ mm}$$

$$\zeta_c = \frac{0.5f_cbh}{N} = \frac{0.5 \times 14.3 \times 300 \times 400}{320 \times 10^3} = 2.68 > 1.0\text{，取 } \zeta_c = 1.0$$

$$\eta_{ns} = 1 + \frac{1}{1\,300 \times (M_2/N + e_a)/h_0}\left(\frac{l_0}{h}\right)^2 \zeta_c$$

$$= 1 + \frac{1}{1\,300 \times \left(\frac{220 \times 10^6}{320 \times 10^3} + 20\right)/360} \times 10^2 \times 1.0 = 1.039$$

$$C_m = 0.7 + 0.3\frac{M_1}{M_2} = 0.7 + 0.3\frac{200}{220} = 0.972$$

$$M = C_m \eta_{ns} M_2 = 0.972 \times 1.039 \times 220 = 222.2 \text{ kN} \cdot \text{m}$$

$$e_0 = \frac{M}{N} = \frac{222.2 \times 10^6}{320 \times 10^3} = 694.4 \text{ mm}$$

$$e_i = e_0 + e_a = 694.4 + 20 = 714.4 \text{ mm}$$

(2) 计算 $A_s = A'_s$

$$x = \frac{N}{\alpha_1 f_c b} = \frac{320 \times 10^3}{1.0 \times 14.3 \times 300} = 74.6 \text{ mm}$$

$$x < \xi_b h_0 = 0.518 \times 360 = 186 \text{ mm}\text{，且 } x < 2a'_s = 2 \times 40 = 80 \text{ mm}$$

$$e' = e_i - \frac{h}{2} + a'_s = 714.4 - \frac{400}{2} + 40 = 554.4 \text{ mm}$$

$$A_s = A'_s = \frac{Ne'}{f_y(h_0 - a'_s)} = \frac{320 \times 10^3 \times 554.4}{360 \times (360 - 40)}$$

$$= 1\,540 \text{ mm}^2$$

A_s 和 A'_s 各选用 5Φ20，$A_s = A'_s = 1\,570 \text{ mm}^2$。

【例题 6-11】 已知条件同例题 6-7，但采用对称配筋。

【解】 (1)计算 e_i 和 η_{ns}

同例题 6-7，$N = 1\,500 \text{ kN}$，$M_1 = M_2 = 120 \text{ kN} \cdot \text{m}$，$\eta_{ns} = 1.364$，$e_i = 129.1 \text{ mm}$

$$e = e_i + \frac{h}{2} - a_s = 129.1 + \frac{500}{2} - 40 = 339.1 \text{ mm}$$

(2) 计算 x 和判别破坏形态，即

$$x = \frac{N}{\alpha_1 f_c b} = \frac{1\,500 \times 10^3}{1.0 \times 14.3 \times 300} = 349.7 \text{ mm} > \xi_b h_0 = 0.518 \times 460 = 238.3 \text{ mm}$$

属小偏心受压破坏。

应按式(6-64)和式(6-65)重新计算 x。

$$\xi = \frac{N - \xi_b \alpha_1 f_c b h_0}{\frac{Ne - 0.43\alpha_1 f_c b h_0^2}{(\beta_1 - \xi_b)(h_0 - a'_s)} + \alpha_1 f_c b h_0} + \xi_b$$

$$= \frac{1\,500 \times 10^3 - 0.518 \times 1.0 \times 14.3 \times 300 \times 460}{\frac{1\,500 \times 10^3 \times 339.1 - 0.43 \times 1.0 \times 14.3 \times 300 \times 460^2}{(0.8 - 0.518) \times (460 - 40)} + 1.0 \times 14.3 \times 300 \times 460}$$

$$+ 0.518 = 0.678\,7$$

$$x = \xi h_0 = 0.678\,7 \times 460 = 312.2 \text{ mm}$$

(3) 计算 A_s和 A_s'

$$A_s = A_s' = \frac{Ne - \alpha_1 f_c bx\left(h_0 - \frac{x}{2}\right)}{f_y'(h_0 - a_s')}$$

$$= \frac{1\,500 \times 10^3 \times 339.1 - 1.0 \times 14.3 \times 300 \times 312.2 \times \left(460 - \frac{312.2}{2}\right)}{360 \times (460 - 40)} = 672\ \text{mm}^2$$

分析结果表明,计算值与准确值相差 1.3%。

6.7 偏心受压构件正截面承载力 N_u与 M_u的关系

6.7.1 N_u与 M_u关系曲线的绘制

偏心受压构件正截面破坏时,截面所能承受的轴向力 N_u和弯矩 M_u并不是独立的,而是相关的。也就是说,在一定的轴向力 N_u下,有其唯一对应的弯矩 M_u。现以对称配筋矩形截面为例,来绘制其 N_u-M_u关系曲线。

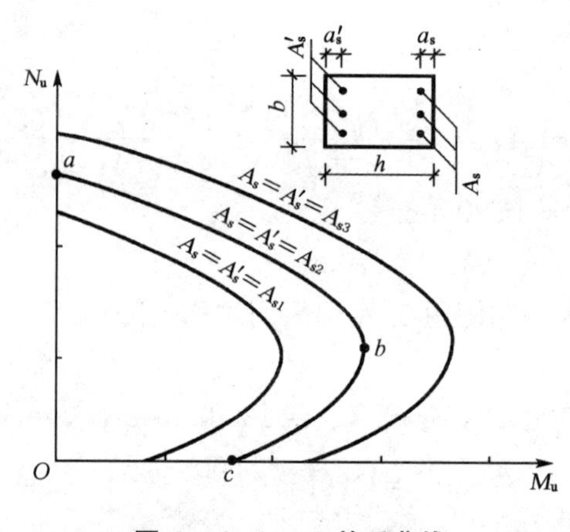

图 6-16 N_u-M_u关系曲线

6.7.2 N_u-M_u关系曲线的特点

由图 6-16 可见,N_u-M_u关系曲线有着下述特点:

(1) 在大偏心受压时,M_u随 N_u的增加而增加;在小偏心受压时,M_u随 N_u的增加而减小。换句话说,在大偏心受压破坏时,若 M_u不变,则随着 N_u增大,所需的钢筋截面面积将减少;在小偏心受压破坏时,若 M_u不变,则随着 N_u增大,所需的钢筋截面面积将增大。

(2)在界限破坏时,M_u达到最大值。

6.8 受压构件的一般构造要求

6.8.1 截面形式和尺寸

轴心受压构件一般采用方形或矩形截面，有时也采用圆形、多边形或环形截面。

偏心受压构件通常采用矩形截面。为了节省混凝土和减轻自重，对于较大尺寸的柱，特别是装配式构件，常采用Ⅰ形截面，拱结构的肋则往往做成T形截面，框架柱有时也做成T形截面。采用离心法制造的柱、桩、电杆以及工厂的烟囱等，常采用环形截面。

对于Ⅰ形和矩形柱，其截面尺寸不宜小于 250 mm × 250 mm。为了避免构件长细比过大，常取 $l_0/b \leqslant 30$，$l_0/h \leqslant 25$（l_0为柱的计算长度，b 为矩形截面短边边长，h 为矩形截面长边边长）。对于Ⅰ形截面，其翼缘高度不宜小于 120 mm，因为翼缘太薄，会使构件过早出现裂缝。同时，靠近柱脚处的混凝土易被碰坏而降低柱的承载力和缩短柱的使用年限。腹板厚度不应小于 100 mm，否则浇捣混凝土较困难。

为了使模板尺寸模数化，柱截面边长在 800 mm 以下者宜取 50 mm 的倍数，在800 mm 以上者可取 100 mm 的倍数。

6.8.2 纵向钢筋

轴心受压构件的纵向钢筋宜沿截面四周均匀布置，根数不得少于 4 根，并应取偶数。偏心受压构件的纵向钢筋设置在垂直于弯矩作用平面的两边。圆柱中纵向钢筋一般应沿周边均匀布置，根数不宜少于 8 根，不应少于 6 根。

受压构件纵向受力钢筋直径 d 不宜小于 12 mm，通常在 16～32 mm 内选用。一般宜采用较粗的钢筋，以使在施工中可形成较刚劲的钢筋骨架，且受荷时钢筋不易压屈。

与受弯构件相类似，受压构件纵向钢筋的配筋率也应满足最小配筋率的要求，全部纵向钢筋的最小配筋率为 0.6%，一侧纵向钢筋的最小配筋率为 0.2%（详见附表 2-8）。

在一般情况下，对于轴心受压构件，其配筋率可取 0.5%～2%；对于轴向力偏心率较小的受压柱，其总配筋率建议采用 0.5%～1.0%；对于轴向力偏心率较大的受压柱，其总配筋率建议采用 1.0%～2.0%。在两种情况下，偏心受压柱的总配筋率均不宜超过 5%。

受压柱中纵向钢筋的净距不应小于 50 mm，在水平位置浇筑的装配式柱，其纵向钢筋最小净距可参照梁的有关规定采用。

偏心受压柱中配置在垂直于弯矩作用平面的纵向受力钢筋以及轴心受压柱中各边的纵向受力钢筋，其中距不应大于 300 mm。当偏心受压柱的截面高度 $h \geqslant 600$ mm 时，在侧面应设置 10～16 mm 的纵向构造钢筋，并相应地设置复合箍筋或拉筋。

纵向钢筋的混凝土保护层厚度应遵守附表 2-7 的要求。

6.8.3 箍筋

为了防止纵向钢筋压屈，受压构件中的箍筋应做成封闭式的；对圆柱中的箍筋，搭接长度不应小于钢筋的锚固长度 l_a，且末端应做成 135°的弯钩，弯钩末端平直段长度不应小于箍筋直径的5倍。箍筋间距不应大于400 mm，亦不应大于构件横截面的短边尺寸，且不应大于15*d*（*d* 为纵向钢筋的最小直径）。

箍筋直径不应小于 *d*/4（*d* 为纵向钢筋的最大直径），且不应小于6 mm。

当柱中全部纵向钢筋配筋率超过3%时，箍筋直径不宜小于8 mm，间距不应大于10*d*，且不应大于200 mm，*d* 为纵向受力钢筋的最小直径。箍筋末端应做成135°的弯钩，弯钩末端平直段长度不应小于10倍箍筋直径。箍筋也可焊成封闭环式。

当柱截面短边大于400 mm，且各边纵向钢筋多于3根时，或当柱的短边不大于400 mm，但各边纵向钢筋多于4根时，为了防止中间纵向钢筋压屈，应设置复合箍筋。

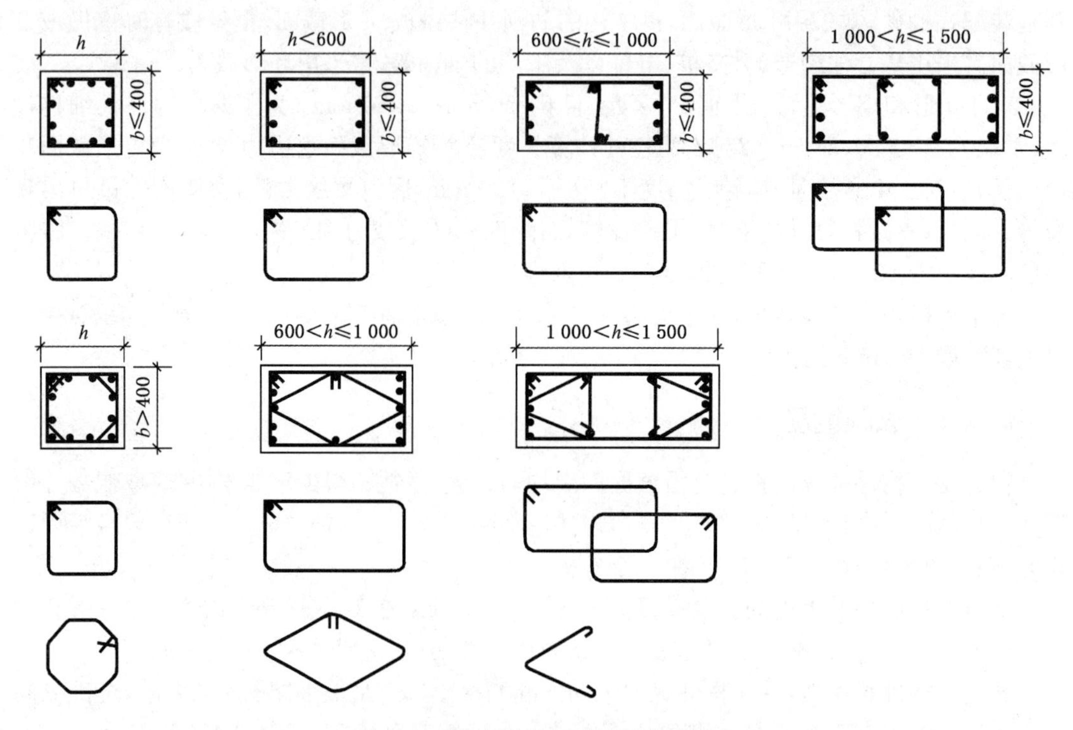

图6-17　方形柱和矩形柱的箍筋形式

在柱内纵向钢筋搭接长度范围内，箍筋直径不宜小于搭接钢筋直径的1/4，且箍筋的间距应加密，当搭接钢筋为受拉时，其间距不应大于5*d*，且不应大于100 mm；当搭接钢筋为受压时，其间距不应大于10*d*，且不应大于200 mm。此处，*d* 为搭接钢筋较小直径。当受压钢筋直径大于25 mm时，应在搭接接头两端面外100 mm范围内各设置两个箍筋。

在配置螺旋式或焊接环式间接钢筋的柱中，如计算中考虑间接钢筋的作用，则间接钢筋的间距不应大于80 mm及 $d_{cor}/5$（d_{cor} 为按间接钢筋内表面确定的核心截面直径），且不小于40 mm。

本章小结

1. 配有普通箍筋和螺旋箍筋的轴心受压柱的受力特征和破坏特点及其正截面承载力计算方法。

2. 大小偏心受压柱的破坏过程和特征。

3. 矩形偏心受压构件的正截面承载力计算方法，包括非对称配筋和对称配筋的截面设计与复核，掌握偏心受压构件正截面承载力 N_u 与 M_u 的关系。

复习思考题

6.1 普通箍筋轴心受压短柱的受力特点和破坏特征如何？

6.2 普通箍筋轴心受压长柱的破坏特征如何？它与普通箍筋轴心受压短柱主要不同点是什么？

6.3 普通箍筋轴心受压柱的承载力计算公式是如何得出的？系数 φ 的物理意义是什么？在计算时，对于 A 和 f_c 的取值应注意些什么？

6.4 螺旋箍筋轴心受压柱的受力特点和破坏特征如何？它与普通箍筋轴心受压柱的主要不同点是什么？

6.5 螺旋箍筋轴心受压柱的承载力计算公式是如何得出的？A_{ss0} 和 α 的物理意义是什么？该公式的适用条件有哪些？

6.6 钢筋混凝土偏心受压构件正截面的破坏形态有哪两类？其破坏特征如何？

6.7 何谓偏心受压构件的二阶效应？偏心受压构件的破坏类型有几类？

6.8 计算偏心受压构件承载力时，为什么要考虑附加偏心距？如何取值？

6.9 偏心受压构件正截面承载力计算时，做了哪些基本假定？与受弯构件正截面承载力计算是否相同？

6.10 判别偏心受压构件正截面破坏形态的基本准则(即界限条件)是什么？

6.11 计算矩形截面大偏心受压承载力时，其计算应力图形如何？计算公式是如何建立的？有哪些适用条件？与双筋矩形截面受弯构件有何异同？

思考题解析

6.12 计算矩形截面小偏心受压承载力时，其计算应力图形如何？计算公式是如何建立的？有哪些适用条件？与计算大偏心受压承载力的主要不同点是什么？

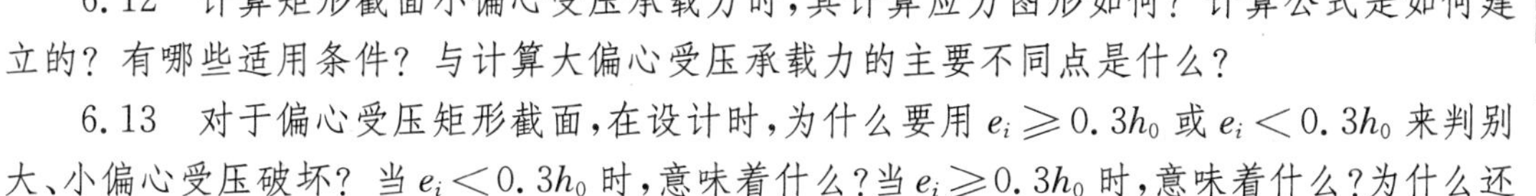

6.13 对于偏心受压矩形截面，在设计时，为什么要用 $e_i \geqslant 0.3h_0$ 或 $e_i < 0.3h_0$ 来判别大、小偏心受压破坏？当 $e_i < 0.3h_0$ 时，意味着什么？当 $e_i \geqslant 0.3h_0$ 时，意味着什么？为什么还必须用 $\xi \leqslant \xi_b$ 的条件进行校核？

6.14 设计非对称配筋矩形截面时，当 A_s 和 A_s' 为未知时，其计算步骤如何？为什么要指定 $\xi = \xi_b$？

6.15 设计非对称配筋大偏心受压矩形截面，当 A_s' 已知时，其计算步骤如何？有哪些限制条件？当不满足适用条件 $x \geqslant 2a_s'$ 时，如何计算 A_s？当不满足 $\xi \leqslant \xi_b$ 时，意味着什么？应如何处理？

6.16 对于偏心受压矩形截面，当其他条件均相同时，破坏时的弯矩 M_u 随轴向力 N_u 的变化规律如何？

6.17 偏心受压构件在何种情况下应进行垂直于弯矩作用平面的受压承载力的验算？如何验算？

6.18 I 形截面偏心受压正截面承载力计算有哪几种类型？与矩形截面相比，有何不同？

6.19 对于对称配筋 I 形截面，在设计截面时，如何判别其破坏类型？

6.20 轴向压力对斜截面受剪承载力的影响如何？偏心受压构件的斜截面受剪承载力

如何计算?

习 题

6.1 轴心受压柱的截面尺寸 $b\times h=400\text{ mm}\times400\text{ mm}$,$l_0=6.0\text{ m}$,轴心压力设计值 $N=2\,700\text{ kN}$。采用 C30 混凝土,纵向钢筋采用 HRB400 级钢筋,环境类别为一类。试设计该柱(配置纵向钢筋和箍筋)。

6.2 圆形截面柱的直径 $d_c=450\text{ mm}$,$l_0=4.5\text{ m}$,混凝土保护层厚度为 30 mm,轴心压力设计值 $N=3\,750\text{ kN}$,采用 C30 混凝土,纵向钢筋及螺旋箍筋均采用 HRB400 级钢筋。试设计该柱。

6.3 非对称配筋矩形截面柱的截面尺寸 $b\times h=400\text{ mm}\times600\text{ mm}$,$a_s=a_s'=40\text{ mm}$,$l_0=6\text{ m}$。轴心压力设计值 $N=500\text{ kN}$,弯矩设计值 $M=630\text{ kN}\cdot\text{m}$。采用 C30 混凝土,纵向钢筋采用 HRB400 级钢筋。试求 A_s 和 A_s'。

习题解析

6.4 同习题 6.3,但已知 $A_s'=1\,742\text{ mm}^2$(2Φ25+2Φ22)。试求 A_s,并与习题 6.3 进行比较和分析。

6.5 非对称配筋矩形截面柱的截面尺寸 $b\times h=400\text{ mm}\times500\text{ mm}$,$a_s=a_s'=40\text{ mm}$,$l_0=5.0\text{ m}$。轴心压力设计值 $N=2\,100\text{ kN}$,弯矩设计值 $M=190\text{ kN}\cdot\text{m}$。采用 C30 混凝土,纵向钢筋采用 HRB400 级钢筋。试求 A_s 和 A_s'。

6.6 同习题 6.3,但采用对称配筋。试求 $A_s=A_s'$,并与习题 6.3 进行比较和分析。

6.7 同习题 6.5,但采用对称配筋。试求 $A_s=A_s'$,并与习题 6.5 进行比较和分析。

6.8 矩形截面偏心受压柱的截面尺寸 $b\times h=300\text{ mm}\times400\text{ mm}$,柱的计算长度 $l_0=2.8\text{ m}$,$a_s=a_s'=40\text{ mm}$,采用 C30 混凝土。对称配筋,$A_s=A_s'=1\,742\text{ mm}^2$(2$\Phi$25+2$\Phi$22)。承受轴心压力设计值 $N=323\text{ kN}$,弯矩设计值 $M=190\text{ kN}\cdot\text{m}$。试复核该截面。

6.9 矩形截面偏心受压柱的截面尺寸 $b\times h=300\text{ mm}\times500\text{ mm}$,柱的计算长度 $l_0=6.0\text{ m}$,$a_s=a_s'=40\text{ mm}$。采用 C30 混凝土。对称配筋,$A_s=A_s'=603\text{ mm}^2$(3Φ16)。承受轴心压力设计值 $N=1\,360\text{ kN}$,弯矩设计值 $M=111.7\text{ kN}\cdot\text{m}$。试复核该截面。

7 钢筋混凝土构件正常使用极限状态计算

7.1 概述

结构设计必须满足建筑结构的功能，即安全性、适用性和耐久性要求。所有结构构件都必须进行承载能力极限状态的计算，保证结构的安全性。此外，对某些结构构件还应根据工作条件和使用要求，进行正常使用极限状态的验算。当结构或构件在正常使用过程中，达到正常使用或耐久性能的某项规定限值，就不能保证适用性和耐久性功能的要求。例如，混凝土构件裂缝宽度过大会影响结构物的外观，引起使用者的不安，还可能使钢筋锈蚀，影响结构耐久性；楼盖梁、板变形过大会影响精密仪器的正常使用和装修、非结构构件（如粉刷、吊顶和隔墙）的破坏；楼盖刚度过低导致的振动会引起人的不舒适；吊车梁的挠度过大造成吊车正常运行困难等。

本章主要介绍混凝土结构构件在正常使用极限状态下的裂缝宽度和挠度验算。要注意的是，下面将要讲的挠度验算以及裂缝宽度验算都是在满足截面承载力计算的基础上进行的，与前面几章讲的截面承载力计算有以下区别：

（1）极限状态不同。截面承载力计算是为了结构和结构构件满足承载能力极限状态要求的；挠度、裂缝宽度验算则是为了满足正常使用极限状态要求的。

（2）设计要求不同。与承载能力极限状态不同，结构或构件超过正常使用极限状态时，对生命财产的危害比不满足承载能力极限状态的危害要小，相应的可靠度指标也可减少，故在进行裂缝宽度和变形验算时，材料强度都取标准值。由于构件的变形和裂缝都随时间而增大，因此，荷载效应采用标准组合或准永久组合，并考虑长期作用的影响。

（3）受力阶段不同。第 4 章中讲过，钢筋混凝土受弯构件正截面 3 个受力阶段；截面承载力以破坏阶段为计算的依据；第Ⅱ阶段是构件正常使用时的受力状态，它是挠度、裂缝宽度验算的依据。

7.2 裂缝宽度验算

7.2.1 裂缝控制等级及验算

钢筋混凝土结构构件的裂缝控制等级与结构的功能要求、环境条件、钢筋种类和荷载作用时间等因素有关。《混凝土结构设计规范》将钢筋混凝土构件和预应力混凝土构件的裂缝控制等级分为 3 级，等级划分及要求应符合下列规定：

（1）一级：严格要求不出现裂缝的构件。按荷载标准组合计算时，构件受拉边缘混凝土不应产生拉应力。

(2) 二级:一般要求不出现裂缝的构件。按荷载标准组合计算时,构件受拉边缘混凝土拉应力不应大于混凝土抗拉强度标准值。

(3) 三级:允许出现裂缝的构件。计算最大裂缝宽度时:对钢筋混凝土构件,按荷载准永久组合并考虑长期作用影响;对预应力混凝土构件,按荷载标准组合并考虑长期作用影响。构件的最大裂缝宽度应符合下列规定:

$$w_{max} \leqslant w_{lim} \tag{7-1}$$

对二 a 类环境的预应力混凝土构件,尚应按荷载准永久组合计算,且构件受拉边缘混凝土的拉应力不应大于混凝土的抗拉强度标准值。

最大裂缝宽度限值 w_{lim}的确定,主要考虑两个方面的理由,一是外观要求,二是耐久性要求,并以后者为主。从外观要求考虑,裂缝过宽将给人以不安全感,同时也将影响对结构质量的评价。满足外观要求的裂缝宽度限值,与人们的心理反应、裂缝开展长度、裂缝所处位置,乃至光线条件等因素有关,这方面尚待进一步研究,目前有提出可取 0.25～0.3 mm。耐久性所要求的裂缝宽度限值,根据国内外的调查及实验结果,应着重考虑环境条件及结构构件的工作条件。《混凝土结构设计规范》对混凝土构件规定的最大裂缝宽度限值见附表 2-14。

7.2.2 受弯构件裂缝宽度计算

混凝土抗压强度高,而抗拉强度较低,所以在荷载作用下,普通钢筋混凝土构件大都带裂缝工作。裂缝有多种,这里讲的是与轴心受拉、受弯及偏心受力等构件的计算轴线相垂直的垂直裂缝,即正截面裂缝。

下面以混凝土受弯构件纯弯段为例说明裂缝的形成和展开过程。

1) 裂缝的发生及其分布

在钢筋混凝土受弯构件的纯弯区段内,在未出现裂缝以前,各截面受拉区混凝土应力 σ_{ct}大致相同。因此,第一条(或第一批)裂缝将首先出现在混凝土抗拉强度 f_t^o 最弱的截面,如图 7-1 中的 a－a 截面。在开裂的瞬间,裂缝截面处混凝土拉应力降低至零,受拉混凝土分别从 a－a 截面向两边回缩,混凝土和钢筋表面将产生变形差。由于混凝土和钢筋的黏结,混凝土回缩受到钢筋的约束。因此,随着离 a－a 截面的距离增大,混凝土的回缩减小,即混凝土和钢筋表面的变形差减小。也就是说,混凝土仍处在一定程度的张紧状态。当达到离 a－a 截面某一距离 $l_{cr,min}$处,混凝土和钢筋不再有变形差,σ_{ct}又恢复到未开裂前的状态;当荷载继续增大时,σ_{ct}亦增大,当 σ_{ct}达到混凝土实际抗拉强度 f_t^o 时,在该截面(如图 7-1 中的 b-b 截面)又将产生第二条(批)裂缝。

假设第一批裂缝截面间(例如图 7-1 中的 a－a 和 c-c 截面)的距离为 l,如果 $l \geqslant 2l_{cr,min}$,则在 a－a 和 c-c 截面间有可能形成新的裂缝。如果 $l < 2l_{cr,min}$,则在 a－a 和 c-c 截面间将不可能形成新的裂缝。这意味着裂缝的间距将介于 $l_{cr,min}$和 $2l_{cr,min}$之间,其平均值 l_{cr}将为 $1.5l_{cr,min}$。由此可见,裂缝间距的分散性是比较大的。理论上它可能在平均裂缝间距 l_{cr}的 0.67～1.33 倍范围内变化。

从上述可见,即使在钢筋混凝土受弯构件的纯弯区段内,裂缝是不断发生的,分布是不

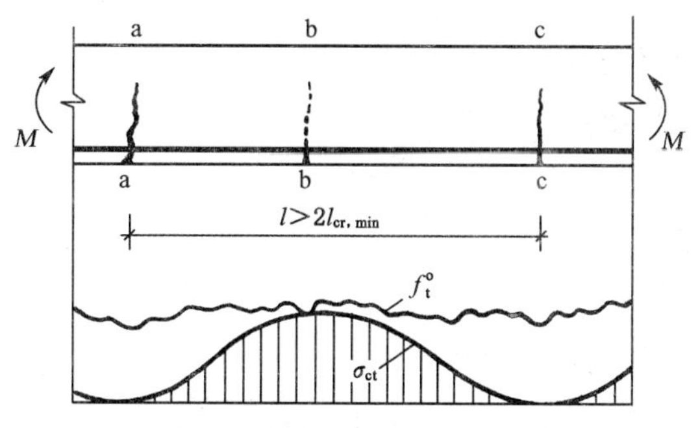

图 7-1 受弯构件纯弯段的裂缝分布

均匀的。然而，试验表明，对于具有常用或较高配筋率的受弯构件，在使用荷载下裂缝的出现一般已稳定或基本稳定。

2) 平均裂缝间距

裂缝分布规律与混凝土和钢筋之间黏结应力的变化规律有密切关系。显然，在某一荷载下出现的第二条裂缝离开第一条裂缝应有足够的距离，以便通过黏结力将混凝土拉应力从第一条裂缝处为零提高到第二条裂缝处为 f_t^o(图 7-2)。

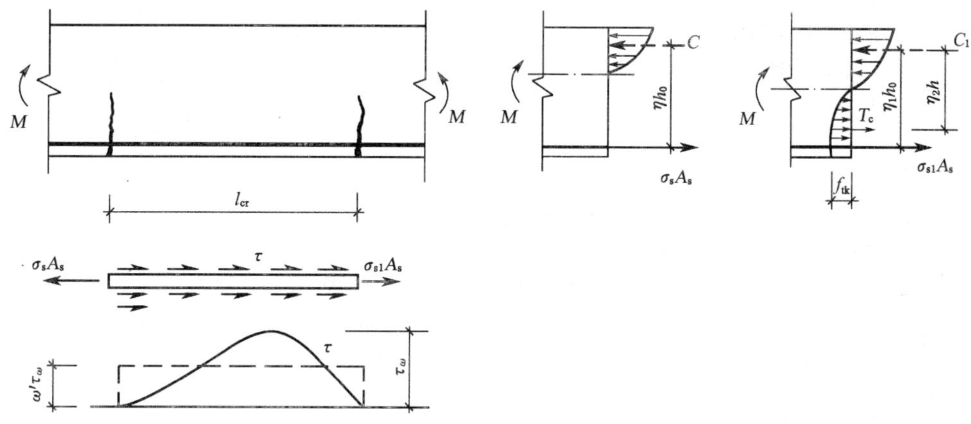

图 7-2 裂缝出现后纵向受拉钢筋和混凝土间的应力传递

试验研究和理论分析表明，平均裂缝间距不仅与钢筋和混凝土的黏结特性有关，而且与混凝土的保护层厚度有关。根据试验资料分析，平均裂缝间距 l_{cr} 可按下列公式计算：

$$l_{cr}=1.9c+0.08\frac{d_{eq}}{\rho_{te}} \tag{7-2}$$

$$\rho_{te}=A_s/A_{te} \tag{7-3}$$

$$A_{te}=0.5bh+(b_f-b)h_f \tag{7-4}$$

式中：c——最外层纵向受拉钢筋外边缘至受拉边缘的距离(mm)，当 $c<20$ 时，取 $c=20$，当 $c>65$ 时，取 $c=65$；

d_{eq}——纵向受拉钢筋的等效直径；

ρ_{te}——按有效受拉混凝土截面面积计算的纵向受拉钢筋配筋率，当 $\rho_{te}<0.01$ 时，取 $\rho_{te}=0.01$；

A_{te}——有效受拉混凝土截面面积；

b_f、h_f——受拉翼缘的宽度、高度。

若令 $d_{eq} = d/\nu$，则公式(7-2)可改写为

$$l_{cr} = 1.9c + 0.08\frac{d}{\rho_{te}\nu} \tag{7-5}$$

式中：d——纵向受拉钢筋公称直径；

ν——纵向受拉钢筋的相对黏结特性系数。

当构件中采用不同直径和(或)不同类别的钢筋时，按照钢筋和混凝土黏结力等效的原则，可求得纵向受拉钢筋等效钢筋直径的计算公式如下：

$$d_{eq} = \frac{\sum n_i d_i^2}{\sum n_i \nu_i d_i} \tag{7-6}$$

式中：d_i——第 i 种纵向受拉钢筋的公称直径(mm)；

ν_i——第 i 种纵向受拉钢筋的相对黏结特性系数，对带肋钢筋，取 $\nu_i = 1.0$，对光面钢筋，取 $\nu_i = 0.7$，对环氧树脂涂层的带肋钢筋，其相对黏结特性系数应按上述数值的 0.8 倍取用。

当采用并筋时，其纵向受拉钢筋等效直径 d_i 也可按钢筋和混凝土黏结力等效的原则确定。由此可得，对于双并筋，$d_i = 2d$。对于 3 并筋，$d_i = 3d$；此处，d 为单根纵向受拉钢筋的公称直径。

3) 平均裂缝宽度

(1) 计算公式

裂缝的开展是由于混凝土的回缩所造成的，亦即在裂缝出现后受拉钢筋与相同水平处受拉混凝土的伸长差异所造成的。因此，平均裂缝宽度即为在裂缝间的一段范围内钢筋平均伸长和混凝土平均伸长之差(图 7-3)，即

$$w_{cr} = \varepsilon_{sm} l_{cr} - \varepsilon_{cm} l_{cr} \tag{7-7}$$

式中：w_{cr}——平均裂缝宽度；

ε_{sm}——纵向受拉钢筋的平均拉应变；

ε_{cm}——与纵向受拉钢筋相同水平处表面混凝土的平均拉应变。

由公式(7-7)可得

$$w_{cr} = \left(1 - \frac{\varepsilon_{cm}}{\varepsilon_{sm}}\right)\varepsilon_{sm} l_{cr} \tag{7-8}$$

由图 7-3 可见，裂缝截面处受拉钢筋应变(或应力)最大，由于受拉区混凝土参加工作，裂缝间受拉钢筋应变(或应力)将减小。因此，受拉钢筋的平均应变可由裂缝截面处钢筋应变乘以裂缝间纵向受拉钢筋应变不均匀系数 ψ 求得。ψ 可称为考虑裂缝间受拉混凝土工作影响系数。由此可得

$$w_{cr} = \alpha_c \psi \frac{\sigma_s}{E_s} l_{cr} \tag{7-9}$$

式中：σ_s——裂缝截面处纵向受拉钢筋的拉应力；

E_s——钢筋弹性模量。

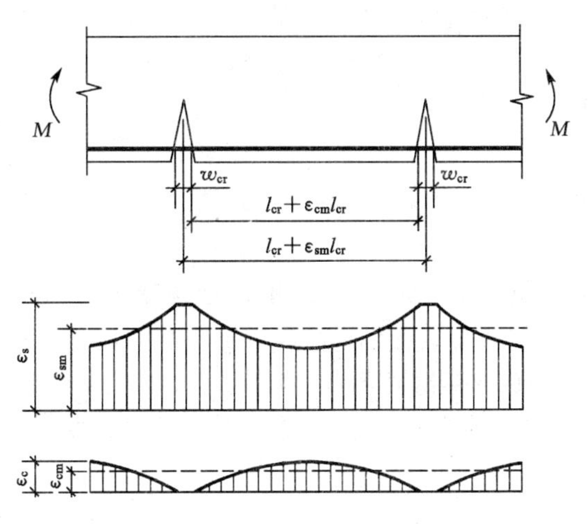

图 7-3　平均裂缝宽度计算简图

将公式(7-9)代入公式(7-8)，并令 $1-\varepsilon_{cm}/\varepsilon_{sm}=\alpha_c$（$\alpha_c$ 可称为考虑裂缝间混凝土伸长对裂缝开展宽度的影响系数），则得

$$w_{cr}=\alpha_c\psi\frac{\sigma_s}{E_s}l_{cr} \tag{7-10}$$

(2) 钢筋应力 σ_s

由图 7-2 可见，裂缝截面处受拉钢筋的应力 σ_s 可按下列公式计算：

$$\sigma_s=\frac{M}{\eta h_0A_s} \tag{7-11}$$

式中：M——作用在裂缝截面上的弯矩；

η——裂缝截面处的内力臂系数。

试验表明，在使用荷载范围内，量测的平均受压区高度 x_m 变化不大，亦即平均受压区高度系数 $\xi_m(=x_m/h_0)$ 变化不大。因此，内力臂系数 η 的变化将更小，可近似取为常数。分析表明，可近似取 $\eta=0.87$，则

$$\sigma_s=\frac{M}{0.87h_0A_s} \tag{7-12}$$

(3) 系数 ψ

根据试验结果和理论分析，裂缝间纵向受拉钢筋应变不均匀系数 ψ 可按下列公式计算：

$$\psi=1.1-\frac{0.65f_t^{\circ}}{\rho_{te}\sigma_s} \tag{7-13}$$

当 $\psi<0.2$，取 $\psi=0.2$；当 $\psi>1.0$，取 $\psi=1.0$。同时，当 $\rho_{te}\leqslant0.1$ 时，取 $\rho_{te}=1.0$。

必须指出，对直接承受重复荷载的构件，由于钢筋和混凝土之间的黏结将受到一定程度的损伤，为此，应取 $\psi=1.0$。

(4) 系数 α_c

系数 α_c 与配筋率、截面形状和混凝土保护层厚度等因素有关，但在一般情况下，其数值变化不大，对裂缝开展宽度的影响也不大。考虑到在这方面的研究资料还较少，为简化计算，可近似取为常数。试验资料统计分析表明，可取 $\alpha_c = 0.85$。

根据上述分析可得

$$w_{cr} = 0.85\psi \frac{\sigma_s}{E_s} l_{cr} \tag{7-14}$$

4) 最大裂缝宽度

如前所述，由于材料质量的不均匀性，裂缝的出现是随机的，裂缝间距和裂缝宽度的分散性是比较大的。因此，必须考虑裂缝分布和开展的不均匀性。

(1) 短期荷载作用下的最大裂缝宽度

短期荷载作用下的最大裂缝宽度 $w_{s,max}$ 可根据平均裂缝宽度乘以增大系数 τ_s 求得，即

$$w_{s,max} = \tau_s w_{cr} = 1.66 w_{cr} \tag{7-15}$$

τ_s 可按裂缝宽度的概率分布规律确定。根据东南大学试验的 40 根梁，1 400 多条裂缝的量测数据，求得各试件上各条裂缝宽度 w_i 与同一试件的平均裂缝宽度 w_{cr} 的比值 τ_i，并以 τ_i 为横坐标，绘制直方图，如图 7-4 所示，其分布规律为正态分布。离散系数 $\sigma = 0.398$，若按 95%的保证率考虑，可求得 $\tau_s = 1.66$。

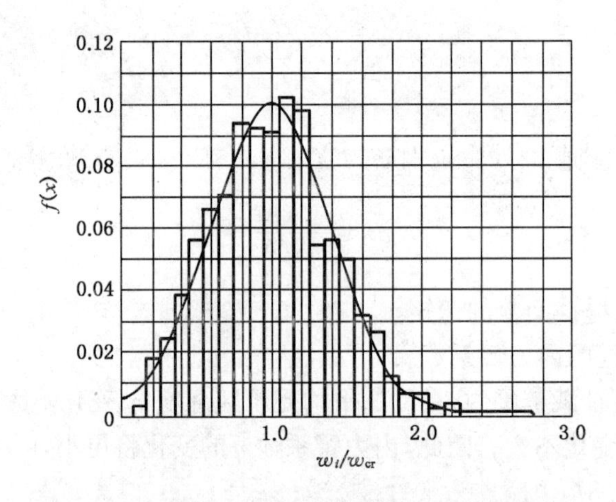

图 7-4　钢筋混凝土受弯构件裂缝宽度的概率分布

根据上述分析，并参照以往的使用经验，取 $\tau_s = 1.66$。于是可得短期荷载作用下最大裂缝宽度为

$$w_{s,max} = 1.66 \times 0.85\psi \frac{\sigma_s}{E_s} l_{cr}$$

即

$$w_{s,max} = 1.41\psi \frac{\sigma_s}{E_s} l_{cr} \tag{7-16}$$

(2) 长期荷载作用下的最大裂缝宽度

在长期荷载作用下，由于混凝土收缩将使裂缝宽度不断增大。此外，由于受拉区混凝土的

应力松弛和滑移徐变，裂缝间受拉钢筋的平均应变将不断增大，从而也使裂缝宽度不断增大。

长期荷载作用下的最大裂缝宽度 w_{max} 可由短期荷载作用下的最大裂缝宽度 $w_{s,max}$ 乘以长期荷载作用下的裂缝宽度扩大系数 τ_l 求得，即

$$w_{max} = \tau_l w_{s,max} \tag{7-17}$$

根据东南大学 2 批长期荷载梁的试验研究结果，可取 $\tau_l = 1.5$。

因此，当考虑裂缝分布和开展的不均匀性以及长期作用影响时，最大裂缝宽度 w_{max} 可按下列公式计算：

$$w_{max} = \tau_l w_{s,max} = 1.5 \times 1.41 \psi \frac{\sigma_s}{E_s} l_{cr}$$

即

$$w_{s,max} = 2.1 \psi \frac{\sigma_s}{E_s} l_{cr} \tag{7-18}$$

将公式(7-5)代入公式(7-18)，则可得

$$w_{s,max} = 2.1 \psi \frac{\sigma_s}{E_s} \left(1.9c + 0.08 \frac{d_{eq}}{\rho_{te}}\right) \tag{7-19}$$

7.2.3 轴心受拉和偏心受力构件裂缝宽度的计算

钢筋混凝土轴心受拉和偏心受力构件裂缝宽度可采用与受弯构件相同的方法计算，仅是某些系数的取值和受拉钢筋 σ_s 的计算方法不同。限于篇幅，此处从略。

7.2.4 钢筋混凝土构件最大裂缝宽度统一计算公式

按《混凝土结构设计规范》规定，对于裂缝宽度，应按荷载效应的标准组合和材料强度标准值进行计算，则可将上述有关公式改写和汇总如下：

$$w_{max} = \alpha_{cr} \psi \frac{\sigma_{sk}}{E_s} \left(1.9c + 0.08 \frac{d_{eq}}{\rho_{te}}\right) \tag{7-20}$$

$$\psi = 1.1 - 0.65 \frac{f_{tk}}{\rho_{te} \sigma_{sk}} \tag{7-21}$$

$$d_{eq} = \frac{\sum n_i d_i^2}{\sum n_i \nu_i d_i} \tag{7-22}$$

$$\rho_{te} = A_s / A_{te} \tag{7-23}$$

式中：α_{cr}——构件受力特征系数，对受弯和偏压构件，$\alpha_{cr} = 2.1$；对偏拉构件，$\alpha_{cr} = 2.4$；对轴拉构件，$\alpha_{cr} = 2.7$；

w_{max}——矩形、T 形、倒 T 形和 I 形截面钢筋混凝土受拉、受弯和偏心受力构件中，按荷载效应的标准组合并考虑长期作用影响计算的最大裂缝宽度；

σ_{sk}——按荷载效应的标准组合计算的纵向受拉钢筋应力；

ψ——裂缝间纵向受拉钢筋应变不均匀系数，当 $\psi < 0.2$，取 $\psi = 0.2$，当 $\psi > 1.0$，取 $\psi = 1.0$；对直接承受重复荷载的构件，取 $\psi = 1.0$；

c——最外层纵向受拉钢筋外边缘至受拉区底边的距离(mm)，当 $c < 20$ 时，取 $c = 20$，当 $c > 65$ 时，取 $c = 65$；

ρ_{te}——按有效受拉混凝土截面面积计算的纵向受拉钢筋配筋率，当 $\rho_{te} < 0.01$ 时，取 $\rho_{te} = 0.01$；

A_{te}——有效受拉混凝土截面面积：对轴心受拉构件，取构件截面面积；对受弯、偏心受压和偏心受拉构件，取 $A_{te} = 0.5bh + (b_f - b)h_f$，此处，$b_f$、$h_f$ 为受拉翼缘的宽度、高度；

A_s——纵向受拉钢筋截面面积；

d_{eq}——纵向受拉钢筋等效直径；

d_i——第 i 种纵向受拉钢筋的公称直径；

n_i——第 i 种纵向受拉钢筋的根数；

ν_i——第 i 种纵向受拉钢筋的相对黏结特征系数，对带肋钢筋取 1.0，对光面钢筋取 0.7。

对直接承受吊车且需做疲劳验算的受弯构件，可将计算求得的最大裂缝宽度乘以系数 0.85。

在上述公式中，纵向受拉钢筋应力按下列公式计算：

对于轴心受拉构件

$$\sigma_{sk} = \frac{N_k}{A_s} \tag{7-24}$$

练一练

对受弯构件

$$\sigma_{sk} = \frac{M_k}{0.87h_0A_s} \tag{7-25}$$

式中：σ_{sk}——按荷载效应的标准组合计算的钢筋混凝土构件纵向受拉钢筋应力；

A_s——纵向受拉钢筋截面面积，对轴心受拉构件，取全部纵向钢筋截面面积；对受弯、偏心受拉构件，取受拉较大边的纵向钢筋截面面积；对受弯和偏心受压构件，取受拉区纵向钢筋截面面积；

N_k、M_k——按荷载效应的标准组合计算的轴向力值、弯矩值。

7.2.5 控制裂缝宽度的主要措施

从式(7-20)可知，w_{max} 主要与钢筋应力、有效配筋率及钢筋直径等有关。裂缝宽度与纵向受拉钢筋应力近似呈线性关系，σ_{sk} 值越大，裂缝宽度也越大；受拉区混凝土截面的纵筋配筋率越大，裂缝宽度越小；当其他条件相同时，裂缝宽度随受拉钢筋直径的增大而增大；保护层厚度越大，裂缝也越大。裂缝宽度还受钢筋表面特征影响，配置带肋钢筋比配置光圆钢筋的裂缝宽度要小。

一般情况下，裂缝宽度的验算是在满足构件承载力的前提下进行的，因而诸如截面尺寸、配筋率等均已确定。为控制构件的裂缝宽度不超过限值，可以采取以下措施：

① 减小钢筋直径，采用细而密的钢筋。当计算最大裂缝宽度超过允许值不大时，可在钢筋截面面积不变时，采用较小直径的钢筋，尽量沿受拉区外沿均匀布置。

② 增加配筋率。适当增加纵向受拉钢筋配筋率可减小裂缝宽度。

③ 采用预应力混凝土，这是解决裂缝问题的最有效措施，能使构件在荷载作用下不产生裂缝或减小裂缝宽度。

【例题 7-1】 已知某屋架下弦按轴心受拉构件设计，室内环境二 a 类，截面尺寸为 200 mm×160 mm，保护层厚度 $c = 25$ mm，纵向受拉钢筋配置 4⌀16，HRB400 级钢筋，箍筋直径6 mm，混凝土强度等级为 C40，荷载效应准永久组合的轴向拉力 $N_q = 142$ kN。试验算最大裂缝宽度。

【解】 计算参数：$f_{tk} = 2.39\ \text{N/mm}^2$，$E_s = 2.0 \times 10^5\ \text{N/mm}^2$，$A_s = 804\ \text{mm}^2$，轴心受拉构件 $\alpha_{cr} = 2.7$，$d_{eq} = 16$ mm，二 a 类环境 $w_{lim} = 0.2$ mm。

$$\rho_{te} = A_s / A_{te} = 804/(200 \times 160) = 0.0251$$

$$d_{eq}/\rho_{te} = 16/0.0251 = 637\ \text{mm}$$

$$\sigma_{sk} = N_q / A_s = 142\,000/804 = 177\ \text{N/mm}^2$$

$$\psi = 1.1 - 0.65\frac{f_{tk}}{\rho_{te}\sigma_{sk}} = 1.1 - \frac{0.65 \times 2.39}{0.0251 \times 177} = 0.75$$

代入式(7-20)，得

$$w_{max} = \alpha_{cr}\psi\frac{\sigma_{sk}}{E_s}\left(1.9c + 0.08\frac{d_{eq}}{\rho_{te}}\right)$$

$$= 2.7 \times 0.75 \times \frac{177}{2 \times 10^5} \times [1.9 \times (25 + 6) + 0.08 \times 37]$$

$$= 0.197\text{mm} < 0.2\text{mm}$$

裂缝宽度满足要求。

【例题 7-2】 钢筋混凝土矩形截面简支梁，处于室内正常环境，截面尺寸 $b \times h =$ 200 mm × 500 mm，混凝土强度等级 C30，受拉区配置 2⌀18+2⌀16，HRB400 级钢筋，混凝土保护层厚度 $c = 20$ mm，箍筋直径 8 mm。按荷载效应准永久组合计算的跨中弯矩 $M_q =$ 65 kN·m，试验算最大裂缝宽度。

【解】 计算参数：$f_{tk} = 2.01\ \text{N/mm}^2$，$E_s = 2.0 \times 10^5\ \text{N/mm}^2$，$A_s = 911\ \text{mm}^2$，受弯构件 $\alpha_{cr} = 1.9$，$\nu = 1.0$，一类环境，$w_{lim} = 0.3$ mm。

$$h_0 = 500 - 20 - 8 - 18/2 = 463\ \text{mm}$$

$$d_{eq} = \frac{\sum n_i d_i^2}{\sum n_i \nu_i d_i} = \frac{2 \times 16^2 + 2 \times 18^2}{2 \times 1.0 \times 16 + 2 \times 1.0 \times 18} = 17.06\ \text{mm}$$

$$\rho_{te} = \frac{A_s}{A_{te}} = \frac{A_s}{0.5bh} = \frac{911}{0.5 \times 200 \times 500} = 0.018 > 0.01，取\ 0.018$$

$$\sigma_{sk} = \frac{M_k}{0.87 A_s h_0} = \frac{65 \times 10^6}{0.87 \times 911 \times 463} = 177\ \text{N/mm}^2$$

$$\psi = 1.1 - 0.65\frac{f_{tk}}{\rho_{te}\sigma_{sk}} = 1.1 - \frac{0.65 \times 2.01}{0.018 \times 177} = 0.69$$

代入式(7-20)，得

$$
\begin{aligned}
w_{max} &= \alpha_{cr}\psi\frac{\sigma_{sk}}{E_s}\left(1.9c+0.08\frac{d_{eq}}{\rho_{te}}\right)\\
&= 1.9\times0.69\times\frac{177}{2\times10^5}\left[1.9\times(20+8)+0.08\times\frac{17.06}{0.018}\right]\\
&= 0.15\ \text{mm} < 0.3\ \text{mm}
\end{aligned}
$$

裂缝宽度满足要求。

7.3 受弯构件的刚度和挠度计算

7.3.1 变形控制的目的与要求

对受弯构件进行变形控制的目的主要是出于以下几方面考虑：

(1) 保证建筑的使用功能要求。结构产生的较大变形将损害甚至丧失其使用功能。例如，楼盖梁、板的挠度过大将使仪器设备难以保持水平；吊车梁的挠度过大会妨碍吊车的正常运行；屋面构件和挑檐的挠度过大会造成积水和渗漏等。

(2) 防止对结构构件产生不良影响。这是指防止结构性能与设计中的假定不符。例如，梁端的旋转将使支承面积减小，当梁支承在砖墙上时，可能使墙体沿梁顶、梁底出现内外水平缝，严重时将产生局部承压或墙体失稳破坏。又如，当构件挠度过大，在可变荷载下可能出现因动力效应引起的共振等。

(3) 防止对非结构构件产生不良影响。这包括防止结构构件变形过大使门窗等活动部件不能正常开关；防止非结构构件如隔墙及天花板的开裂、压碎、臌出或其他形式的损坏等。

(4) 保证人们的感觉在可接受程度之内。例如，防止梁、板明显下垂引起的不安全感；防止可变荷载引起的振动及噪声对人的不良感觉等。调查表明，从外观要求来看，构件的挠度宜控制在 $l_0/250$ 的限值以内。

《混凝土结构设计规范》在考虑上述因素的基础上，根据工程经验，仅对受弯构件规定了允许挠度值。受弯构件挠度验算应满足

$$f \leqslant f_{lim} \tag{7-26}$$

式中：f——荷载作用产生的挠度变形；

f_{lim}——挠度变形限值，《混凝土结构设计规范》根据我国长期工程经验，对受弯构件挠度限值的规定见附表 2-13。

7.3.2 短期荷载作用下的刚度

在使用荷载下，钢筋混凝土受弯构件是带裂缝工作的。即使在纯弯曲区段内，钢筋和混凝土的应变(或应力)分布也是不均匀的，其特点如下(图 7-5)：

(1) 受拉钢筋应变沿梁的分布是不均匀的。在裂缝截面处，由于受拉区混凝土退出工作，绝大部分拉力由受拉钢筋承担，使受拉钢筋应变明显增大。而在裂缝之间，由于钢筋和混凝土间的黏结，钢筋的拉力将逐渐向混凝土传递，使混凝土承担一部分拉力。距裂缝截面

愈远，混凝土参加受拉的程度愈大，受拉钢筋应变就愈小。随着弯矩增大，裂缝截面处的钢筋应变将增大，而由于裂缝处钢筋和混凝土间黏结力逐渐遭到破坏，混凝土参加受拉的程度逐渐减小，裂缝处和裂缝间受拉钢筋的应变差逐渐减小，因而受拉钢筋的平均应变将愈接近裂缝处受拉钢筋的应变。

(2) 受压区混凝土的应变沿梁长的分布也是不均匀的。裂缝截面处应变最大，裂缝之间应变较小，但其波动幅度比受拉钢筋应变的波动幅度小得多。

(3) 混凝土受压区高度是变化的，裂缝截面处的受压区高度较小，裂缝间的受压区高度较大(图 7-5)。因此，中和轴位置呈波浪形变化。

(4) 平均应变沿截面高度基本上呈直线分布。也就是说，虽然在裂缝截面处应变分布不再保持平面，但就裂缝间区段的平均应变而言，仍然能符合平截面假定。

显然，上述钢筋和混凝土应变分布的不均匀性，将给构件挠度的计算带来一定的复杂性。但是，由于构件挠度是反映沿构件跨长变形的综合效应，因此，可通过沿构件长度的平均曲率和平均刚度来表示截面曲率和截面刚度。

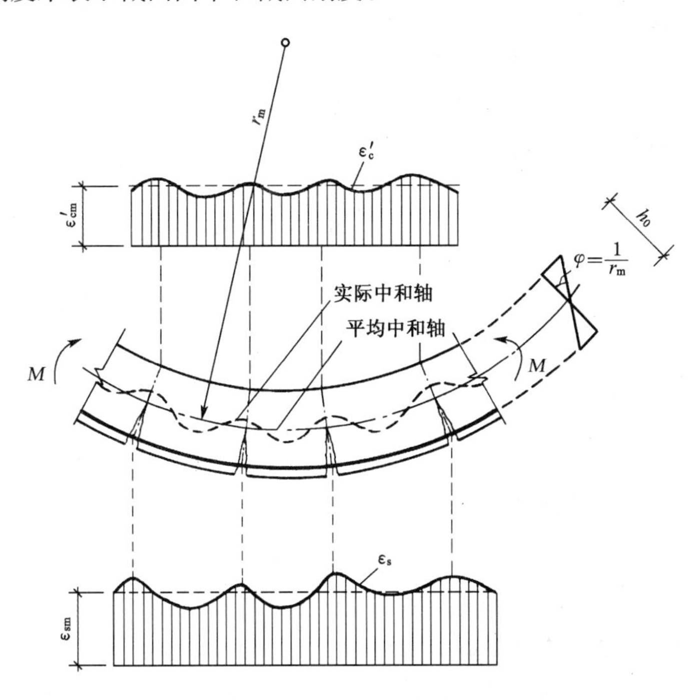

图 7-5　钢筋混凝土梁纯弯段的应变分布

现在首先讨论构件纯弯曲区段的情况。

如上所述，在钢筋屈服前，沿构件截面高度量测的平均应变基本上呈直线分布，因此，可以认为沿构件截面高度平均应变符合平截面假定。于是，可采用与材料力学相类似的方法来计算截面的平均曲率和平均刚度。

根据平均应变平截面假定，可求得平均曲率 φ 为(图 7-5)

$$\varphi=\frac{1}{r_{m}}=\frac{M_{q}}{B_{s}}=\frac{\varepsilon_{sm}+\varepsilon_{cm}'}{h_{0}} \tag{7-27}$$

式中：r_{m}——平均曲率半径；

B_{s}——短期荷载作用下的截面刚度；

$\varepsilon_{\mathrm{sm}}$——受拉钢筋平均应变；

$\varepsilon'_{\mathrm{cm}}$——受压区边缘混凝土平均应变。

受拉钢筋平均应变可按下列公式计算：

$$\varepsilon_{\mathrm{sm}}=\psi\frac{M_{\mathrm{q}}}{\eta h_0 A_{\mathrm{s}} E_{\mathrm{s}}} \tag{7-28}$$

受压钢筋平均应变可按下列公式计算：

$$\varepsilon'_{\mathrm{cm}}=\frac{M_{\mathrm{q}}}{\zeta b h_0^2 E_{\mathrm{s}}} \tag{7-29}$$

$$\zeta=\frac{\omega\nu_{\mathrm{c}}(\gamma'_{\mathrm{f}}+\xi)\eta}{\psi'_{\mathrm{c}}}$$

式中：γ'_{f}——受压翼缘截面面积与腹板；

ξ——裂缝截面处受压区高度系数；

ζ——可称为受压区边缘混凝土平均应变综合系数，也可称为截面的弹塑性抵抗矩系数；

ω——应力图形丰满度系数。

$$\frac{M_{\mathrm{q}}}{B_{\mathrm{s}}}=\frac{\psi\dfrac{M_{\mathrm{q}}}{\eta h_0 A_{\mathrm{s}} E_{\mathrm{s}}}+\dfrac{M_{\mathrm{q}}}{\zeta b h_0^2 E_{\mathrm{c}}}}{h_0}$$

化简后可得

$$B_{\mathrm{s}}=\frac{E_{\mathrm{s}} A_{\mathrm{s}} h_0^2}{\dfrac{\psi}{\eta}+\dfrac{\alpha_{\mathrm{E}}\rho}{\zeta}} \tag{7-30}$$

根据试验资料统计分析可得

$$\frac{\alpha_{\mathrm{E}}\rho}{\zeta}=0.2+\frac{6\alpha_{\mathrm{E}}\rho}{1+3.5\gamma_{\mathrm{f}}} \tag{7-31}$$

式中：ρ——纵向受拉钢筋配筋率，$\rho=A_{\mathrm{s}}/bh_0$。

将公式(7-31)代入公式(7-30)及取 $\eta=0.87$，可得

$$B_{\mathrm{s}}=\frac{A_{\mathrm{s}} E_{\mathrm{s}} h_0^2}{1.15\psi+0.2+\dfrac{6\alpha_{\mathrm{E}}\rho}{1+3.5\gamma_{\mathrm{f}}}} \tag{7-32}$$

必须注意，按照《混凝土结构设计规范》的规定，在计算短期刚度时，应按荷载效应的准永久组合进行计算。也就是说，在《混凝土结构设计规范》中，B_{s} 系指受弯构件在荷载效应的准永久组合作用下的短期刚度(即不考虑其中的长期荷载作用的影响)。

7.3.3 长期荷载作用下受弯构件的长期刚度

在长期荷载作用下，钢筋混凝土受弯构件的刚度随时间增长而降低，挠度随时间增长而

增大。在前6个月挠度增大较快,以后逐渐减缓,1年后趋于收敛,但即使在5～6年后仍在不断变动,不过变化很小。因此,对一般尺寸的构件可取3年或1 000天的挠度值作为最终挠度值。

在长期荷载作用下,受弯构件挠度不断增大有以下方面原因:

(1) 受压混凝土发生徐变,使受压应变随时间而增大。同时,由于受压混凝土塑性发展,应力图形变曲,使内力臂减小,从而引起受拉钢筋应力的某些增加。

(2) 受拉混凝土和受拉钢筋间的黏结滑移徐变,受拉混凝土的应力松弛以及裂缝的向上发展,导致受拉混凝土不断退出工作,从而使受拉钢筋平均应变随时间增大。

(3) 混凝土的收缩。

在上述因素中,受压混凝土的徐变是最主要的因素。影响混凝土徐变和收缩的因素,如受压钢筋的配筋量、加荷龄期和使用环境的温湿度等,都对长期荷载作用下挠度的增大有影响。

在长期荷载作用下受弯构件挠度的增大可用挠度增大系数θ来反映。挠度增大系数θ为长期荷载作用下的挠度Δ_l与短期荷载作用下的挠度Δ_s的比值,即$\theta = \Delta_l/\Delta_s$。

东南大学和天津大学的长期荷载试验表明,在一般情况下,对单筋矩形、T形和I形截面梁,可取$\theta = 20$。

对于双筋梁,由于受压钢筋对混凝土的徐变起着约束作用,因此,将减少长期荷载作用下挠度的增大。减少的程度与受压钢筋和受拉钢筋的相对数量有关。根据试验结果,θ可按下列公式计算:

$$\theta = 2 - 0.4\frac{\rho'}{\rho} \geqslant 1.6 \tag{7-33}$$

截面形式对长期荷载作用下的挠度也有影响,对于翼缘在受拉区的倒T形截面,由于在短期荷载作用下受拉混凝土参加工作较多,在长期荷载作用下退出工作的影响就较大,从而使挠度增大较多。《混凝土结构设计规范》规定,对翼缘在受拉区的倒T形截面,θ应增大20%。必须指出,当按这样计算的长期挠度大于按相应矩形截面(即不考虑受拉翼缘)计算的长期挠度时,长期挠度值应按后者采用。

7.3.4 受弯构件挠度验算

1) 最小刚度原则

上面讲的刚度计算公式都是指纯弯区段内平均的截面弯曲刚度。但是,一个受弯构件,例如图7-6所示的简支梁,在剪跨范围内各截面弯矩是不相等的,靠近支座的截面弯曲刚度要比纯弯区段内的大,如果都用纯弯区段的截面弯曲刚度,似乎会使挠度计算值偏大。但实际情况却不是这样。因为在剪跨段内还存在着剪切变形,甚至可能出现少量斜裂缝,它们都会使梁的挠度增大,而这在计算中是没有考虑到的。为了简化计算,对于图7-6所示的梁,可近似地都按纯弯区段平均的截面弯曲刚度采用,这就是“最小刚度原则”。

“最小刚度原则”就是在简支梁全跨长范围内,可都按弯矩最大处的截面弯曲刚度,亦即按最小的截面弯曲刚度(如图7-6(b)中虚线所示),用材料力学方法中不考虑剪切变形影响的公式来计算挠度。当构件上存在正、负弯矩时,可分别取同号弯矩区段内$|M_{max}|$处截面的

最小刚度计算挠度。

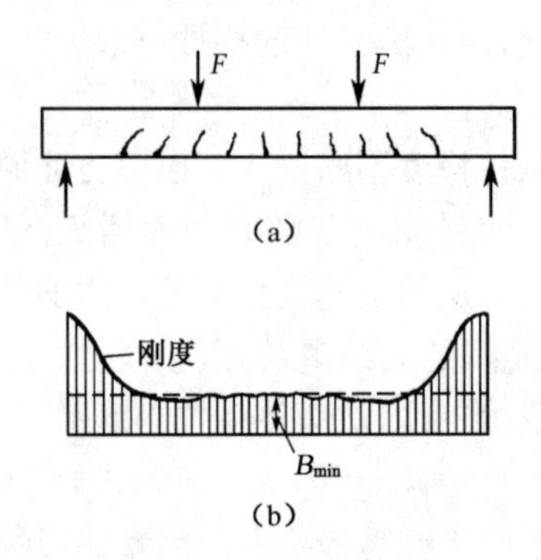

图 7-6　沿梁长的刚度分布

2）挠度验算

练一练

当用 B_{min} 代替匀质弹性材料梁截面弯曲刚度 EI 后，梁的挠度计算就十分简便，可按下式计算受弯构件挠度：

$$f = S\frac{M_q l_0^2}{B} \tag{7-34}$$

对连续梁的跨中挠度，当为等截面且计算跨度内的支座截面弯曲刚度不大于跨中截面弯曲刚度的 2 倍或不小于跨中截面弯曲刚度的二分之一时，也可按跨中最大弯矩截面弯曲刚度计算。

按式(7-34)算得的挠度值须满足式(7-26)的要求。

3）跨高比 l_0/h 对挠度的影响

从式(7-34)可见，l_0 越大，f 越大，刚度要求越高。由前面的分析，截面有效高度对构件刚度影响最大；而当截面高度及其他条件不变时，如有受拉翼缘或受压翼缘，或增加配筋率、采用双筋截面，可以使刚度略有增加，但效果并不显著。所以，增大构件截面高度是提高截面刚度的最有效措施。所以，在工程实践中，在承载力计算前若选定足够的截面高度或较小的跨高比 l_0/h，配筋率又限制在一定范围内，如满足承载力要求，挠度也必然同时满足。对此，可以给出不需做挠度验算的最大跨高比。

根据工程经验，为了便于满足挠度的要求，建议设计时可选用下列跨高比：对采用 HRB335 级钢筋配筋的简支梁，当允许挠度为 $l_0/200$ 时，l_0/h 在 20～10 的范围内采取；当永久荷载所占比例较大时，取较小值；当用 HPB300 级或 HRB400 级钢筋配筋时，分别取较大值或较小值；当允许挠度为 $l_0/250$ 或 $l_0/300$ 时，l_0/h 取值应相应减小些；当为整体肋形梁或连续梁时，则取值可大些。

【例题 7-3】 条件同例题 7-2，跨度 $l_0=5.6$ m，试验算其挠度。

【解】（1）确定计算参数

$f_{tk}=2.01\ \mathrm{N/mm^2}$，$E_c=3.0\times10^4\ \mathrm{N/mm^2}$，$E_s=2.0\times10^5\ \mathrm{N/mm^2}$，$A_s=911\ \mathrm{mm^2}$，$h_0=500-20-8-18/2=463$ mm，矩形截面梁 $\gamma_f'=0$。

由例题 7-2 已求得：$\rho_{te}=0.018$，$\sigma_{sk}=177\ \mathrm{N/mm^2}$，$\psi=0.69$。

$$\alpha_E=\frac{E_s}{E_c}=\frac{2\times10^5}{3\times10^4}=6.67$$

$$\rho = \frac{A_s}{bh_0} = \frac{911}{200 \times 463} = 0.0098$$

(2) 计算短期刚度 B_s

$$B_s = \frac{E_s A_s h_0^2}{1.15\psi + 0.2 + \frac{6\alpha_E \rho}{1 + 1.35\gamma_f'}} = \frac{2 \times 10^5 \times 911 \times 463^2}{1.15 \times 0.69 + 0.2 + 6 \times 6.67 \times 0.0098}$$

$$= 2.82 \times 10^{13}\ \text{N} \cdot \text{mm}^2$$

(3) 计算长期刚度 B

因 $\rho' = 0$，故 $\theta = 2.0 - 0.4 \frac{\rho'}{\rho} = 2.0$

$$B = \frac{B_s}{\theta} = \frac{2.82 \times 10^{13}}{2} = 1.41 \times 10^{13}\ \text{N} \cdot \text{mm}^2$$

(4) 挠度验算

$$f = \frac{5}{48} \frac{M_q l_0^2}{B} = \frac{5}{48} \frac{65 \times 10^6 \times 5600^2}{1.41 \times 10^{13}} = 15.06\ \text{mm}$$

$$f_{\lim} = \frac{l_0}{200} = \frac{5600}{200} = 28\ \text{mm}$$

$f < f_{\lim}$，满足要求。

本章小结

本章主要介绍混凝土结构在正常使用极限状态下的裂缝宽度和挠度验算，以及耐久性的要求。

复习思考题

7.1 正常使用极限状态验算和承载能力极限状态计算有什么不同？

7.2 对于钢筋混凝土受弯构件正常使用极限状态验算包括哪些内容？

7.3 简述裂缝的出现、分布和展开的过程和机理。

7.4 平均裂缝间距 l_m 和平均裂缝宽度 w_m 的定义是什么，受哪些因素影响？

7.5 若构件的最大裂缝宽度不能满足要求，可采取哪些措施？

7.6 在长期荷载作用下，钢筋混凝土构件的裂缝宽度为什么会增大？主要影响因素有哪些？

7.7 裂缝宽度计算公式中，ψ 的物理意义是什么？影响 ψ 的主要因素有哪些？当 $\psi = 1$ 时意味着什么？

7.8 钢筋混凝土受弯构件的截面弯曲刚度的物理意义是什么？为何采用 B 而不是 EI，有哪些特点？

思考题解析

7.9 在长期荷载作用下，钢筋混凝土构件的挠度为什么会增大？主要影响因素有哪些？

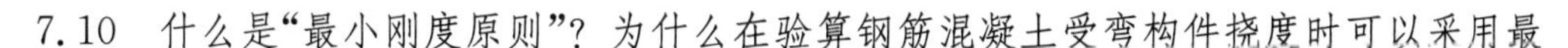
7.10 什么是“最小刚度原则”？为什么在验算钢筋混凝土受弯构件挠度时可以采用最

小刚度原则？

7.11　受弯构件的弯曲刚度与哪些因素有关？如果钢筋混凝土受弯构件的挠度值不满足要求，可以采取哪些措施？

习　题

习题解析

7.1　已知某钢筋混凝土屋架下弦，截面尺寸为 200 mm × 200 mm，荷载效应准永久组合的轴向拉力 $N_q = 130$ kN，纵向受拉钢筋配置 4Φ14，HRB400 级钢筋，箍筋直径 6 mm，混凝土强度等级为 C30，保护层厚度 $c = 25$ mm，$w_{lim} = 0.2$ mm。试验算最大裂缝宽度是否满足要求。

7.2　钢筋混凝土矩形截面简支梁，截面尺寸 $b \times h = 250$ mm × 500 mm，按荷载效应准永久组合计算的跨中弯矩 $M_q = 80$ kN·m，混凝土强度等级 C30，受拉区配置 3Φ20，HRB400 级钢筋，箍筋直径 8 mm，混凝土保护层厚度 $c = 20$ mm，$w_{lim} = 0.3$ mm。试验算最大裂缝宽度是否满足要求。

7.3　已知某 T 形截面简支梁，$l_0 = 6$ m，$b = 200$ mm，$h = 500$ mm，$b'_f = 600$ mm，$h'_f = 60$ mm。采用 C30 强度等级混凝土，HRB500 级钢筋，保护层厚度 $c = 25$ mm，承受均布线荷载标准值：

永久荷载：18 kN/m；

可变荷载：10 kN/m，准永久值系数 $\psi_q = 0.4$。

求：(1) 正截面受弯承载力所要求的纵向受拉钢筋面积，并选配钢筋。

(2) 验算裂缝宽度是否小于 $w_{lim} = 0.3$ mm。

(3) 验算挠度是否小于 $f_{lim} = l_0/250$。

8 预应力混凝土结构设计

8.1 预应力混凝土的基本原理

普通钢筋混凝土构件有效利用了钢筋和混凝土两种材料的不同性能，广泛应用于土木工程中，但由于混凝土的抗拉性能很差，普通钢筋混凝土结构或构件在使用中仍面临两个主要问题：(1)抗裂性差。混凝土的极限拉应变很小，使得混凝土受拉区会过早开裂。当裂缝出现时受拉钢筋只有 20～40 N/mm^2 的应力，这个数值远远小于钢筋的屈服强度。当受拉钢筋的应力达到 250 N/mm^2 时，裂缝宽度已达到 0.2～0.3 mm。所以，普通钢筋混凝土构件一般都带裂缝工作，不宜用于高湿度或侵蚀性环境中。另一方面，当钢筋混凝土用于大跨结构或承受动力荷载的结构时，为了满足挠度控制的要求，需要靠加大截面尺寸来增大构件的刚度，以致使构件的承载力中有较大一部分要用于负担结构的自重，因此，钢筋混凝土结构用于大跨、动力结构既不合理也不经济，甚至是无法实现的。(2)高强混凝土及高强钢筋不能充分发挥作用。在钢筋混凝土构件中采用高强度钢筋，将使使用荷载作用下钢筋工作应力提高很多，挠度和裂缝宽度会远远超过允许限值，通过增大配筋面积达到符合变形和裂缝控制的要求，但此时钢筋强度将无法被充分利用。同样，采用高强度混凝土也将意义不大，因为提高混凝土强度对提高钢筋混凝土构件的抗裂性、刚度以及减小裂缝宽度的作用甚微。总之，钢筋混凝土构件过早开裂的问题得不到解决，就无法有效地利用高强材料。

为了充分利用高强混凝土和高强钢筋的力学性能，可以在混凝土构件正常受力前，在构件受拉区预先施加压力，使之产生的预压应力来减小或抵消荷载将要引起的混凝土拉应力，从而达到控制受拉区混凝土不会过早开裂的目的，满足正常使用要求。这种在混凝土结构承受外来荷载作用前，预先对混凝土的受拉区施加一定的压应力，以改善构件在外荷载作用下混凝土抗拉性能的结构称为预应力混凝土结构。

现在以图 8-1 所示的受弯构件为例，进一步说明预应力混凝土的概念。在预应力混凝土构件使用之前预先在其受拉区施加偏心压力 P，构件截面的应力分布如图 8-1(a)所示。在使用荷载作用下，应力分布如图 8-1(b)所示。利用材料力学的叠加原理，可得预应力混凝土构件使用阶段的截面应力分布图(图 8-1(c))。显然，截面上的拉应力大大减小，这就是预应力混凝土的基本原理。

由此可见，预应力混凝土结构可以充分利用混凝土抗压强度和钢筋抗拉强度，使得两种材料相互补充，扬长避短。预应力混凝土构件可提高构件的抗裂度和刚度，延缓混凝土构件的开裂，增加结构的耐久性。高强度钢筋和高强度混凝土的应用，可产生节约材料、减轻构件自重的效果，同时可以提高构件的耐疲劳性能，克服钢筋混凝土的主要缺点，从而大大拓宽这种复合工程材料的应用范围。因此，预应力混凝土主要用于以下一些结构中：

(1) 大跨度结构，如大跨度桥梁、体育馆和机库等，大跨度建筑的楼(屋)盖体系、高层建

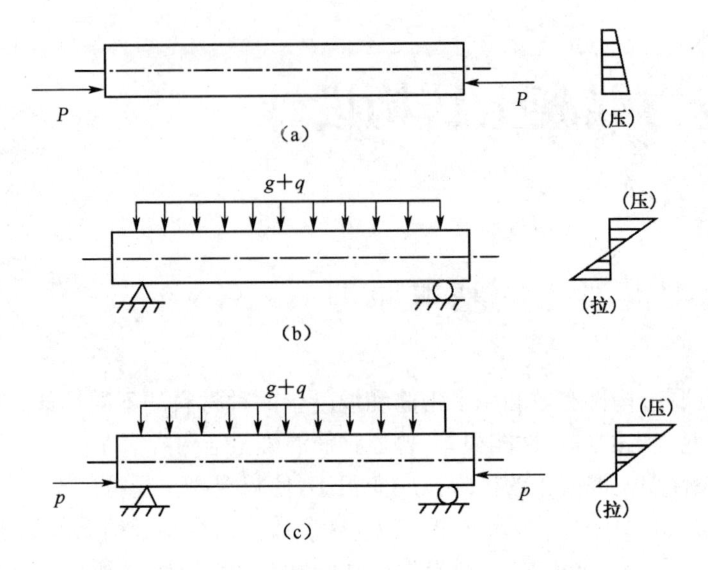

图 8-1 预应力混凝土受弯构件基本原理示意图

筑的转换层等。

(2) 要求裂缝控制等级较高的结构，如压力容器、压力管道、水工或海洋建筑，以及冶金、化工厂的结构等。

(3) 某些高耸结构，如水塔、烟囱、电视塔等。

(4) 大量制造的预制构件，如常见的预应力空心楼板、预应力管桩等。

(5) 特殊要求的一些建筑，如建筑设计限定了层高、楼(屋)盖梁等的高度，或者限定了某些其他构件的尺寸，使普通混凝土构件难以满足要求，可使用预应力混凝土结构。在既有建筑结构的加固工程中，采用预应力技术往往会带来很好的效果。

预应力混凝土构件的缺点是构造、施工和计算较钢筋混凝土构件复杂，且延性差。

8.2 预应力混凝土的分类与施加方法

8.2.1 预应力混凝土的分类

预应力混凝土构件按照使用荷载作用下截面裂缝控制程度的不同，可分为全预应力和部分预应力。

1) 全预应力混凝土

在使用荷载作用下，混凝土截面上不允许出现拉应力的构件，一般称为全预应力混凝土。

全预应力混凝土是按无拉应力准则设计的，具有抗裂度高、刚度大等优点。但它也存在不少缺点：①由于抗裂度要求过高，预应力筋的配筋量往往不取决于承载力的需要，而是由抗裂度所决定；②预应力配筋量大，张拉应力高，施加预应力的工艺复杂，锚具、张拉设备费用高；③施加预应力后，构件产生过大的反拱，而反拱随时间的增长而加大，对于恒载较小、活载较大的构件,会出现地面、隔墙开裂,桥面不平整等影响正常使用的状况。

2) 部分预应力混凝土

在使用荷载作用下,混凝土截面上允许出现拉应力的构件,一般称为部分预应力混凝土。

适当降低抗裂度要求,做成部分预应力混凝土构件,可通过施加预应力改善预应力筋混凝土构件的受力性能,克服全预应力混凝土的缺点,推迟开裂、提高刚度,并减轻构件的自重。工程调查表明,只要对裂缝开展加以控制,细微裂缝的存在对结构耐久性并无影响。而且预应力具有使已开裂的裂缝,在活载卸去后闭合的作用。因此,部分预应力混凝土构件的设计概念是在短期荷载作用下允许裂缝有一定的开展,而在长期荷载(恒载及准永久荷载)作用下裂缝是闭合的。因为裂缝的张开是短暂的,不会影响结构的使用寿命。部分预应力混凝土介于全预应力混凝土与钢筋混凝土之间,有很大的选择范围,可根据结构的功能要求、使用环境及所用钢材品种的不同,设计成不同裂缝控制要求的预应力混凝土构件。

8.2.2 预应力的施加方法

按照张拉预应力筋与浇捣混凝土的先后顺序,预应力的施加方法可分为先张法和后张法两种。

1) 先张法

在浇筑混凝土之前先张拉预应力筋的方法称为先张法,其主要工序为(图 8-2):①在台座(或钢模)上张拉预应力筋,并将其锚固在台座(或钢模)上;②支模、绑扎预应力筋并浇捣混凝土;③待混凝土达到一定强度后(按计算确定,且至少不低于强度设计值的 75%)剪断(或放松)预应力筋。

预应力筋放松后将产生弹性回缩,但预应力筋和混凝土之间的黏结力阻止其回缩,因而混凝土获得预应力。先张法主要适用于大批量生产以钢丝为预应力筋的中小型构件,如常见的预应力空心楼板、轨枕、水管以及电杆等。

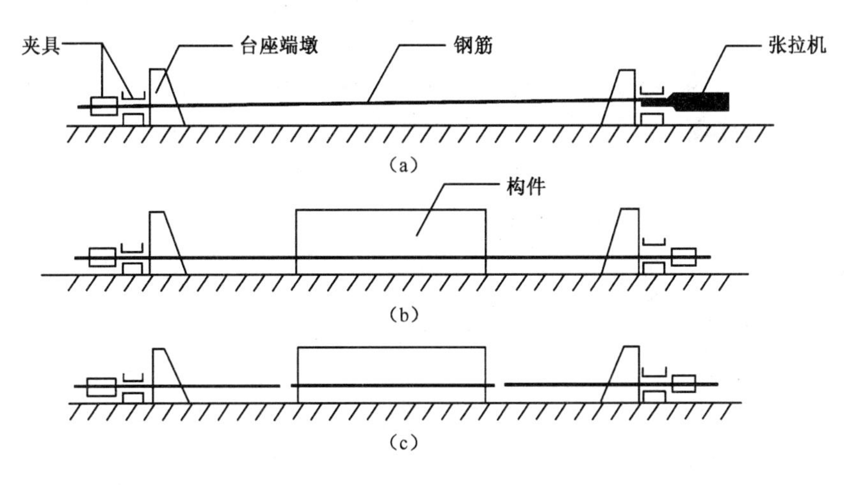

图 8-2 先张法主要工序示意图

2) 后张法

在混凝土达到规定强度后的构件上直接张拉预应力筋的方法称为后张法,其主要工序为(图 8.3):①浇筑混凝土构件,并预留预应力筋孔道;②养护混凝土达到一定强度(一般为设计强度的 75%或以上)后,在孔道中穿筋,用锚具将预应力筋在构件端部锚固,张拉预应力筋至控制应力,从而使构件保持预压状态;③孔道内压力灌浆,使构件结硬成整体。

后张法构件的预应力是通过预应力筋端部的锚具直接挤压混凝土而获得的,后张法主要用于钢绞线为配筋的大型预应力构件,如桥梁、屋架、屋面梁以及吊车梁等。

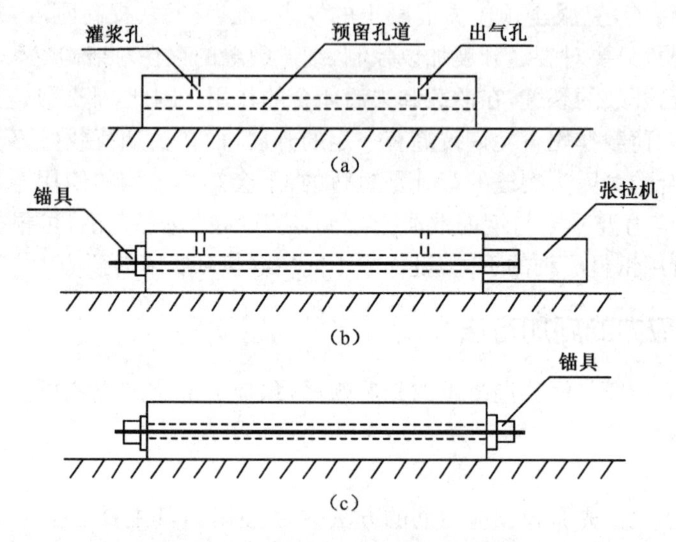

图 8-3 后张法主要工序示意图

3) 先张法和后张法的区别

先张法工艺比较简单,但是需要台座(或钢模)设施;后张法工艺比较复杂,需要对构件安装永久性的锚具,但不需要台座(或钢模)设施。先张法适用于在预制构件厂批量制造、方便运输的中小型构件;而后张法适用于分阶段张拉的大型构件、在现场成型的大型构件。先张法一般只适用于直线或折线形预应力筋;后张法既适用于直线形预应力筋,又适用于曲线预应力筋。

先张法与后张法的本质差别在于预应力施加的途径不同,先张法主要通过预应力筋与混凝土间的黏结力来施加预应力;后张法则是通过锚具直接施加预应力。

8.3 预应力混凝土的夹具和锚具

夹具和锚具是在制作预应力构件时锚固预应力筋的工具,对构件建立有效预应力起着至关重要的作用。

1) 夹具

可以取下而重复使用的锚固预应力筋的工具称为夹具。夹具主要应用于先张法中。图 8-4 所示为锥形夹具和楔形夹具,用于锚固单根或双根钢丝,锥销和楔块可用人工锤入(夹紧钢丝进行张拉)。

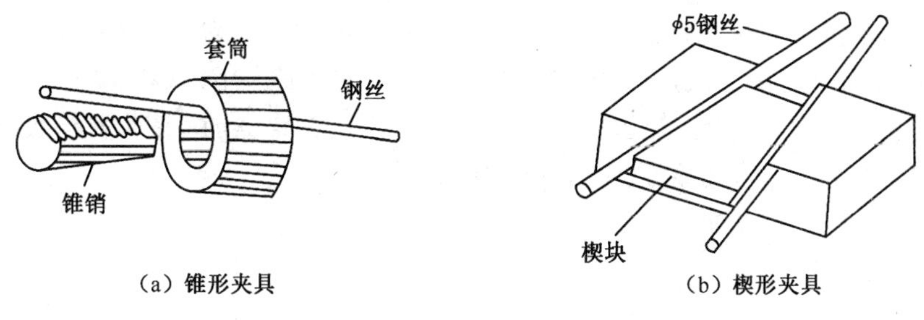

图 8-4　夹具

2) 锚具

需长期固定在构件上锚固预应力筋的工具称为锚具。锚具主要应用于后张法中。

① 螺丝端杆锚具。螺丝端杆锚具(图 8-5)是指在单根预应力筋的两端分别焊上一段螺丝端杆,套以螺帽和垫板,形成一种最简单的锚具。这种锚具通常用于后张法构件的张拉端,它的优点是比较简单、滑移小和便于再次张拉;缺点是对预应力筋长度的精度要求高,同时要特别注意焊接接头的质量,以防发生脆断。它适用于锚固直径不大于 36 mm 的预应力筋及直线预应力束。

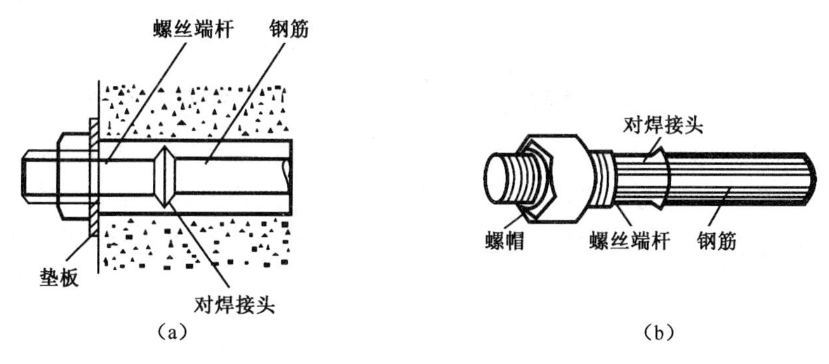

图 8-5　螺丝端杆锚具

② 锥形锚具。锥形锚具(图 8-6)是用于锚固多根直径为 5～12 mm 的平行钢丝束,或者锚固多根直径为 13～15 mm 的平行钢绞线束。依靠摩擦力,预应力筋将预应力传到锚环,由锚环通过黏结力和承压力再将力传到混凝土构件上。锥形锚具的缺点是滑移大,而且不易保证每根预应力筋中的应力均匀。

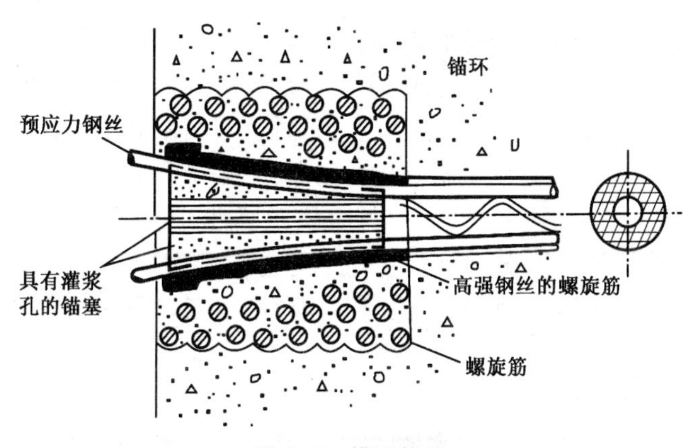

图 8-6　锥形锚具

③ 镦头型锚具。镦头型锚具(图 8-7)适用于锚固多根直径为 10～18 mm 或 18 根以下直径为 5 mm 的平行预应力筋束。张拉端采用锚环,固定端采用锚板。将钢丝或预应力筋的端头镦粗,穿入锚环内,边张拉边拧紧内螺帽。采用这种锚具时,要求钢丝或预应力筋的下料长度精确度较高,否则会使预应力筋受力不均匀。

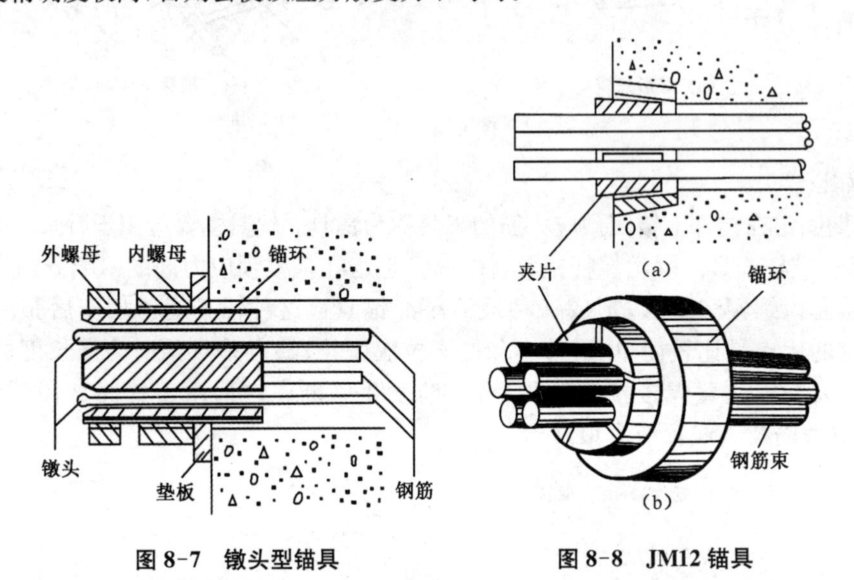

图 8-7　镦头型锚具　　**图 8-8　JM12 锚具**

④ 夹片式锚具。夹片式锚具由锚环与夹片组成,常见的有 JM12 锚具(图 8-8)。使用过程中,依靠摩擦力,预应力筋将预应力传给夹片,依靠其斜面上的承压力,夹片将预拉力传给锚环,锚环再通过承压力将力传到混凝土构件上。JM12 锚具的主要缺点是预应力筋的内缩值较大。

8.4　预应力混凝土的材料

1) 预应力筋

预应力筋的受力特点就是从构件制作到使用阶段始终处于高应力状态,其性能需满足下列要求:

(1) 强度高。高强钢筋保证能够有效地提高构件的抗裂性。混凝土预压应力的大小,由预应力筋张拉应力的大小决定。考虑到构件在制作过程中可能会出现各种应力损失,需要采用较高的张拉应力,这就进一步要求预应力筋需要具有较高的抗拉强度。

(2) 具有一定的塑性。高强度钢材其塑性性能一般较低,要求预应力筋在拉断前具有一定的伸长率,这样可以避免预应力混凝土构件发生脆性破坏。在低温或受冲击荷载作用下,对构件的塑性要求更高。

(3) 加工性能良好。要求钢筋可焊性良好,同时当预应力筋"镦粗"后,将不会影响其原来的物理力学性能。

(4) 与混凝土之间黏结性能良好。先张法构件的预应力主要依靠预应力筋和混凝土之间的黏结强度来传递。

目前，我国用于预应力混凝土构件中的预应力钢材主要有钢绞线、中强度预应力钢丝、消除应力钢丝和预应力螺纹钢筋。

2）混凝土

预应力混凝土构件对混凝土性能的要求是：

(1) 强度高。高强度的混凝土能够较高地预压应力，减少构件的截面尺寸，减轻结构自重。先张法构件采用高强度混凝土，可提高与钢筋之间的黏结力。

(2) 收缩、徐变小。混凝土收缩、徐变产生的应力损失占总应力损失中的很大比例，采用收缩、徐变小的混凝土可减少应力损失。

(3) 快硬，早强。为了提高台座、模具、夹具等设备的周转率，尽早施加预应力，加快施工进度，预应力混凝土需要采用早强混凝土。

因此，《混凝土结构设计规范》规定，预应力混凝土构件的混凝土强度等级不宜低于C40，且不应低于C30。

8.5 张拉控制应力与预应力损失

8.5.1 张拉控制应力

张拉控制应力是指在张拉预应力筋时应达到的规定应力，用σ_{con}表示。在施加预应力时，千斤顶油压表所控制的总拉力除以预应力筋截面积得到的应力即为张拉控制应力。张拉控制应力取值越高，混凝土预压应力也越高。但当σ_{con}过大时，预应力筋应力在裂缝出现时趋向其抗拉强度设计值，可能发生无预兆的脆性破坏；张拉控制应力过高将加大预应力筋的应力松弛；当进行超张拉时（为了减少摩擦损失及应力松弛损失），个别钢丝在张拉控制应力过高情况下可能脆断。当张拉控制应力取值过小时，预应力筋不能有效提高预应力混凝土构件的刚度和抗裂性能。

张拉控制应力允许值的大小主要与预应力筋种类和张拉方法有关。冷拉预应力筋属于软钢，以屈服强度作为强度标准值，所以张拉控制应力可以定得高一些。而钢丝和钢绞线属于硬钢，塑性差，且以极限抗拉强度作为强度标准值，故张拉控制应力应该定得低一些。张拉控制应力限值还与施加预应力的方法有关。先张法构件，张拉预应力筋时的张拉力由台座承担，混凝土是在放松预应力筋时受到压缩；而后张法构件在张拉的同时混凝土的弹性压缩已经完成。另外，先张法的混凝土收缩、徐变引起的预应力损失比后张法要大。所以，在张拉控制应力相同时，后张法的实际预应力效果高于先张法。因此，对于相同种类的预应力筋，先张法的张拉控制应力可高于后张法。

《混凝土结构设计规范》(GB 50010—2010)中规定张拉控制应力σ_{con}应符合下列规定：

(1) 消除应力钢丝、钢绞线

$$\sigma_{con} \leqslant 0.75 f_{ptk} \tag{8-1}$$

(2) 中强度预应力钢丝

$$\sigma_{con} \leqslant 0.70 f_{ptk} \tag{8-2}$$

（3）预应力螺纹预应力筋

$$\sigma_{con} \leqslant 0.85 f_{pyk} \tag{8-3}$$

式中：f_{ptk}——预应力筋极限强度标准值；

f_{pyk}——预应力螺纹预应力筋屈服强度标准值。

消除应力钢丝、钢绞线、中强度预应力钢丝的张拉控制应力值不应小于 $0.4f_{ptk}$；预应力螺纹预应力筋的张拉应力控制值不宜小于 $0.5f_{pyk}$。

当符合下列情况之一时，上述张拉控制应力限值可相应提高 $0.05f_{ptk}$ 或 $0.05f_{pyk}$：

① 要求提高构件在施工阶段的抗裂性能而在使用阶段受压区内设置的预应力筋。

② 要求部分抵消由于应力松弛、摩擦、预应力筋分批张拉以及预应力筋与张拉台座之间的温差等因素产生的预应力损失。

8.5.2 预应力损失

由于材料特性、张拉工艺和锚固等原因，从张拉预应力筋开始直至构件使用的整个过程中，预应力筋的控制应力将慢慢降低，与此同时，混凝土的预压应力将逐渐下降，即产生预应力损失。引起预应力损失的因素很多，下面讲述6项预应力损失。

（1）锚具变形和预应力筋的内缩引起的预应力损失 σ_{l1}

当预应力直线筋张拉到 σ_{con} 后，由于锚具受力后产生的变形、垫板缝隙的挤紧和预应力筋在锚具中的内缩，产生的应力损失 σ_{l1} 按下列公式计算：

$$\sigma_{l1} = \frac{a}{l} E_s \tag{8-4}$$

式中：a——锚具变形和预应力筋内缩值(mm)，按表8-1取用；

l——锚固端至张拉端之间的距离(mm)；

E_s——预应力筋的弹性模量(N/mm^2)。

表8-1 锚具变形和预应力筋的内缩值 a(mm)

锚具类别		a
支承式锚具(钢丝束镦头锚具等)	螺帽缝隙	1
	每块后加垫板的缝隙	1
夹片式锚具	有顶压时	5
	无顶压时	6～8

减小 σ_{l1} 的措施有：

① 选用长线台座，因为 σ_{l1} 与台座长度 l 成反比。对先张法生产的构件，当台座长度大于100 m时，σ_{l1} 可忽略；对后张法构件，预应力筋为曲线配筋时，计算锚具损失时应考虑反摩擦力的影响。

② 选用锚具变形小、预应力筋内缩值小的锚具或夹具，尽量少用垫板块数，因为每增加一块底板，a 值就增大1 mm。

(2) 预应力筋与孔壁之间的摩擦引起的预应力损失 σ_{l2}

由于钢筋表面粗糙、孔道位置偏差、孔道内壁粗糙等原因，使得在预应力筋张拉时与孔道壁之间产生摩擦。预应力筋的应力在摩擦力的积累下，随距张拉端距离的增大而减小，称为摩擦损失 σ_{l2}。曲线预应力配筋时，曲线孔道的曲率使孔道壁与预应力筋之间产生摩擦力和法向力，摩擦损失比直线孔道要加大。如图 8-9，摩擦损失 σ_{l2} 可按下列公式计算：

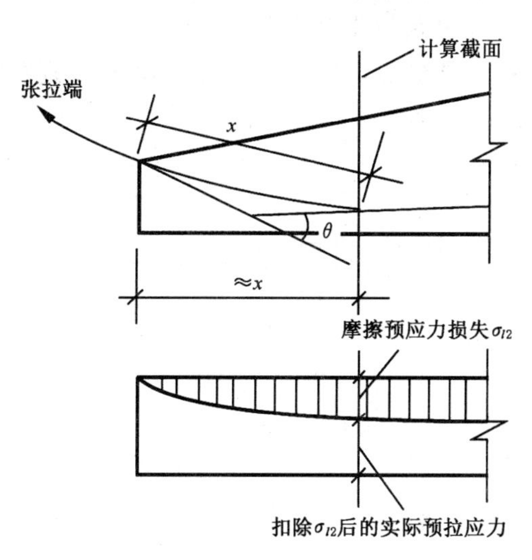

图 8-9　摩擦引起的预应力损失

$$\sigma_{l2}=\sigma_{\mathrm{con}}\left(1-\frac{1}{\mathrm{e}^{kx+\mu\theta}}\right) \tag{8-5}$$

当 $(kx+\mu\theta)\leqslant 0.3$ 时，σ_{l2} 可按下列近似公式计算：

$$\sigma_{l2}=(kx+\mu\theta)\sigma_{\mathrm{con}} \tag{8-6}$$

式中：x——从张拉端至计算截面的孔道长度，可近似取该段孔道在纵轴上的投影长度(m)；

θ——从张拉端至计算截面曲线孔道各部分切线的夹角之和(rad)。

k——考虑孔道每米长度局部偏差的摩擦系数，可按表 8-2 采用；

μ——预应力筋与孔道壁之间的摩擦系数，可按表 8-2 采用。

表 8-2　摩擦系数

孔道成型方式	k	μ	
		钢绞线、钢丝束	预应力螺纹预应力筋
预埋金属波纹管	0.001 5	0.25	0.50
预埋塑料波纹管	0.001 5	0.15	—
预埋钢管	0.001 0	0.30	—
抽芯成型	0.001 4	0.55	0.60
无黏结预应力筋	0.004 0	0.09	—

注：摩擦系数也可根据实测数据确定。

减小此项损失的措施有：

① 两端张拉。由图 8-10(a)、(b)可知，两端张拉比一端张拉可减小 1/2 摩擦损失值(当构件长度超过 18 m 或较长构件的曲线式配筋常采用两端张拉的施工方法)，但增加了锚具变形引起的损失 σ_{l1}，所以这两者要综合平衡考虑。

② 超张拉。如图 8-10(c)所示，其张拉顺序为：先使张拉端预应力筋应力由 0→1.1σ_{con}(A 点到 E 点)，持荷 2 分钟，再卸荷使张拉应力退到 0.85σ_{con}(E 点到 F 点)，持荷 2 分钟，再加荷使张拉应力达到 σ_{con}(F 点到 C 点)，这样可使摩擦损失(特别在端部曲线处)减小，比一次张拉到 σ_{con} 的预应力分布更均匀，见 $CGHD$ 曲线。

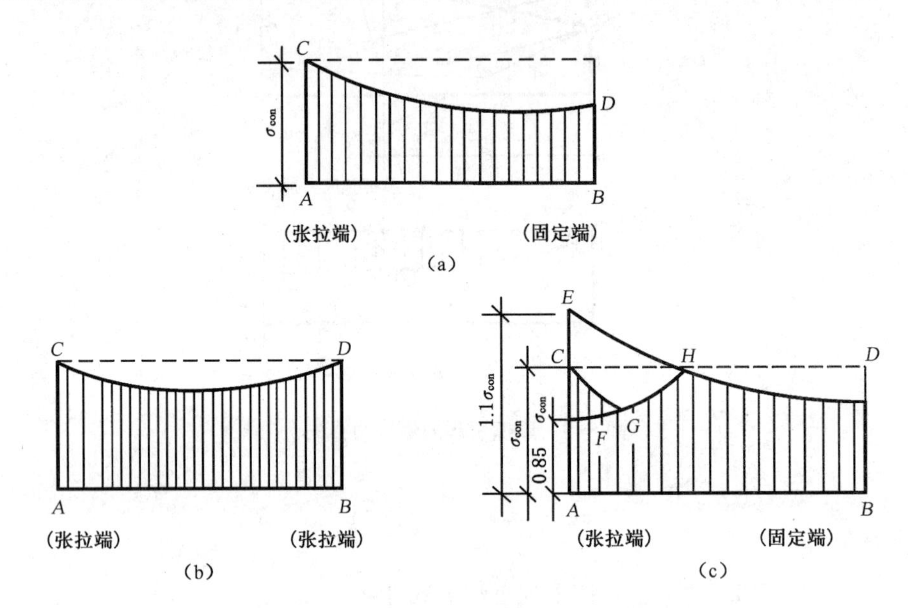

图 8-10 一端张拉、两端张拉及超张拉对减小摩擦损失的影响

(3) 温差引起的预应力损失 σ_{l3}

先张法构件常需要蒸汽养护，加速混凝土硬结，养护棚内温度将高于台座温度。温度升高，预应力筋伸长，但是台座横梁的间距不发生变化，产生预应力损失 σ_{l3}。降温时，预应力筋与混凝土之间已黏结，两者共同回缩(预应力筋和混凝土的温度膨胀系数相近)，产生应力损失 σ_{l3}。

温差引起的预应力损失 σ_{l3} 为

$$\sigma_{l3} = 2\Delta t(\mathrm{N/mm^2}) \tag{8-7}$$

式中：Δt——台座与预应力筋的温差。

减小 σ_{l3} 损失的措施有：

① 采用 2 次升温养护。先在常温下养护，待混凝土强度达到一定强度等级，例如当达到 C7.5～C10 时，第二次逐渐升温至规定的养护温度，这时可认为预应力筋与混凝土已结成整体，能够一起胀缩而不引起应力损失。

② 在钢模上张拉预应力筋。由于预应力筋是锚固在钢模上的，升温时两者温度相同，可以不考虑此项损失。

(4) 预应力筋应力松弛引起的应力损失 σ_{l4}

在高应力长期作用下，预应力筋塑性变形随时间增长而增长，当钢筋长度不变时，应力随时间增长而降低，这种现象称为应力松弛。预应力筋的应力松弛将引起预应力筋中的应力损失，这种损失称为预应力筋应力松弛损失 σ_{l4}。

《混凝土结构设计规范》根据试验资料的统计分析，规定应力松弛损失 σ_{l4} 按下列公式计算：

① 消除应力钢丝、钢绞线

普通松弛：

$$\sigma_{l4}=0.4\left(\frac{\sigma_{con}}{f_{ptk}}-0.5\right)\sigma_{con} \tag{8-8}$$

低松弛：

$$\text{当 } \sigma_{con}\leqslant 0.7f_{ptk} \text{ 时，} \sigma_{l4}=0.125\left(\frac{\sigma_{con}}{f_{ptk}}-0.5\right)\sigma_{con} \tag{8-9}$$

$$\text{当 } 0.7f_{ptk}<\sigma_{con}\leqslant 0.8f_{ptk} \text{ 时，} \sigma_{l4}=0.2\left(\frac{\sigma_{con}}{f_{ptk}}-0.575\right)\sigma_{con} \tag{8-10}$$

② 中强度预应力钢丝

$$\sigma_{l4}=0.08\sigma_{con} \tag{8-11}$$

③ 预应力螺纹预应力筋

$$\sigma_{l4}=0.03\sigma_{con} \tag{8-12}$$

当 $\sigma_{con}\leqslant 0.5f_{ptk}$ 时，预应力筋的应力松弛损失值可取为零。

减小此损失的措施：采用超张拉的方法减小应力松弛损失。超张拉的程序为先控制张拉应力为 $1.05\sigma_{con}$～$1.1\sigma_{con}$，当持荷 2～5 分钟后卸荷，再施加张拉应力至 σ_{con}，可以减少松弛引起的预应力损失。

(5) 混凝土的徐变和收缩引起的预应力损失 σ_{l5}

混凝土的徐变和收缩均使构件长度缩短，预应力筋随之内缩，引起预应力损失 σ_{l5}。徐变和收缩虽是两种性质完全不同的现象，但由于两者之间的影响因素、变化规律较为相似，一般《混凝土结构设计规范》将这两项应力损失合并在一起考虑。

混凝土徐变和收缩引起的纵向预应力筋的受拉区和受压区预应力损失 σ_{l5}、σ'_{l5} 按下列公式计算：

先张法构件：

$$\sigma_{l5}=\frac{60+340\times\frac{\sigma_{pc}}{f'_{cu}}}{1+15\rho} \tag{8-13}$$

$$\sigma'_{l5}=\frac{60+340\times\frac{\sigma'_{pc}}{f'_{cu}}}{1+15\rho'} \tag{8-14}$$

后张法构件：

$$\sigma_{l5}=\frac{55+300\times\dfrac{\sigma_{pc}}{f'_{cu}}}{1+15\rho} \tag{8-15}$$

$$\sigma'_{l5}=\frac{55+300\times\dfrac{\sigma'_{pc}}{f'_{cu}}}{1+15\rho'} \tag{8-16}$$

式中：σ_{pc}、σ'_{pc}——受拉区、受压区预应力筋合力点处的混凝土法向压应力；

f'_{cu}——施加预应力时的混凝土立方体抗压强度；

ρ、ρ'——受拉区、受压区预应力筋和普通钢筋的配筋率，对于对称配置预应力筋和普通钢筋的构件，配筋率 ρ、ρ' 应按预应力筋总截面面积的一半计算。

对先张法构件：

$$\rho=\frac{A_p+A_s}{A_0}\qquad\rho'=\frac{A'_p+A'_s}{A_0} \tag{8-17}$$

对后张法构件：

$$\rho=\frac{A_p+A_s}{A_n}\qquad\rho'=\frac{A'_p+A'_s}{A_n} \tag{8-18}$$

式中：A_0——换算截面面积，包括净截面面积以及全部纵向预应力筋截面面积换算成混凝土的截面面积；

A_n——净截面面积，即除孔道、凹槽等削弱部分外，混凝土全部截面面积及纵向普通钢筋截面面积换算成的混凝土的截面面积之和；对由不同混凝土强度等级组成的截面，应根据混凝土弹性模量比值换算成同一混凝土强度等级的截面面积。

当结构处于年平均相对湿度低于40%的环境下，σ_{l5} 及 σ'_{l5} 值应增加30%。

减小 σ_{l5} 损失的措施：①选用级配较好的骨料，提高混凝土密实性；②优先选用高强水泥，采用干硬混凝土，降低水灰比；③加强养护，以减少混凝土收缩损失。

(6) 环向预应力筋挤压混凝土引起的应力损失 σ_{l6}

当环形构件采用缠绕的螺旋式预应力筋时，混凝土在环向预应力的挤压下发生局部压陷，使环形构件的直径减小，产生应力损失 σ_{l6}，其大小与环形构件的直径成反比。

当环形构件直径不大于3 m时，取 $\sigma_{l6}=30\ \text{N/mm}^2$，否则，$\sigma_{l6}$ 可忽略。

(7) 预应力损失的组合

上述6项应力损失是分批出现的，不同受力阶段应考虑不同的预应力损失组合。通常把预压前混凝土出现的预应力损失称为第一批损失，预压后出现的损失称为第二批损失。构件在各阶段的预应力损失值宜按表8-3的规定进行组合。

表 8-3　各阶段预应力损失值的组合

预应力损失值的组合	先张法构件	后张法构件
混凝土预压前的预应力损失（第一批 σ_{lI}）	$\sigma_{l1}+\sigma_{l2}+\sigma_{l3}+\sigma_{l4}$	$\sigma_{l1}+\sigma_{l2}$
混凝土预压后的预应力损失（第二批 σ_{lII}）	σ_{l5}	$\sigma_{l4}+\sigma_{l5}+\sigma_{l6}$

注：先张法构件由于预应力筋应力松弛引起的损失值在第一批和第二批损失中所占的比例，如需区分，可根据实际情况确定。

《混凝土结构设计规范》规定，当计算求得的预应力总损失小于下列下限值时，则按下列数值取用：先张法构件取 100 N/mm^2；后张法构件取 80 N/mm^2。

8.6　预应力混凝土轴心受拉构件各阶段应力分析

预应力混凝土轴心受拉构件在整个受力过程中，预应力筋和混凝土应力的变化一般分为施工阶段和使用阶段这两个阶段，每个阶段又包括若干个受力过程。

1）先张法构件

（1）施工阶段

① 张拉钢筋。在台座上张拉截面面积为 A_p 的预应力筋，直到应力到达张拉控制应力 σ_{con}，此时预应力筋的总拉力为 $\sigma_{con}A_p$。普通钢筋不承受任何应力。

② 在混凝土受到预压应力之前，完成第一批预应力损失。张拉完毕后，将预应力筋锚固在台座上，浇筑混凝土，养护构件。因锚具变形、温差和部分预应力筋松弛而产生第一批预应力损失 σ_{lI}，预应力筋的应力 $\sigma_{pe}=\sigma_{con}-\sigma_{lI}$。此时，由于预应力筋尚未放松，混凝土尚未受力，所以 $\sigma_{pc}=0$，普通钢筋应力 $\sigma_s=0$

③ 放松预应力筋，构件预压。当混凝土达到 75%以上的强度设计值后，放松预应力筋，钢筋回缩，依靠混凝土与钢筋之间的黏结作用使混凝土受压缩，预应力筋亦将随之缩短，拉应力减小。预应力筋内缩使混凝土产生压应力为 σ_{pcI}，由于预应力筋与混凝土之间的变形必须协调，所以普通钢筋的应力减少为

$$\sigma_{sI}=-\alpha_E\sigma_{pcI} \tag{8-19}$$

预应力筋的应力减少为

$$\sigma_{peI}=\sigma_{con}-\sigma_{lI}-\alpha_E\sigma_{pcI} \tag{8-20}$$

式中：α_E——普通钢筋或预应力筋的弹性模量与混凝土弹性模量的比值，$\alpha_E=\dfrac{E_s}{E_c}$。

由力的平衡条件可得

$$\sigma_{pI}A_p-\sigma_{sI}A_s=\sigma_{pcI}A_c \tag{8-21}$$

将式(8-19)、式(8-20)代入式(8-21)，可得此时混凝土的有效应力 σ_{pcI} 为

$$\sigma_{pcI}=\frac{(\sigma_{con}-\sigma_{lI})A_p}{A_c+\alpha_E A_s+\alpha_E A_p}=\frac{(\sigma_{con}-\sigma_{lI})A_p}{A_0} \tag{8-22}$$

式中：A_0——换算截面面积(混凝土截面面积 A_c 以及普通钢筋和全部纵向预应力筋截面面积换算成混凝土的截面面积)，$A_0=A_c+\alpha_E A_s+\alpha_E A_p$；

A_p、A_s——分别为预应力筋、普通钢筋的截面面积。

④ 混凝土受到预压应力，完成第二批预应力损失。随着混凝土徐变、收缩以及预应力筋的进一步松弛，将产生的第二批预应力所失 σ_{lII}。此时，预应力筋的总预应力损失为 $\sigma_l=\sigma_{lI}+\sigma_{lII}$，混凝土的压应力进一步降低至 σ_{pc}，预应力筋的应力也降低至 $\sigma_{pe}=\sigma_{con}-\sigma_l-\alpha_E\sigma_{pc}$，而普通钢筋的应力为 $\sigma_s=-(\alpha_E\sigma_{pc}+\sigma_{l5})$，因此，通过截面平衡条件有

$$(\sigma_{con}-\sigma_l-\alpha_E\sigma_{pc})A_p-(\alpha_E\sigma_{pc}+\sigma_{l5})A_s=\sigma_{pc}A_c \tag{8-23}$$

此时混凝土的有效预应力为

$$\sigma_{pc}=\frac{(\sigma_{con}-\sigma_l)A_p-\sigma_{l5}A_s}{A_c+\alpha_E A_s+\alpha_E A_p}=\frac{(\sigma_{con}-\sigma_l)A_p-\sigma_{l5}A_s}{A_0} \tag{8-24}$$

(2) 使用阶段

① 消压状态。在使用阶段，构件承受外荷载后，混凝土的有效预应力逐渐减少，预应力筋拉应力相应增大，当达到某一阶段时，构件中混凝土有效预应力恰好为零 ($\sigma_{pc}=0$)，构件处于消压状态，此时对应的外加荷载称为消压轴力 N_0。此时，预应力筋的应力为 $\sigma_p=\sigma_{con}-\sigma_l$，普通钢筋的应力为 $-\sigma_{l5}$，因此通过截面平衡条件，可得消压轴力为

$$N_0=(\sigma_{con}-\sigma_l)A_p-\sigma_{l5}A_s \tag{8-25}$$

比较式(8-24)与式(8-25)，则消压轴力 N_0 可表达为

$$N_0=\sigma_{pc}A_0 \tag{8-26}$$

② 即将开裂状态。当轴力超过消压轴力 N_0 后，混凝土开始受拉，随着荷载的增加，当混凝土拉应力达到混凝土轴心抗拉强度标准值 f_{tk}时，混凝土即将开裂。此时预应力筋的应力为 $\sigma_{con}-\sigma_l+\alpha_E f_{tk}$，普通钢筋的应力为 $\alpha_E f_{tk}-\sigma_{l5}$。因此，构件的开裂荷载 N_{cr}也可通过截面平衡条件求得，即

$$\begin{aligned}N_{cr}&=(\sigma_{con}-\sigma_l+\alpha_E f_{tk})A_p+(\alpha_E f_{tk}-\sigma_{l5})A_s+f_{tk}A_c\\&=(\sigma_{con}-\sigma_l)A_p-\sigma_{l5}A_s+(A_c+\alpha_E A_s+\alpha_E A_p)f_{tk}\end{aligned} \tag{8-27}$$

由于 $A_0=A_c+\alpha_E A_s+\alpha_E A_p$，将式(8-26)代入上式，有

$$N_{cr}=(\sigma_{pc}+f_{tk})A_0 \tag{8-28}$$

可见，由于有效预压应力的作用(σ_{pc}一般比 f_{tk}大很多)，使得预应力混凝土轴心受拉构件要比普通钢筋混凝土构件的开裂荷载大很多，故预应力混凝土构件抗裂性能良好。

③ 构件破坏状态。混凝土开裂后，裂缝截面上，混凝土无法继续承受拉力，拉力全部由预应力筋和普通钢筋承担，当预应力筋达到抗拉强度设计值时，构件破坏，此时有

$$N_u=f_{py}A_p+f_yA_s \tag{8-29}$$

上式表明，对于相同截面、材料以及配筋的预应力混凝土构件，其与非预应力混凝土构件的极限承载力相同，即预应力混凝土构件并不能提高极限承载力。

2）后张法构件

（1）施工阶段

① 浇筑混凝土后，养护直至预应力筋张拉前，可以认为截面中不产生任何应力。

② 混凝土受到预压应力之前，完成第一批损失。

当张拉预应力筋应力达到 σ_{con} 后，由于锚具变形、预应力筋内缩及孔道摩擦引起第一批预应力损失 $\sigma_{lI}=\sigma_{l1}+\sigma_{l2}$。预应力筋的应力 $\sigma_{peI}=\sigma_{con}-\sigma_{lI}$，普通钢筋应力 $\sigma_{sI}=-\alpha_E\sigma_{pcI}$，混凝土预压应力 σ_{pcI} 可通过截面平衡条件求出，即

$$(\sigma_{con}-\sigma_{lI})A_p-\alpha_E\sigma_{pcI}A_s=\sigma_{pcI}A_c \tag{8-30}$$

此时混凝土的有效预压应力：

$$\sigma_{pcI}=\frac{(\sigma_{con}-\sigma_{l\,I})A_p}{A_c+\alpha_E A_s}=\frac{(\sigma_{con}-\sigma_{l\,I})A_p}{A_n} \tag{8-31}$$

式中：A_n——构件换算净截面面积，即普通钢筋换算成混凝土的面积和扣除孔道等消弱部分以外的混凝土截面面积，$A_n=\alpha_E A_s+A_c$；

A_p——预应力筋截面面积；

A_s——普通钢筋截面面积。

③ 混凝土受到预压力后，完成第二批损失。

产生预应力筋松弛、混凝土徐变和收缩损失后，完成第二批预应力损失，此时，预应力筋应力 $\sigma_{pe}=\sigma_{con}-\sigma_l$，普通钢筋应力 $\sigma_s=-(\alpha_E\sigma_{pc}+\sigma_{l5})$，通过截面平衡条件有

$$(\sigma_{con}-\sigma_l)A_p-(\alpha_E\sigma_{pc}+\sigma_{l5})A_s=\sigma_{pc}A_c \tag{8-32}$$

此时混凝土有效预压应力为

$$\sigma_{pc}=\frac{(\sigma_{con}-\sigma_l)A_p-\sigma_{l5}A_s}{A_s+\alpha_E A_s}=\frac{(\sigma_{con}-\sigma_l)A_p-\sigma_{l5}A_s}{A_n} \tag{8-33}$$

（2）使用阶段

① 消压状态。加荷至消压轴力 N_{p0}，此时，混凝土应力为零，预应力筋应力为 $\sigma_{con}-\sigma_l+\alpha_E\sigma_{pc}$，普通钢筋应力为 $-\sigma_{l5}$，因此通过截面平衡条件可得消压轴力：

$$\begin{aligned}N_{p0}&=(\sigma_{con}-\sigma_l+\alpha_E\sigma_{pc})A_p-\sigma_{l5}A_s=(\sigma_{con}-\sigma_l)A_p-\sigma_{l5}A_s+\alpha_E\sigma_{pc}A_p\\&=\sigma_{pc}A_n+\sigma_{pc}\alpha_E A_p=\sigma_{pc}A_0\end{aligned} \tag{8-34}$$

② 即将开裂状态。混凝土拉应力达到 f_{tk}，预应力筋应力为 $\sigma_{con}-\sigma_l+\alpha_E\sigma_{pc}+\alpha_E f_{tk}$，普通钢筋应力为 $\alpha_E f_{tk}-\sigma_{l5}$，因此，通过截面平衡条件可得开裂轴力：

$$\begin{aligned}N_{cr}&=(\sigma_{con}-\sigma_l+\alpha_E\sigma_{pc}+\alpha_E f_{tk})A_p+(\alpha_E f_{tk}-\sigma_{l5})A_s+f_{tk}A_c\\&=(\sigma_{con}-\sigma_l)A_p-\sigma_{l5}A_s+\alpha_E A_p\sigma_{pc}+(A_c+\alpha_E A_s+\alpha_E A_p)f_{tk}\\&=(\sigma_{pc}+f_{tk})A_0\end{aligned} \tag{8-35}$$

③ 构件破坏状态。和先张法构件一样，破坏时预应力筋和普通钢筋的拉应力分别达到

f_{py}和f_y,由力的平衡条件,可得

$$N_u = f_{py}A_p + f_yA_s \tag{8-36}$$

3) 先张法与后张法计算公式的比较

分析先张法与后张法预应力混凝土轴心受拉构件计算公式(表 8-4、表 8-5),可得

表 8-4　施工阶段的应力状态

施工阶段		预应力筋应力 σ_p	混凝土应力 σ_c	普通钢筋应力 σ_s
先张法	1. 张拉预应力筋	σ_{con}	—	—
	2. 完成第一批预应力损失	$\sigma_{con} - \sigma_{lI}$	0	0
	3. 放松预应力筋,构件预压	$\sigma_{con} - \sigma_{lI} - \alpha_E\sigma_{pcI}$	$\frac{(\sigma_{con} - \sigma_{lI})A_p}{A_0}$	$-\alpha_E\sigma_{pcI}$
	4. 完成第二批预应力损失	$\sigma_{con} - \sigma_l - \alpha_E\sigma_{pc}$	$\frac{(\sigma_{con} - \sigma_l)A_p - \sigma_{l5}A_s}{A_0}$	$-(\alpha_E\sigma_{pc} + \sigma_{l5})$
后张法	1. 完成第一批预应力损失	$\sigma_{con} - \sigma_{lI}$	$\frac{(\sigma_{con} - \sigma_{lI})A_p}{A_n}$	$-\alpha_E\sigma_{pcI}$
	2. 完成第二批预应力损失	$\sigma_{con} - \sigma_l$	$\frac{(\sigma_{con} - \sigma_l)A_p - \sigma_{l5}A_s}{A_n}$	$-(\alpha_E\sigma_{pc} + \sigma_{l5})$

表 8-5　使用阶段的应力状态

使用阶段		预应力筋应力 σ_p	混凝土应力 σ_c	普通钢筋应力 σ_s	轴向拉力
先张法	1. 消压状态	$\sigma_p = \sigma_{con} - \sigma_l$	0	$-\sigma_{l5}$	$N_{p0} = \sigma_{pc}A_o$
	2. 即将开裂状态	$\sigma_{con} - \sigma_l + \alpha_E f_{tk}$	f_{tk}	$\alpha_E f_{tk} - \sigma_{l5}$	$N_{cr} = (\sigma_{pc} + f_{tk})A_0$
	3. 破坏状态	f_{py}	0	f_y	$N_u = f_{py}A_p + f_yA_s$
后张法	1. 消压状态	$\sigma_{con} - \sigma_l + \alpha_E\sigma_{pc}$	0	$-\sigma_{l5}$	$N_{p0} = \sigma_{pc}A_0$
	2. 即将开裂状态	$\sigma_{con} - \sigma_l + \alpha_E\sigma_{pc} + \alpha_E f_{tk}$	f_{tk}	$\alpha_E f_{tk} - \sigma_{l5}$	$N_{cr} = (\sigma_{pc} + f_{tk})A_0$
	3. 破坏状态	f_{py}	0	f_y	$N_u = f_{py}A_p + f_yA_s$

(1) 预应力筋应力 σ_p。各阶段的计算公式后张法比先张法多一项 $\alpha_E\sigma_{pc}$,这是由于后张法构件在张拉预应力筋的过程中混凝土也同时受压,所以,在这 2 种施工工艺中,预应力筋与混凝土协调变形的起点不同。

(2) 普通钢筋应力 σ_s。各阶段计算公式的形式均相同,这是由于 2 种方法中混凝土与普通钢筋协调变形的起点均为混凝土应力为零。

(3) 混凝土应力。在施工阶段,2 种张拉力方法的 σ_{pcI} 与 σ_{pc} 计算公式形式基本相同,差别在于 σ_l 的具体计算值不同,同时先张法公式中用构件的换算截面面积 A_0,而后张法用构件的净截面面积 A_n。若采用相同的张拉控制应力 σ_{con}、相同的材料强度等级和相同的截面尺寸,由于 $A_0 > A_n$,则后张法预应力构件中混凝土有效预压应力值要大于先张法构件。

(4) 轴向拉力。在使用阶段,先张法与后张法预应力混凝土构件特征荷载 N_{p0}、N_{cr} 和 N_u 的 3 个计算公式形式都相同,但计算 N_{p0} 和 N_{cr} 时 2 种方法的 σ_{pc} 是不相同的。由开裂轴力 $N_{cr}=(\sigma_{pc}+f_{tk})A_0$ 可知,预应力构件的开裂荷载要远大于普通混凝土构件。由极限荷载 $N_u=f_{py}A_p+f_yA_s$ 可知,预应力混凝土构件并不能提高构件的承载能力。

8.7 预应力混凝土构件的构造要求

预应力混凝土构件除满足以下基本构造要求以外,尚应符合其他章节的有关规定。

8.7.1 先张法预应力混凝土构件的主要构造要求

1) 预应力筋的配筋方式

在先张法中,若预应力钢丝单根配筋困难时,可采用等效直径法,采用相同直径钢丝配筋。对于双并筋一般取为单筋直径的 1.4 倍,对于三并筋一般取为单筋直径的 1.7 倍。

2) 预应力筋的净间距

预应力筋之间的净间距不宜小于混凝土骨料最大粒径的 1.25 倍及其公称直径的 2.5 倍,当混凝土振捣密实性具有可靠保证时,净间距可放宽为最大粗骨料粒径的 1.0 倍。且间距还应符合下列规定:三股钢绞线,不应小于 20 mm;七股钢绞线,不应小于 25 mm;预应力钢丝,不应小于 15 mm。

3) 预应力筋的保护层

为了防止预应力筋放松时构件端部在预应力钢筋周围出现纵向裂缝,保证预应力筋与周围混凝土的粘结锚固强度,必须保证一定的混凝土保护层厚度。当预应力筋纵向受力时,其混凝土保护层厚度应当同普通钢筋混凝土构件一样取值,且厚度不小于 15 mm。

对有防火要求、海水环境、受人为或自然侵蚀性物质影响环境中的建筑物,混凝土保护层厚度还应当按照国家现行相关标准设计。

4) 构件端部的构造措施

(1) 单根配置的预应力筋,其端部宜设置螺旋筋,预应力筋长度不小于 150 mm 且不少于 4 圈的螺旋筋(图 8-11(a));当有可靠经验时,也可以在支座垫板上插筋,且所插筋的数量不应少于 4 根,长度不宜小于 120 mm(图 8-11(b))。

(2) 分散配置的多根预应力筋,宜设置 3~5 片与预应力筋相互垂直的钢筋网片(图 8-11(c)),设置在结构构件端部 $10d$(d 为预应力筋的公称直径)且不小于 100 mm 长度范围内。

(3) 槽形板类构件,应在构件端部 100 mm 长度范围内,设置数量不应少于 2 根沿构件板面的附加横向钢筋。

(4) 采用预应力钢丝配筋的薄板,宜在板端 100 mm 长度范围内适当使得横向钢筋加密(图 8-11(d))。

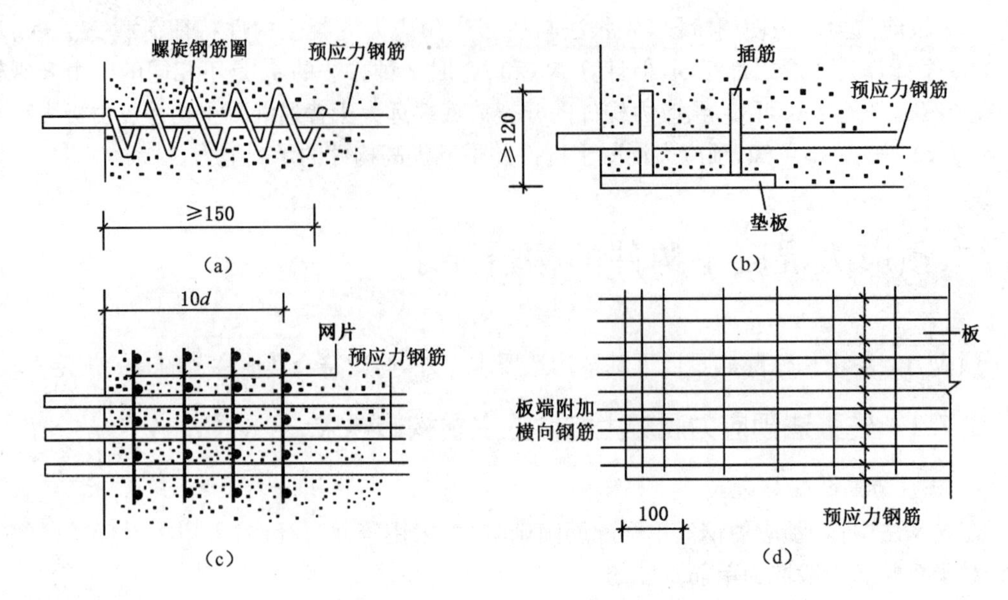

图 8-11　先张法构件端部构造

8.7.2　后张法预应力混凝土构件的主要构造要求

(1) 预留孔道的构造要求

后张法预应力钢绞线束、钢丝束的预留孔道应符合下列规定：

① 孔道至构件边缘的净间距不宜小于 30 mm，且不宜小于 1/2 的孔道直径；预制构件中预留孔道之间的水平净间距不宜小于 50 mm，且不宜小于粗骨料粒径的 1.25 倍。

② 预留孔道的内径宜大于 6～15 mm 的预应力束外径及需穿过孔道的连接器外径，且孔道的截面积宜为 3.0～4.0 倍的穿入预应力束截面积。

③ 当现浇楼板中采用扁形锚固体系时，穿过每个预留孔道的预应力筋宜为 3～5 根；常用荷载情况下，孔道在水平方向的净间距不应超过 1.5 m 及 8 倍板厚中的较大值。

④ 梁中集束布置的无粘结预应力筋，集束的水平净间距不宜小于 50 mm，束至构件边缘的净距不宜小于 40 mm。

⑤ 板中单根无粘结预应力筋的间距不宜大于 6 倍的板厚，且不宜大于 1 m；带状束的无粘结预应力筋根数不宜多于 5 根，带状束间距不宜大于 12 倍的板厚，且不宜大于 2.4 m。

(2) 锚具

后张法预应力筋所用锚具的形式和质量应符合国家现行有关标准的规定。

(3) 构件端部的加强措施

① 应在预应力筋锚具下及张拉设备的支承处设置预埋钢垫板，且钢垫板厚度不宜小于 10 mm，并按上述规定设置间接钢筋和附加构造钢筋。

② 构件端部尺寸应考虑张拉设备的尺寸、锚具的布置和局部受压的要求，必要时还应适当加大构件端部尺寸。

③ 当金属锚具暴露在空气中时，应采取可靠的防火及防腐措施。

④ 当构件的端部出现局部凹进的情况时，应增设折线构造钢筋或其他有效的钢筋，见

图 8-12。

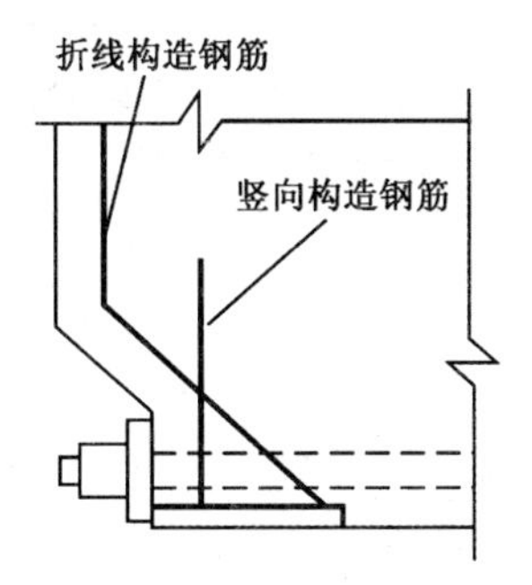

图 8-12　端部凹进处的构造预应力筋

本章小结

1. 预应力混凝土和普通混凝土相比，优点是充分利用了混凝土抗压强度高和钢筋抗拉强度高的特征，抗裂性能好，刚度高，耐久性能好，可取得节约材料、减轻构件自重的效果，同时提高了构件的耐疲劳性能；缺点是对材料的要求高，费用高，构造、施工和计算均较为复杂。

2. 根据预应力施加方法的不同，有先张法和后张法 2 种施工方法。两者本质差别在于预应力施加的途径不同，有各自的优缺点和适应范围。

3. 预应力筋张拉控制应力值的大小与施加预应力的方法及预应力的钢种有关，也考虑了构件的延性、材料性质的离散性、缺点和适应范围。

4. 由于张拉工艺、材料性质和锚固等原因，从张拉预应力筋开始直至构件使用的整个过程中，预应力筋的控制应力将慢慢降低，与此同时混凝土的预应力逐渐下降，使得预应力损失。预应力损失产生的因素很多，《混凝土结构设计规范》采用分项计算各项应力损失再叠加的方法来计算总应力损失，本章详细介绍了具体计算方法以及减少各项预应力损失的措施。

5. 预应力构件从张拉预应力到构件破坏一般分为施工阶段和使用阶段，对于每个阶段又可分为若干个受力过程。各个受力阶段中的应力分析是预应力构件计算的基础，其基本原理是：2 种材料共同变形时，应力增量的比例等于弹性模量的比例；预应力混凝土截面可以用材料弹性模量的比例换算成等效截面。

复习思考题

思考题解析

8.1　预应力混凝土结构的优缺点是什么？

8.2　什么是先张法和后张法？两者有何异同？

8.3　在预应力混凝土构件中为什么必须使用高强混凝土和高强预应力筋？

8.4　什么是张拉控制应力？为什么先张法的张拉控制应力比后张法的高？

8.5　张拉控制应力过高和过低将出现什么问题？

8.6　预应力损失有哪些？先张法与后张法怎样组合？怎样减少预应力损失值？

8.7　什么是预应力的传递长度？传递长度与锚固长度有何不同？

8.8　为什么混凝土局部承压强度比全截面均匀受压强度高？

8.9　对构件施加预应力能否提高构件的极限承载能力，为什么？

8.10　试总结先张法与后张法轴心受拉构件计算中的异同点。

8.11　预应力混凝土构件有哪些构造要求？

习题

已知后张法预应力混凝土轴心受拉构件（屋架下弦）的截面如图8-13所示。混凝土强度等级为C50，当混凝土达到设计规定的强度后张拉预应力钢筋（采用超张拉），预应力筋采用低松弛钢绞线5Φ^S10.8，普通钢筋采用4Φ10，构件长度为18 m，采用夹片式锚具，孔道为预埋金属波纹管，预留孔道直径60 mm，张拉控制应力取0.6f_{ptk}。试计算各项预应力损失值。

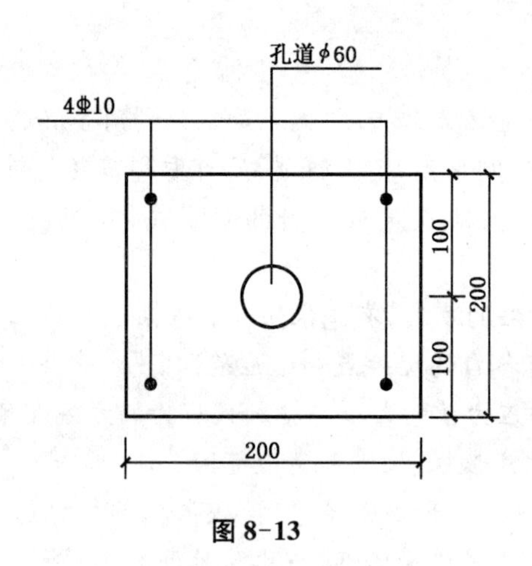

图8-13

9 现浇钢筋混凝土楼盖

9.1 现浇钢筋混凝土楼盖的类型

现浇钢筋混凝土楼盖可分为两大类：肋梁楼盖和无梁楼盖。

9.1.1 肋梁楼盖

肋梁楼盖可分为单向板肋梁楼盖、双向板肋梁楼盖、密肋楼盖和井字楼盖等。

1）单向板和双向板肋梁楼盖

肋梁楼盖由板、次梁和主梁组成(图 9-1)。板的四周支承在次梁和主梁上。一般将四周由主梁和次梁支承的板称为一个板区格。

当板区格的长边 l_2 与短边 l_1 的比值大于 2 时，板上荷载主要沿短边 l_1 的方向传递到支承梁上，而沿长边 l_2 的方向传递的荷载很小，可以忽略不计。板仅沿单方向(短向)受力时，这种肋梁楼盖称为单向板肋梁楼盖。

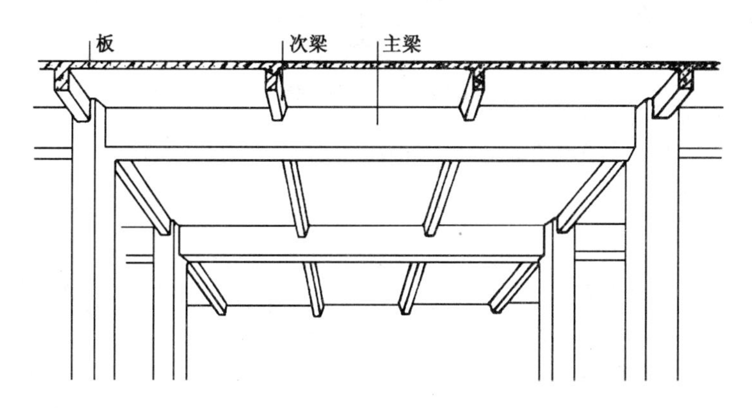

图 9-1 肋梁楼盖

当板区格的长边 l_2 与短边 l_1 的比值小于或等于 2 时，板上荷载将通过两个方向传递到板相应的支承梁上。板沿两个方向受力时，这种肋梁楼盖称为双向板肋梁楼盖。

《钢筋混凝土结构设计规范》规定，四边支承的混凝土板应按下列方法计算：

(1) 当区格的长边 l_2 与短边 l_1 的比值不大于 2.0 时，应按双向板计算。

(2) 当区格的长边 l_2 与短边 l_1 的比值大于 2.0 但小于 3.0 时，宜按双向板计算。

(3) 当区格的长边 l_2 与短边 l_1 的比值不小于 3.0 时，宜按沿短边方向受力的单向板计算，并应按长边方向布置构造钢筋。

2）密肋楼盖

当肋梁楼盖的梁(肋)间距较小(其肋间距约为 0.5～1.0 m)时，这种楼盖称为密肋楼盖。密肋楼盖梁的高度较小,因而可增大楼层净空或降低楼层层高。在密肋之间,可以放置填充物,如塑料盒、加气混凝土块或其他块材。这样,密肋楼盖的下表面就成为平整底面,可省去吊顶。密肋楼盖也可分为单向密肋楼盖和双向密肋楼盖两种(图 9-2)。当柱网接近于正方形时,常采用双向密肋楼盖。

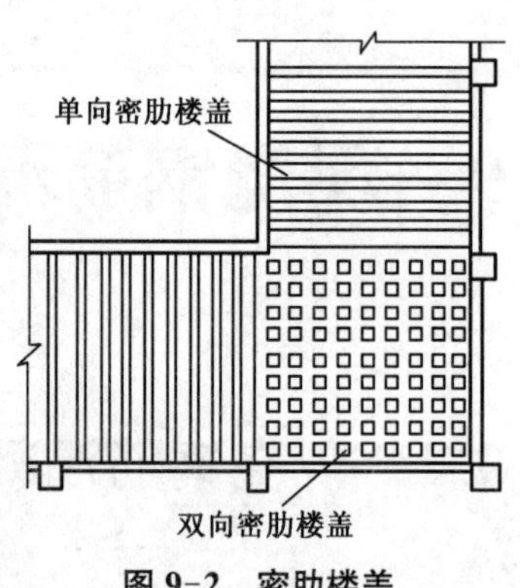

图 9-2　密肋楼盖

3) 井字楼盖

当柱间距较大时,如用单向板肋梁楼盖,则主梁的梁高很大,不经济。这时可将其梁格布置成“井”字形,且两个方向的梁截面相同(图 9-3)。而且,梁间距比密肋楼盖的肋间距要大得多。这种楼盖称为井字楼盖。井字楼盖梁间距一般可取 3.0～5.0 m。井字楼盖梁的跨度在 3.5～6.0 m 之间。

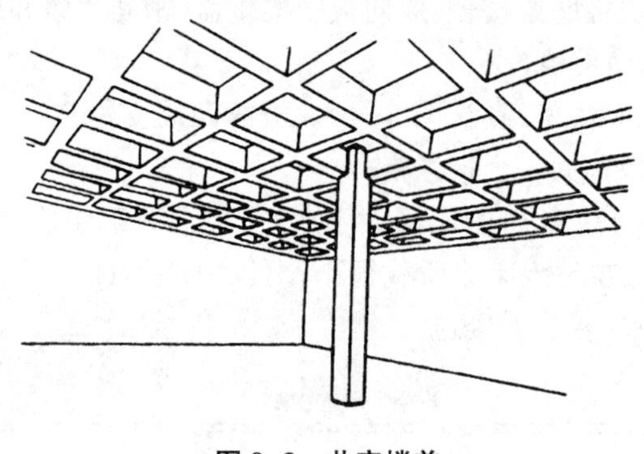

图 9-3　井字楼盖

井字楼盖的次梁支承于主梁或墙上,次梁可平行于主梁或墙(图 9-4(a)),也可按 45°对角线布置(图 9-4(b))。

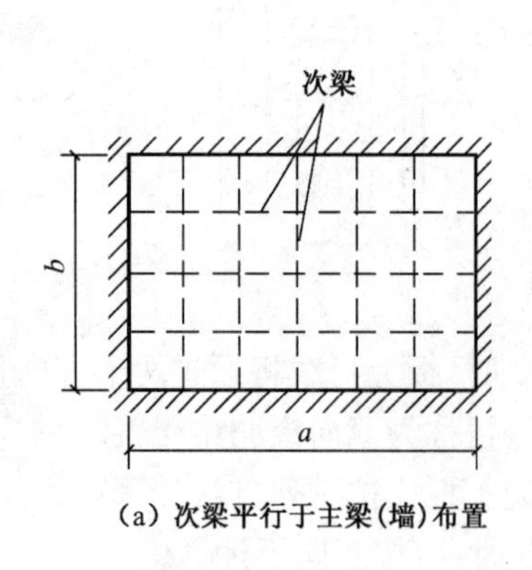

(a) 次梁平行于主梁(墙)布置

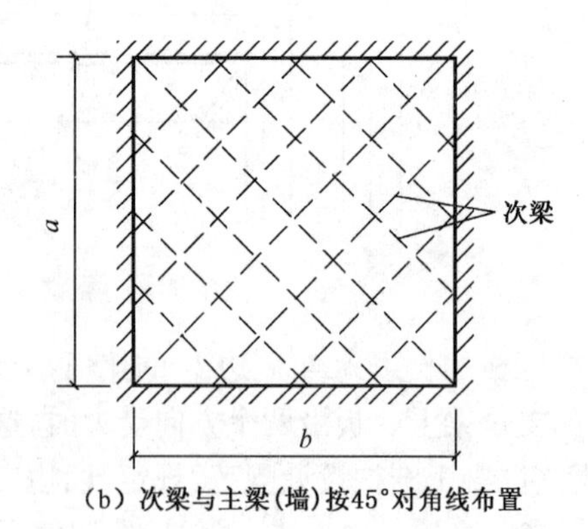

(b) 次梁与主梁(墙)按45°对角线布置

图 9-4　井字楼盖结构布置

9.1.2　无梁楼盖

楼盖中不设梁,而将板直接支承在柱上,这种楼盖称为无梁楼盖(图 9-5(a))。这种结构的传力体系简单,楼层净空高,架设模板方便,且穿管、开孔也较方便。由于在板的支承处附近，受力较大，容易发生冲切破坏，板往往设置柱帽。

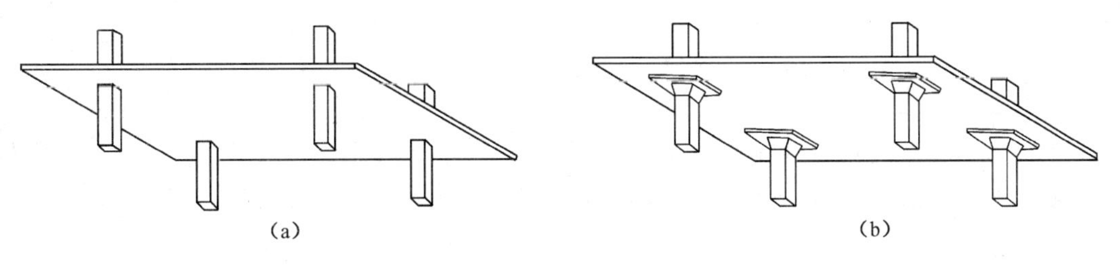

图 9-5　无梁楼盖

9.2　钢筋混凝土单向板肋梁楼盖

9.2.1　结构布置

1）柱网布置

柱网布置对于房屋的适用性和经济性有重要影响，是一个综合性的问题。因此，柱网布置的原则是：

(1) 柱网布置必须满足建筑物的使用要求。例如，公共建筑一般要求较大的柱网尺寸，居住建筑主要根据居室标准来确定柱网尺寸，工业厂房主要根据设备尺寸和设备布置等工艺要求来确定柱网尺寸。

(2) 柱网布置必须尽可能地降低工程造价。柱网尺寸大，则楼盖跨度大，楼盖材料用量增加，但柱子少，建筑面积利用率高；柱网尺寸过小，柱子增多，梁板结构由于跨度小，而按构造要求设计也未必经济。目前较经济的柱网尺寸为 5～8 m。

2）梁板布置

柱网或承重墙的间距决定了主梁的跨度，主梁间距决定了次梁的跨度，次梁间距又决定了板的跨度。因此，如何根据建筑平面以及使用功能、工程造价等因素合理地确定肋梁楼盖的主梁和次梁的布置，就成为一个十分重要的问题。

主梁的布置方案有两种，一种沿房屋横向布置，另一种沿房屋纵向布置。

当主梁沿房屋横向布置，次梁沿纵向布置时(图 9-6(a))，在建筑物横向，一般可由主梁与柱形成横向框架受力体系，房屋的横向刚度较大。通过纵向次梁将各榀横向框架联成整体。由于主梁与外纵墙面垂直，纵墙上窗洞高度可较大，有利于室内自然采光。

当横向柱距比纵向柱距大得较多或房屋有集中通风的要求时，可采用主梁沿房屋纵向布置，次梁沿房屋横向布置方案(图 9-6(b))。当主梁沿房屋纵向布置时，可增加房屋净空，但房屋的横向刚度较差，而且常由于次梁支承在窗过梁上而限制了窗洞的高度。

如果建筑物为办公楼、病房楼、客房楼和集体宿舍楼等，常见的平面布置是中间为走道、两侧为房间的形式，则可利用纵墙承重，此时可仅布置次梁而不设主梁(图 9-6(c))。

对于沿街的底层为大空间的商店，上部几层为住宅的民用建筑以及一些公共建筑的门厅,往往在楼盖上有承重墙、隔断墙。此时,在墙下受有较大集中荷载的楼盖处,应设置承重梁。在楼板上开有较大的洞口时,在洞口周边也应设置小梁。

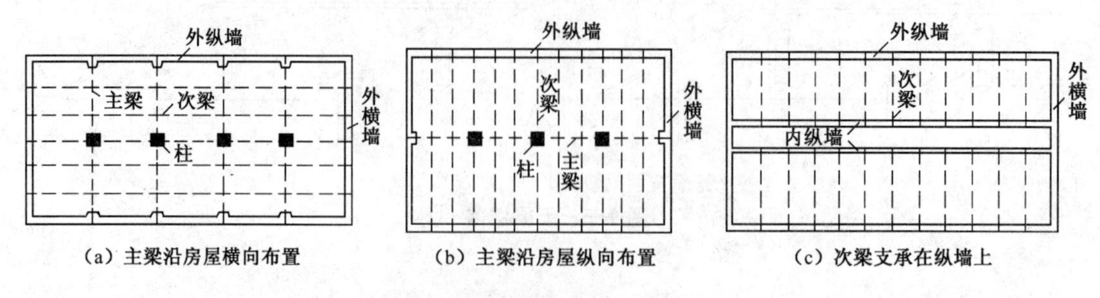

(a) 主梁沿房屋横向布置　(b) 主梁沿房屋纵向布置　(c) 次梁支承在纵墙上

图 9-6　肋梁楼盖结构布置

梁格的布置还应尽量做到规则、整齐,荷载传递直接。梁宜在整个建筑平面范围内拉通。

在楼盖结构中,板的混凝土用量约占整个楼盖混凝土用量的 50%~70%,因此板厚宜取较小值,在梁格布置时应考虑这一因素。此外,当主梁跨间布置的次梁多于一根时,主梁弯矩变化平缓,受力较有利。根据设计经验,板的跨度一般为 1.7~2.7 m,不宜超过 3.0 m;次梁的跨度一般为 4.0~6.0 m;主梁的跨度一般为 5.0~8.0 m。

9.2.2　单向板肋梁楼盖内力的弹性理论计算法

现浇钢筋混凝土单向板肋梁楼盖的板、梁往往是多跨连续的板、梁,其内力分析方法有两种:基于弹性理论的计算方法和考虑塑性内力重分布的计算方法。本节讨论板、梁内力基于弹性理论的计算方法。

1) 计算简图和荷载

(1) 计算简图

肋梁楼盖中的板和次梁分别由次梁和主梁支承。在确定计算简图(即计算模型)时,一般不考虑板与次梁、次梁与主梁的变形协调,将连续板和连续次梁的支座均视为铰支座。

当主梁支承在砖墙(或砖墩)上时,其支座可简化为铰支座。当主梁支承在钢筋混凝土柱上时,应根据梁和柱的线刚度比值而定。若柱子与梁的线刚度比值大于 1/4 时,应将梁与柱视为刚性连接,按框架分析梁、柱内力;若柱子与梁的线刚度比值小于或等于 1/4 时,主梁可按铰支于钢筋混凝土柱上的连续梁进行计算。

对连续板、梁的某一跨,与其相邻两跨以外的其余各跨的荷载对其内力影响很小。因此,对超过 5 跨的等刚度连续板、梁,当各跨荷载相同,且跨度相差不超过 10%时,除两边跨外,所有中间跨的内力是十分接近的。为简化计算,可将所有中间跨均以第三跨来代表,即可按 5 跨等跨连续板、梁进行计算,其计算简图如图 9-7 所示。当板、梁的跨度少于 5 跨时,则按实际跨数计算。

连续板、梁的计算跨度 l_0 按表 9-1 选用。

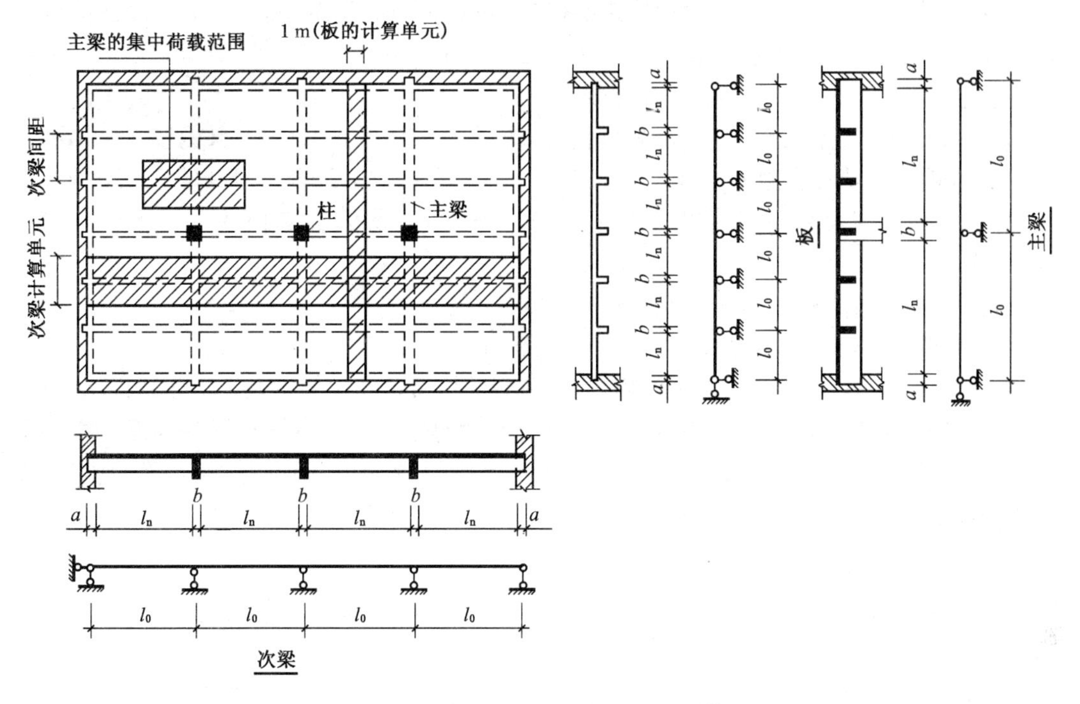

图 9-7　单向板肋梁楼盖的板和梁的计算简图

表 9-1　按弹性理论计算时连续板、梁的计算跨度 l_0

支承情况	计算跨度	
	梁	板
两端与梁(柱)整体连接	l_c	l_c
两端搁置在墙上	$1.05l_n \leqslant l_c$	$l_n + h \leqslant l_c$
一端与梁整体连接，另一端搁置在墙上	$1.025l_n + b/2 \leqslant l_c$	$l_n + b/2 + h/2 \leqslant l_c$

注：表中的 l_c 为支座中心线间的距离，l_n 为净跨，h 为板的厚度，b 为板、梁在梁或柱上的支承长度。

(2) 荷载

作用在楼盖上的荷载有永久荷载(恒荷载)和可变荷载(活荷载)。永久荷载包括结构自重、构造层重等，对于工业建筑，还有永久性设备自重。活荷载包括使用时的人群、家具、办公设备以及堆料等的重力。

永久荷载的标准值可按选用的构件尺寸、材料和结构构件的单位重(即单位体积的重量)计算。民用建筑楼面上的均布活荷载可由《建筑结构荷载规范》(GB 50009—2001)(以下简称《荷载规范》)查得。工业建筑楼面在生产使用中由设备、运输工具等所引起的局部荷载及集中荷载，均按实际情况考虑，也可用等效均布活荷载代替。《荷载规范》附录 C 中列有部分车间的楼面均布活荷载值，可供查取。

对于承受均布荷载的楼面，其板和次梁上均承受均布线荷载，主梁则承受次梁传来的集中荷载。图 9-7 示出了在均布活荷载下板、次梁、主梁在确定荷载时所考虑的负荷面积。为了简化计算，在确定板、次梁和主梁间的荷载传递时，可忽略板、梁的连续性，按简支板、简支梁确定反力值。必须注意，对于民用建筑的楼盖，楼盖梁的负荷面积愈大，则楼面活荷载全部满布的可能性愈小。因此，在设计民用建筑楼面梁时，楼面活荷载标准值应乘以折减系数 α，α 的值在 0.6～1.0 之间(可查阅《荷载规范》)。

确定荷载基本组合设计值时，永久荷载的分项系数应按下述取用：当其效应对结构不利时，取 1.2(由可变荷载控制的组合)或 1.35(由永久荷载控制的组合)；当其效应对结构有利时，取 1.0。可变荷载的分项系数一般取 1.4，当楼面活荷载标准值大于 4 kN/m^2 时，取 1.3。

2）活荷载的最不利布置与内力包络图

(1) 活荷载的最不利布置

在连续板、梁中，恒荷载作用于各跨，而活荷载的位置是变化的。在计算连续板、梁内力时，并非各跨都有活荷载作用时为最不利。当活荷载的分布不同时，板、梁各截面内力将不同。为了简便起见，在设计时，活荷载以一个整跨为变动单元。下面用一根 5 跨连续梁(或板)来说明活荷载最不利布置的概念(图 9-8)。

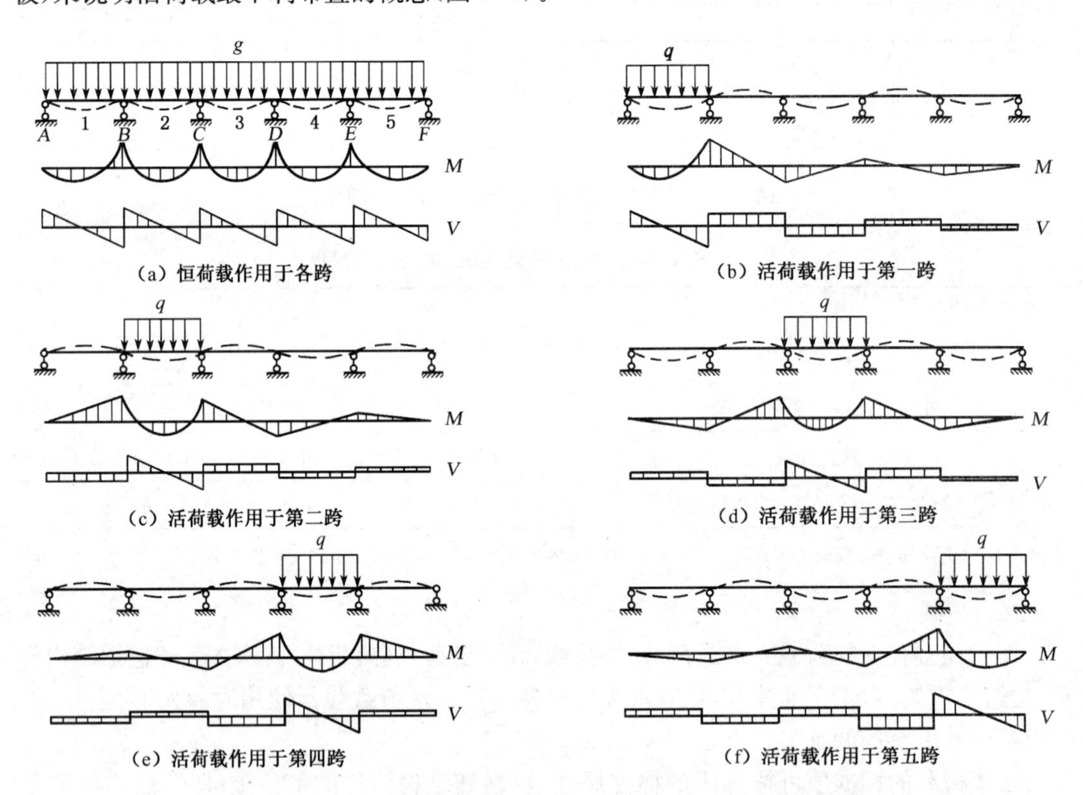

(a) 恒荷载作用于各跨　(b) 活荷载作用于第一跨　(c) 活荷载作用于第二跨　(d) 活荷载作用于第三跨　(e) 活荷载作用于第四跨　(f) 活荷载作用于第五跨

图 9-8　5 跨连续梁(或板)在 6 种荷载下的内力图

图 9-8(a)示出了一根 5 跨连续梁(或板)在恒荷载作用下的弯矩图(M 图)和剪力图(V 图)。图 9-8(b)、(c)、(d)、(e)、(f)示出了该 5 跨连续梁(或板)在每跨单独作用活荷载时的弯矩图(M 图)和剪力图(V 图)。由图中可见，任一计算截面上的最不利内力与活荷载布置有密切关系，主要有如下规律：

① 求某跨跨中最大弯矩时，应在该跨布置活荷载，然后每隔一跨布置活荷载。

② 求某跨跨中最小弯矩(最大负弯矩)时，该跨不应布置活荷载，而在该跨左右两跨布

置活荷载，然后每隔一跨布置活荷载。

③ 求某支座最大负弯矩和某支座截面最大剪力时，应在该支座左、右两跨布置活荷载，然后每隔一跨布置活荷载。

上述活荷载的布置一般称为活荷载的最不利布置，根据上述活荷载的最不利布置，可进一步求出各截面可能产生的最不利内力，即最大正弯矩（$+M$）、最大负弯矩（$-M$）和最大剪力（V）。

附表 2-15 列出了等跨连续梁（或板）在均布荷载和几种常用集中荷载作用下的内力系数，计算时可直接查用。

(2) 内力包络图

图 9-9 表示承受均布荷载的 5 跨连续梁（或板）的恒荷载与活荷载在各种不利布置情况下产生的弯矩图、剪力图。将图 9-9 中所示的弯矩图、剪力图分别叠画在同一坐标图上，则其外包线示出了各截面可能出现的弯矩和剪力的上下限，由这些外包线围成的图形称为弯矩包络图、剪力包络图（图 9-10）。

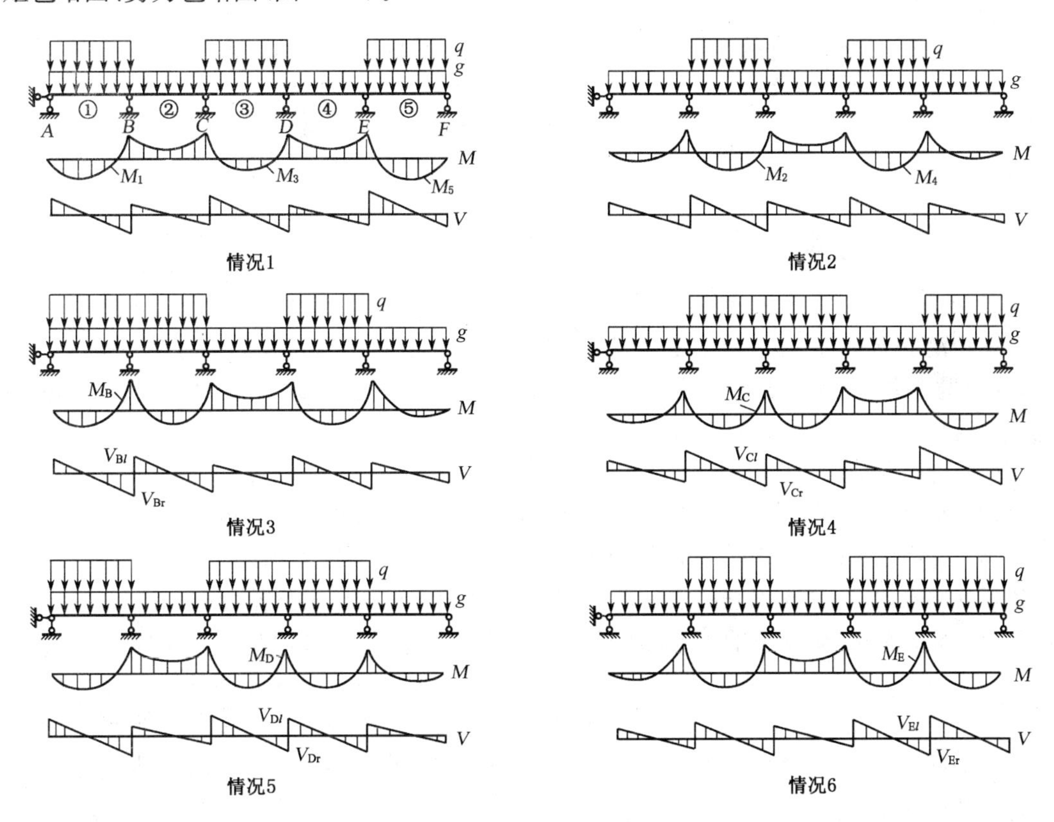

图 9-9　5 跨连续梁（或板）的荷载布置与各截面的最不利内力图

绘制弯矩包络图的步骤如下：

① 列出恒荷载与各种可能的最不利活荷载布置的组合。

② 对上述每一种荷载组合求出各支座的弯矩（支座的弯矩可由附表 2-15 查得），并以支座弯矩的连线为基线，绘出各跨在相应荷载作用下的简支弯矩图，则得上述每一种荷载组合的弯矩图。

③ 绘出上述弯矩图的外包线，即得所求的弯矩包络图。

剪力包络图的绘制方法与弯矩包络图的绘制方法类似。

为了绘制每一跨的弯矩包络图，一般需考虑 4 种荷载组合，即产生左、右端支座截面最大负弯矩的荷载组合和产生跨中最大正、负弯矩的荷载组合。

为了绘制每一跨的剪力包络图，一般只需考虑两种荷载组合，即产生左、右端支座截面最大剪力的荷载组合(图 9-10)。

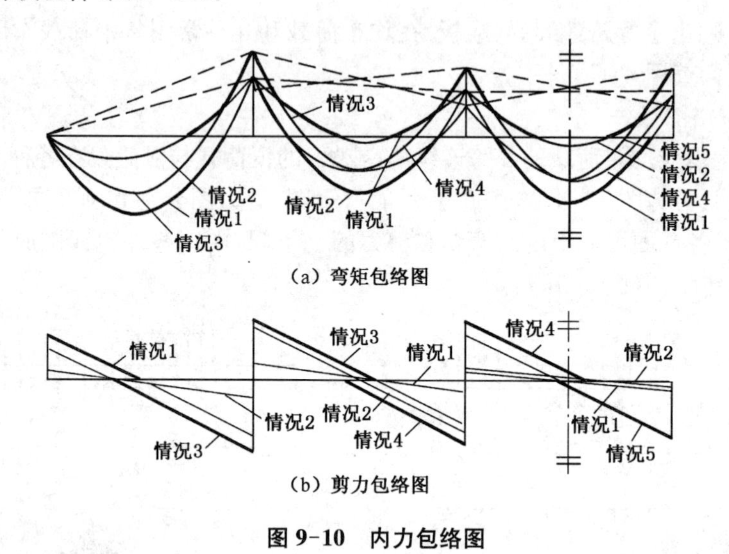

图 9-10 内力包络图

3) 折算荷载和内力设计值

在现浇肋梁楼盖中，对于支座为整体连接的板、梁，在确定其计算简图时，将支座视为铰支，这使得内力计算较为简便，但这与实际情况有一定的差别，因此，计算结果将存在一定的误差。这一误差可以通过折算荷载的方法进行适当的修正。

(1) 折算荷载

如前面所述，在确定板、梁的计算简图(即计算模型)时，将板、梁整体连接的支座简化为铰支承，其实质是没有考虑次梁对板、主梁对次梁在支座处的转动约束。实际上，当板受荷发生弯曲转动时，将使支承它的次梁产生扭转，而次梁对此扭转的抵抗将部分地阻止板自由转动，亦即此时板支座截面的实际转角 θ'(图 9-11(b))比理想铰支承时的转角 θ(图 9-11(a))小，即 $\theta'<\theta$，其效果相当于降低了板的弯矩。次梁与主梁间的情况与此类似。

目前一般采用增大恒荷载和相应地减小活荷载的方法来考虑这一影响。即以折算荷载来代替实际荷载(图 9-11(c))。由于次梁对板的约束程度和主梁对次梁的约束程度不同，因此板和次梁的折算荷载的取值应不同。

板和次梁的折算荷载按下列公式取值：

对于板

$$g' = g + \frac{1}{2}q \qquad q' = \frac{1}{2}q \tag{9-1}$$

对于次梁

$$g' = g + \frac{1}{4}q \qquad q' = \frac{3}{4}q \tag{9-2}$$

式中：g'——折算恒荷载设计值；

q'——折算活荷载设计值；

g——实际恒荷载设计值；

q——实际活荷载设计值。

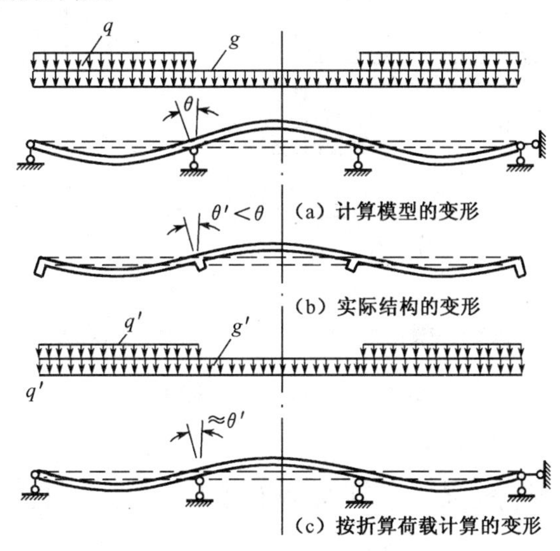

图 9-11　板、梁的折算荷载

当板或梁搁置在砖墙或钢梁上时，支座处所受到的约束较小，因而可不进行这种荷载调整。

(2) 弯矩和剪力的设计值

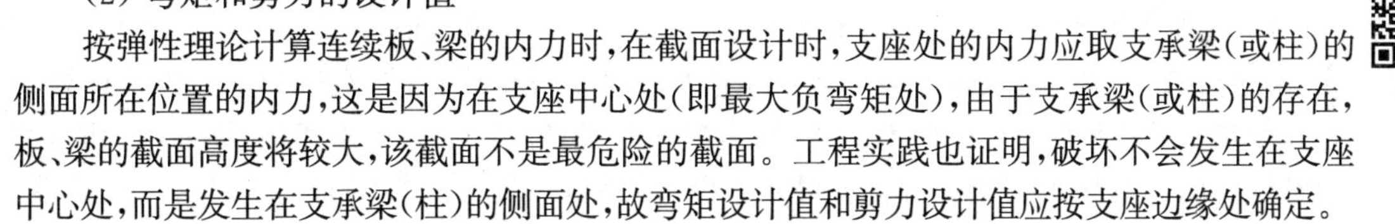

按弹性理论计算连续板、梁的内力时，在截面设计时，支座处的内力应取支承梁(或柱)的侧面所在位置的内力，这是因为在支座中心处(即最大负弯矩处)，由于支承梁(或柱)的存在，板、梁的截面高度将较大，该截面不是最危险的截面。工程实践也证明，破坏不会发生在支座中心处，而是发生在支承梁(柱)的侧面处，故弯矩设计值和剪力设计值应按支座边缘处确定。

支座边缘弯矩设计值 M_b 可按下列公式计算(图 9-12(a))：

$$M_b = M - \frac{V_b b}{2} \tag{9-3}$$

式中：M——支座中心处弯矩设计值；

V_b——支座边缘处剪力设计值；

b——支座宽度。

支座边缘处剪力设计值 V_b 可按下列公式计算：

均布荷载时

$$V_b = V - \frac{(g+q)b}{2} \tag{9-4a}$$

集中荷载时

$$V_b = V \tag{9-4b}$$

式中：V——支座中心处的剪力设计值(图 9-12(b))。

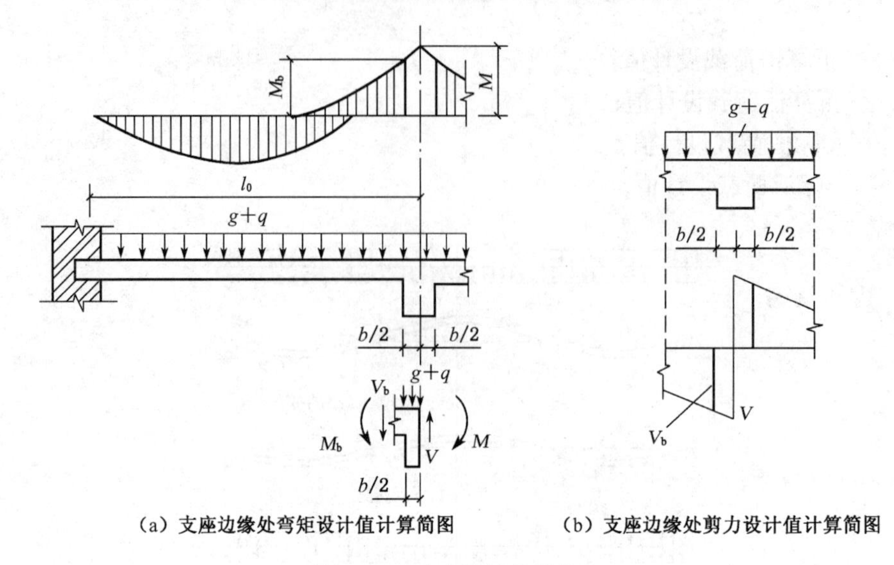

(a) 支座边缘处弯矩设计值计算简图　　(b) 支座边缘处剪力设计值计算简图

图 9-12　内力设计值的修正

9.3　单向板肋梁楼盖连续梁板考虑塑性内力重分布的设计方法

9.3.1　按弹性理论计算单向板肋梁楼盖的问题

1) *内力计算方法与截面设计方法不协调*

钢筋混凝土构件的截面承载力计算是按极限平衡理论进行的，在截面承载力的计算中充分考虑了钢材和混凝土的塑性性质，然而在按上述弹性理论分析连续板、梁的内力时，实际上是采用了材料为匀质弹性体的假定，即将构件视为理想弹性体而不考虑材料的塑性。显然，用弹性理论分析结构内力，并按塑性方法设计截面，这两者是不协调的。同时，在超静定结构中，结构的内力与结构各部分的刚度大小有直接关系，当结构中某截面发生塑性变形后，刚度显著降低，结构上的内力也将发生变化。也就是说，在加载的全过程中，由于材料的非弹性性质，各截面间的内力分布规律是不断发生变化的(这种现象一般称为内力重分布)，按弹性理论求得的内力实际上已不能准确反映结构的实际内力。同时，连续板、梁是超静定结构，即使其中某处正截面的受拉钢筋达到屈服，整个结构还不是几何可变的，仍有一定的承载力。因此，在楼盖设计中，考虑材料的塑性内力重分布的方法来分析结构的内力，确定结构的承载力，将能更准确地反映结构的实际受力状态，更充分地发挥结构的承载力，具有一定的经济意义。

2) *各个截面的钢筋不能同时充分发挥作用*

按弹性理论计算连续梁(或板)的内力时，是根据各种活荷载的最不利布置求出的内力包络图进行配筋的。各跨跨中截面和各支座截面的最大内力并不是同时出现的。也就是说，跨中截面的弯矩达到最大值时，支座弯矩并未达到最大值，反之亦然。因此，当某跨跨中钢筋在其最不利荷载作用下得到充分利用时，其支座钢筋却还有相当大的强度储备，反之亦然。

3）支座截面配筋多，构造复杂

按弹性理论计算方法求得的支座弯矩一般远大于跨中弯矩，使支座处负弯矩钢筋远多于跨中钢筋，造成支座处钢筋密集，布置困难，施工复杂。

9.3.2 塑性内力重分布的基本原理

1）钢筋混凝土受弯构件的塑性铰

图 9-13(a)所示为一受弯构件跨中截面曲率 φ 与弯矩 M 的关系曲线。从图 9-13(a)中可见，钢筋屈服以前，$M-\varphi$ 关系线已略呈曲线，这表明，梁在第Ⅱ工作阶段（带裂缝工作阶段）时，由于受拉区出现裂缝和受压区混凝土产生了一定的塑性变形，截面刚度已逐渐降低。当纵向受拉钢筋屈服时，在弯矩增加不多的情况下，曲率 φ 急剧增大，$M-\varphi$ 关系线接近于水平线，这表明该截面已进入“屈服”阶段。纵向受拉钢筋屈服时的弯矩称为屈服弯矩，用 M_y 表示，相应的曲率称为屈服曲率，用 φ_y 表示；在纵向受拉钢筋屈服后，在“屈服”截面将形成一个集中的转动区域，相当于一个铰，这种“铰”称为“塑性铰”（图 9-13(b)）。塑性铰的形成主要是由于纵向受拉钢筋屈服后产生塑性变形，而塑性铰的转动能力则取决于混凝土与纵向受拉钢筋的变形能力。随着曲率增加，混凝土受压边缘的应变将增加。当混凝土受压边缘的应变达到其极限压应变 ε_{cu}时，混凝土压坏，截面达到其极限弯矩 M_u，这时，相应的曲率称为极限曲率，用 φ_u 表示。

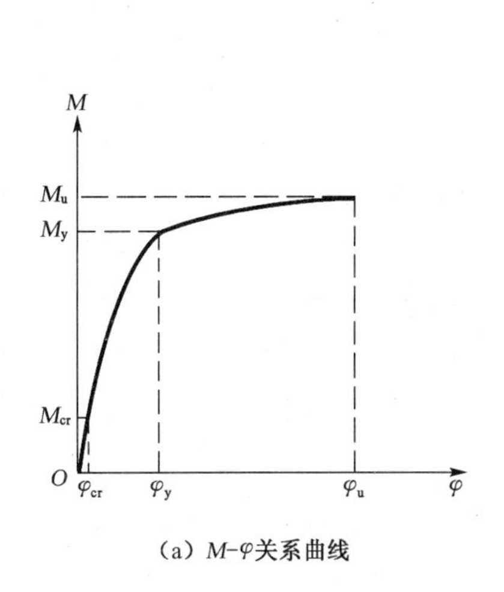

（a）M-φ关系曲线

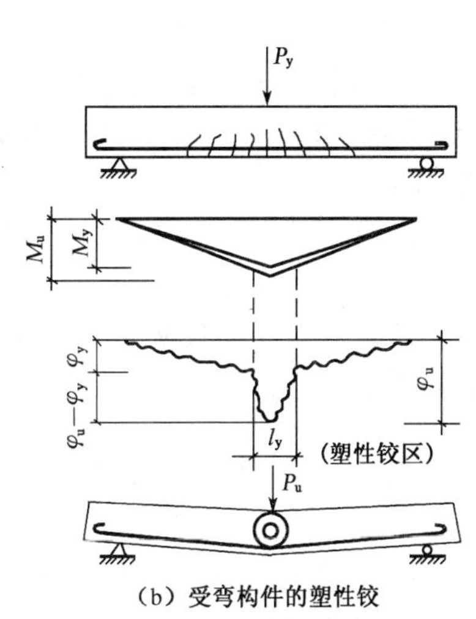

（b）受弯构件的塑性铰

图 9-13 钢筋混凝土受弯构件的塑性铰

必须注意，钢筋混凝土受弯构件的塑性铰与理想铰有本质上的不同，两者主要区别如下：

（1）理想铰不能传递弯矩，而塑性铰能传递相应于截面“屈服”的弯矩 M_y。为了便于计算，在考虑受弯构件的塑性内力重分布时，可近似认为屈服弯矩 M_y 等于该截面的极限弯矩 M_u。

（2）理想铰是双向铰，可以在两个方向自由转动；而塑性铰却是单向铰，只能沿弯矩作用方向做有限的转动，塑性铰的转动能力与配筋率 ρ 及混凝土极限压应变 ε_{cu} 有关。

(3) 理想铰集中于一点(即绕一点转动),而塑性铰有一定的长度(即通过一定长度区段的变形积累而转动)。

2) 钢筋混凝土连续梁的塑性内力重分布

钢筋混凝土连续梁是超静定结构,其内力分布与各截面的刚度有关。在整个加荷过程中,钢筋混凝土连续梁各个截面的刚度是不断变化的,因此,其内力也是不断发生重分布的。

钢筋混凝土连续梁的内力重分布现象在裂缝出现前即已产生,但不明显(因为在裂缝出现以前,各截面刚度变化不明显)。在裂缝出现后,由于各截面刚度较为明显,内力重分布逐渐明显。而在纵向受拉钢筋屈服后,出现了塑性铰,使得计算简图发生了变化,内力将产生显著的重分布。下面,我们将主要研究纵向受拉钢筋屈服后的内力重分布现象。

对于钢筋混凝土静定梁,当某一截面出现塑性铰,则梁变成几何可变体系,即到达其承载力极限状态。对于钢筋混凝土连续梁,即超静定梁,当某一截面出现塑性铰,即弯矩达到其屈服弯矩后,该截面处的弯矩将不再增加,但其转角仍可继续增大,这就相当于使超静定梁减少了一个约束,梁可以继续承受增加的荷载而不破坏,只有当梁上出现足够数量的塑性铰而使梁成为几何可变体系时,梁才达到承载力极限状态。

下面以两跨连续梁为例说明连续梁的塑性内力重分布。

设在跨中作用有集中荷载的两跨连续梁,如图 9-14 所示,梁的计算跨度 $l_0 = 4.0\,\text{m}$,梁的截面尺寸 $b \times h = 200\,\text{mm} \times 450\,\text{mm}$,混凝土强度等级为 C25($f_c = 11.9\,\text{N/mm}^2$),中间支座及跨中均配置受拉钢筋 3Φ18($f_y = 360\,\text{N/mm}^2$)。按受弯构件正截面承载力计算。跨中截面和中间支座截面的极限弯矩 $M_{uD} = M_{uB} = 98.0\,\text{kN}\cdot\text{m}$。按照弹性理论计算,当 $P_1 = 130.7\,\text{kN}$ 时,支座 B 的弯矩已达到其极限弯矩,即 $M_B = 98.0\,\text{kN}$。因此,P_1 就是这个连续梁所能承受的最大荷载,但此时跨中截面的弯矩 $M_{D1} = 81.7\,\text{kN}\cdot\text{m}$,尚未达到其极限弯矩(图 9-14(a))。

由于二跨连续梁为一次超静定结构,在 P_1 作用下,结构并未丧失承载力,只是在支座 B 附近形成塑性铰。在进一步加载过程中,塑性铰截面 B 在屈服状态下工作,转角可继续增大,但截面所承受的弯矩不变,仍为 $98.0\,\text{kN}\cdot\text{m}$。因此,在继续加载过程中,梁的受力将相当于两跨简支梁,跨中还能承受的弯矩增量为 $M_{D2} = M_{uD} - M_{uD1} = 98.0 - 81.7 = 16.3\,\text{kN}\cdot\text{m}$,相应荷载增量 $P_2 = \dfrac{4(M_{uD} - M_{D1})}{l_0} = 16.3\,\text{kN}$ 时(图 9-14(b)),跨中的总弯矩 $M_D = M_{D1} + M_{D2} = 81.7 + 16.3 = 98.0\,\text{kN}\cdot\text{m}$,这时 $M_D = M_{uD}$,在截面 D 处也形成塑性铰,整个结构成为几何可变体系,达到其承载力极限状态。因此考虑塑性内力重分布时,该连续梁的极限承载力 $P = P_1 + P_2 = 147\,\text{kN}$,梁的最后弯矩图如图 9-14(c)所示,$M_{uD} = M_{uB} = 98.0\,\text{kN}\cdot\text{m} = 0.1666(P_1 + P_2)l_0$。而在 $P = P_1 + P_2$ 作用下,若按弹性理论计算,则 B 支座的弯矩 $M_{Be} = 0.1875(P_1 + P_2)l_0 = 110.25\,\text{kN}\cdot\text{m}$,跨中 D 的弯矩 $M_{De} = 0.1563(P_1 + P_2)l_0 = 91.9\,\text{kN}\cdot\text{m}$,弯矩图如图 9-14(d)所示。由此可见,对于上述两跨连续梁,按塑性理论计算的支座弯矩 M_B 较弹性理论计算所得的支座弯矩 M_{Be} 下调的幅度为

$$\frac{M_{Be} - M_{uB}}{M_{Be}} = \frac{110.25 - 98.0}{110.25} = \frac{0.1875 - 0.1666}{0.1875} = 11.1\%$$

由上述可得出一些具有普遍意义的结论:

(1) 对于钢筋混凝土多跨连续梁(或板),某一个截面出现塑性铰,不一定表明该梁已丧

失承载力。只有当连续梁上出现足够数量的塑性铰，以致结构的某一部分或连续梁形成破坏机构（即几何可变体系），连续梁才丧失其承载力。因此，当考虑塑性内力重分布进行设计时，可充分发挥各截面的承载力，从而提高整个结构（即连续梁）的极限承载力。

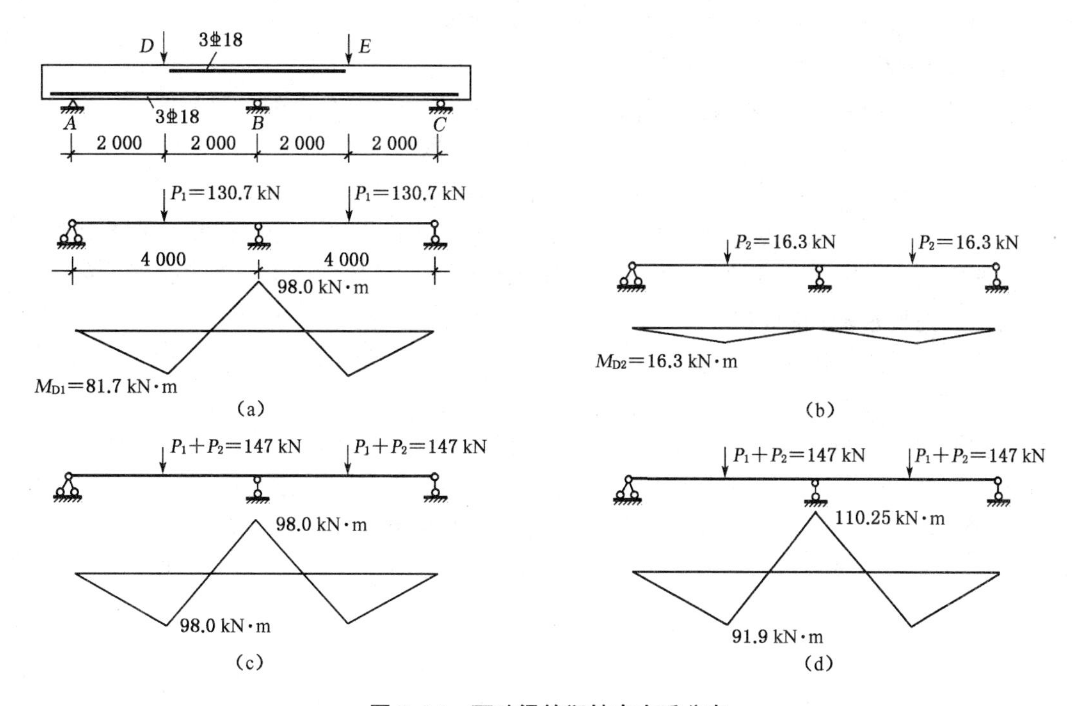

图 9-14 两跨梁的塑性内力重分布

(2) 对于钢筋混凝土多跨连续梁（或板），在塑性铰出现后的加载过程中，连续梁的内力经历了一个重新分布的过程（这个过程称为塑性内力重分布）。因此，在连续梁（或板）形成破坏机构时，连续梁的内力分布规律和塑性铰出现前按弹性理论计算的内力分布规律不同。

(3) 对于钢筋混凝土多跨连续梁（或板），按弹性理论计算时，在荷载与跨度确定后，内力解是确定的，即解答是唯一的，这时内力和外力平衡，且变形协调。而按塑性内力重分布理论计算时，内力的解答不是唯一的，内力分布可随各截面配筋比值的不同而变化，这时只满足平衡条件，而转角相等的变形协调条件不再适用，即在塑性铰截面处，梁的变形曲线不再有共同切线。所以连续梁（或板）的内力塑性重分布在一定程度上可以由设计者通过改变连续梁（或板）各截面的极限弯矩 M_u 来控制。不仅调幅的大小可以改变，而且调幅的方向（即增大或减小内力）也可以改变。

(4) 对于钢筋混凝土多跨连续梁（或板），当按弹性理论方法计算时，多跨连续梁（或板）的内支座截面的弯矩一般较大，造成配筋密集，施工不便。当考虑塑性内力重分布，按塑性理论计算时，可适当降低支座截面的弯矩设计值，减少支座截面配筋量，改善施工条件。

3) 影响塑性内力重分布的因素

钢筋混凝土连续梁（或板）的内力重分布有两种情况，一种是充分的内力重分布，一种是非充分的内力重分布。若钢筋混凝土连续梁（或板）中的各塑性铰均具有足够的转动能力，使连续梁（或板）能按照预定的顺序，先后形成足够数量的塑性铰，直至最后形成几何可变体系而破坏，这种情况称为充分的内力重分布。反之，如果在完成充分的内力重分布以前，由于某些局部破坏(如某个或某几个塑性铰转动能力不足而先行破坏等)导致连续梁(或板)的破坏,这种情况称为非充分的内力重分布。

影响钢筋混凝土连续梁(或板)内力重分布的主要因素有如下几个方面:塑性铰的转动能力、斜截面承载力以及结构的变形和裂缝开展性能等。

(1) 塑性铰的转动能力

塑性铰的转动能力是影响钢筋混凝土连续梁(或板)内力重分布的主要因素。如果完成内力重分布过程中所需要的转角超过了塑性铰的转动能力,则在尚未形成预期的破坏机构(成为几何可变体系)以前,该塑性铰就会因受压区混凝土被压碎而破坏。

影响塑性铰转动能力的主要因素有纵向钢筋配筋率(包括纵向受拉钢筋配筋率和纵向受压钢筋配筋率)、钢筋的延性和混凝土的极限压应变等。纵向钢筋配筋率直接影响截面的相对受压区高度 ξ,截面的相对受压区高度愈小,塑性铰的转动能力愈大。图 9-15 所示为不同配筋率的梁的弯矩 M 与曲率 φ 的关系。由图中可见,纵向受拉钢筋配筋率 ρ 愈大,则从截面屈服至截面破坏的曲率增量($\varphi_u-\varphi_y$)愈小,即随着纵向受拉钢筋配筋率的增加,塑性铰的转动能力减小,延性降低。当配筋率 ρ 达到最大配筋率 ρ_{max} 时,钢筋屈服的同时受压区混凝土压坏,即 $\varphi_y=\varphi_u$,这时塑性铰转动能力很小,几乎为零。钢筋的延性愈高,塑性铰的转动能力也愈大。普通热轧钢筋具有明显的屈服台阶,延伸率较高。因此,考虑塑性内力重分布计算的连续梁(或板),应采用热轧钢筋,如 HPB300、HRB335、HRB400 和 HRB500 等。

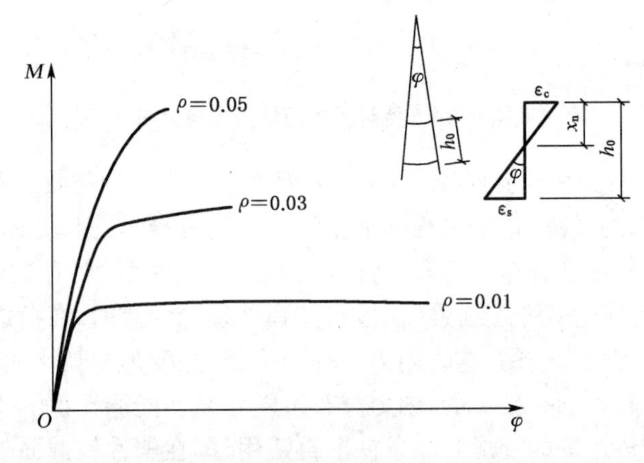

图 9-15 不同配筋率梁的 $M-\varphi$ 曲线

(2) 斜截面承载力

要实现充分的内力重分布,除了塑性铰不能过早破坏外,斜截面也不能因承载力不足而先行破坏,否则将影响内力重分布的继续进行。试验研究表明,在支座出现塑性铰后,斜截面承载力有所降低。因此,为了保证连续梁实现充分的内力重分布,其斜截面应具有足够的承载力。

(3) 结构的变形和裂缝开展性能

在连续梁(或板)实现充分的内力重分布过程中,如果最早和较早出现的塑性铰的转动幅度过大,塑性铰区段的裂缝将开展过宽,梁(或板)的挠度将过大,以致不能满足正常使用阶段对裂缝宽度和变形的要求。因此,在考虑塑性内力重分布时,应控制塑性铰的转动量,也就是应控制内力重分布的幅度,即弯矩的调幅值。

9.3.3 连续梁(或板)考虑塑性内力重分布的计算方法——弯矩调幅法

连续梁(或板)考虑塑性内力重分布的分析方法很多,其中最简便的方法是弯矩调幅法。所谓弯矩调幅法(简称调幅法)是先按弹性理论求出连续梁(或板)控制截面的弯矩值,然后根据设计需要,适当调整某些截面的弯矩值,通常是对那些弯矩(按绝对值)较大的截面的弯矩进行调整。

截面弯矩调幅值与按弹性理论计算的截面弯矩值的比值,称为调幅系数,截面弯矩调幅系数β用下式表示:

$$\beta = (M_e - M_p)/M_e \tag{9-5}$$

式中:M_e——按弹性理论计算的弯矩;

M_p——调幅后的弯矩。

1) 弯矩调幅法的一般原则

根据对钢筋混凝土连续梁(或板)的塑性内力重分布受力机理和影响因素的分析,钢筋混凝土连续梁(或板)在调整其控制截面的弯矩时,应符合下列规定:

(1) 截面的弯矩调幅系数β不宜超过 0.25。

如前面所述,如果弯矩调整的幅度过大,连续梁(或板)在达到设计所要求的内力重分布以前,将因塑性铰的转动能力不足而发生破坏,从而导致结构承载力不能充分发挥。同时,由于塑性内力重分布的历程过长,将使裂缝开展过宽、挠度过大,影响连续梁(或板)的正常使用。因此,对截面的弯矩调幅系数应予以控制。

(2)弯矩调整后的截面相对受压区高度系数ξ不应超过 0.35,也不宜小于 0.10;如果截面按计算配有受压钢筋,在计算ξ时,可考虑受压钢筋的作用。

截面相对受压区高度ξ是影响塑性铰转动能力的主要因素。控制截面相对受压区高度的目的是为了保证塑性铰具有足够的转动能力。

(3) 弯矩调整后,梁(或板)各跨两支座弯矩的平均值与跨中弯矩值之和不得小于该跨按简支计算的跨中弯矩值的 1.02 倍;同时,各控制截面的弯矩值不宜小于简支弯矩的 1/3。

假想把承受均布荷载的某连续梁(或板)的一跨取出,如图 9-16 所示。显然,该跨的受力状态与两支座处分别承受着弯矩M_{Ap}和M_{Bp},而在跨内承受着相同均布荷载q的简支梁相同。此时,由静力平衡条件可知跨中的弯矩M_{0p}与支座A、B的弯矩M_{Ap}、M_{Bp}有如下关系:

$$\frac{M_{Ap} + M_{Bp}}{2} + M_{0p} = M_0 \tag{9-6}$$

式中:M_{Ap}、M_{Bp}——分别为按考虑塑性内力重分布计算的支座A、B的弯矩;

M_{0p}——按考虑塑性内力重分布计算的跨度中点的弯矩;

M_0——按简支板、梁计算的跨度中点的弯矩。

由于钢筋混凝土梁(或板)的正截面从纵向钢筋开始屈服到承载力极限状态尚有一段距离,因此,当梁的任意一跨出现 3 个塑性铰而开始形成机构时,3 个塑性铰截面并不一定都同时达到极限强度。因此,为了保证结构在形成破坏机构前达到设计要求的承载力,故应使经弯矩调幅后的梁(或板)的任意一跨两支座弯矩的平均值与跨中弯矩之和略大于该跨的简支弯矩。

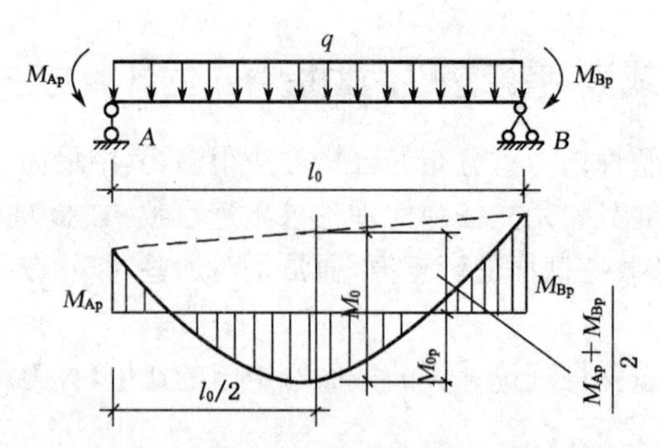

图 9-16　连续板、梁任意跨内、外力的平衡条件

(4) 连续梁(或板)考虑塑性内力重分布后的斜截面受剪承载力的计算方法与未考虑塑性内力重分布的承载力计算方法相同。但考虑弯矩调幅后,连续梁在下列区段内应将计算的箍筋截面面积增大 20%。对集中荷载,取支座边至最近一个集中荷载之间的区段;对均布荷载,取支座边至距支座边为 $1.05h_0$ 的区段(h_0 为梁的有效高度)。此外,箍筋的配筋率 ρ_{sv} 不应小于 $0.3\frac{f_t}{f_{yv}}$。

这条规定的目的是为了防止结构在实现弯矩调幅所要求的内力重分布之前发生斜截面受剪破坏。同时,在可能产生塑性铰的区段适当增加箍筋数量可改善混凝土的变形性能,增强塑性铰的转动能力。

(5) 经弯矩调幅后,构件在使用阶段不应出现塑性铰;同时,构件在正常使用极限状态下的变形和裂缝宽度应符合有关要求。

此外,在进行弯矩调幅时,应尽可能减少支座上部承受负弯矩的钢筋,尽可能使各跨最大正弯矩与支座弯矩相等,以便于钢筋的布置。

2) 等跨连续板、连续梁的计算

(1) 连续板

对于承受均布荷载的等跨单向连续板,各跨跨中及支座截面的弯矩设计值 M 可按以下公式计算:

$$M=\alpha_{mp}(g+q)l_0^2 \tag{9-7}$$

式中:α_{mp}——单向连续板考虑塑性内力重分布的弯矩系数,按表 9-2 采用;

g——沿板跨单位长度上的恒荷载设计值;

q——沿板跨单位长度上的活荷载设计值;

l_0——计算跨度,按表 9-3 采用。

表 9-2　连续板考虑塑性内力重分布的弯矩系数 α_{mp}

端支座支承情况	截面					
	端支座	边跨跨中	离端第二支座	离端第二跨跨中	中间支座	中间跨跨中
	A	Ⅰ	B	Ⅱ	C	Ⅲ
搁置在墙上	0	1/11	−1/10(用于两跨连续板) −1/11(用于多跨连续板)	1/16	−1/14	1/16
与梁整体连接	−1/16	1/14				

注:1. 表中弯矩系数适用于荷载比 q/g 大于 0.3 的等跨连续板。

2. 表中 A、B、C 和Ⅰ、Ⅱ、Ⅲ分别为从两端支座截面和边跨跨中截面算起的截面代号。

表 9-3 按塑性理论计算时连续板、梁的计算跨度 l_0

支承情况	计算跨度	
	梁	板
两端与梁(或柱)整体连接	l_n	l_n
两端搁置在墙上	$1.05l_n \leqslant l_c$	$l_n + h \leqslant l_c$
一端与梁(或柱)整体连接,另一端搁置在墙上	$1.025l_n \leqslant l_n + a/2$	$l_n + h/2 \leqslant l_n + a/2$

注:表中的 l_c 为支座中心线间距离,l_n 为净跨,h 为板的厚度,a 为梁(或板)在墙上的支承长度。

对于相邻两跨的长跨与短跨之比值小于 1.10 的不等跨单向连续板,在均布荷载作用下,各跨跨中及支座截面的弯矩设计值可按式(9-7)进行计算。此时,计算跨中弯矩应取本跨的跨度值;计算支座弯矩应取相邻两跨的较大跨度值。

(2) 连续梁

① 弯矩

A. 对于承受均布荷载的等跨连续梁,各跨跨中及支座截面的弯矩设计值可按以下公式计算:

$$M = \alpha_{mb}(g+q)l_0^2 \tag{9-8}$$

式中:M——弯矩设计值;

α_{mb}——连续梁考虑塑性内力重分布的弯矩系数,按表 9-4 采用;

g——沿梁单位长度上的恒荷载设计值;

q——沿梁单位长度上的活荷载设计值;

l_0——计算跨度,按表 9-3 采用。

表 9-4 连续梁考虑塑性内力重分布的弯矩系数 α_{mb}

端支座支承情况	截面					
	端支座	边跨跨中	离端第二支座	离端第二跨跨中	中间支座	中间跨跨中
	A	Ⅰ	B	Ⅱ	C	Ⅲ
搁置在墙上	0	1/11	−1/10(用于两跨连续梁) −1/11(用于多跨连续梁)	1/16	−1/14	1/16
与梁整体连接	−1/24	1/14				
与柱整体连接	−1/16	1/14				

注:1. 表中弯矩系数适用于荷载比 q/g 大于 0.3 的等跨连续梁。
2. 表中 A、B、C 和Ⅰ、Ⅱ、Ⅲ分别为从两端支座截面和边跨跨中截面算起的截面代号。

B. 对于承受间距相同、大小相等的集中荷载的等跨连续梁,各跨跨中及支座截面的弯矩设计值 M 可按以下公式计算:

$$M = \eta\alpha_{mb}(G+Q)l_0 \tag{9-9}$$

式中:η——集中荷载修正系数,依据一跨内集中荷载的不同情况按表 9-5 确定;

α_{mb}——考虑塑性内力重分布的弯矩系数,按表 9-4 采用;

G——一个集中恒荷载设计值;

Q——一个集中活荷载设计值；

l_0——计算跨度，按表 9-3 采用。

表 9-5　集中荷载修正系数 η

荷载情况	截面					
	A	Ⅰ	B	Ⅱ	C	Ⅲ
当在跨中中点处作用 1 个集中荷载时	1.5	2.2	1.5	2.7	1.6	2.7
当在跨中三分点处作用有 2 个集中荷载时	2.7	3.0	2.7	3.0	2.9	3.0
当在跨中四分点处作用有 3 个集中荷载时	3.8	4.1	3.8	4.5	4.0	4.8

② 剪力

对于承受均布荷载的等跨连续梁，其剪力设计值按下式计算：

$$V = \alpha_{vb}(q + g)l_n \tag{9-10}$$

式中：V——剪力设计值；

α_{vb}——考虑内力重分布的剪力系数，按表 9-6 采用；

l_n——净跨度。

对于承受间距相同、大小相等的集中荷载的等跨连续梁，其剪力设计值按下式计算：

$$V = \alpha_{vb}n(G + Q) \tag{9-11}$$

式中：n——跨内集中荷载的个数；

G——一个集中恒荷载设计值；

Q——一个集中活荷载设计值。

练一练

表 9-6　连续梁考虑塑性内力重分布的剪力系数 α_{vb}

<table>
<tr><th rowspan="3">荷载情况</th><th rowspan="3">端支座支承情况</th><th colspan="4">截面</th></tr>
<tr><th>A 支座内侧</th><th>B 支座外侧</th><th>B 支座内侧</th><th>C 支座外、内侧</th></tr>
<tr><th>A_{in}</th><th>B_{ex}</th><th>B_{in}</th><th>C_{ex}、C_{in}</th></tr>
<tr><td rowspan="2">均布荷载</td><td>搁置在墙上</td><td>0.45</td><td>0.60</td><td rowspan="2">0.55</td><td rowspan="4">0.55</td></tr>
<tr><td>梁与梁或梁与柱整体连接</td><td>0.50</td><td>0.55</td></tr>
<tr><td rowspan="2">集中荷载</td><td>搁置在墙上</td><td>0.42</td><td>0.65</td><td rowspan="2">0.60</td></tr>
<tr><td>梁与梁或梁与柱整体连接</td><td>0.50</td><td>0.60</td></tr>
</table>

注：表中 A_{in}、B_{ex}、B_{in}、C_{ex}、C_{in} 分别为支座内、外侧截面的代号，下标 in 表示内侧，下标 ex 表示外侧。

对于相邻两跨的长跨与短跨之比小于 1.10 的不等跨连续梁，在均布荷载或间距相同、大小相等的集中荷载作用下，梁各跨跨中及支座截面的弯矩和剪力设计值可按式(9-8)～式(9-11)计算确定，但在计算跨中弯矩和支座剪力时，应取该跨的跨度值；在计算支座弯矩时，应取相邻两跨中的较大跨度值。

当结构承受动力与疲劳荷载、不允许开裂或处于侵蚀环境中时，通常不进行调幅设计。这是因为在设计中考虑塑性内力重分布的方法，虽然利用了塑性铰出现后的承载力储备，比按弹性理论计算节省材料，但不可避免地会导致使用荷载下构件变形较大、应力较高、裂缝宽度较宽的结果。

9.4 单向板肋梁楼盖板、梁的截面计算与构造

当求得连续板、梁的内力后，即可进行截面计算和配筋。连续板、梁的截面计算和配筋与简支板、梁有相同之处，但也有其不同的特点。

9.4.1 单向板的设计要点和构造要求

1）截面计算

连续单向板的内力一般可按考虑塑性内力重分布法进行计算。

在连续板中，支座截面由于负弯矩的作用，顶面开裂，而跨中截面由于正弯矩作用，底面开裂，这就使板的实际中和轴线变成了拱形（图 9-17）。因此，在荷载作用下，当支座不能自由移动时，板将有如拱的作用而产生推力。板中推力可减少板中各计算截面的弯矩。因此，在设计截面时可将计算得出的弯矩值乘以折减系数，以考虑这一有利因素。对于四周与梁整体连接的板的中间跨（中间区格）的跨中截面及中间支座，折减系数为 0.8。对于边跨（边区格）跨中截面和第一内支座截面（从楼板边缘算起）不予折减（图 9-18）。角区格也不予折减。

板的宽度较大，而荷载相对较小，仅混凝土就足以承担剪力，一般不需进行斜截面受剪承载力计算，也不配置箍筋。

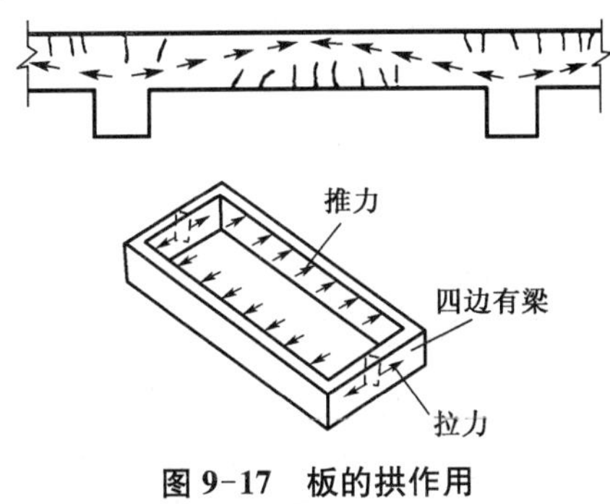

图 9-17 板的拱作用

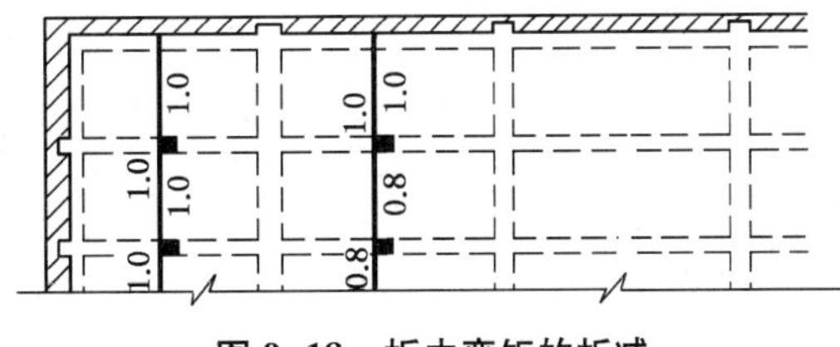

图 9-18 板中弯矩的折减

2）构造要求

（1）板厚

板的厚度应在满足建筑功能和方便施工的条件下尽可能薄些，但也不应过薄。现浇钢筋混凝土单向板的最小厚度不应小于下列规定：屋面板为 60 mm；民用建筑楼板为 60 mm；工业建筑楼板为 70 mm；行车道下的楼板为 80 mm；对于悬臂板（根部），当悬臂长度不大于 500 mm 时为 60 mm，悬臂长度为 1 200 mm 时为 100 mm，其间按线性内插法取用。

为了使板具有足够的刚度，单向板的厚度宜取跨度的 1/40（连续板）或 1/35（简支板）。

（2）受力钢筋

连续板中的受力钢筋的布置有两种形式：弯起式和分离式。

弯起式(图 9-19(a)):将承受正弯矩的跨中钢筋在支座附近弯起 1/2～1/3,以承担支座负弯矩,如钢筋截面面积不满足支座截面的需要,再另加直钢筋。这种配筋方式锚固可靠、钢材较节省,但施工略复杂些。

分离式(图 9-19(b)):承担支座负弯矩的钢筋不是从跨中钢筋弯起,而是另行配置。采用分离式配筋的多跨板,板底钢筋宜全部伸入支座;支座负弯矩向跨内延伸的长度应根据弯矩图确定,并满足钢筋锚固要求。

简支板或连续板下部纵向受力钢筋伸入支座的锚固长度不应小于 $5d$(d 为纵向受力钢筋的直径),且应伸过支座中心线。当连续板内温度收缩应力较大时,伸入支座的锚固长度宜增加。

连续板受力钢筋的弯起和截断,根据工程经验,一般可不按弯矩包络图确定,而按图 9-19所示进行布置。但是,当板的相邻跨度相差超过 20%,或各跨荷载相差较大时,仍应按弯矩包络图配置。

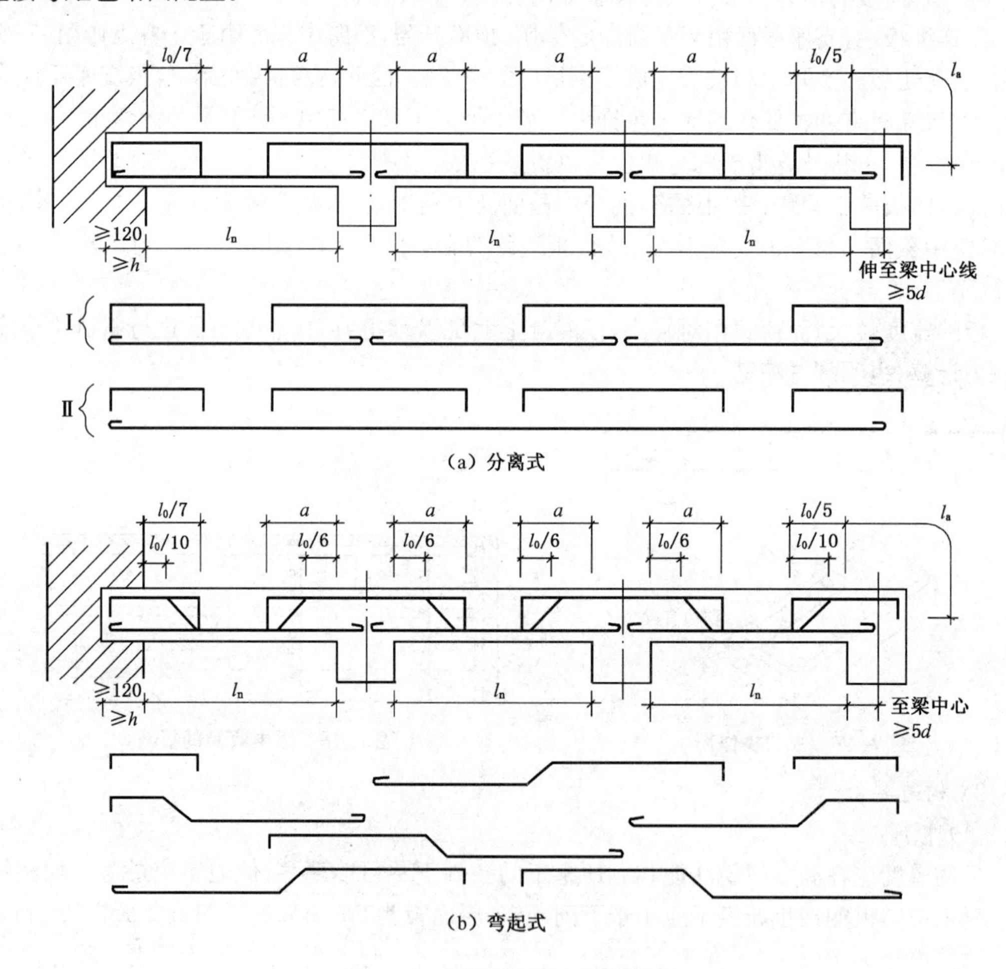

(a) 分离式

(b) 弯起式

图 9-19 等跨连续板的钢筋布置

弯起钢筋的弯起点距支座边缘的距离为 $l_n/6$,弯起角度一般为 30°,当板厚大于120 mm 时,可为 45°。下部伸入支座的钢筋截面面积应不少于跨中钢筋截面面积的 1/3,且间距不应大于 400mm。

支座附近承受负弯矩的钢筋可在距支座边不小于 a 的距离处切断(图 9-19),a 的取值如下:

$$\text{当}\ \frac{q}{g} \leqslant 3\ \text{时},a = \frac{1}{4}l_0$$

$$\text{当}\ \frac{q}{g} > 3\ \text{时},a = \frac{1}{3}l_0$$

式中:g、q——作用于板上的恒荷载及活荷载设计值;

l_0——板的计算跨度,当按塑性理论计算时,取净跨 l_n。

板的支座处承受负弯矩的上部钢筋,一般做成直钩,以便施工时撑在模板上。

受力钢筋的直径通常采用 8 mm 和 10 mm 等。为了便于施工架立,支座承受负弯矩的上部钢筋直径不宜太小。

受力钢筋的间距不应小于 70 mm。受力钢筋的间距也不应太大,当板厚 $h \leqslant 150$ mm 时,不宜大于 200 mm;当板厚 $h > 150$ mm 时,不宜大于 $1.5h$,且不宜大于 250 mm。

(3) 构造钢筋

① 一边嵌固于承重墙内或与梁整体浇筑时的单向附加钢筋

对于一边嵌固在承重墙内的单向板,由于墙的约束作用,板在墙边处也会产生一定的负弯矩,因此,应在板的上部配置每米板宽不少于 5 根、直径为 8 mm 的钢筋,其伸出墙边的长度不宜小于 $l_0/7$(图 9-20)。对于与梁整体浇筑的单向板,应在板的上部配置每米板宽不少于 5 根、直径为 8 mm 的钢筋,其伸出墙边的长度不宜小于 $l_0/4$。

② 两边嵌固于墙内的板角双向附加钢筋

对于两边嵌固在墙内的板角处(如楼板的角部),应在板角上部 $l_0/4$ 范围内沿两个正交方向双向配置每米不少于 5 根、直径为 8 mm 的构造钢筋,其伸出墙边的长度不宜小于$l_0/4$。此外,也可布置沿斜向平行或放射状的附加钢筋。这是因为板受荷后,角部会翘离支座,当这种翘离受到墙体的约束时,板角上部就会产生与墙边成 45°的裂缝,配置角部构造钢筋,可以阻止这种裂缝的扩展(图 9-20)。

③ 垂直于主梁的附加钢筋

在单向板中,虽然板上的荷载基本上是沿短跨方向传给次梁,受力钢筋垂直于次梁方向,但在靠近主梁附近,有部分荷载将直接传给主梁,使板在与主梁交界处也产生一定的负弯矩。为防止主梁与板交界处产生过大的裂缝,应在主梁与板交界处,在板的上部沿主梁方向每米长度内配置不少于 5 根、直径为 8 mm 的附加钢筋(方向与主梁垂直),且其单位长度内的钢筋截面面积不少于板内受力钢筋截面面积的 1/3,伸入板中的长度(从主梁边缘算起)不小于 $l_0/4$(图 9-20)。

④ 分布钢筋

单向板除在受力方向布置受力钢筋以外,还应在垂直于受力钢筋方向布置分布钢筋。它的作用是:承担由于温度变化或收缩引起的内力;对四边支承的单向板,可以承担长跨方向计算中未计算,但实际存在的一些弯矩;有助于将板上作用的集中荷载分布在较大的面积上,以使更多的受力钢筋参与工作;与受力钢筋组成钢筋网,便于在施工中固定受力钢筋的位置。

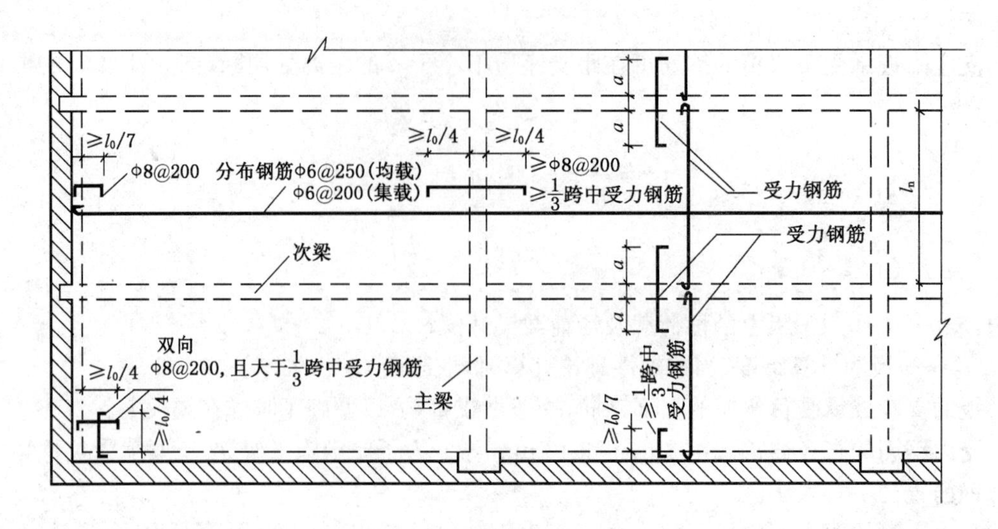

图 9-20　单向板的构造钢筋

分布钢筋应放在跨中受力钢筋及支座处负弯矩钢筋的内侧，单位长度上的分布钢筋的截面面积不宜小于单位长度上受力钢筋截面面积的 15%，且配筋率不宜小于 0.15%，分布钢筋的直径不宜小于 6 mm，间距不宜大于 250 mm(图 9-20)。当集中荷载较大时，分布钢筋的配筋面积尚应增加且间距不宜大于 200 mm。

⑤ 抵抗温度、收缩应力的构造钢筋

在温度、收缩应力较大的现浇板区域，应在板的表面双向配置防裂构造钢筋。配筋率均不宜小于 0.10%，间距不宜大于 200 mm。防裂构造钢筋可利用原有钢筋贯通布置，也可另行布置钢筋并与原有钢筋按受拉钢筋的要求搭接或在周边构件中锚固。

9.4.2　次梁的设计要点

1) 截面计算

连续次梁的内力一般可按考虑塑性内力重分布计算方法进行计算。

在截面计算时，当次梁与板整体连接时，板可作为次梁的上翼缘。因此，在正弯矩作用下，跨中截面按 T 形截面计算；在负弯矩作用下，跨中截面按矩形截面计算。在支座附近负弯矩区段的截面，按矩形截面计算。

2) 构造要求

次梁的一般构造要求在前述有关章节中已经介绍。当次梁跨中及支座截面分别按最大弯矩确定配筋量后，沿梁长钢筋布置应按弯矩及剪力包络图确定。但对于相邻跨度相差不大于 20%，活荷载和恒荷载之比 $q/g \leqslant 3$ 的次梁，可按图 9-21 所示配筋方式布置钢筋。

当按斜截面承载力计算不需配置弯起钢筋时，按图 9-21(a)布置钢筋；当按斜截面承载力计算需配置弯起钢筋时，按图 9-21(b)布置钢筋。

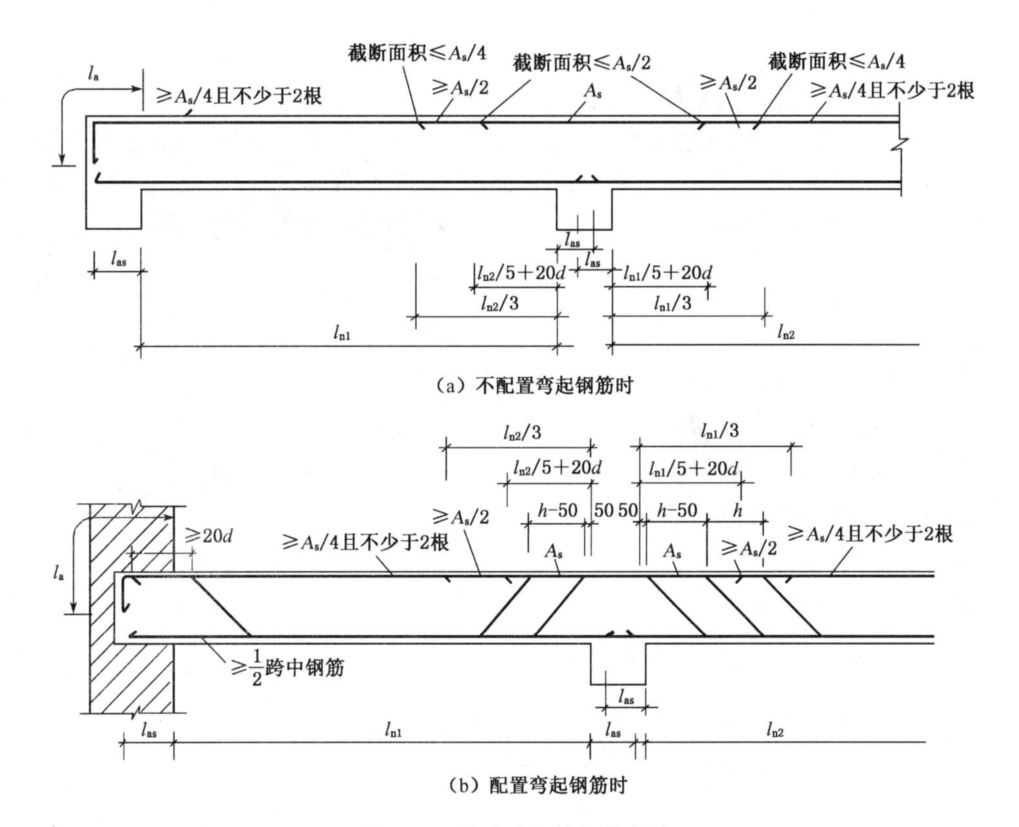

图 9-21　等跨次梁的钢筋布置

9.4.3　主梁的设计要点

1) 截面计算

连续主梁的内力一般按弹性理论计算方法进行计算。

在截面计算中，与次梁相似，在正弯矩作用下，跨中截面按 T 形截面计算，在负弯矩作用下，跨中截面按矩形截面计算。在支座附近负弯矩区段的截面，按矩形截面计算。按支座负弯矩计算支座截面时，要注意由于次梁和主梁承受负弯矩的钢筋相互交叉，主梁的纵筋位置须放在次梁的纵筋下面，则主梁的截面有效高度 h_0 有所减小。当主梁支座负弯矩钢筋为单层时，$h_0=h-(55\sim60)$ mm（图 9-22）；当主梁支座钢筋为两层时，$h_0=h-(80\sim90)$ mm。

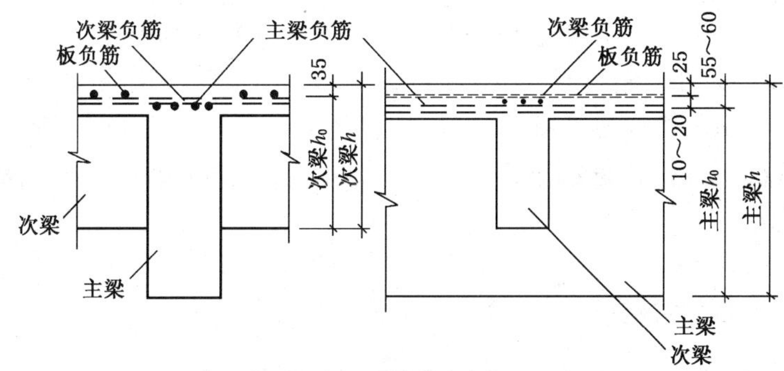

图 9-22　主、次梁相交处的配筋构造

2）构造要求

主梁的配筋应根据内力包络图，通过作抵抗弯矩图（M_u 图）来布置。

在主、次梁相交处应设置附加横向钢筋（箍筋或吊筋），以防止由于次梁的支座位于主梁截面的受拉区而产生拽裂裂缝。附加横向钢筋应布置在长度为 s（$s = 2h_1 + 3b$）的范围内（图 9-23）。附加横向钢筋应优先采用箍筋。附加横向钢筋的截面面积应满足下列要求：

$$F \leqslant 2f_y A_{sb} \sin\alpha + mf_{yv} A_{sv} \tag{9-12}$$

$$A_{sv} = nA_{sv1}$$

式中：F——次梁传来的集中力；

A_{sb}——附加吊筋截面面积；

f_y——附加吊筋的抗拉强度设计值；

α——附加吊筋与梁轴线的夹角；

m——附加箍筋个数；

A_{sv}——一个附加箍筋截面面积；

A_{sv1}——单肢箍筋截面面积；

n——箍筋肢数；

f_{yv}——附加箍筋的抗拉强度设计值。

练一练

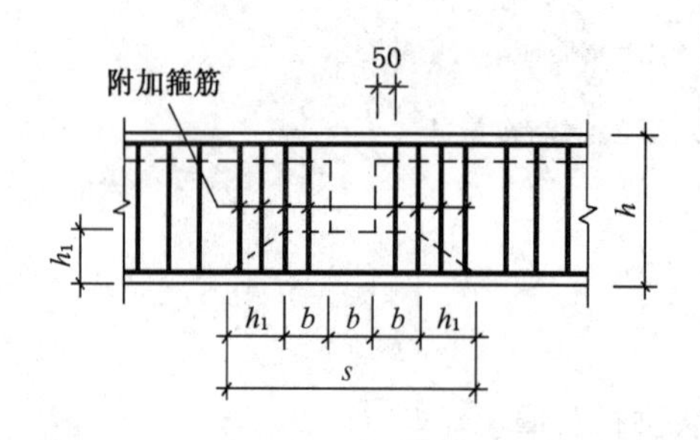

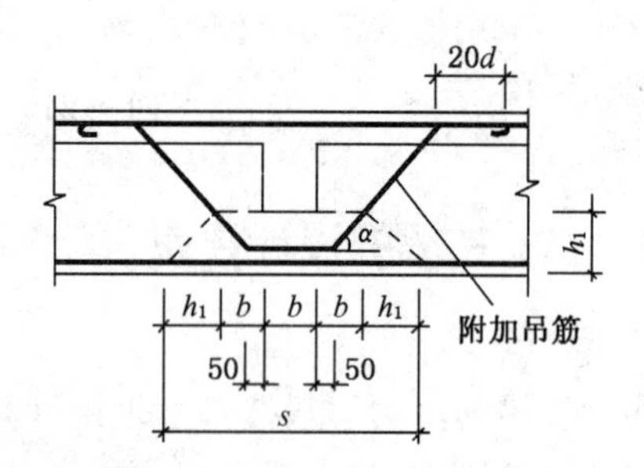

图 9-23　附加横向钢筋布置

梁的腹板高度 h_w 不小于 450 mm 时，在梁的两个侧面应沿高度配置纵向构造钢筋。每侧纵向构造钢筋（不包括梁上、下部受力钢筋及架立钢筋）的间距不大于 200 mm，截面面积不应小于腹板截面面积（bh_w）的 0.1%，但当梁宽较大时可以适当放松。此处，h_w 按公式（5-9）的规定确定。

【例题 9-1】 某多层工业建筑楼盖，建筑轴线及柱网平面如图 9-24 所示。层高 5 m，楼面活荷载标准值为 6.0 kN/m²，其分项系数为 1.3。楼面面层为 20 mm 厚水泥砂浆，梁、板下面用 15 mm 厚混合砂浆抹灰。梁、板混凝土强度等级均采用 C30；梁内受力钢筋采用 HRB400 级钢筋，板和箍筋采用 HPB300 级钢筋。设主梁与柱的线刚度比大于 4。试进行结构设计。

【解】 1）结构布置

楼盖采用单向板肋梁楼盖方案，梁、板结构布置及构造尺寸如图 9-24 所示。

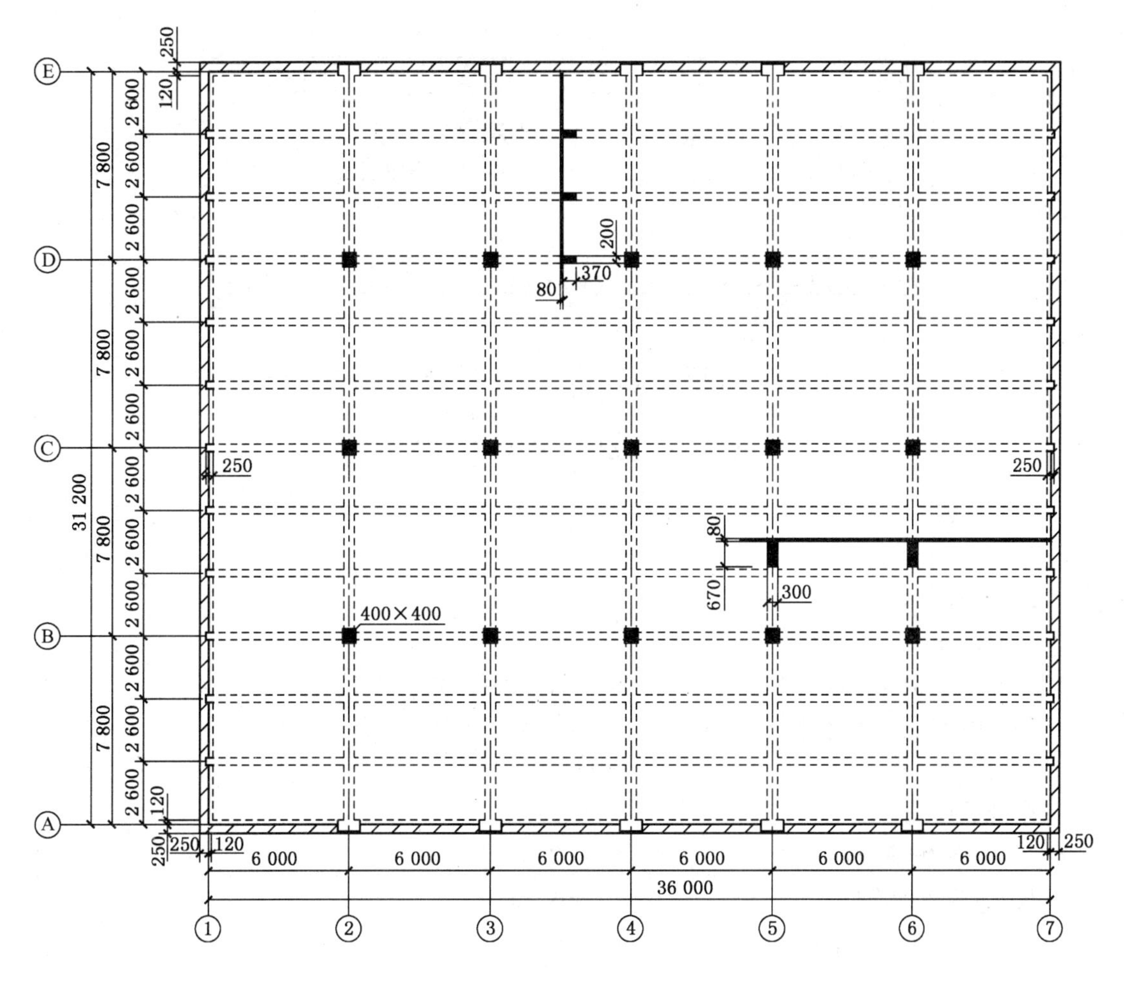

图 9-24 【例题 9-1】梁、板结构布置

确定主梁跨度为 7.8 m，次梁跨度为 6 m，主梁跨内布置 2 根次梁，板的跨度为 2.6 m。

板、梁截面尺寸：

板厚　$h \geqslant l/40 = 2\,600/40 = 65$ mm，对于工业建筑的楼盖板，要求 $h \geqslant 70$ mm，考虑到楼面活荷载比较大，取板厚 $h = 80$ mm。

次梁截面尺寸　$h = l/18 \sim l/12 = 6\,000/18 \sim 6\,000/12 = 333 \sim 500$ mm，取 $h = 450$ mm，$b = 200$ mm。

主梁截面尺寸　$h=l/15\sim l/10=7\,800/15\sim 7\,800/10=520\sim 780$ mm，取 $h=750$ mm，$b=300$ mm。

2) 板的计算

板按考虑塑性内力重分布的方法计算，取 1 m 宽板带为计算单元，板厚 $h=80$ mm，有关尺寸及计算简图如图 9-25 所示。

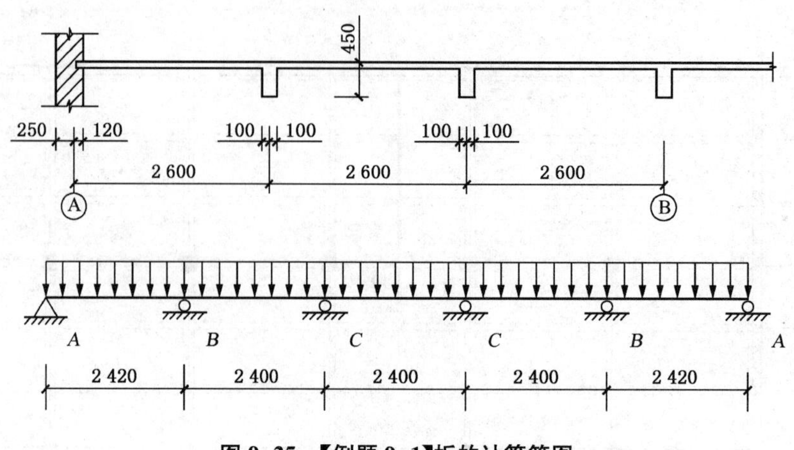

图 9-25 【例题 9-1】板的计算简图

(1) 荷载

① 荷载标准值

A. 恒荷载标准值

20 mm 水泥砂浆面层	$20\times0.02=0.4\ \text{kN/m}^2$
80 mm 厚钢筋混凝土板	$25\times0.08=2.0\ \text{kN/m}^2$
15 mm 厚混合砂浆抹灰	$17\times0.015=0.26\ \text{kN/m}^2$
全部恒荷载标准值	$2.66\ \text{kN/m}^2$
1 m 板宽恒荷载标准值	$g_k=2.66\ \text{kN/m}$
B. 活荷载标准值	$6.0\ \text{kN/m}^2$
1 m 板宽活荷载标准值	$q_k=6.0\ \text{kN/m}$

② 荷载设计值

永久荷载分项系数取为 1.2；因楼面均布活荷载标准值大于 $4.0\ \text{kN/m}^2$，可变荷载分项系数取为 1.3。

1 m 板宽恒荷载设计值	$g=1.2\times2.66=3.19\ \text{kN/m}$
1 m 板宽活荷载设计值	$q=1.3\times6.00=7.80\ \text{kN/m}$
1 m 板宽全部荷载设计值	$p=g+q=3.19+7.80=10.99\ \text{kN/m}$

(2) 内力

连续板的内力按塑性理论计算法进行计算。

① 计算跨度

板厚　$h=80\ \text{mm}$

次梁截面尺寸　$b\times h=200\ \text{mm}\times450\ \text{mm}$

承载力按内力重分布设计，故板的计算跨度为

边跨　$l_{01}=2\,600-100-120+80/2=2\,420\ \text{mm}$

中间跨 $l_{02} = 2\,600 - 200 = 2\,400$ mm

跨度差 $(2\,420-2\,400)/2\,400 = 0.83\% < 10\%$，板有12跨，可按5跨等跨连续板计算。

② 板的弯矩

板的各跨跨中弯矩设计值和各支座弯矩设计值计算列于表9-7。

表9-7 【例题9-1】板的弯矩设计值

截面位置	边跨跨中(Ⅰ)	离端第二支座(B)	离端第二跨跨中(Ⅱ)和中间跨跨中(Ⅲ)	中间支座(C)
弯矩系数 α_{mp}	1/11	−1/11	1/16	−1/14
M(kN·m)	5.85	−5.85	3.96	−4.52

注：$M = \alpha_{mp} p l_0^2$，系数 α_{mp} 由表9-2查得。

(3) 配筋计算

$$b = 1\,000\text{ mm}\quad h = 80\text{ mm}\quad h_0 = h - 20 = 80 - 20 = 60\text{ mm}$$

$$f_c = 14.3\text{ N/mm}^2\quad f_t = 1.43\text{ N/mm}^2\quad f_y = 270\text{ N/mm}^2$$

板的各跨跨中截面和各支座截面的配筋计算列于表9-8。

表9-8 【例题9-1】板的配筋计算

截面位置	边跨跨中(Ⅰ)	离端第二支座(B)	离端第二跨跨中(Ⅱ)和中间跨跨中(Ⅲ)		中间支座(C)	
			①~②间 ⑥~⑦间	②~⑥间	①~②间 ⑥~⑦间	②~⑥间
M(kN·m)	5.85	−5.85	3.96	3.168	−4.52	−3.616
α_s	0.114	0.114	0.077	0.062	0.088	0.07
ξ	0.121	0.121	0.08	0.064	0.092	0.073
A_s(mm²)	385	385	254	203	292	232
实配钢筋直径、间距和截面面积	Φ8@130 387 mm²	Φ8@130 387 mm²	Φ6@110 257 mm²	Φ6@180 218 mm²	Φ8@170 296 mm²	Φ6@120 236 mm²

注：1. 表中，$\alpha_s = M/\alpha_1 f_c b h_0^2$，$\xi = 1-\sqrt{1-2\alpha_s}$（或由附表2-9查得），$A_s = \xi \dfrac{f_c}{f_y} b h_0$。

2. 对轴线②~⑥之间的板带，其离端第二跨跨中截面、中间跨跨中截面和支座截面的弯矩值可减小20%，故乘以系数0.8。

计算结果表明，ξ 均小于0.35，符合塑性内力重分布的条件。

$$\rho_{min} = 0.45\frac{f_t}{f_y} = 0.45\times\frac{1.43}{270} = 0.238\% > 0.2\%，取\ \rho_{min} = 0.238\%$$

$$\rho = \frac{218}{1\,000\times 80} = 0.27\% > \rho_{min} = 0.238\%$$，符合要求。板的配筋图如图9-26所示。

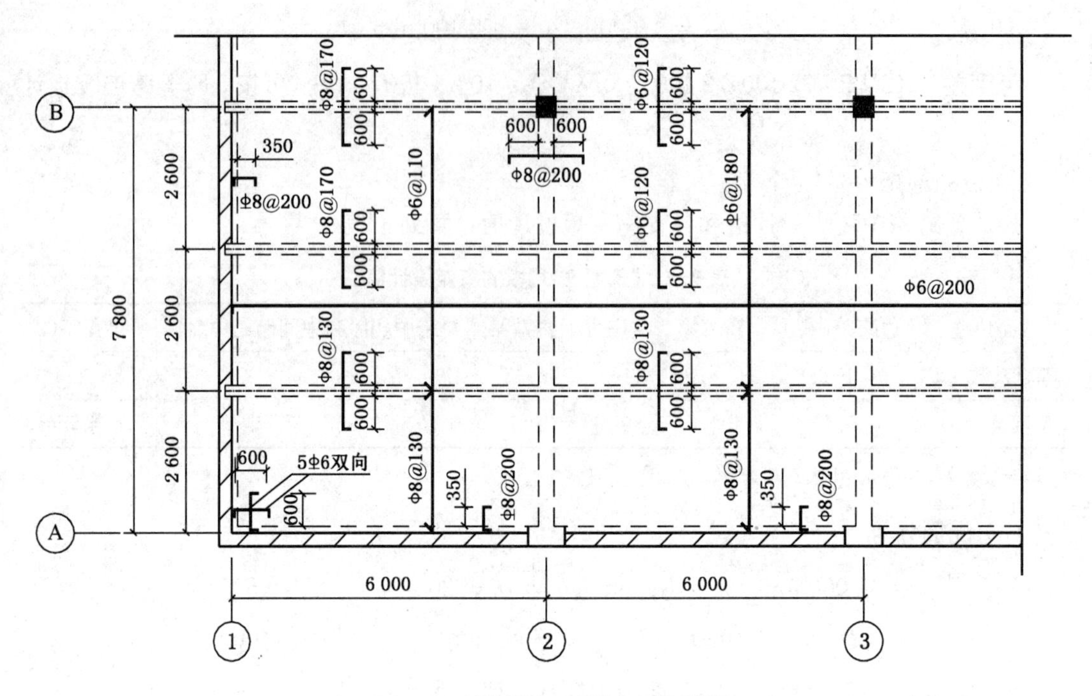

图 9-26 【例题 9-1】单向板配筋图

3）次梁计算

次梁内力按塑性内力重分布计算法进行计算，截面尺寸及计算简图如图 9-27 所示。

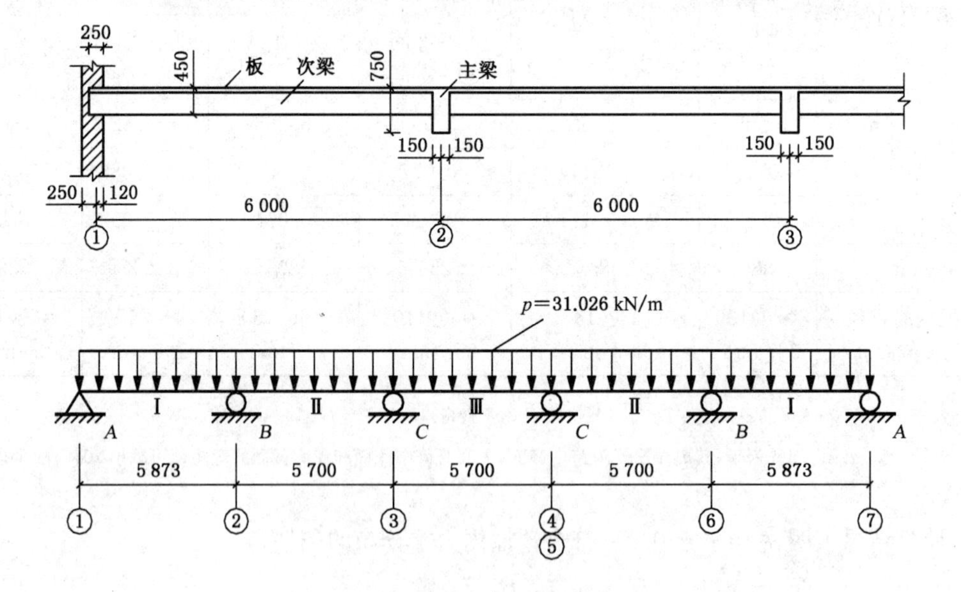

图 9-27 【例题 9-1】次梁计算简图

（1）荷载

① 荷载标准值

A. 恒荷载标准值

由板传来的恒荷载　　$2.66 \times 2.6 = 6.916$ kN/m

次梁自重　　$25 \times 0.2 \times (0.45 - 0.08) = 1.85$ kN/m

次梁抹灰　　$2 \times 17 \times 0.015 \times (0.45 - 0.08) = 0.189$ kN/m

---

$g_k = 8.955$ kN/m

B. 活荷载标准值　　$q_k = 6 \times 2.6 = 15.6$ kN/m

② 荷载设计值

恒荷载设计值　　$g = 1.2 \times 8.955 = 10.746$ kN/m

活荷载设计值　　$q = 1.3 \times 15.6 = 20.28$ kN/m

全部荷载设计值　　$p = g + q = 31.026$ kN/m

（2）内力

① 计算跨度

次梁在墙上的支承长度 $a = 250$ mm，主梁截面尺寸 $b \times h = 300\text{ mm} \times 750\text{ mm}$

A. 边跨

净跨度　　$l_{n1} = 6\,000 - 120 - 300/2 = 5\,730$ mm

计算跨度　　$l_{01} = 5\,730 + 250/2 = 5\,855\text{ mm} < 1.025 l_n = 1.025 \times 5\,730 = 5\,873$ mm

取　　$l_{01} = 5\,855$ mm

B. 中间跨

净跨度　　$l_{n2} = 6\,000 - 300 = 5\,700$ mm

计算跨度　　$l_{02} = l_{n2} = 5\,700$ mm

跨度差　　$(5\,855 - 5\,700)/5\,700 = 2.7\% < 10\%$

故次梁可按等跨连续梁计算。

② 弯矩计算

次梁的各跨跨中弯矩设计值和各支座弯矩设计值计算列于表 9-9。

表 9-9　【例题 9-1】次梁弯矩设计值

截面位置	边跨跨中（Ⅰ）	离端第二支座（B）	离端第二跨跨中（Ⅱ）和中间跨跨中（Ⅲ）	中间支座（C）
弯矩系数 α_{mp}	1/11	−1/11	1/16	−1/14
M(kN·m)	96.69	−96.69	63.00	−72.00

注：$M = \alpha_{mp} p l_0^2$，系数 α_{mp} 由表 9-2 查得。

③ 剪力计算

次梁各支座剪力设计值计算列于表 9-10。

表 9-10 【例题 9-1】次梁剪力设计值

截面位置	端支座(A)内侧截面	离端第二支座(B)		中间支座(C)	
		外侧截面	内侧截面	外侧截面	内侧截面
剪力系数 α_{vb}	0.45	0.60	0.55	0.55	
V(kN)	80	106.67	97.27	97.27	

注:$V=\alpha_{vb}pl_n$,系数 α_{vb}由表 9-6 查得。

(3) 配筋计算

① 正截面承载力计算

次梁跨中截面按 T 形截面计算,其翼缘宽度为

边跨　$b'_f=1/3\times5\,855=1\,952\text{ mm}<b+s_n=2\,600\text{ mm}$　取 $b'_f=1\,952\text{ mm}$

中间跨　$b'_f=1/3\times5\,700=1\,900\text{ mm}<b+s_n=2\,600\text{ mm}$　取 $b'_f=1\,900\text{ mm}$

$$b=200\text{ mm},h=450\text{ mm},h_0=450-35=415\text{ mm},h'_f=80\text{ mm}$$

对于边跨

$$\begin{aligned}\alpha_1 f_c b'_f h'_f(h_0-h'_f/2)&=1.0\times14.3\times1\,952\times80\times(415-80/2)\\&=837\times10^6\text{ N}\cdot\text{mm}=837\text{ kN}\cdot\text{m}>M\end{aligned}$$

故次梁边跨跨中截面均按第一类 T 形截面计算,同理可得,中间跨跨中截面也按第一类 T 形截面计算。次梁支座截面按矩形截面计算。

$$f_c=14.3\text{ N/mm}^2,f_y=360\text{ N/mm}^2$$

次梁各跨中截面和各支座截面的配筋计算列于表 9-11 中。

表 9-11 【例题 9-1】次梁的配筋计算

截面位置	边跨跨中(Ⅰ)	离端第二支座(B)	离端第二跨跨中(Ⅱ)和中间跨跨中(Ⅲ)	中间跨支座(C)
M(kN·m)	96.69	96.69	63.00	72.00
b'_f(mm)	1 952	200	1 900	200
α_s	0.02	0.196	0.013	0.146
ξ	0.02	0.22	0.013	0.159
A_s(mm²)	646	725	407	524
实配 A_s(mm²)	2Φ16+1Φ18(656)	3Φ18(763)	2Φ16(402)	3Φ16(603)

注:1. 对于跨中截面,$\alpha_s=\dfrac{M}{\alpha_1 f_c b'_f h_0^2}$,对于支座截面,$\alpha_s=\dfrac{M}{\alpha_1 f_c b h_0^2}$。

2. $\xi=1-\sqrt{1-2\alpha_s}$(或由附表 2-9 查得),$A_s=\xi\dfrac{f_c}{f_y}bh_0$。

计算结果表明,ξ 均小于 0.35,符合塑性内力重分布的条件,取中间跨跨中截面验算最小配筋率,$\rho=\dfrac{402}{200\times450}=0.45\%>\rho_{min}=0.20\%$(符合要求)。

② 斜截面受剪承载力计算

$b = 200\ \text{mm}, h_0 = 415\ \text{mm}, f_c = 14.3\ \text{N/mm}^2, f_t = 1.43\ \text{N/mm}^2, f_{yv} = 270\ \text{N/mm}^2$

验算截面尺寸

$$h_w = h_0 - h_f = 415 - 80 = 335\ \text{mm}$$

$$h_w/b = 335/200 = 1.675 < 4$$

$$0.25\beta_c f_c b h_0 = 0.25 \times 1.0 \times 14.3 \times 200 \times 415 = 296.73\ \text{kN} > V_{max} = 106.67\ \text{kN}$$

故截面尺寸满足要求。

$0.7 f_t b h_0 = 0.7 \times 1.43 \times 200 \times 415 = 83.1\ \text{kN}$，故除端支座 A 外各截面均需按计算配置箍筋。

计算腹筋。

以支座 B 外侧截面进行计算

$$V_{B,ex} = 106.67\ \text{kN}$$

$$V \leqslant V_{cs} = 0.7 f_t b h_0 + f_{yv} \frac{A_{sv}}{s} h_0$$

$$\frac{A_{sv}}{s} = \frac{V - 0.7 f_t b h_0}{f_{yv} h_0} = \frac{106\,670 - 83\,100}{270 \times 415} = 0.210\ \text{mm}$$

采用 Φ6 双肢箍筋，$A_{sv} = 2 \times 28.3 = 56.6\ \text{mm}^2$，则 $s = \dfrac{56.6}{0.21} = 270\ \text{mm}$

考虑弯矩调幅对受剪承载力的不利影响，应在距梁支座边 $1.05h_0$ 区段内将计算的箍筋截面面积增大 20%（或箍筋间距减小 20%）。于是，箍筋间距应减小为 $s = 0.8 \times 270 = 216\ \text{mm}$，实际取 150 mm。

验算最小配箍率采用调幅法计算时，最小配箍率为

$$\rho_{sv,min} = 0.3 f_t / f_{yv} = 0.3 \times 1.43/270 = 0.16\%$$

实际配箍率为

$$\rho_{sv} = \frac{A_{sv}}{bs} = \frac{56.6}{200 \times 150} = 0.19\% > 0.16\%\ \text{(满足要求)}$$

为了便于施工，全梁均按支座 B 外侧的计算结果进行配置箍筋。

次梁钢筋布置如图 9-28 所示。

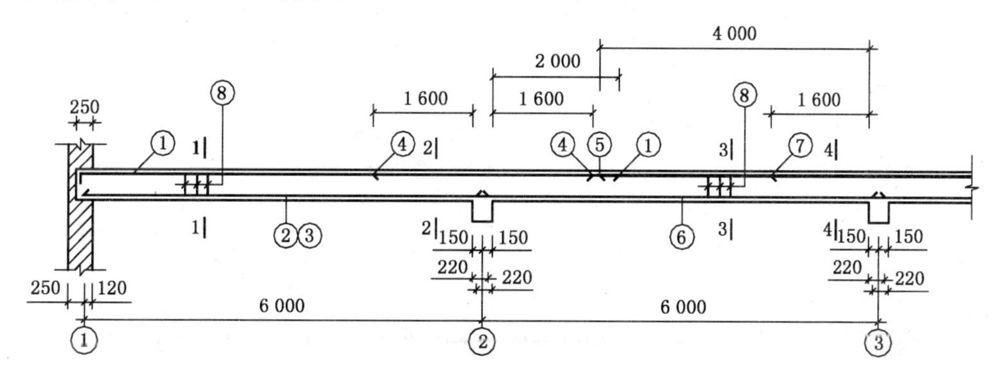

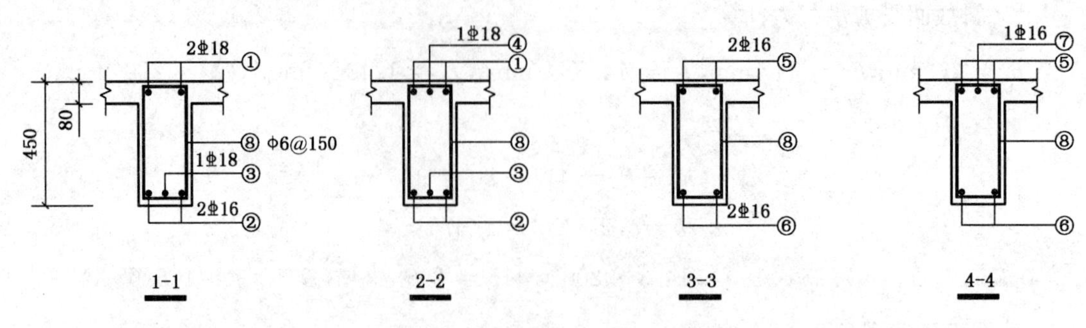

图 9-28 【例题 9-1】次梁钢筋布置

4）主梁计算

主梁内力按弹性理论计算法进行计算。因主梁与柱线刚度比大于 4，故主梁可视为铰支在柱顶的连续梁。主梁的截面尺寸及计算简图如图 9-29 所示。

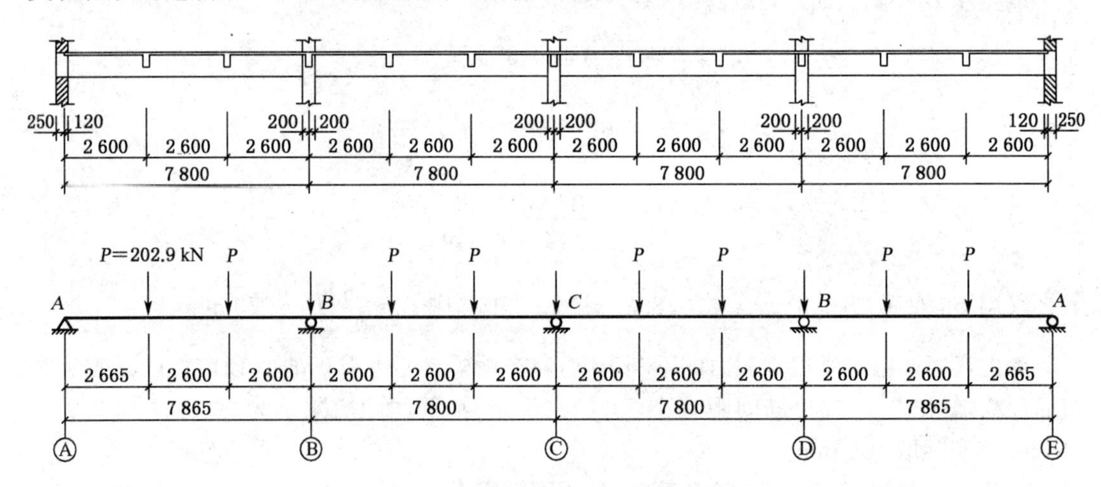

图 9-29 【例题 9-1】主梁计算简图

(1) 荷载

① 荷载标准值

恒荷载标准值

由次梁传来恒荷载 $8.955 \times 6 = 53.73\ \text{kN}$

主梁自重 $25 \times 0.3 \times (0.75 - 0.08) \times 2.6 = 13.065\ \text{kN}$

主梁侧抹灰 $17 \times 0.015 \times (0.75 - 0.08) \times 2.6 \times 2 = 0.888\ \text{kN}$

全部恒荷载标准值 $G_k = 67.683\ \text{kN}$

活荷载标准值 $Q_k = 15.6 \times 6 = 93.6\ \text{kN}$

全部荷载标准值 $P_k = G_k + Q_k = 67.683 + 93.6 = 161.283\ \text{kN}$

② 荷载设计值

恒荷载设计值 $G = 1.2 \times 67.683 = 81.22\ \text{kN}$

活荷载设计值 $Q = 1.3 \times 93.6 = 121.68\ \text{kN}$

全部荷载设计值 $P = G + Q = 81.22 + 121.68 = 202.9\ \text{kN}$

(2) 内力

① 计算跨度

主梁在墙上的支承长度 $a = 370$ mm，柱的截面尺寸为 $b \times h = 400$ mm $\times$ 400 mm

A. 边跨

边跨净跨 $l_{n1} = 7800 - 120 - 200 = 7480$ mm

边跨计算跨度

$$l_{01} = 7\,480 + 400/2 + 370/2 = 7\,865 \text{ mm}$$

$< 1.025 l_{n1} + b/2 = 1.025 \times 7\,480 + 200 = 7\,867$ mm，故取 $l_{01} = 7\,865$ mm

B. 中间跨

中间跨净跨 $l_{n2} = 7\,800 - 400 = 7\,400$ mm

中间跨计算跨度 $l_{02} = l_c = 7\,800$ mm

跨度差 $(7\,865 - 7\,800)/7\,800 = 0.83\% < 10\%$，故按等跨连续梁计算

② 弯矩、剪力计算

主梁弯矩和剪力计算列于表 9-12 和表 9-13。

表 9-12 【例题 9-1】主梁弯矩计算

项次	荷载简图		边跨跨中		中间跨跨中		支座 B	支座 C
			截面 1	截面 2	截面 3	截面 4		
			$\frac{k_m}{M_1(\text{kN}\cdot\text{m})}$	$\frac{k_m}{M_2(\text{kN}\cdot\text{m})}$	$\frac{k_m}{M_3(\text{kN}\cdot\text{m})}$	$\frac{k_m}{M_4(\text{kN}\cdot\text{m})}$	$\frac{k_m}{M_B(\text{kN}\cdot\text{m})}$	$\frac{k_m}{M_C(\text{kN}\cdot\text{m})}$
1	G=81.22 kN		$\frac{0.238}{152.03}$	$\frac{0.143}{91.35}$	$\frac{0.080}{50.68}$	$\frac{0.111}{70.32}$	$\frac{-0.286}{-182.7}$	$\frac{-0.191}{-121}$
2	Q=121.68 kN		$\frac{0.286}{273.71}$	$\frac{0.238}{227.77}$	$\frac{-0.127}{-120.54}$	$\frac{-0.111}{-105.35}$	$\frac{-0.143}{-136.85}$	$\frac{-0.095}{-90.16}$
3	Q=121.68 kN		$\frac{-0.048}{-45.94}$	$\frac{-0.096}{-91.87}$	$\frac{0.206}{195.52}$	$\frac{0.222}{210.7}$	$\frac{-0.143}{-136.85}$	$\frac{-0.095}{-90.16}$
4	Q=121.68 kN		$\frac{0.226}{216.28}$	$\frac{0.111}{106.23}$	$\frac{0.099}{93.96}$	$\frac{0.194}{184.13}$	$\frac{-0.321}{-307.2}$	$\frac{-0.048}{-45.55}$
5	Q=121.68 kN		$\frac{-0.032}{-30.62}$	$\frac{-0.063}{-60.29}$	$\frac{0.175}{166.09}$	$\frac{0.112}{106.3}$	$\frac{-0.095}{-90.92}$	$\frac{-0.286}{-271.44}$
6	内力不利组合	①+②	**425.74**	**319.12**	−69.86	−35.03	−319.55	−211.16
		①+③	106.09	−0.52	**246.2**	**281.02**	−319.55	−211.16
		①+④	368.31	197.58	144.64	254.45	**−489.9**	−166.55
		①+⑤	121.41	31.06	216.77	176.62	−273.62	**−392.44**

注：1. $M = k_m Q l_0$ 或 $M = k_m G l_0$，系数 k_m 由附表 2-15 查取（此处 k_m 即为该表中的 k_{mG} 或 k_{mQ}）。

2. 表中第 6 项中的黑体字为该截面的 $+M_{max}$ 或 $-M_{max}$，其余为绘制弯矩包络图所需弯矩值。

表 9-13 【例题 9-1】主梁剪力计算

项次	荷载简图	支座 A	支座 B		支座 C	
			外侧截面	内侧截面	外侧截面	内侧截面
		$\frac{k_v}{V_A(\text{kN})}$	$\frac{k_v}{V_{B,ex}(\text{kN})}$	$\frac{k_v}{V_{B,in}(\text{kN})}$	$\frac{k_v}{V_{C,ex}(\text{kN})}$	$\frac{k_v}{V_{C,in}(\text{kN})}$
1	$G=81.22$ kN	$\frac{0.714}{57.99}$	$\frac{-1.286}{-104.45}$	$\frac{1.095}{88.94}$	$\frac{-0.905}{-73.5}$	$\frac{0.905}{73.5}$
2	$Q=121.68$ kN	$\frac{0.857}{104.28}$	$\frac{-1.143}{-139.08}$	$\frac{0.048}{5.84}$	$\frac{0.048}{5.84}$	$\frac{0.952}{115.84}$
3	$Q=121.68$ kN	$\frac{0.679}{82.62}$	$\frac{-1.321}{-160.74}$	$\frac{1.274}{155.02}$	$\frac{-0.726}{-88.34}$	$\frac{-0.107}{-13.02}$
4	$Q=121.68$ kN	$\frac{-0.095}{-11.56}$	$\frac{-0.095}{-11.56}$	$\frac{0.810}{98.56}$	$\frac{-1.191}{-144.92}$	$\frac{1.191}{144.92}$
5	内力不利组合 ①+②	**162.27**	−243.53	94.78	−67.66	189.34
	内力不利组合 ①+③	140.61	**−265.19**	**243.96**	−161.84	60.48
	内力不利组合 ①+④	46.43	−116.01	187.5	**−218.42**	**218.42**

注:1. $V=k_vQ$ 或 $V=k_vG$,系数 k_v 由附表 2-15 查取(k_v 即为该表中的 k_{vG} 或 k_{vQ})。

2. 表中第 5 项中的黑体字为该截面的 $|V_{max}|$,其余为绘制剪力包络图所需剪力值。

(3) 内力包络图

① 主梁的弯矩包络图如图 9-30(a)所示

对于边跨,考虑 3 种荷载组合:跨中最大正弯矩(①+②);跨中最小正弯矩或最大负弯矩(①+③);支座 B 最大负弯矩(①+④)。

对于中间跨(由左算起的第二跨),考虑 4 种荷载组合:跨中最大正弯矩(①+③);跨中最小负弯矩(①+②);支座 B 最大负弯矩(①+④);支座 C 最大负弯矩(①+⑤)。

②主梁剪力包络图如图 9-30(b)所示

对于边跨,考虑两种荷载组合:支座 A 最大剪力(①+②);支座 B 左截面最大剪力(①+③)。

对于中间跨,考虑两种荷载组合:支座 B 右截面最大剪力(①+③);支座 C 左截面最大剪力(①+④)。

(4) 配筋计算

① 正截面承载力计算

A. 跨中截面

主梁跨中截面按 T 形截面,其翼缘宽度为:

边跨 $b'_f=1/3\times 7\,865=2\,622\text{ mm}<b+s_n=6\,000\text{ mm}$ 取 $b'_f=2\,622\text{ mm}$

中间跨 $b'_f=1/3\times 7\,800=2\,600\text{ mm}<b+s_n=6\,000\text{ mm}$ 取 $b'_f=2\,600\text{ mm}$

$$b=300\text{ mm},h=750\text{ mm},h_0=750-60=690\text{ mm},h'_f=80\text{ mm}$$

对于边跨

$$\begin{aligned}\alpha_1 f_c b'_f h'_f(h_0-h'_f/2)&=1.0\times 14.3\times 2\,622\times 80\times(690-80/2)\\&=1\,950\times 10^6\text{ N}\cdot\text{mm}=1\,950\text{ kN}\cdot\text{m}>M\end{aligned}$$

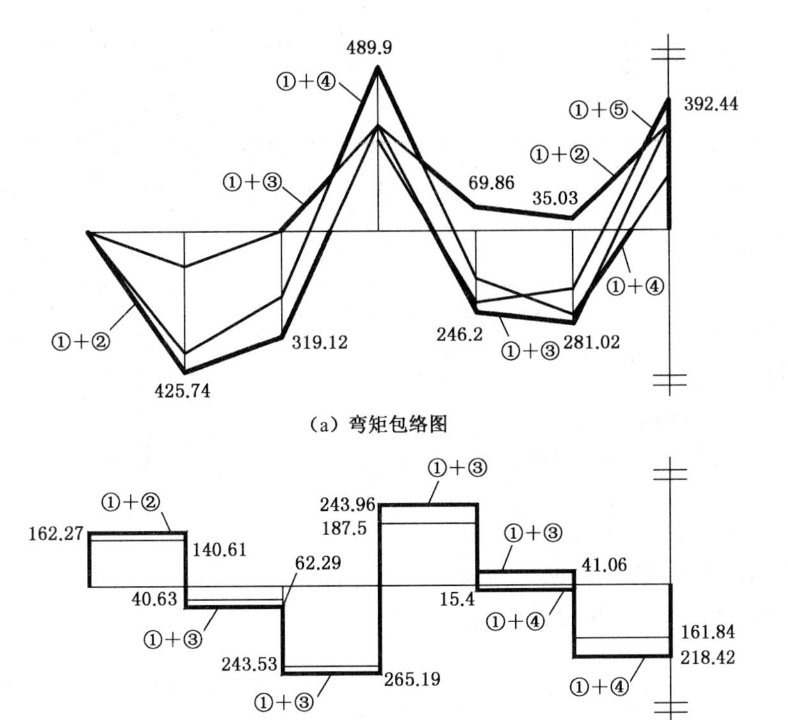

(a) 弯矩包络图

(b) 剪力包络图

图 9-30 【例题 9-1】主梁的内力包络图

故主梁边跨跨中截面均按第一类 T 形截面计算。同理可得，中间跨跨中截面也按第一类 T 形截面计算。

B. 支座截面

主梁支座截面按矩形截面计算

$$b = 300\ \text{mm}, h_0 = 750 - 80 = 670\ \text{mm}$$

支座 B 边缘

$$M = -489.9 + \frac{1}{2} \times 202.9 \times 0.4 = -449.32\ \text{kN} \cdot \text{m}$$

支座 C 边缘 $\quad M = -392.44 + \frac{1}{2} \times 202.9 \times 0.4 = -351.86\ \text{kN} \cdot \text{m}$

$$f_c = 14.3\ \text{N/mm}^2, f_y = 360\ \text{N/mm}^2$$

主梁各跨中截面和各支座截面的配筋计算列于表 9-14 中。

表 9-14 【例题 9-1】主梁的配筋计算

截面位置	边跨跨中(Ⅰ)	支座 B	中间跨跨中(3)	支座 C
M(kN·m)	425.74	−449.32	281.02	−351.86
b(mm)	300	300	300	300

续表 9-14

截面位置	边跨跨中(Ⅰ)	支座 B	中间跨跨中(3)	支座 C
b'_f(mm)	2 622	—	2 600	—
h_0(mm)	690	670	690	670
ξ	0.025	0.269	0.017	0.204
A_s(mm^2)	1745	2148	1176	1629
实配 A_s(mm^2)	4Φ18+2Φ22(1 777)	4Φ22+2Φ20(2 148)	4Φ20(1 256)	3Φ22+2Φ18(1 649)

注:1. 对于跨中截面,$\alpha_s=\dfrac{M}{\alpha_1 f_c b'_f h_0^2}$;对于支座截面,$\alpha_s=\dfrac{M}{\alpha_1 f_c b h_0^2}$。

2. $\xi=1-\sqrt{1-2\alpha_s}$(或由附表 2-9 查得)。

3. 对于支座截面,$A_s=\xi\dfrac{f_c}{f_y}bh_0$;对于跨中截面,$A_s=\xi\dfrac{f_c}{f_y}b'_f h_0$。

计算结果表明,ξ 均小于 ξ_b(满足要求)。

验算最小配筋率取中间跨跨中截面正弯矩进行验算。

验算最小配筋率时,按矩形截面进行验算。

$$\rho=\frac{1\ 256}{300\times 750}=0.56\%>\rho_{min}=0.20\%\text{(符合要求)}$$

② 斜截面受剪承载力计算

$b=300\text{ mm}, h_0=670\text{ mm}, f_c=14.3\text{ N/mm}^2, f_t=1.43\text{ N/mm}^2, f_{yv}=270\text{ N/mm}^2$

A. 验算截面尺寸

$$h_w=h_0-h_f=670-80=590\text{ mm}$$

$$h_w/b=590/300=1.97<4$$

$$0.25\beta_c f_c bh_0=0.25\times 1.0\times 14.3\times 300\times 670=718.6\text{ kN}>V_{max}=265.19\text{ kN}$$

故截面尺寸满足要求。

B. 计算腹筋

$0.7f_t bh_0=0.7\times 1.43\times 300\times 670=201.2\text{ kN}$

故除端支座 A 外各截面均需按计算配置箍筋。

以支座 B 外侧截面进行计算, $V_{B,ex}=265.19\text{ kN}$

采用 Φ8@200 双肢箍筋, $A_{sv}=2\times 50.3=100.6\text{ mm}^2$

$$V_{cs}=0.7f_t bh_0+f_{yv}\frac{A_{sv}}{s}h_0=201\ 200+270\times\frac{100.6}{200}\times 670$$

$$=292.2\text{ kN}>265.19\text{ kN(满足要求)}$$

$$\rho_{sv}=\frac{A_{sv}}{bs}=\frac{100.6}{300\times 200}=0.168\%>\rho_{sv,min}=0.24\frac{f_t}{f_{yv}}$$

$$=0.24\times\frac{1.43}{270}=0.127\%\text{(满足要求)}$$

为了便于施工，全梁均按支座 B 外侧的计算结果配置箍筋。

③主梁附加横向钢筋计算

由次梁至主梁的集中力（集中力应不包括主梁的自重和粉刷重，为简化起见，近似取 $F=P$）。

$$F = P = 202.9\ \text{kN}$$

$$h_1 = 750 - 450 = 300\ \text{mm}$$

$$s = 2h_1 + 3b = 2 \times 300 + 3 \times 200 = 1\ 200\ \text{mm}$$

所需附加箍筋总截面面积为

$$A_{sv} = \frac{F}{f_{yv}} = \frac{202\ 900}{270} = 751.5\ \text{mm}^2$$

在长度 s 范围内，在次梁两侧各布置 4 排 $\phi 8$ 双肢附加箍筋。

$$A_s = 8 \times 2 \times 50.3 = 804.8\ \text{mm}^2（满足要求）$$

(5) 抵抗弯矩图及钢筋布置

主梁抵抗弯矩图(材料图)及钢筋布置如图 9-31 所示。其设计步骤如下：

① 按比例绘出主梁的弯矩包络图。

② 按同样比例绘出主梁的纵向配筋图，并满足以下构造要求：弯起钢筋的弯起点距该钢筋强度的充分利用点的距离应大于 $h_0/2$；在按受剪承载力计算需要配置弯起钢筋的区段，前一排弯起钢筋的弯起点至后一排弯起钢筋的弯终点的距离应不大于 s_{max}。

③ 支座 B 负弯矩钢筋的截断位置：由于截断处剪力 V 全部大于 $0.7f_tbh_0$，故应从该钢筋的充分利用点外伸 $1.2l_a+1.7h_0$（$1.2l_a+h_0$）。同时，应从不需要该钢筋的截面以外，延伸长度不应小于 $1.3h_0$（h_0），且不小于 $20d$。对于 ⌀22，$l_a=1.0\alpha\dfrac{f_y}{f_t}d=35.24\times22=775\ \text{mm}$；对于 ⌀20，$l_a=1.0\alpha\dfrac{f_y}{f_t}d=35.24\times20=705\ \text{mm}$；对于 C18，$l_a=1.0\alpha\dfrac{f_y}{f_t}d=35.24\times18=634\ \text{mm}$。以⑤号钢筋为例，切断点应从充分利用点外伸 $1.2l_a+h_0=1\,500\ \text{mm}$，同时应从不需要截面外伸 $h_0=675\ \text{mm}$，且不小于 $20d=360\ \text{mm}$，但其仍旧处于负弯矩对应的受拉区内，故截断点应从充分利用点外伸 $1.2l_a+1.7h_0=1\ 900\ \text{mm}$，同时至不需要截面外 $1.3h_0=878\ \text{mm}$，且不小于 $20d=360\ \text{mm}$。综合考虑，截断点应从充分利用点外伸 1 900 mm，也就如图 9-31 所示从不需要截面处外伸 1 650 mm。

④ 对于支座 A，构造要求负弯矩钢筋截面面积应大于 1/4 跨中正弯矩钢筋截面面积，配置 2⌀18，$A_s=509\ \text{mm}^2>1/4\times1\,777=445\ \text{mm}^2$，满足要求。要求负弯矩钢筋伸入支座 $l_a=\zeta_a l_{ab}=1.0\alpha\dfrac{f_y}{f_t}d=0.14\times\dfrac{360}{1.43}d=35d$，对于 ⌀18，$l_a=35\times18=630\ \text{mm}$，伸至梁端 340 mm 再下弯 290 mm。

⑤ 跨中正弯矩钢筋伸入支座长度 l_{as} 应大于 $12d$。对于 ⌀22，$12\times22=264\ \text{mm}$，取 270 mm；对于 ⌀18，$12\times18=216\ \text{mm}$，取 220 mm。

⑥ 因主梁的腹板高度为 $670\ \text{mm}>450\ \text{mm}$，需在梁的两侧配置纵向构造钢筋。现每侧

配置 2Φ14，配筋率 308/(300×670)＝0.153%＞0.1%，满足要求。

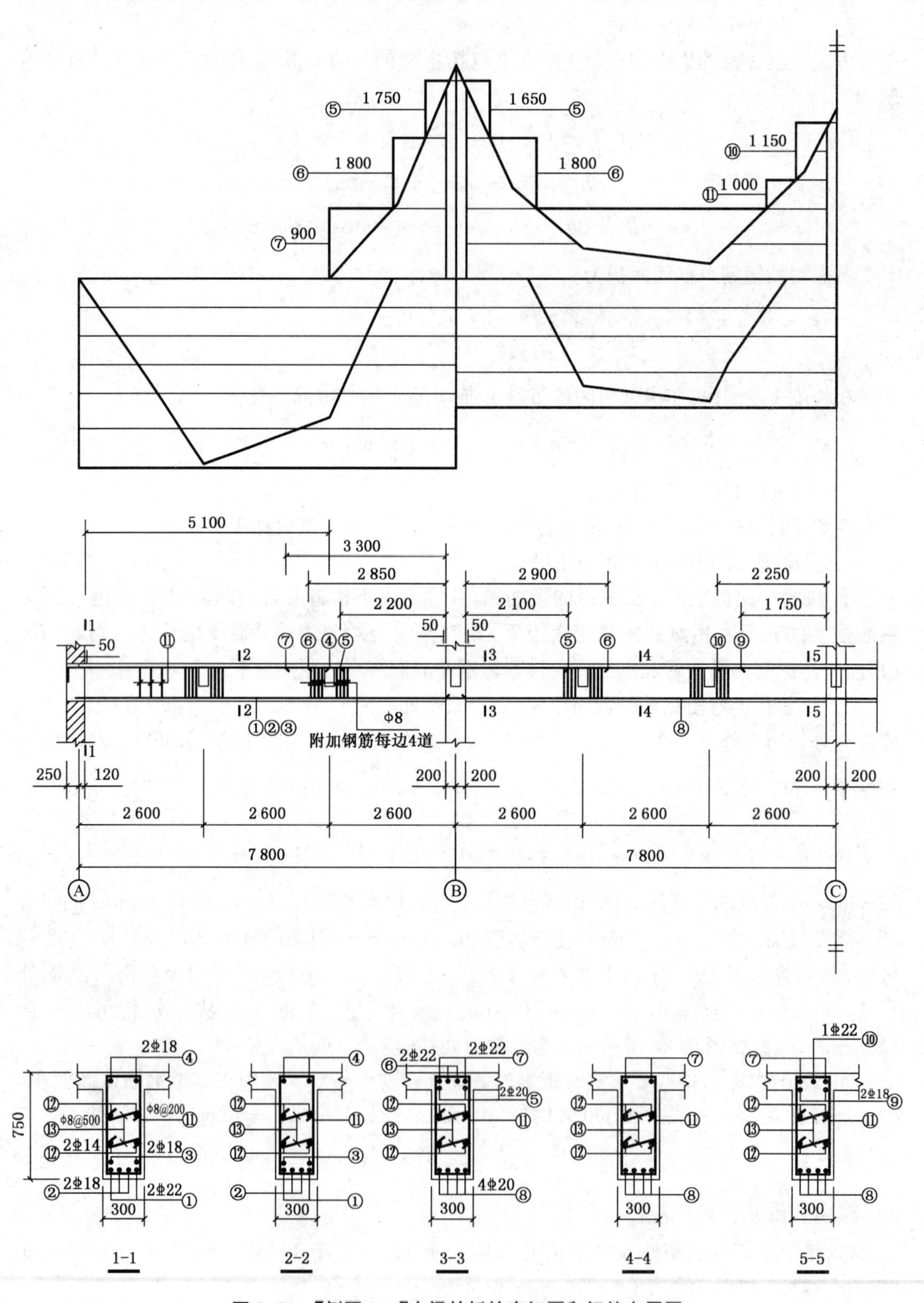

图 9-31 【例题 9-1】主梁的抵抗弯矩图和钢筋布置图

9.5 钢筋混凝土双向板肋梁楼盖

对于四边支承的板，当其两个方向的边长比 $\frac{l_2}{l_1} \leqslant 3$ 时，作用于板上的荷载将沿两个方向传给支承结构，板在两个方向均产生较大的弯矩，这种板称为双向板。如前面所述，《混凝土结构设计规范》规定，当 $\frac{l_2}{l_1} \leqslant 2$ 时，应按双向板计算；当 $2 < \frac{l_2}{l_1} \leqslant 3$ 时，宜按双向板计算。当两个方向的边长越接近相等时，板在两个方向的受力也越接近相等。

与钢筋混凝土单向板肋梁楼盖一样，对于双向板肋梁楼盖，板的内力和配筋可按弹性理论计算，也可按塑性理论计算。

9.5.1 双向板肋梁楼盖的弹性理论计算法

1）单跨双向板的弹性理论计算法

双向板的受力特性与单向板有明显的不同。图 9-32 所示为四边均有支承（简支）的双向板。当双向板承受荷载后，板在四周不能产生向下的位移（如果向上的位移没有受到约束，板的四角将向上翘起），但越往板的中心，板的挠度越大。整个板在两个方向都产生弯曲，因而两个方向都有弯矩。

从图 9-32 还可以看出，在短跨方向，Ⅰ-Ⅰ截面的弯曲程度比Ⅱ-Ⅱ截面的弯曲程度大；在长跨方向，与Ⅰ-Ⅰ、Ⅱ-Ⅱ截面上距支座相同距离处（例如在Ⅲ-Ⅲ截面处）的挠曲线的斜率也不同。由此可见，这两个截面所在的板带之间有扭转角产生。相应地，也就有扭矩存在。考虑扭矩存在的双向板计算要涉及材料的双向应力和变形等许多问题，比较复杂。在实际工程设计中，常采用现成的计算表格或按一些实用的简化方法进行计算。

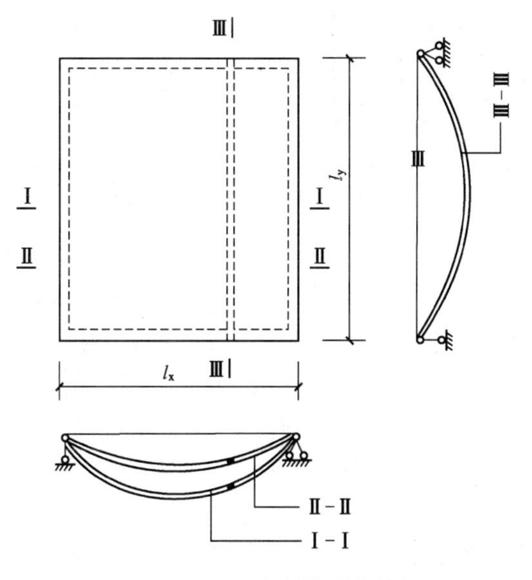

图 9-32 双向板的受力特征

目前,对于常用荷载分布及支承情况的板的内力和位移已编制成了计算表格。设计时可根据表中系数简便地求出板中两个方向的弯矩以及板的中点挠度和最大挠度。附表2-16给出了6种边界条件下,单跨双向板在均布荷载作用下的挠度系数、支座弯矩系数。按照附表2-16,双向板的弯矩可按下式计算:

$$M = \text{附表中弯矩系数} \times (g+q)l_x^2 \tag{9-13}$$

式中:M——跨中或支座单位板宽内的弯矩;

g、q——板上恒荷载、活荷载的设计值;

l_x——板的短跨跨度。

2) *多跨连续双向板的弹性理论计算法*

多跨连续双向板的内力计算比单跨双向板还要复杂。在设计中,通常采用一种以单跨双向板弯矩计算为基础的近似计算法,其计算精度完全可以满足工程设计的要求。

(1) 跨中弯矩

与多跨连续单向板内力分析相似,多跨连续双向板也存在活荷载不利布置的问题。当计算某区格板的跨中最大弯矩时,应在该区格布置活荷载,在其他区格按图9-33(a)所示的棋盘式布置活荷载。图9-33(b)为剖面A—A中第2、第4区格板跨中弯矩的最不利活荷载布置。为了能利用单跨双向板的弯矩系数表格,图9-33(b)的荷载分布可分解为图9-33(c)中的对称荷载情况(即各区格均作用有向下的均布荷载 $p'=g+q/2$)和图9-33(d)中的反对称荷载情况(即第2、4跨作用有向下的荷载 $p''=q/2$,第1、3、5跨作用有向上的荷载 $p''=q/2$)。此处 g、q 分别为作用于板上的恒荷载、活荷载。

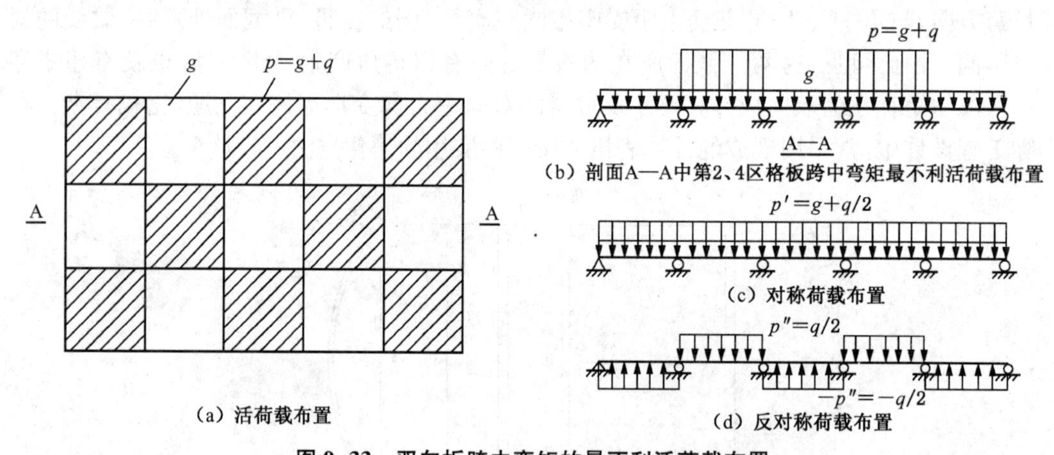

图9-33 双向板跨中弯矩的最不利活荷载布置

在对称荷载 p' 的作用下,由于区格板均作用有荷载 p',板在中间支座处的转角很小,可近似地假定板在所有中间支座处均为固定支承。因此,中间区格板可视为四边固定;若边支座为简支,则边区格板可视为三边固定,一边简支;角区格可视为两邻边固定,两邻边简支。

在反对称荷载 p'' 的作用下,板在中间支座处的弯矩很小,基本上等于零,可近似地假定板在中间支座为简支。因此,每一个区格均可视为四边简支。

最后,将上述两种荷载作用下求得的弯矩叠加,即为棋盘式活荷载最不利布置下板的跨中最大弯矩。

必须注意，这里的均布荷载 p' 和 p'' 和单向板肋梁楼盖中的 g' 和 q' 在物理概念上有明显的不同。

(2) 支座弯矩

计算多跨双向板的支座最大弯矩时，其活荷载的最不利布置与单向板相似，即应在该支座两侧跨内布置活荷载，然后再隔跨布置活荷载。对于双向板来说，计算将十分复杂。考虑到隔跨荷载的影响很小，为简化计算，可近似认为，当楼盖所有区格上都满布活荷载时得出的支座弯矩为最大。这样就可以把板区格的中间支座视为固定，板的边支座按实际情况考虑(一般为简支)。则支座弯矩可直接由附表 2-16 查得的弯矩系数进行计算。必须指出，当相邻两区格板的支承条件不同或跨度不等，但相差小于 20% 时，其公共支座处的弯矩可偏安全地取相邻两区格板得出的支座弯矩的较大值。

9.5.2 双向板肋梁楼盖的塑性理论计算法

1) 单跨双向板的破坏特征

单跨双向板的破坏特征与两个方向的跨度比值、支承情况(简支或固定)和荷载布置(集中荷载、均布荷载或其他荷载等)有关。

对于均布荷载作用下的四边简支单区格正方形板，当荷载增加到一定数值时，第一批裂缝出现在板底中央部分。随着荷载增加，裂缝宽度不断增大，并沿对角线方向向四角延伸。荷载不断增加，裂缝继续向四角发展，直至板底钢筋屈服，形成塑性铰线。在临近破坏时，板顶面的四周附近将出现垂直于对角线方向且大体呈环状的裂缝。这种裂缝的出现，将促使板底裂缝的进一步开展。板破坏时，板底、板顶的裂缝形状如图 9-34(a)所示。

对于均布荷载作用下的四边简支矩形板，当荷载增加到一定数值时，第一批裂缝出现在板底中部，裂缝方向平行于长边。随着荷载增加，裂缝宽度不断增大和开展，并沿与板边大体呈 45°的方向向四角延伸，直至板底钢筋屈服，形成塑性铰线。临近破坏时，板顶面也出现大体呈环状的裂缝。板破坏时，板底、板顶裂缝形状如图 9-34(b)所示。

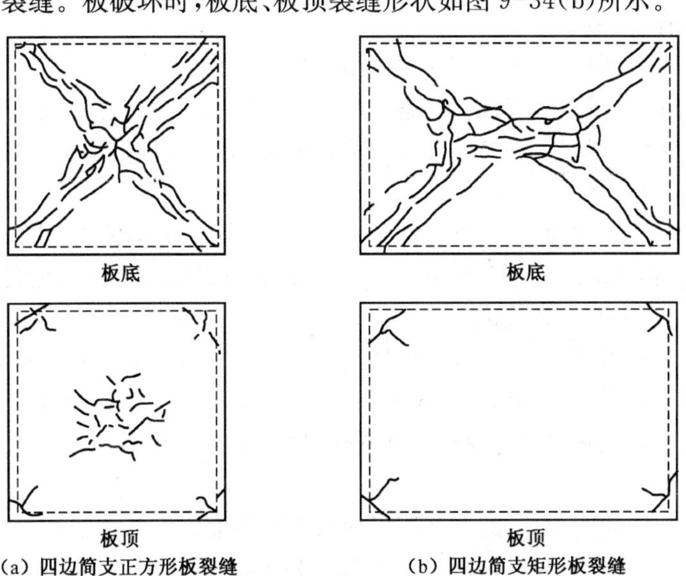

(a) 四边简支正方形板裂缝　　(b) 四边简支矩形板裂缝

图 9-34　均布荷载作用下双向板的破坏特征

对于均布荷载作用下的四边固定矩形板，第一批裂缝出现在板顶面沿长边的支座处，第二批裂缝出现在板顶面沿短边支座处及板底短跨跨中，裂缝方向平行于长边。随着荷载增加，板顶裂缝沿支座边向四角延伸，板底裂缝沿与板边大约45°的方向向四角延伸。当短边跨中裂缝截面处钢筋屈服后，形成塑性铰线，随荷载增大，与裂缝相交的钢筋陆续屈服。最后，当板形成机构，达到极限承载力时，板告破坏。

此外，在荷载作用下，简支的单区格正方形板或矩形板，其四角均有翘起的趋势。

2) *单跨双向板的塑性理论计算方法*

按塑性理论计算双向板的方法很多。目前在工程设计中较常采用的方法有塑性铰线法、板带法等。本节介绍塑性铰线法。

(1) 基本假定

由图9-34可见，板的屈服区是在板的受拉面形成，且分布在一条窄带上，如将屈服带宽度上板的角变位看成是集中在屈服带中心线上，形成假想的屈服线，则称其为塑性铰线。

塑性铰线和塑性铰的概念是相似的，塑性铰发生在杆件结构中，塑性铰线发生在板式结构中。裂缝出现在板顶的塑性铰线称为负塑性铰线，裂缝出现在板底的塑性铰线称为正塑性铰线。双向板的极限荷载可采用塑性铰线法进行计算。

塑性铰线法的基本假定为：

① 板即将破坏时，塑性铰线发生在弯矩最大处，塑性铰线将板分成若干个以铰线相连接的板块，使板成为可变体系。

② 塑性铰线是由钢筋屈服而产生的，沿塑性铰线上弯矩为常数，它等于相应配筋板的极限弯矩值，但转角可继续增大，塑性铰线上的扭矩和剪力很小，可认为等于零。

③ 塑性铰线之间的板块处于弹性阶段，变形很小，可忽略不计。因此，在均布荷载作用下，各板块可视为平面刚体，变形集中于塑性铰线处，因而两相邻板块之间的塑性铰线为直线。

④ 板的破坏机构的形式可能不止一个，在所有可能的破坏机构形式中，必有一个是最危险的，其极限荷载为最小。

(2) 均布荷载作用下的四边固定板的极限荷载

按照塑性铰线法计算双向板的极限荷载的关键是找出最危险的塑性铰线位置。塑性铰线的位置不仅与板的形状、边界条件和荷载形式有关，而且与配筋形式(纵、横方向跨中和支座的配筋情况)和数量有关。

一般情况下，塑性铰线和转动轴有如下一些规律：负塑性铰线位于固定边；固定边和简支边为转动轴线；转动轴线通过支承板的柱；两板块之间的塑性铰线必通过两板块转动轴的交点。图9-35为板的塑性铰线的一些例子。

对于均布荷载作用下的四边固定(或连续)矩形双向板，其破坏机构基本形式是倒锥形，如图9-36所示。为了简化计算，对于倒锥形破坏机构可近似地假定：正塑性铰线为跨中平行于长边的塑性铰线和斜向塑性铰线，斜向塑性铰线与板的夹角为45°；负塑性铰线位于固定边。

确定了塑性铰线的位置后，即可利用虚功原理求得双向板的极限荷载。

图9-37所示为四边固定(或连续)矩形双向板，短跨跨度为l_x，长跨跨度为l_y。设板内两个方向的跨中配筋为等间距布置，并伸入支座。其短跨方向跨中单位长度上截面的极限

弯矩为 m_x，长跨方向跨中单位长度上截面的极限弯矩 $m_y = \alpha m_x$。同时，设支座上承受负弯矩的钢筋也是均匀布置，其沿支座 AB、BC、CD、DA 的单位长度上截面的极限弯矩分别为 m'_x、m'_y、m''_x 和 m''_y。

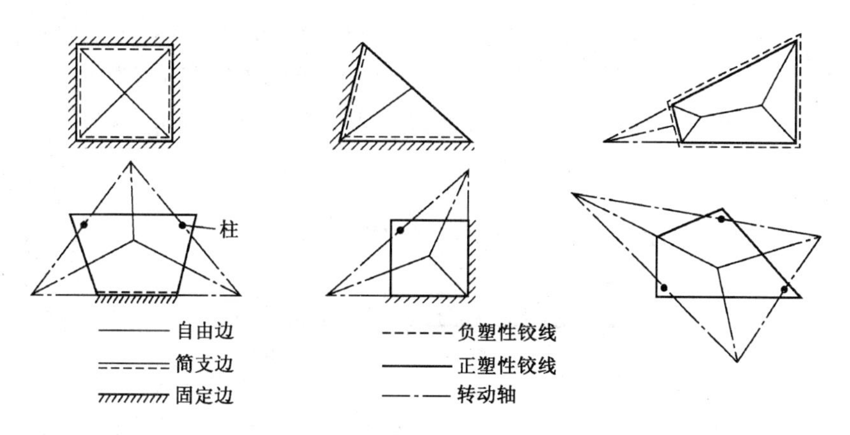

图 9-35　板的塑性铰线

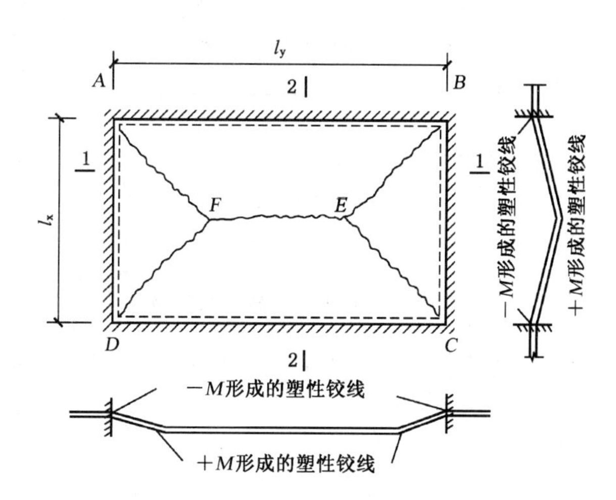

图 9-36　四边固定矩形双向板的塑性铰线

这时，在 45°斜塑性铰线上单位长度的极限弯矩为 $m_c = \frac{m_x}{\sqrt{2}\sqrt{2}} + \frac{m_y}{\sqrt{2}\sqrt{2}} = 0.5m_x + 0.5m_y$。

当跨中塑性铰线 EF 上发生一虚位移 $\delta = 1$ 时，则各板块间的相对转角如图 9-37 所示。内功 W_i 可根据各塑性铰线上的极限弯矩在相对转角上所作的功求得，即

$$W_i = -\left[(l_y - l_x)m_x \frac{4}{l_x} + 4\frac{\sqrt{2}}{2}l_x(0.5m_x + 0.5m_y)\frac{2\sqrt{2}}{l_x} + (m'_x + m''_x)l_y \frac{2}{l_x} + (m'_y + m''_y)l_x \frac{2}{l_x}\right]$$

$$= -\frac{2}{l_x}\left[2m_x l_y + 2m_y l_x + (m'_x + m''_x)l_y + (m'_y + m''_y)l_x\right]$$

即

$$W_i = -\frac{2}{l_x}(2M_x + 2M_y + M'_x + M''_x + M'_y + M''_y) \tag{9-14}$$

式中：M_x、M_y——沿 l_x、l_y 方向跨中塑性铰线上的总极限弯矩 $M_x = m_x l_y, M_y = m_y l_x$；

M'_x、M''_x——沿 l_x 方向两对支座铰线上的总极限弯矩，$M'_x = m'_x l_y, M''_x = m''_x l_y$；

M'_y、M''_y——沿 l_y 方向两对支座铰线上的总极限弯矩，$M'_y = m'_y l_x, M''_y = m''_y l_x$。

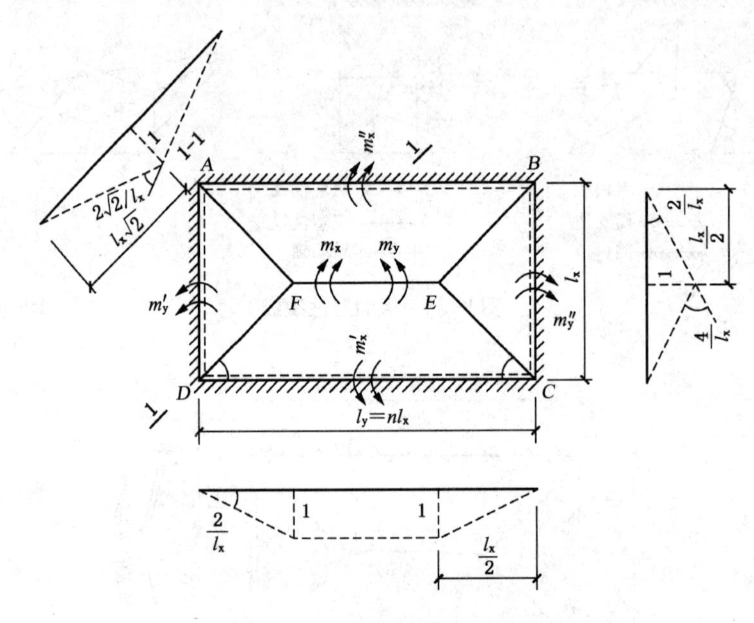

图 9-37　矩形双向板的虚位移

荷载 p 所作的外功 W_p 为荷载 p 与 $ABCDEF$ 锥体体积的乘积，即

$$W_p = p\left[\frac{1}{2}l_x(l_y - l_x)\times 1 + \frac{1}{3}\left(2\times l_x \times \frac{l_x}{2}\times 1\right)\right]$$

即

$$W_p = \frac{p}{6}l_x(3l_y - l_x) \tag{9-15}$$

令内功与外功之和为零，即式(9-14)和式(9-15)之和等于零，则可得计算四边固定(或连续)双向板的基本公式为

$$M_x + M_y + \frac{1}{2}(M'_x + M'_y + M''_x + M''_{xy}) = \frac{p}{24}l_x^2(3l_y - l_x) \tag{9-16}$$

对于四边简支矩形双向板，其支座弯矩为零，故在式(9-16)中 M'_x、M''_x、M'_y、M''_y 均为零。于是可得

$$M_x + M_y = \frac{1}{24}pl_x^2(3l_y - l_x) \tag{9-17}$$

简支双向板受荷后，其角部有翘起的趋势，以致在角部板底形成 Y 形塑性铰线，如

图 9-38(a)所示，使板的极限荷载有所降低。如支座为可承受拉力的铰支座，则将限制板的翘起。这时，角部的板顶面将出现与支座边成 45°的斜向裂缝，如图 9-38(b)所示。为了控制这种裂缝的开展，并补偿由于板底 Y 形塑性铰线引起的极限荷载的降低，可在简支矩形双向板的角区配置一定数量的板顶构造钢筋。因此，计算中可不考虑上述不利影响。

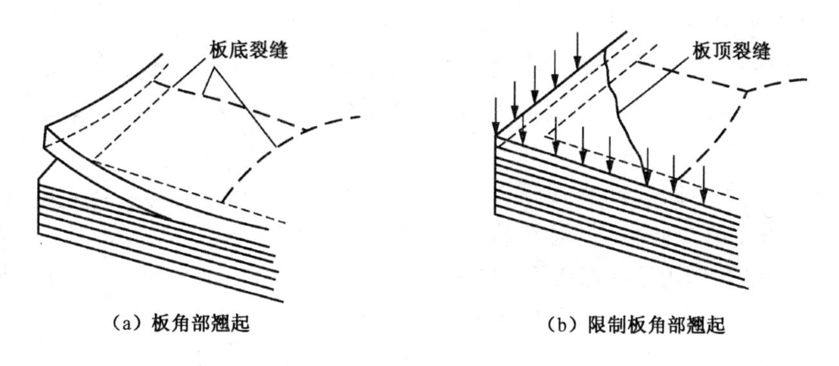

图 9-38　简支双向板板角塑性铰线

3) 多跨连续双向板的塑性理论计算方法

设计双向板时，通常已知板的荷载设计值 p 和计算跨度 l_x、l_y(内跨为净跨，边跨视支座情况，按与单向板相同的方法取值)，要求确定内力和配筋。在工程设计中一般有下面两种情况。

(1) 支座配筋均为未知时

当支座配筋均为未知时，也就是支座截面的极限弯矩均为未知时，由式(9-16)可见，弯矩未知量有 6 个，即 m_x、m_y、m'_x、m'_y、m''_x、m''_y。这时，可按下述方法计算。

① 先设定两个方向跨中弯矩的比值以及各支座弯矩与相应跨中弯矩的比值

两个方向跨中弯矩的比值 α 可按下式确定：

$$\alpha = \frac{m_y}{m_x} = \frac{1}{n^2}$$

式中：n——长边计算跨度 l_y 与短边计算跨度 l_x 的比值，即 $n = l_y/l_x$。

支座与跨中弯矩的比值 β 可取 1.5～2.5，一般常取 2.0。于是可得 $m_y = \alpha m_x$，$m'_x = \beta'_x m_x$，$m''_x = \beta''_x m_x$，$m'_y = \beta'_y \alpha m_x$，$m''_y = \beta''_y \alpha m_x$，此处 β'_x、β''_x、β'_y、β''_y 分别为 m'_x、m''_x、m'_y、m''_y 与相应跨中弯矩 m_x、m_y 的比值。

② 将上述各式代入式(9-16)，则可求得 m_x

A. 分离式配筋

当采用分离式配筋，跨中钢筋全部伸入支座，且取 $\beta'_x = \beta''_x = \beta'_y = \beta''_y = \beta$ 时，则可得

$$m_x = \frac{3n - 1}{(n + \alpha)(1 + \beta)} \times \frac{pl_x^2}{24} \tag{9-18}$$

B. 弯起式配筋

有时，为了合理利用钢筋，可采用弯起式配筋，将两个方向的跨中正弯矩钢筋在距支座 $l_x/4$(l_x 为短跨跨度)处弯起。这时，若仍取 $\beta'_x = \beta''_x = \beta'_y = \beta''_y = \beta$，则可得

$$m_x=\frac{3n-1}{n\beta+\alpha\beta+(n-1/4)+3\alpha/4}\times\frac{pl_x^2}{24} \tag{9-19}$$

③ 由设定的 α、β'_x、β''_x、β'_y、β''_y,依次求出 m_x、m'_x、m''_x、m'_y、m''_y

然后,根据这些弯矩,计算跨中和支座的配筋。

(2) 部分支座配筋已知时

当部分支座配筋为已知,也就是部分支座截面的极限弯矩已知,这时,仍可由式(9-16),用类似的方法求解,但应将已知支座配筋的支座截面的极限弯矩作为已知量代入。

现以图 9-39 所示的双向板楼盖为例来说明设计步骤。在设计多跨连续双向板时,通常从最中间的区格板 B_1 开始计算,若已知作用于区格板 B_1 的荷载设计值 p 和区格板 B_1 的计算跨度 l_x、l_y,即可用上述方法计算出其 m_x、m_y、m'_x、m'_y、m''_x、m''_y。然后再计算出相邻区格板(例如 B_2 或 B_3)的配筋。在计算上述相邻区格板(B_2 或 B_3)的配筋时,与区格板 B_1 相邻的支座配筋是已知量。用上述方法可求得该区格板其余各截面的配筋。如此依次向外扩展,逐块计算,便可求出全部多跨连续双向板的配筋。

对于多跨连续双向板的边区格板,无论板最外侧边是支承在砖墙上,还是支承在边梁上(若边梁刚度不大,可忽略边梁的扭转约束作用),设计中通常近似取该边缘支承为简支,即该支座塑性铰线弯矩为零。

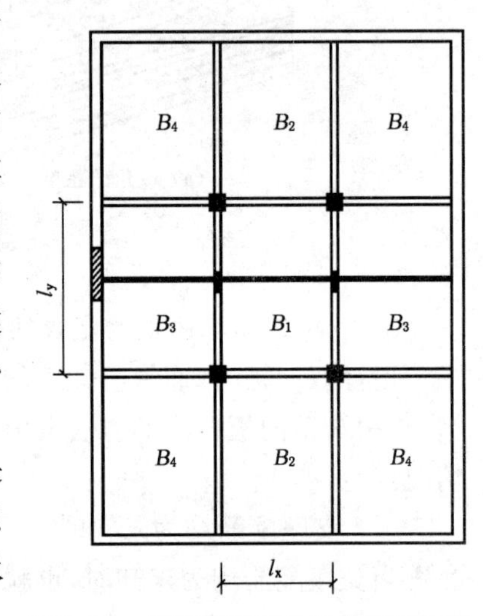

图 9-39　连续双向板设计步骤示意图

9.6　双向板的设计要点

9.6.1　截面计算

1) 弯矩设计值

对于四边与梁整体连接的双向板(角区格除外),由于周边梁的约束,对板产生很大的推力,可使板的弯矩减小。因此,无论是按弹性理论还是按塑性理论计算方法得到的弯矩,均可按下述规定予以折减:

(1) 对于连续板的中间区格的跨中截面及中间支座,弯矩可减少 20%。

(2) 对于边区格的跨中截面及从楼板边缘算起的第二支座截面,当 $l_b/l_0<1.5$ 时,弯矩减少 20%;当 $1.5\leqslant l_b/l_0\leqslant 2$ 时,弯矩减少 10%。此处,l_0 为垂直于楼板边缘方向的计算跨度,l_b 为沿楼板边缘方向的计算跨度,如图 9-40 所示。

(3) 对于角区格各截面,弯矩不应减少。

2) 截面的有效高度

由于双向板内钢筋是两个方向重叠布置的,因此,沿短跨方向(弯矩较大方向)的钢筋应放在沿长跨方向钢筋的外侧。在截面计算时，应根据具体情况，取各自截面的有效高度 h_0。

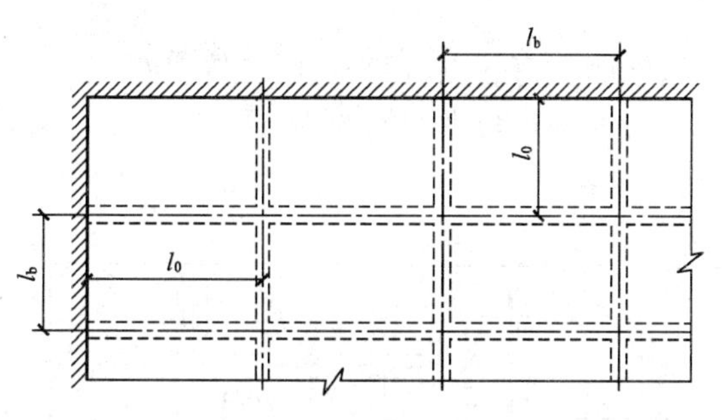

图 9-40　双向板边区格跨度 l_0、l_b 示意图

9.6.2　构造要求

1）板厚

双向板的厚度一般为 80～160 mm，任何情况下不得少于 80 mm。为了使双向板具有足够的刚度，对于单跨简支板，其板厚不宜小于 $l_0/45$，对于多跨连续板，其板厚不宜小于 $l_0/50$。此处，l_0 为短跨的计算跨度。

2）钢筋的配置

双向板的受力钢筋沿纵、横两个方向配置，其配筋形式与单向板相似，有弯起式和分离式。

当按弹性理论计算时，其单位长度上的板底钢筋数量是按最大跨中弯矩求得的。但跨中弯矩不仅沿弯矩作用平面的方向向支座逐渐减少，而且沿垂直于弯矩作用平面的方向向两边逐渐减少，因此，跨中钢筋数量亦可向两边逐渐减少。考虑到施工方便，可按下述方法配置：将板在 l_1 和 l_2 方向各分为 3 个板带，2 个边板带的宽度各为短跨计算跨度的 1/4，其余为中间板带，如图 9-41 所示。在中间板带上，按跨中最大正弯矩求得的单位长度内的板底钢筋数量均匀配置；在边板带上，按中间板带内的单位长度上的钢筋数量的一半均匀配置。

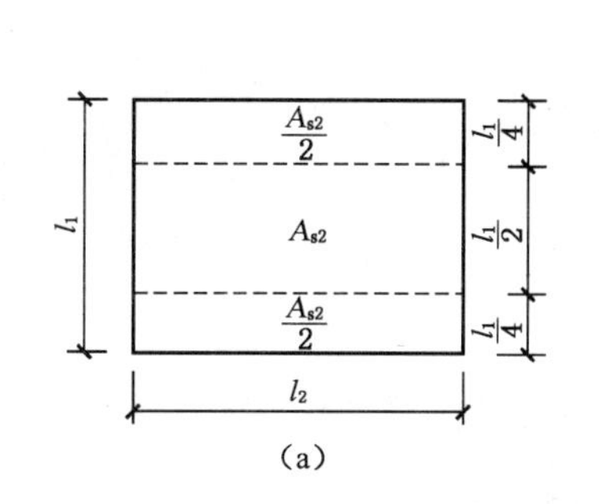

(a)

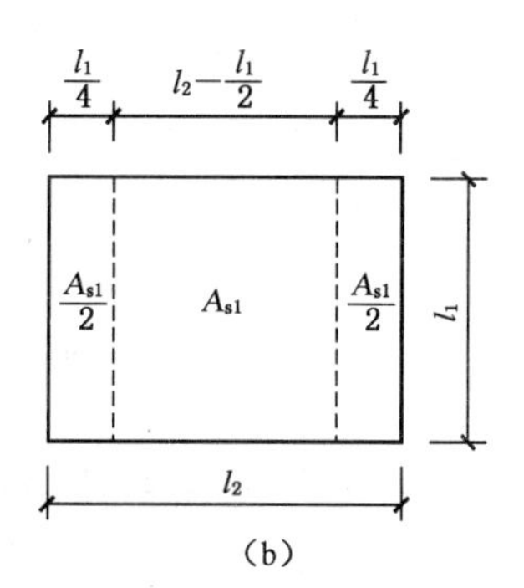

(b)

图 9-41　双向板配筋的分区和配筋量

支座处的负弯矩钢筋不予减少，应按计算值沿支座均匀配置。

当按塑性理论分析内力时，应事先确定边缘板带是否减少一半配筋。如果边缘板带减少一半配筋，则在内力分析时，必须按边缘板带减少一半配筋后的极限弯矩值来计算塑性铰线上的总极限弯矩值。

板中受力钢筋的直径、间距及弯起点、切断点的位置等规定，与单向板相同，沿墙边、墙角处的构造钢筋，也与单向板相同。板中配筋的构造要求如图 9-42 所示，满足这些要求，则可保证板的所有截面的受弯承载力。

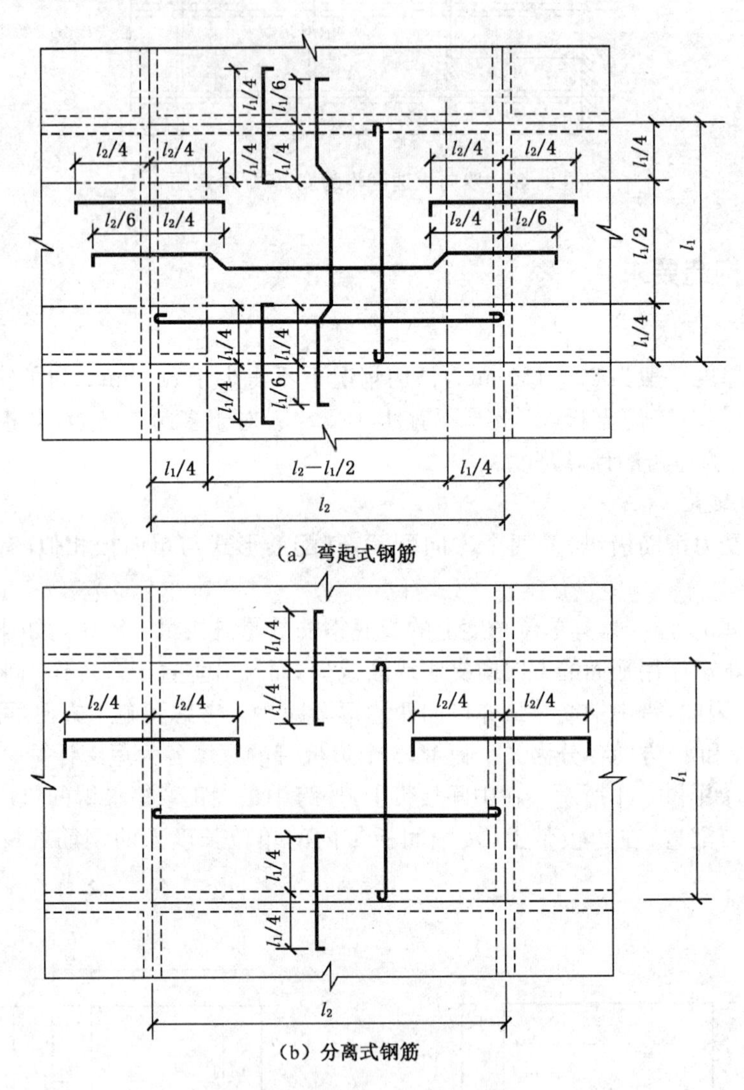

图 9-42 多跨连续双向板的配筋构造

9.6.3 双向板支承梁的计算

双向板支承梁的荷载，亦即双向板的支座反力，其分布比较复杂。设计时，可近似地将每一区格板从板的四角作 45°线，将板分成 4 块，每块面积内的荷载传给其相邻的支承梁，这样，长跨支承梁（沿板的长跨方向）上的荷载为梯形分布，短跨（沿板的短跨方向）支承梁上的荷载为三角形分布，如图 9-43 所示。

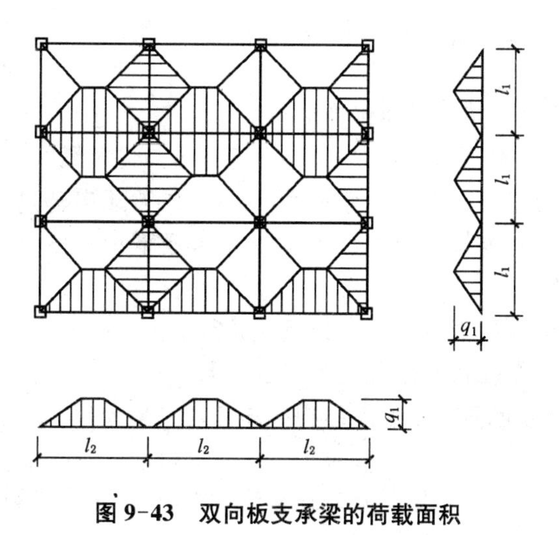

图 9-43　双向板支承梁的荷载面积

对于承受三角形、梯形分布荷载作用的多跨连续梁，当按弹性理论计算其内力时，也可以将梁上的三角形或梯形荷载折算成等效均布荷载，然后利用附表 2-15 计算梁的支座弯矩。此时，仍应考虑梁各跨活荷载的最不利布置。等效荷载是按实际荷载产生的支座弯矩与均布荷载产生的支座弯矩相等的原则确定的。图 9-44 所示为梁上承受三角形、梯形荷载的等效均布荷载值。

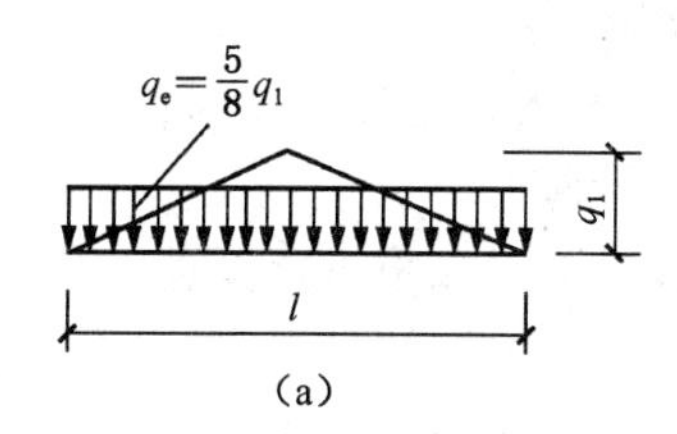

(a)

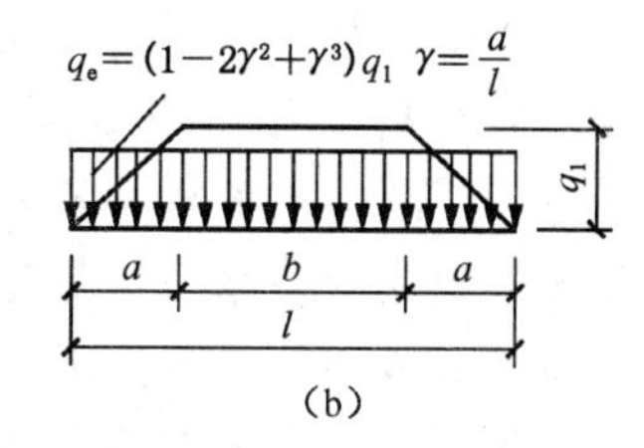

(b)

图 9-44　连续支承梁的等效均布荷载

在按等效荷载 q_e 查表求得连续梁各支座弯矩之后，以此支座弯矩的连线为基线，叠加按三角形或梯形分布荷载求得的各跨的简支梁弯矩图，即为所求的支承梁的弯矩图。

当按塑性理论计算支承梁内力时，可在按弹性理论求得的支座弯矩的基础上进行调幅，计算方法同单向板肋梁楼盖的连续梁。

本章小结

本章主要介绍了混凝土结构楼盖的类型分为肋梁楼盖和无梁楼盖，肋梁楼盖可分为单向板肋梁楼盖、双向板肋梁楼盖、密肋楼盖和井字楼盖等。介绍了单向板肋梁楼盖的计算方法及构造要求。

复习思考题

9.1　现浇式钢筋混凝土楼盖结构有哪几种类型？它们的受力特点和应用范围如何？

9.2　何谓单向板？何谓双向板？作用于板上的荷载是怎样传递的？在设计时是如何区分的？

9.3 简述单向板肋梁楼盖的柱网和梁格的布置原则。板、次梁和主梁的常用跨度是多少?

9.4 单向板、次梁的计算跨度如何确定?

思考题解析

9.5 计算连续梁、板的最不利内力时,其活荷载应如何布置?

9.6 绘制内力包络图和正截面受弯承载力图(抵抗弯矩图)的作用是什么?如何绘制?

9.7 计算连续次梁和连续板的内力时,采用折算荷载的目的是什么?连续次梁和连续板的折算荷载如何取值?

9.8 支座处控制截面的内力设计值如何计算?

9.9 何谓塑性铰?塑性铰与普通铰有哪些不同?

9.10 何谓塑性内力重分布?静定结构有没有内力重分布?影响塑性内力重分布的主要因素有哪些?

9.11 何谓弯矩调幅?按弯矩调幅法计算连续板、梁的一般原则有哪些?为什么?

9.12 截面的弯矩调幅系数不宜超过25%,为什么?

9.13 对周边与梁整体连接的单向板的中间跨,在计算弯矩时,为什么可将其计算求得的弯矩值折减?

9.14 单向板中有哪些受力钢筋和构造钢筋?各起什么作用?如何设置?

9.15 对于等跨连续次梁,当 $q/g \leqslant 3$ 时,其简化的配筋构造如何?

9.16 多跨多列连续双向板按弹性理论计算时,计算跨中最大正弯矩和支座最大负弯矩时活荷载如何布置?如何利用单跨双向板的计算表格进行计算?

9.17 在均布荷载作用下,四边简支单跨矩形双向板的破坏特征如何?

9.18 多跨多列双向板的弯矩及其截面配筋如何计算?

9.19 塑性铰线法的基本假定是什么?塑性铰线和转动轴有什么规律?

9.20 简述双向板的构造要点。

9.21 双向板支承梁上的荷载是如何计算的?按弹性理论计算时,其内力如何计算?

10　钢筋混凝土框架结构

10.1　框架结构的组成和布置

10.1.1　框架结构的组成

框架结构是由梁和柱组合而成的承重结构体系。框架结构的梁柱一般为刚性连接，有时也可以将部分节点做成铰节点或半铰节点。柱支座通常设计成固定支座，必要时也可设计成铰支座。有时由于屋面排水或其他方面的要求，将屋面梁和板做成斜梁和斜板。

框架结构可形成较大的使用空间，但与剪力墙结构和筒体结构等相比，框架结构的侧向刚度较小，抵抗水平力的能力较差，一般只用于多层房屋和不超过 15 层的高层房屋。

框架结构房屋的墙体一般只起围护作用，通常采用较轻质的墙体材料，以减轻房屋的自重，降低地震作用。墙体与框架梁、柱应有可靠的连接，以增强结构的侧移刚度。

10.1.2　框架结构的类型

钢筋混凝土框架结构按施工方法的不同，可分为现浇整体式、装配式和装配整体式等。

1）现浇整体式框架结构

梁、柱、楼盖均为现浇钢筋混凝土的框架结构（图 10-1(a)），即为现浇整体式框架结构。这种框架一般是逐层施工，每层柱与其上部的梁板同时支模、绑扎钢筋，然后一次浇捣混凝土，自基础顶面逐层向上施工。板中的钢筋应伸入梁内锚固，梁的纵筋应伸入柱内锚固。因此，现浇整体式框架结构的整体性好，抗震、抗风能力强，对工艺复杂、构件类型较多的建筑适应性较好，但其模板用量大，劳动强度高，工期也较长。自从采用组合钢模板、泵送混凝土等新的施工方法后，现浇整体式框架的应用更为普遍。

2）装配式框架结构

梁、柱、楼板均为预制，然后在现场吊装，通过焊接拼装连接成整体的框架结构（图 10-1(b)），即为装配式框架结构。由于所有构件均为预制，可实现标准化、工厂化、机械化生产。因此，装配式框架施工速度快、效率高。由于机械运输吊装费用高，节点焊接接头耗钢量较大，装配式框架结构的造价较高。同时，由于结构的整体性差，抗震能力弱，故不宜在地震区应用。

3）装配整体式框架结构

梁、柱、楼板均为预制，吊装就位后，焊接或绑扎节点区钢筋，浇筑节点区混凝土，形成框架节点，从而将梁、柱及楼板连接成整体的框架结构（图 10-1(c)），即为装配整体式框架结构。这种结构兼有现浇整体式框架和装配式框架的优点，既具有良好的整体性和抗震能力，又可采用预制构件，减少现场浇筑混凝土的工作量，且可节省接头耗钢量。但节点区现浇混凝土施工较复杂。

装配式和装配整体式框架接头位置的选择十分重要。一方面,它直接影响到整个结构在施工阶段和使用阶段的受力状态和受力性能(结构的承载力、刚度和延性);另一方面,它还将决定预制构件的大小、形式和数量以及构件的生产、运输和吊装的难易程度。

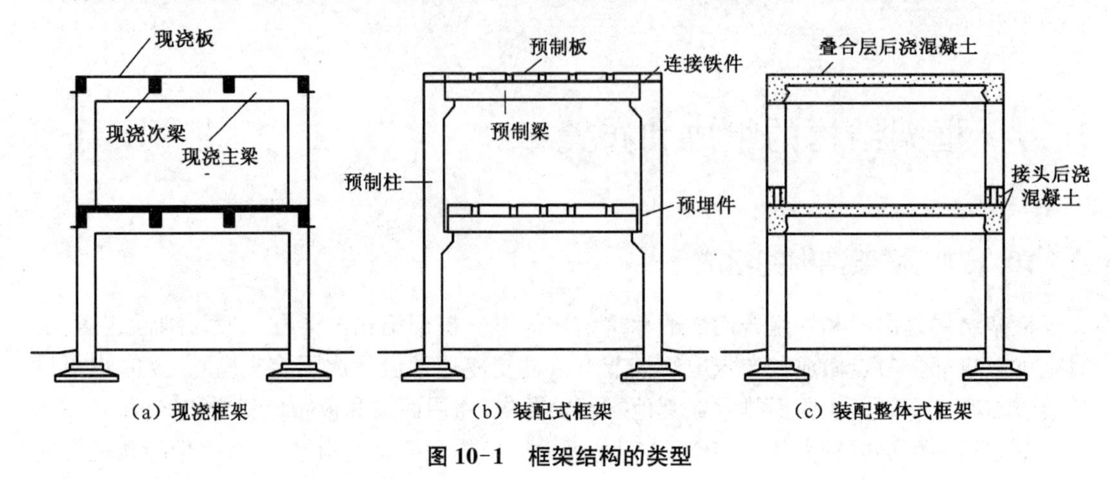

(a) 现浇框架　(b) 装配式框架　(c) 装配整体式框架

图 10-1　框架结构的类型

10.1.3　框架结构的布置

1) 柱网布置和层高

(1) 柱网布置

框架结构的柱网布置既要满足生产工艺、使用功能和建筑平面布置的要求,又要使结构受力合理、施工方便。柱网尺寸宜符合《建筑模数协调统一标准》(GBJ 2—1986)和《厂房建筑模数协调标准》(GBJ 6—1986)的规定,力求做到规则、整齐。

多层厂房柱距大多采用 6 m,柱网形式主要取决于跨度,常见的有内廊式和等跨式柱网两种。

内廊式柱网(图 10-2(a))一般为对称三跨,边跨跨度常为 6 m、6.6 m 和 6.9 m;中间跨为走廊,跨度常为 2.4 m、2.7 m 和 3.0 m。内廊式柱网多用于对工艺环境有较高要求和防止工艺相互干扰的工业厂房,如仪表、电子和电气工业等厂房。

等跨式柱网(图 10-2(b))主要用于对工艺要求有大统间、便于布置生产流水线的厂房,如机械加工厂、仓库、商店等,常用跨度为 6 m、7.5 m、9 m 和 12 m 四种。随着预应力混凝土技术的发展,已可建造大柱网、灵活隔断的通用厂房。

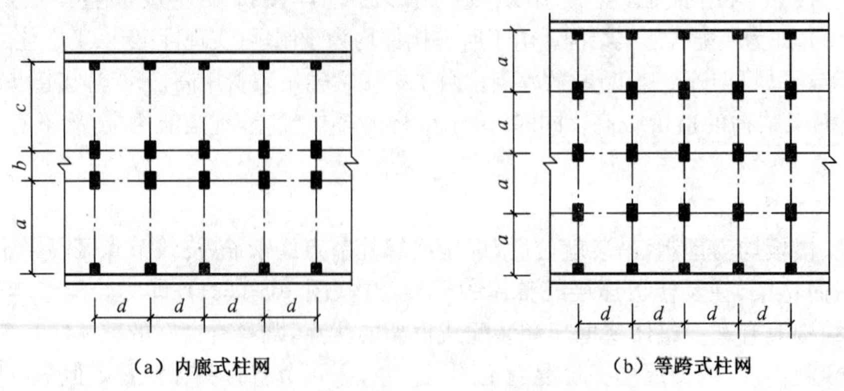

(a) 内廊式柱网　(b) 等跨式柱网

图 10-2　多层厂房柱网布置形式

民用房屋的种类较多，功能要求各不相同，因此，柱网变化较大，柱网尺寸一般均在 4 m 以上，每级级差一般为 300 mm。

(2) 层高

多层厂房的层高主要取决于采光、通风和工艺要求，常用层高为 4.2～6.0 m，每级级差 300 mm。民用房屋的常用层高为 3 m、3.6 m、3.9 m 和 4.2 m 等，在住宅中常用层高为 2.8 m。

2) 承重框架的布置方案

框架结构是梁与柱连接起来而形成的空间受力体系。其传力路径为：楼板将楼面荷载传给梁，由梁传给柱子，再由柱子传到基础，基础传到地基。为计算方便起见，可把空间框架分解为纵横两个方向的平面框架：沿建筑物长方向的称为纵向框架；沿建筑物短方向的称为横向框架。纵向框架和横向框架分别承受各自方向上的水平力，而楼面荷载则按楼盖结构布置方式确定其传递方向。按楼板布置方式的不同，框架结构的承重方案可分为以下 3 种：

(1) 横向框架承重方案

以框架横梁作为楼盖的主梁，楼面荷载主要由横向框架承担，如图 10-3(a)所示，这种结构方案称为横向框架承重方案。由于横向框架跨数往往较少，主梁沿横向布置有利于增强房屋的横向刚度。同时，主梁沿横向布置还有利于建筑物的通风和采光。但由于主梁截面尺寸较大，当房屋需要大空间时，其净空较小，且不利于布置纵向管道。

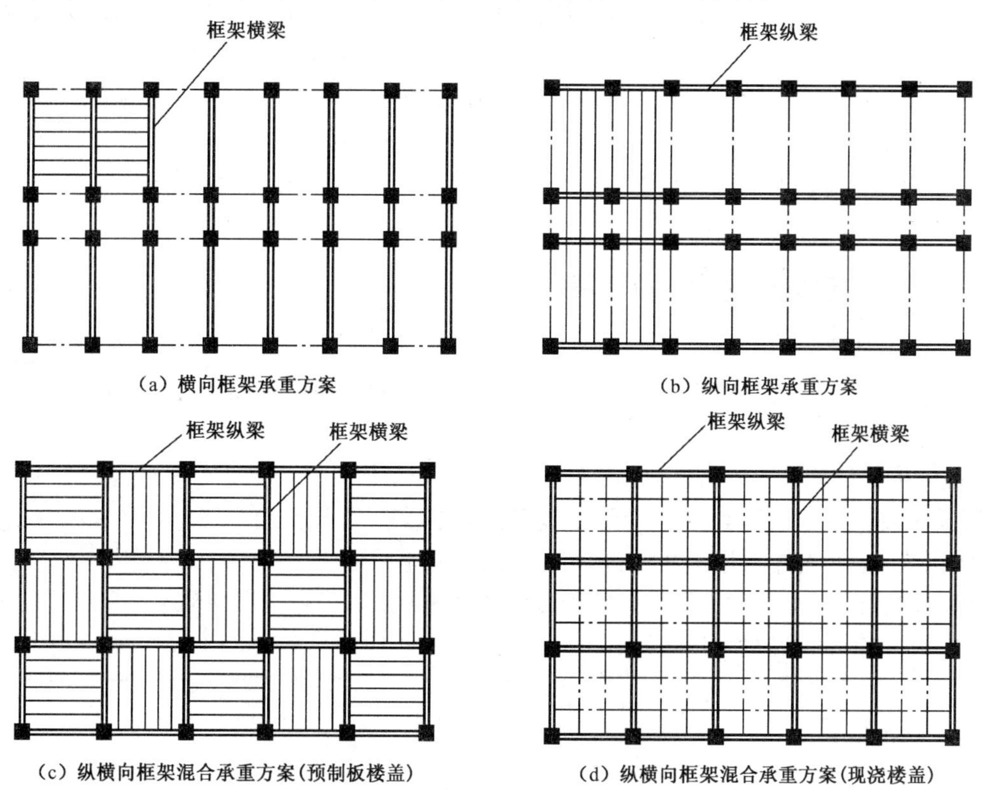

图 10-3 框架结构的承重方案

(2) 纵向框架承重方案

以框架纵梁作为楼盖的主梁，楼面荷载由框架纵梁承担，如图 10-3(b)所示，这种结构方案称为纵向框架承重方案。由于横梁截面尺寸较小，有利于设备管线的穿行，可获得较高的室内净空。但是，这类房屋的横向刚度较差，同时进深尺寸受到预制板长度的限制。

(3) 纵横向框架混合承重方案

纵横向框架混合承重方案是沿纵、横两个方向均布置有框架梁作为楼盖的主梁，楼面荷载由纵、横向框架梁共同承担，这种结构方案称为纵横向框架混合承重方案。当采用预制板楼盖时，其布置如图 10-3(c)所示；当采用现浇楼盖时，其布置如图 10-3(d)所示。当楼面上作用有较大荷载，或楼面有较大开洞，或当柱网布置为正方形或接近于正方形时，常采用这种承重方案。纵横向框架混合承重方案具有较好的整体工作性能，框架柱均为双向偏心受压构件，为空间受力体系，故又称为空间框架。

10.2 框架结构内力和水平位移的近似计算方法

框架结构是一个空间受力体系，但是，由于纵向和横向的结构布置基本上是均匀的，竖向荷载和水平荷载也基本上是均匀的。在实际工程设计中，常常忽略结构纵向和横向的联系，将空间结构简化为平面结构进行内力分析。在横向水平荷载作用下，按横向框架计算；在纵向水平荷载作用下，按纵向框架计算；在竖向荷载作用下，根据实际情况确定按纵向框架或横向框架计算。框架的内力分析方法很多，如弯矩分配法、迭代法等。当结构的跨数和层数较多时，用上述方法进行手算仍较复杂。因此，在实际工程设计中，尤其是在初步设计阶段，往往采用一些更为简化的计算方法。本节主要介绍框架结构设计中常用的近似计算方法，包括竖向荷载作用下的分层法、水平荷载作用下的反弯点法和修正反弯点法（D 值法）。

10.2.1 框架结构的计算简图

1) 计算单元

练一练

在实际工程设计时，通常选一榀或几榀有代表性的纵、横向平面框架进行内力分析，以减轻设计工作量。

横向框架计算单元的取法与单层厂房排架近似，即取一个有代表性的典型区段作为计算单元，如图 10-4(b)所示。计算单元的宽度取框架左、右侧各半个柱距。当有抽柱时，如楼盖刚度较大，可与单层厂房相似，采用扩大的计算单元进行计算。

纵向框架的计算单元可按中列柱和边列柱分别考虑。中列柱纵向框架计算单元的宽度可取左、右侧各半个跨度，如图 10-4(b)中所示；边列柱计算单元的宽度可取一侧跨度的一半。

2) 计算简图

(1) 杆件轴线

当将一榀具体的框架结构抽象为计算模型时，梁柱的位置是以杆件的轴线来确定的。等截面柱的轴线取该截面的形心线，变截面柱的轴线取其小截面的形心线；横梁的轴线原则上取截面形心线(图 10-5)。为了简便,并使横梁轴线位于同一水平线上,对于现浇混凝土楼盖,也可以楼板底面作为横梁轴线。这时,各层柱高即为相应的层高,底层柱高应取基础顶面至二层楼板底面之间的距离。

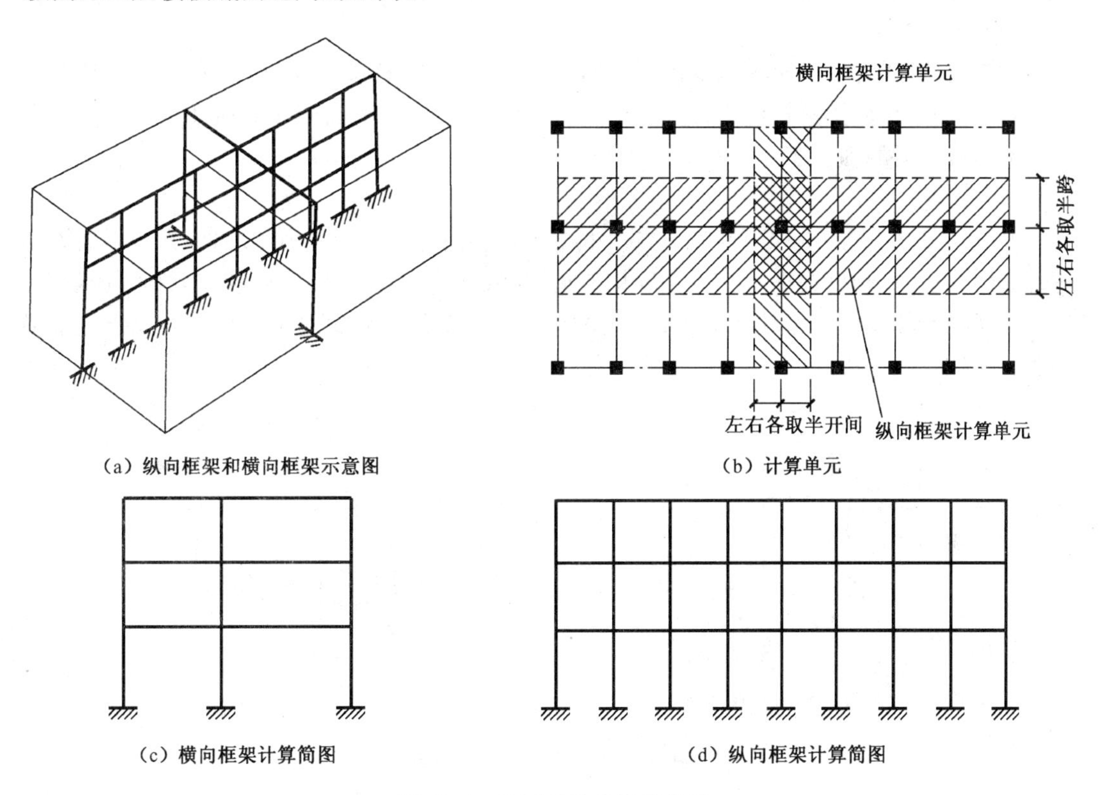

(a) 纵向框架和横向框架示意图

(b) 计算单元

(c) 横向框架计算简图

(d) 纵向框架计算简图

图 10-4 框架结构的计算单元

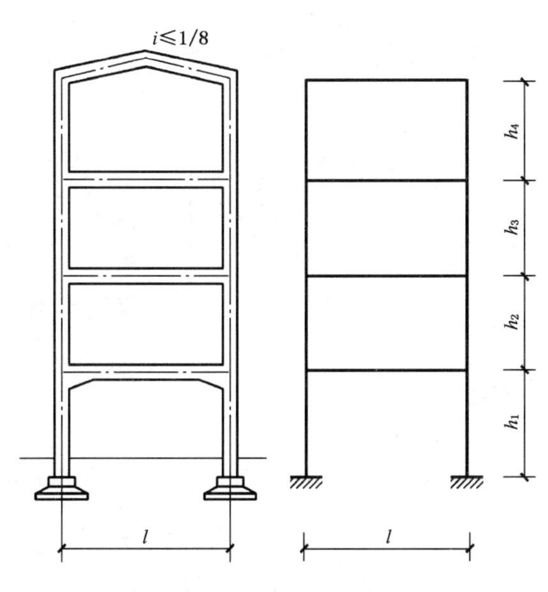

图 10-5 框架结构的计算模型

在实际工程设计中，还可以对计算模型作如下的简化：

① 对于框架横梁为坡度 $i \leqslant 1/8$ 的折梁，可简化为直杆。

② 对于不等跨度的框架，当各跨跨度相差不大于10%时，可简化为等跨框架，计算跨度取原框架各跨跨度的平均值。

③ 当框架横梁为有加腋的变截面梁时，且有 $I_m/I<4$ 或 $h_m/h<1.6$ 时，可以不考虑加腋的影响，按等截面梁进行内力计算。此处，I_m、h_m 为加腋端最高截面的惯性矩和梁高，I、h 为跨中等截面梁的惯性矩和梁高。

(2) 节点

框架梁、柱的交汇点称为框架节点。框架节点往往处于复杂受力状态，但当按平面框架进行结构分析时，则可根据施工方案和构造措施，将其简化为刚性节点、铰节点和半铰节点。

在现浇整体式框架结构中，梁和柱内的纵向受力钢筋都将穿过节点(图 10-6(a))或锚入节点区(图 10-6(b))，并现浇成整体，因此，应简化为刚性节点。

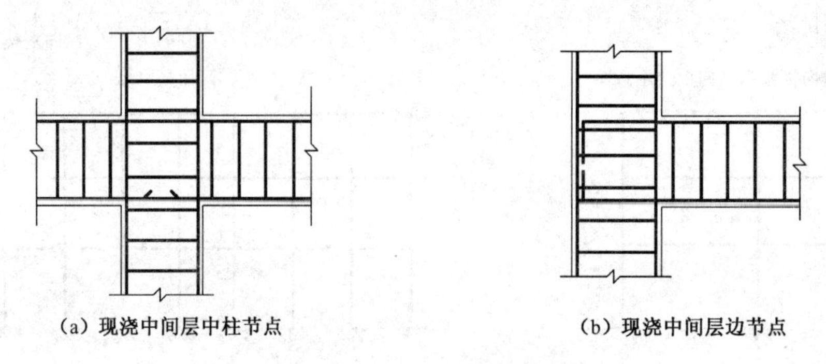

(a) 现浇中间层中柱节点　　(b) 现浇中间层边节点

图 10-6　现浇框架节点构造

在装配式框架结构中，梁、柱的连接是在梁底和柱子的某些部位预埋钢板，安装就位后再焊接起来(图 10-7)。由于钢板在其自身平面外的刚度很小，同时焊接质量随机性很大，难以保证结构受力后梁柱间没有相对转动，因此，常将此类节点简化为铰节点(图 10-7(a))或半铰节点(图 10-7(b))。

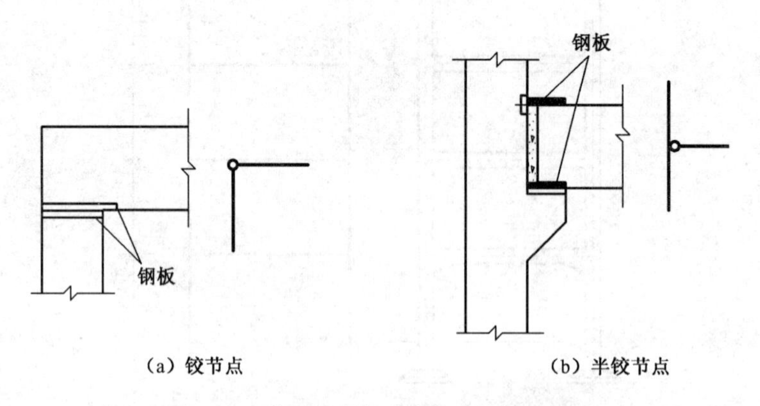

(a) 铰节点　　(b) 半铰节点

图 10-7　装配式框架节点构造和计算简图

在装配整体式框架中，梁、柱中的钢筋在节点处可为焊接或搭接，并在现场浇筑部分混凝土，节点左右梁端均可有效地传递弯矩，因此可认为是刚性节点。但这种节点的刚性不如现浇整体式框架好，节点处梁端实际承受的弯矩要小于计算值。同时，必须注意，在施工阶段，在尚未形成整体前，应按铰节点考虑。

框架支座可分为固定支座和铰支座两种。当为现浇钢筋混凝土柱时，一般设计成固定支座(图 10-8(a))；当为预制柱杯形基础时，根据具体的构造措施可分别简化为固定支座(图 10-8(b))或铰支座(图 10-8(c))。

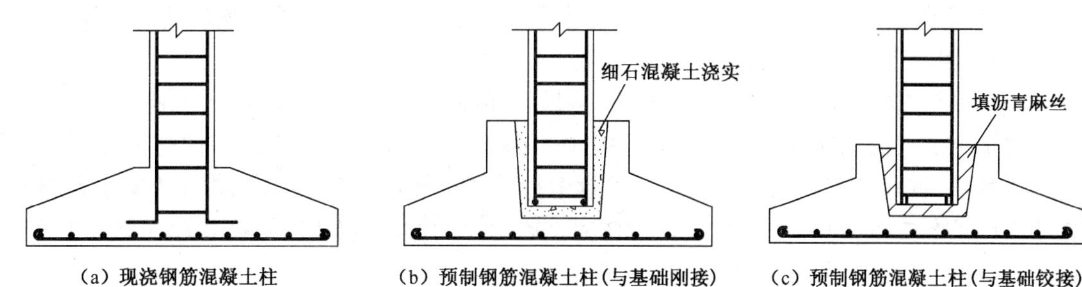

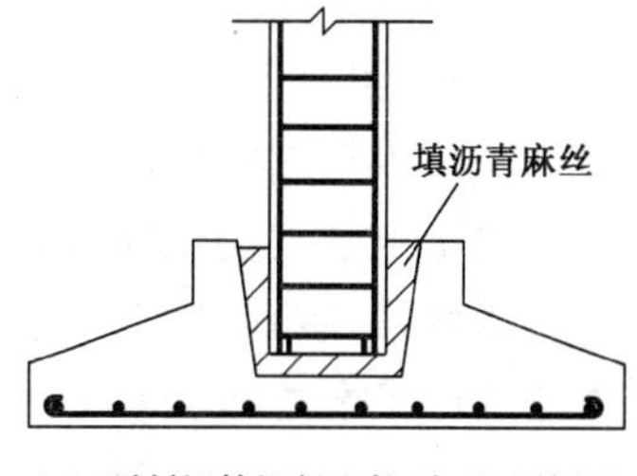

(a) 现浇钢筋混凝土柱　(b) 预制钢筋混凝土柱(与基础刚接)　(c) 预制钢筋混凝土柱(与基础铰接)

图 10-8　框架柱与基础的连接

(3) 框架结构的荷载

作用于框架结构上的荷载有竖向荷载和水平荷载两类。竖向荷载包括结构自重及楼(屋)面活荷载，一般为分布荷载，有时也有集中荷载。水平荷载包括风荷载和水平地震作用，一般均简化成节点水平集中力。

为简化计算，对作用在框架上的荷载可作适当简化。例如：为构成对称的荷载图式，集中荷载的位置可略作调整，但移动不超过 $l_{b0}/20$(l_{b0}为梁的计算跨度)；计算次梁传给框架主梁的荷载时，可不考虑次梁的连续性，按简支梁计算；作用在框架上的次要荷载可以简化成与主要荷载形式相同的荷载，转化的原则是对应结构的主要受力部位保持内力等效。

3) 梁、柱截面尺寸和截面特征

在现浇钢筋混凝土框架中，框架横梁大多为 T 形截面(图 10-9(a))。当采用装配式或装配整体式楼面时，框架横梁可做成矩形或花篮形截面(图 10-9(b)、(c)、(d))；花篮形框架横梁可增加房间的净空，加强楼板和大梁的整体性，应用较广泛。当采用预制楼板时，框架纵梁常做成 T 形或倒 L 形(图 10-9(e)、(f))。框架柱一般采用正方形或矩形。为了尽可能减少构件类型，各层梁柱截面的形状和尺寸往往不改变而只改变截面的配筋。

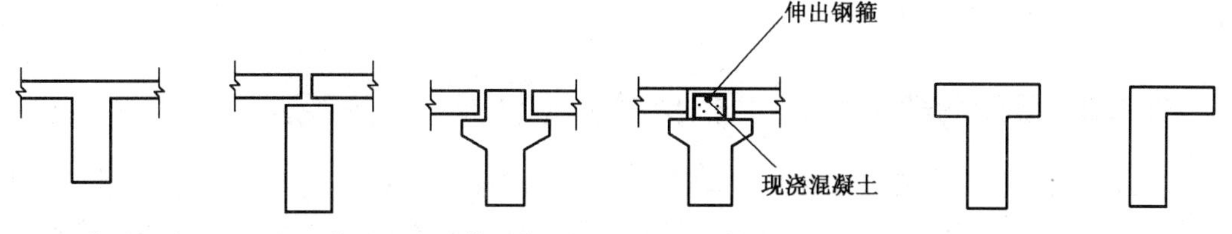

(a) T形截面(现浇)　(b) 矩形截面　(c) 花篮形截面(Ⅰ)　(d) 花篮形截面(Ⅱ)　(e) T形截面(预制)　(f) 倒L形截面

图 10-9　框架梁的截面形式

框架梁、柱的截面尺寸，一般可参考已有的设计资料或近似地按以下方法确定。

(1) 框架梁的截面尺寸

框架梁的截面尺寸的确定方法与楼盖主梁相类似，一般取梁高 $h_b = (1/8 \sim 1/12) l_b$

（此处，l_b 为梁的跨度），单跨取较大值，多跨取较小值；当楼面上安置机床和机械设备时，取 $h_b=(1/7\sim1/10)l_b$；当采用预应力混凝土梁时，其截面高度可以乘以 0.8 的系数。梁的宽度取为 $b_b=(1/2\sim1/3)h_b$。在初步确定截面尺寸后，还可按全部荷载的 0.6～0.8 作用在框架梁上，按简支梁受弯承载力和受剪承载力进行核算。

(2) 框架柱的截面尺寸

确定框架柱的截面尺寸时，不但要考虑承载力的要求，而且要考虑框架的侧向刚度和延性的要求，可按下述方法取用：

一般可根据轴向压力，按规定的轴压比限值进行估算。

对于主要承受轴向力的框架柱（例如中柱）可取(1.2～1.4)N，按轴心受压构件进行估算。当水平荷载较大时，其引起的弯矩可近似按反弯点确定，然后与轴向力 1.2N 组合，按偏心受压承载力进行估算。此处，N 为柱的轴向力设计值，可按竖向恒荷载标准值为 10～13 kN/m^2 和实际负荷面积确定。

框架柱的截面高度和宽度均不小于$(1/15\sim1/20)H_c$，H_c 为层高，亦即柱的高度。通常，框架柱的截面高度不宜小于 400 mm，截面宽度不宜小于 350 mm。

(3) 框架梁、柱的截面抗弯刚度

在进行框架结构的内力分析时，所有构件均采用弹性刚度。在计算框架梁截面惯性矩 I_{b0} 时应考虑楼板的影响。在工程设计中通常假定梁的截面惯性矩 I_{b0} 沿轴线不变，并按表 10-1取值，表中 I_{b0} 为按矩形截面计算的截面惯性矩。柱截面惯性矩按其截面尺寸确定。将梁、柱的截面惯性矩乘以相应的混凝土弹性模量，即可求得梁、柱的截面抗弯刚度。同时，考虑到结构在正常使用阶段可能是带裂缝工作的，其刚度将降低，因此，对整个框架的各个构件引入一个统一的刚度折减系数，并以折减后的刚度作为该构件的抗弯刚度。在风荷载作用下，对现浇整体式框架，折减系数取 0.85；对装配式框架，折减系数取 0.70～0.80。

表 10-1　框架梁的截面惯性矩 I_{b0}

框架类别	中框架	边框架
现浇整体式	$2I'_{b0}$	$1.5I'_{b0}$
装配式	I'_{b0}	I'_{b0}
装配整体式	$1.5I'_{b0}$	$1.2I'_{b0}$

注：I'_{b0} 为按矩形截面计算的截面惯性矩。

10.2.2　竖向荷载作用下的框架内力近似计算——分层法

通常，多层或高层多跨框架在竖向荷载作用下的侧移是不大的，可近似地按无侧移框架进行分析。当某层框架梁上作用有竖向荷载时（图 10-10），在该层梁及相邻柱子中产生的弯矩和剪力较大，而在其他楼层的梁、柱中所产生的弯矩和剪力则较小，梁的线刚度越大，衰减越快。因此，在进行竖向荷载作用下框架的内力（弯矩和剪力）分析时，可以作如下两点假定：

(1) 忽略框架在竖向荷载作用下的侧移和由它引起的侧移弯矩。

(2) 忽略本层荷载对其他各层内力（弯矩和剪力）的影响。即竖向荷载只在本层的梁以及与本层梁相连的框架柱内产生内力，而对其他楼层框架梁和隔层框架柱都不产生内力。

基于以上两点假定，在分析竖向荷载作用下框架结构的内力时，可以将各层作用有竖向荷载的多层和高层多跨框架（图 10-11(a)）分解为若干个作用有竖向荷载的单层开口框架进行计算（图 10-11(b)），然后将各个开口框架的内力叠加起来即可求得整个框架的内力。

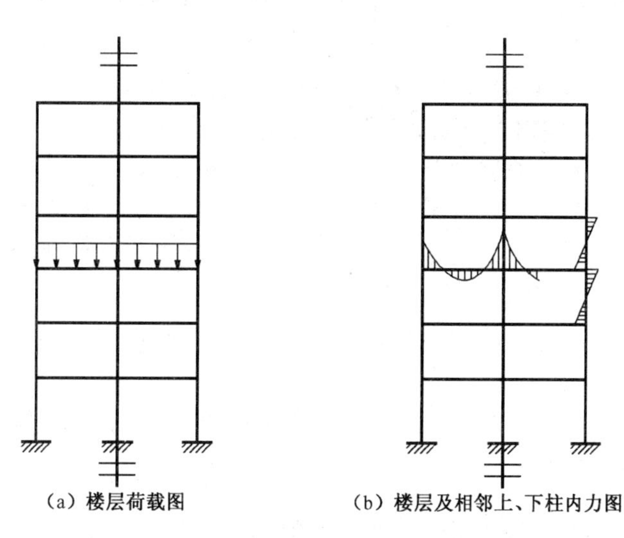

(a) 楼层荷载图　　(b) 楼层及相邻上、下柱内力图

图 10-10　竖向荷载作用下框架的受力特点

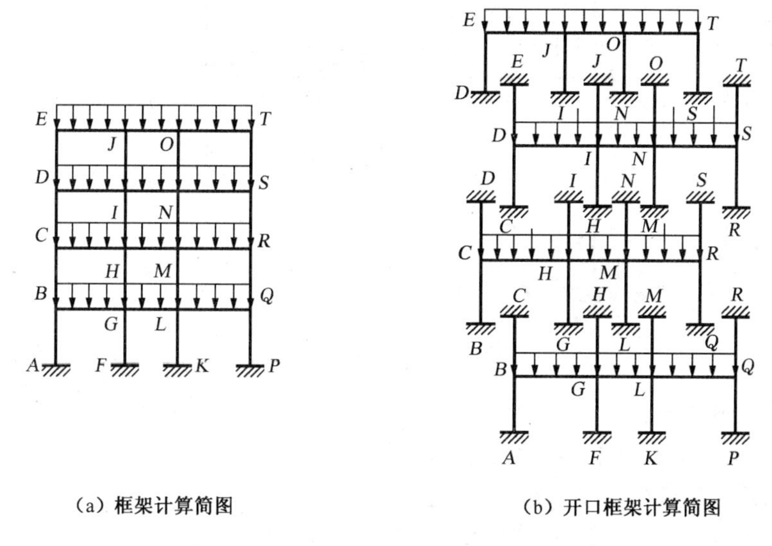

(a) 框架计算简图　　(b) 开口框架计算简图

图 10-11　竖向荷载作用下内力分析的分层法

在上述简化过程中，假定开口框架上、下柱的远端是固定的。但是，实际上其他楼层对开口框架上、下柱的约束作用是有限的，开口框架上、下柱远端是有转角产生的。为了减小由此带来的误差，在按上述开口框架（图 10-11(b)）进行计算时，应做以下修正：除底层以外，其他各层柱的线刚度均乘以折减系数 0.9；柱的弯矩传递系数取为 1/3（远端固定时弯矩传递系数仍为 1/2，远端为铰支座时传递系数仍为零）。

必须注意，除底层柱以外，其他各层柱都与上下两层有关，因此，每根柱的最终弯矩应由相邻的两个单层开口框架的相应柱的弯矩叠加而得。然而这样得到的框架弯矩图中的节点弯矩往往是不平衡的，对于不平衡弯矩较大的节点，可将不平衡弯矩再分配一次，予以修正，但不再传递。

分层法适用于节点梁柱线刚度比 $\sum i_b / \sum i_c \geqslant 3$，结构刚度与荷载沿高度比较均匀的多层框架。

【例题 10-1】 图 10-12 所示为两层两跨的框架，试用分层法计算该框架的弯矩图。其中括号内的数字表示梁柱各构件的相对线刚度 i 值（即 $i = EI/l$）。

【解】 (1) 用分层法计算竖向荷载下框架内力步骤如下：

① 画出框架计算简图。

② 计算梁、柱线刚度及相对线刚度；除底层柱外，其他各层柱的线刚度（或相对线刚度）均乘以 0.9；计算各节点处的弯矩分配系数。

③ 用弯矩分配法从上到下分层计算各计算单元的杆端弯矩（一般每节点分配 1～2 次即可）。

④ 叠加有关各杆端弯矩，得出框架的最后弯矩图（如节点弯矩不平衡值较大，可在节点重新分配一次，但不进行传递）。

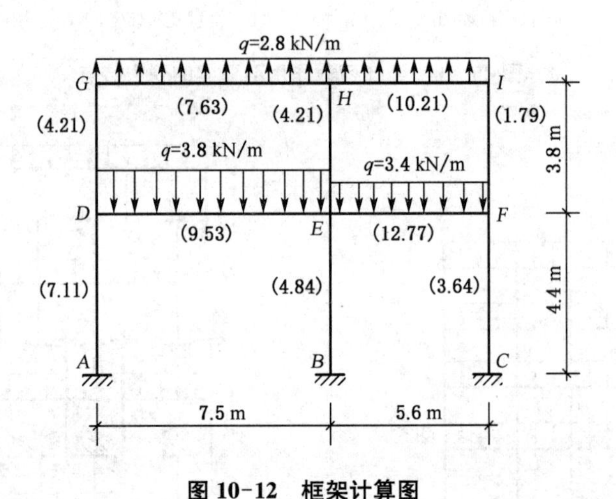

图 10-12　框架计算图

(2) 具体求解过程：

① 用分层法求解本框架的计算简图如图 10-13。

② 计算各节点处梁、柱的弯矩分配系数：

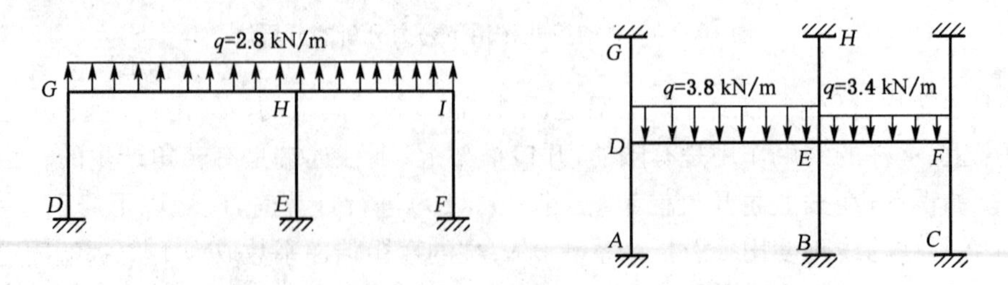

图 10-13　计算简图

因在已知条件中已给出了各梁柱的相对线刚度，因此只需将二、三层柱的线刚度乘以0.9的折减系数，然后再计算与相应梁的节点处弯矩分配系数。

节点处弯矩分配系数：$\mu=\dfrac{i}{\sum i}$，具体计算如下：

节点 G：$\mu_{右梁}=\dfrac{7.63}{7.63+0.9\times 4.21}=0.668$

$\mu_{下柱}=\dfrac{0.9\times 4.21}{7.63+0.9\times 4.21}=0.332$

节点 H：$\mu_{右梁}=\dfrac{10.21}{7.63+0.9\times 4.21+10.21}=0.472$

$\mu_{下柱}=\dfrac{0.9\times 4.21}{7.63+0.9\times 4.21+10.21}=0.175$

$\mu_{左梁}=\dfrac{7.63}{7.63+0.9\times 4.21+10.21}=0.353$

节点 I：$\mu_{下柱}=\dfrac{0.9\times 1.79}{0.9\times 1.79+10.21}=0.136$

$\mu_{左梁}=\dfrac{10.21}{0.9\times 1.79+10.21}=0.864$

同理，可得其他各节点处的弯矩分配系数。

节点 D：$\mu_{右梁}=0.466$；$\mu_{下柱}=0.348$；$\mu_{上柱}=0.186$

节点 E：$\mu_{右梁}=0.413$；$\mu_{左梁}=0.308$；$\mu_{下柱}=0.156$；$\mu_{上柱}=0.123$

节点 F：$\mu_{左梁}=0.709$；$\mu_{下柱}=0.202$；$\mu_{上柱}=0.089$

③ 用弯矩分配法从上到下分层计算各计算单元的杆端弯矩：在弯矩分配与传递计算时，先从不平衡弯矩较大节点开始，一般每个节点分配2次即可。另外，底层柱和所有的梁的传递系数为$\dfrac{1}{2}$，其他柱的传递系数为$\dfrac{1}{3}$。各计算单元构件的具体弯矩分配如图10-14。

④ 叠加以上有关各杆端弯矩，得出框架的最后弯矩图如图10-15（注意：将各计算单元相同的杆端弯矩相叠加后的弯矩即为该杆端的最终弯矩）。

10.2.3 水平荷载作用下框架内力近似计算

1) 反弯点法

(1) 计算假定

作用在框架结构上的水平荷载，一般都简化为作用于框架节点上的水平力。由精确法分析可知，框架结构在节点水平力作用下，各杆件的弯矩图都呈线性分布（图10-16），且一般都有一个反弯点。然而，各柱的反弯点位置未必相同。这时，各柱上、下端既有角位移，又有水平位移。通常认为楼板是不可压缩的刚性杆，故同一层各节点的侧移是相同的，即同一层内的各柱具有相同的层间位移。

由于反弯点处弯矩为零，因此，如能确定各柱所能承受的剪力及其反弯点的位置，便可求得柱端弯矩，进而利用节点平衡条件可求得梁端弯矩及整个框架结构的内力。根据框架的实际受力状态，在分析内力时，可做如下假定：

① 在同层各柱间分配楼层剪力时，假定横梁为无限刚性，即各柱端无转角。

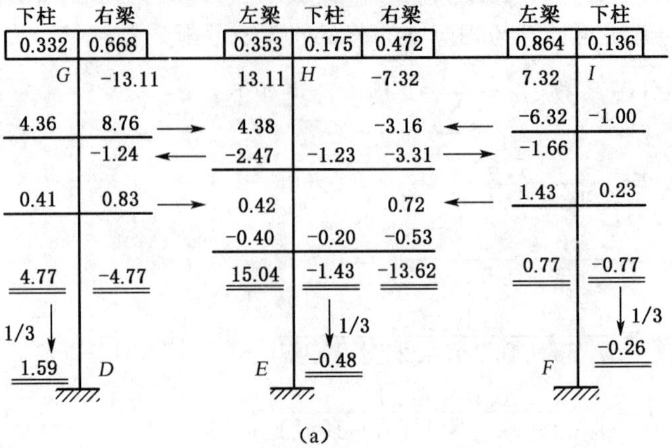

下柱 右梁 左梁 下柱 右梁 左梁 下柱
0.332 0.668 0.353 0.175 0.472 0.864 0.136
G -13.11 13.11 H -7.32 7.32 I
4.36 8.76 → 4.38 -3.16 ← -6.32 -1.00
-1.24 ← -2.47 -1.23 -3.31 → -1.66
0.41 0.83 → 0.42 0.72 ← 1.43 0.23
-0.40 -0.20 -0.53
4.77 -4.77 15.04 -1.43 -13.62 0.77 -0.77
1/3 1/3 1/3
1.59 D E -0.48 F -0.26

（a）

G H I
1.20 -0.45 -0.20
1/3 1/3 1/3
上柱 下柱 右梁 左梁 上柱 下柱 右梁 左梁 上柱 下柱
0.186 0.348 0.466 0.308 0.123 0.156 0.413 0.709 0.089 0.202
D -17.81 17.81 E -8.89 8.89 F
3.31 8.20 8.30 → 4.15 -3.15 ← -6.30 -0.79 -1.80
-1.53 ← 3.06 -1.22 -1.55 -4.10 → -2.05
0.28 0.53 0.71 → -0.36 0.73 ← 1.45 0.18 0.41
-0.33 -0.13 -0.17 -0.45
3.59 8.73 -10.33 18.93 -1.35 -1.72 -15.86 1.99 -0.61 -1.39
1/2 1/2 1/2
4.37 A B -0.86 C -0.70

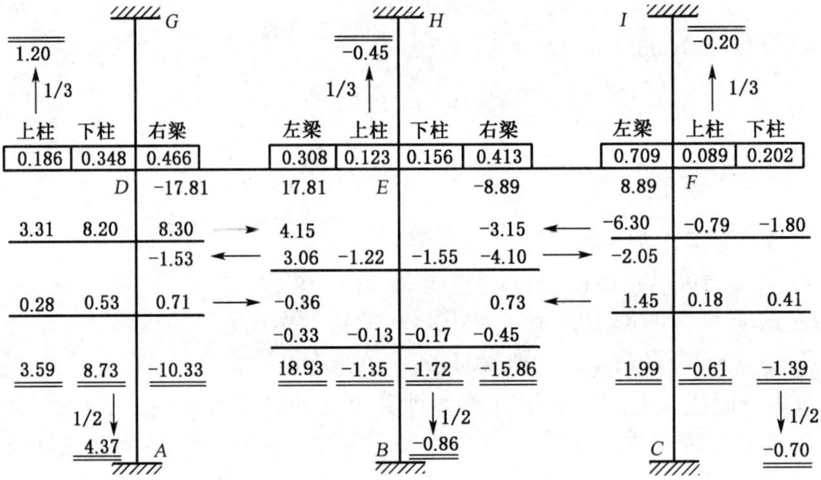

（b）

图 10-14　弯矩分配图

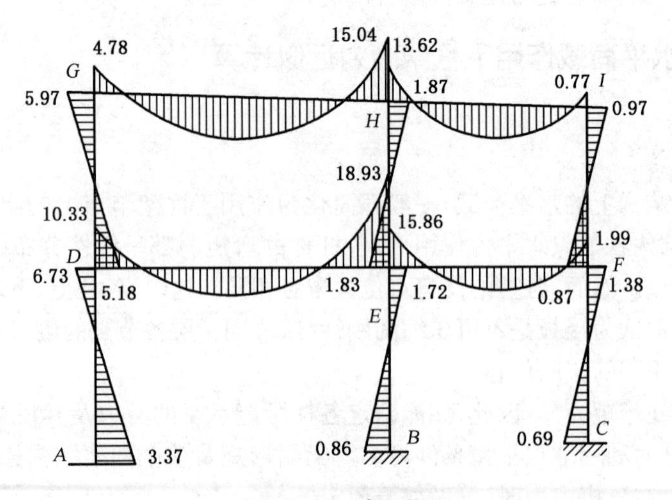

图 10-15　弯矩图

② 在确定各柱的反弯点位置时，假定底层柱的反弯点位于距柱下端 0.6 柱高处，其他各层柱的反弯点均位于柱高的中点处。

③ 梁端弯矩可由节点平衡条件求出，并按节点左、右梁的线刚度进行分配。

(2) 计算步骤

根据上述的分析和假定，反弯点法计算的要点与步骤可归纳如下。

① 由假定 1，可求出任一楼层的楼层剪力在各柱之间的分配。设框架结构共有 n 层，每层有 m 个柱子，将框架沿第 j 层各柱的反弯点处切开，代以剪力和轴力(图 10-16)，则由平衡条件知

$$V_s = \sum_{i=1}^{m} V_{ci} \tag{10-1}$$

式中：V_{ci}——所计算层 j 第 i 根柱承受的水平剪力；

V_s——所计算层 j 的楼层剪力，即 $V_s = \sum_{k=j}^{n} F_k$；

F_k——作用于第 k 层节点上的水平荷载。

② 将楼层剪力 V_s 近似地按同层各柱的侧移刚度 $\left(D' = \dfrac{12i_c}{H_c^2}\right)$ 的比例分配给各柱。

$$V_{ci} = \frac{D_i'}{\sum_{i=1}^{m} D_i'} V_s = \eta_i V_s \tag{10-2}$$

式中：D_i'——所计算层第 i 根柱的侧移刚度(图 10-17)；

η_i——所计算层第 i 根柱的剪力分配系数。

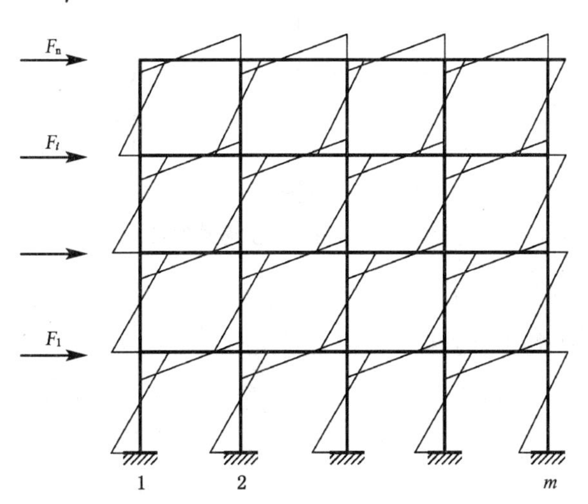

图 10-16 水平荷载作用下框架的弯矩图

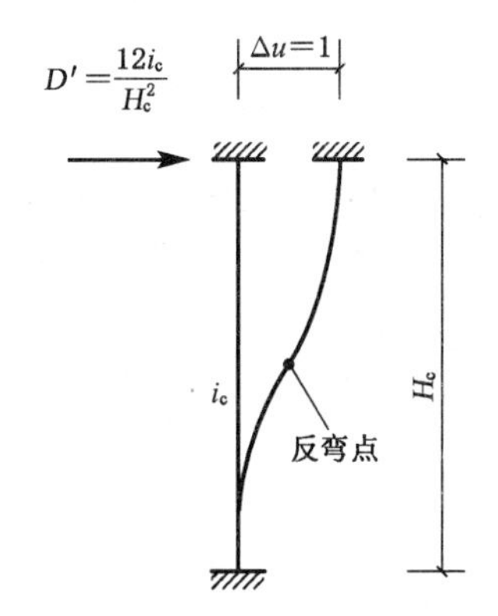

图 10-17 两端固定杆的侧移刚度

③ 求得各柱所承受的剪力 V_{ci} 以后，由假定 2 便可求得各柱的杆端弯矩。

对于底层柱

$$M_{ci}^{t} = 0.4 H_c V_{ci} \tag{10-3a}$$

$$M_{ci}^{b} = 0.6 H_c V_{ci} \tag{10-3b}$$

对于上部各层柱

$$M_{ci}^{t}=M_{ci}^{b}=0.5H_{c}V_{ci} \tag{10-3c}$$

式中：M_{ci}^{t}、M_{ci}^{b}——表示 i 柱的顶端和底端的弯矩。

在求得柱端弯矩以后，由节点的弯矩平衡条件，即可求得梁端弯矩（图 10-18）。

$$M_{b}^{l}=\frac{i_{b}^{l}}{i_{b}^{l}+i_{b}^{r}}\sum M_{c} \tag{10-4a}$$

$$M_{b}^{r}=\frac{i_{b}^{r}}{i_{b}^{l}+i_{b}^{r}}\sum M_{c} \tag{10-4b}$$

式中：M_{b}^{l}、M_{b}^{r}——节点左、右梁端的弯矩；

$\sum M_{c}$——节点上柱下端和下柱上端的弯矩的总和；

i_{b}^{l}、i_{b}^{r}——节点左、右梁的线刚度。

反弯点法一般用于梁、柱线刚度比 $\sum i_{b}/\sum i_{c}\geqslant 3$，且各层结构比较均匀的多层框架。在实际工程中，有时框架的一层或数层横梁不全部贯通（图 10-19）。此时，在水平荷载作用下的计算，仍可采用反弯点法。但是，对横梁没有贯通的层，柱的侧移刚度应进行适当修正。

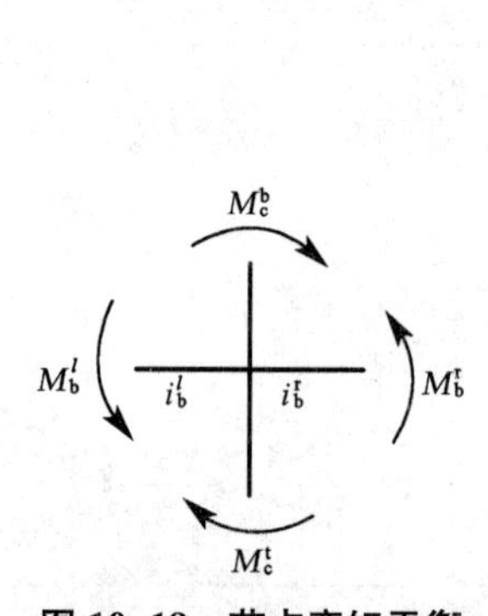

图 10-18 节点弯矩平衡

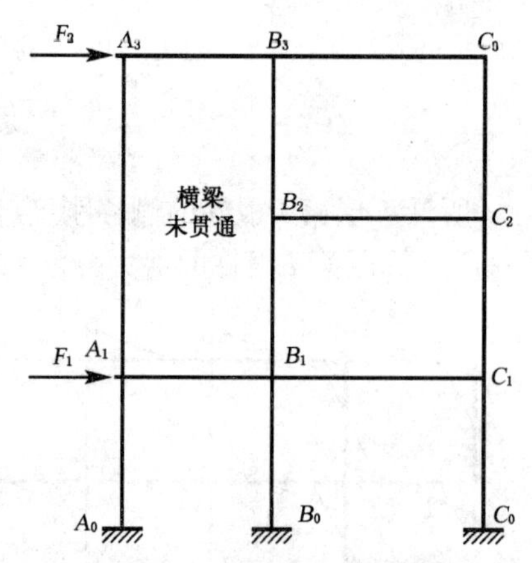

图 10-19 横梁未贯通的框架

（3）柱的并联

对同一层若干平行的柱（图 10-20），其中侧移刚度等于各柱侧移刚度之和，即

$$F=D_{1}\Delta u+D_{2}\Delta u+D_{3}\Delta u$$

$$D=\frac{F}{\Delta u}=D_{1}+D_{2}+D_{3} \tag{10-5}$$

将这些柱视为一具有总侧移刚度 D 的柱，则称此柱为“并联柱”。

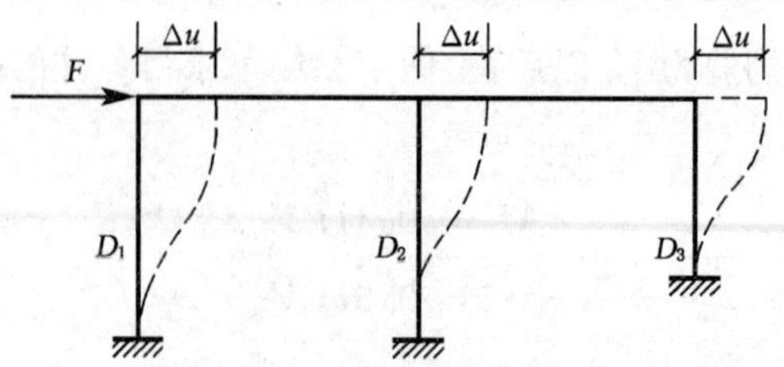

图 10-20 并联柱的侧移

(4) 柱的串联

承受相等剪力的若干柱相互串联(图 10-21),则

$$\Delta u=\Delta u_1+\Delta u_2+\Delta u_3=\frac{F}{D_1}+\frac{F}{D_2}+\frac{F}{D_3}=\left(\frac{1}{D_1}+\frac{1}{D_2}+\frac{1}{D_3}\right)F$$

$$D=\frac{F}{\Delta u}=\frac{1}{\dfrac{1}{D_1}+\dfrac{1}{D_2}+\dfrac{1}{D_3}} \tag{10-6}$$

将这些柱视为一具有总侧移刚度 D 的柱,则称此柱为"串联柱"。

根据并联柱和串联柱的概念,在计算图 10-19 所示框架在水平荷载作用下的内力时,可先将 B_1B_2 与 C_1C_2 并联,B_2B_3 与 C_2C_3 并联,然后再将二者串联,求出 $B_1C_1C_3B_3$ 的总侧移刚度,然后按反弯点法进行计算。

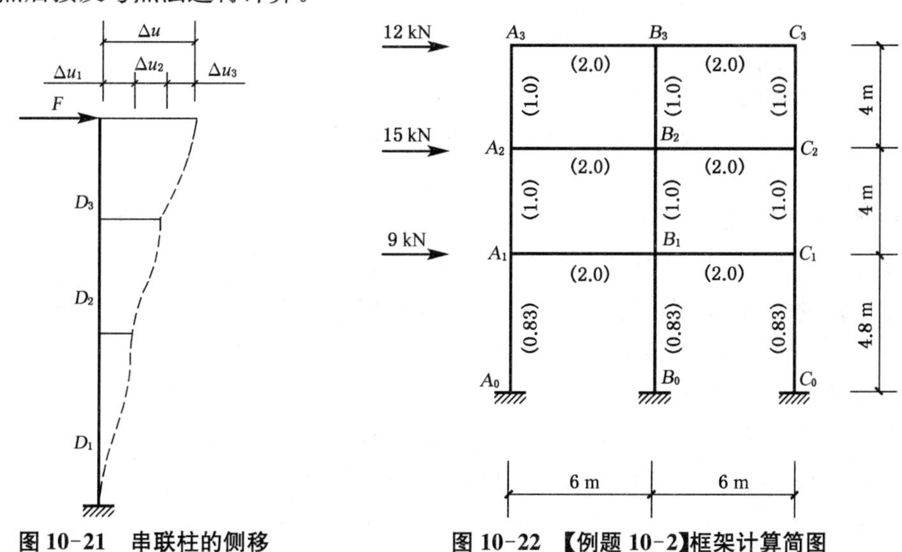

图 10-21 串联柱的侧移

图 10-22 【例题 10-2】框架计算简图

【例题 10-2】 试用反弯点法计算图 10-22 所示框架在节点水平荷载作用下的弯矩,并绘出弯矩图。图中括号内的数值为该杆的相对线刚度。

【解】 (1)求各层的楼层剪力和剪力分配系数

第三层 $V_3=12\ \text{kN}$

第二层 $V_2=12+15=27\ \text{kN}$

第一层 $V_1=12+15+9=36\ \text{kN}$

由于同层各柱线刚度相同,柱高相同,故

$$\eta_{1i}=\eta_{2i}=\eta_{3i}=1/3$$

(2)求各柱柱端弯矩

三层各柱上、下端弯矩

$$M_{3i}^{t}=M_{3i}^{b}=0.5H_{c3}\eta_{3i}V_3=0.5\times4\times\frac{1}{3}\times12=8\ \text{kN}\cdot\text{m}$$

二层各柱上、下柱端弯矩

$$M_{2i}^{t}=M_{2i}^{b}=0.5H_{c2}\eta_{2i}V_2=0.5\times4\times\frac{1}{3}\times27=18\ \text{kN}\cdot\text{m}$$

一层各柱上端弯矩

$$M_{1i}^{t}=0.4H_{c1}\eta_{1i}V_{1}=0.4\times4.8\times\frac{1}{3}\times36=23.0\ \text{kN}\cdot\text{m}$$

一层各柱下端弯矩

$$M_{1i}^{b}=0.6H_{c1}\eta_{1i}V_{1}=0.6\times4.8\times\frac{1}{3}\times36=34.6\ \text{kN}\cdot\text{m}$$

(3) 求各层横梁梁端的弯矩

以 A_1B_1 横梁为例。

$$M_{A_1B_1}=M_{A_1A_0}+M_{A_1A_2}=18+23=41\ \text{kN}\cdot\text{m}$$

$$M_{B_1A_1}=\frac{i_{B_1A_1}}{i_{B_1A_1}+i_{B_2C_2}}(M_{B_1B_0}+M_{B_1B_2})=\frac{2}{2+2}\times(18+23)=20.5\ \text{kN}\cdot\text{m}$$

(4) 绘制框架的弯矩图(图 10-23)

2) *D* 值法(修正反弯点法)

如前所述,反弯点法假定梁、柱线刚度比为无穷大,且框架柱的反弯点高度为一定值,从而使框架结构在水平荷载作用下的内力计算大为简化。但上述假定与实际情况往往存在一定差距。首先,实际工程中梁的线刚度可能接近或小于柱的线刚度,尤其是在高层建筑中或抗震设计要求“强柱弱梁”的情况下,此时柱的侧移刚度除了与柱本身的线刚度和层高有关外,还与柱两端的梁的线刚度有关,因此,不能简单地按上述方法(图 10-17)计算。同时,框架各层节点转角将不可能相等,柱的反弯点高度也就不是定值,而与柱上、下端的刚度有关,反弯点将偏向较柔的一端。影响柱反弯点高度的主要因素是:柱与梁的线刚度比,柱所在楼层的位置,上、下层梁的线刚度比,上、下层层高以及框架的总层数等。日本武藤清教授在分析了上述影响因素的基础上,提出了修正框架柱的侧移刚度和调整框架柱的反弯点高度的改进反弯点法。修正后的柱侧移刚度以 D 表示,故称此法为 D 值法。

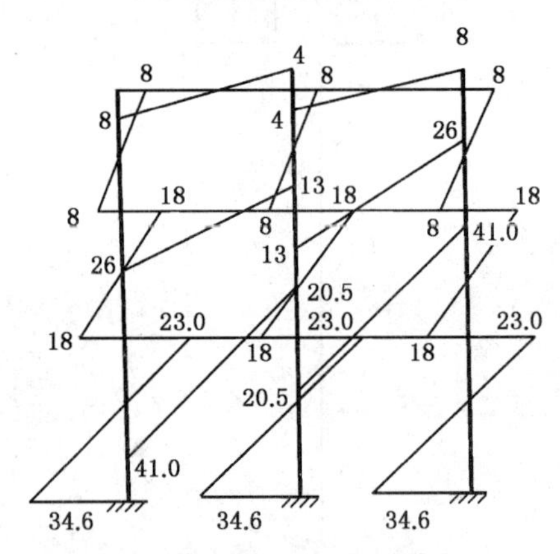

图 10-23 【例题 10-2】框架弯矩图

(1) 柱的修正侧移刚度 D

首先,取不在底层的 AB 柱作为研究对象(图 10-24)。

框架受力变形后,柱 AB 产生相对横向位移 Δu,相应地柱的旋转角为 $\varphi(\Delta u/H_c)$,同时,柱 AB 的上、下端都产生转角 θ。

为简化计算,作出如下假定:

① 柱 AB 及其相邻的上、下柱(即柱 AC 及柱 BD)的线刚度均为 i_c。

② 柱 AB 及其相邻的上、下柱的旋转角均为 φ。

③ 柱 AB 及其相邻的上、下、左、右各杆两端的转角均为 θ。

由节点 A 和节点 B 的弯矩平衡条件可得

$$4(i_{b3}+i_{b4}+i_c+i_c)\theta+2(i_{b3}+i_{b4}+i_c+i_c)\theta-6(i_c\varphi+i_c\varphi)=0$$

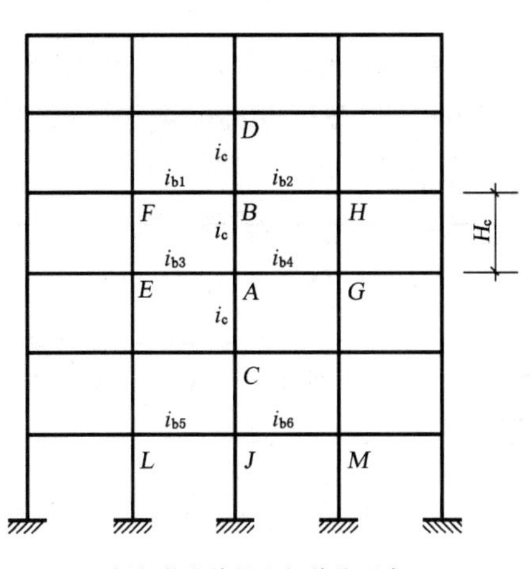

(a) 框架节点编号和杆件线刚度

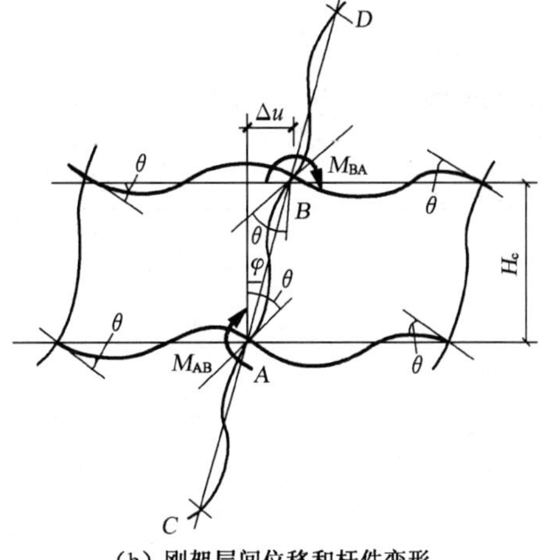

(b) 刚架层间位移和杆件变形

图 10-24 柱侧移刚度计算简图

$$4(i_{b1}+i_{b2}+i_c+i_c)\theta+2(i_{b1}+i_{b2}+i_c+i_c)\theta-6(i_c\varphi+i_c\varphi)=0$$

将以上两式相加,即得

$$\theta=\frac{2}{2+\dfrac{\sum i_b}{2i_c}}\varphi=\frac{2}{2+K}\varphi \tag{10-7a}$$

式中
$$\sum i_b=i_{b1}+i_{b2}+i_{b3}+i_{b4},K=\frac{\sum i_b}{2i_c}$$

K——梁柱线刚度比。

柱 AB 所受到的剪力为

$$V_c=\frac{12i_c}{H_c}(\varphi-\theta) \tag{10-7b}$$

将式(10-7a)代入式(10-7b),得

$$V_c=\frac{K}{2+K}\frac{12i_c}{H_c^2}\Delta u$$

令

$$\alpha_c=\frac{K}{2+K} \tag{10-7c}$$

则

$$V_c=\alpha_c\frac{12i_c}{H_c^2}\Delta u$$

由此可得柱 AB 的修正侧移刚度 D 为

$$D=\frac{V_c}{\Delta u}=\alpha_c\frac{12i_c}{H_c^2} \tag{10-8}$$

式(10-8)中的 α_c 值反映了梁柱线刚度比对柱侧移刚度的影响,称为柱侧移刚度修正

系数。

当框架梁柱线刚度比为无穷大时，$K\to\infty$，$\alpha_c=1$；在一般情况下，$\alpha_c<1$。同理可得底层柱的侧移刚度修正系数 α_c。表 10-2 列出了各种情况下的 α_c 值及相应的 K 值的计算公式。

表 10-2　柱侧移刚度修正系数

楼层		简图		K	α_c
		边柱	中柱		
一般层		i_{b2}, i_c, i_{b4}	i_{b1}, i_{b2}, i_c, i_{b3}, i_{b4}	$K=\dfrac{i_{b1}+i_{b2}+i_{b3}+i_{b4}}{2i_c}$	$\alpha_c=\dfrac{K}{2+K}$
底层	柱底固定	i_{b6}, i_c	i_{b5}, i_{b6}, i_c	$K=\dfrac{i_{b5}+i_{b6}}{i_c}$	$\alpha_c=\dfrac{0.5+K}{2+K}$
	柱底铰支	i_{b6}, i_c	i_{b5}, i_{b6}, i_c	$K=\dfrac{i_{b5}+i_{b6}}{i_c}$	$\alpha_c=\dfrac{0.5K}{1+2K}$

注：对于边柱，计算 K 值时，取 $i_{b1}=0$，$i_{b3}=0$，$i_{b5}=0$。

求得柱的修正侧移刚度 D 值后，与反弯点法相似，可将所计算层的楼层剪力 V_s 按该层各柱的修正侧移刚度的比例分配给各柱，即

$$V_i=\frac{D_i}{\sum D}V_s \tag{10-9}$$

式中：V_i——所计算层第 i 柱承受的剪力；

D_i——所计算层第 i 柱的修正侧移刚度；

$\sum D$——所计算层各柱的修正侧移刚度的总和。

(2) 柱的修正反弯点高度

各柱的反弯点位置与该柱上、下端转角的比值有关。对于等截面柱，如果柱上、下端转角相同，反弯点在柱高的中点；如果柱上、下端转角不同，则反弯点偏向转角较大的一端。影响柱两端转角大小的主要因素有：梁柱线刚度比，该柱所在楼层的位置，上、下梁线刚度及上、下层层高等。

为了便于分析，将多层多跨框架的计算简图进行适当的简化。

多层多跨框架在节点水平荷载作用下，可假定同层各节点的转角相等，即假定各层横梁的反弯点在各横梁跨度的中央，而该点又无竖向位移。这样，一个多层多跨的框架可简化成半框架(图 10-25)。

① 梁柱线刚度比及楼层层数和楼层层次的影响

假定框架各层横梁的线刚度、各层柱的线刚度和各层的层高都相同，其计算简图如图 10-25(a)所示。将柱在各层下端截面处的弯矩作为未知量，用力法解出这些未知量后，则可求得各楼层柱的反弯点高度 y_0H_c。y_0H_c 称为标准反弯点高度，y_0 称为标准反弯点高度比，其值与结构总层数 n、该柱所在的层次 m、框架梁柱线刚度比 K 及水平荷载的形式有关，可由附表 2-17 查取。

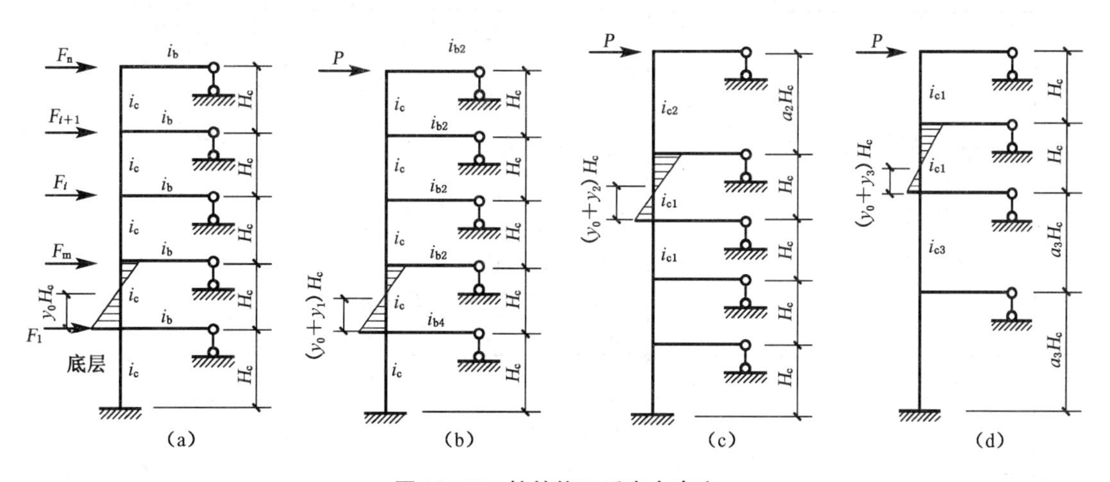

图 10-25 柱的修正反弯点高度

② 上、下横梁线刚度比的影响

若某柱的上、下横梁线刚度不同，则该柱的反弯点位置将向横梁刚度较小的一侧偏移，也就是说，该柱的反弯点位置将与上述的标准反弯点位置不同，必须予以修正。这时，柱的反弯点位置应按($y_0H_c+y_1H_c$)确定。其中，修正值 y_1H_c 为反弯点上移(或下移)的增量，如图 10-25(b)所示。y_1 值可根据上下横梁的线刚度比 $I\left(此处,I=\dfrac{i_{b1}+i_{b2}}{i_{b3}+i_{b4}}\right)$和梁柱线刚度比 K 由附表 2-17 查得。对于底层柱，不考虑修正值 y_1，即 $y_1=0$。

③ 层高对反弯点的影响

若某柱所在楼层的层高与相邻上层或下层的层高不同，则该柱的反弯点位置也将与上述标准反弯点不同，因此，也需要修正。当上层层高发生变化时，反弯点高度用 y_2H_c 予以修正(图 10-25(c))；当下层层高发生变化时，反弯点高度用 y_3H_c 予以修正(图 10-25(d))。y_2H_c 和 y_3H_c 分别表示反弯点的上移增量和下移增量。y_2、y_3 可由附表 2-17 查得。当上层层高大于所在层层高时(图 10-25(c))，即 $\alpha_2>1$(此处，α_2 为上层层高与所在层层高的比值)，上端较柔，反弯点上移，y_2 取正值；当下层层高大于所在层层高时(图 10-25(d))，即 $\alpha_3>1$(此处，α_3 为下层层高与所在层层高的比值)，下端较柔，反弯点下移，y_3 取负值。对于顶层柱，不考虑修正值 y_2H_c，即 $y_2=0$；对于底层柱，不考虑修正值 y_3H_c，即 $y_3=0$。

综上所述，各层柱的反弯点高度 yH_c 可由下式求得：

$$yH_c=(y_0+y_1+y_2+y_3)H_c \tag{10-10}$$

当各层框架柱的修正侧移刚度 D 和修正反弯点高度 yH_c 确定后，可采用与反弯点法一样的方法求得框架的内力。

【例题 10-3】 试用 D 值法求图 10-22 所示框架的弯矩图。

【解】 (1) 计算梁柱线刚度比 K、各柱的侧移刚度修正系数 α_c、修正侧移刚度 D 及剪力 V(图 10-26)。

(2) 根据梁柱线刚度比、总层数 n、所在层次 m、上下层梁的线刚度比以及层高等，查附表 2-17，求出 y_0、y_1、y_2 和 y_3，计算出各层柱的杆端弯矩(图 10-26)。

左柱	中柱	右柱
$K=\frac{2+2}{2\times1.0}=2.0$ $\alpha_c=\frac{2.0}{2+2.0}=0.5$ $D=0.5\times\frac{12i_c}{H_c^2}$ $V=\frac{0.5}{0.5+0.667+0.5}\times12=3.6\text{ kN}$ $y_0=0.40,y_1=y_3=0$ $M^t=3.6\times0.6\times4=8.6\text{ kN}\cdot\text{m}$ $M^b=3.6\times0.4\times4=5.8\text{ kN}\cdot\text{m}$	$K=\frac{2+2+2+2}{2\times1.0}=4.0$ $\alpha_c=\frac{4.0}{2+4.0}=0.667$ $D=0.667\times\frac{12i_c}{H_c^2}$ $V=\frac{0.667}{0.5+0.667+0.5}\times12=4.8\text{ kN}$ $y_0=0.45,y_1=y_3=0$ $M^t=4.8\times0.55\times4=10.6\text{ kN}\cdot\text{m}$ $M^b=4.8\times0.45\times4=8.6\text{ kN}\cdot\text{m}$	$K=2.0$ $\alpha_c=0.5$ $D=0.5\times\frac{12i_c}{H_c^2}$ $V=3.6\text{ kN}$ $y_0=0.40,y_1=y_3=0$ $M^t=8.6\text{ kN}\cdot\text{m}$ $M^b=5.8\text{ kN}\cdot\text{m}$
$K=2.0$ $\alpha_c=0.5$ $D=0.5\times\frac{12i_c}{H_c^2}$ $V=0.3\times27=8.1\text{ kN}$ $y_0=0.45,y_1=y_2=y_3=0$ $M^t=8.1\times0.55\times4=17.8\text{ kN}\cdot\text{m}$ $M^b=8.1\times0.45\times4=14.6\text{ kN}\cdot\text{m}$	$K=4.0$ $\alpha_c=0.667$ $D=0.667\times\frac{12i_c}{H_c^2}$ $V=0.4\times27=10.8\text{ kN}$ $y_0=0.50,y_1=y_2=y_3=0$ $M^t=10.8\times0.5\times4=21.6\text{ kN}\cdot\text{m}$ $M^b=10.8\times0.5\times4=21.6\text{ kN}\cdot\text{m}$	$K=2.0$ $\alpha_c=0.5$ $D=0.5\times\frac{12i_c}{H_c^2}$ $V=8.1\text{ kN}$ $y_0=0.45,y_1=y_2=y_3=0$ $M^t=17.8\text{ kN}\cdot\text{m}$ $M^b=14.6\text{ kN}\cdot\text{m}$
$K=\frac{2}{0.83}=2.4$ $\alpha_c=\frac{0.5+2.4}{2+2.4}=0.66$ $D=0.66\times\frac{12i_c}{H_c^2}$ $V=\frac{0.66}{0.66+0.78+0.66}\times36=11.3\text{ kN}$ $y_0=0.55,y_1=y_2=0$ $M^t=11.3\times0.45\times4.8=24.4\text{ kN}\cdot\text{m}$ $M^b=11.3\times0.55\times4.8=29.8\text{ kN}\cdot\text{m}$	$K=\frac{2+2}{0.83}=4.8$ $\alpha_c=\frac{0.5+4.8}{2+4.8}=0.78$ $D=0.78\times\frac{12i_c}{H_c^2}$ $V=\frac{0.78}{0.66+0.78+0.66}\times36=13.4\text{ kN}$ $y_0=0.55,y_1=y_2=0$ $M^t=13.4\times0.45\times4.8=28.9\text{ kN}\cdot\text{m}$ $M^b=13.4\times0.55\times4.8=35.4\text{ kN}\cdot\text{m}$	$K=2.0$ $\alpha_c=0.66$ $D=0.66\times\frac{12i_c}{H_c^2}$ $V=11.3\text{ kN}$ $y_0=0.55,y_1=y_2=0$ $M^t=24.4\text{ kN}\cdot\text{m}$ $M^b=29.8\text{ kN}\cdot\text{m}$

图 10-26 【例题 10-3】框架柱剪力和柱端弯矩的计算

(3) 求各梁的梁端弯矩，绘制框架弯矩图，如图 10-27 所示。

(4) 水平荷载作用下框架位移的近似计算及弹性位移验算。

多层多跨框架在水平荷载作用下的位移 u 可近似地看作由梁、柱弯曲变形所引起的位移 u_1 与柱轴向变形所引起的位移 u_2 之和。即

$$u = u_1 + u_2 \tag{10-11}$$

A. 由梁、柱的弯曲变形所引起的位移

由前面的分析可知，第 j 层框架层间位移 Δu_j 可按下式计算：

$$\Delta u_j = \frac{V_{sj}}{\sum_{i=1}^{m} D_{ji}} \tag{10-12a}$$

式中：V_{sj}——第 j 层的楼层剪力；

m——第 j 层柱的根数；

D_{ji}——第 j 层第 i 根柱的侧移刚度。

框架顶点位移 u_1 应为各层层间位移之和，即

$$u_1 = \sum_{j=1}^{n} \Delta u_j \tag{10-12b}$$

式中：n——框架的总层数。

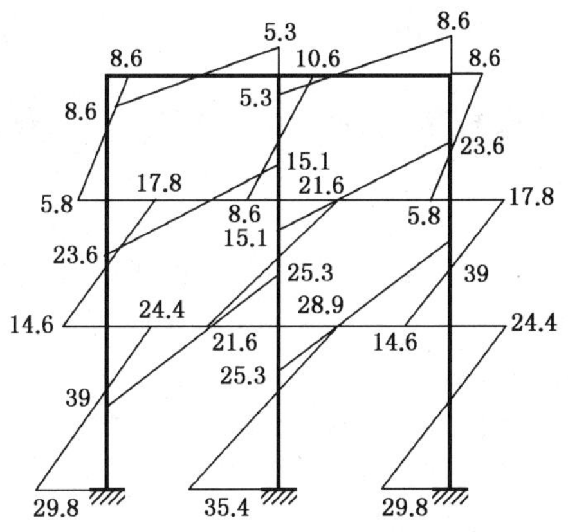

图 10-27 【例题 10-3】框架弯矩图

由梁、柱弯曲变形所引起的框架位移呈剪切型，即层间位移由下往上逐渐减小，如图 10-28(a)所示。

B. 由柱轴向变形所引起的位移

在水平荷载作用下，框架各杆件除产生弯矩和剪力外，还产生轴向力。例如，在风荷载作用下，迎风面一侧的柱将产生轴向拉力，而背风面一侧的柱则产生轴向压力。外柱的轴力较大，内柱的轴力较小；越靠近框架中部柱的轴力越小，为简化起见，近似认为内柱的轴力为零。于是，在离底部 z 处，外柱中的轴力可近似地由下式求出(图 10-28(b))：

$$N_z = \pm \frac{M_z}{B}$$

式中：M_z——水平荷载对离底部 z 处产生的弯矩；

B——外柱轴线间的距离。

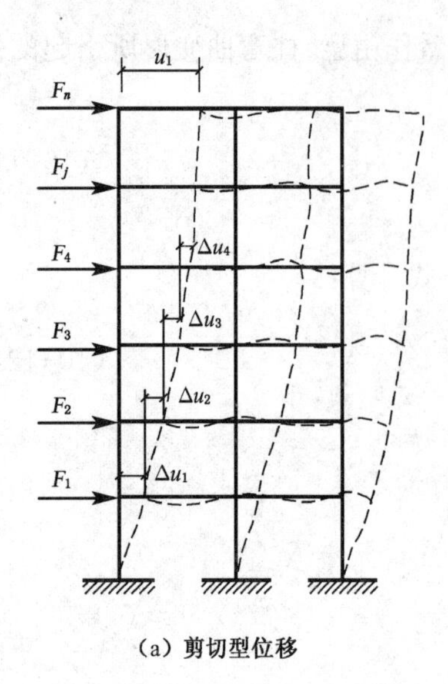

(a) 剪切型位移

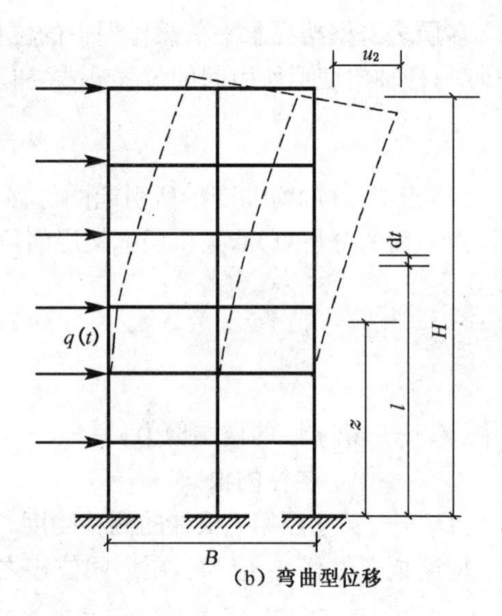

(b) 弯曲型位移

图 10-28　水平荷载作用下框架的侧移

设两根外柱截面相同，则框架柱轴向变形产生的框架顶点位移 u_2 为

$$u_2 = 2\int_0^H \frac{\overline{N_z} N_z}{EA} \mathrm{d}z \tag{10-13a}$$

式中：$\overline{N_z}$——单位水平力作用于框架顶端时，在离底部 z 处的框架外柱中产生的轴力，$\overline{N_z} = \pm\frac{H-z}{B}$；

N_z——外荷载在离底部 z 处的框架外柱中产生的轴力；

A——框架外柱的截面面积；

E——框架外柱材料的弹性模量。

当房屋层数较多时，可近似地把框架节点水平荷载作为连续荷载，用 $q(t)$ 表示，则 N_z 可按下式计算：

$$N_z = \pm\int_z^H \frac{q(t)}{B}(t-z)\mathrm{d}t$$

于是可得

$$u_2 = \frac{2}{EB^2A}\int_0^H (H-z)\int_z^H q(t)(t-z)\mathrm{d}t\mathrm{d}z \tag{10-13b}$$

化简后，则得

$$u_2 = \begin{cases} \frac{1}{4}\frac{V_0H^3}{EAB^2}\text{（均布水平荷载）} \\ \frac{11}{30}\frac{V_0H^3}{EAB^2}\text{（倒三角形分布水平荷载）} \\ \frac{2}{3}\frac{V_0H^3}{EAB^2}\text{（顶点集中水平荷载）} \end{cases} \tag{10-14a}$$

式中：V_0——水平荷载在框架底部产生的总剪力。

V_0 按下列公式计算：

$$V_0=\begin{cases} qH(\text{均布水平荷载}) \\ \frac{1}{2}q_{max}H(\text{倒三角形分布水平荷载}) \\ Q(\text{顶点集中水平荷载}) \end{cases} \tag{10-14b}$$

式中：q——作用于框架上的均布水平荷载；

q_{max}——作用于框架上的倒三角形分布水平荷载最大值；

Q——作用于框架顶点的集中水平荷载。

当柱截面沿高度变化时，令 $\eta_a=\frac{A_n}{A_1}$（A_n、A_1 分别为顶层与底层外柱的截面面积），则

$$u_2=\frac{V_0H^3}{EA_1B^2}f(n) \tag{10-15}$$

式中：$f(n)$——与 η_a 有关的一个值，可由图 10-29 查得。

从上式可以看出，房屋越高，高宽比越大，则由柱轴向变形所引起的位移就越大。一般情况下，对于 50 m 以上或高宽比 H/B 大于 4 的房屋，由柱轴向变形产生的位移在总位移中所占的比例是较大的，必须加以考虑。而对于房屋总高度不大于 50 m 的旅馆和住宅楼，由柱轴向变形所产生的顶点位移较小，约为由框架梁、柱弯曲变形所产生的顶点位移量的 5%～11%，一般可不予考虑。

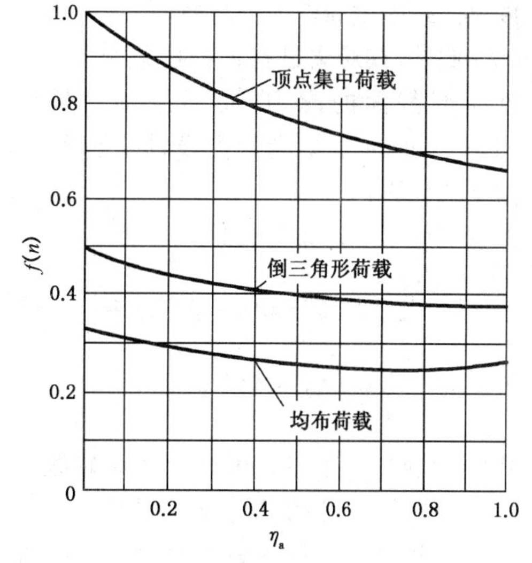

图 10-29 不同荷载情形下的 $f(n)$- η_a 图线

由框架柱的轴向变形引起的框架位移呈“弯曲型”，如图 10-28(b)所示。

C. 弹性位移的验算

框架结构除要保证梁的挠度不超过规定值外，尚应验算结构的侧向位移不过大。高层框架结构的侧向位移验算为层间位移的验算，即层间位移 Δu 应满足以下要求：

$$\Delta u/H_c\leqslant[\Delta u/H_c] \tag{10-16}$$

式中：Δu——按弹性方法计算的风荷载或多遇地震标准值作用下的楼层层间最大位移；

H_c——楼层高度。

高层框架结构的层间位移限值$[\Delta u/H_c]$为$\frac{1}{550}$。

10.3　框架结构的内力组合

10.3.1　控制截面

对于框架柱，由于其弯矩、轴力和剪力沿柱高为线性变化，因此可取各柱的上、下端截面作为控制截面。

对于高度不大、层数不多的框架，整根柱的截面尺寸、混凝土强度、配筋等均相同，则整根柱通常可只取2个控制截面，即框架顶层的柱顶和框架底层的柱底。对于高度较大或层数较多的框架，则应把整根柱分成几段进行配筋，每一段中取该段的上端和下端截面作为控制截面，每一段一般取2～3层。

对于框架梁，在水平荷载和竖向荷载的共同作用下，其剪力沿梁轴线呈线性变化，而弯矩则呈曲线变化(在竖向荷载作用下为抛物线，在水平荷载作用下为线性变化)，因此，除取梁的两端为控制截面外，还应在跨间取最大正弯矩的截面为控制截面。为了简单起见，直接以梁的跨中截面作为控制截面。

此外，在对梁进行截面配筋计算时，应采用构件端部截面的内力，而不是轴线处的内力，如图10-30所示。梁端弯矩设计值和剪力设计值应按下式计算：

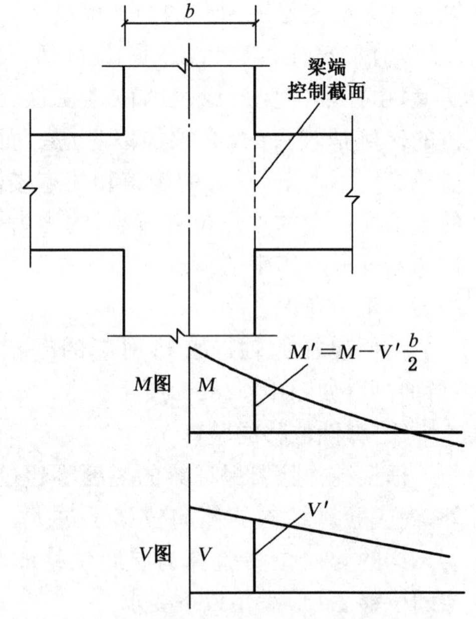

图10-30　梁端控制截面的弯矩和剪力

练一练

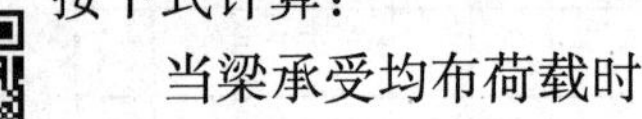
当梁承受均布荷载时

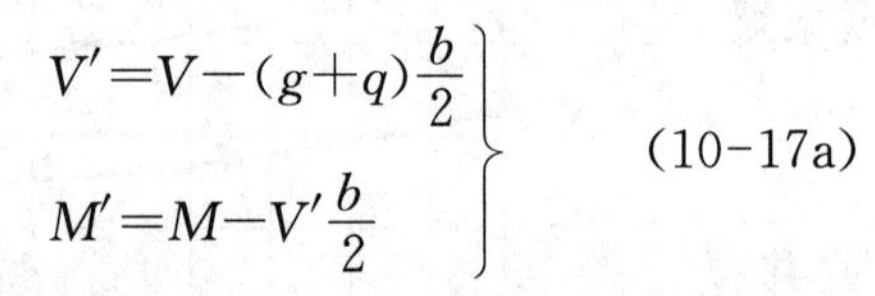
$$\left.\begin{aligned}V'&=V-(g+q)\frac{b}{2}\\M'&=M-V'\frac{b}{2}\end{aligned}\right\}\qquad(10\text{-}17a)$$

式中：V、M——内力分析求得的柱轴线处的剪力设计值和弯矩设计值；

V'、M'——柱边截面的剪力设计值和弯矩设计值；

g、q——作用在梁上的竖向均布恒荷载设计值和均布活荷载设计值；

b——支座宽度。

当梁承受竖向集中荷载产生的内力时，取

$$V'=V\qquad(10\text{-}17b)$$

10.3.2　最不利内力组合

最不利内力组合系指对控制截面的配筋起控制作用的内力组合。对于某一控制截面，可能有多组最不利内力组合。例如，对于梁端，需求得最大负弯矩以确定梁端顶部的配筋，需求得最大正弯矩以确定梁端底部的配筋，还需求得最大剪力以计算梁端受剪承载力。框架柱的最不利内力组合与单层厂房柱相同。因此，框架结构梁、柱的最不利内力组合有：

梁端截面：$+M_{max}$、$-M_{max}$、V_{max}；

梁跨中截面：$+M_{max}$、$-M_{max}$（必要时）；

柱端截面：$\pm M_{max}$及相应的 N、V；

N_{max}及相应的 M、V；

N_{min}及相应的 M、V。

对于柱子，一般采用对称配筋。对称配筋时，$\pm M_{max}$只需取$|M_{max}|$。

10.3.3 竖向荷载的最不利布置

作用在框架结构上的竖向荷载有恒荷载和活荷载两种。对于恒荷载，其对结构作用的位置和大小是不变的，所有组合中都应该考虑；对于活荷载，则要考虑其最不利布置。对于活荷载的最不利布置，在荷载组合时，有如下几种方法。

1）最不利荷载布置法

为求某一指定截面的最不利内力，可以根据影响线法，直接确定产生最不利内力的活荷载布置。现从某多层多跨框架中取出四层四跨（图 10-31）来讨论求梁跨中截面 A 最大正弯矩、梁端截面 B 最大负弯矩和柱端截面 C 弯矩最大时的活荷载最不利布置。按照影响线法，为了求得某截面的弯矩，可先解除该截面相应的约束，使之产生相应的单位虚位移。例如，欲求某跨跨中截面 A 的最大正弯矩，可解除 M_A 的相应约束，亦即将 A 点改成铰，代之以正向约束力，并使其沿约束力的正向产生单位虚位移 $\theta=1$，由此可得到整个结构的虚位移图，如图 10-31(a)所示。根据虚位移原理，凡产生正向虚位移的跨间均布置活荷载。这样的活荷载布置将得到最不利内力。于是，对于跨中截面 A 的最大正弯矩的最不利活荷载位置如图 10-31(b)所示。

从上面的分析可知，活荷载的最不利布置有如下规律：

(1) 当求某层某跨横梁跨中最大正弯矩时，除在该跨布置活荷载外，同层其他各跨应相间布置，同时在竖向也相间布置，形成棋盘形间隔布置（图 10-31(b)）。

(2) 当求某层某跨横梁梁端最大负弯矩时，所在层应如同连续梁一样布置活荷载，即在该梁端的左、右跨布置活荷载，然后再隔跨布置；对于相邻上、下层，则以梁的另一端产生最大负弯矩的要求，如同连续梁一样布置活荷载；对于其他楼层则按上述方法隔层交替布置（图 10-31(c)）。

(3) 当求相应于某柱柱底截面右侧和柱顶截面左侧产生最大拉应力的弯矩时，则在该柱右跨上、下两层横梁布置活荷载，然后再隔跨隔层间隔布置（图 10-31(d)）。与$|M_{max}|$相应的轴力 N 可由该柱在此截面以上左、右两跨梁端的实际剪力累计算出。对于$|N_{max}|$及其相应的 M，则应在该柱此截面以上的相邻两跨均满布活荷载。

由于对每一个控制截面的每一种内力组合都需找出与其相应的最不利荷载布置，并分别进行内力分析，故计算繁冗，不便于实际应用。但此法物理概念清楚，故常用于复核计算。

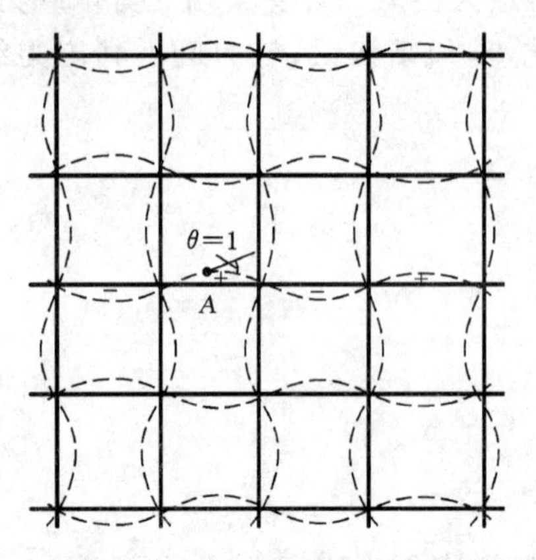

(a) 梁截面A产生单位虚位移时整个结构的虚位移

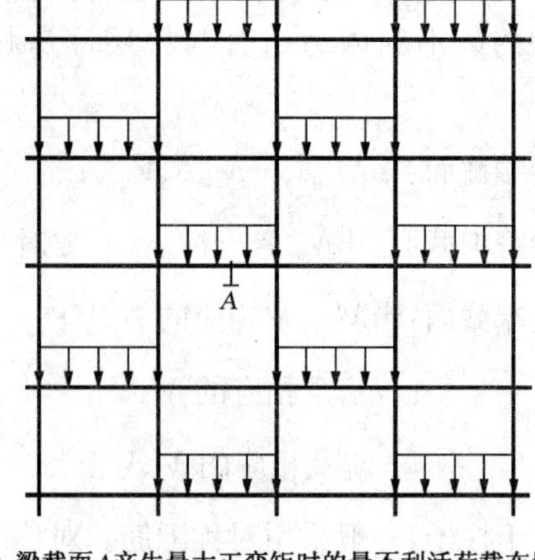

(b) 梁截面A产生最大正弯矩时的最不利活荷载布置

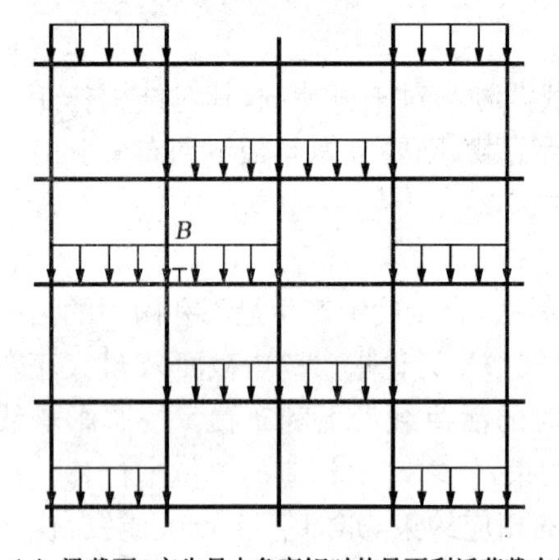

(c) 梁截面B产生最大负弯矩时的最不利活荷载布置

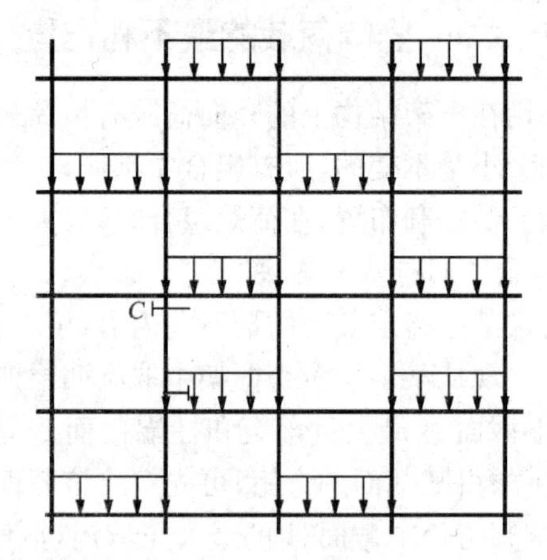

(d) 柱截面C左侧产生最大拉应力弯矩时的最不利活荷载布置

图 10-31　最不利荷载布置法

在内力组合时，可用来判断内力项的组合。

2) 逐跨布置荷载组合法

逐跨加荷方法是将活荷载逐层逐跨单独地作用在结构上，分别计算出整个结构的内力，根据不同的杆件，不同的截面，不同的内力种类，组合出最不利内力。因此，对于一个 n 层 m 跨框架，共有 nm 种不同的活荷载布置方式，亦即需要计算 nm 次结构的内力，计算工作量很大。但当求得这些内力后，即可求得任意截面上的最大内力。这种方法思路较为清晰，过程较为简单，当采用计算机分析框架内力时，常采用这种方法。

3) 满布荷载法

当活荷载所产生的内力远小于恒荷载及水平荷载所产生的内力时，可不考虑活荷载的最不利布置，而把活荷载同时作用在所有框架梁上，这样求得的支座内力与按最不利荷载布置法求得的内力很相近，但求得的梁跨中弯矩却比最不利荷载布置法的计算结果要小。因此，对梁的跨中弯矩应乘以 1.1～1.2 的系数予以增大。

对于高层建筑，一般采用满布荷载法。

4）梁端弯矩调幅

如前所述，框架内力是按弹性理论求得的，在竖向荷载作用下，其梁端的弯矩一般较大。然而，对于超静定钢筋混凝土结构，考虑到塑性内力重分布，可将其梁端弯矩乘以调幅系数β予以降低。对于现浇框架，可取$\beta=0.8\sim0.9$；对于装配整体式框架，由于节点的附加变形，可取$\beta=0.7\sim0.8$。

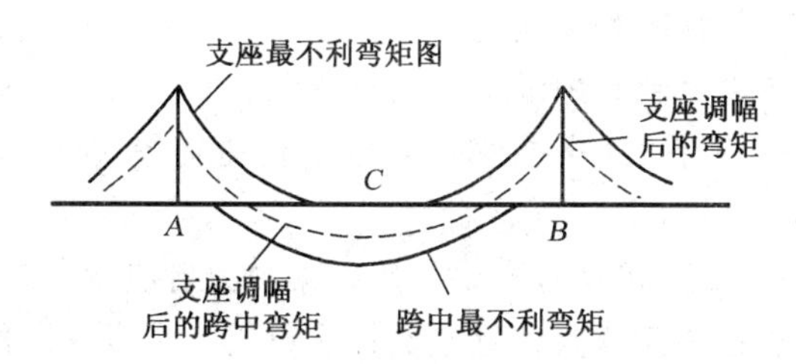

图 10-32　梁端弯矩调幅

梁端弯矩调幅后，在相应荷载作用下的跨中弯矩必将增大，这时应校核梁的静力平衡条件（图 10-32）。亦即调幅后梁端负弯矩正截面承载力设计值M_A、M_B的平均值与跨中正弯矩正截面承载力设计值M_C之和应大于按简支梁计算的跨中弯矩值M_0，此时应满足下列条件：

$$\frac{|M_A+M_B|}{2}+M_C\geqslant 1.02M_0 \tag{10-18}$$

应该指出，一般只对竖向荷载作用下的弯矩进行调幅，而对水平荷载作用下产生的弯矩不进行调幅。因此，弯矩调幅应在内力组合之前进行。同时还应注意，梁截面设计时所采用的跨中弯矩设计值不应小于按简支梁计算的跨中弯矩设计值的一半。

对于非地震区的框架结构，也可按《钢筋混凝土连续梁和框架考虑内力重分布设计规程》(CECS 51—1993)的方法进行调幅，本书从略。

本章小结

1. 框架结构的组成和布置。框架结构是由梁和柱连接而成的承重结构体系。钢筋混凝土框架结构按施工方法的不同，可分为现浇整体式、装配式和装配整体式等。承重框架的布置方案主要有纵向框架承重方案、横向框架承重方案、纵横向框架混合承重方案。

2. 框架结构内力和水平位移的近似计算方法。竖向荷载作用下的框架内力近似计算方法：分层法；水平荷载作用下的框架内力近似计算方法：反弯点法和D值法。

3. 框架结构的内力组合。对于框架柱，由于其弯矩、轴力和剪力沿柱高为线性变化，取各柱的上、下端截面作为控制截面。最不利内力组合系指对控制截面的配筋起控制作用的内力组合。对于某一控制截面，可能有多组最不利内力组合。作用在框架结构上的竖向荷载有恒荷载和活荷载两种。对于恒荷载，其对结构作用的位置和大小是不变的，所有组合中都应该考虑；对于活荷载，则要考虑其最不利布置。对于活荷载的最不利布置，在荷载组合时，有最不利荷载布置法、逐跨布置荷载组合法、满布荷载法。框架内力是按弹性理论求得的，在竖向荷载作用下，其梁端的弯矩一般较大。对于超静定钢筋混凝土结构，考虑到塑性内力重分布，可将其梁端弯矩乘以调幅系数β予以降低。

复习思考题

10.1　框架结构有哪几种类型？目前常用的是哪种类型？

10.2　框架结构的布置方案有哪几种？各有何优缺点？

10.3　框架梁、柱的截面尺寸如何确定？

10.4　现浇框架的计算简图如何确定？

10.5　多层多跨框架内力计算的近似方法有哪几种？各种方法的适用范围如何？

10.6　在竖向荷载作用下，用分层法计算框架内力时有哪些基本假定？其计算步骤如何？

思考题解析

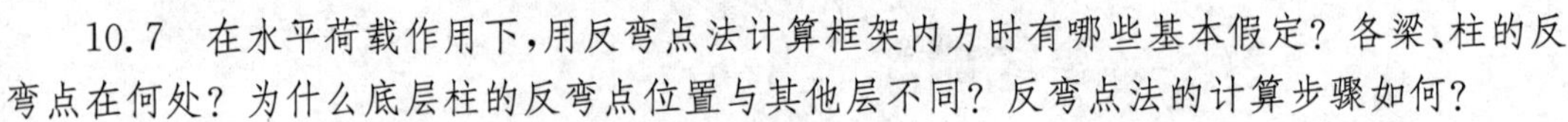

10.7　在水平荷载作用下，用反弯点法计算框架内力时有哪些基本假定？各梁、柱的反弯点在何处？为什么底层柱的反弯点位置与其他层不同？反弯点法的计算步骤如何？

10.8　在水平荷载作用下，用 D 值法计算框架内力时有哪些基本假定？与反弯点法有何不同？反弯点的位置与哪些因素有关？变化规律如何？

10.9　框架柱的柱端弯矩确定后，如何计算框架横梁的内力？

10.10　框架梁、柱的控制截面一般取在何处？

10.11　对于梁、柱截面，应考虑哪几种可能的最不利内力组合？

10.12　计算梁、柱控制截面的最不利内力组合时，应考虑哪几种荷载组合？应如何考虑活荷载的不利布置？

习　题

10.1　试用反弯点法计算图 10-33 所示框架结构的内力（弯矩、剪力和轴力）。

10.2　试用 D 值法计算图 10-33 所示框架结构的内力（弯矩、剪力和轴力），并与习题 10.1 的计算结果相比较。

习题解析

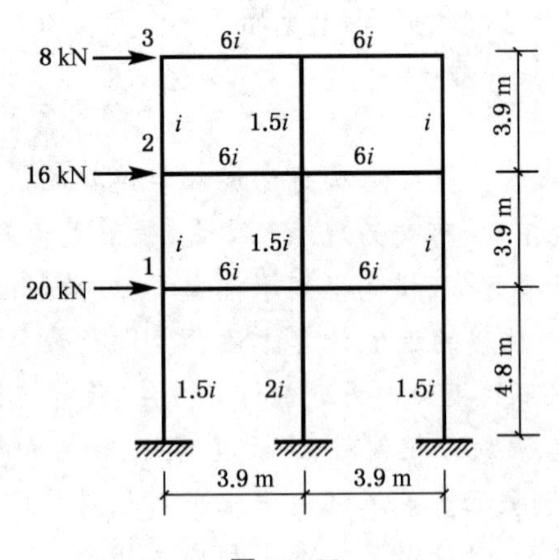

图 10-33

第三篇　砌体结构

11　砌体结构的材料及砌体的力学性能

11.1　砌体材料

砌体是由块体和砂浆砌筑而成的整体材料，由砖砌体、石砌体或砌块砌体建造的结构，称为砌体结构。

1）块材

块材是砌体的主要组成部分，约占砌体总体积的78%以上。目前我国砌体结构常用的块材主要有以下几类：

(1) 砖

① 烧结普通砖和烧结多孔砖

A. 烧结普通砖

烧结普通砖是由煤矸石、页岩、粉煤灰或黏土为主要原料，经过焙烧而成的实心砖。分烧结煤矸石砖、烧结页岩砖、烧结粉煤灰砖、烧结黏土砖等。我国烧结普通砖的标准尺寸为240 mm × 115 mm × 53 mm。为了保护土地资源，国家禁止使用黏土实心砖，推广和生产利用工业废料等非黏土原材料制成的砖材，已成为我国墙体材料改革的发展方向。

B. 烧结多孔砖

烧结多孔砖是以煤矸石、页岩、粉煤灰或黏土为主要原料，经焙烧而成、孔洞率不大于35%，孔的尺寸小而数量多，主要用于承重部位的砖。其外形尺寸有240 mm × 115 mm × 90 mm、190 mm × 190 mm × 90 mm等多种。烧结多孔砖与烧结普通黏土砖相比，突出的优点是减轻墙体自重1/4～1/3，节约原料和能源，提高砌筑效率约40%，降低成本20%左右，显著改善保温隔热性能。

砖的抗压强度等级由抗压强度和抗折强度综合确定。烧结普通砖、烧结多孔砖的强度等级分为MU30、MU25、MU20、MU15和MU10五个级别。

② 混凝土砖

混凝土砖是以水泥为胶结材料，以砂、石等为主要集料，加水搅拌、成型、养护制成的一种多孔的混凝土半盲孔砖或实心砖。多孔砖的主规格尺寸为240 mm × 115 mm × 90 mm、240 mm × 190 mm ×90 mm、190 mm × 190 mm × 90 mm等；实心砖的主规格尺寸为240 mm × 115 mm ×53 mm、240 mm × 115 mm × 90 mm等。混凝土多孔砖具有生产能耗低、节土利废、施工方便和体轻、强度高、保湿效果好、耐久、收缩变形小、外观规整等特点，是一种替代烧结黏土砖的理想材料。

混凝土普通砖、混凝土多孔砖的强度等级分为 MU30、MU25、MU20 和 MU15 四个级别。

③ 蒸压灰砂普通砖和蒸压粉煤灰普通砖

两者都属于非烧结硅酸盐砖。蒸压灰砂普通砖是以石灰等钙质材料和砂等硅质材料为主要原料，经坯料制备、压制排气成型、高压蒸汽养护而成的实心砖。蒸压粉煤灰普通砖是以石灰、消石灰(如电石渣)或水泥等钙质材料与粉煤灰等硅质材料及集料(砂等)为主要原料，掺加适量石膏，经坯料制备、压制排气成型、高压蒸汽养护而成的实心砖。

蒸压灰砂普通砖和蒸压粉煤灰普通砖的尺寸与标准实心黏土砖相同，为 240 mm×115 mm×53 mm，都可分为 MU25、MU20、MU15 三个强度等级。

(2) 混凝土小型空心砌块

混凝土小型空心砌块是由普通混凝土或轻集料混凝土制成，主规格尺寸 390 mm×190 mm×190 mm、空心率为 25%～50%的空心砌块，简称混凝土砌块或砌块。

砌块的强度等级取 3 个砌块单块抗压强度平均值，混凝土砌块、轻集料混凝土砌块的强度等级有 MU20、MU15、MU10、MU7.5 和 MU5 五个等级。

(3) 石材

石材抗压强度高，抗冻性、抗水性及耐久性均较好，通常用于建筑物基础、挡土墙等，也可用于建筑物墙体。砌体中的石材应选用无明显风化的天然石材。石材按加工后的外形规则程度分为料石和毛石两种，料石按其加工面的平整度分为细料石、半细料石、粗料石和毛料石 4 种。毛石指形状不规则、中部厚度不小于 150 mm 的块石。

石材的强度等级用边长为 70 mm 的立方体试块的抗压强度表示。抗压强度取 3 个试件破坏强度的平均值。石材的强度等级分为 7 个等级：MU100、MU80、MU60、MU50、MU40、MU30 和 MU20。

2) *砂浆*

砌体中砂浆的作用是将块材连成整体，从而改善块材在砌体中的受力状态，使其应力均匀分布，同时因砂浆填满了块材间的缝隙，也降低了砌体的透气性，提高了砌体的防水、隔热、抗冻等性能。砂浆按成分不同分为以下几种：

(1) 水泥砂浆

即不加塑性掺合料的纯水泥砂浆。水泥砂浆强度高，耐久性和耐火性好，但其流动性和保水性较差，常用于地下结构或经常受水侵蚀的砌体部位。

(2) 混合砂浆

即有塑性掺合料的水泥砂浆。包括水泥石灰砂浆、水泥黏土砂浆等，混合砂浆强度较高，耐久性、流动性和保水性均较好，便于施工，容易保证施工质量，常用于地上砌体，是最常用的砂浆。

(3) 非水泥砂浆

非水泥砂浆即不含水泥的砂浆。包括石灰砂浆、黏土砂浆、石膏砂浆等。非水泥砂浆强度较低，耐久性也差，流动性和保水性较好，通常用于强度要求不高的地上砌体，也可用于临时建筑或简易建筑。

根据砂浆试块的抗压强度，砂浆的强度等级分为 M15、M10、M7.5、M5 和 M2.5 五个等级。

3）专用砌筑砂浆

（1）混凝土砌块（砖）专用砌筑砂浆

由水泥、砂、水以及根据需要掺入的掺合料和外加剂等组分，按一定比例，采用机械拌和制成，专门用于砌筑混凝土砌块的砌筑砂浆，简称砌块专用砂浆。

与普通砂浆相比，其和易性好、黏结强度高，可使砌体灰缝饱满，整体性好，减小墙体开裂和渗漏，提高砌块建筑质量。

（2）蒸压灰砂普通砖和蒸压粉煤灰普通砖专用砌筑砂浆

由水泥、砂、水以及根据需要掺入的掺合料和外加剂等组分，按一定比例，采用机械拌和制成，专门用于砌筑蒸压灰砂砖或蒸压粉煤灰砖砌体，且砌体抗剪强度应不低于烧结普通砖砌体的取值的砂浆。

4）混凝土砌块灌孔混凝土

混凝土砌块灌孔混凝土是由水泥、集料、水以及根据需要掺入的掺合料和外加剂等组分，按一定比例，采用机械搅拌后，用于浇注混凝土砌块砌体芯柱或其他需要填实部位孔洞的混凝土，简称砌块灌孔混凝土。它是一种高流动性低收缩性的细石混凝土，使砌块建筑的整体工作性能、抗震性能及承受局部荷载的能力等有明显的改善和提高。灌孔混凝土的强度可分为 Cb40、Cb35、Cb30、Cb25 和 Cb20 五个等级。

5）我国砌体结构发展概况

练一练

（1）应用范围扩大。

（2）新材料、新技术和新结构的不断研制和使用。

（3）砌体结构计算理论和计算方法的逐步完善。

6）砌体结构的优缺点

（1）优点

① 砌体结构材料来源广泛，易于就地取材。

② 砌体结构有很好的耐火性和较好的耐久性。

③ 砖砌体的保温、隔热性能好，节能效果明显。

④ 可以节约水泥、钢材和木材。

⑤ 当采用砌块或大型板材作墙体时，可以减轻结构自重，加快施工进度，易于进行工业化生产和施工。

（2）缺点

① 砌体结构自重大。

② 无筋砌体的抗拉、抗弯及抗剪强度低，抗震及抗裂性能较差。

③ 砌体结构砌筑工作繁重。

7）砌体材料的选择

在砌体结构设计中，块体及砂浆的选择既要保证结构的安全可靠，又要获得合理的经济技术指标。一般应按照以下原则和规定进行选择：

(1) 应根据“因地制宜，就地取材”的原则，尽量选择当地性能良好的块材和砂浆材料，以获得较好的技术经济指标。

(2) 为了保证砌体的承载力，要根据设计计算选择强度等级适宜的块体和砂浆。

(3) 要保证砌体的耐久性。所谓耐久性就是要保证砌体在长期使用过程中具有足够的承载能力和正常使用性能，避免或减少块体中可溶性盐的结晶风化导致块体掉皮和层层剥落现象。另外，块体的抗冻性能对砌体的耐久性有直接影响。抗冻性的要求是要保证在多次冻融循环后块体不至于剥蚀及强度降低。一般块体吸水率越大，抗冻性越差。

(4) 自承重墙的空心砖、轻集料混凝土砌块的强度等级，应按下列规定采用：

① 空心砖的强度等级：MU10、MU7.5、MU5 和 MU3.5。

② 轻集料混凝土砌块的强度等级：MU10、MU7.5、MU5 和 MU3.5。

(5) 砂浆的强度等级应按下列规定采用：

① 烧结普通砖、烧结多孔砖、蒸压灰砂普通砖和蒸压粉煤灰普通砖砌体采用的普通砂浆强度等级：M15、M10、M7.5、M5 和 M2.5；蒸压灰砂普通砖和蒸压粉煤灰普通砖砌体采用的专用砌筑砂浆强度等级：Ms15、Ms10、Ms7.5 和 Ms5.0。

② 混凝土普通砖、混凝土多孔砖、单排孔混凝土砌块和煤矸石混凝土砌块砌体采用的砂浆强度等级：Mb20、Mb15、Mb10、Mb7.5 和 Mb5。

③ 双排孔或多排孔轻集料混凝土砌块砌体采用的砂浆强度等级：Mb10、Mb7.5 和 Mb5。

④ 毛料石、毛石砌体采用的砂浆强度等级：M7.5、M5 和 M2.5。

注：确定砂浆强度等级时应采用同类块体为砂浆强度试块底模。

11.2 砌体的种类

砌体分为无筋砌体和配筋砌体两类。

1) 无筋砌体

无筋砌体由块体和砂浆组成，包括砖砌体、砌块砌体和石砌体。无筋砌体房屋抗震性能和抗不均匀沉降能力较差。

(1) 砖砌体

砖砌体包括实砌砖砌体和空斗墙。

承重墙一般采用实砌砖砌体，砌筑方式一顺一丁、梅花丁、三顺一丁等。实砌砖砌体可以砌成厚度为 120 mm(半砖)、240 mm(一砖)、370 mm(一砖半)、490 mm(两砖)及 620 mm(两砖半)的墙体，也可砌成厚度为 180 mm、300 mm 和 420 mm 的墙体，但此时部分砖必须侧砌，不利于抗震。

采用目前国内几种常用规格的烧结多孔砖可砌成 90 mm、180 mm、190 mm、240 mm、290 mm 和 390 mm 等厚度的墙体。

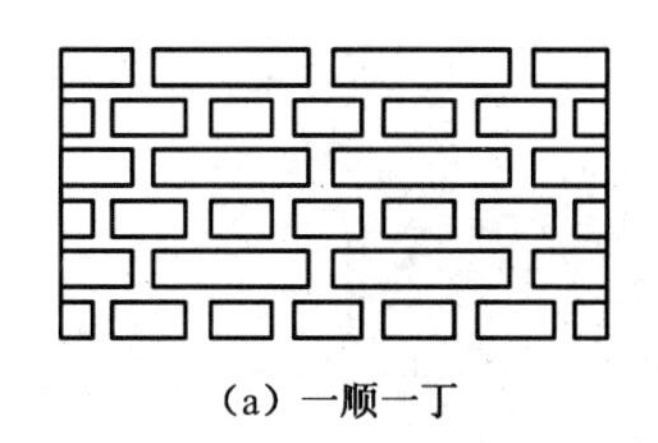
(a) 一顺一丁

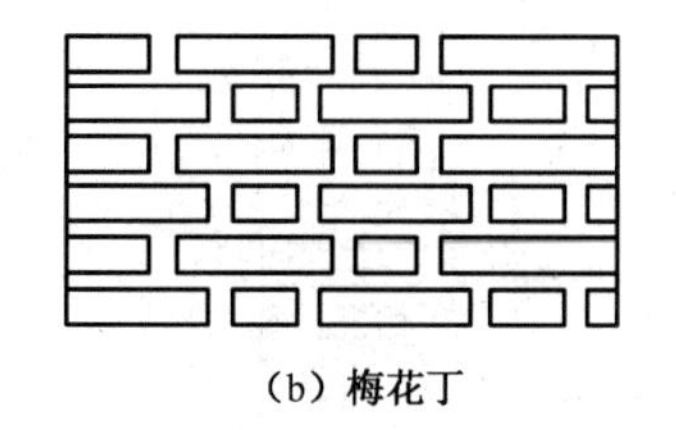
(b) 梅花丁

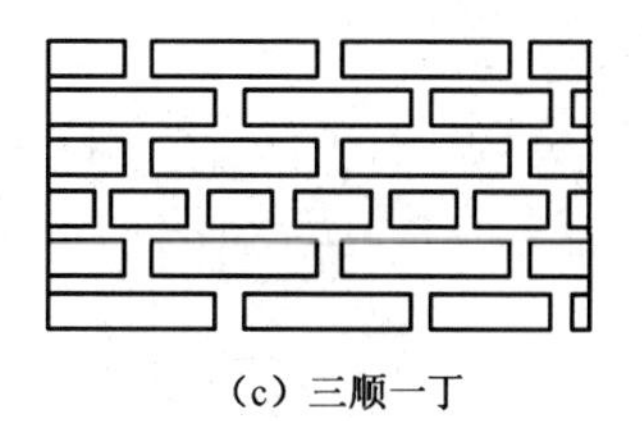
(c) 三顺一丁

图 11-1 砖墙的常见砌法

(2) 砌块砌体

砌块砌体由砌块和砂浆砌筑而成。其自重轻，保温隔热性能好，施工进度快，经济效果好，又具有优良的环保性，因此砌块砌体，特别是小型砌块砌体有很广阔的发展前景。

采用砌块砌体是墙体改革的一项重要措施和途径，排列砌块是设计工作中的一个环节，直接影响砌块砌体的整体性和砌体的强度。砌块排列要有规律，并使砌块类型最少。同时，排列应整齐，尽量减少通缝。排列时一般利用配套规格的砌块，其中大规格的砌块占 70% 以上时比较经济。

(3) 石砌体

石砌体由石材和砂浆(或混凝土)砌筑而成。可分为料石砌体、毛石砌体和毛石混凝土砌体三类。石砌体价格低廉，可就地取材，但自重大，隔热性能差，作外墙时厚度一般较大，在产石的山区应用较为广泛。石砌体常用于挡土墙、承重墙或基础。

2) *配筋砌体*

配筋砌体是指在灰缝中配置钢筋或钢筋混凝土的砌体，包括网状配筋砌体、组合砖砌体、配筋混凝土砌块砌体。

网状配筋砌体又称横向配筋砌体，是在砖柱或砖墙中每隔几皮砖在其水平灰缝中设置直径为 3～4 mm 的方格网式钢筋网片，或直径 6～8 mm 的连弯式钢筋网片(图 11-2(a)、(d))，在砌体受压时，网状配筋可约束砌体的横向变形，从而提高砌体的抗压强度。

组合砖砌体有两种。一种是在砌体外侧预留的竖向凹槽内配置纵向钢筋，再浇筑混凝土面层或钢筋砂浆面层构成的(图 11-2(b))，可认为是外包式组合砖砌体。另一种是砖砌体和钢筋混凝土构造柱组合墙，是在砖砌体中每隔一定距离设置钢筋混凝土构造柱，并在各层楼盖处设置钢筋混凝土圈梁(约束梁)，使砖砌体墙与钢筋混凝土构造柱和圈梁组成一个构件(弱框架)共同受力，属内嵌式组合砖砌体(11-2(e))。

配筋混凝土砌块砌体是在砌块墙体上下贯通的竖向孔洞中插入竖向钢筋，并用灌孔混凝土灌实，使竖向和水平钢筋与砌体形成一个共同工作的整体(图 11-2(c))。由于这种墙体主要用于中高层或高层房屋中起剪力墙作用，故又称为配筋砌块剪力墙。

配筋砌体不仅加强了砌体的各种强度和抗震性能，还扩大了砌体结构的使用范围，如高强混凝土砌块通过配筋与浇注灌孔混凝土，可作为 10～20 层房屋的承重墙体。

砌体按所采用块体的主要材料可以分为砖砌体、砌块砌体和石砌体。

(1) 砖砌体

包括烧结普通砖、烧结多孔砖、蒸压灰砂普通砖、蒸压粉煤灰普通砖、混凝土普通砖、混凝土多孔砖的无筋和配筋砌体。

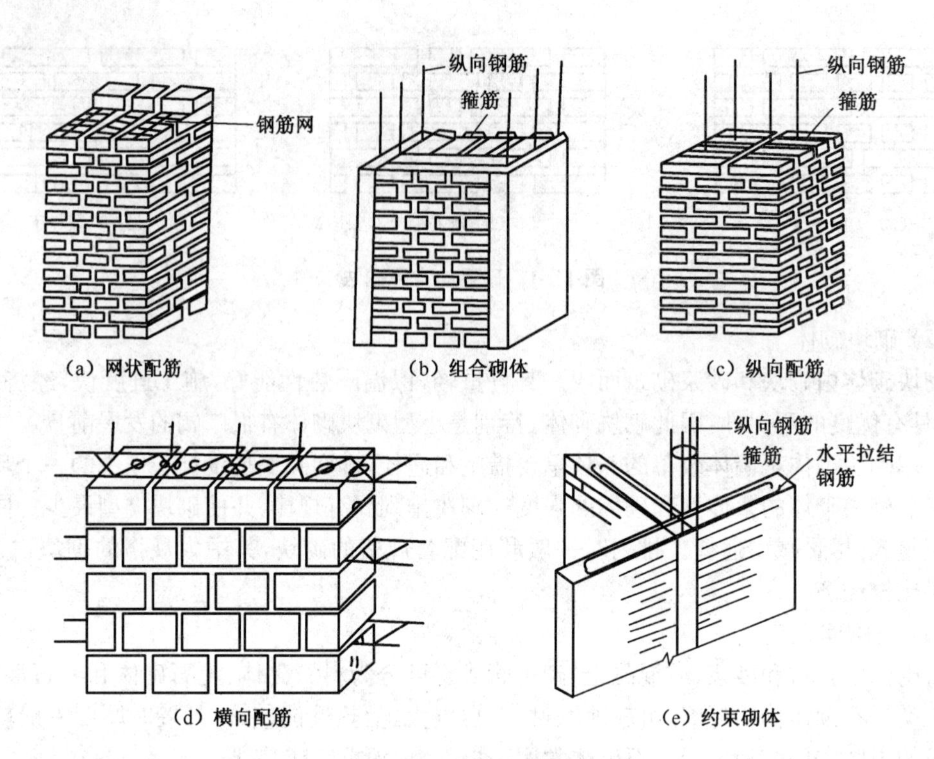

(a) 网状配筋　(b) 组合砌体　(c) 纵向配筋

(d) 横向配筋　(e) 约束砌体

图 11-2　配筋砌体型式

练一练

(2) 砌块砌体

包括混凝土砌块、轻集料混凝土砌块的无筋和配筋砌体。

(3) 石砌体

包括各种料石和毛石的砌体。

11.3　砌体的受压性能

1) *砌体轴心受压*

由于砌体种类较多,现仅以普通砖砌体轴心受压为例,讲述砌体轴心受压的破坏特征。普通砖砌体轴心受压时,按照裂缝的出现、发展和破坏特点,可划分为 3 个受力阶段。

第一阶段:从砌体开始受压,随压力的增大至出现第一条(或第一批)裂缝(图 11-3(a))。其特点是随着荷载的增加,大约达到破坏荷载的 50%～70%时,单个块体内产生细小裂缝,若不增加荷载,这些细小裂缝亦不发展。砌体处于弹性受力阶段。

第二阶段:随着荷载的增大,砌体内裂缝增多,单块砖内裂缝不断发展,并沿竖向通过若干皮砖,达到破坏荷载的 80%～90%时,单个块体内的裂缝连接起来而形成连续的裂缝(图 11-3(b)),即使不增加荷载,这些裂缝仍会继续发展,砌体已临近破坏。

第三阶段:荷载继续增加,接近破坏荷载时,砌体中裂缝急剧加长增宽,个别砖被压碎或形成的小柱体失稳破坏(图 11-3(c))。

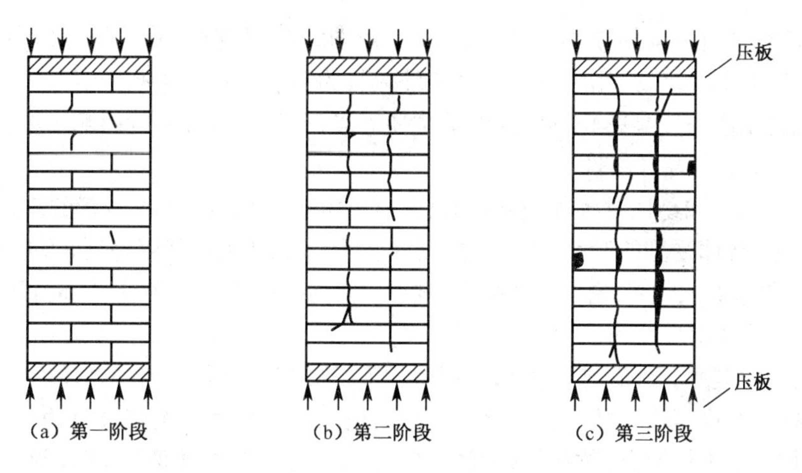

图 11-3　砖砌体轴心受压破坏

试验和分析表明，砖砌体在受压时首先是单块砖开裂，最终破坏时砌体抗压强度总是低于其所用砖的抗压强度，这是因为：①砌体是通过砂浆用人工砌成整体，由于每块砖的外形不可能十分规整，灰缝厚度及密实性不均匀，使得单个块体在砌体内并不是均匀受压，而是处于受拉、受弯、受剪的复杂应力状态(图 11-4)；②块体和砂浆的弹性模量及横向变形系数不同，砂浆的横向变形一般大于砖的横向变形，砌体受压后，它们相互约束，使砖内产生拉应力；③砌体内的砖又可视为弹性地基(水平缝砂浆)上的梁，砂浆(基底)的弹性模量愈小，砖的弯曲变形愈大，砖内产生的弯剪应力愈高；④竖向灰缝处的应力集中。砌体内的竖直灰缝往往不能很好地填满，不能保证块体黏结成整体，在竖向灰缝上的砖内将发生横向拉应力和剪应力的集中，从而加快砖的开裂，引起砌体强度的降低。可见砌体内的砖受到较大的弯曲、剪切的拉应力的共同作用，而砖是一种脆性材料，其抗拉、抗弯、抗剪强度远低于其抗压强度。

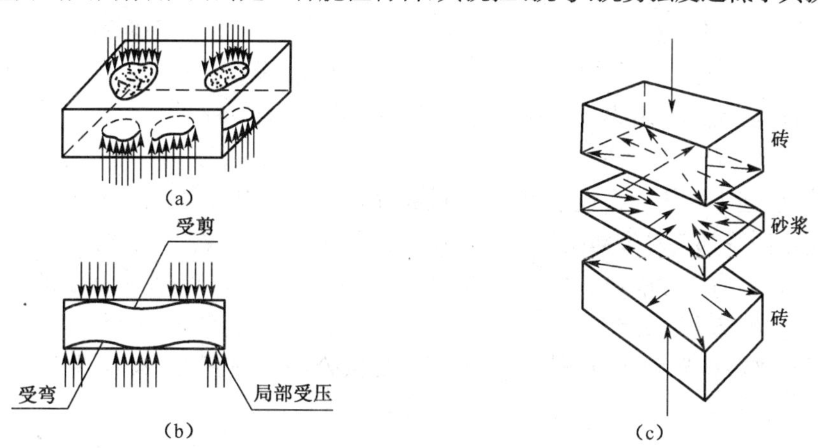

图 11-4　砌体中单块砖的受力状态

2) 影响砌体抗压强度的主要因素

(1) 块体和砂浆的强度

国内外大量的试验证明，块体和砂浆的强度是影响砌体抗压强度的主要因素。块体和砂浆的强度高，其砌体的抗压强度亦高。一般情况下的砖砌体，当砖强度等级不变，砂浆强度等级提高一级，砌体抗压强度只提高约 15%；而当砂浆强度等级不变，砖强度等级提高一级，砌体抗压强度可提高约20%。可见提高砌块强度等级使砌体抗压强度提高的幅度大于增大砂浆强度时的幅度，采用强度等级高的块体较为有利。对于灌孔的混凝土砌块砌体，砌块和灌孔混凝土的强度是影响砌体强度的主要因素，砌筑砂浆强度的影响不明显。

(2) 砂浆的变形与和易性

砂浆的变形与和易性对砌体强度也有较大的影响。低强度等级砂浆的变形率大，砂浆压缩变形增大，块体受到的弯力、剪力和拉应力也增大，砌体抗压强度降低。和易性好的砂浆施工时较易铺成均匀、饱满、密实的灰缝，可减小砌体内的复杂应力状态，砌体抗压强度提高。

(3) 块体的规整程度和尺寸

块体表面愈规则、平整，愈能将灰缝铺得均匀、饱满，愈有利于改善砌体内的复杂应力状态，使砌体抗压强度提高。块体的高度(厚度)对砌体抗压强度影响较大，高度大的块体的抗弯、抗剪和抗拉能力增大，砌体抗压强度提高。但应注意，块体高度增大后，砌体受压时的脆性增大。

(4) 砌体工程施工质量

砌体工程施工质量对砌体强度有着直接而重要的影响，视砌筑质量的好坏及施工质量控制等级而不同。当砌体中灰缝砂浆的厚度、饱满度、块体砌筑时的含水率以及砌体组砌方法等符合规定的要求(《砌体结构工程施工质量验收规范》(GB 50203—2011))，表明砌体砌筑质量好，可尽量减小砌体内复杂应力作用的不利影响。例如：砌体施工中，要求砖砌体水平灰缝的砂浆饱满度不得小于80%，竖向灰缝不得出现透明缝、瞎缝和假缝；通常要求砖砌体和砌块砌体的水平灰缝厚度宜为10 mm，不应小于8 mm，也不应大于12 mm；对烧结普通砖、多孔砖，块体砌筑时含水率宜控制在10%～15%，对灰砂砖、粉煤灰砖，含水率宜为8%～12%，且应提前1～2天浇水湿润；砖砌体中实心砖块体的砌筑方式应遵守内外要搭接、上下要错缝、不得有连续的垂直的通缝的原则等。

练一练

根据施工现场的质量管理、砂浆和混凝土的强度、砌筑工人技术等级的综合水平对砌体施工质量所作的分级称为砌体施工质量控制等级。它分为A、B、C三级，其级别与砌体强度设计值直接挂钩，砌体强度设计值在A级时取值最高，C级时最低。

(5) 试验方法及其他因素

加载速度、施工砌筑的快慢程度、受荷前砌体抗压强度以及实际砌体与试件砌体的差异和试件尺寸不同等都会对砌体抗压强度产生一定的影响。在我国，砌体抗压强度及其他强度是按《砌体基本力学性能试验方法标准》(GB/T 50129—2011)的要求确定的。

3) 砌体抗压强度表达式

根据近年来我国对砌体抗压强度所作的大量试验，经回归分析，砌体轴心抗压强度的平均值可按下式计算：

$$f_m = k_1 f_1^{\alpha}(1 + 0.07 f_2)k_2 \tag{11-1}$$

式中：f_m——砌体抗压强度平均值(MPa)；

f_1——块体的抗压强度等级值或平均值(MPa)；

f_2——砂浆的抗压强度等级值或平均值(MPa)；

k_1——与块体类别和砌体砌筑方法有关的参数；

k_2——砂浆强度影响的修正系数，在表列之外的取1；

α——与块体高度有关的参数。

k_1、k_2、α 的取值见表 11-1。

表 11-1　轴心抗压强度平均值 f_m(MPa)

砌体种类	$f_m = k_1 f_1^{\alpha}(1+0.07f_2)k_2$		
	k_1	α	k_2
烧结普通砖、烧结多孔砖、蒸压灰砂普通砖、蒸压粉煤灰普通砖、混凝土普通砖、混凝土多孔砖	0.78	0.5	当 $f_2 < 1$ 时,$k_2 = 0.6 + 0.4f_2$
混凝土砌块、轻集料混凝土砌块	0.46	0.9	当 $f_2 = 0$ 时,$k_2 = 0.8$
毛料石	0.79	0.5	当 $f_2 < 1$ 时,$k_2 = 0.6 + 0.4f_2$
毛石	0.22	0.5	当 $f_2 < 2.5$ 时,$k_2 = 0.4 + 0.24f_2$

注:1. k_2在表列条件以外时均等于 1。
2. 式中 f_1 为块体(砖、石、砌块)的强度等级值;f_2 为砂浆抗压强度平均值。单位均以 MPa 计。
3. 混凝土砌块砌体的轴心抗压强度平均值,当 $f_2 > 10$ MPa时,应乘系数 $1.1-0.01f_2$,MU20 的砌体应乘系数 0.95,且满足当 $f_1 \geqslant f_2$,$f_1 \leqslant 20$ MPa。

对于单排孔混凝土砌块、对孔砌筑并灌孔的砌体,空心砌块砌体与芯柱混凝土共同工作,砌体的抗压强度有较大幅度的提高。根据试验结果,灌孔砌体的抗压平均值计算公式为

$$f_{g,m} = f_m + 0.94\alpha f_{c,m} \tag{11-2}$$

或

$$f_{g,m} = f_m + 0.63\alpha f_{c,u} \tag{11-3}$$

式中:$f_{g,m}$——灌孔砌块砌体的抗压强度平均值(MPa);

f_m——空心砌块砌体抗压强度平均值(MPa);

α——砌块砌体中灌芯混凝土面积与砌体毛面积的比值;

$f_{c,m}$——灌芯混凝土轴心抗压强度平均值;

$f_{c,u}$——灌芯混凝土立方体抗压强度平均值。

11.4　砌体的受拉、受弯、受剪性能和其他性能

砌体的抗拉、抗弯和抗剪强度都远较其抗压强度低,所以设计砌体结构时总是力求造成使其承受压力的工作条件。但是在砌体结构中不可避免地会遇到砌体承受拉力和剪切的情况,如圆形水池的池壁上存在环向拉力,挡土墙受到土侧压力形成的弯矩作用,砖砌过梁受到的弯、剪作用,拱支座处的剪力作用等(图 11-5)。

练一练

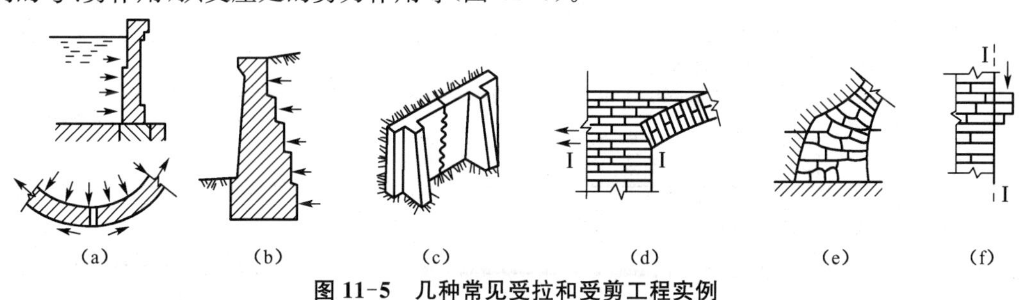

图 11-5　几种常见受拉和受剪工程实例

试验表明，砌体在轴心受拉、受弯和受剪时的破坏一般都发生在砂浆与块体的结合面上。因此，砌体的拉、弯、剪强度主要取决于灰缝与块体的黏结强度，亦即砂浆的强度。

1）砌体的抗拉强度

（1）3种破坏形态（图11-6）

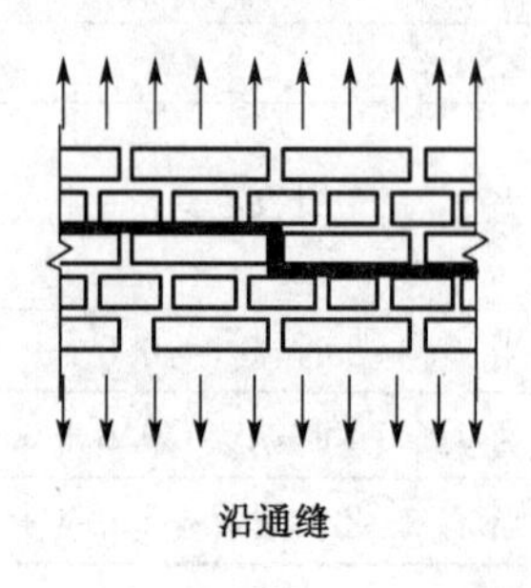

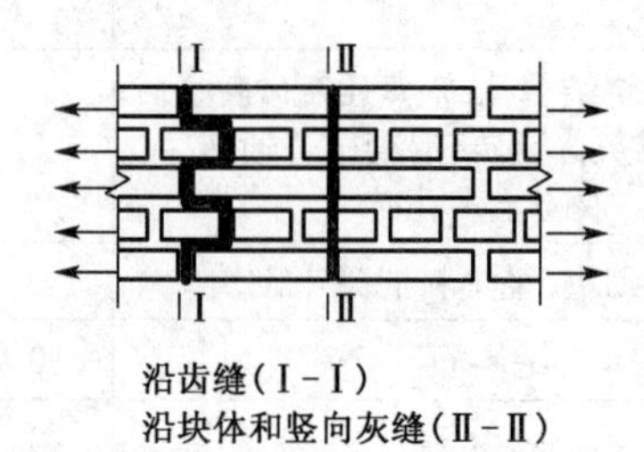

图11-6　砌体轴心受拉破坏形态

① 砌体沿通缝截面破坏：当轴心拉力的方向垂直于水平灰缝时，破坏沿砌体通缝截面发生，《砌体结构设计规范》不允许设计沿通缝截面的受拉构件。

② 砌体沿齿缝截面破坏：当轴心拉力的方向平行于水平灰缝时，若块体的强度较高，而砂浆强度较低时，则可能发生沿齿缝截面（Ⅰ-Ⅰ截面）的破坏。

③ 沿块体和竖向灰缝截面（Ⅱ-Ⅱ截面）破坏：若块体的强度较低，而砂浆强度较高时，则可能发生沿块体和竖向灰缝截面（Ⅱ-Ⅱ截面）的破坏。此时，截面承载力由块体的抗裂强度决定。对块体的最低强度做了限制后，实际上防止了沿Ⅱ—Ⅱ截面形式的破坏形态的发生。

（2）砌体轴心抗拉强度表达式

砌体的抗拉承载力主要取决于砂浆与块体之间的黏结强度。砌体沿齿缝截面破坏的轴心抗拉强度平均值 $f_{t,m}$ 按下式计算：

$$f_{t,m} = k_3 \sqrt{f_2} \tag{11-4}$$

式中：系数 k_3 按表11-2确定。

表11-2　轴心抗拉强度平均值 $f_{t,m}$、弯曲抗拉强度平均值 $f_{tm,m}$ 和抗剪强度平均值 $f_{v,m}$（MPa）

砌体种类	$f_{t,m} = k_3 \sqrt{f_2}$	$f_{tm,m} = k_4 \sqrt{f_2}$		$f_{v,m} = k_5 \sqrt{f_2}$
	k_3	k_4		k_5
		沿齿缝	沿通缝	
烧结普通砖、烧结多孔砖、混凝土普通砖、混凝土多孔砖	0.141	0.250	0.125	0.125
蒸压灰砂普通砖、蒸压粉煤灰普通砖	0.09	0.18	0.09	0.09
混凝土砌块	0.069	0.081	0.056	0.069
毛料石	0.075	0.113	—	0.188

2）砌体的弯曲抗拉强度

（1）3种破坏形态（图11-7）

(a) 沿齿缝破坏

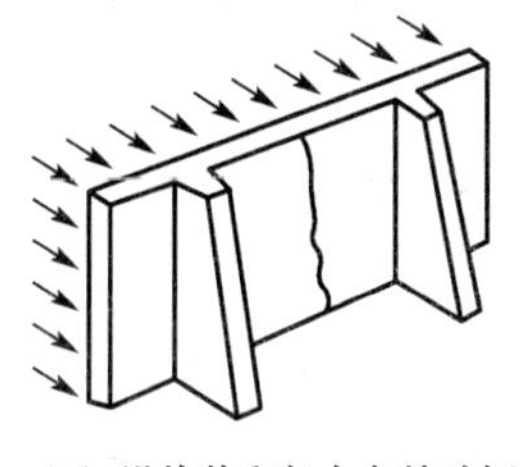
(b) 沿块体和竖向灰缝破坏

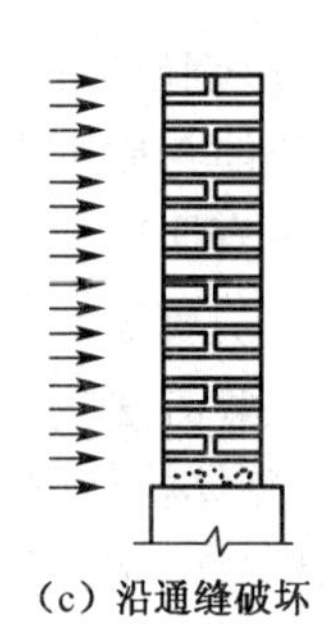
(c) 沿通缝破坏

图 11-7 砌体弯曲受拉破坏形态

① 砌体沿通缝截面破坏。

② 砌体沿齿缝截面破坏。

③ 砌体沿块体和竖向灰缝截面破坏。

(2) 砌体弯曲抗拉强度表达式

砌体沿齿缝截面和沿通缝截面的弯曲抗拉强度平均值 $f_{tm,m}$ 按下式计算：

$$f_{tm,m} = k_4 \sqrt{f_2} \tag{11-5}$$

式中：系数 k_4 按表 11-2 确定。

3) 砌体的抗剪强度

(1) 砌体受剪破坏形态

受纯剪时，砌体可能发生沿通缝、齿缝或沿阶梯形截面的剪切破坏(图 11-8)。

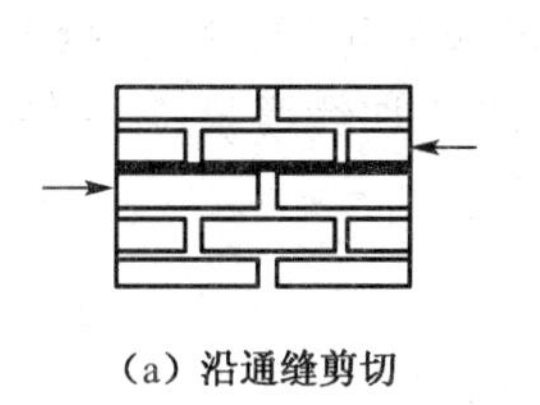
(a) 沿通缝剪切

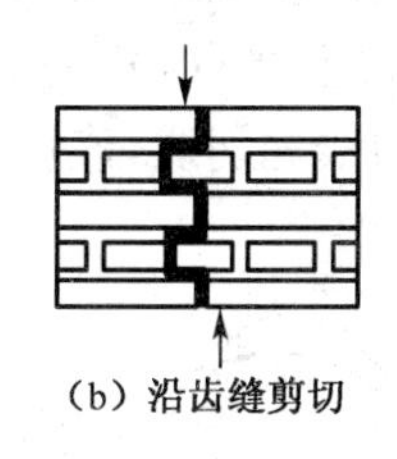
(b) 沿齿缝剪切

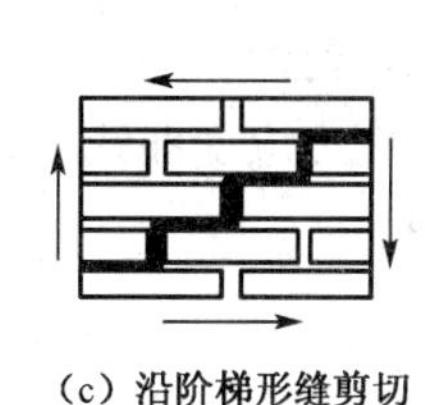
(c) 沿阶梯形缝剪切

图 11-8 砌体剪切破坏形态

沿齿缝受剪破坏一般仅发生在错缝较差的砖砌体及毛石砌体中。砌体沿阶梯形缝受剪破坏是地震中房屋墙体的常遇震害，多半在砖砌过梁或抗侧力墙体上发生。由于砌体中竖向灰缝饱满度较差，一般不考虑它的抗剪作用。因而规范对沿阶梯形缝的抗剪强度和沿通缝的抗剪强度取值一样，且只与砂浆强度有关。

我国砌体结构设计规范用 f_v 表示砌体抗剪强度，它是指在竖向压应力等于零时砌体的抗剪强度。试验和研究表明，砌体仅受剪应力作用时，其抗剪强度主要取决于水平灰缝砂浆的黏结强度，且砌体沿齿缝截面与沿通缝截面的抗剪强度差异很小，可统称为砌体抗剪强度。

在实际工程中砌体受纯剪的情况几乎不存在，通常砌体截面上受到竖向压力和水平力的共同作用，在剪压复合应力状态下，砌体有 3 种破坏形态：剪切破坏，剪压破坏和斜压破坏。砌体在剪压复合应力状态下的抗剪强度表达式与采用的受剪破坏理论有关，采用的理论不同，其抗剪强度表达式不同，但都与 f_v 有关。

（2）影响砌体抗剪强度的主要因素

① 块体与砂浆的强度。

② 垂直压应力。

③ 砌筑质量。

④ 试验方法。

（3）砌体抗剪强度平均值

砌体抗剪强度平均值按下式计算：

$$f_{v,m} = k_5 \sqrt{f_2} \tag{11-6}$$

式中：系数 k_5 按表 11-2 确定。

对于灌孔混凝土砌块砌体，除与砂浆强度有关，还受到灌孔混凝土强度的影响。根据试验结果，灌孔混凝土砌块砌体抗剪强度平均值 $f_{vg,m}$ 以灌孔混凝土砌块砌体抗压强度来表达，取 $f_{vg,m} = 0.32 f_{g,m}^{0.55}$。式中，灌孔混凝土砌块砌体抗压强度平均值 $f_{g,m}$ 按式（11-2）或式（11-3）计算。

4）砌体的变形和其他性能

（1）砌体的弹性模量

砌体受压时，随着应力的增加应变增加，且随后应变增长的速度大于应力的增长速度，为反映砌体在不同的受力阶段具有不同的变形性能，引入了砌体变形模量。如图 11-9 所示为试验所得砌体轴心受压应力-应变曲线。

在应力-应变曲线的原点 O 作曲线的切线，该切线的斜率为原点弹性模量，用 E_0 表示，也称为初始弹性模量；在应力-应变曲线上原点 O 与点 A 的割线的正切，称为割线模量，用 E 表示；在应力应变曲线上某点 A 作曲线的切线，该切线的斜率为切线模量，用 E' 表示。

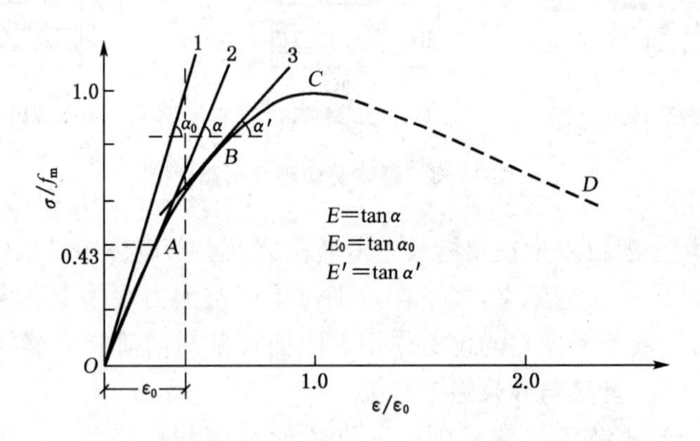

图 11-9　砖砌体轴心受压应力-应变曲线与弹性模量

由于砌体正常工作阶段的应力一般在 $0.4f_m$ 左右，《砌体结构设计规范》（GB 50003—2011）（以下简称《砌体规范》）规定，砌体弹性模量取应力-应变曲线上应力为 $0.43f_m$ 点的割线模量。试验结果表明，砌体弹性特征值随砌块强度的增加和灰缝厚度的加大而降低，随块材厚度的增大和砂浆强度的提高而增大。《砌体规范》规定的各类砌体弹性模量见表 11-3。

表 11-3 砌体的弹性模量(MPa)

砌 体 种 类	砂浆强度等级			
	≥M10	M7.5	M5	M2.5
烧结普通砖、烧结多孔砖砌体	1 600f	1 600f	1 600f	1 390f
混凝土普通砖、混凝土多孔砖砌体	1 600f	1 600f	1 600f	—
蒸压灰砂普通砖、蒸压粉煤灰普通砖砌体	1 060f	1 060f	1 060f	—
非灌孔混凝土砌块砌体	1 700f	1 600f	1 500f	—
粗料石、毛料石、毛石砌体	—	5 650	4 000	2 250
细料石砌体	—	17 000	12 000	6 750

(2) 砌体的剪变模量

各类砌体的剪变模量 G 可根据砌体的泊松比用材料力学公式算出。砖砌体的泊松比 μ 一般取 0.15,砌块砌体的泊松比一般取 0.3,因此

$$G = 0.5E/(1+\mu) = (0.43 \sim 0.38)E$$

因此,在一般情况下,砌体的剪变模量 G 可近似地取为 $0.4E$。

(3) 砌体的摩擦系数和线膨胀系数

砌体结构中规定的砌体的摩擦系数和线膨胀系数分别见表 11-4 和表 11-5。

表 11-4 砌体的摩擦系数

材 料 类 别	摩 擦 面 情 况	
	干燥	潮湿
砌体沿砌体或混凝土滑动	0.70	0.60
砌体沿木材滑动	0.60	0.50
砌体沿钢滑动	0.45	0.35
砌体沿砂或卵石滑动	0.60	0.50
砌体沿粉土滑动	0.55	0.40
砌体沿黏土滑动	0.50	0.30

表 11-5 砌体的线膨胀系数和收缩率

砌 体 类 别	线膨胀系数(10^{-6}/℃)	收缩率(mm/m)
烧结普通砖、烧结多孔砖砌体	5	−0.1
蒸压灰砂普通砖、蒸压粉煤灰普通砖砌体	8	−0.2
混凝土普通砖、混凝土多孔砖、混凝土砌块砌体	10	−0.2
轻集料混凝土砌块砌体	10	−0.3
料石和毛石砌体	8	—

注:表中的收缩率系由达到收缩允许标准的块体砌筑 28 天的砌体收缩率,当地方有可靠的砌体收缩试验数据时,亦可采用当地的试验数据。

11.5　砌体强度标准值与设计值

1）砌体强度标准值与设计值

砌体强度标准值是结构设计时采用的强度基本代表值。砌体强度标准值的确定考虑了砌体强度的变异性，按照《建筑结构设计统一标准》的要求，取具有95%保证率的强度值作为其标准值。砌体强度设计值是由可靠度分析或工程经验校准法确定，引入材料性能分项系数来体现不同情况的可靠度要求。各类砌体的强度标准值 f_k、设计值 f_m 的关系如下：

$$f_k = f_m - 1.645\sigma_f = (1 - 1.645\delta_f)f_m \tag{11-7}$$

$$f = \frac{f_k}{\gamma_f} \tag{11-8}$$

式中：σ_f——砌体强度的标准差；

δ_f——砌体强度的变异系数，按表11-6采用；

γ_f——砌体结构材料性能分项系数。

表11-6　砌体强度的变异系数 δ_f

砌体类型	砌体抗压强度	砌体抗拉、抗弯、抗剪强度
各种砖、砌块、料石砌体	0.17	0.20
毛石砌体	0.24	0.26

我国砌体施工质量控制等级分为A、B、C三级，在结构设计时通常按B级考虑，即取 $\gamma_f = 1.6$；当为C级时，取 $\gamma_f = 1.8$，即砌体强度设计值的调整系数 $\gamma_a = 1.60/1.8 = 0.89$；当为A级时，取 $\gamma_f = 1.5$，可取 $\gamma_a = 1.05$。砌体强度与施工质量控制等级的上述规定，旨在保证相同可靠度的要求下，反映管理水平、施工技术和材料消耗水平的关系。工程施工时，质量控制等级由设计方和建设方商定，并应明确写在设计文件和施工图纸上。

当施工质量控制等级为B级时，根据块体和砂浆的强度等级，龄期为28天的以毛截面计算的各类砌体强度设计值见附表3-1～附表3-8(施工阶段砂浆尚未硬化的新砌砌体的强度和稳定性，可按砂浆强度为零进行验算)。

单排孔混凝土砌块对孔砌筑时，灌孔砌体的抗压强度设计值 f_g应按下列公式计算：

$$f_g = f + 0.6\alpha f_c \tag{11-9}$$

$$\alpha = \delta\rho \tag{11-10}$$

式中：f_g——灌孔砌体的抗压强度设计值，不应大于未灌孔砌体抗压强度设计值的2倍；

f——未灌孔砌体的抗压强度设计值；

f_c——灌孔混凝土的轴心抗压强度设计值；

α——砌块砌体中灌孔混凝土面积和砌体毛面积的比值；

δ——混凝土砌块的孔洞率；

ρ——混凝土砌块砌体的灌孔率，系截面灌孔混凝土面积和截面孔洞面积的比值，ρ 不应小于 33%。

砌块砌体的灌孔混凝土强度等级不应低于 Cb20，且不应低于 1.5 倍的块体强度等级。

单排孔混凝土砌块对孔砌筑时，灌孔砌体的抗剪强度设计值 f_{vg}应按下列公式计算：

$$f_{vg} = 0.2 f_g^{0.55} \tag{11-11}$$

式中：f_g——灌孔砌体的抗压强度设计值(MPa)。

2) 砌体强度设计值的调整

在某些特定的情况下，砌体强度设计值需乘以调整系数。如受吊车动力影响及受力复杂的砌体，要求提高其安全储备；截面面积较小的砌体构件，由于局部破损或缺陷等偶然因素会导致砌体强度有较大的降低，因而在设计计算时需考虑砌体强度的调整，即将上述砌体强度设计值乘以调整系数 γ_a。

对于下列情况附表 3-1～附表 3-8 所列各种砌体的强度设计值应乘以调整系数：

(1) 有吊车房屋砌体、跨度不小于 9 m 的梁下烧结普通砖砌体、跨度不小于 7.2 m 的梁下烧结多孔砖、蒸压灰砂砖、蒸压粉煤灰砖砌体，混凝土和轻骨料混凝土砌块砌体，$\gamma_a = 0.9$。

(2) 对无筋砌体构件，其截面面积 A 小于 0.3 m² 时，$\gamma_a = 0.7 + A$，其中 A 以 m² 为单位；对配筋砌体构件，当其中砌体截面面积 A 小于 0.2 m² 时，$\gamma_a = 0.8 + A$。

(3) 当砌体用水泥砂浆砌筑时，对附表 3-1～附表 3-7 中的数值，$\gamma_a = 0.9$；对附表 3-8 中的数值，$\gamma_a = 0.8$；对配筋砌体构件，当其中的砌体采用水泥砂浆砌筑时，仅对砌体的强度设计值乘以调整系数 γ_a。

(4) 当验算施工中房屋的构件时，$\gamma_a = 1.1$。

(5) 当施工质量控制等级为 C 级时，$\gamma_a = 0.89$。

施工阶段砂浆尚未硬化的新砌砌体的强度和稳定性，可按砂浆强度为零进行验算。对于冬期施工采用掺盐砂浆法施工的砌体，砂浆强度等级按常温施工的强度等级提高一级时，砌体强度和稳定性可不验算。配筋砌体不得用掺盐砂浆施工。

本章小结

1. 砌体是由块体和砂浆砌筑而成的整体材料，由砖砌体、石砌体或砌块砌体建造的结构，称为砌体结构。

2. 影响砌体抗压强度的主要因素有：块体和砂浆的强度、砂浆的变形与和易性、块体的规整程度和尺寸、砌体工程施工质量、试验方法及其他因素。

复习思考题

11.1 什么是砌体结构？砌体按所采用材料的不同可以分为哪几类？

11.2 砌体结构有哪些缺点？

11.3 怎样确定块体材料和砂浆的等级？

11.4 选用材料应注意哪些问题？

思考题解析

11.5 简述砌体受压过程及其破坏特征。

11.6 为什么砌体的抗压强度远小于单块块体的抗压强度？

11.7　简述影响砌体抗压强度的主要因素。砌体抗压强度计算公式考虑了哪些主要参数?

11.8　怎样确定砌体的弹性模量?简述其主要影响因素。

11.9　为什么砂浆强度等级高的砌体抗压强度比砂浆的强度低,而对砂浆强度等级低的砌体,当块体强度高时,抗压强度又比砂浆强度高?

12 砌体结构构件的承载力计算

12.1 无筋砌体受压构件承载力计算

规范在试验研究的基础上，确定把轴向力的偏心距和构件的高厚比对受压构件承载力的影响采用同一系数 φ 来考虑。此时，轴心受压构件可视为偏心受压构件的特例(即偏心距 $e=0$ 的偏心受压构件)。因此，对无筋砌体受压构件(包括轴心受压构件、偏心受压构件)，其承载力均按下式计算：

$$N \leqslant \varphi \gamma_a f A \tag{12-1}$$

式中：N——构件承受的轴向力设计值；

φ——高厚比 β 和轴向力的偏心距 e 对受压构件承载力的影响系数；

f——砌体的抗压强度设计值；

γ_a——砌体强度调整系数；

A——构件的截面面积，各类砌体均按毛截面计算。

在确定影响系数 φ 时，构件的偏心距 e 和高厚比 β 分别按下列公式计算：

$$e = \frac{M}{N} \tag{12-2}$$

对矩形截面

$$\beta = \gamma_\beta \frac{H_0}{h} \tag{12-3}$$

对 T 形截面

$$\beta = \gamma_\beta \frac{H_0}{h_T} \tag{12-4}$$

式中：M——截面承受的弯矩设计值；

N——截面承受的轴向力设计值；

H_0——受压构件的计算高度；

h——墙厚或矩形柱的截面边长，对偏心受压构件，h 取偏心方向的截面边长；对轴心受压构件，h 取对应于 H_0 的截面边长，当两个方向的 H_0 相同时，取截面短边边长；

h_T——T 形截面的折算厚度，$h_T=3.5i=3.5\sqrt{\frac{I}{A}}$($i$ 和 I 分别为构件截面的回转半径和截面的惯性矩)；

γ_β——不同砌体材料构件的高厚比修正系数，按表 12-1 取用。

表 12-1　砌体高厚比修正系数 γ_β

砌体材料类别	烧结普通砖、烧结多孔砖	混凝土及轻骨料混凝土砌块	蒸压灰砂砖、蒸压粉煤灰砖、细料石、半细料石	粗料石、毛石
γ_β	1.0	1.1	1.2	1.5

高厚比 β 和轴向力的偏心距 e 对受压构件承载力的影响系数 φ 可按下列公式计算：

当为轴心受压（$e=0$），且 $\beta>3$（长柱）时

$$\varphi=\varphi_0=\frac{1}{1+\alpha\beta^2} \tag{12-5}$$

当为偏心受压，且 $\beta\leqslant 3$（短柱）时

$$\varphi=\frac{1}{1+12\left(\frac{e}{h}\right)^2} \tag{12-6}$$

当为偏心受压，且 $\beta>3$ 时

$$\varphi=\frac{1}{1+12\left[\frac{e}{h}+\sqrt{\frac{1}{12}\left(\frac{1}{\varphi_0}-1\right)}\right]^2} \tag{12-7}$$

式中：φ_0——轴心受压构件的稳定系数，当 $\beta\leqslant 3$ 时，$\varphi_0=1$；

α——与砂浆强度等级有关的系数，当砂浆强度等级大于等于 M5 时，$\alpha=0.0015$；当砂浆强度等级为 M2.5 时，$\alpha=0.002$；当验算施工中的砌体，即砂浆强度为零时，$\alpha=0.009$。

当为 T 形截面时，用 h_T 代替公式中的 h 即可。

影响系数 φ 也可查附表 3-9～附表 3-11 得到。

受压构件承载力计算时应注意的问题：

练一练

(1) 对于偏心受压矩形柱，当轴向力偏心方向的截面边长大于另一方向的截面边长时，除了按偏心受压进行承载力验算外，还应对较小边长方向按轴心受压进行验算（如图 12-1 所示）。即

由 $\beta_1=\frac{H_0}{h}$ 以及 $\frac{e}{h}$ 求出 φ_1，应满足 $N\leqslant\varphi_1 fA$。

由 $\beta_2=\frac{H_0}{b}$，按轴心受压求出 φ_2，应满足 $N\leqslant\varphi_2 fA$。

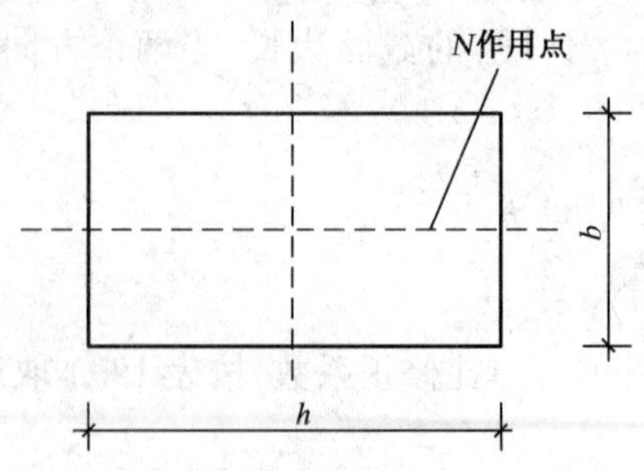

图 12-1　偏心受压矩形柱截面示意图

(2) 关于轴向力偏心距 e 的限值。对于偏心受压构件，当偏心距 e 过大时，受拉边将会出现水平裂缝，使承受压力的有效截面面积减小，构件刚度降低，纵向弯曲的不利影响增大，因而构件的承载能力显著降低。为此，《砌体规范》中规定应用公式(12-1)时轴向力的偏心距应满足

$$e \leqslant 0.6y \tag{12-8}$$

式中：y——截面重心到轴向力所在偏心方向截面边缘的距离。

当偏心距超过限值时，应采取措施减小偏心距 e，例如采用缺角垫块、修改截面尺寸、改变结构布置等方法调整偏心距。当偏心距仍不能满足要求时，可改用钢筋混凝土面层或砂浆面层的组合砖砌体构件或改用钢筋混凝土柱。

【例题 12-1】 某轴心受压柱，截面尺寸为 490 mm×620 mm，柱计算高度 $H_0 = 4.2$ m，采用强度等级为 MU10 烧结多孔砖及 M5 混合砂浆砌筑。柱底承受轴向压力设计值 $N = 200$ kN，弯矩设计值 $M = 25$ kN·m(弯矩作用方向为沿截面长边方向)，砌体施工质量控制等级为 B 级。试验算该柱底截面是否安全。

【解】 $f = 1.5$ MPa，$\gamma_\beta = 1.0$，M5 砂浆 $\alpha = 0.0015$

(1) 弯矩作用平面内承载力计算

$$e = \frac{M}{N} = \frac{25}{200} = 0.125\ \text{m} = 125\ \text{mm} < 0.6y = 0.6 \times 310 = 186\ \text{mm}$$

轴向力偏心距满足要求。

$$\beta = \gamma_\beta \frac{H_0}{h} = 1.0 \times \frac{4\,200}{620} = 6.77$$

$$\varphi_0 = \frac{1}{1+\alpha\beta^2} = \frac{1}{1+0.0015\times 6.77^2} = 0.936$$

$$\varphi = \frac{1}{1+12\left[\frac{e}{h}+\sqrt{\frac{1}{12}\left(\frac{1}{\varphi_0}-1\right)}\right]^2} = \frac{1}{1+12\left[\frac{125}{620}+\sqrt{\frac{1}{12}\left(\frac{1}{0.936}-1\right)}\right]^2} = 0.52$$

$A = 0.49 \times 0.62 = 0.3038\ \text{m}^2 > 0.3\ \text{m}^2$，该项不需进行砌体抗压强度调整。

柱底截面承载力为

$$\varphi f A = 0.52 \times 1.5 \times 0.3038 \times 10^6 = 236.96 \times 10^3\ \text{N} = 236.96\ \text{kN} > N = 200\ \text{kN}$$

弯矩作用平面内承载力满足要求。

(2) 弯矩作用平面外承载力计算

由
$$\beta = \gamma_\beta \frac{H_0}{b} = 1.0 \times \frac{4\,200}{490} = 8.57$$

得
$$\varphi = \varphi_0 = \frac{1}{1+\alpha\beta^2} = \frac{1}{1+0.0015\times 8.57^2} = 0.9$$

对短边方向，按轴心受压构件验算，柱底截面的承载力为

$$\varphi f A = 0.9 \times 1.5 \times 0.3038 \times 10^6 = 410.13 \times 10^3\ \text{N} = 410.13\ \text{kN} > N = 200\ \text{kN}$$

弯矩作用平面外承载力满足要求。

综上可知，柱底截面安全。

【例题 12-2】 已知某轴心受压柱，截面尺寸为 370 mm × 490 mm，柱计算高度 $H_0 = H = 3.6\ \text{m}$，采用MU10烧结普通砖、M5混合砂浆砌筑，承受轴向压力标准值 $N_k = 145\ \text{kN}$（其中永久荷载标准值引起的压力为 105 kN），砌体施工质量控制等级为B级。试复核该柱是否安全。

【解】 查得砌体抗压强度设计值 $f = 1.5\ \text{MPa}$，M5砂浆 $\alpha = 0.0015$，$\gamma_\beta = 1.0$

柱截面面积 $A = 0.37 \times 0.49 = 0.1813\ \text{m}^2 < 0.3\ \text{m}^2$

故应考虑砌体强度设计值的调整系数 γ_a：

$$\gamma_a = 0.7 + A = 0.7 + 0.1813 = 0.8813$$

由

$$\beta = \gamma_\beta \frac{H_0}{h} = 1.0 \times \frac{3600}{370} = 9.73$$

$$\varphi = \frac{1}{1+\alpha\beta^2} = \frac{1}{1+0.0015 \times 9.73^2} = 0.876$$

砖柱重力密度取 $19\ \text{kN/m}^3$，砖柱自重标准值为

$$G_k = 0.37 \times 0.49 \times 19 \times 3.6 = 12.4\ \text{kN}$$

柱底截面的压力最大。

当按可变荷载效应控制的组合计算时，柱底轴向压力设计值为

$$N = 1.2 \times (105 + 12.4) + 1.4 \times 40 = 196.9\ \text{kN}$$

当按永久荷载效应控制的组合计算时，柱底轴向压力设计值为

$$N = 1.35 \times (105 + 12.4) + 1.4 \times 0.7 \times 40 = 197.7\ \text{kN} > 196.9\ \text{kN}$$

取

$$N = 197.7\ \text{kN}$$

则柱底截面的承载力为

$$\begin{aligned}\varphi\gamma_a fA &= 0.876 \times 0.8813 \times 1.5 \times 0.1813 \times 10^6 = 209.95 \times 10^3\ \text{N} \\ &= 209.95\ \text{kN} > N = 197.7\ \text{kN}\end{aligned}$$

该柱承载力安全。

12.2 无筋砌体局部受压承载力计算

压力仅作用在砌体的局部面积上的受力状态称为砌体局部受压。工程中经常遇到独立柱支承于基础顶面，屋架或大梁支承于砖墙上等局部受压情况，在这些情况下，砌体承受的压力先作用于砌体局部面积上，产生的局部压应力很大，然后通过应力扩散，逐渐分布到整个砌体截面上。在实际工程中，往往出现按全截面验算砌体受压承载力满足要求，但局部受压承载力不满足的情况。因此，在砌体结构设计中，除了验算砌体受压承载力外，还需验算砌体局部受压承载力。

12.2.1 砌体局部受压破坏特点

砌体局部受压面积上的抗压强度因周围未被受压砌体的“套箍强化”作用而大大提高

了；有时可较砌体轴心抗压强度大很多倍，甚至高于块材强度。在竖向局部荷载作用下，起套箍作用的砌体产生的环向拉应力一旦大于砌体抗压强度时，就会发生均匀局部受压构件的破坏。

砌体局部受压分为局部均匀受压和局部非均匀受压，如图 12-2 所示。

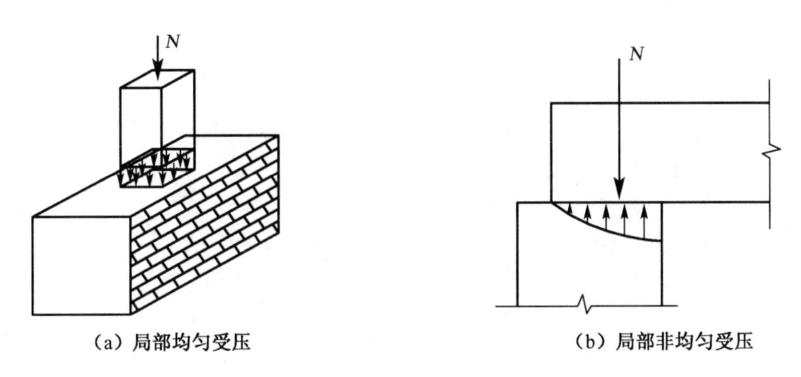

（a）局部均匀受压　　（b）局部非均匀受压

图 12-2　砌体局部均匀受压和局部非均匀受压

砖砌体局部受压的 3 种破坏形态：

（1）因纵向裂缝的发展而破坏。在局部压力作用下有纵向裂缝、斜向裂缝，其中部分裂缝逐渐向上或向下延伸并在破坏时连成一条主要裂缝。

（2）劈裂破坏。在局部压力作用下产生的纵向裂缝少而集中，且初裂荷载与破坏荷载很接近，在砌体局部面积大而局部受压面积很小时，有可能产生这种破坏形态。

（3）与垫板接触的砌体局部破坏。墙梁的墙高与跨度之比较大，砌体强度较低时，有可能产生梁支承附近砌体被压碎的现象。

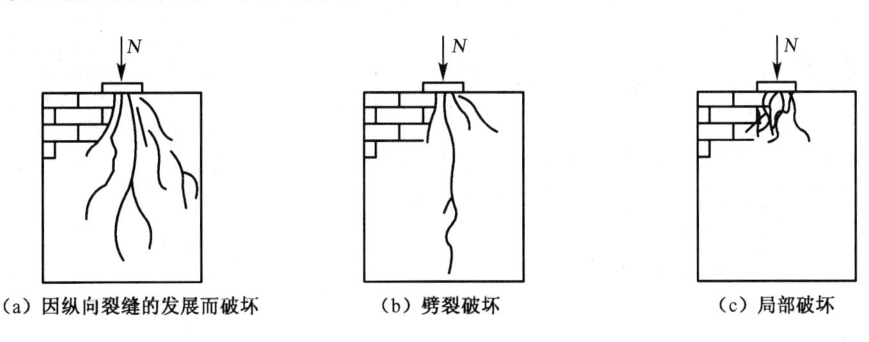

（a）因纵向裂缝的发展而破坏　　（b）劈裂破坏　　（c）局部破坏

图 12-3　砌体局部受压破坏形态

12.2.2　砌体局部均匀受压时的承载力计算

砌体受局部均匀压力作用时的承载力应按下式计算：

$$N_l \leqslant \gamma f A_l \tag{12-9}$$

式中：N_l——局部受压面积上的轴向力设计值；

γ——砌体局部抗压强度提高系数；

f——砌体局部抗压强度设计值，可不考虑强度调整系数 γ_a 的影响；

A_l——局部受压面积。

砌体局部抗压强度提高系数按下式计算：

$$\gamma = 1 + 0.35\sqrt{\frac{A_0}{A_l} - 1} \tag{12-10}$$

式中：A_0——影响砌体局部抗压强度的计算面积，按图 12-4 规定采用。

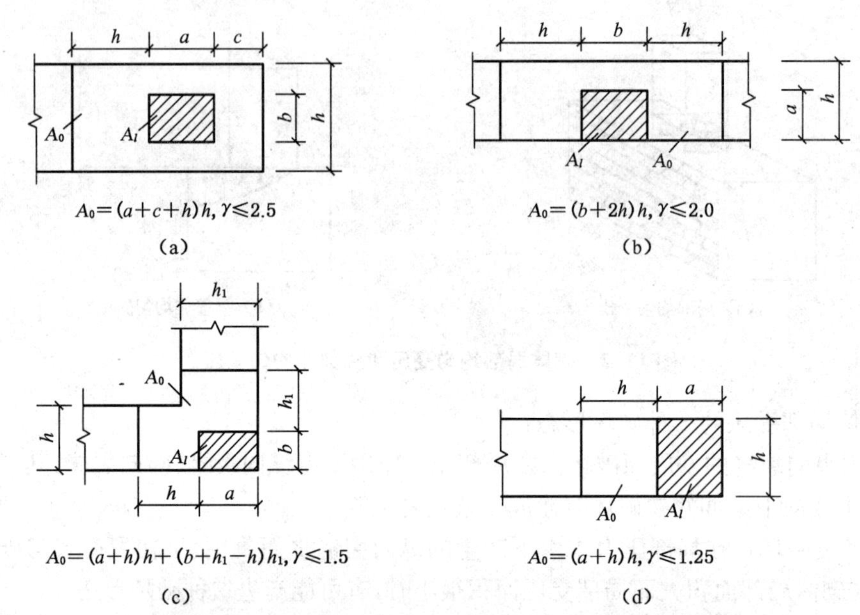

图 12-4 影响局部抗压强度的计算面积 A_0 的计算公式

a、b——矩形局部受压面积 A_l 的边长；h、h_1——墙厚或柱的较小边长、墙厚；

c——矩形局部受压面积的外边缘至构件边缘的较小边距离，当大于 h 时，应取 h

【例题 12-3】 一钢筋混凝土柱截面尺寸为 250 mm×250 mm，支承在厚为 370 mm 的砖墙上，作用位置如图 12-5 所示，砖墙用 MU10 烧结普通砖和 M5 水泥砂浆砌筑，柱传到墙上的荷载设计值为 120 kN。试验算柱下砌体的局部受压承载力。

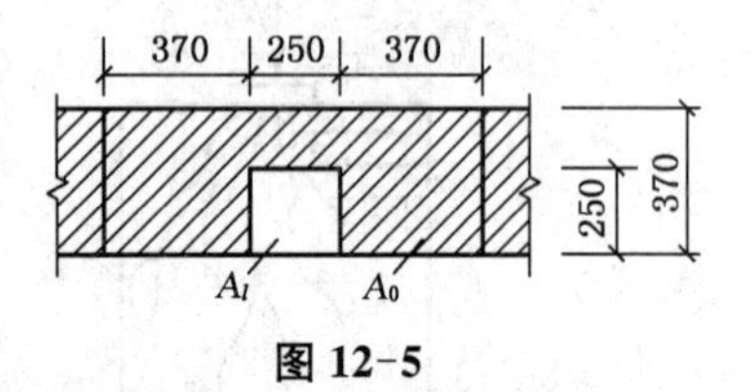

图 12-5

【解】 局部受压面积 $A_l = 250 \times 250 = 62\,500\ \text{mm}^2$

局部受压影响面积

$$A_0 = (250 + 2 \times 370) \times 370 = 366\,300\ \text{mm}^2$$

砌体局部抗压强度提高系数

$$\gamma = 1 + 0.35\sqrt{\frac{A_0}{A_l} - 1} = 1 + 0.35\sqrt{\frac{366\,300}{62\,500} - 1} = 1.77 < 2$$

查附表 3-1 得 MU10 烧结普通砖和 M5 水泥砂浆砌筑的砌体的抗压强度设计值为 $f = 1.5$ MPa，采用水泥砂浆应乘以调整系数 $\gamma_a = 0.9$。

砌体局部受压承载力为

$$\gamma_a f A = 1.77 \times 0.9 \times 1.5 \times 62\,500 = 149\,344\ \text{N} = 149.3\ \text{kN} > 120\ \text{kN}$$

砌体局部受压承载力满足要求。

12.2.3 梁端支承处砌体的局部受压承载力计算

当梁端支承处砌体局部受压时，其压应力的分布是不均匀的(如图 12-6)。同时，由于梁的挠曲变形和支承处砌体的压缩变形影响，梁端支承长度由实际支承长度 a 变为长度较小的有效支承长度 a_0。《砌体规范》给出了梁端有效支承长度 a_0 的简化计算公式：

$$a_0 = 10\sqrt{\frac{h_c}{f}} \tag{12-11}$$

式中：a_0——梁端有效支承长度(mm)，当 $a_0 > a$ 时，应取 $a_0 = a$ (a 为梁端实际支承长度)；

h_c——梁的截面高度；

f——砌体抗压强度设计值(MPa)。

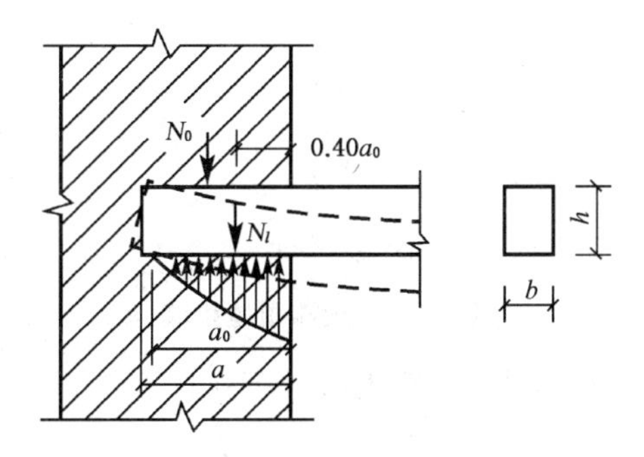

图 12-6 梁端支承处砌体的局部受压图

梁端支承处砌体局部受压计算中，除应考虑由梁传来的荷载外，还应考虑局部受压面积上由上部荷载传来的轴向力。

梁端支承处的局部受压承载力按下式计算：

$$\psi N_0 + N_l \leqslant \eta\gamma f A_l \tag{12-12}$$

$$\psi = 1.5 - 0.5\frac{A_0}{A_l} \tag{12-13}$$

式中：ψ——上部荷载的折减系数，当 $\frac{A_0}{A_l} \geqslant 3$ 时，取 $\psi = 0$；

N_0——局部受压面积内上部轴向力设计值，$N_0 = \sigma_0 A_l$，σ_0 为上部平均压应力设计值；

N_l——梁端支承压力设计值；

η——梁端底面压应力图形的完整性系数值，可取 0.7，对于过梁和墙梁可取 1.0；

A_l——局部受压面积，$A_l = a_0 b$，b 为梁宽。

12.2.4 梁下设有刚性垫块

当梁端支承处砌体局部受压，可在梁端下设置刚性垫块(如图 12-7)，以增大局部受压面积，满足砌体局部受压承载力的要求。刚性垫块是指其高度 $t_b \geqslant 180$ mm，垫块自梁边挑出

的长度不大于 t_b 的垫块。刚性垫块伸入墙内的长度 a_b 可以与梁的实际长度 a 相等或大于 a。

梁下垫块通常采用预制刚性垫块，有时也将垫块与梁端现浇成整体。

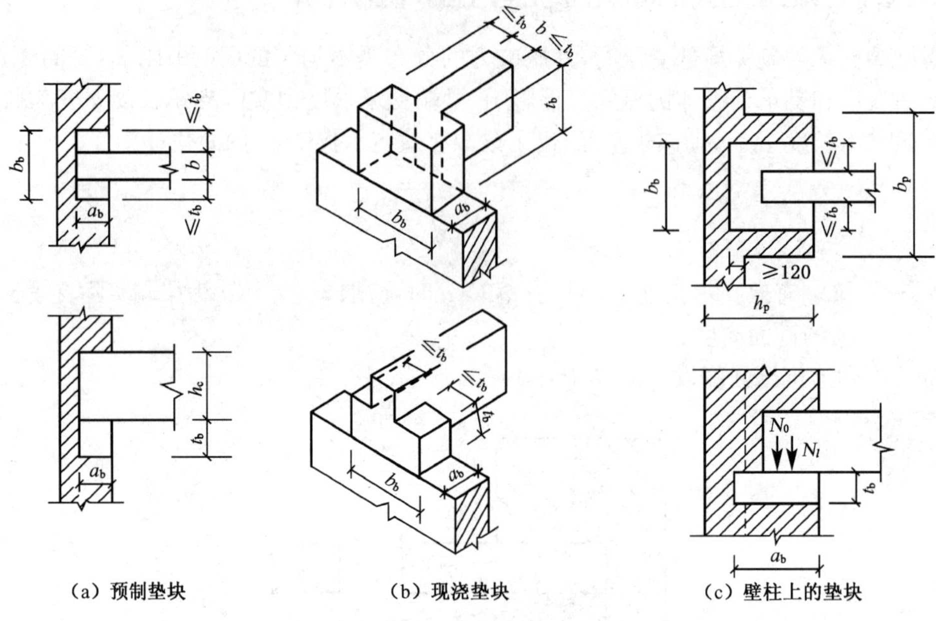

(a) 预制垫块　　(b) 现浇垫块　　(c) 壁柱上的垫块

图 12-7　梁端刚性垫块

(1) 刚性垫块下砌体的局部受压承载力应按下式计算：

$$N_0 + N_l \leqslant \varphi\gamma_1 f A_b \tag{12-14}$$

式中：N_0——垫块面积 A_b 内上部轴向力设计值，$N_0 = \sigma_0 A_b$；

φ——垫块上 N_0 及 N_l 合力的影响系数，采用时的 φ 值，即 $\varphi = \left[1 + 12\left(\frac{e}{h}\right)^2\right]^{\frac{1}{2}}$，这里 e 为 N_0、N_l 合力对垫块中心的偏心距，h 为垫块伸入墙内的长度，即 a_b；

γ_1——垫块外砌体面积的有利影响系数，$\gamma_1 = 0.8\gamma$，但不小于 1.0；γ 为砌体局部抗压强度提高系数，按式 $\gamma = 1 + 0.35\sqrt{\frac{A_0}{A_l} - 1}$ 计算，以 A_b 代替 A_l 计算；

A_b——垫块面积，$A_b = a_b b_b$，a_b 为垫块伸入墙内的长度，b_b 为垫块宽度。

(2) 梁端设有刚性垫块时，梁端有效支承长度 a_0 应按下式确定：

$$a_0 = \delta_1\sqrt{\frac{h}{f}} \tag{12-15}$$

式中：δ_1——刚性垫块的影响系数，按表 12-2 采用。

表 12-2　刚性垫块的影响系数 δ_1

σ_0/f	0	0.2	0.4	0.6	0.8
δ_1	5.4	5.7	6.0	6.9	7.8

垫块上 N_l 合力作用点的位置可取 $0.4a_0$ 处。

12.2.5 梁下设有长度大于 πh_0 的垫梁下的砌体局部受压的计算

当梁端部支承处的砖墙上设有连续的钢筋混凝土圈梁，该圈梁即为垫梁，梁上荷载将通过垫梁分散到一定宽度的墙上去。此时垫梁下竖向压应力按三角形分布，如图 12-8 所示。

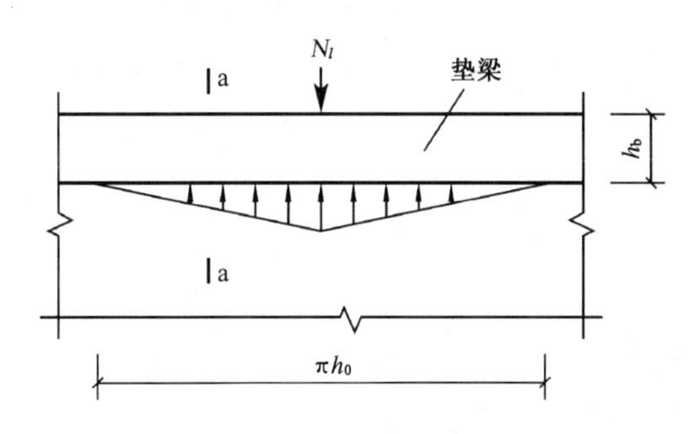

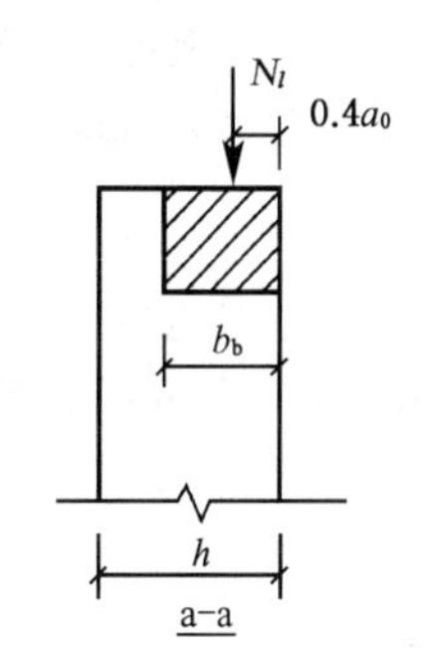

图 12-8 垫梁局部受压

梁下设有长度大于 πh_0 的垫梁下砌体局部受压承载力应按下式计算：

$$N_0 + N_l \leqslant 2.4\delta_2 f b_b h_0 \tag{12-16}$$

其中 $$N_0 = \pi b_b h_0 \sigma_0 / 2, \quad h_0 = 2\sqrt[3]{\frac{E_b I_b}{Eh}}$$

式中：N_0——垫梁 $\frac{\pi b_b h_0}{2}$ 范围内上部轴向力设计值；

b_b——垫梁在墙厚方向的宽度；

h_0——垫梁折算高度；

E_b、I_b——分别为垫梁的混凝土弹性模量和截面惯性矩；

E——砌体的弹性模量；

h——墙厚；

δ_2——当荷载沿墙厚方向均匀分布时 δ_2 取 1.0，不均匀分布时 δ_2 取 0.8。

【例题 12-4】 试验算房屋纵墙上梁端支承处砌体局部受压承载力。已知钢筋混凝土梁截面为 200 mm×400 mm，支承长度为 240 mm，梁端承受的支承压力设计值 $N_l = 80$ kN，上部荷载产生的轴向力设计值 $N_u = 260$ kN，窗间墙截面为 1 200 mm×370 mm（如图 12-9），采用 MU10 烧结普通砖及 M5 混合砂浆砌筑。

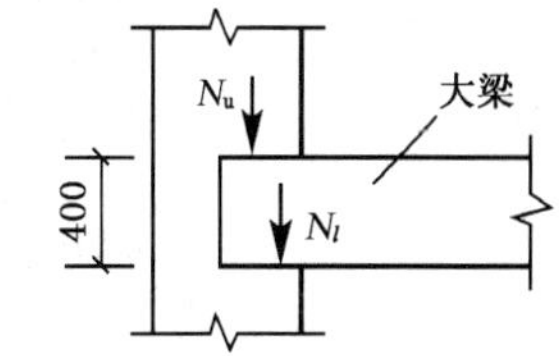

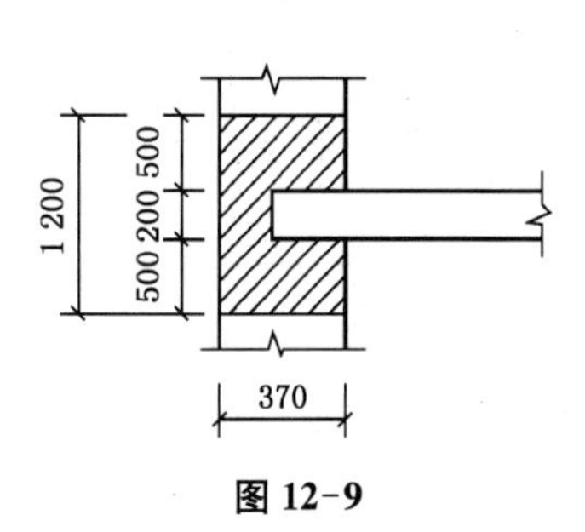

图 12-9

【解】 查附表 3-1 得砌体抗压强度设计值

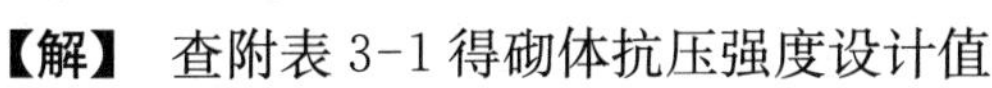

$$f = 1.5 \text{ MPa}$$

有效支承长度

$$a_0 = 10\sqrt{\frac{h_c}{f}} = 10\sqrt{\frac{400}{1.5}} = 163.3 \text{ mm}$$

局部受压面积

$$A_l = a_0 b = 163.3 \times 200 = 32\,660\ \mathrm{mm}^2$$

由图 12-9 得影响砌体局部抗压强度的计算面积：

$$A_0 = (b + 2h)h = (200 + 2 \times 370) \times 370 = 347\,800\ \mathrm{mm}^2$$

$A_0/A_l = 347\,800/32\,660 = 10.7 > 3$，故取上部荷载折减系数 $\psi = 0$，可不考虑上部荷载的影响。

梁底压力图形完整性系数　　　　$\eta = 0.7$

局部抗压强度提高系数

$$\gamma = 1 + 0.35\sqrt{\frac{A_0}{A_l} - 1} = 1 + 0.35 \times \sqrt{10.7 - 1} = 2.09 > 2.0$$

取 $\gamma = 2.0$。

局部受压承载力验算：

$$\eta\gamma f A_l = 0.7 \times 2.0 \times 1.5 \times 32\,660 = 68.586 \times 10^3\ \mathrm{N} = 68.586\ \mathrm{kN} < \psi N_0 + N_l = 80\ \mathrm{kN}$$

故砌体局部受压承载力不满足要求。

办法：

(1) 为了保证砌体的局部受压承载力，现设置预制混凝土垫块，$t_b = 180\ \mathrm{mm}$，$a_b = 240\ \mathrm{mm}$，自梁边算起的垫块挑出长度为 $150\ \mathrm{mm} < b_b$，其尺寸符合刚性垫块的要求(如图 12-10)。

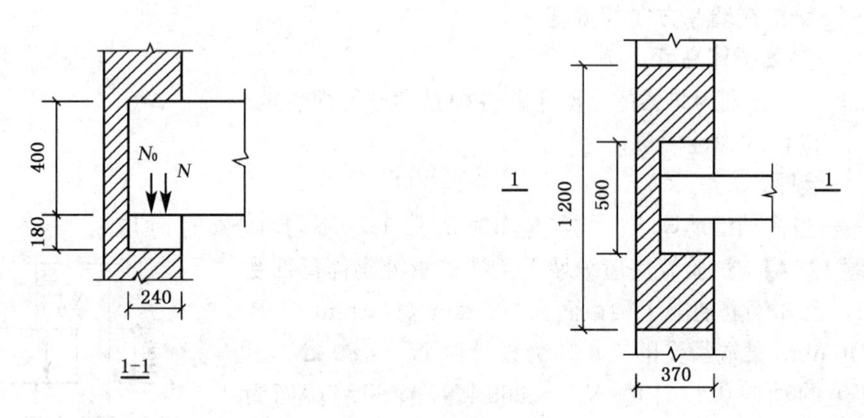

图 12-10　垫块尺寸

垫块面积

$$A_l = a_b b_b = 240 \times 500 = 120\,000\ \mathrm{mm}^2$$

局部受压计算面积

$$A_0 = h(2h + b_b) = 370 \times (2 \times 370 + 500) = 458\,800\ \mathrm{mm}^2$$

但 A_0 边长已超过窗间墙实际宽度，所以取

$$A_0 = 370 \times 1\,200 = 444\,000\ \text{mm}^2$$

局部抗压强度调整系数

$$\gamma - 1.575 < 2.0$$

则得垫块外砌体面积的有利影响系数

$$\gamma_1 = 0.8\gamma = 0.8 \times 1.575 = 1.26$$

上部荷载在窗间墙上产生的平均压应力的设计值

$$\sigma_0 = 0.58\ \text{mm}^2$$

垫块面积 A_b 的上部轴向力设计值

$$N_0 = \sigma_0 A_b = 69.6\ \text{kN}$$

梁在梁垫上表面的有效支承长度 a_0 及 N_l 作用点计算

$$\sigma_0 / f = 0.387\ \text{mm}^2$$

查表 12-2 得

$$\delta_1 = 5.82$$

$$a_0 = 95.04\ \text{mm}$$

$$e = 43.84\ \text{mm}$$

由 $e/h = 0.182$ 和 $\beta \leqslant 3$，查附表 3-9，线性内插法得 $\varphi = 0.716$。

垫块下砌体局部受压承载力验算：

$$\varphi\gamma_1 f A_b = 162.388\ \text{kN} > N_0 + N_l = 149.6\ \text{kN}$$

满足要求。

(2) 如改为设置钢筋混凝土垫梁。取垫梁截面尺寸为 240 mm × 240 mm，混凝土为 C20，其弹性模量 $E_b = 25.5\ \text{kN/mm}^2$，砌体弹性模量 $E = 2.4\ \text{kN/mm}^2$。

垫梁折算高度

$$h_0 = 398\ \text{mm}$$

垫梁下局部压应力分布范围

$$s = \pi h_0 = 3.14 \times 398 = 1\,249\ \text{mm} > 1\,200\ \text{mm}$$

符合垫梁受力分布要求。

$$N_0 = 86.98\ \text{kN}$$

因梁支承端存在转角，荷载沿墙厚方向非均匀分布，$\delta_2 = 0.8$。

则 $2.4 f b_b \delta_2 h_0 = 275.097\ \text{kN} > N_0 + N_l = 86.98 + 80 = 166.98\ \text{kN}$

满足要求。

本章小结

在实际工程中，往往出现按全截面验算砌体受压承载力满足要求，但局部受压承载力不满足的情况。因此在砌体结构设计中，除了验算砌体受压承载力外，还需验算砌体局部受压承载力。

复习思考题

思考题解析

12.1　无筋砌体受压构件承载力如何计算？影响系数 φ 的物理意义是什么？它与哪些因素有关？

12.2　无筋砖石砌体受压构件对偏心距 e 有何限制？当超过该限值时怎样处理？

12.3　砌体局部均匀受压承载力如何计算？

12.4　梁端局部受压分哪几种情况？在各种情况下的局部受压承载力应如何计算？它们之间有何异同？

12.5　验算梁端支承处局部受压承载力时，为什么对上部轴向压力设计值要乘以上部荷载折减系数 ψ？ψ 与哪些因素有关？

12.6　当梁端局部受压承载力不满足时，可采取哪些措施？

习　题

12.1　柱截面尺寸为 490 mm×620 mm，采用 MU10 蒸压粉煤灰砖和 M5 混合砂浆砌筑，柱在两个主轴方向的计算高度 $H_0 = 6.8\ \text{m}$，柱顶承受轴心压力设计值 $N = 182\ \text{kN}$，试验算柱的承载力。

习题解析

12.2　柱截面尺寸为 490 mm×620 mm，采用 MU10 蒸压粉煤灰砖和 M5 混合砂浆砌筑，柱在两个主轴方向的计算高度 $H_0 = 5\ \text{m}$，该柱控制截面承受轴心压力设计值 $N = 240\ \text{kN}$，弯矩设计值 $M = 24\ \text{kN}\cdot\text{m}$（作用于长边方向），试验算该柱的承载力。

13 混合结构房屋墙体设计

13.1 混合结构房屋的结构布置方案

混合结构房屋通常是指主要承重构件由不同的材料组成的房屋。如楼(屋)盖等水平承重构件采用钢筋混凝土结构、轻钢结构或木结构,而墙体、柱、基础等竖向承重构件采用砌体材料的房屋。

混合结构房屋设计时,墙、柱、梁、板等构件的结构布置是否合理,尤其是承重墙、柱的布置,直接影响房屋的平面划分和房间的大小,还关系到荷载的传递以及房屋的空间刚度。承重墙、柱的布置应综合考虑使用要求、结构受力特点等因素,确保其安全可靠,经济合理。根据结构的承重体系及竖向荷载的传递路线,混合结构房屋的结构布置可分为以下几种方案。

13.1.1 横墙承重方案

屋面、楼面荷载主要由横墙承担的布置方案称为横墙承重方案。结构布置时,将楼板(及屋面板)沿房屋纵向仅支承在横墙上,而外纵墙和内纵墙不承担楼面荷载,是自承重墙体。

其竖向荷载的主要传递路径是:楼(屋)面荷载→横墙→基础→地基。

横墙承重方案的特点是:横墙是主要承重墙,此时纵墙上开设门窗洞口所受限制较少,建筑立面处理较灵活;房屋的横向空间刚度大,整体性好,但建筑平面布局不灵活;结构较简单、施工方便,但墙体材料用量较多。

横墙承重方案适用于横墙间距较密的多层、高层房屋,如住宅、宿舍、旅馆和由小房间组成的办公楼等。

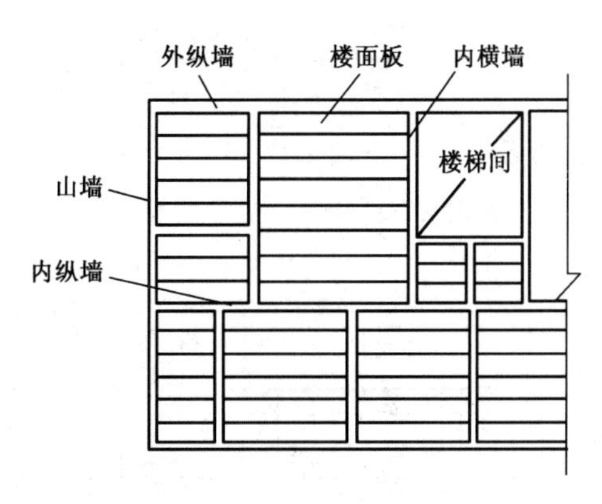

图 13-1 横墙承重方案

13.1.2 纵墙承重方案

屋面、楼面荷载主要由纵墙承担的布置方案称为纵墙承重方案。结构布置时，楼板(及屋面板)的布置有如图 13-2(a)、13-2(b)所示的两种方式。山墙虽然也是承重的，但它仅承受墙身一侧的一小部分荷载，竖向荷载的主要传递路径是：

楼(屋)面荷载→板→梁(或屋架)→纵墙→基础→地基

纵墙承重方案的特点是：纵墙为主要承重墙，建筑平面布置比较灵活，在纵墙上设置门窗洞口的大小和位置受到一定限制；横墙数量少，房屋的横向刚度小，整体性差；与横墙承重方案相比，屋(楼)盖构件所用材料较多，而墙体材料用量相对较少。

纵墙承重方案适用于建造开间较大的教学楼、医院、食堂、仓库等。

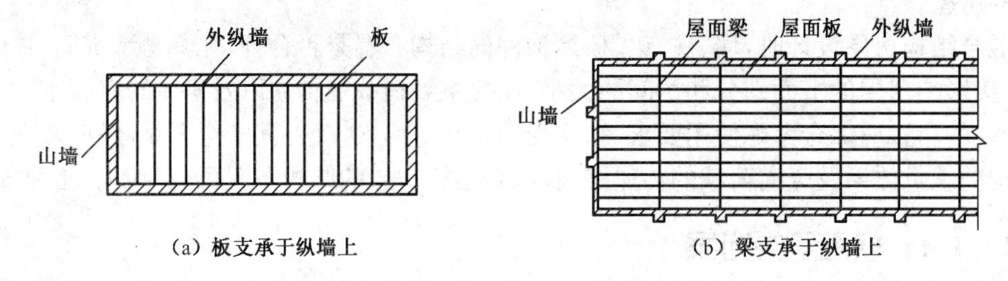

图 13-2　纵墙承重方案

13.1.3 纵横墙承重方案

屋面、楼面荷载主要由纵墙、横墙共同承担的布置方案称为纵横墙承重方案，如图 13-3 所示。结构布置时，楼板(或屋面板)根据建筑使用功能的不同而灵活设置，既可以支承在横墙上，又可以支承在纵墙上或钢筋混凝土梁上。其荷载传递路径为

$$楼(屋)面荷载\to板\to\left\{\begin{matrix}梁\to纵墙\\横墙\end{matrix}\right\}\to基础\to地基$$

纵横墙承重方案的特点是：纵横墙均作为承重构件，具有较大的空间刚度和整体性，可灵活布置房间，结构受力较为均匀；房屋纵横向刚度、重量介于纵墙承重方案和横墙承重方案之间，楼屋面用料、墙体材料用量也介于两者之间。

纵横墙承重方案，适用于教学楼、办公楼、医院等建筑。

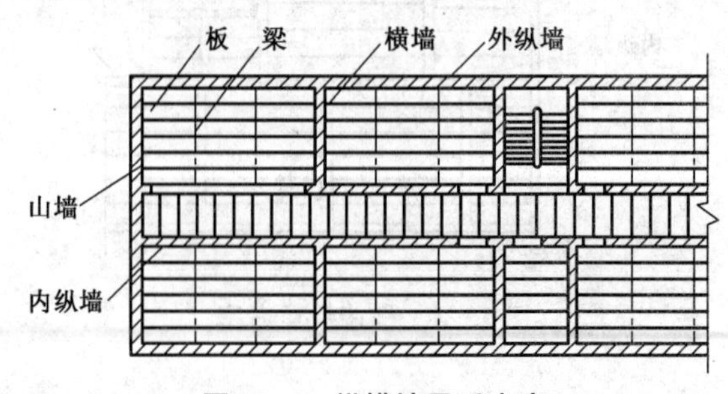

图 13-3　纵横墙承重方案

13.1.4 内框架承重方案

屋面、楼面荷载由房屋内部的钢筋混凝土框架和外部砌体墙、柱共同承担的布置方案称为内框架承重方案，如图 13-4 所示。结构布置时，楼板铺设在两端支承在外纵墙上，中间支承在柱上的梁上。

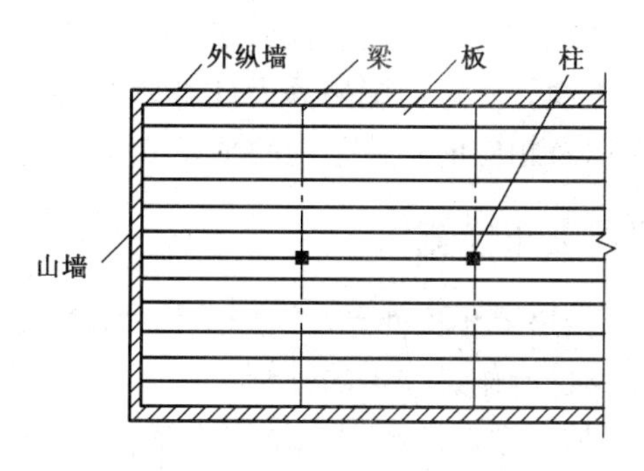

图 13-4 内框架承重方案

竖向荷载的传递路径为

楼(屋)面荷载→板→梁→{外纵墙→外纵墙基础 / 柱→柱基础}→地基

内框架承重方案的特点是:外墙和柱都是主要承重构件，以柱代替内承重墙可以取得较大的室内空间，平面布置灵活；横墙较少，房屋空间刚度和抗震性能较差；混凝土柱和墙体材料不同，施工方法也不同，这给施工带来一定的复杂性，且不同材料压缩性不一致，基础沉降也不一致，致使墙体易开裂，抵抗地基不均匀沉降的能力较弱。如果设计不当，结构容易产生不均匀竖向变形，使结构产生较大的附加内力，设计时应特别注意。内框架承重体系可用于旅馆、商店和多层工业建筑，某些建筑(如底层为商店的住宅)的底层也可采用。

练一练

13.1.5 底部框架承重方案

对于底部为商场、展览厅、食堂等需设置大空间，而上部各层为住宅、宿舍、办公室的建筑，在底部可用钢筋混凝土框架结构同时取代内外承重墙体，相关部位形成结构转换层，形成底部框架承重方案，如图 13-5 所示。

其竖向荷载的传递路径为

上部几层梁板荷载→内外墙体→结构转化层→钢筋混凝土梁→柱→基础→地基

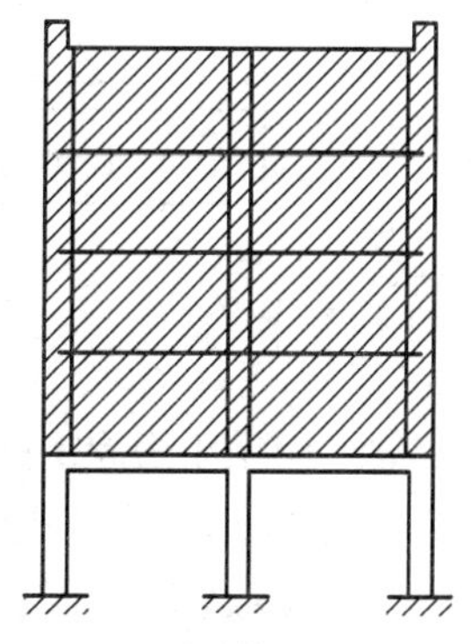

图 13-5 底部框架承重方案

底部框架承重方案的特点是:墙和柱都为主要承重构件，在底部以柱代替内外承重墙体，在使用上可以取得较大的室内空间，底层平面布置灵活；由于底部材料和结构型式的变化，其抗侧刚度发生了明显的变化，成为上部刚度较大、底部刚度较小的上刚下柔结构房屋，刚度在结构转换层发生突变，对抗震不利，设计时，需考虑上、下层抗侧移刚度比。

底部框架承重方案一般用于建筑底部与上部功能不同的房屋。

13.2 房屋的静力计算方案

房屋的静力计算方案实际上就是通过对房屋空间受力性能的分析，根据房屋空间刚度的大小确定墙柱设计时的计算简图，所采用的计算简图既要尽量符合结构的实际受力情况，又要使计算尽可能的简单、方便。确定房屋的静力计算方案，也就是确定房屋计算简图，是墙柱内力分析、承载力计算以及相应的构造措施的主要依据。

13.2.1 房屋的空间工作性能

房屋的空间工作性能是指房屋各构件参与共同工作的程度。现以受风荷载作用的单层房屋为例，对房屋的空间工作性能作进一步的分析。

第一种情况：如图 13-6 所示单层单跨混合结构房屋，不设山墙及内横墙，外纵墙承重，屋面是钢筋混凝土平屋顶，由预制板和大梁组成。

这种房屋，荷载的传递路径是：

竖向荷载→屋面板→屋面梁→纵墙→纵墙基础→地基

水平风荷载→纵墙→纵墙基础→地基

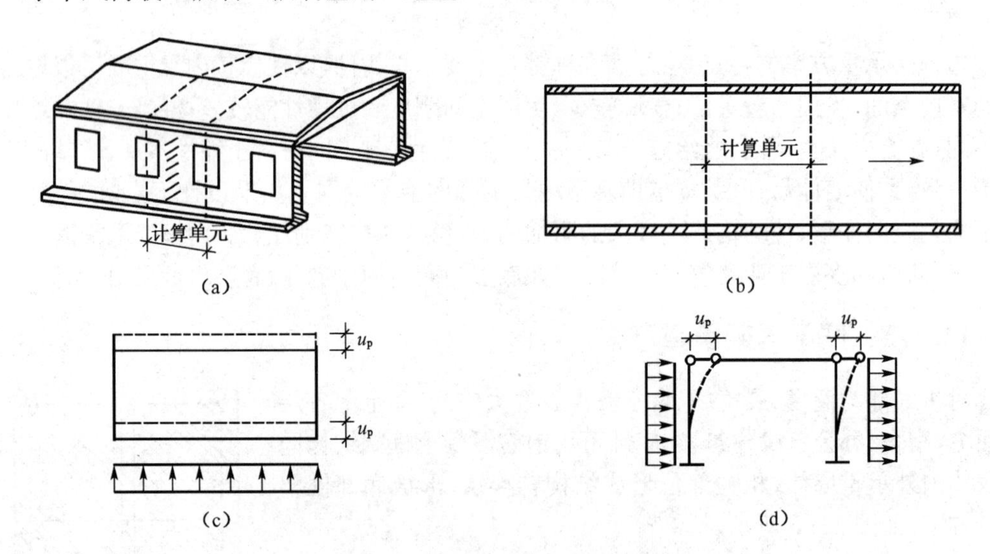

图 13-6 两端无山墙的单层房屋

假定作用于房屋上的荷载是均匀分布的，外纵墙窗口也是有规律的均匀排列的，则在水平荷载作用下，整个房屋墙顶的变形（水平位移 μ_p）也将是一样的。如果从两个窗口中线截取一个单元，这个单元的受力状态和整个房屋的受力状态是一样的。这样，可以这个单元的受力状态来代表整个房屋受力状态，这个单元称为计算单元。

在这类房屋中，荷载作用下的墙顶水平位移主要取决于纵墙的刚度，而屋盖结构的刚度只是保证传递水平荷载时两边外纵墙的位移相同。如果把计算单元的纵墙看作排架柱，把屋盖结构看作横梁，把基础看作柱的固定端支座，把屋盖结构和墙的联结点看作铰结点。这样，计算单元的受力状态如同一个单跨平面排架，属于平面受力体系，可采用结构力学中求解平面排架的方法进行静力分析。

在这种情况下，可以认为各排架之间并无相互约束，即房屋的空间工作性能在这种情况下不能体现，这时排架的内力按有侧移平面排架进行计算。

第二种情况：如图 13-7 所示单层单跨混合结构房屋，两端有山墙，外纵墙承重，屋面是钢筋混凝土平屋顶，由预制板和大梁组成。

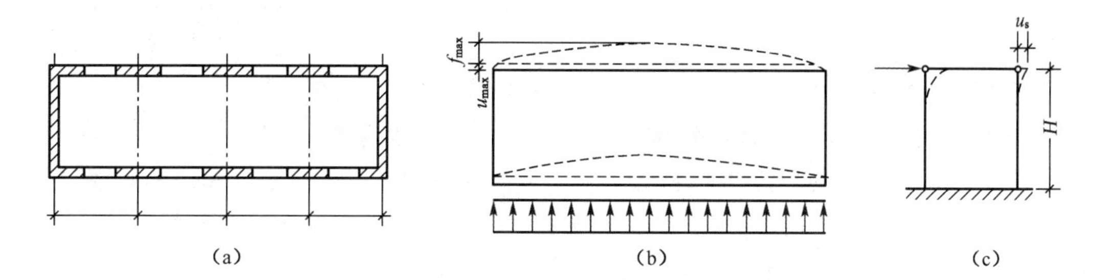

图 13-7　两端有山墙单跨房屋

因山墙的约束，其传力途径发生了变化：

水平风荷载→纵墙→{屋盖结构→山墙→山墙基础；纵墙基础}→纵墙→地基

且整个房屋墙顶的水平位移不再相同。距山墙距离愈远的墙顶水平位移愈大，距山墙距离愈近的墙顶水平位移愈小；构件受力情况也发生了变化：屋盖可看作是两端弹性支承于山墙上的水平梁，而山墙可看作是嵌固于基础上的悬臂梁，形成了空间的受力体系。

从以上分析可知，有山墙的房屋，风荷载的传递已经不是平面受力体系，而是空间受力体系。此时，墙体顶部的水平位移不仅与纵墙自身刚度有关，而且与屋盖结构水平刚度和山墙顶部水平方向的位移有关。

可以用空间性能影响系数 η 来表示房屋空间作用的大小。则

$$\eta=\frac{\mu_s}{\mu_p}\leqslant 1 \tag{13-1}$$

式中：μ_s——考虑空间作用时，外荷载作用下房屋排架水平位移的最大值；

μ_p——外荷载作用下，平面排架的水平位移值。

η 越大，表明考虑空间作用后的排架柱顶最大水平位移与平面排架的柱顶位移越接近，房屋的空间作用越小；η 越小，表明房屋的空间作用越大。因此，η 又称为考虑空间作用后的侧移折减系数。

横墙间距 s 是影响房屋刚度和侧移的重要因素，不同横墙间距单层和多层房屋的各层空间工作性能影响系数可按表 13-1 查得。

表 13-1　房屋各层的空间工作性能影响系数 η_i 表

屋盖或楼盖类别	横墙间距 s(m)														
	16	20	24	28	32	36	40	44	48	52	56	60	64	68	72
1	—	—	—	—	0.33	0.39	0.45	0.50	0.55	0.60	0.64	0.68	0.71	0.74	0.77
2	—	0.35	0.45	0.54	0.61	0.68	0.73	0.78	0.82	—	—	—	—	—	—
3	0.37	0.49	0.60	0.68	0.75	0.81	—	—	—	—	—	—	—	—	—

13.2.2　房屋的静力计算方案

影响房屋空间性能的因素很多，除上述的屋(楼)盖刚度和横墙间距外，还有屋架的跨度、排架的刚度及荷载的类型等。在《砌体规范》中，只考虑屋(楼)盖刚度和横墙间距(包括横墙刚度)两个主要因素的影响，按房屋空间作用的大小，将混合结构房屋的静力计算方案分为刚性方案、刚弹性方案和弹性方案，见表 13-2。

表 13-2　房屋的静力计算方案

	屋盖或楼盖类别	刚性方案	刚弹性方案	弹性方案
1	整体式、装配整体和装配式无檩体系钢筋混凝土屋盖或钢筋混凝土楼盖	$s<32$	$32\leqslant s\leqslant 72$	$s>72$
2	装配式有檩体系钢筋混凝土屋盖、轻钢屋盖和有密铺望板的木屋盖或木楼盖	$s<20$	$20\leqslant s\leqslant 48$	$s>48$
3	瓦材屋面的木屋盖和轻钢屋盖	$s<16$	$16\leqslant s\leqslant 36$	$s>36$

注：1. 表中 s 为房屋横墙间距，其长度单位为 m。

2. 当多层房屋的屋盖、楼盖类别不同或横墙间距不同时，可按本表规定分别确定各层(底层或顶部各层)房屋的静力计算方案。

3. 对无山墙或伸缩缝处无横墙的房屋，应按弹性方案考虑。

1) 刚性方案

房屋的横墙间距较小，屋(楼)盖刚度较大，结构的空间作用强，在荷载作用下，房屋的水平位移很小，可忽略不计，屋盖和层间楼盖可以视作墙、柱的刚性支座。此时，墙柱的内力按屋架、大梁与墙柱为不动铰支承，下端嵌固于基础的竖向构件计算，这种房屋属于刚性方案房屋。刚性方案房屋的空间性能影响系数 η 小于 0.33，常在混合结构多层住宅、公寓、办公楼、教学楼、医院等房屋中应用。

2) 弹性方案

当房屋的横墙间距较大，楼盖和屋盖的水平刚度较差时，房屋的空间刚度较差，在荷载作用下，房屋墙、柱顶端的相对位移较大。此时屋架、大梁与墙、柱为铰接.并按不考虑空间作用的平面排架进行计算。按这种方法进行静力计算的房屋属弹性方案房屋。

单层厂房和仓库等建筑常属于这种方案。此时，在荷载作用下，墙、柱内力应按有侧移的平面排架或框架计算。

3) 刚弹性方案

房屋的空间刚度介于上述两种方案之间。在荷载作用下，屋盖对墙、柱顶点的侧移有一定约束，纵墙顶端的相对水平位移较弹性方案房屋的要小，但又不能忽略不计。静力计算时，可根据房屋空间刚度的大小，将其水平荷载作用下的反力进行折减，然后按平面排架或框架进行计算，即计算简图相当于在屋(楼)盖处加一弹性支座。按这种方法进行静力计算的房屋属刚弹性方案房屋。

上述 3 种静力计算方案的计算简图如图 13-8 所示。

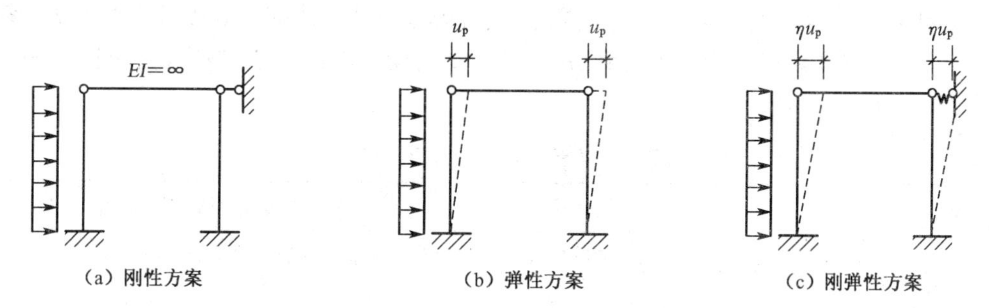

图 13-8 单层混合结构房屋的计算简图

工程中绝大多数砌体结构房屋都是由纵、横承重墙和楼盖、屋盖组成的，都具有一定的空间刚度，因而恰当地利用空间刚度和考虑结构的空间作用，对工程设计有实际意义。如对满足刚性方案条件的房屋，按刚性方案的计算简图，墙体的内力将比按弹性方案计算的结果小得多，从而减少材料用量，降低造价。

练一练

13.2.3 刚性和刚弹性方案房屋的横墙

考虑空间作用的房屋，其横墙应具有足够的刚度。为此，《砌体规范》规定，刚性方案和刚弹性方案房屋的横墙应符合下列要求：

(1) 横墙的厚度不宜小于 180 mm。

(2) 横墙中开有洞口时，洞口的水平截面面积不应超过横墙截面面积的 50%。

(3) 单层房屋的横墙长度不宜小于其高度，多层房屋的横墙长度，不宜小于 $H/2$(H 为横墙总高度)。

当横墙不能同时符合上述 3 项要求时，应对横墙的刚度进行验算。如其最大水平位移值 $u_{max} \leqslant H/4\,000$ 时，仍可视作刚性或刚弹性方案房屋的横墙。凡符合此要求的一段横墙或其他结构构件(如框架等)，也可视作刚性或刚弹性方案房屋的横墙。

13.3 墙、柱的高厚比验算

混合结构房屋中的墙、柱均是受压构件，除满足承载力要求外，还必须保证其稳定性。《砌体规范》规定用验算墙柱高厚比的方法进行墙、柱稳定性的验算，这是保证砌体结构在施工阶段和使用阶段稳定性的一项重要的构造措施。

高厚比的验算包括两方面，一是墙、柱实际高厚比的确定；二是允许高厚比的限值。验算的原则是：墙、柱的实际高厚比不大于修正后的允许高厚比限值。

13.3.1 墙、柱的高厚比

1）墙、柱的计算高度

墙、柱的计算高度是指墙、柱进行承载力计算或高厚比验算时所采用的高度。墙柱的计算高度 H_0 除了与墙、柱实际高度 H 有关外，还与房屋的静力计算方案及墙柱周边支承条件等有关。按照弹性稳定理论分析结果，并为了偏于安全，《砌体规范》规定，受压构件的计算高度可按表 13-3 采用。

表 13-3 受压构件的计算高度 H_0

房屋类型			柱	带壁柱墙或周边拉结的墙			
			排架方向	垂直排架方向	$s>2H$	$2H \geqslant s>H$	$s \leqslant H$
有吊车的单层房屋	变截面柱上段	弹性方案	$2.5H_u$	$1.25H_u$	$2.5H_u$		
		刚性、刚弹性方案	$2.0H_u$	$1.25H_u$	$2.0H_u$		
	变截面柱下段		$1.0H_l$	$0.8H_l$	$1.0H_l$		
无吊车的单层房屋和多层房屋	单跨	弹性方案	$1.5H$	$1.0H$	$1.5H$		
		刚弹性方案	$1.2H$	$1.0H$	$1.2H$		
	多跨	弹性方案	$1.25H$	$1.0H$	$1.25H$		
		刚弹性方案	$1.10H$	$1.0H$	$1.10H$		
	刚性方案		$1.0H$	$1.0H$	$1.0H$	$0.4s+0.2H$	$0.6s$

练一练

注：1. 表中 s 为房屋相邻横墙的间距，H_u 为变截面柱的上段高度，H_l 为变截面柱的下段高度。

2. 对于上端为自由端的构件，$H_0=2H$。

3. 独立砖柱，当无柱间支撑时，柱在垂直排架方向的 H_0 应按表中数值乘以 1.25 后采用。

4. 自承重墙的计算高度应根据周边支承或拉接条件确定。

5. 对有吊车的房屋，当荷载组合不考虑吊车作用时，变截面柱上段的计算高度可按表 13-3 的规定采用；变截面柱下段的计算高度应按下列规定采用（本规定也适用于无吊车房屋的变截面柱）：

① 当 $H_u/H \leqslant 1/3$ 时，取无吊车房屋的 H_0。

② 当 $1/3<H_u/H<1/2$ 时，取无吊车房屋的 H_0 乘以修正系数 μ，且

$$\mu = 1.3 - 0.3I_u/I_l$$

式中 I_u、I_l——变截面柱上、下段截面的惯性矩。

③ 当 $H_u/H \geqslant 1/2$ 时，取无吊车房屋的 H_0。但在确定计算高厚比时，应根据上柱的截面采用验算方向相应的截面尺寸。

表 13-3 中，构件高度 H 应按下列规定采用：

(1) 在房屋底层，构件高度 H 为楼板顶面到构件下端支点的距离。下端支点的位置可取在基础顶面。当构件基础埋置较深且有刚性地坪时，可取室外地面下 500 mm 处。

(2) 在房屋的其他层，构件高度 H 为楼板或其他水平支点间的距离。

(3) 对于无壁柱的山墙，构件高度 H 可取层高加山墙尖高度的 1/2；对于带壁柱山墙，可取壁柱处山墙的高度。

2）墙、柱的高厚比

前一章已述及，墙柱的高厚比是指墙、柱的计算高度 H_0 与相应方向边长的比值，用符

号 β 表示，即

$$\beta=\frac{H_0}{h} \quad 或 \quad \beta=\frac{H_0}{h_T} \tag{13-2}$$

式中：H_0——墙、柱的计算高度，按表 13-3 确定；

h——墙厚或矩形柱与 H_0 相对应的边长；

h_T——带壁柱墙截面的折算厚度，$h_T=3.5i=3.5\sqrt{\frac{I}{A}}$，其中，$i$ 为带壁柱墙截面的回转半径，I、A 分别为带壁柱墙截面的惯性矩和面积。

13.3.2 墙、柱的允许高厚比及其修正

1) 墙、柱的允许高厚比

墙、柱的允许高厚比是指墙、柱高厚比的允许极限值，用[β]表示。必须注意的是：[β]值与墙、柱砌体材料的质量和施工技术水平等因素有关。随着科学技术的进步，在材料强度日益增高、砌体质量不断提高的情况下，[β]值将有所增大。它是根据构件的稳定性和刚度要求确定的，与强度无关。我国现行《砌体规范》主要考虑了不同砂浆强度等级对允许高厚比的影响，见表 13-4。

表 13-4 墙、柱允许高厚比[β]值

砌体类型	砂浆强度等级	墙	柱
无筋砌体	M2.5	22	15
	M5.0 或 Mb5.0、Ms5.0	24	16
	≥M7.5 或 Mb7.5、Ms7.5	26	17
配筋砌块砌体	—	30	21

注：1. 毛石墙、柱的允许高厚比应按表中数值降低 20%。
2. 带有混凝土或砂浆面层的组合砖砌体构件的允许高厚比，可按表中数值提高 20%，但不得大于 28。
3. 验算施工阶段砂浆尚未硬化的新砌砌体高厚比时，允许高厚比对墙取 14，对柱取 11。

2) 墙、柱允许高厚比[β]的主要影响因素

(1) 砂浆强度等级

砂浆强度等级直接影响砌体的弹性模量，而砌体弹性模量的大小又直接影响砌体的刚度，所以砂浆强度等级是影响允许高厚比的重要因素。砂浆强度越高，允许高厚比相应增大。

(2) 横墙间距

横墙间距越小，墙体的稳定性和刚度越好；横墙间距越大，墙体的稳定性和刚度越差。高厚比验算时用改变墙体的计算高度来考虑这一因素；柱没有横墙联系，其允许高厚比应比墙小些。这一因素，在计算高度的确定和相应高厚比的计算中考虑。

(3) 砌体类型

毛石墙比一般砌体墙刚度差，允许高厚比要降低，而组合砌体由于钢筋混凝土的刚度好，允许高厚比可提高，见表 13-4 注 1、2。

(4) 砌体截面刚度

截面惯性矩较大,稳定性则好。当墙上门窗洞口削弱较多时,其刚度因开洞而降低,允许高厚比值降低,可通过有门窗洞口墙允许高厚比的修正系数 μ_2 来考虑这一因素。

(5) 构件重要性和房屋使用情况

对于使用时有振动的房屋则应酌情降低其允许高厚比;对次要构件,如自承重墙允许高厚比可以增大,通过修正系数 μ_1 考虑。

(6) 构造柱间距及截面

构造柱间距越小,截面越大,对墙体的约束越大,因此墙体的稳定性越好,允许高厚比可提高,通过修正系数考虑。

(7) 支承条件

刚性方案房屋的墙柱在屋盖和楼盖支承处假定为不动铰支座,刚性好;而弹性和刚弹性房屋的墙柱在屋(楼)盖处侧移较大,稳定性差。验算时用改变其计算高度来考虑这一因素。

3) 墙、柱允许高厚比[β]的常用修正系数

因表 13-4 规定的墙、柱的高厚比限值,是在特定的条件下规定的允许值(是根据无门窗洞口、无构造柱的承重墙条件下规定的允许值),当实际的客观条件有所变化时,还应从实际条件出发作适当的修正。

(1) 修正系数 μ_1

自承重墙是房屋中的次要构件。根据弹性稳定理论,对用同一材料制成的等高、等截面杆件,当两端支承条件相同且仅受自重作用时失稳的临界荷载比上端受有集中荷载要大,所以,自承重墙的允许高厚比的限值可适当放宽,即[β]可乘以一个大于 1 的修正系数 μ_1。μ_1 按下列规定采用:

当 $h = 240$ mm 时,$\mu_1 = 1.2$;

当 $h = 90$ mm 时,$\mu_1 = 1.5$;

当 90 mm $< h <$ 240 mm 时,按线性内插法取值。

上端为自由端墙的允许高厚比,除按上述规定提高外,尚可再提高 30%;对于厚度小于 90 mm 的墙,当双面用不低于 M10 的水泥砂浆抹面,包括抹面层的墙厚不小于 90 mm 时,可按墙厚等于 90 mm 验算高厚比。当然,对承重墙,$\mu_1 = 1.0$。

(2) 修正系数 μ_2

对开有门窗洞口的墙,如图 13-9 所示,其刚度因开洞而降低,表 13-4 中[β]应乘以修正系数 μ_2 予以降低。

$$\mu_2 = 1 - \frac{b_s}{s} \tag{13-3}$$

式中:b_s——宽度 s 范围内的门窗洞口总宽度;

s——相邻窗间墙或壁柱之间的距离。

当按公式(13-3)算得的值 μ_2 小于 0.7 时,应按 0.7 采用。

当洞口等于或小于墙高的 1/5 时,可取 $\mu_2 = 1.0$。

(3) 修正系数 μ_c

钢筋混凝土构造柱可提高墙体使用阶段的稳定性和刚度,带构造柱墙的允许高厚比可

适当提高。即[β]可乘以一个大于1的修正系数μ_c。μ_c按下列规定采用：

$$\mu_c = 1 + \gamma \frac{b_c}{l} \tag{13-4}$$

式中：γ——系数，对细料石、半细料石砌体，$\gamma = 0$；对混凝土砌块、粗料石、毛料石及毛石砌体，$\gamma = 1.0$；其他砌体，$\gamma = 1.5$；

b_c——构造柱沿墙长方向的宽度；

l——构造柱的间距。

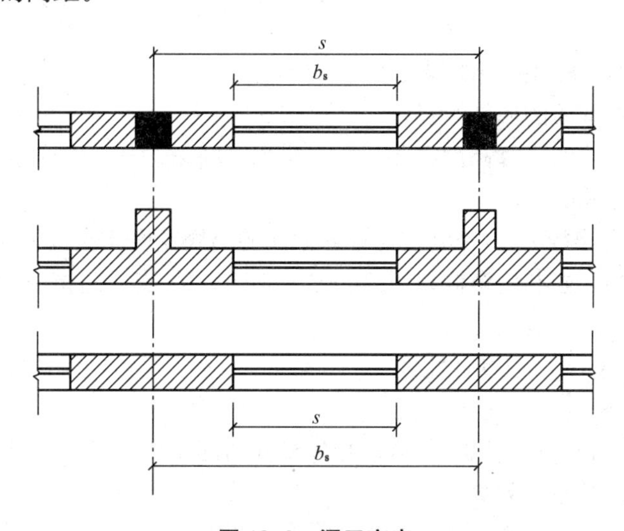

图 13-9 洞口宽度

当$b_c/l > 0.25$时，取$b_c/l = 0.25$；当$b_c/l < 0.05$时，取$b_c/l = 0$。原因是当构造柱间距过大时，对墙体稳定性和刚度的有利影响不大，偏于安全取$\mu_c = 1.0$，对施工阶段取$\mu_c = 1.0$。

13.3.3 墙、柱高厚比的验算

1）矩形截面墙、柱的高度比验算

矩形截面墙、柱的高度比应按下式验算：

$$\beta = \frac{H_0}{h} \leqslant \mu_1 \mu_2 [\beta] \tag{13-5}$$

式中：H_0——墙柱的计算高度，按表13-3采用；

h——墙厚或矩形柱与所考虑的H_0方向相对应的边长；

μ_1——非承重墙允许高厚比的修正系数；

μ_2——有门窗洞口墙允许高厚比的修正系数；

[β]——墙、柱的允许高厚比，按表13-4采用。

当与墙连接的相邻横墙的距离$s \leqslant \mu_1 \mu_2 [\beta]$时，墙的高度可不受式(13-5)限制。对于变截面柱的高厚比可按上、下截面分别验算，其计算高度按表13-3及其有关规定采用。当验算上柱高厚比时，墙、柱的允许高厚比可按表13-4的数值乘以1.3后采用。

2）带壁柱墙的高厚比验算

带壁柱墙的高厚比验算包括两部分内容，除了要验算整片墙的高厚比之外，还要对壁柱间墙的高厚比进行验算。

（1）整片墙的高厚比验算

带有壁柱的整片墙，其计算截面应按T形截面，墙厚 h 采用T形截面的折算厚度 h_T，按下式验算：

$$\beta = \frac{H_0}{h_T} = \mu_1 \mu_2 [\beta] \tag{13-6}$$

式中：h_T——带壁柱墙截面的折算厚度 $h_T = 3.5i$；

i——带壁柱墙截面的回转半径；

H_0——带壁柱墙的计算高度，按表13-3采用，此时查表13-3时，s 为该带壁柱墙的相邻横墙间的距离。

在确定截面回转半径 i 时，带壁柱墙计算截面的翼缘宽度 b_f 应按下列规定采用：

① 对于多层房屋，当有门窗洞口时，可取窗间墙宽度；当无门窗时，每侧翼缘墙的宽度可取壁柱高度的1/3。

② 对于单层房屋，b_f 可取壁柱宽度加2/3墙高，但不大于窗间墙的宽度和相邻壁柱间的距离。

③ 计算带壁柱墙的条形基础时，可取相邻壁柱间的距离。

（2）壁柱间墙的高厚比验算

因为壁柱对壁柱间墙起到了横向拉结的作用，故可把壁柱视为壁柱间墙的不动铰支点。因此壁柱间墙的高厚比可按矩形截面墙验算，即按公式（13-5）验算。必须注意：计算 H_0 时，表13-3中的 s 应取相邻壁柱间的距离。且不论带壁柱墙体的房屋静力计算属于何种方案，H_0 一律按表13-3中"刚性方案"一栏取用。

3）带构造柱墙的高厚比验算

在墙中设置钢筋混凝土构造柱，当构造柱截面宽度不小于墙厚度时，可提高墙体使用阶段的稳定性和刚度。由于在施工过程中大多数是先砌墙后浇筑构造柱，所以应采取措施，保证构造柱在施工阶段的稳定性。且在施工阶段，不能考虑构造柱对墙柱高厚比的有利影响（即取 $\mu_c = 1.0$）。

（1）整片墙的高厚比验算

$$\beta = \frac{H_0}{h_T} \leqslant \mu_1 \mu_2 \mu_c [\beta] \tag{13-7}$$

式中：μ_c——带构造柱墙在使用阶段的允许高厚比提高系数。

当确定 H_0 时，s 取相邻横墙间距。

（2）构造柱间墙的高厚比验算

可将构造柱视为壁柱间墙的不动铰支座，构造柱间墙的高厚比可按式（13-5）计算。当确定 H_0 时，s 取相邻构造柱间距离，且无论带构造柱墙体的房屋静力计算属于何种方案，H_0 一律按表13-3中"刚性方案"一栏取用。

设有钢筋混凝土圈梁的带壁柱墙或带构造柱墙，当 $b/s \geqslant 1/30$（b 为圈梁宽度）时，圈梁可视作壁柱墙或带构造柱墙的不动铰支点。如不允许增加圈梁宽度，可按墙体平面外等刚度原则增加圈梁高度，以满足壁柱间或构造柱间墙不动铰支点的要求。此时，墙体的计算高度 H_0 为圈梁间的距离。

【例题 13-1】 某砖混住宅楼底层平面如图 13-10 所示。现浇钢筋混凝土楼盖，外墙 370 mm，内墙 240 mm，隔墙 120 mm，墙高 3.7 m(从基础顶算起)，隔墙高 3 m。承重墙砂浆 M7.5，隔墙砂浆 M5。试验算图示大间外墙、内横墙和隔墙的高厚比。

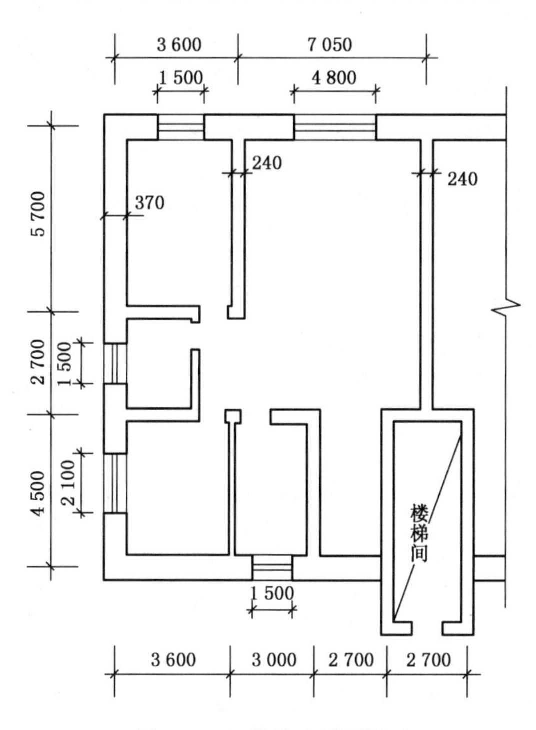

图 13-10　某住宅平面尺寸

【解】 该房屋属于刚性方案。

(1) 大间外墙

$$H < s = 7.05\ \text{m} < 2H = 7.4\ \text{m}$$

$$H_0 = 0.4s + 0.2H = 3.56\ \text{m}$$

砂浆 M7.5，查表 13-4 可知 $[\beta] = 26$。

外墙为承重墙　　$\mu_1 = 1.0$

$$\mu_2 = 1 - 0.4\frac{b_s}{s} = 1 - 0.4 \times \frac{4.8}{7.05} = 0.73 > 0.7$$

$\beta = H_0/h = 3.56/0.37 = 9.62 < \mu_1\mu_2[\beta] = 1.0 \times 0.73 \times 26 = 18.98$，满足要求。

(2) 内横墙

$s = 5.7\ \text{m}, H = 3.7\ \text{m}, H = 3.7\ \text{m} < s < 2H = 7.4\ \text{m}$，故 $H_0 = 0.4s + 0.2H = 0.4 \times 5.7 + 0.2 \times 3.7 = 3.02\ \text{m}$

内横墙无洞口，且为承重墙，所以 $\mu_1 = \mu_2 = 1.0$，则 $\beta = H_0/h = 3.02/0.24 = 12.58 <$

$\mu_1\mu_2[\beta]=26$，满足要求。

(3) 隔墙

半砖隔墙的顶端在施工中常用斜放砖顶住楼板，所以顶端可按不动铰支点考虑。如隔墙与纵墙同时砌筑，则

$$s=4.5\ \text{m}, H=3.0\ \text{m}\quad H=3.0\ \text{m}<s<2H=6.0\ \text{m}$$

故
$$H_0=0.4s+0.2H=0.4\times4.5+0.2\times3.0=2.4\ \text{m}$$

隔墙为非承重墙，线性内插得 $\mu_1=1.44$，未开洞 $\mu_2=1.0$

砂浆 M5，查表 13-4 可知$[\beta]=24$，则

$$\beta=H_0/h=2.4/0.12=20<\mu_1\mu_2[\beta]=1.44\times1.0\times24=34.56$$

满足要求。

如果隔墙后砌，与两端墙体未能拉结，则按 $s>2H$ 考虑，此时 $H_0=1.0H=3.0\ \text{m}$

$$\beta=H_0/h=3.0/0.12=25<\mu_1\mu_2[\beta]=34.56$$

仍然满足要求。

【例题 13-2】 某单层房屋的山墙尺寸如图 13-11 所示，刚性方案，采用 MU10 砖、M5 混合砂浆砌筑，山墙与屋盖拉结，横墙间距为 15 m，屋架下弦标高为 8.7 m，两中间壁柱间山墙上开门洞宽度为 4 m，壁柱与横墙间的山墙上开窗洞宽度为 1.0 m。试验算该山墙的高厚比。

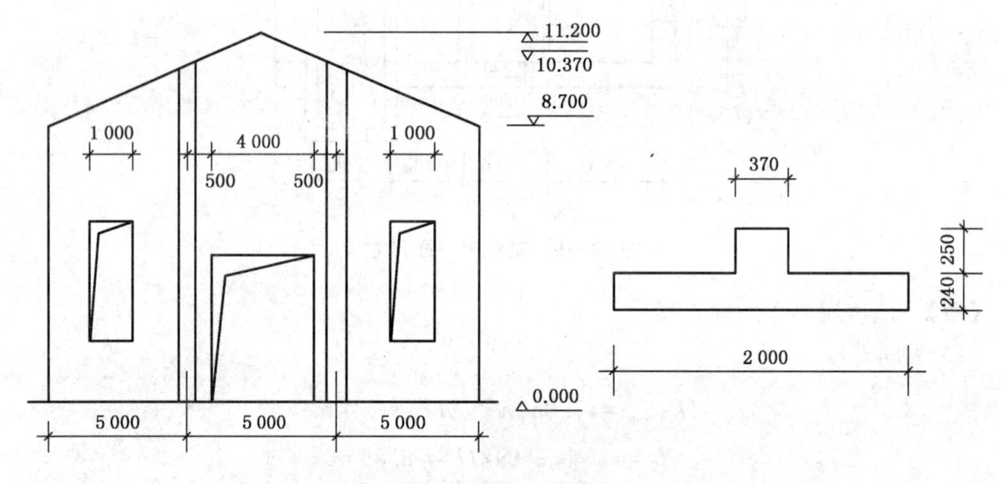

图 13-11 山墙及山墙截面尺寸

【解】 本房屋的纵墙为带壁柱墙，因此需分别对整片墙和壁柱间墙的高厚比进行验算。

(1) 整片墙的高厚比验算

由题意知 $s=15\ \text{m}, H=8.7+0.5+1.67=10.87\ \text{m}$，因为 $H<s<2H$

查表 13-3 得 $\quad H_0=0.4s+0.2H=0.4\times15+0.2\times10.87=8.174\ \text{m}$

采用 M5 砂浆，查表 13-4 可知 $[\beta]=24$

带壁柱截面面积

$$A=370\times250+2\,000\times240=5.725\times10^5\ \text{mm}^2$$

截面形心位置

$$y_1 = \frac{2\,000 \times 240 \times 120 + 370 \times 250 \times (240 + 250/2)}{5.725 \times 10^5} = 160 \text{ mm}$$

$$y_2 = 240 + 250 - 160 = 330 \text{ mm}$$

截面惯性矩

$$I = \frac{1}{3}[2\,000 \times 160^3 + 370 \times 330^3 + (2\,000 - 370) \times (240 - 160)^3] = 7.44 \times 10^9 \text{ mm}^4$$

截面回转半径

$$i = \sqrt{\frac{I}{A}} = \sqrt{\frac{7.44 \times 10^9}{5.725 \times 10^5}} = 114 \text{ mm}$$

折算厚度

$$h_T = 3.5i = 3.5 \times 114 = 399 \text{ mm}$$

$$\mu_1 = 1.0 \quad \mu_2 = 1 - 0.4\frac{b_s}{s} = 1 - 0.4 \times \frac{1.0 \times 2 + 4}{15} = 0.84 > 0.7$$

$$\beta = \frac{H_0}{h_T} = \frac{8.174}{0.399} = 20.49 > \mu_1\mu_2[\beta] = 1.0 \times 0.84 \times 24 = 20.16$$

不满足要求。

(2) 壁柱间墙的高厚比验算,分析可知,两壁柱间的墙体稳定性更不利。

壁柱间墙 $s = 5$ m,因为 $s < H$,查表 13-3 得

$$H_0 = 0.6s = 0.6 \times 5 = 3.0 \text{ m}$$

$$\mu_1 = 1.0$$

$$\mu_2 = 1 - 0.4\frac{b_s}{s} = 1 - 0.4 \times \frac{4}{5} = 0.68 < 0.7$$

$$\beta = \frac{H_0}{h} = \frac{3}{0.24} = 12.5 < \mu_1\mu_2[\beta] = 1.0 \times 0.7 \times 24 = 16.8$$

满足要求。

【例题 13-3】 某仓库外墙 240 mm,由 MU10 砖和 M5 砂浆砌筑而成,墙高 4.8 m,每 4 m 长设有 1.2 m 宽的窗洞,同时墙长每 4 m 设有截面尺寸为 240 mm×240 mm 的钢筋混凝土构造柱,横墙间距 24 m,试验算该墙体的高厚比。

【解】 (1) 构造柱间墙体高厚比验算

由于 $s = 24$ m,$H = 4.8$ m,因为 $s > 2H$,$H_0 = 1.0$,$H = 4.8$ m

每 4 m 长设有 1.2 m 宽的窗洞

$$\mu_2 = 1 - 0.4\frac{b_s}{s} = 1 - 0.4 \times \frac{1.2}{4} = 0.88 > 0.7$$

M5 砂浆,查表 13-4 可知 $[\beta] = 24$

$$\beta = \frac{H_0}{h} = \frac{4\,800}{240} = 20 < \mu_1\mu_2[\beta] = 1.0 \times 0.88 \times 24 = 21.1$$

满足要求。

（2）整片墙高厚比验算

墙长每 4 m 设构造柱

$$\mu_c = 1 + 1.5\frac{b_c}{l} = 1 + 1.5 \times \frac{240}{4\,000} = 1.09$$

$$\mu_1\mu_2\mu_c[\beta] = 1.09 \times 0.88 \times 24 = 23 > \beta = 20$$

满足要求。

13.3.4 构造要求

砌体结构设计时，为保证房屋的耐久性，提高房屋的空间刚度和整体工作性能，墙、柱应满足高厚比要求及其他构造要求。

1）墙、柱的一般构造要求

（1）预制钢筋混凝土板在混凝土圈梁上的支承长度不应小于 80 mm，板端伸出的钢筋应与圈梁可靠连接，且同时浇筑；预制钢筋混凝土板在墙上的支承长度不应小于 100 mm，并应按下列方法进行连接：

① 板支承于内墙时，板端钢筋伸出长度不应小于 70 mm，且与支座处沿墙配置的纵筋绑扎，用强度等级不低于 C25 的混凝土浇筑成板带。

② 板支承于外墙时，板端钢筋伸出长度不应小于 100 mm，且与支座处沿墙配置的纵筋绑扎，并用强度等级不低于 C25 的混凝土浇筑成板带。

③ 预制钢筋混凝土板与现浇板对接时，预制板端钢筋应伸入现浇板中进行连接后，再浇筑现浇板。

（2）墙体转角处和纵横墙交接处应沿竖向每隔 400～500 mm 设拉结钢筋，其数量为每 120 mm 墙厚不少于 1 根直径 6 mm 的钢筋；或采用焊接钢筋网片，埋入长度从墙的转角或交接处算起，对实心砖墙每边不小于 500 mm，对多孔砖墙和砌块墙不小于 700 mm。

（3）填充墙、隔墙应分别采取措施与周边主体结构构件可靠连接，连接构造和嵌缝材料应能满足传力、变形、耐久和防护要求。

（4）在砌体中留槽洞及埋设管道时，应遵守下列规定：

① 不应在截面长边小于 500 mm 的承重墙体、独立柱内埋设管线。

② 不宜在墙体中穿行暗线或预留、开凿沟槽，当无法避免时应采取必要的措施或按削弱后的截面验算墙体的承载力。

（注：对受力较小或未灌孔的砌块砌体，允许在墙体的竖向孔洞中设置管线。）

（5）承重的独立砖柱截面尺寸不应小于 240 mm×370 mm。毛石墙的厚度不宜小于 350 mm，毛料石柱较小边长不宜小于 400 mm。

（注：当有振动荷载时，墙、柱不宜采用毛石砌体。）

（6）支承在墙、柱上的吊车梁、屋架及跨度大于或等于下列数值的预制梁的端部，应采用锚固件与墙、柱上的垫块锚固：

① 对砖砌体为 9 m。

② 对砌块和料石砌体为 7.2 m。

（7）跨度大于 6 m 的屋架和跨度大于下列数值的梁，应在支承处砌体上设置混凝土或钢筋混凝土垫块；当墙中设有圈梁时，垫块与圈梁宜浇成整体。

① 对砖砌体为 4.8 m。

② 对砌块和料石砌体为 4.2 m。

③ 对毛石砌体为 3.9 m。

(8) 当梁跨度大于或等于下列数值时,其支承处宜加设壁柱或采取其他加强措施:

① 对 240 mm 厚的砖墙为 6 m;对 180 mm 厚的砖墙为 4.8 m。

② 对砌块、料石墙为 4.8 m。

(9) 山墙处的壁柱或构造柱宜砌至山墙顶部,且屋面构件应与山墙可靠拉结。

(10) 砌块砌体应分皮错缝搭砌,上下皮搭砌长度不应小于 90 mm。当搭砌长度不满足上述要求时,应在水平灰缝内设置不少于 2 根直径不小于 4 mm 的焊接钢筋网片(横向钢筋的间距不应大于 200 mm,网片每端应伸出该垂直缝不小于 300 mm)。

(11) 砌块墙与后砌隔墙交接处,应沿墙高每 400 mm 在水平灰缝内设置不少于 2 根直径不小于 4 mm、横筋间距不大于 200 mm 的焊接钢筋网片(图 13-12)。

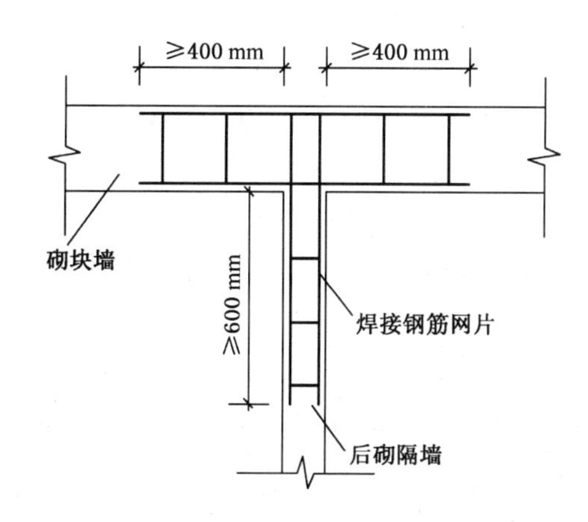

图 13-12 砌块墙与后砌隔墙交接处钢筋网片

(12) 混凝土砌块房屋,宜将纵横墙交接处,距墙中心线每边不小于 300 mm 范围内的孔洞,采用不低于 Cb20 混凝土沿全墙高灌实。

(13) 混凝土砌块墙体的下列部位,如未设圈梁或混凝土垫块,应采用不低于 Cb20 混凝土将孔洞灌实:

① 搁栅、檩条和钢筋混凝土楼板的支承面下,高度不应小于 200 mm 的砌体。

② 屋架、梁等构件的支承面下,长度不应小于 600 mm、高度不应小于 600 mm 的砌体。

③ 挑梁支承面下,距墙中心线每边不应小于 300 mm、高度不应小于 600 mm 的砌体。

2) 圈梁的设置及构造要求

圈梁是增强房屋整体刚度、防止因地基不均匀沉降或较大振动荷载作用使墙体开裂的有效措施之一;圈梁的存在可减少墙体的计算高度,提高墙体的稳定性。

设在房屋檐口处的圈梁,称为檐口圈梁,檐口部位圈梁对放置发生微凸形沉降的作用较大。设在基础顶面标高处的圈梁称为基础圈梁,基础顶面圈梁对房屋可能发生微凹形沉降的作用较大。

对于有地基不均匀沉降或较大振动荷载的房屋,可按本节规定在砌体墙中设置现浇混凝土圈梁。

(1) 厂房、仓库、食堂等空旷单层房屋,应按下列规定设置圈梁:

① 砖砌体结构房屋,檐口标高为 5~8 m 时,应在檐口标高处设置圈梁一道;檐口标高大于 8 m 时,应增加设置数量。

② 砌块及料石砌体结构房屋,檐口标高为 4~5 m 时,应在檐口标高处设置圈梁一道;檐口标高大于 5 m 时,应增加设置数量。

③ 对有吊车或较大振动设备的单层工业房屋,当未采取有效的隔振措施时,除在檐口或窗顶标高处设置现浇混凝土圈梁外,尚应增加设置数量。

(2) 住宅、办公楼等多层砌体结构民用房屋,且层数为 3~4 层时,应在底层和檐口标高处各设置一道圈梁。当层数超过 4 层时,除应在底层和檐口标高处各设置一道圈梁外,至少应在所有纵、横墙上隔层设置。多层砌体工业房屋,应每层设置现浇混凝土圈梁。设置墙梁的多层砌体结构房屋,应在托梁、墙梁顶面和檐口标高处设置现浇钢筋混凝土圈梁。

(3) 建筑在软弱地基或不均匀地基上的砌体结构房屋,除按本节规定设置圈梁外,尚应符合《建筑地基基础设计规范》的有关规定。

(4) 圈梁应符合下列构造要求:

① 圈梁宜连续地设置在同一水平面上,并形成封闭状。当圈梁被门窗洞口截断时,应在洞口上部增设相同截面的附加圈梁,附加圈梁与圈梁的搭接长度不应小于其中到中垂直间距的 2 倍,且不小于 1 m。

② 纵横墙交接处的圈梁应有可靠的连接。刚弹性和弹性方案房屋,圈梁应与屋架、大梁等构件可靠连接。

③ 钢筋混凝土圈梁的宽度宜与墙厚相同,当墙厚 $h \geqslant 240$ mm 时,其宽度不宜小于 $2h/3$,圈梁高度不应小于 120 mm,纵筋不宜小于 $4\phi10$,绑扎接头的搭接长度按受拉钢筋考虑,箍筋间距不宜大于 300 mm。

④ 圈梁兼作过梁时,过梁部分的钢筋应按计算面积另行增配。

(5) 采用现浇混凝土楼(屋)盖的多层砌体结构房屋,当层数超过 5 层时,除应在檐口标高处设置一道圈梁外,可隔层设置圈梁,并应与楼(屋)面板一起现浇。未设置圈梁的楼面板嵌入墙内的长度不应小于 120 mm,并沿墙长配置不少于 2 根直径为 10 mm 的纵向钢筋。

3) 防止或减轻墙体的主要措施

(1) 在正常使用条件下,应在墙体中设置伸缩缝。伸缩缝应设在因温度和收缩变形引起应力集中、砌体产生裂缝可能性最大处。伸缩缝的间距可按表 13-5 采用。

表 13-5　砌体房屋伸缩缝的最大间距

屋盖或楼盖类别		间　距(m)
整体式或装配整体式钢筋混凝土结构	有保温层或隔热层的屋盖、楼盖	50
	无保温层或隔热层的屋盖	40
装配式无檩体系钢筋混凝土结构	有保温层或隔热层的屋盖、楼盖	60
	无保温层或隔热层的屋盖	50
装配式有檩体系钢筋混凝土结构	有保温层或隔热层的屋盖	75
	无保温层或隔热层的屋盖	60

续表 13-5

屋盖或楼盖类别	间　距(m)
瓦材屋盖、木屋盖或楼盖、轻钢屋盖	100

注:1. 对烧结普通砖、烧结多孔砖、配筋砌块砌体房屋,取表中数值;对石砌体、蒸压灰砂普通砖、蒸压粉煤灰普通砖、混凝土砌块、混凝土普通砖和混凝土多孔砖房屋,取表中数值乘以系数0.8,当墙体有可靠外保温措施时,其间距可取表中数值。
2. 在钢筋混凝土屋面上挂瓦的屋盖应按钢筋混凝土屋盖采用。
3. 层高大于5 m的烧结普通砖、烧结多孔砖、配筋砌块砌体结构单层房屋,其伸缩缝间距可按表中数值乘以1.3。
4. 温差较大且变化频繁地区和严寒地区不采暖的房屋及构筑物墙体的伸缩缝的最大间距,应按表中数值予以适当减小。
5. 墙体的伸缩缝应与结构的其他变形缝相重合,缝的宽度应满足各种变形缝的变形要求;在进行立面处理时,必须保证缝隙的变形作用。

(2) 房屋顶层墙体,宜根据情况采取下列措施:

① 屋面应设置保温、隔热层。

② 屋面保温(隔热)层或屋面刚性面层及砂浆找平层应设置分隔缝,分隔缝间距不宜大于6 m,其缝宽不小于30 mm,并与女儿墙隔开。

③ 采用装配式有檩体系钢筋混凝土屋盖和瓦材屋盖。

④ 顶层屋面板下设置现浇钢筋混凝土圈梁,并沿内外墙拉通,房屋两端圈梁下的墙体内宜设置水平钢筋。

⑤ 顶层墙体有门窗等洞口时,在过梁上的水平灰缝内设置2～3道焊接钢筋网片或2根直径为6 mm的钢筋,焊接钢筋网片或钢筋应伸入洞口两端墙内不小于600 mm。

⑥ 顶层及女儿墙砂浆强度等级不低于M7.5(Mb7.5、Ms7.5)。

⑦ 女儿墙应设置构造柱,构造柱间距不宜大于4 m,构造柱应伸至女儿墙顶并与现浇钢筋混凝土压顶整浇在一起。

⑧ 对顶层墙体施加竖向预应力。

(3) 房屋底层墙体,宜根据情况采取下列措施:

① 增大基础圈梁的高度。

② 在底层的窗台下墙体灰缝内设置3道焊接钢筋网片或2根直径为6 mm的钢筋,并应伸入两边窗间墙内不小于600 mm。

(4) 在每层门、窗过梁上方的水平灰缝内及窗台下第一和第二道水平灰缝内,宜设置焊接钢筋网片或2根直径6 mm钢筋,焊接钢筋网片或钢筋应伸入两边窗间墙内不小于600 mm。当墙长大于5 m时,宜在每层墙高度中部设置2～3道焊接钢筋网片或3根直径6 mm的通长水平钢筋,竖向间距为500 mm。

(5) 房屋两端和底层第一、第二开间门窗洞处,可采取下列措施:

① 在门窗洞口两边墙体的水平灰缝中,设置长度不小于900 mm、竖向间距为400 mm的2根直径4 mm的焊接钢筋网片。

② 在顶层和底层设置通长钢筋混凝土窗台梁,窗台梁高宜为块材高度的模数,梁内纵筋不小于4根,直径不小于10 mm,箍筋直径不小于6 mm,间距不大于200 mm,混凝土强度等级不低于C20。

③ 在混凝土砌块房屋门窗洞口两侧不少于一个孔洞中设置直径不小于 12 mm 的竖向钢筋,竖向钢筋应在楼层圈梁或基础内锚固,孔洞用不低于 Cb20 混凝土灌实。

(6) 填充墙砌体与梁、柱或混凝土墙体结合的界面处(包括内、外墙),宜在粉刷前设置钢丝网片,网片宽度可取 400 mm,并沿界面缝两侧各延伸 200 mm,或采取其他有效的防裂、盖缝措施。

(7) 当房屋刚度较大时,可在窗台下或窗台角处墙体内、在墙体高度或厚度突然变化处设置竖向控制缝。竖向控制缝宽度不宜小于 25 mm,缝内填以压缩性能好的填充材料,且外部用密封材料密封,并采用不吸水的、闭孔发泡聚乙烯实心圆棒(背衬)作为密封膏的隔离物(图 13-13)。

(8) 夹心复合墙的外叶墙宜在建筑墙体适当部位设置控制缝,其间距宜为 6～8 m。

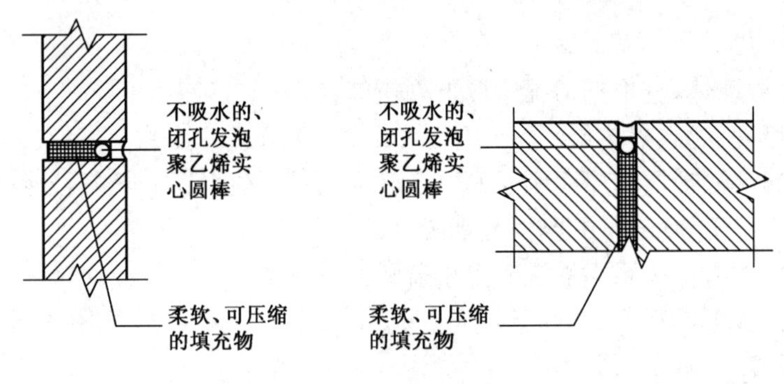

图 13-13 控制缝构造

13.4 单层房屋承重墙体计算

房屋墙、柱计算时,首先确定计算简图,进行内力分析,最后作截面承载力验算。

无论是单层还是多层,无论是弹性方案房屋墙、柱还是刚弹性方案房屋墙、柱,其计算步骤和内容与刚性方案房屋墙、柱的大体相同,尤其是计算单元和控制截面的选择、截面承载力验算方法则完全相同。不同的是计算简图,内力计算相对复杂些。

13.4.1 单层刚性方案房屋承重纵墙的计算

1) 计算单元

对于承重纵墙,通常取一个有代表性或较不利的开间墙、柱作为计算单元,计算这一段的内力,然后验算其强度,如果该段满足,则认为整个墙体满足,这一段墙则为计算单元。

2) 计算简图

(1) 结点与支座的简化

由上节的分析可知,对于刚性方案房屋,屋面支承在砌体上,砌体对屋面结构的约束作用很小,纵墙顶端的水平位移很小,静力分析时可以认为水平位移为零。故在荷载作用下,墙、柱可视为上端不动铰支承于屋盖,下端嵌固于基础的竖向构件。

(2) 荷载简化

所受荷载包括屋面荷载、风荷载和墙体自重。

① 屋面荷载:包括屋盖构件自重、屋面活荷载或雪荷载,这些荷载通过屋架或屋面大梁以集中力的形式作用于墙体顶端。通常情况下,屋架或屋面大梁传至墙体顶端集中力 N_l 的作用点,对墙体中心线有一个偏心距 e_1,所以作用于墙体顶端的屋面荷载由轴心压力和弯矩组成。

② 风荷载:同工业厂房一样,风载可看作由两部分组成。一部分是屋面上的风荷载,可简化为作用于墙、柱顶端的集中荷载 W,对于刚性方案房屋,W 已通过屋盖直接传至横墙,再由横墙传至基础后传给地基,所以在纵墙上不产生内力;另一部分为墙面上的风载,简化为均布荷载 w,应考虑两种风向,即按迎风面 $w=w_1$(压力)、背风面 $w=w_2$(吸力)分别考虑。

③ 墙体自重:包括砌体、内外粉刷及门窗的自重,作用于墙体的轴线上。当墙柱为等截面时,自重不引起弯矩;当墙柱为变截面时,上阶柱自重 G_1 对下阶柱各截面产生弯矩 $M_1=G_1e_1$(e_1 为上下阶柱轴线间距离)。在施工阶段应按悬臂构件计算。

(3) 计算简图

计算简图见图 13-14。由于刚性方案无侧向位移,因此将同一方向的墙分别按单片墙计算。

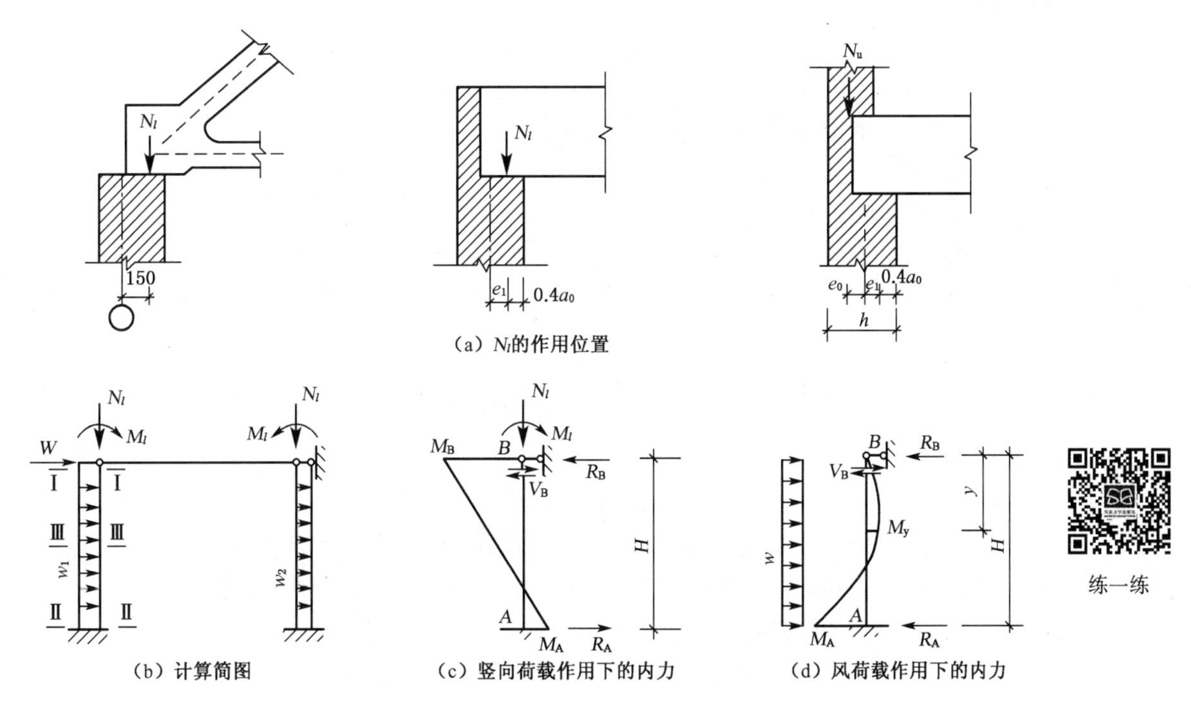

图 13-14 单层刚性方案房屋墙、柱内力分析

3) 荷载作用下内力计算

(1) 竖向荷载作用下

竖向荷载作用下墙、柱内力如图 13-14(c)所示,分别为

$$\left.\begin{aligned} R_A &= -R_B = -3M_l/2H \\ M_B &= M_l \\ M_A &= -M_l/2 \end{aligned}\right\} \tag{13-8}$$

(2) 风荷载作用下

风荷载作用下墙、柱内力如图 13-14(d)所示，分别为

$$\left.\begin{aligned} R_A &= 5wH/8 \\ R_B &= 3wH/8 \\ M_A &= wH^2/8 \\ M_y &= -wHy(3-4y/H)/8 \end{aligned}\right\} \tag{13-9}$$

当 $y=3H/8$ 时，

$$M_{max} = -9wH^2/128 \tag{13-10}$$

4) 内力组合

根据上述各种荷载单独作用下的内力，按照可能而又最不利的原则进行控制截面的内力组合，确定其最不利内力。控制截面即最危险的截面。通常控制截面有 3 个：墙柱的上端截面（Ⅰ-Ⅰ）、下端截面（Ⅱ-Ⅱ）和均布风荷载作用下弯矩最大的截面（Ⅲ-Ⅲ）(图 13-14(b))。

根据《荷载规范》，在一般混合结构单层房屋中，采用下列 3 种荷载组合：

(1) 恒载＋风荷载

(2) 恒载＋活荷载(除风荷载外的活荷载)

(3) 恒载＋0.9 活荷载(风荷载＋活载)

5) 截面承载力验算

内力组合后则可按受压构件进行强度验算，验算时，对截面Ⅰ-Ⅰ～Ⅲ-Ⅲ，按偏心受压进行承载力验算。对截面Ⅰ-Ⅰ，即屋架或大梁支承处的砌体还应进行局部受压承载力验算。

13.4.2 单层弹性房屋承重纵墙承重墙体的计算

弹性方案房屋在荷载作用下，墙、柱的水平位移较大，屋架或屋面大梁与墙、柱为铰接，构成平面排架。因此，弹性方案房屋一般只用于单层房屋。多层混合结构房屋则应避免设计成弹性方案房屋，其墙、柱的水平位移更大，房屋的空间刚度和整体性差，尤其在地震区，其抗震性能和抗倒塌能力更低。单层弹性方案房屋墙、柱内力计算时，采用以下假定：

(1) 屋架(或屋面梁)与墙柱顶端铰接，下端嵌固于基础顶面。

(2) 屋架(或屋面梁)视作为刚度无限大的系杆，在轴力作用下无伸缩变形，在荷载作用下，柱顶水平位移相等。

单层弹性方案房屋计算简图见图 13-15。

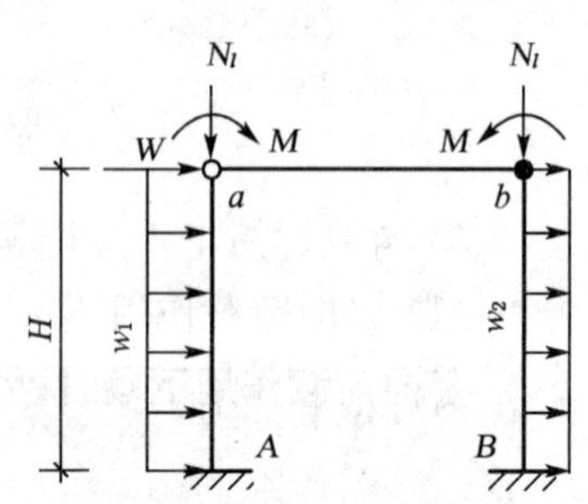

图 13-15　单层弹性方案房屋承重纵墙计算简图

单层弹性方案房屋墙、柱内力按屋架或屋面大梁与墙、柱为铰接且不考虑空间工作的平面排架确定墙、柱的内力，即按一般结构力学的方法进行计算。具体步骤如下：

(1) 先在排架上端假设一不动水平铰支承，按无侧移的平面排架，求出不动铰支座反力 R 及墙、柱内力，其方法同单层刚性方案房屋。

(2) 将已求出的反力 R 反向作用于排架顶端，用剪力分配法求出墙、柱内力。

(3) 将上述两种情形的内力进行叠加，可得到墙、柱的最终内力。

现以单层单跨等截面柱的弹性方案房屋为例，说明其内力计算方法。

① 屋面荷载作用

屋面荷载与刚性方案相同，屋面荷载作用下内力计算也与刚性方案相同。

② 风荷载作用

在风荷载作用下排架产生侧移。假定在排架顶端加一个不动铰支座，与刚性方案相同，得弯矩图(见图 13-16(d))；将反力 R 反向作用于排架顶端，得弯矩图(见图 13-16(e))；叠加图 13-16(d)、(e)可得内力(见图 13-16(f))。

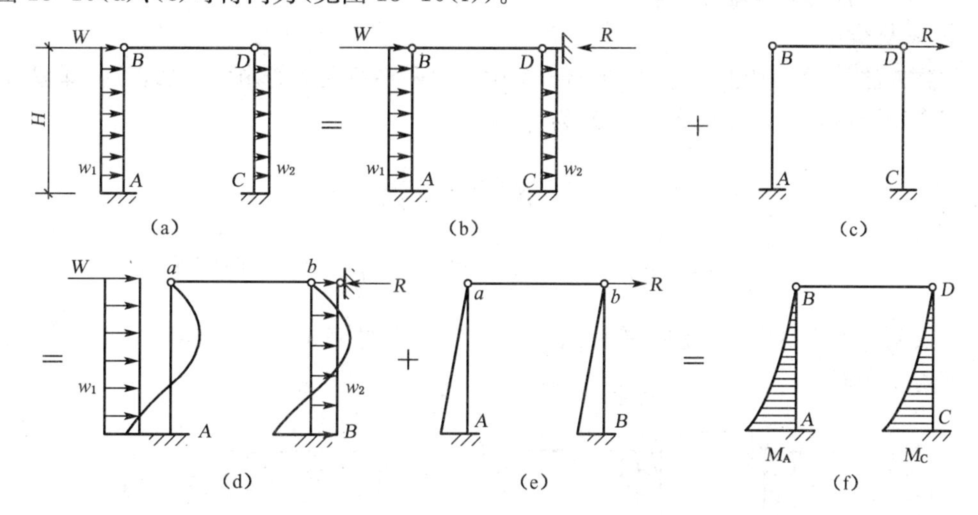

图 13-16 单层弹性方案房屋在风荷载作用下的内力计算方法

经过分析，墙、柱在风荷载作用下的内力为

$$\begin{aligned} M_{\mathrm{A}} &= \frac{1}{2}wH + \frac{5}{16}w_1 H^2 + \frac{3}{16}w_2 H^2 \\ M_{\mathrm{C}} &= -\frac{1}{2}wH - \frac{3}{16}w_1 H^2 - \frac{5}{16}w_2 H^2 \text{(柱内侧受拉)} \end{aligned} \tag{13-11}$$

弹性方案房屋墙柱控制截面为柱顶Ⅰ-Ⅰ及柱底Ⅲ-Ⅲ截面，均按偏心受压验算其承载力，对柱顶尚应进行局部受压承载力验算，对于变截面柱，还应验算变阶处截面的受压承载力。

上述方法同样适用于单层多跨弹性方案房屋的内力分析。

13.4.3 单层刚弹性房屋承重纵墙的计算

单层刚弹性方案房屋在荷载作用下的位移比相同条件的刚性方案房屋的大，但又比相同条件的弹性方案房屋的小。为此，可在墙、柱顶附加一个弹性支座以反映房屋的空间工作，其计算简图如图 13-17 所示。

单层刚弹性方案房屋墙、柱在竖向荷载作用下的内力及其计算方法同刚性方案房屋，其在风荷载作用下的内力可按下列步骤进行计算：

(1) 在排架柱顶端附加一不动水平铰支承，使墙、柱顶不产生位移，按无侧移排架求出不动铰支座反力 R 及墙、柱内力，其方法同单层刚性方案房屋。

(2) 为了使墙、柱顶端发生原来的位移($\mu_s = \eta\mu_p$),根据力与位移成正比的关系,须在墙柱顶端反向施加反力 ηR,用剪力分配法求出墙、柱内力。

(3) 将上述两种情形的内力进行叠加,可得到墙、柱的最终内力。

以单层单跨等截面柱的刚弹性方案房屋为例,说明其内力计算方法。

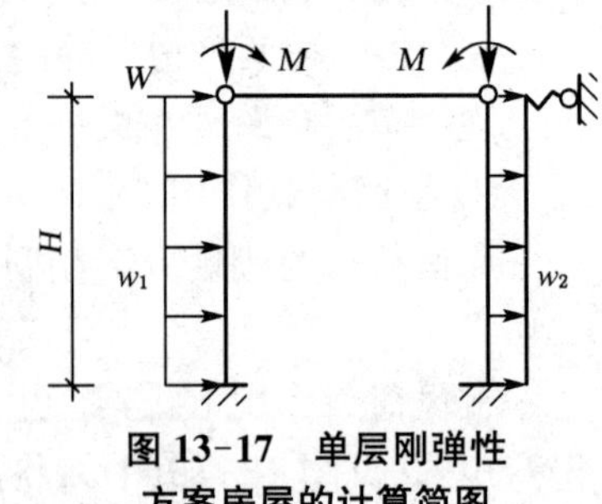

图 13-17 单层刚弹性方案房屋的计算简图

① 屋面荷载作用

完全同弹性方案计算方法。

② 风荷载作用

计算方法类似于弹性方案,由图 13-18(b)、(c)两种情况下的内力叠加得到,即墙、柱在风荷载作用下的内力(见图 13-18(d))为

$$M_A = \frac{1}{2}\eta wH + \left(\frac{1}{8} + \frac{3}{16}\eta\right)w_1 H^2 + \frac{3}{16}\eta w_2 H^2$$

$$M_C = -\frac{1}{2}\eta wH - \left(\frac{1}{8} + \frac{3}{16}\eta\right)w_2 H^2 - \frac{3}{16}\eta w_1 H^2 \text{(柱内侧受拉)} \quad (13\text{-}12)$$

单层刚弹性方案房屋墙柱控制截面为柱顶Ⅰ-Ⅰ及柱底Ⅲ-Ⅲ截面,其承载力验算与刚性方案房屋相同。

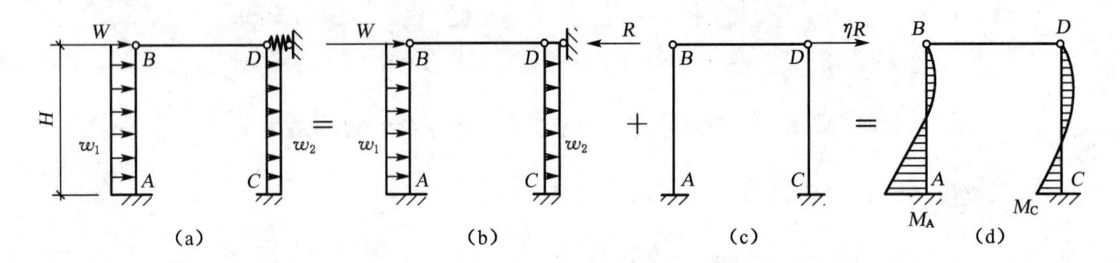

图 13-18 单层刚弹性方案房屋在风荷载作用下的内力计算方法

13.5 多层房屋承重墙体计算

13.5.1 多层刚性方案房屋承重纵墙的计算

1) 计算单元的选取

混合结构房屋的承重纵墙一般比较长,通常取一个有代表性或较不利的开间墙、柱作为计算单元,其承受荷载范围的宽度 s 取相邻两开间的平均值。如图 13-19(a)中的 $m-m$ 和 $n-n$ 间的窗间墙。

2) 计算简图

按照刚性方案的基本假定,多层房屋的楼(屋)盖为墙体的水平不动支点。

对于多层刚性方案房屋承重墙,在竖向荷载作用下,因楼盖支承处墙体截面受到削弱,传递弯矩的能力很有限，偏于安全地将楼、屋盖支承视作铰接；对于底层基础顶面，虽然墙体截面未受削弱，但考虑该截面所受的轴向力作用比该截面的弯矩作用大得多，因而底端亦视作铰接。因此，墙、柱在每层高度范围内近似的视作两端铰支的竖向构件，每层楼盖的偏心竖向荷载只在本层内产生弯矩，上层传来的荷载通过上层墙体的截面形心。

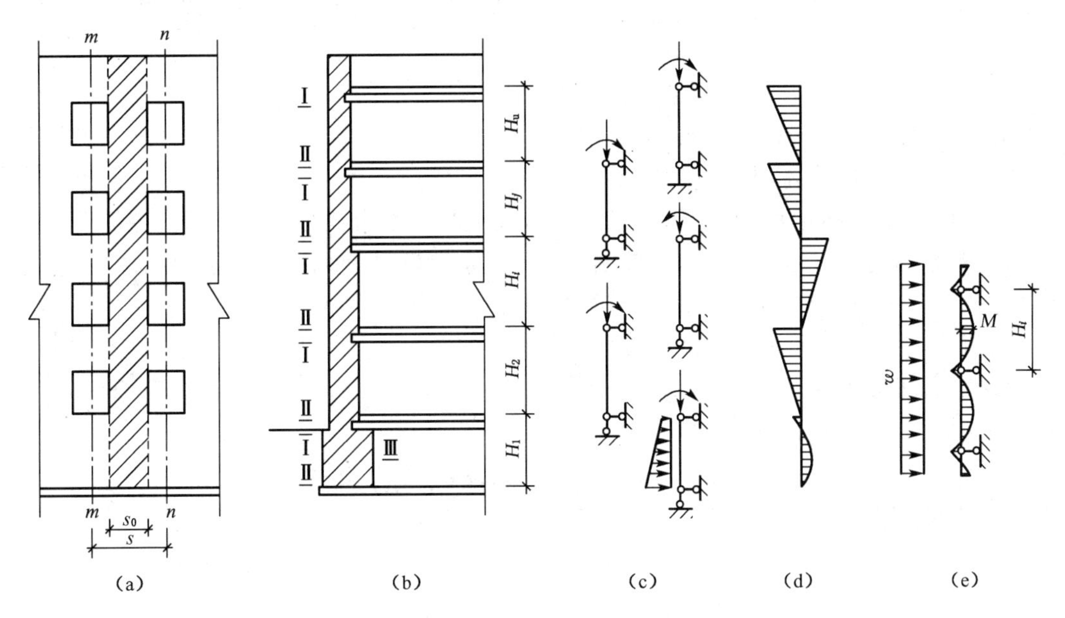

图 13-19 多层刚性方案房屋承重纵墙的计算简图

每层墙、柱承受的竖向荷载包括上面楼层传来的竖向荷载 N_u、本层传来的竖向荷载 N_l 和本层墙体自重 N_G。N_u 和 N_l 作用点位置如图 13-20 所示，其中 N_u 作用于上一楼层墙、柱截面的重心处，N_l 距离墙内边缘的距离取 $0.4a_0$（a_0 为有效支承长度），N_G 则作用于本层墙体截面重心处。作用于每层墙上端的轴向压力 N 和偏心距分别为 $N = N_u + N_l$，$e = (N_l e_1 - N_u e_0)/(N_u + N_l)$，其中 e_1 为 N_l 对本层墙体重心轴的偏心距，e_0 为上、下层墙体重心轴线之间的距离。其计算简图如图 13-19(c)所示。

在水平荷载作用下，考虑楼板支承处能传递一定的弯矩，将墙、柱视作竖向连续梁，其计算简图如图 13-19(e)所示。

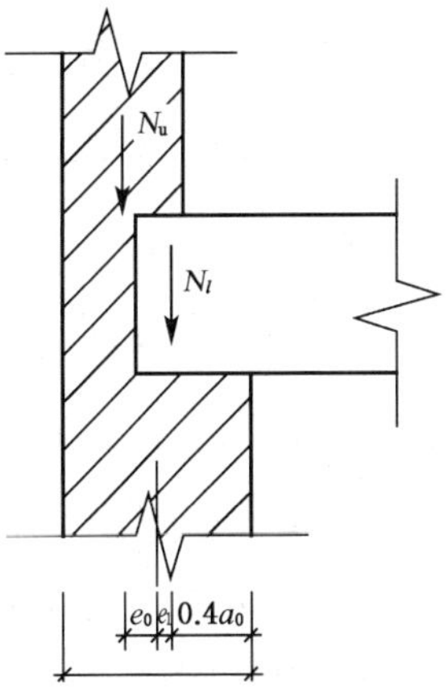

图 13-20 N_u、N_l 作用位置

3）内力分析

墙体内力沿层高是变化的，弯矩上大下小，轴力上小下大；而墙体截面在窗间墙处最小。因此在进行墙体承载力计算时，需逐层选取对承载力可能起控制作用的计算截面，对纵墙按受压构件的公式进行验算。对于多层刚性方案房屋墙、柱，设计中，一般取楼层梁支承面下部（Ⅰ-Ⅰ截面）及上部（Ⅱ-Ⅱ截面）两个截面进行计算。因为Ⅰ-Ⅰ截面的弯矩（或偏心距）最大，Ⅱ-Ⅱ截面的轴力最大，但截面面积均偏安全地取窗间墙截面。对于底层墙Ⅱ-Ⅱ截面应取基础顶面处截面。如图 13-19(b)所示。

(1) 竖向荷载作用下的内力计算

竖向荷载作用下，每层墙、柱内力可按竖向放置的简支梁进行内力计算，即墙、柱的上端截面Ⅰ-Ⅰ处的内力 $N_{\text{I}} = N_u + N_l, M_{\text{I}} = N_{\text{I}}e$；下端截面Ⅱ-Ⅱ处的内力 $N_{\text{II}} = N_u + N_l + N_G, M_{\text{II}} = 0$。

(2) 水平荷载作用下的计算

水平均布风荷载在每层(高度方向上)跨中和支座处产生的弯矩近似按下式计算：

$$M = \frac{1}{12}wH_i^2 \tag{13-13}$$

式中：w——沿楼层高均布风荷载的设计值；

H_i——第 i 层墙高，即第 i 层层高。

对于刚性方案多层房屋，一般情况下风荷载引起的内力往往不足全部内力的5%，因此，墙体的承载力主要由竖向荷载所控制。基于大量计算和调查结果，当多层刚性方案房屋的外墙符合下列要求时，可不考虑风荷载的影响：

① 洞口水平截面面积不超过全截面面积的2/3。

② 层高和总高不超过表13-6所规定的数值。

③ 屋面自重不小于0.8 kN/m²。

表 13-6　外墙不考虑风荷载影响时的最大高度

基本风压值(kN/m²)	层高(m)	总高(m)
0.4	4.0	28
0.5	4.0	24
0.6	4.0	18
0.7	3.5	18

注：对于多层砌块房屋190 mm厚的外墙，当层高不大于2.8 m、总高不大于19.6 m、基本风压不大于0.7 kN/m²时可不考虑风荷载的影响。

(3) 截面承载力验算

对上端截面Ⅰ-Ⅰ按偏心受压和局部受压验算承载力；对下端截面Ⅱ-Ⅱ按轴心受压验算承载力。

上述计算模型认为梁在墙体上为铰支，梁对墙体没有约束弯矩，但实际上是有约束弯矩的，梁的跨度越大约束弯矩越大，且墙与梁(板)连接处的约束程度与上部荷载、梁端局部压应力等因素有关。因此《砌体规范》规定，对于梁跨度大于等于9 m的墙承重的多层房屋，除按上述方法计算墙体承载力外，尚需考虑梁端约束弯矩对墙体产生的不利影响。此时可按梁两端固结计算梁端弯矩，将其乘以修正系数 γ 后，按墙体线刚度分到上层墙底部和下层墙顶部。其修正系数 γ 可按下式确定：

$$\gamma = 0.2\sqrt{a/h} \tag{13-14}$$

式中：a——梁端实际支承长度。

h——支承墙体的墙厚，当上、下墙厚不同时取下部墙厚，当有壁柱时取 h_T。

13.5.2 多层刚性方案房屋承重横墙的计算

在横墙承重的房屋中，横墙间距较小，纵墙间距(房间的进深)亦不大，一般情况均属于刚性方案房屋。刚性方案房屋在水平风荷载作用下，纵墙传给横墙的水平力对横墙的承载力计算影响很小，因此，横墙只需计算竖向荷载作用下的承载力。

1) 计算单元

多层房屋承重横墙的计算原理与承重纵墙相同。因楼盖和屋盖的荷载沿横墙一般都是均匀分布的，故常沿墙轴线取宽度为 1.0 m 的墙作为计算单元(见图 13-21(a)、(b)所示)。

2) 计算简图

考虑楼板对墙体的削弱，每层楼盖处视为铰接，每层内承重横墙按竖向简支受压构件计算(见图 13-21(c)所示)。

横墙承受的荷载有：所计算截面以上各层传来的荷载 N_u(包括上部各层楼盖和屋盖的永久荷载和可变荷载以及墙体的自重)，还有本层两边楼盖传来的竖向荷载(包括永久荷载及可变荷载)$N_{l左}$、$N_{l右}$；$N_{l左}$、$N_{l右}$均作用于距墙边 $0.4a_0$处(见图 13-21(d))。

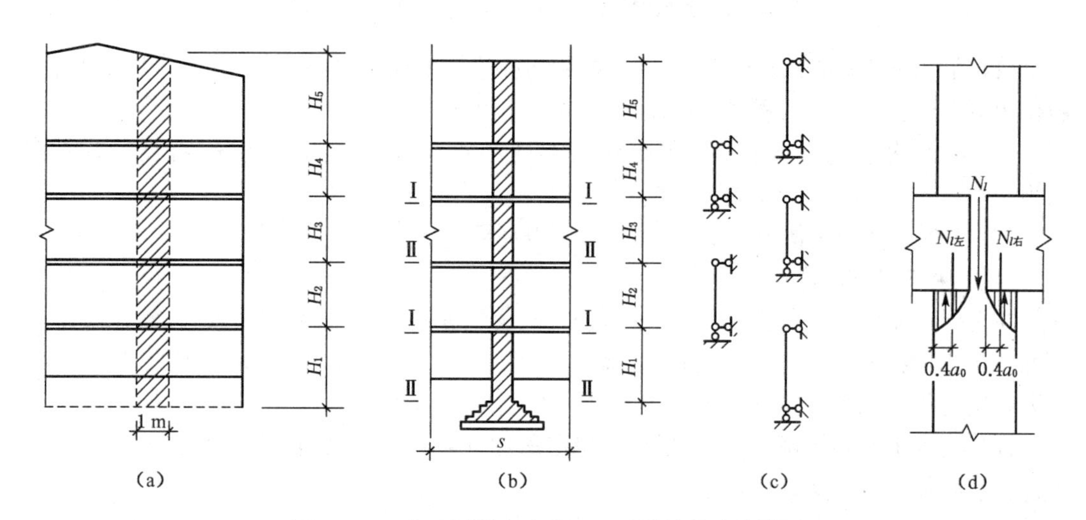

图 13-21 多层刚性方案房屋承重横墙的计算简图

3) 内力及承载力计算

当 $N_{l左} = N_{l右}$ 时，沿整个横墙高度承受轴心压力，横墙的控制截面取该层墙体的底部Ⅱ-Ⅱ截面，此处轴力最大；当 $N_{l左} \neq N_{l右}$ 时，顶部截面Ⅰ-Ⅰ将产生弯矩，则还需验算Ⅰ-Ⅰ截面的偏心受压承载力。当墙体支承梁时，还须验算砌体的局部受压承载力。

当横墙上有洞口时应考虑洞口削弱的影响，取洞口中心线之间的墙体作为计算单元。对直接承受风荷载的山墙，其计算方法同纵墙。

上述方法同样适用于单层刚性方案房屋承重横墙的计算。

13.5.3 多层刚弹性方案房屋的计算

1) 多层刚弹性方案房屋的计算

多层房屋由屋盖、楼盖和纵、横墙组成空间承重体系，除了在纵向各开间有空间作用外，各层之间也有相互约束的空间作用。

在水平风荷载作用下，刚弹性方案多层房屋墙、柱的内力分析，可仿照单层刚弹性方案房屋，考虑空间性能影响系数 η，取一个开间的多层房屋为计算单元，作为平面排架的计算简图(见图 13-22)，按下述方法计算。

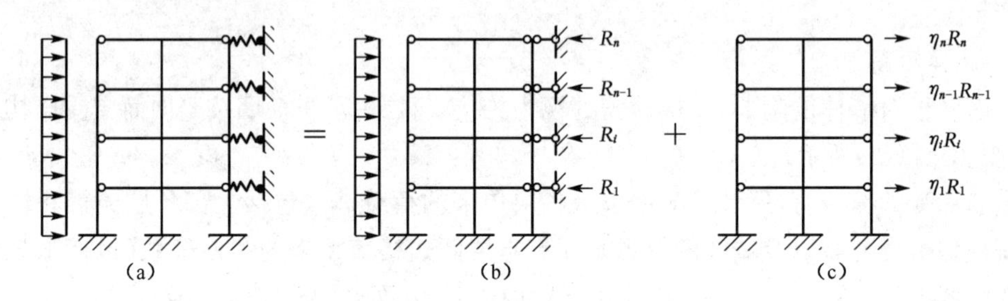

图 13-22 多层刚弹性方案房屋墙柱的内力计算方法

(1) 在平面排架的计算简图中，多层横梁与柱连接处加一水平铰支杆，计算其在水平荷载作用下无侧移时的内力和各支杆反力 $R_i(i=1,2,\cdots,n)$。

(2) 考虑房屋的空间作用，在墙柱顶端的结点上反向施加反力 $\eta_i R_i$，计算出排架内力。

(3) 叠加上述两种情况求得的内力，即可得到所求内力。

2) 上柔下刚多层房屋的计算

在多层房屋中，当顶层作为会议室、俱乐部、食堂等用房时，所需空间较大，横墙较少；而下面各层作为办公室、宿舍、住宅时，横墙间距较小。若顶层横墙间距超过刚性方案限值，而下面各层均符合刚性方案的房屋称为上柔下刚的多层房屋。

计算上柔下刚多层房屋时，顶层可按单层房屋计算，其空间性能影响系数 η 查表取用，下面各层则按刚性方案计算。

3) 上刚下柔多层房屋的计算

在多层房屋中，当底层用作商店、俱乐部、食堂等，所需空间较大，横墙较少；而上部各层用作办公楼、宿舍、住宅时，横墙间距较小。若底层横墙间距超过刚性方案限值，而上面各层均符合刚性方案的房屋称为上刚下柔多层房屋。

上刚下柔多层房屋因其底层可作为商业用房，顶层可用作住宅、办公等用途，有较好的实用性，由于上刚下柔多层房屋存在着显著的刚度突变，在构造处理不当时存在着整体失效的可能性，况且通过适当的结构布置，如增加底层横墙，可使多层房屋成为符合刚性方案的房屋结构，既经济实用又安全可靠。若底层由于使用功能限制而不能增加横墙时，也可考虑设计底层为钢筋混凝土框架结构，上部各层为砌体结构的房屋。因此在《砌体结构设计规范》(GB 50003—2011)中取消了该结构方案。

13.6 过梁、墙梁、挑梁及墙体构造措施

13.6.1 过梁

1) 过梁的种类及构造

过梁是设在门窗洞口上方的横梁，它的作用是承受门窗洞口上方的墙重及楼(屋)盖传来的荷载。常见的过梁有砖砌平拱过梁、钢筋砖过梁及钢筋混凝土过梁等。

(1) 砖砌平拱过梁

砖砌平拱过梁是将砖竖立侧砌而成。过梁宽度与墙厚相同，竖立砌筑部分的高度不小于 240 mm，过梁跨度不应超过 1.2 m。如图 13-23。

(2) 钢筋砖过梁

钢筋砖过梁是在过梁底面设置 30 mm 厚 1∶3 水泥砂浆层，砂浆层内设置过梁受拉钢筋，钢筋直径不小于 5 mm，间距不大于 120 mm，钢筋伸入洞边砌体内的长度不小于 240 mm，末端呈 90°弯钩。钢筋砖过梁跨度不应超过 1.5 m。如图 13-24。

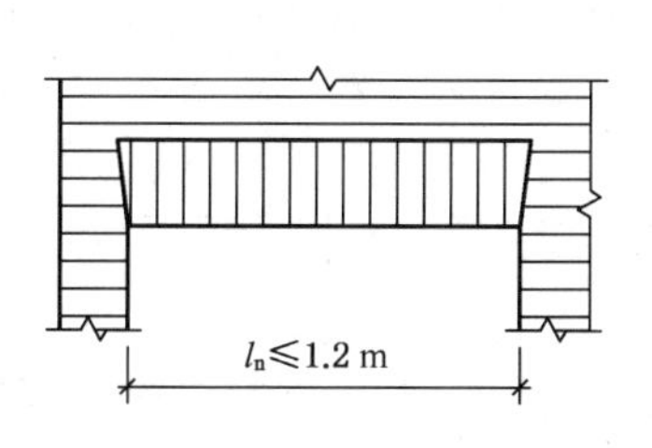

图 13-23　砖砌平拱过梁

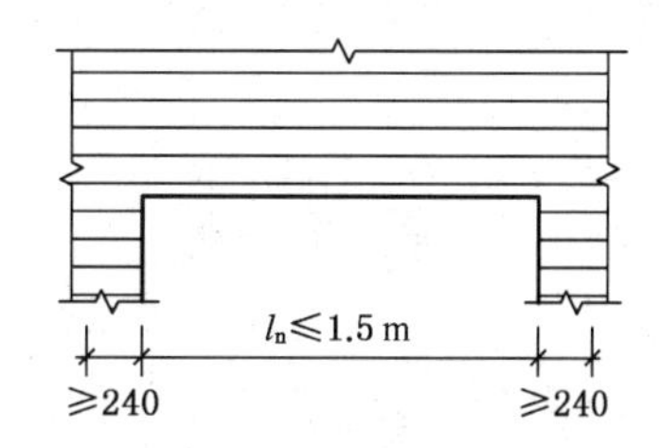

图 13-24　钢筋砖过梁

砖砌过梁造价低，但其跨度受到限制且对变形很敏感。对于有较大振动荷载或可能产生地基不均匀沉降的房屋，或跨度和荷载较大的情况应采用钢筋混凝土过梁。

2) 过梁的受力特点

(1) 过梁的受力

砌有一定高度的墙的钢筋混凝土过梁为一个偏心受拉构件，过梁上的墙体形成的内拱将产生卸载作用。

(2) 过梁上的荷载

过梁上的荷载包括两部分：一部分是墙体及过梁本身自重；另一部分是过梁上部梁板传来的荷载。

墙体荷载：对于砖砌墙体，当过梁上的墙体高度 $h_w < l_n/3$ 时，应按全部墙体的自重作为均布荷载考虑。当过梁上的墙体高度 $h_w \geq l_n/3$ 时，应按高度 $l_n/3$ 的墙体自重作为均布荷载考虑。对于混凝土砌块砌体，当过梁上的墙体高度 $h_w < l_n/2$ 时，应按全部墙体的自重作为均布荷载考虑。当过梁上的墙体高度 $h_w \geq l_n/2$ 时，应按高度 $l_n/2$ 的墙体自重作为均布荷载考虑。

梁板荷载：当梁、板下的墙体高度 $h_w < l_n$ 时，应计算梁、板传来的荷载，如 $h_w \geq l_n$，则可

不计梁、板的作用。

13.6.2 墙梁

墙梁是由钢筋混凝土托梁及支撑在托梁上计算高度范围内的墙体共同工作,一起承受荷载的组合结构。

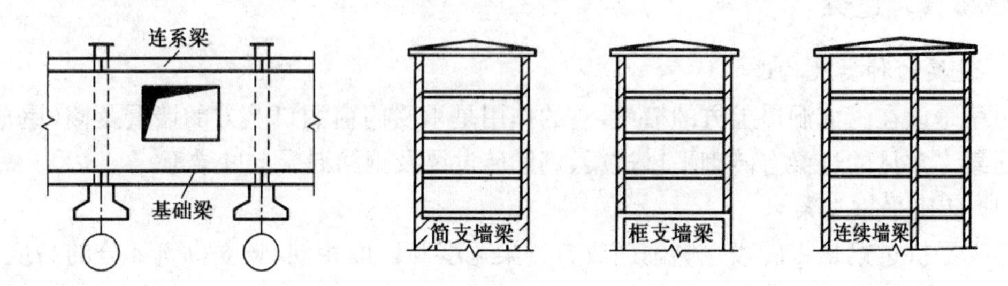

图 13-25 墙梁分类

1) 墙梁的分类

墙梁按支承情况可分为简支墙梁、连续墙梁、框支墙梁;按承受荷载情况可分为承重墙梁和自承重墙梁。若按墙梁中墙体计算高度范围内有无洞口,分为有洞口墙梁和无洞口墙梁 2 种。墙梁中用于承托砌体墙和楼(屋)盖的钢筋混凝土简支梁、连续梁或框架梁,称为托梁。

2) 墙梁的受力特点

(1) 墙梁的内力传递。墙和梁共同工作形成墙梁组合结构,托梁承受拉力,两者形成一个带拉杆拱的受力结构。

(2) 墙梁的破坏形态。托梁纵向受力钢筋配置不足时,发生正截面受弯破坏,如图 13-26(a);当托梁的箍筋配置不足时,可能发生托梁斜截面剪切破坏,如图 13-26(b);当托梁的配筋较强且两端砌体局部受压承载力得到保证时,一般发生墙体剪切破坏,如图 13-26(c)(d);托梁端部混凝土局部受压破坏、有洞口墙梁洞口上部砌体剪切破坏,如图 13-26(e)。

(3) 构造要求。墙梁除应符合《砌体结构设计规范》和《混凝土结构设计规范》有关构造外,尚应符合下列构造要求:

① 材料。托梁的混凝土强度等级不应低于 C30;纵向钢筋宜采用 HRB335、HRB400、RRB400 级钢筋;承重墙梁的块材强度等级不应低于 MU10,计算高度范围内墙体的砂浆强度等级不应低于 M10。

② 墙体

A. 框支墙梁的上部砌体房屋,以及设有承重的简支墙梁或连续墙梁的房屋,应满足刚性方案房屋的要求。

B. 计算高度范围内的墙体厚度,对砖砌体不应小于 240 mm,对混凝土小型砌块不应小于 190 mm。

C. 墙梁洞口上方应设置混凝土过梁,其支承长度不应小于 240 mm,洞口范围内不应施加集中荷载。

D. 承重墙梁的支座处应设置落地翼墙,翼墙厚度,对砖砌体不应小于 240 mm,对混凝土砌块砌体不应小于 190 mm,翼墙宽度不应小于墙梁墙体厚度的 3 倍,并与墙梁墙体同时

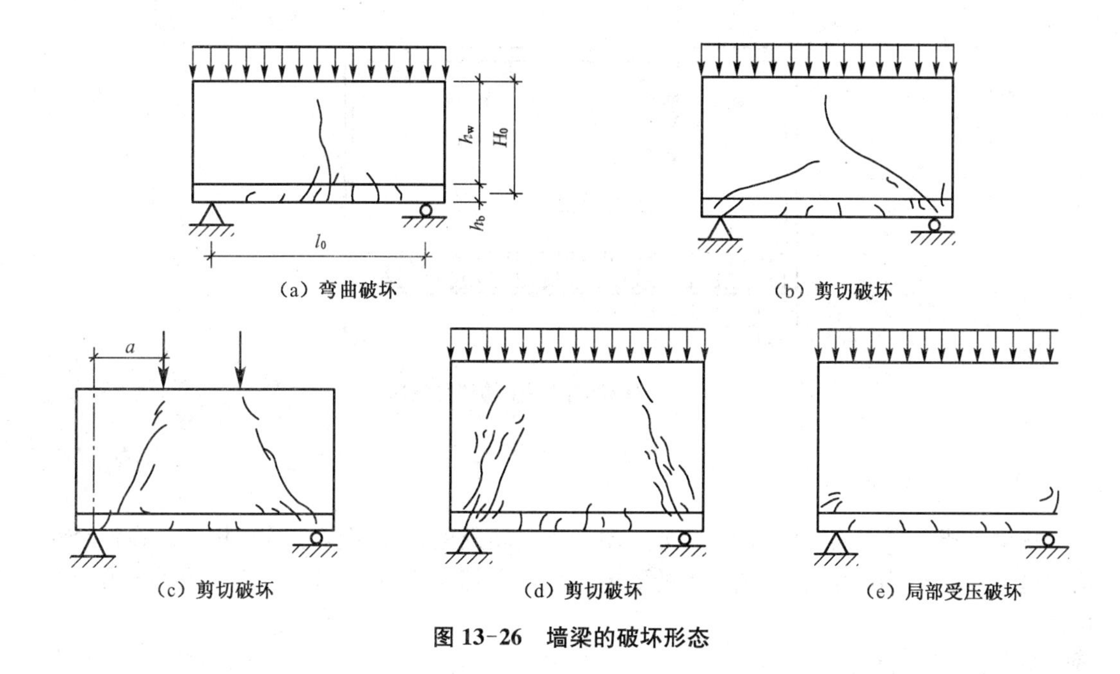

（a）弯曲破坏　（b）剪切破坏

（c）剪切破坏　（d）剪切破坏　（e）局部受压破坏

图 13-26　墙梁的破坏形态

砌筑。当不能设置翼墙时，应设置落地且上、下贯通的构造柱。

E. 当墙梁墙体在靠近支座 1/3 跨度范围内开洞时，支座处应设置上、下贯通的构造柱，并与每层圈梁连接。

F. 墙梁计算高度范围内的墙体，每天砌筑高度不应超过 1.5 m，否则应加设临时支撑。

③ 托梁

A. 有墙梁的房屋托梁两边各一个开间及相邻开间处应采用现浇混凝土楼盖，楼板厚度不宜小于 120 mm，当楼板厚度大于 150 mm 时宜采用双层双向钢筋网，楼板上应少开洞，洞口尺寸大于 800 mm 时应设置洞边梁。

B. 托梁每跨底部的纵向受力钢筋应通长设置，不得在跨中段弯起或截断。钢筋接长应采用机械连接或焊接。

C. 墙梁的托梁跨中截面纵向受力钢筋总配筋率不应小于 0.6%。

练一练

D. 托梁距边支座边 $l_0/4$ 范围以内，上部纵向钢筋截面面积不应小于跨中下部纵向钢筋截面面积的 1/3。连续墙梁或多跨框支墙梁的托梁中支座上部附加纵向钢筋从支座算起每边延伸不得少于 $l_0/4$。

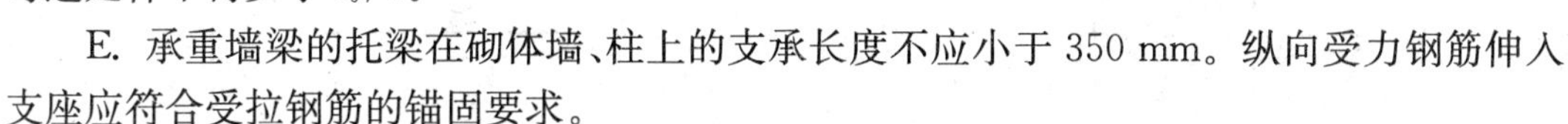

E. 承重墙梁的托梁在砌体墙、柱上的支承长度不应小于 350 mm。纵向受力钢筋伸入支座应符合受拉钢筋的锚固要求。

F. 当托梁高度 $h_0 \geqslant 500$ mm 时应沿梁高设置通长水平腰筋，直径不得小于 12 mm，间距不应大于 200 mm。

G. 墙梁偏开通口的宽度及两侧各一个梁高范围内直至靠近洞口支座边的托梁箍筋直径不宜小于 8 mm，间距不应大于 100 mm，如图 13-27 所示。

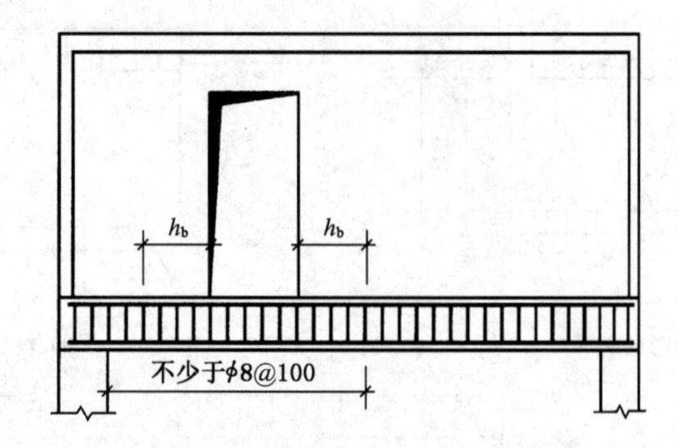

图 13-27　偏开洞时托梁箍筋加密区

13.6.3　挑梁

挑梁是指一端嵌固在砌体墙内，另一端悬挑出墙外的钢筋混凝土悬挑构件。在混合结构房屋中，由于使用功能和建筑艺术的要求，挑梁多用作房屋的阳台、雨篷、悬挑外廊和悬挑楼梯中。

1) 挑梁的受力特点

挑梁在悬挑端集中力、墙体自重以及上部荷载作用下，共经历 3 个工作阶段：

(1) 弹性工作阶段。挑梁在未受外荷载之前，墙体自重及其上部荷载在挑梁埋入墙体部分的上、下界面产生初始压应力，当挑梁端部施加外荷载后，挑梁与墙体上、下界面的竖向压应力随着外荷载的增加，将首先达到墙体通缝截面的抗拉强度而出现水平裂缝。出现水平裂缝时的荷载约为倾覆时外荷载的 20%～30%，此为第一阶段。

(2) 带裂缝工作阶段。随着外荷载的继续增加，如图 13-28 所示，最开始出现的水平裂缝①将不断向内发展，同时挑梁埋入端下界面出现水平裂缝②并向前发展。随着上、下界面水平裂缝的不断发展，挑梁埋入端上界面受压区和墙边下界面受压区也不断减小，从而在挑梁埋入端上角砌体处产生裂缝。随着外荷载的增加，此裂缝将沿砌体灰缝向后上方发展为阶梯形裂缝③，此时的荷载约为倾覆时外荷载的 80%。斜裂缝的出现预示着挑梁进入倾覆破坏阶段，在此过程中也可能出现局部受压裂缝④。

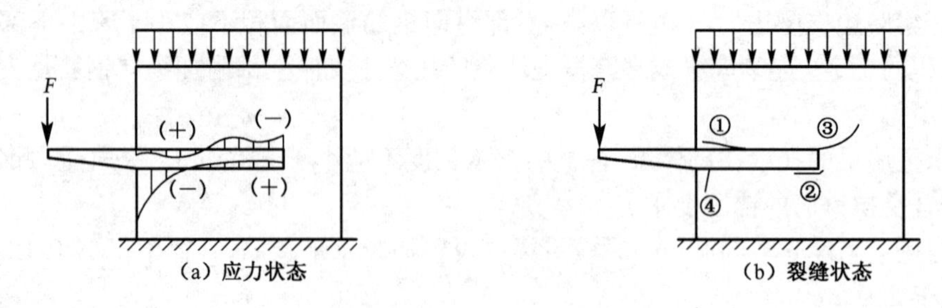

图 13-28　挑梁的应力分布与裂缝

(3) 破坏阶段。挑梁可能发生的破坏形态有以下 3 种，如图 13-29 所示。

① 挑梁倾覆破坏。挑梁倾覆力矩大于抗倾覆力矩，挑梁尾端墙体斜裂缝不断开展，挑梁绕倾覆点发生倾覆破坏。

② 梁下砌体局部受压破坏。当挑梁埋入墙体较深、梁上墙体高度较大时，挑梁下靠近墙边小部分砌体由于压应力过大发生局部受压破坏。

③ 挑梁弯曲破坏或剪切破坏。

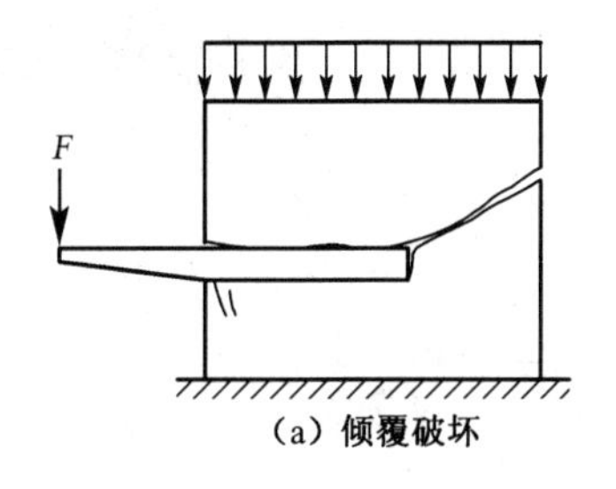

(a) 倾覆破坏

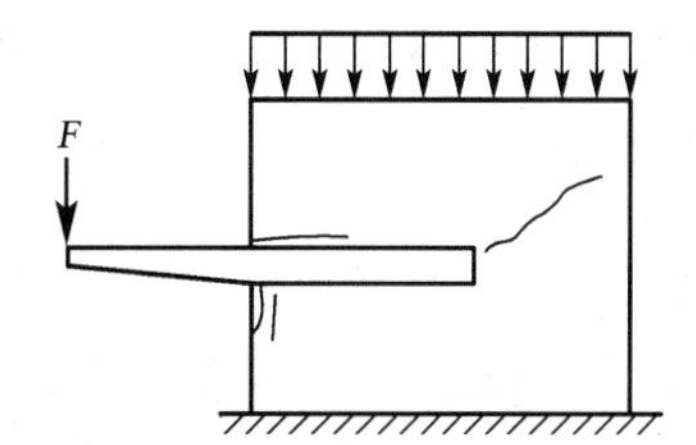

(b) 挑梁下砌体局部受压破坏或挑梁弯曲或剪切破坏

图 13-29 挑梁的破坏形态

2) 挑梁的构造要求

挑梁设计除应满足现行国家规范《混凝土结构设计规范》的有关规定外，尚应满足下列要求：

(1) 纵向受力钢筋至少应有 1/2 的钢筋面积伸入梁尾端，且不少于 2ϕ12，其余钢筋伸入支座的长度不应小于$\frac{2}{3}l_1$。

(2) 挑梁埋入砌体长度 l_1 与挑出长度 l 之比宜大于 1.2；当挑梁上无砌体时，l_1 与 l 之比宜大于 2。

13.6.4 雨篷

(1) 雨篷的分类。按施工方法，雨篷分为现浇雨篷和预制雨篷；按支承条件分为板式雨篷和梁式雨篷；按材料分为钢筋混凝土雨篷和钢结构雨篷。

(2) 雨篷的受力特点。现浇钢筋混凝土板式雨篷由雨篷板和雨篷梁组成。雨篷板是一个受弯构件，雨篷梁是一个弯剪扭构件。

(3) 现浇钢筋混凝土板式雨篷的 3 种破坏形态如图 13-30 所示。

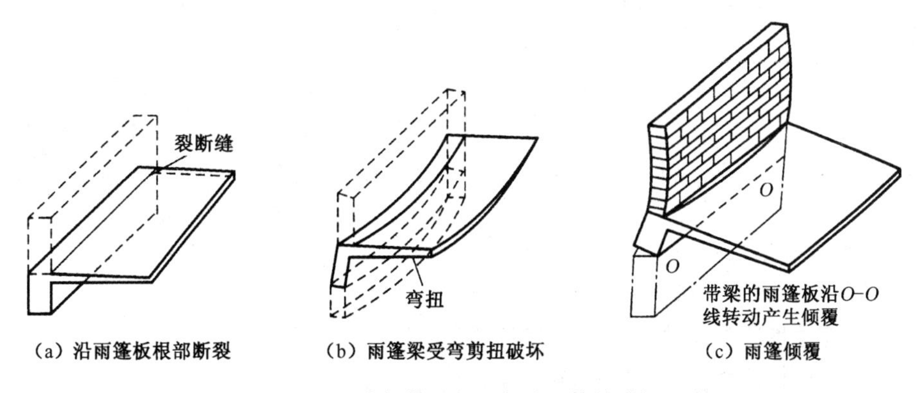

(a) 沿雨篷板根部断裂　(b) 雨篷梁受弯剪扭破坏　(c) 雨篷倾覆

图 13-30 现浇钢筋混凝土板式雨篷的破坏形态

(4) 雨篷的构造特点

① 雨篷板端部厚度 $h_e \geqslant 60$ mm，根部厚度 $h = (1/10 \sim 1/12)l$（l 为挑出长度）且 $\geqslant$ 80 mm，当其悬臂长度小于 500 mm 时，根部最小厚度为 60 mm。

② 雨篷板受力钢筋按计算求得，但不得小于 $\phi6@200(A_s = 141\ mm^2/m)$；且深入墙内的锚固长度取受拉钢筋锚固长度，分布钢筋不少于 $\phi6@200$。

③ 雨篷梁宽度 b 一般与墙厚相同，高度 $h = (1/8 \sim 1/10)l_0$（l_0 为计算高度），且为砖厚的倍数，梁的搁置长度 $a \geqslant 370$ mm。

本章小结

1. 混合结构房屋通常是指主要承重构件由不同的材料组成的房屋。如楼(屋)盖等水平承重构件采用钢筋混凝土结构、轻钢结构或木结构，而墙体、柱、基础等竖向承重构件采用砌体材料的房屋。

2. 根据结构的承重体系及竖向荷载的传递路线，混合结构房屋的结构布置方案可分为横墙承重方案、纵墙承重方案、纵横墙承重方案、底部框架承重方案。按房屋空间作用的大小，将混合结构房屋的静力计算方案分为刚性方案、刚弹性方案和弹性方案。

3. 保证砌体结构在施工阶段和使用阶段稳定，《砌体规范》规定用验算墙柱高厚比的方法进行墙、柱稳定性的验算。高厚比的验算包括两方面：一是墙、柱实际高厚比的确定；二是允许高厚比的限值。验算的原则是：墙、柱的实际高厚比不大于修正后的允许高厚比限值。墙、柱高厚比的验算主要分为：带构造柱墙的高厚比验算；矩形截面墙、柱的高度比验算、带壁柱墙的高厚比验算。

4. 本章还介绍了过梁、墙梁、挑梁及墙体构造措施。

复习思考题

13.1　根据荷载传递路径的不同，混合结构房屋有哪几种承重方案？各自的特点是什么？适用范围如何？

13.2　什么是房屋的空间刚度？房屋的空间性能影响系数的含义是什么？有哪些主要影响因素？

思考题解析

13.3　什么是房屋的静力计算方案？如何确定房屋的静力计算方案？

13.4　什么是墙、柱高厚比？验算墙、柱高厚比的目的是什么？影响墙、柱允许高厚比的主要因素有哪些？

13.5　如何进行墙、柱高厚比验算？

13.6　试画出单层单跨房屋分别为刚性方案、弹性方案、刚弹性方案时的计算简图，并画出三层单跨房屋分别为刚性方案、刚弹性方案时的计算简图，简述内力计算的过程。

13.7　引起墙体开裂的主要因素是什么？为了防止或减轻墙体开裂，可采取什么措施？

13.8　混合结构墙体设计包括哪些内容？

13.9　过梁有哪些种类？其受力特点如何？

13.10　何为墙梁？哪些情况下采用墙梁？

13.11　悬挑梁的受力特点和破坏形态如何？

习　题

某 4 层试验楼平面如图 13-31 所示，采用预制钢筋混凝土空心板，纵、横墙厚均为

240 mm，砖的强度为 MU10。底层墙高 4.5 m（下端支点取基础顶面），砂浆为 M5，其他层高 3.6 m，用 M2.5 砂浆，纵墙上窗洞宽 1 800 mm，门洞宽 1 000 mm。

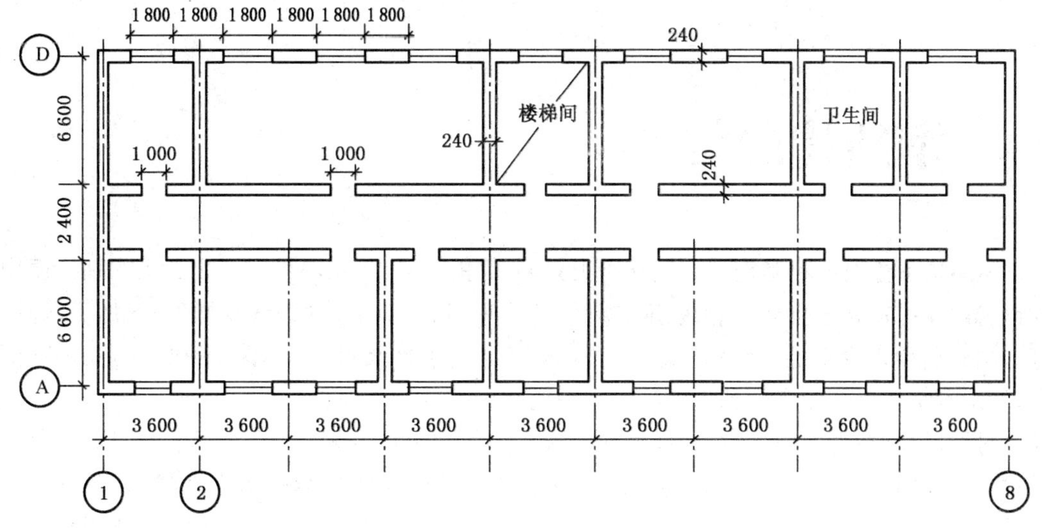

图 13-31

(1) 试验算各墙的高厚比。

(2) 若在纵墙上每 3.6 m 都设置 240 mm×240 mm 的构造柱，则各墙的高厚比与无构造柱相比有何区别？

(3) 试验算纵墙及横墙的承载力。

第四篇　钢结构

14　钢结构的材料

钢结构的主要材料是钢材。钢材种类繁多，性能各异，价格不同。适于建筑钢结构使用的钢材须具有良好的机械性能（强度、塑性、韧性等）和加工工艺性能（冷加工、热加工、焊接等），同时还须货源充足，价格较低。因此，能满足上述要求的仅是钢材品种中的很小一部分，如碳素结构钢和低合金高强度结构钢中的几个牌号。

另外，钢材在受力破坏时，表现为塑性破坏和脆性破坏两种特征，其产生原因除涉及钢材自身的性质外，还与一些外在的使用条件有关。脆性破坏是钢结构应该严加防止的，因此，研究和掌握钢材在各种应力状态下的工作性能、产生脆性破坏的原因和影响钢材性能的因素，从而在实际工程中合理而经济地选择钢材和进行结构设计，是钢结构非常重要的内容。

14.1　钢材的塑性破坏和脆性破坏

练一练

取两种拉伸试件：一种是标准圆棒试件；另一种是比标准试件加粗但在中部开有小槽，其净截面面积仍与标准试件截面面积相同的试件。当两种试件分别在拉力试验机上均匀地加荷直至拉断时，其受力性能和破坏特征呈现出非常明显的区别。

标准的光滑试件拉断时有比较大的伸长和变细，加荷的延续时间长，断口呈纤维状，色发暗，有时还能看到滑移的痕迹，断口与作用力的方向约呈45°。由于此种破坏的塑性特征明显，故称塑性破坏。钢材在塑性破坏时有大量变形，很容易及时发现和采取措施进行补救，因而不致引起严重后果。另外，塑性变形后出现的内力重分布，会使结构中原先应力不均匀的部分趋于均匀，同时也可提高结构的承载能力。

带小槽试件的抗拉强度比光滑试件的抗拉强度高，但在拉断前塑性变形很小，且几乎无任何迹象而突然断裂，其断口平齐，呈有光泽的晶粒状，故此种破坏形式称为脆性破坏。由于脆性破坏的突然性要比塑性破坏危险得多，因此，在钢结构的设计、制造和安装中，均应采取适当措施加以防止。

14.2　钢材的机械性能

钢材的机械性能是钢材在各种作用下反映的各种特性，它包括强度、塑性和韧性等方面，须由试验测定。

14.2.1 强度

在静载、常温条件下，对钢材标准试件(图 14-1)的一次单向均匀拉伸试验是机械性能试验中最具有代表性的。它简单易行，可得到反映钢材强度和塑性的几项主要机械性能指标，且对其他受力状态(受压、受剪)也有代表性。图 14-2(a)为低碳钢单向均匀拉伸试验的应力-应变曲线；图 14-2(b)为曲线的局部放大，从中可看出钢材受力的几个阶段和强度、塑性的几项指标。

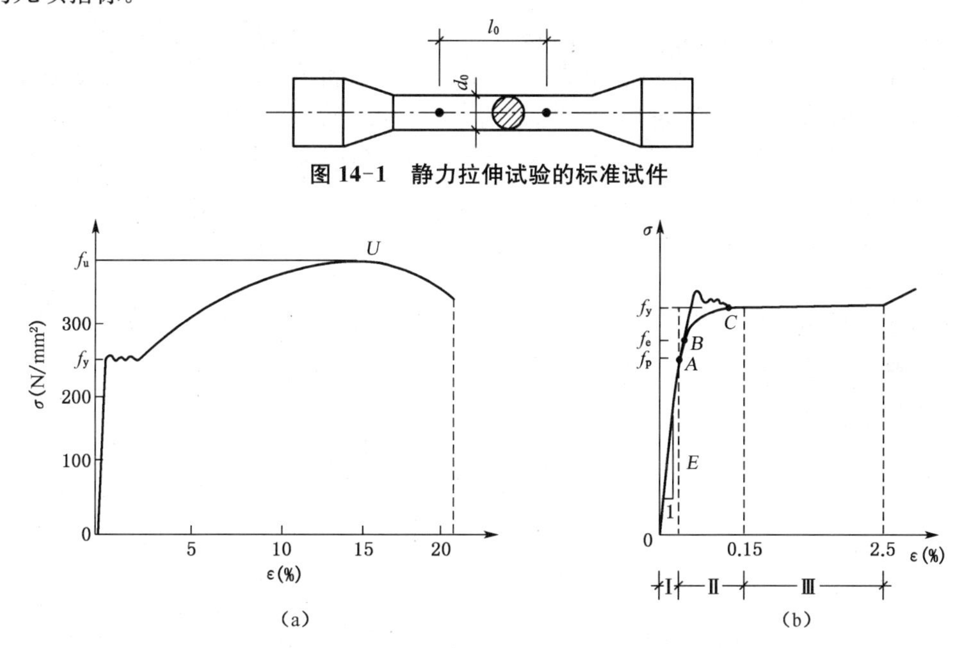

图 14-1 静力拉伸试验的标准试件

图 14-2 低碳钢单向均匀拉伸的应力-应变曲线

(1) 弹性阶段。曲线开始的斜直线终点 A 所对应的最大应力称为比例极限 f_p。当试件横截面上的应力 $\sigma = N/A \leqslant f_p$ 时(N 为试件承受的轴心拉力，A 为试件的横截面面积)，应力和应变成正比，符合虎克定律。其斜率 $E = \Delta\sigma/\Delta\varepsilon$ 称为钢材的弹性模量，一般可统一取 $E = 206 \times 10^3\ \mathrm{N/mm^2}$。当 $\sigma > f_p$后，曲线弯曲，应力-应变关系呈非线性，但钢材仍具有弹性性质，即此时若卸荷(N 回零)，则应变也降至零，不出现残余变形，这称为钢材受力的弹性阶段。弹性阶段(图 14-2(b)中区段Ⅰ)终点 B 对应的应力称为弹性极限 f_e，它常同 f_p 十分接近，一般可不加区分。

(2) 弹塑性阶段。当 $\sigma > f_e$ 后，钢材受力进入弹塑性阶段(图 14-2(b)中区段Ⅱ)，其变形包括弹性变形和塑性变形两部分，即后者在卸荷后不会消失而成为残余变形。

(3) 塑性阶段(屈服阶段)。曲线出现锯齿形波动，直到 C 点，此时即使应力保持不变，应变仍持续增大，这称为钢材受力的塑性流动阶段(图 14-2(b)中区段Ⅲ)，也就是钢材对外力的屈服阶段，对应 C 点的应力称为屈服点 f_y。屈服阶段曲线的最高点和最低点分别成为上屈服强度和下屈服强度，国标钢材标准以 R_{eH}和 R_{eL}表示①。下屈服强度比较稳定，故通常

① 屈服强度的统计代表值，现行《碳素结构钢》(GB/T 700—2016)采用 R_{eH}，《建筑结构用钢板》(GB/T 19879—2015)采用 R_{eL}，《低合金高强度结构钢》(GB/T 1591—2018)采用 R_{eH}。

取其值作为屈服点代表值。

(4) 强化阶段。屈服阶段后，钢材内部组织经重新调整，又恢复了承载能力，曲线有所上升，此称为钢材受力的强化阶段。在此阶段以塑性变形为主，直至曲线最高点 U，该点对应的应力即钢材的抗拉强度 f_u，国标钢材标准以 R_m 表示。

(5) 颈缩阶段。当应力达到 f_u 时，试件局部出现横向收缩——颈缩，变形亦剧增，荷载下降，直至断裂。

由以上所述可见，有代表性的强度指标为比例极限 f_p、弹性极限 f_e、屈服点 f_y 和抗拉强度 f_u。但钢材内常存在残余应力(因轧制、切割、焊接、冷弯、矫正等原因在钢材内部形成的初应力)，在其影响下，f_e 和 f_p 很难区分，且二者和 f_y 也很接近，另外 f_y 之前应变又很小 ($\varepsilon \approx 0.15\%$)，$f_y$ 之后应变却急剧增长(流幅 $\varepsilon \approx 0.15\% \sim 2.5\%$)，故通常可简化为 f_y 之前材料为完全弹性体，f_y 之后则为完全塑性体(忽略应变硬化作用)，从而将钢材视为理想的弹-塑性材料(图 14-3)。因此，钢结构设计时，可以屈服点作为承载能力极限状态强度计算的限值，即钢材强度的标准值 f_k，并据以确定钢材的(抗拉、抗压和抗弯)强度设计值 f。

没有明显屈服点和塑性平台的钢材(如制造高强度螺栓的经热处理的高强度钢材)，可以卸荷后试件的残余应变 $\varepsilon \approx 0.2\%$ 所对应的应力为其屈服点，称为条件屈服点或屈服强度 $f_{0.2}$(图 14-4)。

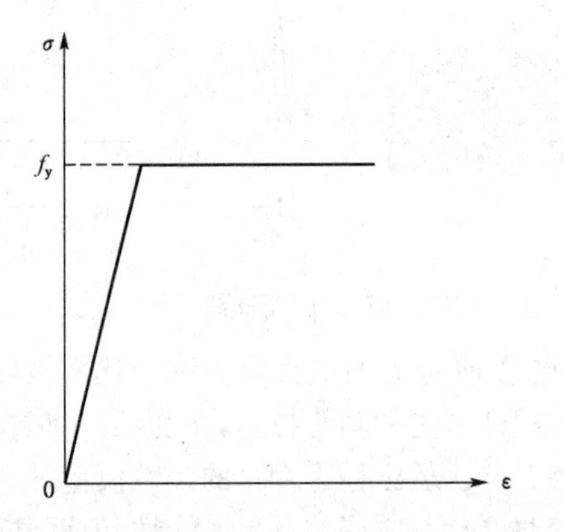

图 14-3　理想弹-塑性材料的应力-应变曲线

图 14-4　钢材的条件屈服点

抗拉强度 f_u 是钢材破坏前能够承受的最大应力，但这时钢材产生了巨量塑性变形(约为弹性变形的 200 倍)，故实用意义不大。然而它可直接反映钢材内部组织的优劣，同时还可作为钢材的强度储备，即 f_y/f_u(屈强比)愈小，强度储备愈大。

综上所述，屈服点 f_y 和抗拉强度 f_u 是钢材强度的两项重要指标。

14.2.2　塑性

塑性是指钢材破坏前产生塑性变形的能力，可用静力拉伸试验得到的机械性能指标伸长率 δ 和截面收缩率 Ψ 来衡量。δ 和 Ψ 数值愈大，表明钢材塑性愈好。尤其是 Ψ 可反映钢材(颈缩部分)在三向拉应力状态下的最大塑性变形能力，这对于高层建筑结构用钢板须考虑 z 向(厚度方向)抗层状撕裂时更为重要。

伸长率 δ 等于试件拉断后原标距的塑性变形(即伸长值)和原标距的比值，以百分数表

示，即

$$\delta=\frac{l_1-l_0}{l_0}\times 100\% \tag{14-1}$$

式中：l_0——试件原标距长度(图 14-1)；

l_1——试件拉断后标距的长度。

δ 随试件的标距长度与试件直径 d_0 的比值 l_0/d_0 增大而减小。标准试件一般取 $l_0=5d_0$，所得伸长率用 δ_5 表示。

截面收缩率 ψ 等于颈缩断口处截面面积的缩减值与原截面面积的比值，以百分数表示，即

$$\psi=\frac{A_0-A_1}{A_0}\times 100\% \tag{14-2}$$

式中：A_0——试件原截面面积；

A_1——颈缩断口处截面面积。

14.2.3 冷弯性能

冷弯性能可衡量钢材在常温下冷加工弯曲时产生塑性变形的能力。冷弯性能试验是用弯心直径为 d(d 与试件厚度成一定比例，参见表 14-1、表 14-2、表 14-3)的冲头对试件加压，使其弯曲 180°(图 14-5)，然后检查试件表面，以不出现裂纹和分层为合格。

练一练

表 14-1　Q235 钢的机械性能(摘自 GB/T 700—2006)

钢材厚度或直径(mm)	拉伸试验			180°冷弯试验($b=2a$) b 为试样宽度 a 为钢材厚度(直径) d 为弯心直径		冲击韧性		
	屈服点 f_y (N/mm^2)	抗拉强度 f_u (N/mm^2)	伸长率 δ_5 (%)			质量等级	温度(℃)	冲击功 A_{kv}(纵向)(J)
	≥		≥	纵向	横向			≥
≤16	235		26			A	—	—
>16～40	225		26	$d=a$	$d=1.5a$	B	+20	
>40～60	215		25					
>60～100	205	370～500	24	$d=2a$	$d=2.5a$	C	0	27
>100～150	195		22	供需双方协商确定		D	−20	
>150	185		21					

注：1. Q235-A 级钢的冷弯试验，在需方有要求时才进行。当冷弯合格时，抗拉强度上限可以不作为交货条件。
2. 用沸腾钢轧制的 Q235-B 级钢材，其厚度(直径)一般不大于 25 mm。
3. 进行拉伸和冷弯试验时，钢板和钢带应取横向试样，伸长率允许降低 2%(绝对值)。型钢应取纵向试样。

表 14-2 热轧钢的机械性能(摘自 GB/T 1591—2018)

钢号	质量等级	拉伸试验																			180°冷弯试验 a 为钢材厚度(直径) d 为弯心直径		冲击韧性	
		上屈服强度 R_{eH}[a] (N/mm^2)									抗拉强度 R_m (N/mm^2)				断后伸长率 δ_5(%)(纵向)						钢材厚度(直径)(mm)		温度(℃)	冲击功 A_{kv}(纵向)(J)
		钢材厚度(直径)(mm)									钢材厚度(直径)(mm)				钢材厚度(直径)(mm)									
		≤16	>16~40	>40~63	>63~80	>80~100	>100~150	>150~200	>200~250	>250~400	≤100	>100~150	>150~250	>250~400	≤40	>40~63	>63~100	>100~150	>150~250	>200~400	≤16	>16~100		
		≥													≥									≥
Q355	B	355	345	335	325	315	295	285	275	—	470~630	450~600	450~600	—	22	21	20	18	17	17[b]	$d=2a$	$d=3a$	+20	34
	C																						0	
	D									265[b]				450~600[b]									−20	
Q390	B	390	380	360	340	340	320	—	—	—	490~650	470~620	—	—	21	20	20	19	—	—	$d=2a$	$d=3a$	+20	34
	C																						0	
	D																						−20	
Q420[c]	B	420	410	390	370	370	350	—	—	—	520~680	500~650	—	—	20	19	19	19	—	—	$d=2a$	$d=3a$	+20	34
	C																						0	
Q460[c]	C	460	450	430	410	410	390	—	—	—	550~720	530~700	—	—	18	17	17	17	—	—	$d=2a$	$d=3a$	0	34

注:1. 钢一般按热轧(AR)、热机械轧制(M)、正火及正火加回火(N)状态交货。此表仅列出热轧状态交货钢材的机械性能。
2. 对于公称宽度≥600 mm 的钢板及钢带,拉伸试验和弯曲试验取横向试样;其他钢材的拉伸试验和弯曲试验取纵向试样。
3. 如供方能保证冷弯试验结果,可不做检验。

表中:a——当屈服不明显时,可用规定塑性延伸强度 $R_{P0.2}$代替上屈服强度。
b——只适用于质量等级为 D 的钢板。
c——只适用于型钢和棒材。

表 14-3　Q345GJ 建筑结构用钢板的机械性能(摘自 GB/T 18979—2015)

牌号	质量等级	拉伸试验											纵向冲击试验		弯曲试验①	
		钢板厚度(mm)										断后伸长率 δ_5(%)	温度(℃)	纵向冲击功 A_{KV}(J)	180°弯曲压头直径 D	
		下屈服强度 R_{eL}(N/mm²)					拉伸强度 R_m(N/mm²)			屈强比 R_{eL}/R_m					钢板厚度(mm)	
		6～16	>16～50	>50～100	>100～150	>150～200	≤100	>100～150	>150～200	6～150	>150～200	≥		≥	≤16	>16
Q345GJ	B	≥345	345～455	335～445	325～435	305～415	490～610	470～610	470～610	≤0.80	≤0.80	22	20	47	$D=2a$	$D=3a$
	C												0			
	D												−20			
	E												−40			

① a 为试样厚度。

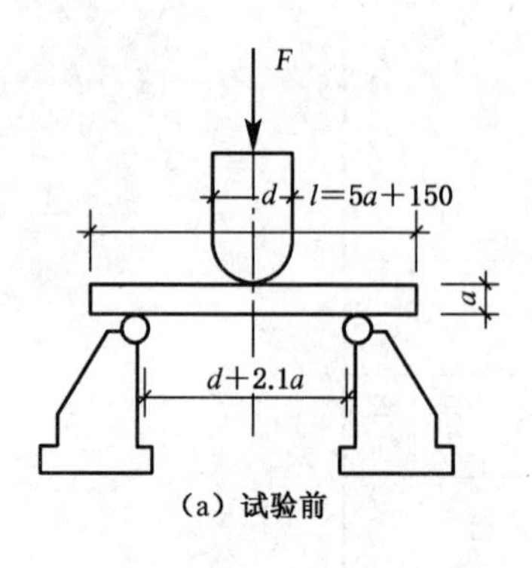

(a) 试验前

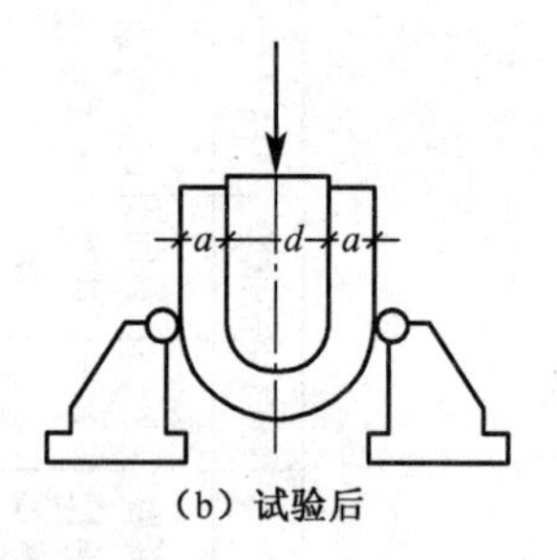

(b) 试验后

图 14-5 冷弯性能试验

冷弯性能也是钢材机械性能的一项指标，但它是比单向拉伸试验更为严格的一种试验方法。它不仅能表达钢材的冷加工性能，而且也能暴露钢材内部的缺陷（如非金属夹杂和分层等），因此是一项衡量钢材综合性能的指标。

14.2.4 韧性

钢材的韧性用冲击试验确定，它是衡量钢材在冲击荷载（动力）作用下抵抗脆性破坏的机械性能指标。

钢材的脆断常从裂纹和缺口等应力集中和三向受拉应力处产生，故为了具有代表性，冲击试验一般采用截面 10 mm×10 mm、长 55 mm 且中间开有 V 形缺口的试件，放在冲击试验机上用摆锤击断（图 14-6），以得出其吸收的冲击功 A_{kv}（单位：J）。A_{kv} 值愈大，则钢材的韧性愈好。

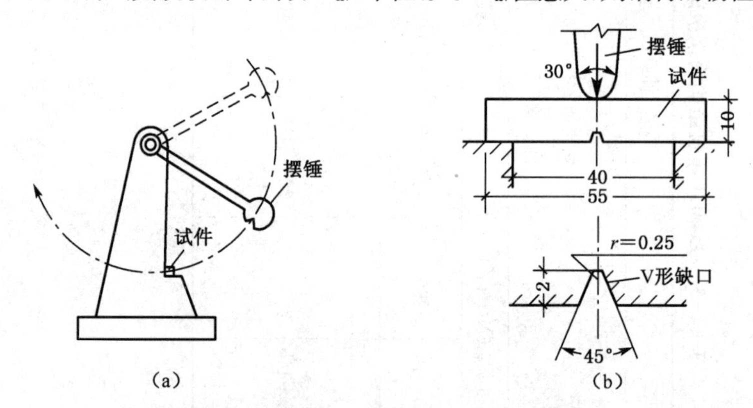

图 14-6 冲击韧性试验及试件缺口形式

冲击韧性除和钢材的质量密切有关外，还与钢材的轧制方向有关。由于顺着轧制方向（纵向）的内部组织较好，故在这个方向切取的试件冲击韧性值较高，横向则较低。现钢材标准规定按纵向采用。

14.3 影响钢材机械性能的因素

影响钢材机械性能的因素很多，现对其分别加以论述，其中有些因素会促使钢材产生脆性破坏，应格外重视。

14.3.1 化学成分的影响

钢的化学成分直接影响钢的颗粒组织和结晶构造，并与钢材机械性能关系密切。钢的基本元素是铁(Fe)和少量的碳(C)。碳素结构钢中纯铁约占99%，其余是碳和硅(Si)、锰(Mn)等有利元素以及在冶炼过程中不易除尽的有害杂质元素硫(S)、磷(P)、氧(O)、氮(N)等。在低合金高强度结构钢中，除上述元素外，还含有改善钢的某些性能的合金元素，主要有钒(V)、钛(Ti)、铌(Nb)和稀土(RE)，强度等级更高的还有铬(Cr)、镍(Ni)、钼(Mo)等。其总含量一般低于3%。在钢中碳和其他元素的含量尽管不大，但对钢的机械性能却有着决定性的影响，现分述如下。

碳是除纯铁外的最主要元素，其含量直接影响钢材的强度、塑性、韧性和可焊性等。随着碳含量的增加，钢材的屈服点和抗拉强度提高，而塑性和冲击韧性尤其是低温冲击韧性下降，冷弯性能、可焊性和抗锈蚀性能等也明显恶化。因此，钢结构采用的钢材碳含量不宜太高，一般应不超过0.17%～0.22%(见表14-4、表14-5、表14-6)。

表14-4　Q235钢的化学成分(%)(摘自GB/T 700—2006)

质量等级	脱氧方法	C	Mn	Si	S	P
		≤				
A	F、Z	0.22	1.40	0.35	0.050	0.045
B		0.20			0.045	
C	Z	0.17			0.040	0.040
D	TZ				0.035	0.035

注：在保证钢材力学性能的情况下，Q235A级钢的C、Mn、Si含量可以不作为交货条件，但其含量应在质量证明书中注明。

表14-5　Q355、Q390、Q420、Q460钢的化学成分(%)(摘自GB/T 1591—2018)

牌号		化学成分(质量分数)														
钢级	质量等级	C[a] 以下公称厚度或直径(mm) ≤40[b]	C[a] 以下公称厚度或直径(mm) >40	Si	Mn	P[c]	S[e]	Nb[d]	V[e]	Ti[e]	Cr	Ni	Cu	Mo	N[f]	B
		不大于		不大于												
Q355	B	0.24		0.55	1.60	0.035	0.035	—	—	—	0.30	0.30	0.40	—	0.012	—
	C	0.20	0.22			0.030	0.030									
	D	0.20	0.22			0.025	0.025								—	
Q390	B	0.20		0.55	1.70	0.035	0.035	0.05	0.13	0.05	0.30	0.50	0.40	0.10	0.015	—
	C					0.030	0.030									
	D					0.025	0.025									

续表 14-5

牌号		化学成分(质量分数)													
Q420[g]	B	0.20	0.55	1.70	0.035	0.035	0.05	0.13	0.05	0.30	0.80	0.40	0.20	0.015	—
	C				0.030	0.030									
Q460[g]	C	0.20	0.55	1.80	0.030	0.030	0.05	0.13	0.05	0.30	0.80	0.40	0.20	0.015	0.004

注:a—公称厚度大于 100 mm 的型钢,碳含量可由供需双方协商确定。

b—公称厚度大于 30 mm 的钢材,碳含量不大于 0.22%。

c—对于型钢和棒材,其磷和硫含量上限值可提高 0.005%。

d—Q390、Q420 最高可到 0.07%,Q460 最高可到 0.11%。

e—最高可到 0.20%。

f—如果钢中酸溶铝(Als)含量不小于 0.015%或全铝(Alt)含量不小于 0.020%,或添加了其他固氮合金元素,氮元素含量不作限制,固氮元素应在质量证明书中注明。

g—仅适用于型钢和棒材。

表 14-6 Q345GJ 钢的化学成分(%)(摘自 GB/T 19879—2015)

质量等级	C	Si	Mn	P	S	V[2]	Nb[2]	Ti[2]	Als[1]	Cr	Cu	Ni	Mo
	≤								≥	≤			
B、C	0.20	0.55	1.60	0.025	0.015	0.150	0.070	0.035	0.015	0.30	0.30	0.30	0.20
D、E	0.18			0.020	0.010								

注:1. 允许用全铝含量(Alt)来代替酸溶铝含量(Als)的要求,此时全铝含量 Alt 应不小于 0.020%,如果钢种添加 V、Nb 或 Ti 任一种元素,且其含量不低于 0.015%时,最小铝含量不适用。

2. V、Nb、Ti 组合加入时,(V+Nb+Ti)≤0.15%。

硅是作为强脱氧剂而加入钢中,以制成质量较优的镇静钢。适量的硅可提高钢的强度,而对塑性、冲击韧性、冷弯性能及可焊性无明显不良影响。碳素结构钢中硅含量一般应不大于 0.35%(镇静钢含量多,沸腾钢含量少),低合金高强度结构钢应不大于 0.55%,建筑结构用钢一般应不大于 0.55%。

锰是一种较弱的脱氧剂。当锰含量不太多时可有效地提高钢材的屈服点和抗拉强度,降低硫、氧对钢材的热脆影响,改善钢材的热加工性能和冷脆倾向,且对钢材的塑性和冲击韧性无明显降低。碳素结构钢中锰含量一般为 1.4%,低合金高强度结构钢中为 1.6%～1.8%。

练一练

硫与铁的化合物硫化亚铁(FeS)一般散布于纯铁体的间层中,在高温(800～1 200℃)时会熔化而使钢材变脆,故在焊接或热加工过程中有可能引起裂纹——热脆。此外,硫还会降低钢的塑性、冲击韧性和抗锈蚀性能。因此,应严格控制钢材中的硫含量,且质量等级愈高,即钢材对韧性要求愈高,其含量控制愈严格。碳素结构钢一般应不超过 0.035%～0.050%。低合金高强度结构钢不超过 0.02%～0.035%。对高层建筑钢结构用非 Z 向钢板则不应超过 0.015%,Z 向钢板(沿厚度方向抗层状撕裂钢板)更严格,不超过 0.005%～0.01%。

磷能提高钢的强度和抗锈蚀能力,但严重地降低钢的塑性、冲击韧性、冷弯性能和可焊性,特别是在低温时使钢材变脆——冷脆。因此钢材中磷含量也要严格控制。同样,质量等级愈高,控制愈严。碳素结构钢一般不应超过 0.035%～0.045%,低合金高强度结构钢不超过 0.025%～0.035%。

氧和氮也属于有害杂质。氧的影响与硫相似，使钢"热脆"。氮的影响则与磷相似，使钢"冷脆"。因此，氧和氮的含量也应严加控制，一般氧含量应低于 0.05%，氮含量应低于 0.008%。

合金元素可明显提高钢的综合性能。如钒、钛、铌能细化钢的晶粒，提高钢的韧性。稀土有利于脱氧、脱硫，改善钢的性能（稀土是我国富有资源，各牌号钢都可添加）。铬、镍、钼能发挥微合金沉淀强化作用，提高钢的强韧性，尤其是低温韧性。另外，铜(Cu)能提高钢的耐蚀性能。

14.3.2 冶炼和轧制的影响

(1) 偏析

钢中化学成分不均匀称为偏析。偏析能恶化钢材的性能，使塑性、冷弯性能、冲击韧性及可焊性变坏。沸腾钢因铸锭时冷却速度快，氧、氮等杂质气体不能全部逸出，钢的构造和晶体颗粒不均匀，所以其偏析比镇静钢严重得多。

(2) 非金属夹杂

掺杂在钢材中的非金属夹杂（硫化物和氧化物）对钢材性能有极为不利的影响。硫化物使钢材"热脆"，氧化物则严重地降低钢材的机械性能和工艺性能。

(3) 裂纹

无论是在冶炼和轧制还是在加工和使用过程中，钢材若出现裂纹（微观或宏观的），均要使冷弯性能、冲击韧性及疲劳强度大大降低，使钢材抗脆性破坏的能力降低。

(4) 分层

钢材在厚度方向不密合、分成多层称为分层。此时虽各层间仍相互连接，并不脱离，但它将严重降低冷弯性能。分层的夹缝处还易锈蚀，甚至形成裂纹，这也将大大降低钢材的冲击韧性、抗疲劳强度及抗脆断能力，尤其是在承受垂直于板面的拉力时，易产生层状撕裂。

钢材热轧可改善钢锭（坯）的铸造组织，它可使结晶致密，消除冶炼过程中的部分缺陷，故比铸钢的质量提高。尤其是轧制压缩比大的小型钢材，故钢材的机械性能标准根据厚度进行了分段（见表 14-1、表 14-2、表 14-3）。另外，钢材性能还与轧制方向有关，顺着轧制方向（纵向）较好，横向较差。

钢材轧制后进行热处理，可改善钢的组织，消除残余应力。采用淬火后回火的调质工艺处理，还可显著地提高钢材强度，且能保持一定的塑性和韧性（如高强度螺栓用钢的热处理）。

14.3.3 钢材的硬化

1) 时效硬化

冶炼时留在纯铁体中的少量氮和碳的固溶体，随着时间的增长将逐渐析出，并形成氮化物和碳化物，它们对纯铁体的塑性变形起着阻碍作用，从而使钢材的强度提高，塑性和韧性下降，这种现象称为时效硬化（图 14-7(a)）。

时效硬化的过程有短有长（几天至几十年），但在材料经塑性变形（约 10%）后加热到 250℃，可使时效硬化加速发展，只需几小时即可完成，这称为人工时效。它一般被用来对特别重要结构使用的钢材时效，然后测定其冲击韧性。

2）冷作硬化（应变硬化）

前已述及，钢材在弹性阶段卸荷后，不产生残余变形，也不影响工作性能。但是，在弹塑性阶段或塑性阶段卸荷后再重复加荷时，其屈服点将提高，即弹性范围增大，而塑性和韧性降低（图 14-7(b)），这种现象称为冷作硬化。钢结构在制造时一般须经冷弯、冲孔、剪切、辊压等冷加工过程，这些工序的性质都是使钢材产生很大的塑性变形，甚至断裂，对强度而言，就是超过钢材的屈服点，甚至超过抗拉强度，这必然引起钢材的硬化，降低塑性和韧性，增加脆性破坏的危险，这对直接承受动力荷载的结构尤其不利。因此，钢结构一般不利用冷作硬化所提高的强度，且为消除冷作硬化的影响，对重要结构用材（如吊车工作级别高的吊车梁的受拉翼缘板）还须刨边（将冷作硬化的板边刨除）。

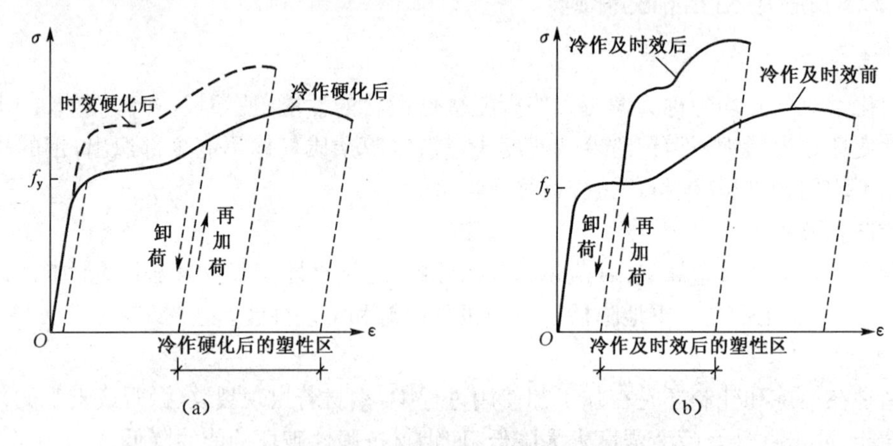

图 14-7　冷作硬化与时效硬化

14.3.4　温度的影响

前面所讨论的均是钢材在常温下的工作性能。当温度升高至约 100℃时，钢材的抗拉强度 f_u、屈服点 f_y及弹性模量 E 均有变化。总的情况是强度降低，塑性增大，但数值不大（图 14-8）。然而在 250℃左右时，f_u却有提高，而塑性和冲击韧性则下降，出现脆性破坏特征，这种现象称为"蓝脆"（因表面氧化膜呈现蓝色）。在蓝脆温度范围内进行热加工，则钢材易发生裂纹。当温度超过 250～300℃时，f_y和 f_u显著下降，而伸长率 δ 却明显增大，产生徐变现象。当温度达到 600℃时，强度接近为零。因此，当结构的表面长期受辐射热达 150℃以上，或可能受到炽热熔化金属的侵害时，应采用砖或耐热材料做成的隔热层加以防护。

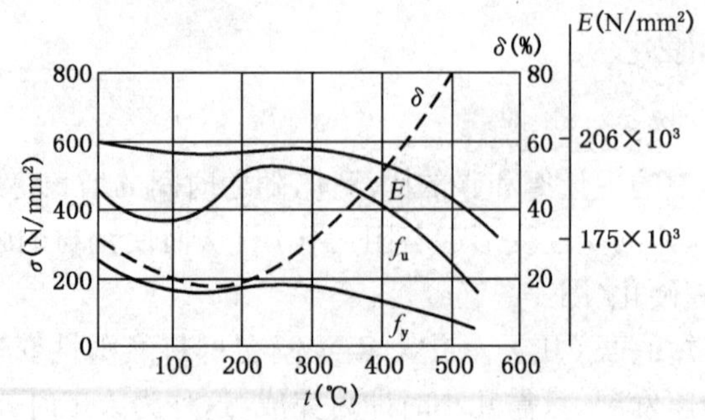

图 14-8　温度对钢材性能的影响

当温度从常温下降时，钢材的强度将略有提高，但塑性和韧性降低，脆性增大，尤其是当温度下降到负温某一区间时，其冲击韧性急剧降低，破坏特征明显地由塑性破坏转变为脆性破坏，出现低温脆断。因此，在低温(计算温度 ≤ 0℃) 工作的结构，特别是需要验算疲劳的构件以及承受静态荷载的重要受拉和受弯焊接构件，钢材须具有 0℃ 冲击韧性或负温(−20℃或−40℃)冲击韧性的合格保证，以提高抗低温脆断的能力。

14.3.5 复杂应力作用的影响

钢材在单向应力作用时，是以屈服点 f_y 作为由弹性工作状态转入塑性工作状态的标志。但当钢材受复杂应力作用，即在双向或三向应力作用时，此时钢材的屈服不能以某一方向的应力达到 f_y 来判别，而是应按材料力学的能量强度理论用折算应力 σ_{eq} 与钢材在单向应力时的 f_y 比较来判别。当用主应力表示时(图 14-9(a))：

$$\sigma_{eq} = \sqrt{\frac{1}{2}[(\sigma_1 - \sigma_2)^2 + (\sigma_2 - \sigma_3)^2 + (\sigma_3 - \sigma_1)^2]} \tag{14-3}$$

当用应力分量表示时(图 14-9(b))：

$$\sigma_{eq} = \sqrt{\sigma_x^2 + \sigma_y^2 + \sigma_z^2 - (\sigma_x\sigma_y + \sigma_y\sigma_z + \sigma_z\sigma_x) + 3(\tau_{xy}^2 + \tau_{yz}^2 + \tau_{zx}^2)} \tag{14-4}$$

若 $\sigma_{eq} < f_y$——弹性状态；

$\sigma_{eq} \geqslant f_y$——塑性状态。

当三向应力中有一向应力很小(如钢材厚度较薄时，厚度方向的应力可忽略不计)或等于零时，则为平面应力状态，式(14-3)、式(14-4)可简化为

$$\sigma_{eq} = \sqrt{\sigma_1^2 + \sigma_2^2 - \sigma_1\sigma_2} \tag{14-5}$$

$$\sigma_{eq} = \sqrt{\sigma_x^2 + \sigma_y^2 - \sigma_x\sigma_y + 3\tau_{xy}^2} \tag{14-6}$$

在普通梁中，一般只有正应力 σ 和剪应力 τ 作用，即 $\sigma_x = \sigma$、$\tau_{xy} = \tau$ 和 $\sigma_y = 0$，则上式可简化为

$$\sigma_{eq} = \sqrt{\sigma^2 + 3\tau^2} \tag{14-7}$$

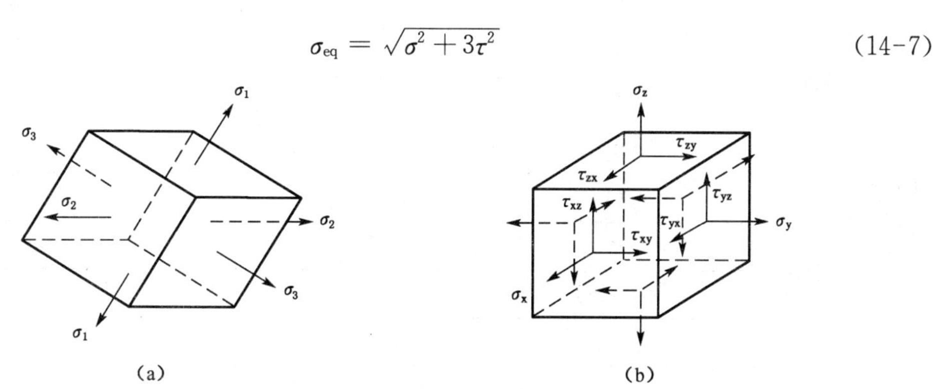

图 14-9 复杂应力作用状态

当受纯剪时，只有剪应力 τ，$\sigma=0$，则

$$\sigma_{eq} = \sqrt{3\tau^2} \tag{14-8}$$

取 $\sigma_{eq}=f_y$，则得

$$\tau=\frac{f_y}{\sqrt{3}}=0.58f_y \tag{14-9}$$

即剪应力达到 f_y 的 0.58 倍时，钢材进入塑性状态。因此，《钢结构设计标准》(GB 50017—2017)对钢材的抗剪强度设计值 f_v 取 0.58f(见表 14-7、表 14-8)，f 为抗拉强度设计值。

由式(14-3)、式(14-4)可见，3 个主应力 σ_1、σ_2、σ_3 同号且差值又很小时，即使各自都远超过 f_y，材料也很难进入塑性状态，甚至到破坏时也没有明显的塑性变形，呈现脆性破坏。但是当有一向为异号应力，且同号的两个应力相差又较大时，材料则比较容易进入塑性状态，破坏呈塑性特征。

表 14-7　钢材的设计用强度指标(N/mm²)(摘自 GB 50017—2017)

钢材牌号		钢材厚度或直径(mm)	强度设计值			屈服强度 f_y	抗拉强度 f_u
			抗拉、抗压、抗弯 f	抗剪 f_v	端面承压(刨平顶紧) f_{ce}		
碳素结构钢	Q235	≤16	215	125	320	235	370
		>16,≤40	205	120		225	
		>40,≤100	200	115		215	
低合金高强度结构钢	Q345	≤16	305	175	400	345	470
		>16,≤40	295	170		335	
		>40,≤63	290	165		325	
		>63,≤80	280	160		315	
		>80,≤100	270	155		305	
	Q390	≤16	345	200	415	390	490
		>16,≤40	330	190		370	
		>40,≤63	310	180		350	
		>63,≤100	295	170		330	
	Q420	≤16	375	215	440	420	520
		>16,≤40	355	205		400	
		>40,≤63	320	185		380	
		>63,≤100	305	175		360	
	Q460	≤16	410	235	470	460	550
		>16,≤40	390	225		440	
		>40,≤63	355	205		420	
		63,≤100	340	195		400	

表 14-8 建筑结构用钢板的设计用强度指标(N/mm²)(摘自 GB 50017—2017)

建筑结构用钢板	钢材厚度或直径(mm)	强度设计值			屈服强度 f_y	抗拉强度 f_u
		抗拉、抗压、抗弯 f	抗剪 f_v	端面承压(刨平顶紧) f_{ce}		
Q345GJ	>16,≤50	325	190	415	345	490
	>50,≤100	300	175		335	

14.3.6 应力集中的影响

在钢构件中一般常存在孔洞、缺口、凹角以及截面的厚度或宽度变化等,由于截面的突然改变,致使应力线曲折、密集,故在孔洞边缘或缺口尖端等处将局部出现高峰应力,而其他部位应力则较低,截面应力分布很不均匀,这种现象称为应力集中(图 14-10(a))

在应力集中处,由于应力线曲折,与构件受力方向不一致,因此将产生横向应力 σ_y(图 14-10(b))。若构件较厚,还将产生 σ_z。由于 σ_y、σ_z 和 σ_x 同号,故构件处于同号的双向或三向应力场的复杂应力状态,从而使钢材沿受力方向的变形受到约束,以致塑性降低而产生脆性破坏。

图 14-10(c)所示为开槽不同的拉伸试件的应力-应变曲线,它显示应力集中的程度取决于槽口形状的变化。变化越剧烈,则抗拉强度增长越多,而钢材的塑性降低也越多,脆性破坏的危险性也越大。

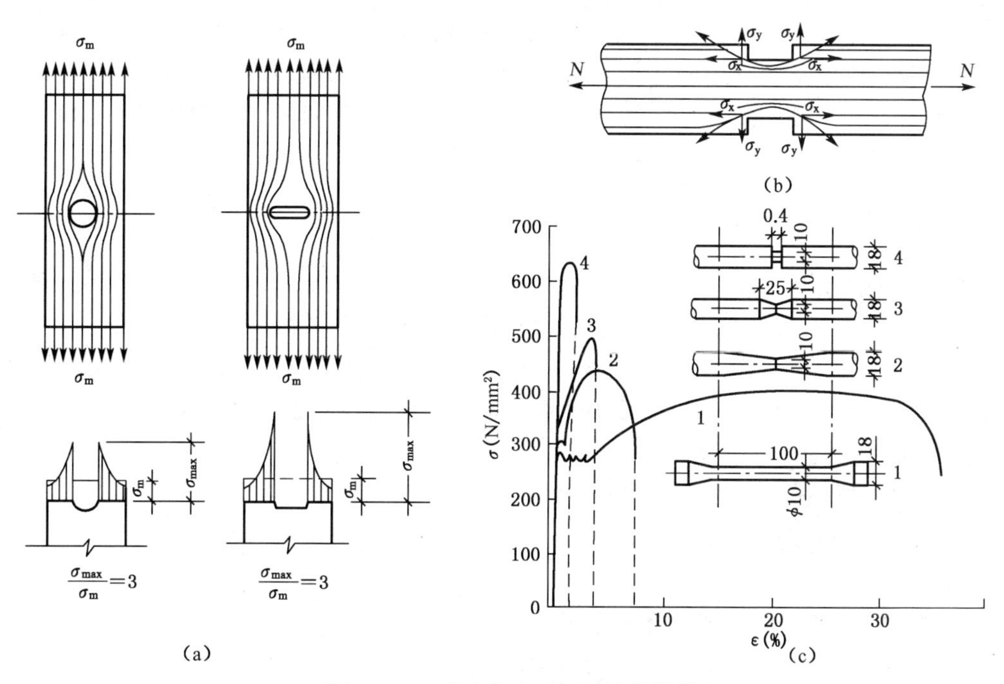

图 14-10 应力集中对钢材性能的影响

由于钢结构采用的钢材塑性较好,当内力增大时,应力不均匀现象会逐渐趋于平缓,故不影响截面的极限承载能力。因此,对承受静力作用在常温下工作的构件,设计时一般可不考虑应力集中的影响。但是，对低温下直接承受动力作用的构件，若应力集中严重，加上冷作硬化等不利因素，则是脆性破坏的重要因素。故设计时，应采取避免截面急剧改变等构造措施，以减小应力集中。

14.3.7 残余应力的影响

残余应力是钢材在热轧、氧割、焊接时的加热和冷却过程中产生的，在先冷却部分常形成压应力，而后冷却部分则形成拉应力。残余应力对构件的刚度和稳定性都有降低。

14.3.8 重复荷载作用的影响(疲劳)

在重复荷载作用下，钢材的破坏强度低于静力作用下的抗拉强度，且呈现突发性的脆性破坏特征，这种破坏现象称为钢材的疲劳。

14.4 钢和钢材的种类及选用

14.4.1 钢结构用钢的种类

钢的种类繁多，根据国家标准《钢分类》(GB/T 13304—2008)，按化学成分分类，可分为非合金钢、低合金钢和合金钢 3 类。按主要性能及使用特性分类，非合金钢又可分为以规定最低强度或以限制碳含量等为主要特性的各种类别，碳素结构钢即属于前者。低合金钢则又可分为低合金高强度结构钢、低合金耐候钢等类别。适合于钢结构采用的钢只是碳素结构钢和低合金钢强度结构钢中的几种牌号，以及性能较优的其他几种专用结构钢(桥梁用钢、耐候钢、高层建筑结构用钢等)，现在本节叙述。对用于紧固件的普通螺栓和高强度螺栓以及焊条的钢材，将在第 15 章中分别介绍。

14.4.2 钢结构用钢的牌号

钢结构用钢的牌号采用国家标准《碳素结构钢》(GB/T 700—2006)、《低合金高强度结构钢》(GB/T 1591—2018)和《建筑结构用钢板》(GB/T 19879—2015)的表示方法。

根据《碳素结构钢》(GB/T 700—2006)，钢材牌号由代表屈服强度的字母 Q、屈服强度的数值、质量等级符号、脱氧方法符号 4 个部分按顺序组成，如 Q235AF。所采用的符号分别用下列字母表示：

Q——钢材屈服强度“屈”字汉语拼音首位字母；

A、B、C、D——分别为质量等级；

F——沸腾钢“沸”字汉语拼音首位字母；

Z——镇静钢“镇”字汉语拼音首位字母；

TZ——特殊镇静钢“特镇”两字汉语拼音首位字母。

在牌号组成表示方法中，“Z”与“TZ”符号予以省略。根据上述牌号表示方法，Q235AF 表示屈服点为 235 N/mm^2、质量等级为 A 级的沸腾钢。

根据《低合金高强度结构钢》(GB/T 1591—2018)，钢材牌号由代表屈服强度的字母 Q、规定的最小上屈服强度的数值、交货状态代号(热轧 AR 或 WAR、正火 N、正火轧制+N、热机械轧制 M 或 TMCP)[1]、质量等级符号(B、C、D、E、F)4 个部分按顺序组成[2]。如 Q355ND,其中:

Q——钢材屈服强度的"屈"字汉语拼音首位字母;

335——规定的最小上屈服强度数值,单位为 MPa;

N——交货状态为正火或正火轧制;

D——质量等级为 D 级。

根据《建筑结构用钢板》(GB/T 19879—2015),钢材牌号由代表屈服强度的字母 Q、规定的最小屈服强度的数值、代表高性能建筑结构用钢的汉语拼音字母(GJ)、质量等级符号(B、C、D、E)4 个部分按顺序组成。如:Q345GJ。

GB/T 700—2006 中碳素结构钢的牌号共分 4 种,即 Q195、Q215、Q235 和 Q275。其中 Q235 钢是《钢结构设计标准》推荐采用的钢材,它的质量等级分为 A、B、C、D 四级,各级的化学成分和机械性能相应有所不同(表 14-1、表 14-4)。另外,A、B 级钢分沸腾钢或镇静钢,而 C 级钢全为镇静钢,D 级钢则全为特殊镇静钢。在机械性能中,A 级钢保证 f_u、f_y、δ_5 和冷弯试验 4 项指标,不要求冲击韧性,冷弯试验也只在需方有要求时才进行,而 B、C、D 级钢均保证 f_u、f_y、δ_5、冷弯试验和冲击韧性(温度分别为:B 级 20℃、C 级 0℃、D 级−20℃)。

GB/T 1591—2018 中低合金高强度结构钢的牌号分 8 种,即 Q355[3]、Q390、Q420、Q460、Q500、Q550、Q620、Q690。前 4 个牌号是《钢结构设计标准》推荐采用的钢材,其化学成分和机械性能见表 14-2、表 14-5。从表中可见,4 个牌号的合金元素均以锰为主,另外至少再加入钒、铌、钛、铝中的一种,以细化钢晶粒。还可再加入稀土、钼、氮等,以更进一步改善钢的性能。在机械性能方面,《钢结构设计标准》推荐使用的 4 个牌号均应保证 f_y、f_u、δ_5、冷弯和冲击韧性(温度分别为:B 级+20℃、C 级 0℃、D 级−20℃)5 项指标。

GB/T 18979—2015 中建筑结构用钢板的牌号共分 9 种,即 Q235GJ、Q345GJ、Q390GJ、Q420GJ、Q460GJ、Q500GJ、Q550GJ、Q620GJ、Q690GJ 钢板,其中 Q345GJ 是《钢结构设计标准》推荐采用的钢材,其化学成分和机械性能见表 14-3、表 14-6。

除上述《钢结构设计标准》推荐的 Q235、Q355、Q390、Q420、Q460 和 Q345GJ 钢 6 个牌号外,其他专用结构钢如《桥梁用结构钢》(GB/T 714—2015)中的 Q345q、Q370q 和 Q420q 等;《耐候结构钢》(GB/T 4171—2008)中的焊接耐候钢 Q235NH、Q295NH、Q355NH、Q415NH 等;《高层建筑结构用钢板》(YB 4104—2000)中的 Q235GJ、Q345GJ 和 Q235GJZ、Q345GJZ(字母 Z 表示 Z 向钢板)等钢号,由于其机械性能优于一般钢种,故也适用于钢结构。

14.4.3 钢材的选用

钢材的选用原则是:保证结构安全可靠,同时要经济合理,节约钢材。

如前所述,钢材的强度和质量等级可由机械性能中的 f_u(抗拉强度)、δ_5(伸长率)、f_y

---

① 交货状态为热轧时,交货状态代号 AR 或 WAR 可省略;交货状态为正火或正火轧制状态时,交货状态代号均用 N 表示。

② Q+规定的最小屈服强度数值+交货状态代号,简称为"钢级"。

③ 新国标《低合金高强度结构钢》(GB/T 1591—2018)于 2019 年 2 月 1 日实施,其以 Q355 钢级代替了 2008 版国标中的 Q345 钢级。

(屈服点)、180°冷弯和 A_{kv}(常温及负温冲击韧性)等指标和化学成分中的碳、锰、硅、硫、磷和合金元素的含量是否符合规定,以及脱氧方法(沸腾钢、镇静钢、特殊镇静钢)等作为标准来衡量。显然,不论何种构件,一律采用强度和质量等级高的钢材是不合理的,而且钢材强度等级高(如 Q355、Q390、Q420 钢)或质量等级高(C、D、E 级),其价格亦增高。因此,钢材的选用应结合需要全面考虑,合理选择。现就需考虑的主要因素分述如下。

1) 结构的重要性

根据《建筑结构可靠性设计统一标准》(GB 50068—2018)的规定,建筑物(及其构件)按其破坏后果的严重性,分为重要的、一般的和次要的 3 类,相应的安全等级为一级、二级和三级(见表 14-9)。因此,对安全等级为一级的重要的房屋(及其构件),如重型厂房钢结构、大跨钢结构、高层钢结构等,应选用质量好的钢材。对一般或次要的房屋及其构件可按其性质,选用普通质量的钢材。

表 14-9　建筑结构的安全等级

安全等级	破坏后果	建筑物类型
一级	很严重	重要的房屋
二级	严重	一般的房屋
三级	不严重	次要的房屋

2) 荷载特征

结构所受荷载分静力荷载和动力荷载两种,对直接承受动力荷载的构件如吊车梁,应选用综合质量和韧性较好的钢材。对承受静力荷载的结构,可选用普通质量的钢材。

3) 连接方法

钢结构的连接方法有焊接和非焊接(采用紧固件连接)之分。焊接结构由于焊接过程的不均匀加热和冷却,会对钢材产生许多不利影响(详见第 15 章),因此,其钢材质量应高于非焊接结构,须选择碳、硫、磷含量较低,塑性和韧性指数较高,可焊性较好的钢材。

4) 工作条件

结构的工作环境对钢材有很大影响,如钢材处于低温工作环境时易产生低温冷脆,此时应选用抗低温脆断性能较好的镇静钢。另外,对周围环境有腐蚀性介质或处于露天的结构,易引起锈蚀,所以应选择具有相应抗腐蚀性能的耐候钢材。

5) 钢材厚度

厚度大的钢材不仅强度、塑性、冲击韧性较差,而且其焊接性能和沿厚度方向的受力性能亦较差。故在需要采用大厚度钢板时,应选择 Z 向钢板,其材质应符合现行国家标准《厚度方向性能钢板》(GB/T 5313—2010)的规定。

根据上述原则,《钢结构设计标准》结合我国多年来的工程实践和钢材生产情况,对承重结构的钢材推荐采用 Q235、Q345(Q355①)、Q390、Q420、Q460、Q345GJ 钢。

对承重结构的钢材,应具有屈服强度、抗拉强度、断后伸长率和硫、磷含量的合格保证,对焊接结构尚应具有碳当量的合格保证。焊接承重结构以及非焊接承重结构采用的钢材应

① 新国标《低合金高强度结构钢》(GB/T 1591—2018)于 2019 年 2 月 1 日实施,其以 Q355 钢级代替了 2008 版国标中的 Q345 钢级。

具有冷弯试验的合格保证；对于直接承受动力荷载或需验算疲劳的构件所用的钢材尚应具有冲击韧性的合格保证。这是《钢结构设计标准》的强制性条文。

A 级钢仅可用于结构工作温度高于 0℃的不需要验算疲劳的结构，且 Q235A 钢不宜用于焊接结构。对于需验算疲劳的焊接结构用钢材，当工作温度高于 0℃时其质量等级不应低于 B 级；当工作温度不高于 0℃但高于 −20℃时，Q235、Q345 钢不应低于 C 级，Q390、Q420、Q460 钢不应低于 D 级；当工作温度不高于 −20℃时，Q235、Q345 钢不应低于 D 级，Q390、Q420、Q460 钢应选用 E 级。对于需要验算疲劳的非焊接结构，其钢材质量等级要求可较上述焊接结构降低一级但不应低于 B 级。吊车起重量不小于 50 t 的中级工作制吊车梁，其质量等级要求应与需要验算疲劳的构件相同。

《钢结构设计标准》还进一步规定：当工作温度不高于 −20℃的受拉构件及承重构件的受拉板材，其厚度或直径不宜大于 40 mm，质量等级不宜低于 C 级；当钢材厚度或直径不小于 40 mm 时，其质量等级不宜低于 D 级；重要承重结构的受拉板材宜选用满足现行国家标准《建筑结构用钢板》(GB/T 19879—2015)的规定。

14.4.4 钢材的品种和规格

钢结构采用的钢材品种主要为热轧钢板和型钢以及冷弯薄壁型钢和压型板。

1）钢板

钢板分厚钢板、薄钢板和扁钢，其规格用符号“—”和宽度×厚度×长度的毫米数表示。如：—300×10×3 000 表示宽度为 300 mm、厚度为 10 mm、长度为 3 000 mm 的钢板。

厚钢板：厚度大于 4 mm，宽度 600～3 000 mm，长度 4～12 m；

薄钢板：厚度小于 4 mm，宽度 500～1 500 mm，长度 0.5～4 m；

扁钢：厚度 4～60 mm，宽度 12～200 mm，长度 3～9 m。

2）热轧型钢

常用的热轧型钢有 H 型钢、T 型钢、工字钢、槽钢、角钢等(图 14-11)。

练一练

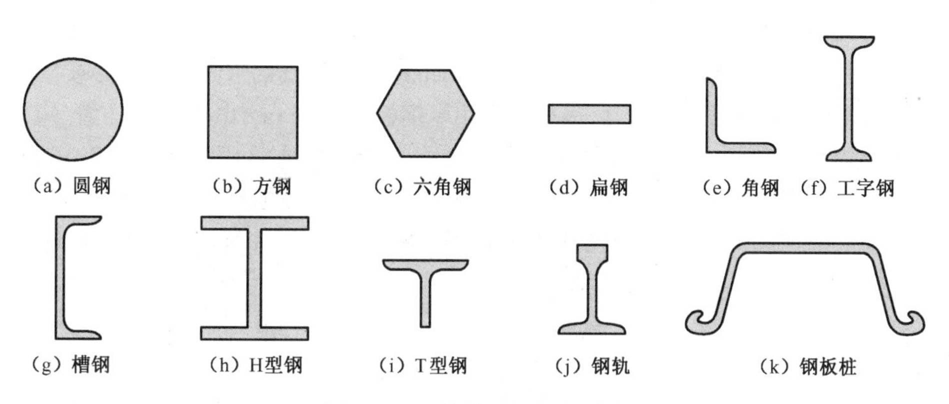

图 14-11 热轧型钢断面型式

H 型钢和 T 型钢(全称为剖分 T 型钢，因其由 H 型钢、对半分割而成)是近年来我国推广应用的新品种热轧型钢，其新国标为《热轧 H 型钢和部分 T 型钢》(GB/T 11263—2017)。由于其截面形状较之于传统型钢(工、槽、角)合理，使钢材能更好地发挥效能(与工字钢比较，两者重量相近时，H 型钢不仅高度方向抵抗矩 W_x 要大 5%～10%，且宽度方向的惯性矩

I_y要大1～1.3倍)，且其内、外表面平行，便于和其他构件连接，因此只需少量加工，便可直接用作柱、梁和屋架杆件。H型钢和T型钢均分为宽、中、窄3种类别，其代号分别为HW、HM、HN和TW、TM、TN。宽翼缘H型钢的翼缘宽度B与其截面高度H一般相等，中翼缘的$B \approx (2/3 \sim 1/2)H$，窄翼缘的$B = (1/2 \sim 1/3)H$。H型钢和T型钢的规格标记均采用：高度$H\times$宽度$B\times$腹板厚度$t_1\times$翼缘厚度$t_2$。如HM482×300×11×15(见附表4-1)表示500×300型号中的一种(另外一种为HM488×300×11×18，同型号H型钢的内侧净空相等)，用其剖分的T型钢为TM241×300×11×15(见附表4-2)。

工字钢、槽钢、角钢为用于钢结构的传统热轧型钢，其新国标为《热轧型钢》(GB/T 700—2016)。

工字钢型号用符号“I”及号数表示(附表4-3)，号数代表截面高度的厘米数。20号和32号以上的普通工字钢，同一号数中又分a、b和a、b、c类型，其腹板厚度和翼缘宽度均分别递增2 mm。如I36a表示截面高度为360 mm、腹板厚度为a类的普通工字钢。工字钢宜尽量选用腹板厚度最薄的a类，这是因为其重量轻，而截面惯性矩相对却较大。我国生产的最大普通工字钢为63号，长度为5～19 m。工字钢由于宽度方向的惯性矩和回转半径比高度方向的小得多，因而在应用上有一定的局限性，一般宜用于单向受弯构件。

槽钢型号用符号“[”及号数表示(附表4-4)，号数也代表截面高度的厘米数。14号和25号以上的普通槽钢，同一号数中又分a、b和a、b、c类型，其腹板厚度和翼缘宽度均分别递增2 mm。如[36a表示截面高度为360 mm、腹板厚度为a类的普通槽钢。我国生产的最大槽钢为40号，长度为5～19 m。

角钢分为等边角钢和不等边角钢两种(附表4-5、附表4-6)。等边角钢的型号用符号“∟”和肢宽×肢厚的毫米数表示，如∟100×10为肢宽100 mm、肢厚10 mm的等边角钢。不等边角钢的型号用符号“∟”和长肢宽×短肢宽×肢厚的毫米数表示，如∟100×80×8为长肢宽100 mm、短肢宽80 mm、肢厚8 mm的不等边角钢。我国目前生产的最大等边角钢的肢宽为200 mm，最大不等边角钢的两个肢宽为200 mm×125 mm。角钢的长度一般为3～19 m。

3) 冷弯型钢和压型钢板

建筑中使用的冷弯型钢常用厚度为1.5～5 mm的薄钢板或钢带经冷轧(弯)或模压而成，故也称为冷弯薄壁型钢(图14-12)。另外还有用厚钢板(大于6 mm)冷弯成的方管、矩形管、圆管等称为冷弯厚壁型钢。压型钢板是冷弯型钢的另一种形式，它是用厚度为0.3～2 mm的镀锌或镀铝锌钢板、彩色涂层钢板经冷轧(压)成的各种类型的波形板，图14-13所示为其中几种。冷弯型钢和压型钢板分别适用于轻钢结构的承重构件和屋面、墙面构件。

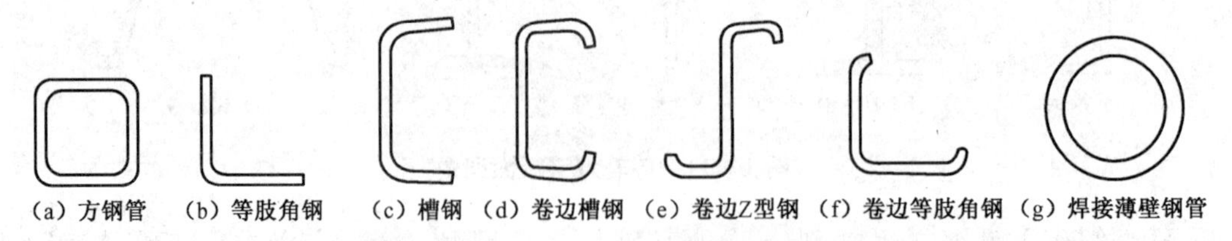

图14-12 冷弯薄壁型钢

冷弯型钢和压型钢板都属于高效经济截面，由于薄壁，截面几何状态开展，截面惯性矩大，刚度好，故能高效地发挥材料的作用，节约钢材。

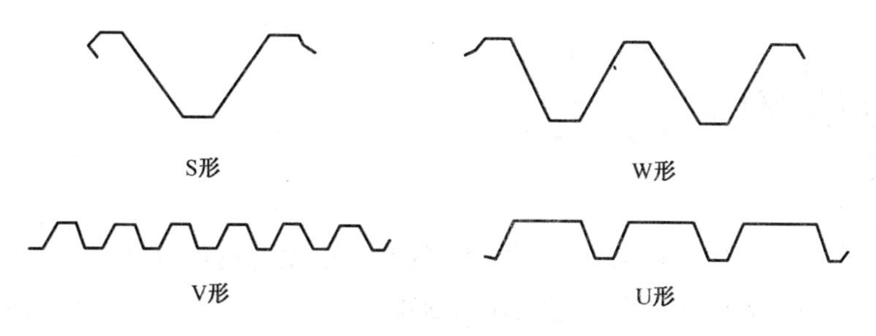

图 14-13 压型钢板部分板型

本章小结

1. 钢材在受力破坏时，表现为塑性破坏和脆性破坏两种特征。

2. 钢材的工作特性可以分为 5 个阶段，分别是弹性阶段、弹塑性阶段、屈服阶段、强化阶段、颈缩阶段。

3. 钢材的机械性能包括强度、塑性、冷弯性能、韧性等。

4. 屈服点 f_y 和抗拉强度 f_u 是钢材强度的两项重要指标。

5. 伸长率 δ 和截面收缩率 Ψ 是钢材塑性的两项重要指标。

6. 钢材机械性能受化学成分、冶炼和轧制、钢材硬化、温度、复杂应力作用、应力集中、残余应力和重复荷载作用(疲劳)等因素的影响。

7. 按化学成分分类，可分为非合金钢、低合金钢和合金钢。

8. 钢结构用钢的牌号由代表屈服点的字母、屈服点的数值、质量等级符号、脱氧方法符号 4 个部分按顺序组成。

9. 钢材的选用原则是：保证结构安全可靠，同时要经济合理，节约钢材。

10. 钢材选用考虑的主要因素有：结构的重要性、荷载特征、连接方法、工作条件、钢材厚度。

11. 钢结构用的钢材品种主要有热轧钢、型钢、冷弯薄壁型钢和压型板。

复习思考题

14.1 钢结构对钢材性能有哪些要求？这些要求用哪些指标来衡量？

14.2 钢材受力有哪两种破坏形式？它们对结构安全有何影响？

14.3 影响钢材机械性能的主要因素有哪些？为何低温下及复杂应力作用下的钢结构要求质量较高的钢材？

思考题解析

14.4 钢结构中常用的钢材有哪几种？钢材牌号的表示方法是什么？

14.5 钢材选用应考虑哪些因素？怎样选择才能保证经济合理？

习 题

14.1 浏览最近 5 期《钢结构》杂志或其他有关钢结构的书籍，摘读其中有关我国近期钢材生产、研究情况的内容，然后写一份 500～1 000 字的读书报告。

14.2 全班组织一次学习讨论会，请几位同学宣读上述读书报告，并就报告内容进行讨论。

15 钢结构的连接

钢结构构件间的连接主要包括次梁与主梁的连接，梁与柱的连接，柱与基础的连接（柱脚）等。连接方法有焊接、普通螺栓连接和高强螺栓连接。从传力性能看，连接结点可分为铰接、刚接和半刚性连接。连接设计的原则是安全可靠，传力明确，构造简单，便于制造、运输、安装及维护。

15.1 构件间的连接

15.1.1 次梁与主梁连接

次梁与主梁的连接有铰接（简支梁形式）和刚接（连续梁形式）两种，前者多用于平台梁系，后者则多用于多层框架。次梁均以主梁为支点，并最大限度地保持建筑的净空高度。

次梁与主梁的连接按其相对位置可分为叠接（层接）和平接（侧面连接）两类。叠接就是直接把次梁放在主梁上，并用焊缝或螺栓相连（图 15-1(a)）。叠接需要的结构高度很大，所以应用中常受到限制。平接时次梁可根据具体条件与主梁顶面等高或较之略高或略低。次梁端部与主梁翼缘冲突部分应切成圆弧过渡，避免产生严重的应力集中。图 15-1(b)为次梁腹板用螺栓连接于主梁加劲肋上的情况。这种连接构造简单，安装方便，在实际工程中经常采用。图 15-1(c)是利用 2 个短角钢将次梁连接于主梁腹板的情形。通常先在主梁腹板上焊上一个短角钢，待次梁就位后再加另一个短角钢并用安装焊缝焊牢。

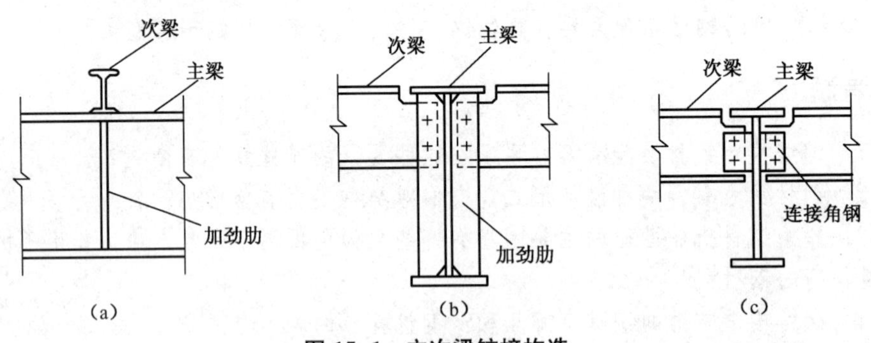

图 15-1 主次梁铰接构造

当次梁或主梁的跨度和荷载较大时，为了减少梁的挠度，次梁与主梁的连接可以采用刚接构造（图 15-2）。由于次梁的负弯矩主要由翼缘承受，故可在次梁与主梁交接处的次梁翼缘上设置连接盖板。这样，截面弯矩产生的上翼缘水平拉力由连接盖板直接传递，截面弯矩产生的下翼缘水平压力则由承托顶板通过主梁腹板传递。

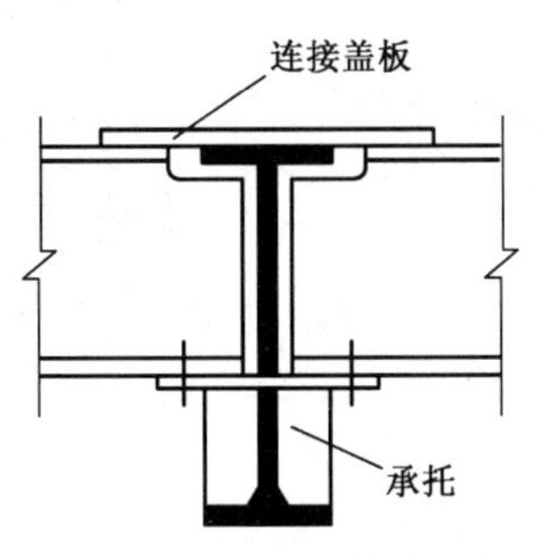

图 15-2 主次梁刚接构造

15.1.2 梁与柱连接

梁与柱的铰接做法有两种构造型式：一种是将梁直接置于柱顶(图 15-3)；另一种是将梁连接于柱侧(图 15-4)。将梁置于柱顶时，应在柱上端设置具有一定刚度的顶板。图 15-3(a)所示构造型式传力明确，柱为轴心受压；图 15-3(b)的连接构造简单，制造和安装方便，但两梁的荷载不等时使柱偏心受压。将梁连接于柱侧时，图 15-4(a)所示构造处理简单，传力明确，制造和安装也较为方便。做法是：梁支承于柱的下部承托上，但在梁端顶部还应在构造上设置顶部短角钢以防止梁端在受力后发生出平面的偏移，同时又不至于影响梁端在梁平面内比较自由地转动，从而较好地符合铰接计算简图的要求。这种做法在设计中采用较多。图 15-4(b)的构造适用于梁支座反力较大的情况，梁的反力通过用厚钢板制成的承托传递到柱子上，这种构造传力虽然明确，但对制造和安装精度的要求较高。

练一练

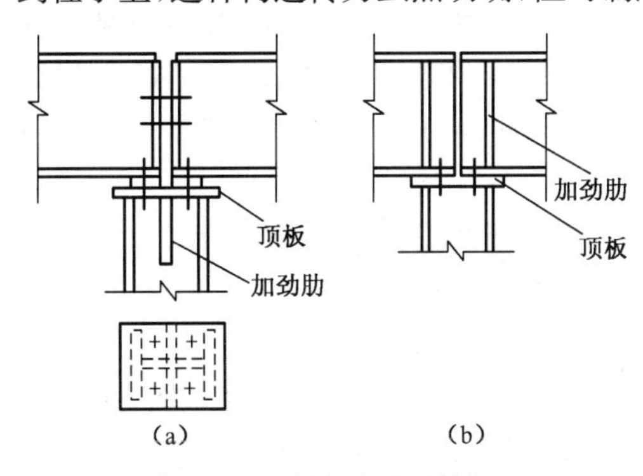

图 15-3 梁直接置于柱顶

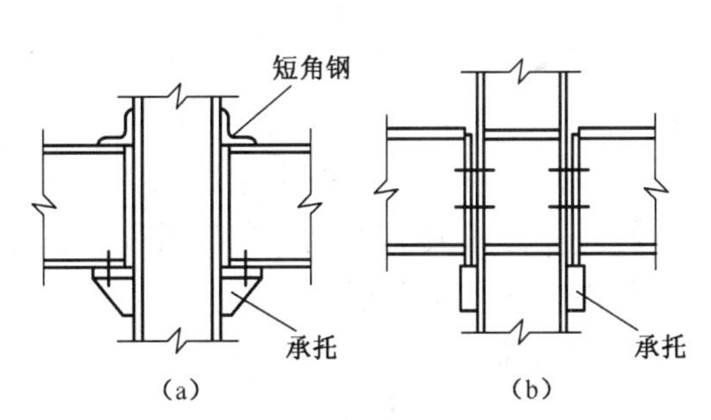

图 15-4 梁连接于柱侧

在多层框架结构中，常要求梁与柱的连接结点为刚接。这时的结点不仅要求能传递反力，而且要求能传递弯矩，因而构造和施工都较复杂。在梁与柱的刚接中，通常柱是贯通的，梁与柱进行工地现场连接。其做法一种是将梁端部直接与柱相连接，另一种是将梁与预先焊在柱上的梁悬臂相连接。图 15-5 给出了梁端部与柱直接连接时的几种形式：图 15-5(a)表示梁的翼缘和腹板与柱的全焊接连接；图 15-5(b)表示梁的翼缘与柱焊接，梁的腹板则通过焊在柱上的连接件与柱用高强螺栓连接；图 15-5(c)表示梁翼缘通过专用的 T 形铸钢件和连接角钢与柱用高强螺栓连接；图 15-5(d)表示梁通过端板与柱用高强螺栓连接。其中，图 15-5(a)的形式多用于梁悬臂段与柱在工厂的连接。为了保证柱腹板不致被压坏或局部失稳，通常在梁翼缘对应位置设置柱的横向加劲肋。

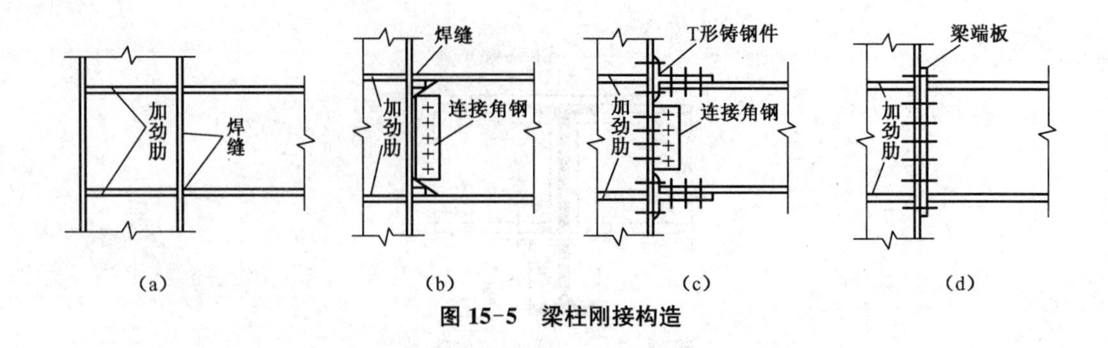

图 15-5 梁柱刚接构造

15.2 焊缝连接

钢结构的连接方法可分为焊接连接、铆钉连接和螺栓连接 3 种，如图 15-6。

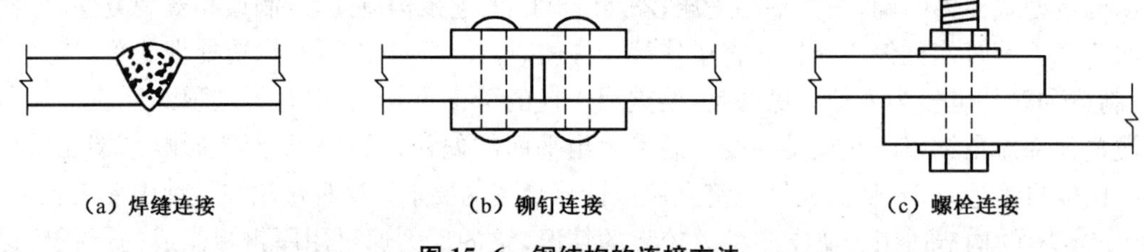

图 15-6 钢结构的连接方法

焊接连接是目前钢结构最主要的连接方法，其优点是焊件一般可直接连接，不削弱焊件截面，构造简单，节约钢材，加工方便，易于采用自动化操作。但由于施焊时的高温，使局部材质变脆；冷却时散热不均匀，使构件内部产生焊接残余应力和残余变形；局部裂缝易扩展到整体，并有突出的低温冷脆现象。

钢结构的焊接方法有电弧焊、电阻焊和气焊等。电弧焊的质量比较可靠，是最常用的一种焊接方法。电阻焊是利用电流通过焊件接触点表面的电阻所产生的热量来熔化金属，再加压力使其焊合，常用于冷弯薄壁型钢的焊接，其板叠厚度不宜超过 12 mm。

焊接连接形式按被连接构件间的相对位置分为平接(图 15-7(a)、(b))、搭接(图 15-7(c)、(d))、角接(图 15-7(e)、(f))和 T 形连接(图 15-7(g)、(h)，(h)为焊透的 T 形连接)4 种。按焊缝的截面形状分为角焊缝(图 15-7(b)、(c)、(d)、(f)、(g))和对接焊缝(图 15-7(a)、(e)、(h))。前者便于加工，后者的受力性能好，除工厂接料和重要部位的连接采用对接焊缝外，一般采用角焊缝。

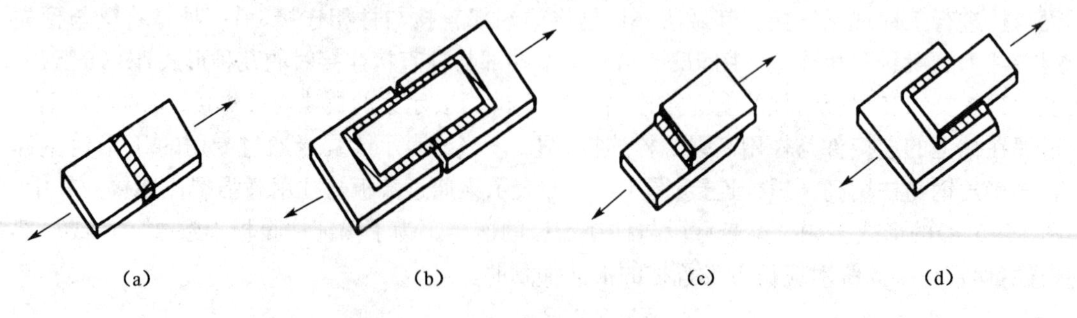

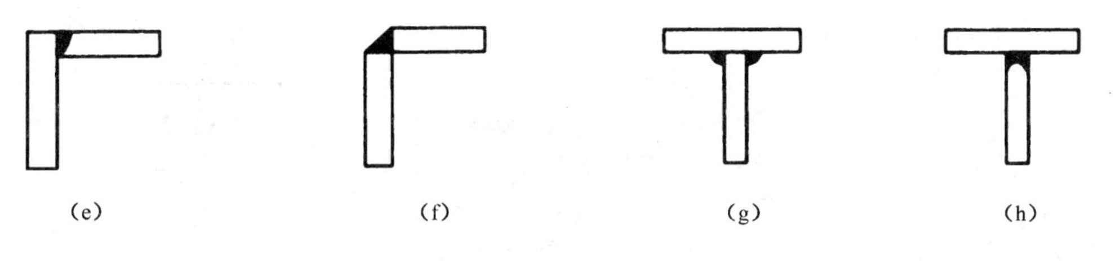

图 15-7　焊缝连接型式

焊缝型式:对接焊缝按所受力的方向可分为对接正焊缝和对接斜焊缝;角焊缝长度方向垂直于力作用方向的称为正面角焊缝,平行于力作用方向的称为侧面角焊缝(图 15-8)。

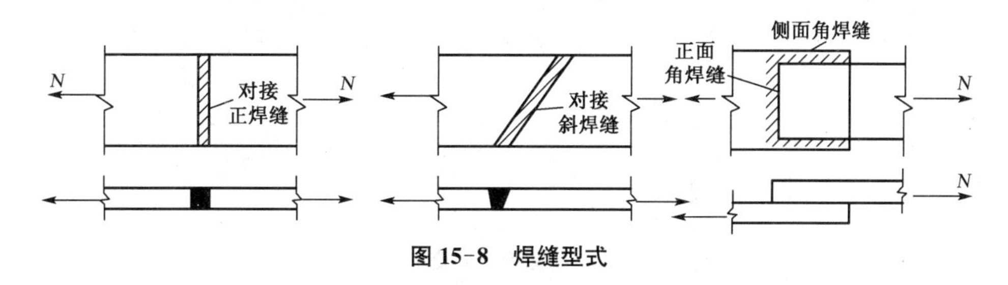

图 15-8　焊缝型式

焊缝按施焊位置可分为平焊、立焊、横焊和仰焊 4 种型式(图 15-9)。平焊亦称俯焊,其施焊方便,质量易于保证,故应尽量采用。立焊、横焊施焊较难,焊缝质量和效率均较平焊低。仰焊的施焊条件最差,焊缝质量不易保证,故应从设计构造上尽量避免。图 15-9(e)所示为 T 形接头角焊缝在工厂常采用的船形焊,它也属于平焊型式。

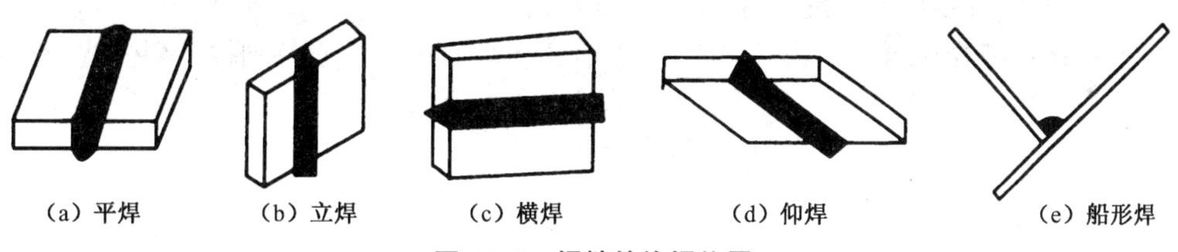

图 15-9　焊缝的施焊位置

15.2.1　对接焊缝的构造和计算

1) 对接焊缝的构造

对接焊缝按坡口型式分为 I 形缝、带钝边单边 V 形缝、带钝边 V 形缝(也叫 Y 形缝)、带钝边 U 形缝、带钝边双单边 V 形缝和双 Y 形缝等,如图 15-10 所示。各种型式根据焊件厚度的不同而分别取用。为了保证焊透,对于没有条件清根和补焊者,要事先加垫板。

在钢板宽度或厚度有变化的连接中,为了减少应力集中,应从板的一侧或两侧做成坡度不大于 1∶2.5 的斜坡,形成平缓过渡,如图 15-11。焊缝的计算厚度取较薄板的厚度。

2) 对接焊缝的强度计算

(1) 对接焊缝受垂直于焊缝的轴心拉力或轴心压力作用时,其强度应按下式计算:

$$\sigma = \frac{N}{l_w h_e} \leqslant f_t^w \text{ 或 } f_c^w \qquad (15\text{-}1)$$

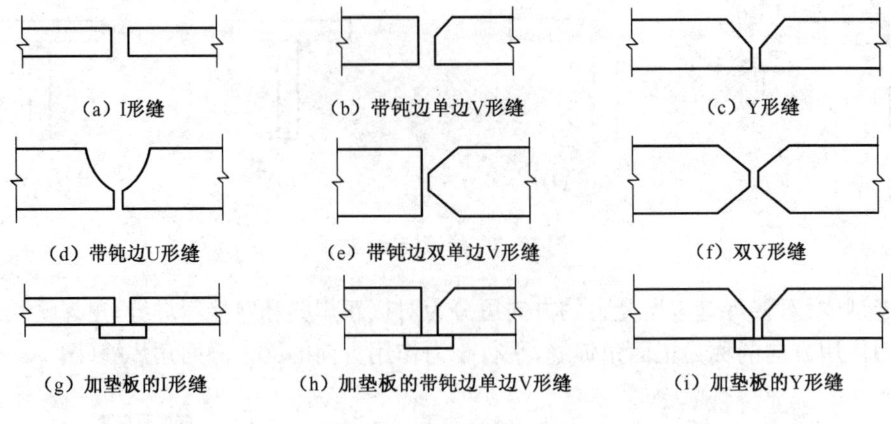

图 15-10 对接焊缝坡口型式

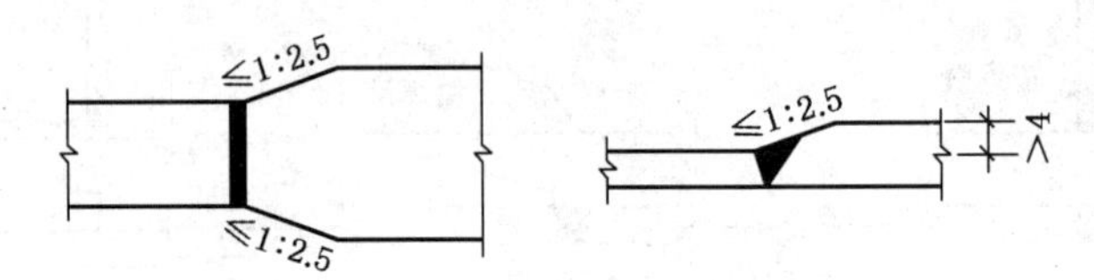

图 15-11 不同宽度或厚度的钢板拼接

式中：N——轴心拉力或轴心压力；

h_e——对接焊缝的计算高度，在对接接头中为连接件的较小厚度，在 T 形接头中为腹板的厚度；

l_w——焊缝长度，当无法采用引弧板和引出板施焊时，每条焊缝长度计算值应减去 $2t$；

f_t^w、f_c^w——对接焊缝的抗拉、抗压强度设计值。

(2) 对接焊缝受弯矩和剪力共同作用时，其正应力和剪应力应分别按下列公式计算：

$$\sigma = \frac{M}{W_w} \leqslant f_t^w \tag{15-2}$$

$$\tau = \frac{VS_w}{I_w t_w} \leqslant f_v^w \tag{15-3}$$

式中：W_w——焊缝截面抵抗矩；

S_w——焊缝截面计算剪应力处以上部分对中和轴的面积矩；

I_w——焊缝截面惯性矩；

t_w——腹板的厚度；

f_v^w——对接焊缝抗剪强度设计值。

在同时受有较大正应力 σ 和剪应力 τ 处（例如梁腹板横向对接焊缝的端部），应按下式计算折算应力：

$$\sqrt{\sigma^2 + 3\tau^2} \leqslant 1.1 f_t^w \tag{15-4}$$

15.2.2 角焊缝的构造和计算

1) 角焊缝的构造

角焊缝的直角顶是在焊缝深处，称为焊根。焊缝自由表面同基材相交点，称为焊趾。焊缝三角形的两腰，叫做焊脚，用 h_f 表示。自由表面有时向外凸（尤其是采用低电流的手工焊），有时向内凹（尤其是采用大电流进行俯焊的自动焊），但在计算焊缝的有效截面时，总是按自由表面是平面，且所取的三角形完全是在焊缝金属之内为原则来划定的。其底边上的高，叫计算厚度，用 h_e 表示。相应地，直角角焊缝的截面型式可分为普通型、平坦型和凹面型 3 种（如图 15-12 所示）。

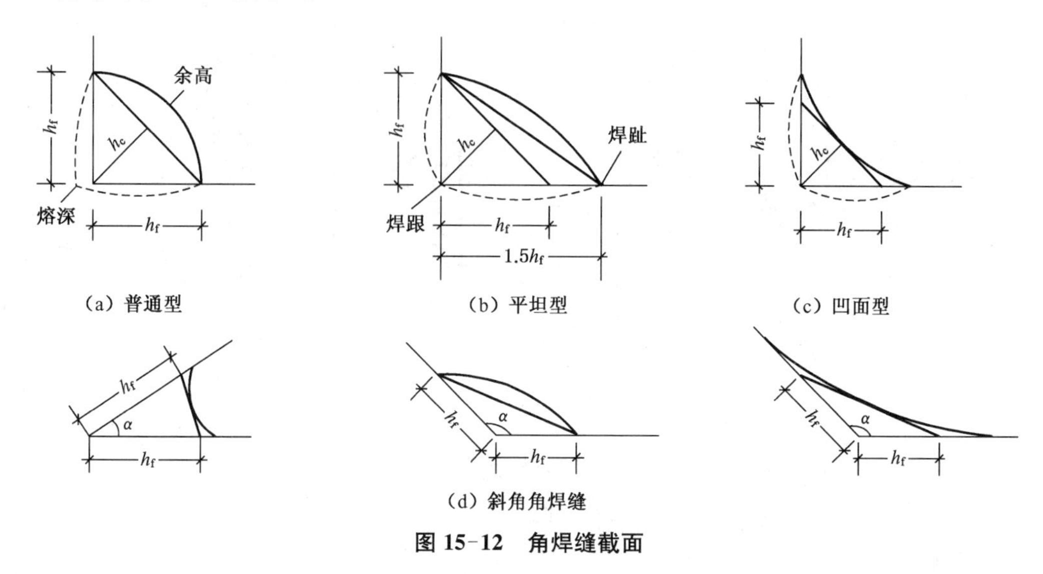

图 15-12　角焊缝截面

角焊缝两焊脚边的夹角 α 一般为 90°（直角角焊缝）。夹角 $\alpha>135°$ 或 $\alpha<60°$ 的斜角角焊缝，不宜用作受力焊缝（钢管结构除外）。

角焊缝的焊脚尺寸宜按表 15-1 取值。

表 15-1　角焊缝最小尺寸(mm)

母材厚度 t	角焊缝最小焊脚尺寸 h_f
$t\leqslant 6$	3
$6<t\leqslant 12$	5
$12<t\leqslant 20$	6
$t>20$	8

侧面角焊缝或正面角焊缝的计算长度不得小于 $8h_f$ 和 40 mm。侧面角焊缝的计算长度不宜大于 $60h_f$，当大于上述数值时，其超过部分在计算中不予考虑。

在搭接连接中，搭接长度不得小于焊件较小厚度的 5 倍，并不得小于 25 mm。

2）直角角焊缝的强度计算

图 15-13 所示角焊缝同时受弯、剪和轴力作用。在弯矩作用下产生垂直于焊缝长度方向的应力 σ_f^M，在剪力作用下产生平行于焊缝长度方向的应力 τ_f^V，在轴力作用下产生垂直于焊缝长度方向的应力 σ_f^N。通常认为角焊缝破坏发生在最小截面，即计算厚度截面。计算时，假定 σ_f^N、τ_f^V 沿计算厚度的剪切面均匀分布，σ_f^M 则为线性分布，于是有下述应力计算公式（注意：此处有两条侧面角焊缝）：

$$\sigma_f^M = \frac{6M}{2h_e l_w^2} \tag{15-5}$$

$$\tau_f^V = \frac{V}{2h_e l_w} \tag{15-6}$$

$$\sigma_f^N = \frac{N}{2h_e l_w} \tag{15-7}$$

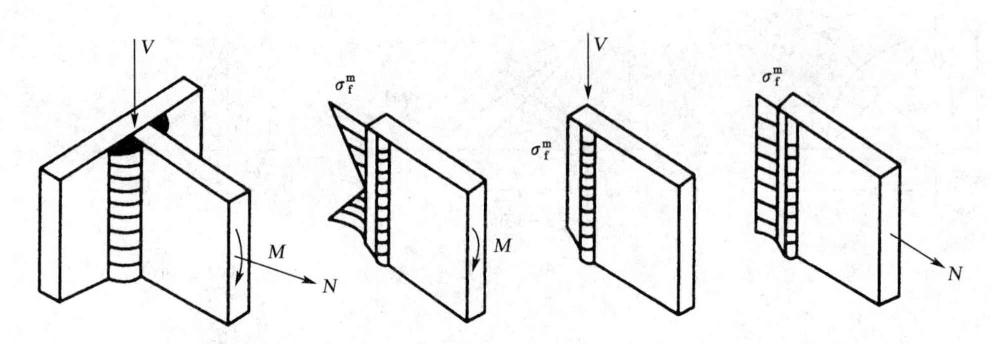

图 15-13 受弯、受剪、受拉的角焊缝

(1) 在通过焊缝形心的拉力、压力或剪力作用下

正面角焊缝(作用力垂直于焊缝长度方向)

$$\sigma_f = \frac{N}{h_e l_w} \leqslant \beta_f f_f^w \tag{15-8}$$

侧面角焊缝(作用力平行于焊缝长度方向)

$$\tau_f = \frac{N}{h_e l_w} \leqslant f_f^w \tag{15-9}$$

(2) 在其他力或各种力综合作用下,σ_f 和 τ_f 共同作用处

$$\sqrt{\left(\frac{\sigma_f}{\beta_f}\right)^2 + \tau_f^2} \leqslant f_f^w \tag{15-10}$$

式中:σ_f——按焊缝有效截面($h_e l_w$)计算,垂直于焊缝长度方向的应力。

τ_f——按焊缝有效截面计算,沿焊缝长度方向的剪应力。

h_e——直角角焊缝的计算厚度,当两焊件间隙 $b \leqslant 1.5$ mm 时,$h_e = 0.7h_f$;当 1.5 mm $< b <$ 5 mm 时,$h_e = 0.7(h_f - b)$。h_f 为焊脚尺寸。

l_w——角焊缝的计算长度,对每条焊缝取其实际长度减去 $2h_f$。

f_f^w——角焊缝的强度设计值。

β_f——正面角焊缝的强度设计值增大系数,对直接承受动力荷载的结构,$\beta_f = 1.0$,对承受静力荷载和间接承受动力荷载的结构,$\beta_f = 1.22$。

(3) 轴心力作用时

当用侧面角焊缝连接截面不对称的角钢时(如图 15-14),虽然轴心力通过截面形心,但由于截面形心到角钢肢背和肢尖的距离不等,肢背焊缝和肢尖焊缝受力也不相等。

设 N_1、N_2分别为角钢肢背焊缝和肢尖焊缝承担的内力。

① 当采用两条侧焊缝时

$$N_1 = K_1 N$$

$$N_2 = K_2 N$$

式中：K_1、K_2——焊缝内力分配系数，可按表 15-2 查得。

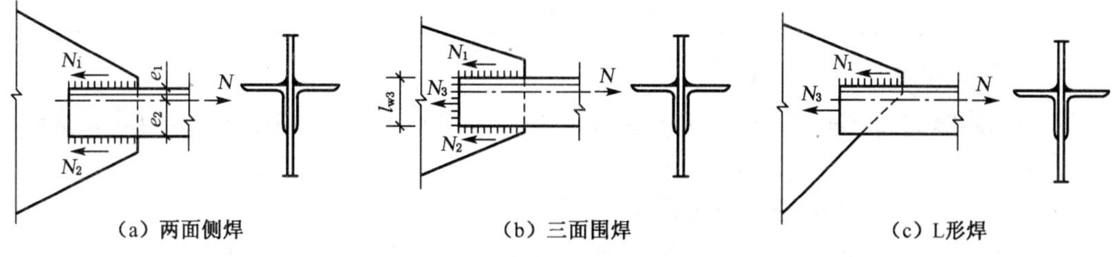

(a) 两面侧焊　　(b) 三面围焊　　(c) L形焊

图 15-14　角钢角焊缝上受力分配

② 当采用三面围焊时

先定正面角焊缝 h_f，并计算其承载力：

$$N_3 = 0.7h_f \sum l_{w3}\beta_f f_f^w$$

然后按如下两式计算侧焊缝：

$$N_1 = K_1 N - \frac{N_3}{2}$$

$$N_2 = K_2 N - \frac{N_3}{2}$$

③ 对于∟形角焊缝

先计算：$N_3 = 0.7h_f \sum l_{w3}\beta_f f_f^w$

然后计算：$N_1 = N - N_3$

表 15-2　角钢角焊缝的内力分配系数

连接情况	连接型式	分配系数	
		K_1	K_2
等肢角钢一肢连接		0.7	0.3
不等肢角钢短肢连接		0.75	0.25

续表 15-2

连接情况	连接型式	分配系数	
		K_1	K_2
不等肢角钢长肢连接		0.65	0.35

3）斜角角焊缝的强度计算

斜角角焊缝的强度应按式(15-8)～式(15-10)计算，但要按《钢结构设计标准》确定β_f和h_e值。

4）部分焊透的对接焊缝的强度计算

部分焊透的对接焊缝的强度，应按角焊缝的计算公式(15-8)～式(15-10)计算，且要按规范确定β_f和h_e值。

15.3 普通螺栓连接

螺栓连接有5种可能的破坏情况：螺栓杆被剪断、孔壁挤压、钢板被拉断、钢板被剪断和螺栓杆弯曲，如图15-15所示。前3种需要进行计算，后两者通过限制端距不小于$2d_0$和板叠厚度不大于$5d_0$来避免破坏(d_0为螺栓孔的直径)。

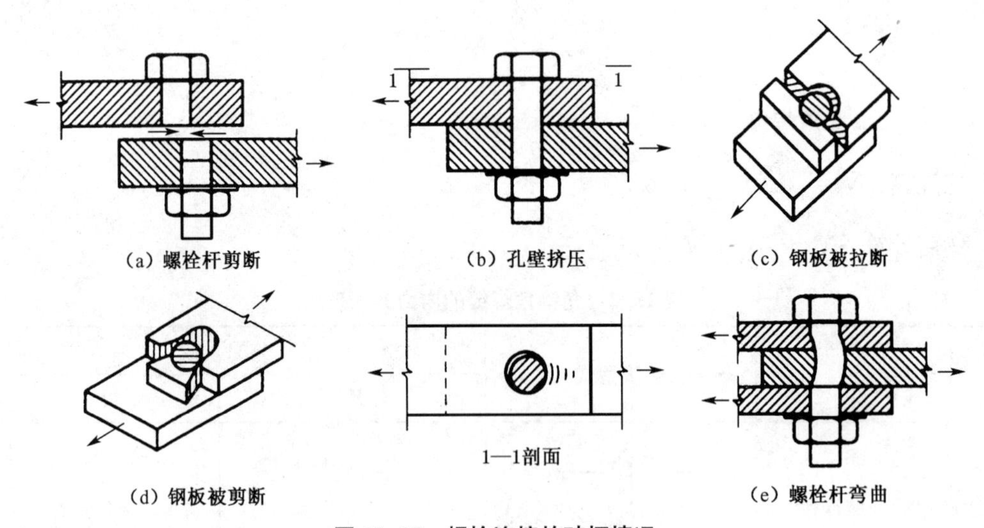

图15-15 螺栓连接的破坏情况

15.3.1 螺栓的排列

螺栓的排列应遵循简单紧凑、整齐划一和便于安装紧固的原则，通常采用并列和错列两种形式(图15-16)。并列形式简单，但栓孔削弱截面较大；错列形式可减少截面削弱，但排列较繁。不论采用哪种排列，螺栓的中距（螺栓中心间距）、端距（顺内力方向螺栓中心至构件边缘距离）和边距（垂直内力方向螺栓中心至构件边缘距离）应满足下列要求。

1）受力要求

螺栓任意方向的中距以及边距和端距均不应过小，以免受力时加剧孔壁周围的应力集中和防止钢板过度削弱而承载力过低，造成沿孔与孔或孔与边间拉断或剪断。当构件承受压力作用时，顺压力方向的中距不应过大，否则螺栓间钢板可能失稳形成鼓曲。

2）构造要求

螺栓的中距不应过大，否则钢板不能紧密贴合。对外排螺栓的中距以及边距和端距更不应过大，以防止潮气侵入引起锈蚀。

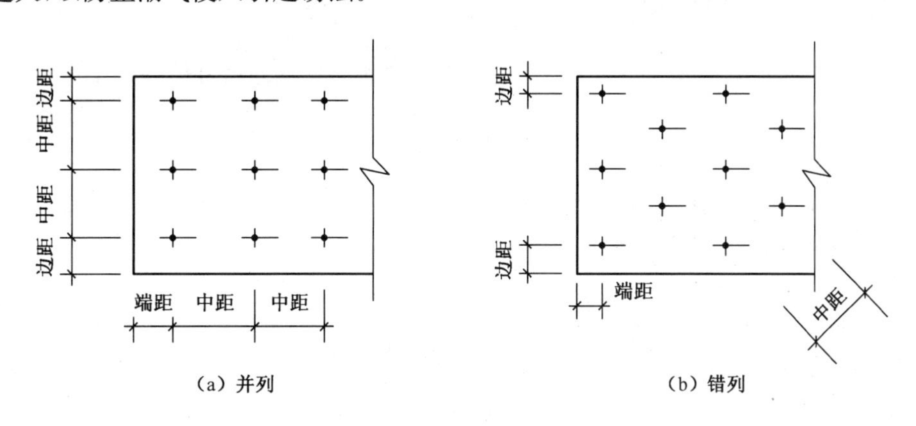

图 15-16 螺栓的排列

3）施工要求

螺栓间应有足够距离以便于转动扳手，拧紧螺母。

15.3.2 受剪螺栓连接

在普通螺栓受剪的连接中，每个普通螺栓的承载力设计值应取受剪和承压承载力设计值中的较小者。

1）受剪承载力设计值

$$N_v^b = n_v \frac{\pi d^2}{4} f_v^b \tag{15-11}$$

2）承压承载力设计值

$$N_c^b = d \cdot \sum t \cdot f_c^b \tag{15-12}$$

式中：n_v——受剪面数目，单剪 $n_v=1$，双剪 $n_v=2$，四剪 $n_v=4$，如图 15-17 所示；

d——螺栓杆直径，即螺栓的公称直径；

$\sum t$——在同一受力方向承压构件的较小总厚度；

f_v^b、f_c^b——螺栓的抗剪和承压强度设计值。

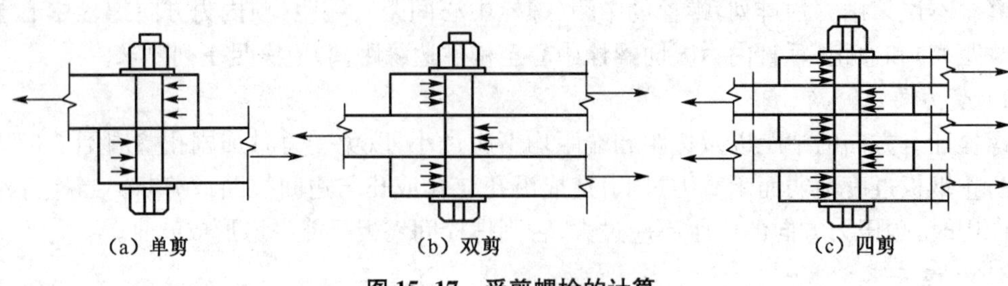

图 15-17　受剪螺栓的计算

15.3.3　受拉螺栓连接

练一练

在普通螺栓杆轴方向受拉的连接中，每个普通螺栓的承载力设计值为

$$N_t^b = \frac{\pi d_e^2}{4} f_t^b \tag{15-13}$$

式中：d_e——普通螺栓在螺纹处的有效直径，见表 15-3；

f_t^b——普通螺栓的抗拉强度设计值。

表 15-3　螺栓的有效面积

螺栓直径 d(mm)	螺距 p(mm)	螺栓有效直径 d_e(mm)	螺栓有效面积 A_e(mm^2)
16	2	14.123 6	156.7
18	2.5	15.654 5	192.5
20	2.5	17.654 5	244.8
22	2.5	19.654 5	303.4
24	3	21.185 4	352.5
27	3	24.185 4	459.4
30	3.5	26.716 3	560.6

15.3.4　受拉剪螺栓连接

同时承受剪力和杆轴方向拉力的普通螺栓，应符合下列公式的要求：

$$\sqrt{\left(\frac{N_v}{N_v^b}\right)^2 + \left(\frac{N_t}{N_t^b}\right)^2} \leqslant 1 \tag{15-14}$$

$$N_v \leqslant N_c^b \tag{15-15}$$

式中：N_v、N_t——一个普通螺栓所承受的剪力和拉力；

N_v^b、N_t^b、N_c^b——每个普通螺栓的受剪、受拉和承压承载力设计值。

15.4　高强螺栓连接

高强螺栓的形状、连接构造与普通螺栓基本相同。两者的主要区别：普通螺栓连接依靠杆身承压和抗剪来传递剪力(图 15-18(a)),在扭紧螺帽时螺栓产生的预拉力很小,其影响不予考虑;高强螺栓连接的工作原理则是有意给螺栓施加很大的预拉力,使被连接件接触面之间产生挤压力,因而垂直于螺杆方向有很大的摩擦力,依靠这种摩擦力来传递连接剪力(图 15-18(b))。

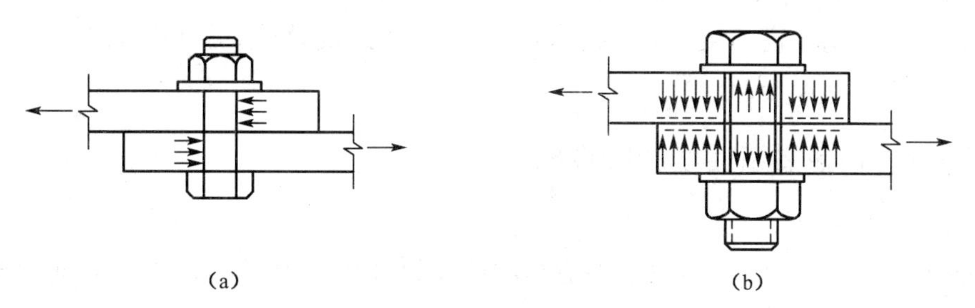

图 15-18 螺栓连接

从受力特征分,高强度螺栓连接有 3 种:摩擦型高强度螺栓、承压型高强度螺栓和受拉型高强度螺栓。摩擦型高强度螺栓仅由构件间的摩擦力传递剪力。承压型高强度螺栓当剪力超过摩擦力后逐渐转为螺栓杆与钢板孔壁间的承压和剪切的弹塑性工作,它破坏时与普通螺栓相似。受拉型高强度螺栓在抵消预挤压力后与普通螺栓受拉相同,但变形较小。

高强度螺栓的预应力,是通过扭紧螺帽实现的。普通高强度螺栓一般采用扭矩法、转角法,扭剪型高强螺栓则采用扭断螺栓尾部以控制预拉力。

高强度螺栓孔应采用钻成孔。摩擦型连接的高强度螺栓的孔径比螺栓公称直径 d 大 1.5~2.0 mm;承压型连接的高强度螺栓的孔径比螺栓公称直径 d 大 1.0~1.5 mm。

高强度螺栓承压型连接不应用于直接承受动力荷载的结构。

当型钢构件拼接采用高强度螺栓连接时,其拼接件宜采用钢板。

15.4.1 高强度螺栓摩擦型连接

1) 受剪螺栓连接

在抗剪连接中,每个高强度螺栓的承载力设计值为

$$N_v^b = 0.9 k n_f \mu P \tag{15-16}$$

式中:0.9——受力不均匀系数;

k——孔型系数;

n_f——传力摩擦面数目;

μ——摩擦面的抗滑移系数;

P——每个高强度螺栓的预拉力。

2) 受拉螺栓连接

在螺栓杆轴方向受拉的连接中,每个高强度螺栓的承载力设计值为

$$N_t^b = 0.8P \tag{15-17}$$

3) 受拉剪螺栓连接

当高强度螺栓摩擦型连接同时承受摩擦面间的剪力和螺栓杆轴方向的外拉力时,其承载力应按下式计算:

$$\frac{N_v}{N_v^b}+\frac{N_t}{N_t^b}\leqslant 1 \tag{15-18}$$

式中：N_v、N_t——一个高强度螺栓所承受的剪力和拉力；

N_v^b、N_t^b——每个高强度螺栓的受剪、受拉承载力设计值，分别用式(15-16)和式(15-17)计算。

15.4.2 高强度螺栓承压型连接

练一练

1) 受剪螺栓连接

在抗剪连接中，每个承压型连接高强度螺栓承载力设计值的计算方法与普通螺栓相同，采用公式(15-11)。但当剪切面在螺纹处时，其受剪承载力设计值应按螺纹处的有效面积进行计算。

在荷载标准值作用下，每个承压型连接的高强度螺栓抗剪承载力不得超过按摩擦型连接的公式(15-16)的计算值。即在正常使用状态使承压型高强度螺栓连接不产生滑移。

2) 受拉螺栓连接

在杆轴方向受拉的连接中，每个承压型连接高强度螺栓的承载力设计值：$N_t^b=0.8P$。

3) 受拉剪螺栓连接

同时承受剪力和杆轴方向拉力的承压型连接的高强度螺栓，应符合下列公式的要求：

$$\sqrt{\left(\frac{N_v}{N_v^b}\right)^2+\left(\frac{N_t}{N_t^b}\right)^2}\leqslant 1 \tag{15-19}$$

$$N_v\leqslant\frac{N_c^b}{1.2} \tag{15-20}$$

式中：N_v、N_t——每个高强度螺栓所承受的剪力和拉力；

N_v^b、N_t^b、N_c^b——每个高强度螺栓的受剪、受拉和承压承载力设计值，其中，N_c^b 按公式(15-12)计算。

15.5 螺栓群的计算

螺栓群按其受力可分为剪力螺栓群、拉力螺栓群和剪、拉螺栓群。以下着重讲解拉力螺栓群在力矩和轴力共同作用下的计算。

15.5.1 普通螺栓群

1) 确定中和轴

在弯矩 M 和轴心拉力 N 共同作用下(图 15-19)，首先需要确定普通螺栓群的转动中和轴的位置。

先假定转动中和轴位于螺栓群的形心轴 O，则螺栓群中受拉力最小的最下排的螺栓的受力为

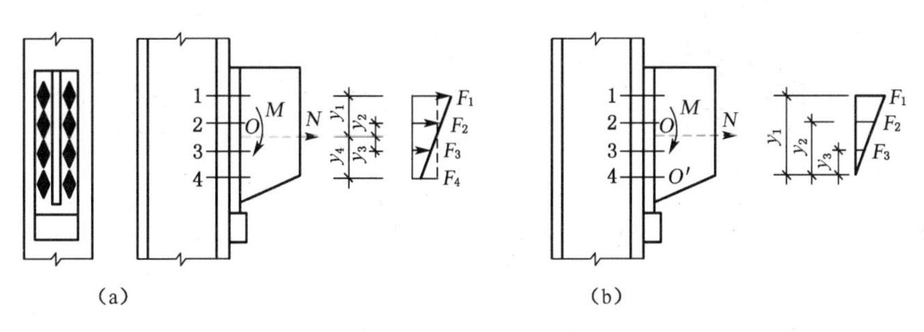

图 15-19　螺栓群的受力情况

$$F=\frac{N}{n}-\frac{My_n}{\sum_{i=1}^{n}y_i^2} \tag{15-21}$$

式中：N——轴力设计值；

M——弯矩设计值；

y_n、y_i——分别为最下排螺栓和第 i 排螺栓到中和轴的距离；

n——螺栓总个数。

若 $F\geqslant 0$，则满足假定条件，即中和轴在螺栓群形心轴 O 处，如图 15-19(a)所示；若 $F<0$，则中和轴应在最下排螺栓的轴心连线 O' 处，如图 15-19(b)所示。

练一练

2) 验算受拉力最大的螺栓

螺栓群中受拉力最大的最上排螺栓的受力为

$$F=\frac{N}{n}+\frac{My_1}{\sum_{i=1}^{n}y_i^2} \tag{15-22}$$

式中：y_1——最上排螺栓到中和轴的距离。

15.5.2　高强度螺栓群

在弯矩 M 和轴拉力 N 作用下，由于高强度螺栓预拉力较大，被连接构件的接触面一直保持着紧密贴合，因此中和轴保持在螺栓群形心轴 O 处(图 15-19(a))。

螺栓群中受拉力最大的是最上排螺栓，其所受的拉力用公式(15-22)计算。

【例题 15-1】 图 15-20 所示为一支托板与柱搭接连接，$l_1=300$ mm，$l_2=400$ mm，作用力的设计值 $V=200$ kN，钢材为 Q235-B，焊条为 E43 系列型，手工焊，作用力距柱边缘的距离为 $e=300$ mm，设支托板厚度为 12 mm，试设计角焊缝。

【解】 设三边的焊脚尺寸 h_f 相同，取 $h_f=8$ mm，并近似地按支托与柱的搭接长度来计算角焊缝的有效截面。因水平焊缝和竖向焊缝在转角处连续施焊，在计算焊缝长度时，仅在水平焊缝端部减去 8 mm，竖焊缝则不减少。

$$h_e=0.7h_f=5.6\text{ mm}$$

计算角焊缝有效截面的形心位置：

$$\bar{x}=2\times 0.56\times\frac{29.2^2}{2}/[0.56\times(2\times 29.2+40)]=8.67\text{ cm}$$

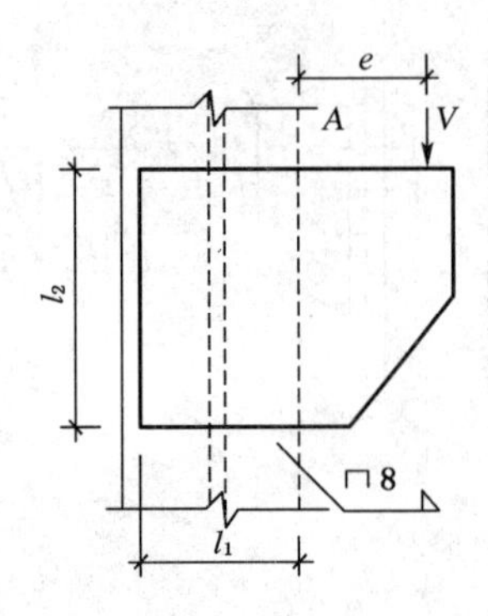

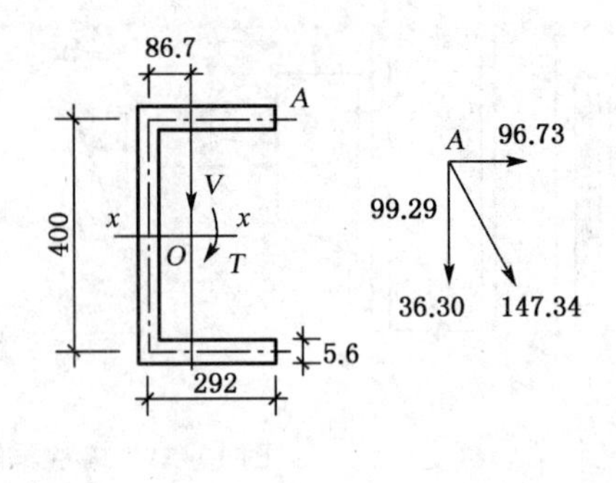

图 15-20

计算角焊缝有效截面的惯性矩：

$$I_{wx} = 0.56 \times (40^3/12 + 2 \times 29.2 \times 20^2) = 16\,068 \text{ cm}^4$$

$$I_{wy} = 0.56 \times [40 \times 8.67^2 + 2 \times 29.2^3/12 + 2 \times 29.2 \times (29.2/2 - 8.67)^2] = 5\,158 \text{ cm}^4$$

$$J = I_{wx} + I_{wy} = 16\,068 + 5\,158 = 21\,226 \text{ cm}^4$$

扭矩　$T = V(e + l_1 - x) = 200 \times (30 + 30 - 8.67) = 10\,266 \text{ kN} \cdot \text{cm}$

角焊缝有效截面上 A 点应力为

$$\tau_A^T = \frac{T\gamma_y}{J} = \frac{10\,266 \times 10^4 \times 200}{21\,226 \times 10^4} = 96.73 \text{ N/mm}^2$$

$$\sigma_A^T = \frac{T\gamma_x}{J} = \frac{10\,266 \times 10^4 \times (292 - 86.7)}{21\,226 \times 10^4} = 99.29 \text{ N/mm}^2$$

$$\sigma_A^V = \frac{V}{A_w} = \frac{200 \times 10^3}{0.56 \times (40 + 29.2 \times 2) \times 10^2} = 36.30 \text{ N/mm}^2$$

$$\sqrt{\left(\frac{\sigma_A^T + \sigma_A^V}{\beta_f}\right)^2 + (\tau_A^T)^2} = \sqrt{\left(\frac{99.29 + 36.30}{1.22}\right)^2 + 96.73^2}$$

$$= 147.34 \text{ N/mm}^2 < f_f^w = 160 \text{ N/mm}^2$$

该角焊缝满足承载力要求。

本章小结

1. 钢结构的常用连接方法有焊接、铆钉连接和螺栓连接。

2. 从传力性能看，连接结点可分为铰接、刚接和半刚性连接。

3. 焊接连接形式按被连接构件间的相对位置分为平接、搭接、角接和 T 形连接 4 种。按焊缝的截面形状分为角焊缝和对接焊缝。

4. 焊缝型式：对接焊缝按所受力的方向可分为对接正焊缝和对接斜焊缝；角焊缝长度方向垂直于力作用方向的称为正面角焊缝，平行于力作用方向的称为侧面角焊缝。

焊缝按施焊位置可分为平焊、立焊、横焊和仰焊 4 种形式。

5. 对接焊缝的强度计算

(1) 对接焊缝受垂直于焊缝的轴心拉力或轴心压力作用时，其强度应按下式计算：

$$\sigma=\frac{N}{l_{w}h_{e}}\leqslant f_{t}^{w} \text{ 或 } f_{c}^{w}$$

(2) 对接焊缝受弯矩和剪力共同作用时，其正应力和剪应力应分别按下列公式计算：

$$\sigma=\frac{M}{W_{w}}\leqslant f_{t}^{w} \qquad \tau=\frac{VS_{w}}{I_{w}t_{w}}\leqslant f_{v}^{w}$$

在同时受有较大正应力 σ 和剪应力 τ 处(例如梁腹板横向对接焊缝的端部)，应按下式计算折算应力：

$$\sqrt{\sigma^{2}+3\tau^{2}}\leqslant 1.1f_{t}^{w}$$

6. 直角角焊缝的强度计算

(1) 在通过焊缝形心的拉力、压力或剪力作用下：

正面角焊缝(作用力垂直于焊缝长度方向) $\sigma_{f}=\dfrac{N}{h_{e}l_{w}}\leqslant\beta_{f}f_{f}^{w}$

侧面角焊缝(作用力平行于焊缝长度方向) $\tau_{f}=\dfrac{N}{h_{e}l_{w}}\leqslant f_{f}^{w}$

(2) 在其他力或各种力综合作用下，σ_{f} 和 τ_{f} 共同作用处：

$$\sqrt{\left(\frac{\sigma_{f}}{\beta_{f}}\right)^{2}+\tau_{f}^{2}}\leqslant f_{f}^{w}$$

(3) 轴心力作用时：

① 当采用 2 条侧焊缝时

$$N_{1}=K_{1}N \qquad N_{2}=K_{2}N$$

② 当采用三面围焊时

先定正面角焊缝 h_{f}，并计算其承载力： $N_{3}=0.7h_{f}\sum l_{w3}\beta_{f}f_{f}^{w}$

然后按如下两式计算侧焊缝： $N_{1}=K_{1}N-\dfrac{N_{3}}{2} \qquad N_{2}=K_{2}N-\dfrac{N_{3}}{2}$

③ 对于∟形角焊缝

先计算： $N_{3}=0.7h_{f}\sum l_{w3}\beta_{f}f_{f}^{w}$

然后计算： $N_{1}=N-N_{3}$

7. 螺栓连接有 5 种可能破坏情况：螺栓杆被剪断、孔壁挤压、板被拉断、钢板被剪断和螺栓杆弯曲。前 3 种需要进行计算，后两者通过限制端距不小于 $2d_{0}$ 和板叠厚度不大于 $5d_{0}$ 来避免破坏(d_{0} 为螺栓孔的直径)。

8. 螺栓的排列通常采用并列和错列两种形式。

9. 受剪的普通螺栓连接，每个普通螺栓的承载力设计值应取受剪和承压承载力设计值中的较小者。

(1) 受剪承载力设计值： $N_{v}^{b}=n_{v}\dfrac{\pi d^{2}}{4}f_{v}^{b}$

(2) 承压承载力设计值：　　$N_c^b = d \cdot \sum t \cdot f_c^b$

10. 在普通螺栓杆轴方向受拉的连接中，每个普通螺栓的承载力设计值为：

$$N_t^b = \frac{\pi d_e^2}{4} f_t^b$$

11. 同时承受剪力和杆轴方向拉力的普通螺栓，应符合下列公式的要求：

$$\sqrt{\left(\frac{N_v}{N_v^b}\right)^2 + \left(\frac{N_t}{N_t^b}\right)^2} \leqslant 1 \qquad N_v \leqslant N_c^b$$

12. 高强螺栓连接的工作原理是有意给螺栓施加很大的预拉力，使被连接件接触面之间产生挤压力，因而垂直于螺杆方向有很大摩擦力，依靠这种摩擦力来传递连接剪力。

13. 从受力特征分，高强度螺栓连接有 3 种：摩擦型高强度螺栓、承压型高强度螺栓和受拉型高强度螺栓。

14. 高强度螺栓摩擦型连接

(1) 受剪螺栓连接。在抗剪连接中，每个高强度螺栓的承载力设计值为：

$$N_v^b = 0.9 k n_f \mu P$$

(2) 受拉螺栓连接。在螺栓杆轴方向受拉的连接中，每个高强度螺栓的承载力设计值为：

$$N_t^b = 0.8P$$

(3) 受拉剪螺栓连接。当高强度螺栓摩擦型连接同时承受摩擦面间的剪力和螺栓杆轴方向的外拉力时，其承载力应按下式计算：

$$\frac{N_v}{N_v^b} + \frac{N_t}{N_t^b} \leqslant 1$$

15. 高强度螺栓承压型连接

(1) 受剪螺栓连接。在抗剪连接中，每个承压型连接高强度螺栓承载力设计值的计算方法与普通螺栓相同，采用公式(15-11)。但当剪切面在螺纹处时，其受剪承载力设计值应按螺纹处的有效面积进行计算。

在荷载标准值作用下，每个承压型连接的高强度螺栓抗剪承载力不得超过按摩擦型连接的公式(15-16)的计算值。即在正常使用状态使承压型高强度螺栓连接不产生滑移。

(2) 受拉螺栓连接。在杆轴方向受拉的连接中，每个承压型连接高强度螺栓的承载力设计值：$N_t^b = 0.8P$。

(3) 受拉剪螺栓连接。同时承受剪力和杆轴方向拉力的承压型连接的高强度螺栓，应符合下列公式的要求：

$$\sqrt{\left(\frac{N_v}{N_v^b}\right)^2 + \left(\frac{N_t}{N_t^b}\right)^2} \leqslant 1 \qquad N_v \leqslant \frac{N_c^b}{1.2}$$

思考题解析

复习思考题

15.1　钢结构常用的连接方法有哪几种？它们各在哪些范围应用较合适？

15.2　角焊缝有几种受力形式？

15.3　角焊缝的尺寸都有哪些要求？

15.4　角钢用角焊缝连接承受轴心力作用时，角钢肢背和肢尖焊缝的内力分配系数有何不同？为什么？

15.5　普通螺栓的受剪连接有哪几种破坏形式？采用什么办法可以防止？

15.6　高强度螺栓摩擦型连接和普通螺栓连接的受力特点有何不同？它们在传递剪力和拉力时单个螺栓承载力设计值的计算公式有何区别？

习　题

习题解析

15.1　两块钢板采用对接焊缝连接。钢板宽度 600 mm，厚度 8 mm，轴心拉力 $N=$ 1 000 kN，钢材为 Q235，焊条用 E43 型，手工焊，不用引弧板。应力最大值为多少？

15.2　设计一双盖板角焊缝接头(图 15-21)。已知钢板宽 300 mm，厚 14 mm，承受轴心力设计值 $N=800$ kN(静力荷载)。钢材 Q235，E43 型焊条，手工焊(建议盖板用 Q235 钢材 $2-260\times8$，$h_f=6$ mm)。说明此建议取值的意义。

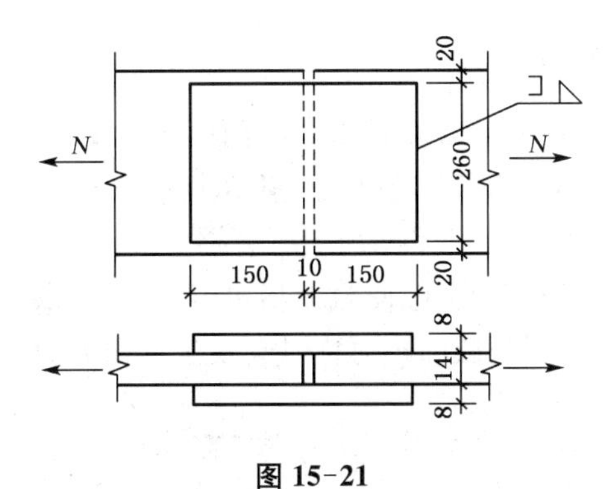

图 15-21

15.3　试设计图 15-22 所示双角钢和节点板间的连接角焊缝“A”。轴心拉力设计值 $N=420$ kN(静力荷载)。钢材 Q235，E43 型焊条，手工焊。

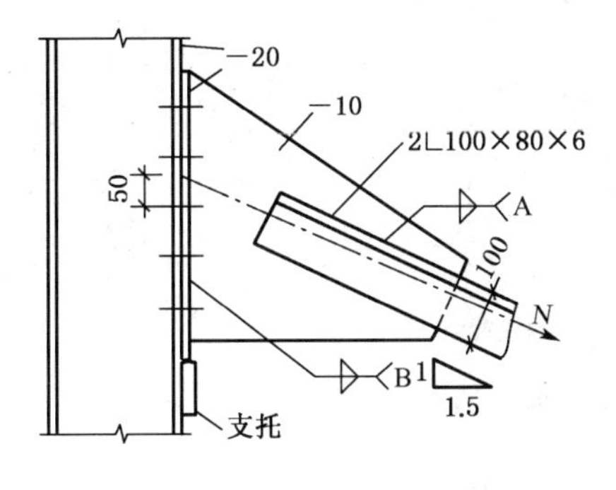

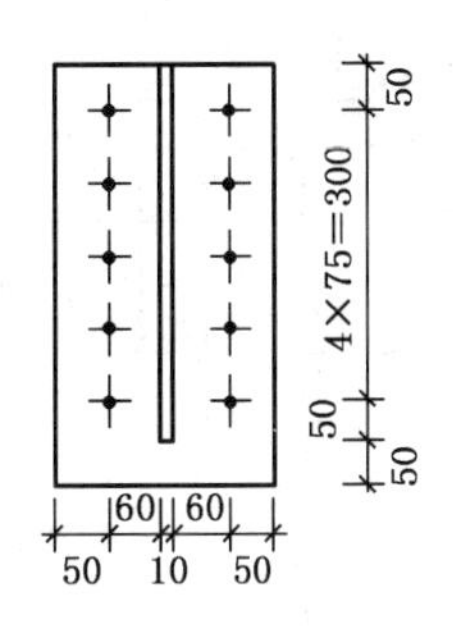

图 15-22

15.4　试计算图 15-22 所示连接中节点板和端板间的角焊缝“B”需要的焊脚尺寸。

16 轴向受力构件

本节所说的轴向受力构件包括轴心受力构件和偏心受力构件。

轴心受力构件包括轴心受拉和受压构件，常简称为轴拉杆和轴压杆。计算桁架、支撑系统等钢结构时，一般都假定节点为铰接，因此若荷载作用于节点上，所有的构件均可认为是轴拉杆或轴压杆。有些柱子中的弯矩值很小(例如多跨框架中的中间柱)，也可以作为轴心受压构件设计。厂房柱、多层或高层房屋的框架柱和工作平台柱、支架柱等常是偏心受压构件。

16.1 轴心受力构件

16.1.1 构件截面

轴心受力构件的截面分为型钢截面和组合截面两类。型钢截面如圆钢、圆钢管、方钢、角钢、槽钢、工字钢、宽翼缘 H 型钢等；组合截面由型钢或钢板组成，又分为实腹式截面和格构式截面(图 16-1)，组合截面的形状和尺寸几乎不受限制，选用余地较大。轴心压杆的设计往往由整体稳定性条件控制，因此，应使截面尽可能开展，以提高其稳定承载力。轴心受压柱通常采用双轴对称截面，因为截面不对称时会发生弯扭失稳，不经济。

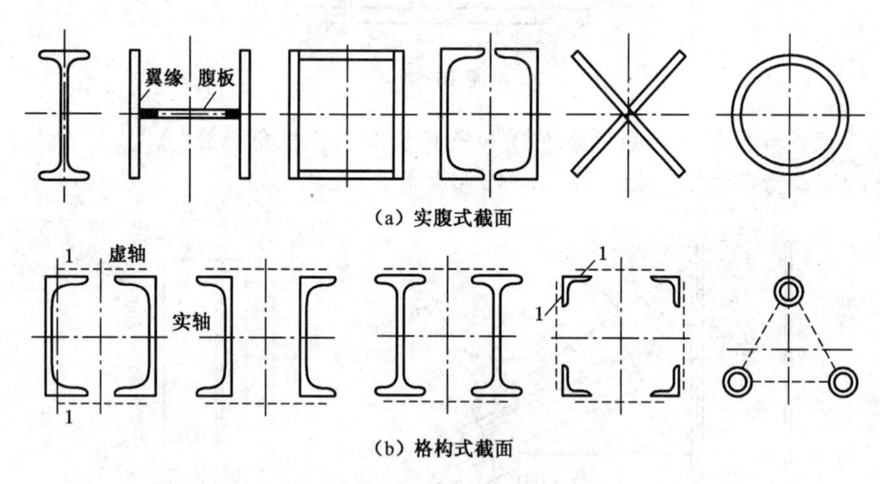

图 16-1 轴心受力构件的组合截面型式

实腹式构件(图 16-2(a))构造简单，制造方便，整体受力性能好，但钢材用量较多。常用的截面型式有工字形、H 形、箱形等。采用单根热轧普通工字钢最为省工，但是因截面对 y 轴的回转半径比对 x 轴的回转半径小得多，为了满足整体稳定性设计要求，需要多费钢材。比较理想的是采用 H 型钢。另一种常用的是焊接工字形截面，具有组合灵活、截面分布合理、便于采用自动焊和制造比较简单等优点。在普通桁架中，轴拉、轴压构件常采用两个等边或不等边角钢组成的T形截面或十字形截面。

格构式构件(图16-2(b))一般由两个或多个柱肢用缀件联系组成。柱肢通常采用轧制槽钢或工字钢,荷载较大时采用焊接工字形或槽形组合截面。缀件分缀条、缀板两类,其作用是联系柱肢形成整体共同受力,并承受绕虚轴弯曲时的剪力。缀条常采用单角钢,与柱肢翼缘形成平面桁架体系,刚度与稳定性都较好,多用于荷载较大的地方。缀板常采用钢板或槽钢,与柱肢翼缘组成钢架体系。格构式构件截面中垂直于柱肢腹板平面的主轴为实轴,垂直于柱肢缀件平面的主轴为虚轴。

钢柱除了柱身以外,还有柱头和柱脚两部分(图16-2)。

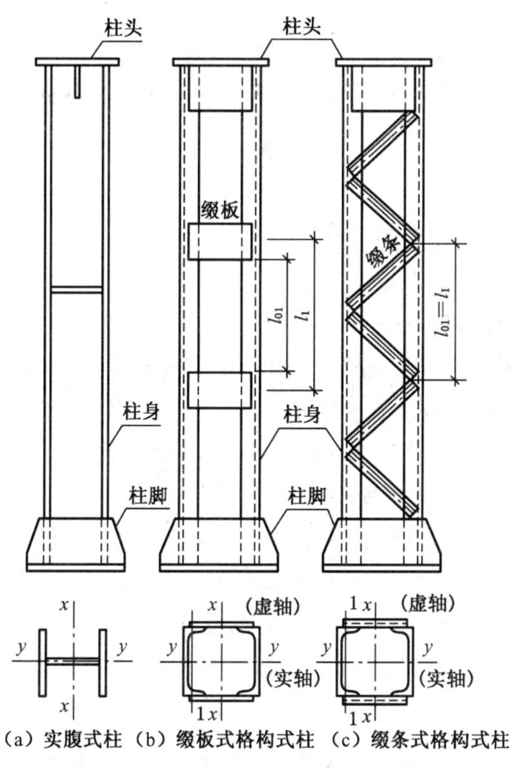

图16-2 柱的型式和组成部分

轴心受力构件设计包括强度、刚度设计,轴压杆件还应包括整体稳定和局部稳定验算。强度和稳定承载能力方面的要求,刚度则是正常使用方面的要求。构件截面设计实际上是选择构件的截面,采用的是试算法。

16.1.2 强度和刚度

1) 强度

(1) 轴心受拉构件,当端部连接及中部拼接处组成截面的各板件都由连接件直接传力时,其截面强度计算应符合以下公式规定。

① 除采用高强度螺栓摩擦型连接外,其截面强度应采用下列公式计算:

毛截面屈服:

$$\sigma = \frac{N}{A} \leqslant f \tag{16-1}$$

净截面断裂：

$$\sigma = \frac{N}{A_{\mathrm{n}}} \leqslant 0.7 f_{\mathrm{u}} \tag{16-2}$$

② 采用高强度螺栓摩擦型连接的构件，其毛截面强度计算应采用式(16-1)，净截面断裂应按下式计算：

$$\sigma = \left(1 - 0.5\frac{n_1}{n}\right)\frac{N}{A_{\mathrm{n}}} \leqslant 0.7 f_{\mathrm{u}} \tag{16-3}$$

③ 当构件为沿全长都有排列较密螺栓的组合构件时，其截面强度应按下式计算：

$$\sigma = \frac{N}{A_{\mathrm{n}}} \leqslant f \tag{16-4}$$

式中：N——所计算截面处的拉力设计值(N)；

f——钢材的抗拉强度设计值($\mathrm{N/mm^2}$)；

A——构件的毛截面面积($\mathrm{mm^2}$)；

A_{n}——构件的净截面面积($\mathrm{mm^2}$)，当构件多个截面有孔时，取最不利的截面；

f_{u}——钢材的抗拉强度最小值($\mathrm{N/mm^2}$)；

n——在节点或拼接处，构件一端连接的高强度螺栓数目；

n_1——所计算截面(最外列螺栓处)高强度螺栓数目。

(2) 轴心受压构件，当端部连接及中部拼接处组成截面的各板件都由连接件直接传力时，截面强度应按式(16-1)计算。但含有虚孔的构件尚需在孔心所在截面按式(16-2)计算。

(3) 轴心受拉构件和轴心受压构件，当其组成板件在节点或拼接处并非全部直接传力时，应将危险截面的面积乘以有效截面系数 η，不同构件截面形式和连接方式的 η 值应符合表 16-1 的规定。

表 16-1 轴心受力构件节点或拼接处危险截面有效截面系数

构件截面形式	连接形式	η	图例
角钢	单边连接	0.85	
工字形、H形	翼缘连接	0.90	
	腹板连接	0.70	

2）刚度

按正常使用极限状态的要求，轴拉和轴压构件均应具有一定的刚度。根据长期工程实践经验，通常用长细比 λ 来衡量构件的强度。构件的长细比过大，则刚度过小，在使用过程中容易因自重产生挠曲，在风和动力荷载的作用下产生振动，在运输和安装过程中容易产生弯曲。对于轴压构件，长细比控制更为重要，否则构件在较小的荷载下便丧失整体稳定。为此，构件的刚度应满足下式要求：

$$\lambda = \frac{l_0}{i} \leqslant [\lambda] \tag{16-5}$$

式中：λ——构件最大长细比；

l_0——与最大长细比相应方向的构件计算长度（《钢结构设计标准》作了相应规定）；

i——与 l_0 相应的截面回转半径，$i=\sqrt{I/A}$，A 和 I 为截面面积和惯性矩；

$[\lambda]$——容许长细比，按表 16-2、表 16-3 采用。

表 16-2　受拉构件的容许长细比$[\lambda]$

项次	构件名称	承受静力荷载或间接动力荷载的结构			直接承受动力荷载的结构
		一般建筑结构	对腹杆提供平面外支点的弦杆	有重级工作制（A6～A8）吊车的厂房	
1	桁架的杆件	350	250	250	250
2	吊车梁或吊车桁架以下的柱间支撑	300	—	200	—
3	其他拉杆、支撑、系杆等（张紧的圆钢除外）	400	—	350	—

注：对跨度等于或大于 60 m 的桁架弦杆的长细比限制更严，详见《钢结构设计标准》(GB 50017—2017)。

表 16-3　受压构件的容许长细比$[\lambda]$

项次	构件名称	容许长细比
1	柱、桁架和天窗桁架构件	150
	柱的缀条、吊车梁或吊车桁架以下的柱间支撑	
2	支撑（吊车梁或吊车桁架以下的柱间支撑除外）	200
	用以减小受压构件长细比的杆件	

注：1. 桁架（包括空间桁架）的受压腹杆，当其内力等于或小于承载力的 50%时，容许长细比可取为 200。

2. 对跨度等于或大于 60 m 的桁架弦杆的长细比限制更严，详见《钢结构设计标准》(GB 50017—2017)。

16.1.3　轴压杆件的整体稳定

轴心受压构件设计，还应满足整体稳定和局部稳定的要求。整体失稳破坏是轴压构件的主要破坏形式。

设理想的直线构件承受轴心压力 N。当 N 较小时，构件保持直线状态，截面内仅有均匀的轴向压应力。这种平衡状态是稳定的，即使有偶然横向干扰力引起一定的侧向挠曲，只要撤去横向干扰力，侧向挠度就会消失，构件恢复为直线平衡。当压力 N 逐渐增加到一定数值时，直线形式的稳定平衡将转为不稳定平衡：构件会在偶然的很小的横向干扰力下突然向截面刚度较小的一侧发生弯曲，有时也可能发生扭转或同时发生弯曲和扭转。这时，即使除去横向干扰力，侧向弯曲或扭转变形也不再消失。如压力 N 再有增加，弯曲或扭转变形会迅速增大，致使构件失去承受能力。这种现象称为轴心受压构件丧失整体稳定性。

轴心受压构件的整体失稳破坏形式有弯曲失稳、弯扭失稳和扭转失稳等，与截面形式密切相关（一般来说，双轴对称的轴心受压构件的失稳形态为弯曲失稳。某些特殊的截面如薄壁十字形构件等可能发生扭转失稳。单轴对称截面（如角钢、槽钢、T 型钢）构件在绕对称轴弯曲的同时，必然伴随扭转变形而产生弯扭失稳），也与构件的长细比有关。由于钢结构中采用钢板厚度 $t \geqslant 4$ mm 的开口或封闭形截面，抗扭刚度较大，设计中一般仅考虑弯曲失稳。

丧失整体稳定时的轴心压力称为临时界力 N_{er}，根据工程力学中著名的欧拉(Euler)临界应力方程，其值为

$$N_{er} = \frac{\pi^2 EI}{l_0^2} = \frac{\pi^2 EI}{(\mu l)^2} \tag{16-6}$$

式中：E——材料的弹性模量；

I——截面绕主轴的惯性矩；

l、l_0——构件的几何长度和计算长度；

μ——计算长度系数，《钢结构设计标准》按构件端部的支承条件规定的 μ 值。

练一练

将 N_{er}除以毛截面面积 A，并根据长细比的定义，即得临界应力 σ_{er}：

$$\sigma_{er} = \frac{N_{er}}{A} = \frac{\pi^2 E}{\lambda^2} \tag{16-7}$$

无缺陷的轴心受压构件一般在到达承载能力极限状态前就会丧失稳定，所以临界应力低于钢材的屈服强度。令临界应力 σ_{er}与钢材抗压强度 f 的比值为 φ，并称 φ 为轴心受压构件的稳定系数，则轴压杆件的整体稳定计算公式为

$$\sigma = \frac{N}{\varphi A} \leqslant f \tag{16-8}$$

式中：N——轴心压力设计值；

A——轴压构件毛截面面积；

f——钢材的抗压强度设计值。

根据稳定理论定理分析和试验研究，临界压力 σ_{er}或 φ 值主要取决于柱的长细比 λ。在工程实践中，并不存在理想的轴心受压构件，实际构件的初弯曲、制作误差、荷载作用的可能初始偏心以及轧制、切割和焊接后的残余应力等因素都将降低临界压力 σ_{er}或 φ 值。据此，《钢结构设计标准》按各种不同截面形式、尺寸和加工条件以及残余应力分布等情况，归纳了 a、b、c、d 四类截面的轴压构件长细比 λ、钢材屈服强度与稳定系数 φ 值的关系（分板厚 $t <$ 40 mm 和$t \geqslant$ 40 mm 两类），供设计使用。a 类截面构件的整体稳定性能较好，d 类最差。轴心受压构件的截面分类见附表 4-7，稳定系数 φ 值见附表 4-8。计算时应取截面两主轴稳定系数中的较小值。

16.1.4 轴压杆件的局部稳定

实腹式轴心受压构件的局部失稳是指在构件发生整体失稳以前，组成构件的各板件不能在轴心压力作用下保持平面平衡状态，发生平面外双向波状突曲的局部屈曲现象（图 16-3）。平面尺寸较大、厚度较薄、受压力较大的板件容易丧失局部稳定。因此，保证板件纵向受压局部稳定的主要措施是减小板件厚度比，并不应超过规范规定的限值。

热轧型钢的板件宽厚比较小，能满足限值的要求，可不验算局部稳定性。对组合截面，例如工字形截面轴压构件板件宽厚比限值的规定如下（图 16-4）。

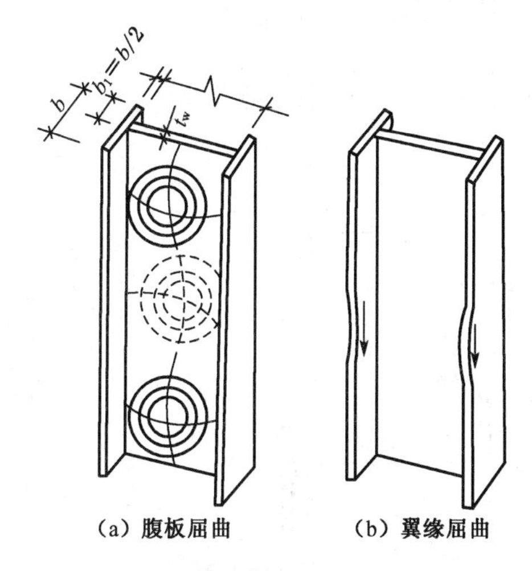

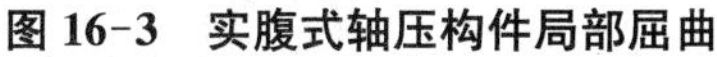
图 16-3 实腹式轴压构件局部屈曲

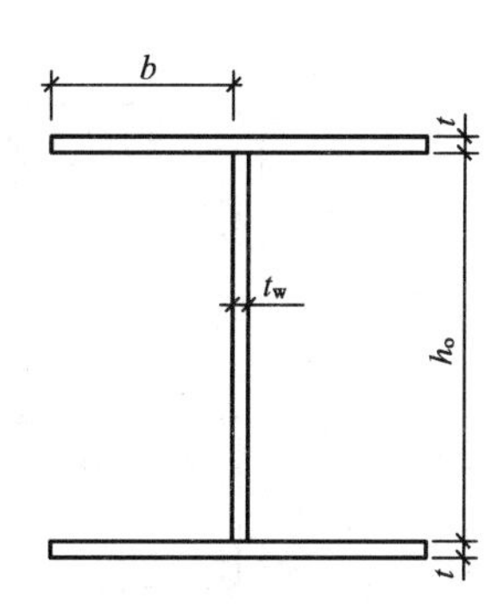

图 16-4 工字形截面轴压构件的板件尺寸

1）翼缘

受压构件翼缘板自由外伸宽度 b 与其厚度 t_f 之比应符合下式要求：

$$\frac{b}{t_f} \leqslant (10+0.1\lambda)\sqrt{\frac{235}{f_y}} \tag{16-9}$$

其中，λ 为构件两主轴方向长细比的较大值。当 $\lambda < 30$ 时取 $\lambda = 30$；当 $\lambda > 100$ 时取 $\lambda = 100$。

2）腹板

工字形和 H 形受压构件腹板计算高度 h_0 与其厚度 t_w 之比应符合下式要求：

$$\frac{h_0}{t_w} \leqslant (25+0.5\lambda)\sqrt{\frac{235}{f_y}} \tag{16-10}$$

其中，λ 为构件两主轴方向长细比的较大值。当 $\lambda < 30$ 时取 $\lambda = 30$；当 $\lambda > 100$ 时取 $\lambda = 100$。

若板高厚比不满足要求，可增加板的厚度，但并不经济。对于工字形、H 形截面，也可以在横向加劲肋之间于腹板两侧成对设置纵向加劲肋（图 16-5）。

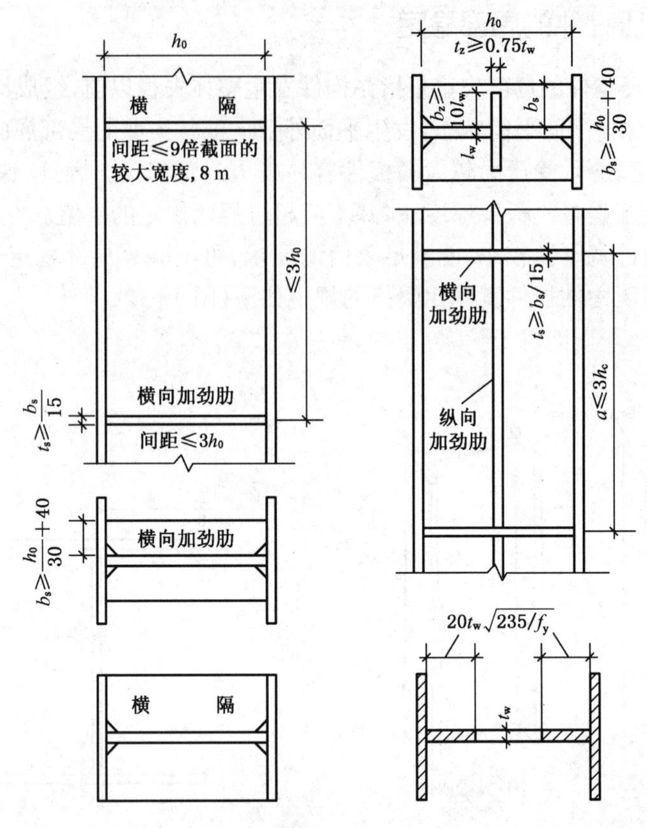

图 16-5 实腹式轴压构件的构造

16.2 实腹式轴心受压柱

16.2.1 构造

在选择实腹式轴心受压构件的截面时，应随即计算各板件的宽厚比使其满足限值的要求。《钢结构设计标准》规定，当腹板的高厚比 $h_0/t_w > 80$ 时，为防止腹板在运输和施工过程中发生变形，提高构件的抗扭刚度，应在腹板两侧对称设置横向加劲肋（图 16-5）。构件较长时还应设置中间横隔。

轴心受压构件只有在有缺陷或偶然横力作用下才承受剪力，所以其腹板和翼缘的焊缝受力很小，焊缝的焊脚可按构造需要取 4～8 mm。

16.2.2 截面设计步骤

确定实腹式轴心受压构件的截面时，应考虑的原则是：

等稳定性——使构件在两个主轴方向的长细比尽量接近。

宽肢薄壁——在满足板件宽厚比的条件下，使截面面积的分布尽量远离形心轴，以增加截面的惯性矩和回转半径，提高构件的强度和刚度，达到经济的效果。

构造简单——制造省工，便于与其他构件连接。

当已知轴心受压柱的内力设计值 N，两个方向的计算长度 l_{0x}、l_{0y}，以及钢材抗压强度设计值 f 后，即可按设计所确定的截面形式选择截面尺寸。通常是先根据近似回转半径按整体稳定性要求初选截面，同时要满足局部稳定要求。然后，根据准确计算的回转半径值作最后验算。若截面有开孔或削弱则还需验算净截面强度。具体步骤如下：

(1) 假设柱的长细比 λ，求出需要的截面面积 A。一般可先取 λ 为 50～100，轴心力较大而计算长度小时取较小值，反之取较大值。根据 λ 和截面类别及钢种查得稳定系数 φ 值，用下式求出符合假设 λ 值所需的截面面积 A：

$$A = \frac{N}{\varphi f} \tag{16-11}$$

(2) 求符合假设 λ 值时截面两主轴方向所需的回转半径：

$$i_x = \frac{l_{0x}}{\lambda},\ i_y = \frac{l_{0y}}{\lambda}$$

(3) 求出截面面积 A、两个主轴的回转半径 i_x 和 i_y 后，优先选择轧制型钢，如普通工字钢、H 型钢等。当现有的型钢规格不满足尺寸要求时，可采用组合截面。这时，需初步定出截面的轮廓尺寸，一般是根据回转半径定出截面高度和宽度：

$$h \approx \frac{i_x}{\alpha_1},\ b \approx \frac{i_y}{\alpha_2}$$

练一练

其中，α_1 和 α_2 为截面回转半径近似值系数。常用截面的回转半径近似值如表 16-4 所列。

表 16-4　常见截面回转半径近似值

截面							
$i_x = \alpha_1 h$	$0.43h$	$0.38h$	$0.40h$	$0.30h$	$0.28h$	$0.32h$	—
$i_y = \alpha_2 b$	$0.24b$	$0.44b$	$0.60b$	$0.40b$	$0.215b$	$0.24b$	$0.20b$

(4) 按上述需要的 A、h、b 和构造要求局部稳定性和钢材规格初选截面。

(5) 确定初选截面后，验算强度、刚度、局部稳定和整体稳定。如不合适则需调整重选。

【例题 16-1】 某车间工作平台的实腹式轴心受压柱，设计内力 $N = 3\,600$ kN，两端铰接，计算长度 $l_{0x} = l_{0y} = 7$ m。钢材 Q235($f = 215$ N/mm^2)，采用 3 块钢板焊成的工字形截面，翼缘边缘焰切。截面无孔洞削弱。试选择其截面。

【解】 根据题意，查附表 4-7-2 知，稳定系数 φ 应按 b 类截面取值。由表 16-2 知，长细比限值为 150。局部稳定要求 $h_0/t_w \leqslant 25 + 0.5\lambda$（式(16-10)），$b/t \leqslant 10 + 0.1\lambda$（式(16-9)）。$i_x \approx 0.43h$，$i_y \approx 0.24b$（表 16-4）。

(1) 初选截面

① 假设 $\lambda = 70$，查附表 4-8-2，$\varphi = 0.745$。所需截面面积为

$$A=\frac{N}{\varphi f}=\frac{3\ 600\times 10^{3}\ \mathrm{N}}{0.745\times 215\ \mathrm{N/mm^{2}}}=22\ 475\ \mathrm{mm^{2}}$$

② 求所要求的回转半径和轮廓尺寸

$$i_{x}=i_{y}=l_{0x}/\lambda=l_{0y}/\lambda=7\ 000\ \mathrm{mm}/70=100\ \mathrm{mm}$$

$$h=i_{x}/0.43=100\ \mathrm{mm}/0.43=233\ \mathrm{mm}$$

$$b=i_{y}/0.24=100\ \mathrm{mm}/0.24=417\ \mathrm{mm}$$

③ 初选截面尺寸。考虑到焊接和柱头、柱脚构造要求，h 不宜太小，取 $h\approx b$。设 $b=h_{0}=420$ mm，则所需平均板厚为 22 475 mm^{2}/(3×420 mm) = 17.8 mm。此截面可以满足要求，但板厚偏大而轮廓尺寸 b、h_{0} 偏小，使稳定系数 φ 值偏小，而且翼缘板较厚(当 t=16～40 mm 时，强度设计值降低为 205 N/mm^{2})，不经济。

重新假设 $b=h=500$ mm，则

$$i_{x}=0.43h=0.43\times 500\ \mathrm{mm}=215\ \mathrm{mm},\ \lambda_{x}=7\ 000\ \mathrm{mm}/215\ \mathrm{mm}=32.6$$

$$i_{y}=0.24b=0.24\times 500\ \mathrm{mm}=120\ \mathrm{mm},\ \lambda_{y}=7\ 000\ \mathrm{mm}/120\ \mathrm{mm}=58.3$$

按 λ_{x}、λ_{y} 中较大者 $\lambda_{y}=58.3$ 查附表 4-8-2，$\varphi=0.811$，则所需截面面积为

$$A=\frac{N}{\varphi f}=\frac{3\ 600\times 10^{3}\ \mathrm{N}}{0.811\times 215\ \mathrm{N/mm^{2}}}=20\ 646\ \mathrm{mm^{2}}$$

所需平均板厚 20 646 mm^{2}/(3×500 mm) = 13.8 mm。

选截面尺寸如图 16-6 所示，控制截面面积

$$A=2\times 500\ \mathrm{mm}\times 16\ \mathrm{mm}+470\ \mathrm{mm}\times 10\ \mathrm{mm}=20\ 700\ \mathrm{mm^{2}}>20\ 646\ \mathrm{mm^{2}}$$

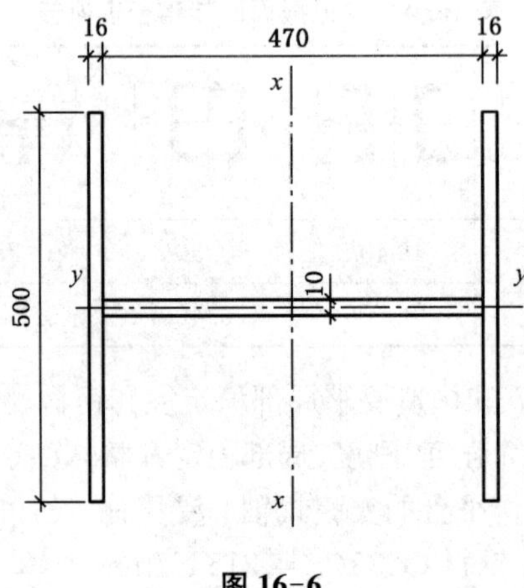

图 16-6

(2) 验算已选截面

① 强度。由于无孔洞削弱，不必再行验算。

② 整体稳定和刚度

$$I_{y}=\frac{1}{12}\times(2\times 16\times 500^{3}+470\times 10^{3})\mathrm{mm^{4}}=333.4\times 10^{6}\ \mathrm{mm^{4}}$$

$$i_y = \sqrt{333.4 \times 10^6\ \text{mm}^4 / 20\ 700\ \text{mm}^2} = 126.9\ \text{mm}$$

$$\lambda_y = 7\ 000\ \text{mm}/126.9\ \text{mm} = 55.2 < [\lambda] = 150$$

$$I_x = \frac{1}{12} \times (500 \times 502^3 + 490 \times 470^3)\text{mm}^4 = 1\ 031.6 \times 10^6\ \text{mm}^4$$

$$i_y = \sqrt{1\ 031.6 \times 10^6\ \text{mm}^4 / 20\ 700\ \text{mm}^2} = 223.2\ \text{mm}$$

$$\lambda_y = 7\ 000\ \text{mm}/223.2\ \text{mm} = 31.4 < [\lambda] = 150$$

由 λ_y 控制。查附表 4-8-2，$\varphi=0.826$，则

$$\sigma = \frac{N}{\varphi A} = \frac{3\ 600 \times 10^3\ \text{N}}{0.826 \times 20\ 700\ \text{mm}^2} = 210.5\ \text{N/mm}^2 < f = 215\ \text{N/mm}^2$$

满足要求。

③ 局部稳定（$\lambda_{max}=\lambda_y=55.2$）

翼缘　$b/t = 245\ \text{mm}/16\ \text{mm} = 15.3 < 10 + 0.1\lambda = 10 + 0.1 \times 55.2 = 15.52$

腹板　$h_0/t_w = 470\ \text{mm}/10\ \text{mm} = 47 < 25 + 0.5\lambda = 25 + 0.5 \times 55.2 = 52.6$

满足要求。

(3) 构造要求

$h_0/t_w = 470\ \text{mm}/10\ \text{mm} = 47 < 80$，可以不设横向加劲肋。

翼缘和腹板连接焊缝采用自动焊，$h_{f,min}=(1.5\sqrt{t_2}-1)\text{mm}=(1.5\sqrt{16}-1)\ \text{mm}=5\ \text{mm}$，取 $h_f=5\ \text{mm}$。

16.3 格构式轴心受压柱

格构式柱的截面型式见图 16-1。

格构式轴心受压柱的设计内容和实腹式轴心受压柱相仿，也应满足强度、刚度、整体稳定和局部稳定 4 个方面的要求。其中，最重要的是整体稳定。与实腹式轴心受压柱设计比较，还要求进行下列设计。

16.3.1 格构式轴压柱绕虚轴方向的整体稳定

格构式轴压柱绕实轴方向整体稳定的计算与实腹式柱相同，而在绕虚轴方向，由于柱肢间仅靠缀材联系，刚度较弱，当柱失稳时除了弯曲变形外，还发生不可忽略的剪切变形，因而整体稳定临界应力比长细比相同的实腹式柱低。若格构式构件绕虚轴（设为 x 轴）的长细比为 λ_x，由于其临界应力低于长细比相同的实腹式构件，可以把它设想成相当于长细比为 λ_{0x}（$\lambda_{0x} > \lambda_x$）的实腹式柱，λ_{0x}则称为格构式受压构件绕虚轴的换算长细比。换算长细比的计算方法详见《钢结构设计标准》。

于是，格构式轴压柱绕虚轴方向的整体稳定可用换算长细比计算，计算方法与实腹式轴压柱相同。

综合上述，格构柱对实轴的长细比 λ_y 和对虚轴的换算长细比 λ_{0x} 均不得超过容许长

细比。

练一练

由于 λ_x 与 λ_y 值可以通过调整柱肢间距离的办法增减，因此格构式构件一般都能做到两方面接近等稳定性的要求。

16.3.2 格构式轴压柱的柱肢稳定

设计方法是把各柱肢在缀材之间的一段作为一个单独的轴心受压构件考虑，并对其较弱轴做稳定性计算。此时，柱肢计算长度 l_{01} 取缀条节点间的距离或缀板间的净距，柱肢的回转半径 i_1 取柱肢截面最小回转半径。长细比 $\lambda_1 = l_{01}/i_1$。

柱肢失稳的临界应力应不小于整体失稳的临界应力，因此原则上只需要控制柱肢 λ_1 不大于构件的 λ_{max} 即可。但是，制造装配误差或其他缺陷可能使各柱肢受力不均匀，柱肢截面又小于整体截面，对缺陷的影响更为敏感；同时，柱肢截面的类别（φ 值）可能低于整体截面。所以，λ_1 值应控制得更小些。此外，实际构件一般有初弯曲或初偏心，轴心力 N 在构件截面上产生附加弯矩和剪力，附加弯矩使部分柱肢所受压力增大。缀板式格构式构件中的附加剪力还在构件柱肢内产生弯矩，尤其会明显地降低柱肢的稳定性。上述因素都应在控制柱肢 λ_1 时予以考虑。所以，《钢结构设计标准》对柱肢长细比 λ_1 作如下规定：

(1) 缀条式格构受压构件：$\lambda_1 \leqslant 0.7\lambda_{max}$。$\lambda_{max}$ 为 λ_x、λ_y 中的较大值。

(2) 缀板式格构受压构件：$\lambda_1 \leqslant 0.5\lambda_{max}$（当 $\lambda_{max} \leqslant 50$ 时取 $\lambda_{max} = 50$），且 $\lambda_1 \leqslant 40$。

16.3.3 缀材设计

缀材设计并不影响格构柱的截面选择。理想的轴心受压柱只承受轴心压力 N，故缀材在理论上不受力。实际上，由于构件有初弯曲、初偏心等各种缺陷，不可避免地产生弯曲变形、承受弯矩和剪力，所以缀材及其连接应按可能的最大剪力设计。

轴心受压格构柱设计的具体步骤请参阅有关专业书籍。

16.4 偏心受压柱

偏心受压柱主要承受轴心压力 N 以及弯矩 M。

偏心受压柱的截面型式也分为实腹式和格构式两类。轴压柱的截面型式仍然适用，但为适应抗弯的需要，应采用相对较窄较高的截面，增大弯矩作用方向的截面高度和刚度。

偏心受压柱截面设计也应满足强度、刚度、整体稳定和局部稳定 4 个方面的要求。

16.4.1 强度

练一练

偏心受压柱的截面应力主要是由 N 和 M 引起的正应力，应按净截面计算截面边缘纤维处的最大受拉或受压应力。计算时常可按具体情况考虑一定程度的塑料变形发展情况（塑料变形发展系数 γ）。对某些剪力或横向荷载较大的偏心受压柱（例如框架柱等），还应计算剪应力或局部压应力、折算应力。

16.4.2 刚度

偏心受压柱的刚度用最不利方向的最大长细比 λ_{max} 衡量，λ_{max} 是 λ_x、λ_y 或斜向 λ 中的最

大者。验算应满足下式要求：

$$\lambda_{\max} \leqslant [\lambda] \tag{16-12}$$

《钢结构设计标准》规定，偏心受压柱长细比限值[λ]与轴心受压柱相同。

对某些使用上需限制其变形的偏心受压柱，还需计算其变形或挠度使之不超过限值。

16.4.3 整体稳定

偏心受压柱截面内有相当大的压应力，整体失稳可能发生在弯矩作用平面内。偏心受压柱整体失稳时的临界应力低于轴心受压柱，计算时须同时考虑 N 和 M 的作用。

16.4.4 局部稳定

偏心受压柱的局部稳定包括构件各组成板件的局部稳定和格构式构件中各柱肢的局部稳定。与轴心受压构件相同，保证偏心受压柱板件局部稳定的方法主要是限制其宽厚比不超过规定的限值，必要时还要在腹板中设置横向或纵向加劲肋。格构式偏心受压柱柱肢的长细比也应不超过限值。另外，偏心受压格构式柱中的各柱肢受力各不相等，甚至截面也不相同，故还应对其不利受压柱肢按轴心受压柱或偏心受压柱进行局部稳定验算。若柱肢采用型钢，则不需验算。

16.5 柱脚

钢结构构件的节点连接主要有次梁与主梁的连接、梁与柱的连接以及柱与基础的连接(柱脚)等。以连接的传力机制而言，分铰接和刚接连接节点。连接节点设计应做到传力明确，安全可靠，经济合理，构造简单，便于施工。

练一练

柱脚的作用是固定柱子下端并将柱内力传给基础。由于混凝土的强度远低于钢材，钢柱底部必须放大。柱脚的构造与结构设计时的计算简图有关，也分为铰接和刚接两种基本型式。铰接柱脚传递轴向压力和剪力，刚接柱脚除传递轴向压力和剪力之外，还传递弯矩。

按外形分，柱脚可做成板式柱脚、带靴梁柱脚和埋入式柱脚 3 类。板式柱脚主要用于铰接柱脚，带靴梁的柱脚既可用于铰接又可用于刚接柱脚，埋入式柱脚则多用于多、高层结构的刚接柱脚。

图 16-7 所示是铰接柱脚的几种构造型式，其中图 16-7(a)适用于柱轴力较小时，柱子通过焊缝把内力传递给底板并扩散至混凝土基础。当柱子轴力较大时，应采用图 16-7(b)、(c)、(d)所示的构造型式，柱端通过竖向焊缝将内力传给靴梁，再通过靴梁底部的焊缝传给底板。当靴梁间距较宽、底板区格较大或靴梁自身较高而稳定性不足时，可采用隔横板或加劲肋予以加强，如图 16-7(b)、(d)所示。铰接柱脚的底板接近方形，通过锚栓固定于钢筋混凝土基础。一般来说，只沿一条轴线设置两个锚栓，以便柱端能绕轴线转动。

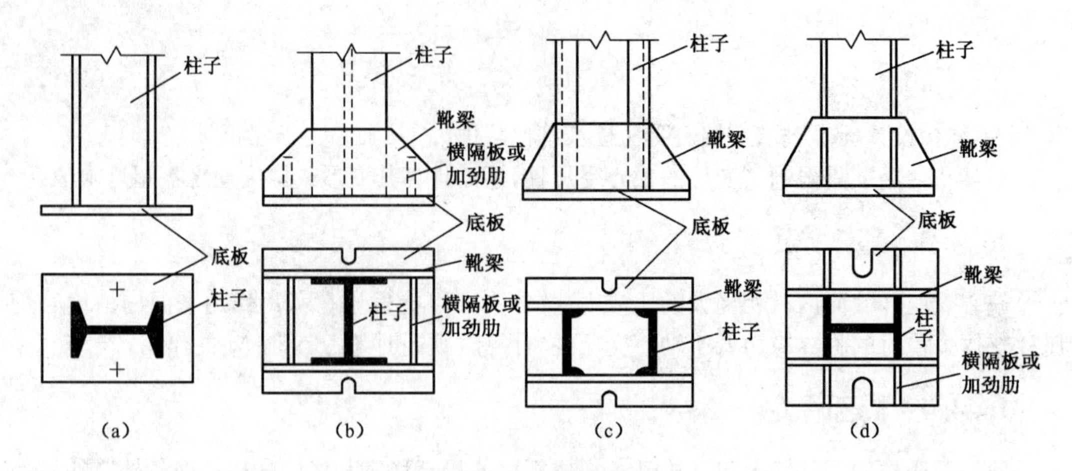

图 16-7 铰接柱脚

图 16-8 所示是常见的整体式刚接高靴柱脚构造，用于普通实腹式或格构式柱，与铰接柱脚不同的是在柱底截面弯矩作用下锚栓将承受拉力，因而须经过计算确定。

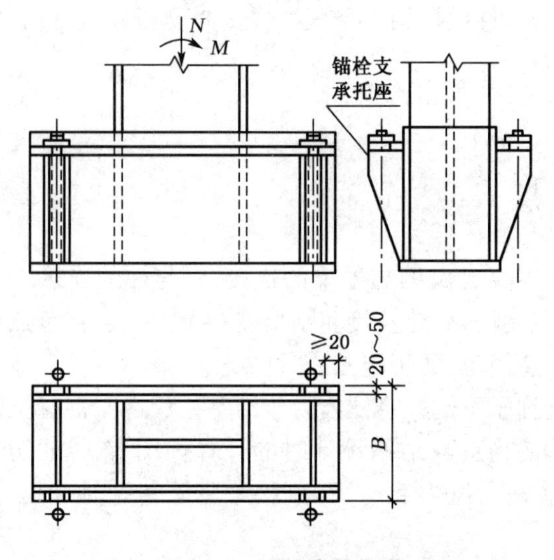

图 16-8 刚接高靴柱脚

本章小结

1. 轴心受力构件的截面分为型钢截面和组合截面两类。型钢截面如圆钢、圆钢管、方钢、角钢、槽钢、工字钢、宽翼缘 H 型钢等；组合截面由型钢或钢板组成，又分为实腹式截面和格构式截面。

2. 轴心受力构件的强度

(1) 轴心受拉构件，当端部连接及中部拼接处组成截面的各板件都由连接件直接传力时，其截面强度计算应符合下式规定。

① 除采用高强度螺栓摩擦型连接外，其截面强度应采用下列公式计算：

毛截面屈服：

$$\sigma=\frac{N}{A}\leqslant f$$

净截面断裂：

$$\sigma=\frac{N}{A_{\mathrm{n}}}\leqslant 0.7f_{\mathrm{u}}$$

② 采用高强度螺栓摩擦型连接的构件，其毛截面强度计算同前，净截面断裂应按下式计算：

$$\sigma=\left(1-0.5\frac{n_1}{n}\right)\frac{N}{A_{\mathrm{n}}}\leqslant 0.7f_{\mathrm{u}}$$

③ 当构件为沿全长都有排列较密螺栓的组合构件时，其截面强度应按下式计算：

$$\sigma=\frac{N}{A_{\mathrm{n}}}\leqslant f$$

(2) 轴心受压构件，当端部连接及中部拼接处组成截面的各板件都由连接件直接传力时，截面强度计算采用下式：

$$\sigma=\frac{N}{A}\leqslant f$$

但含有虚孔的构件尚需在孔心所在截面按下式计算：

$$\sigma=\frac{N}{A_{\mathrm{n}}}\leqslant 0.7f_{\mathrm{u}}$$

(3) 轴心受拉构件和轴心受压构件，当其组成板件在节点或拼接处并非全部直接传力时，应将危险截面的面积乘以有效截面系数 η。

3. 轴心受力构件的刚度

轴心受力构件的刚度应满足下式要求：

$$\lambda=\frac{l_0}{i}\leqslant[\lambda]$$

4. 轴心受压构件的整体稳定

轴压杆件的整体稳定计算公式为：

$$\sigma=\frac{N}{\varphi A}\leqslant f$$

5. 轴压杆件的局部稳定

实腹式轴心受压构件的局部失稳是指：在构件发生整体失稳以前，组成构件的各板件不能在轴心压力作用下保持平面平衡状态，发生平面外双向波状突曲的局部屈曲现象。

保证板件纵向受压局部稳定的主要措施是减小板件厚度比，并不应超过规范规定的限值。

6. 确定实腹式轴心受压构件的截面时，应考虑的原则是：等稳定性、宽肢薄壁、构造简单。

7. 格构式轴心受压柱的设计内容和实腹式轴心受压柱相仿，也应满足强度、刚度、整体稳定和局部稳定4个方面的要求。其中，最重要的是整体稳定。

8. 偏心受压柱主要承受轴心压力 N 以及弯矩 M。其截面形式分为实腹式和格构式两类。偏心受压柱截面设计应满足强度、刚度、整体稳定和局部稳定4个方面的要求。

9. 柱脚的作用是固定柱子下端并将柱内力传给基础。按外形分，柱脚可做成板式柱脚、带靴梁柱脚和埋入式柱脚3类。

复习思考题

思考题解析

16.1　以轴心受压构件为例，说明构件强度计算与稳定计算的区别。

16.2　轴心受压构件的整体稳定性与哪些因素有关？初始缺陷包括哪些因素？整体稳定性不能满足要求时，若不增大截面面积，还可以采取什么措施提高其承载力？

16.3　提高轴心受压杆钢材的抗压强度能否提高其承载能力？为什么？

16.4　保证轴心受压构件翼缘和腹板局部稳定的主要措施是什么？

16.5　实腹式轴心受压构件须做哪几方面的验算？实腹式轴压柱截面设计的步骤怎样？

习　题

16.1　设计某工作平台轴心受压柱的截面尺寸，柱高6 m，两端铰接，截面为焊接工字形，翼缘为火焰切割边，柱所承受的轴心压力设计值 N=4 500 kN，钢材为Q235钢。

16.2　试设计一个两端铰接的缀条格构轴心受压柱，柱长为6 m，承受的轴心力设计值为1 500 kN，钢材为Q345，焊条为E50系列。

习题解析

16.3　试验算图16-9所示两种工字形截面柱所能承受的最大轴心压力。钢材为Q235，翼缘为剪切边，柱高10 m，两端简支(计算长度等于柱高)。

16.4　一实腹式轴心受压柱，承受轴压力设计值3 000 kN，计算长度 l_{0x} = 10 m，l_{0y} = 5 m。截面采用焊接组合工字形，尺寸如图16-10所示。翼缘为剪切边，钢材Q235。容许长细比[λ]=150。试验算整体稳定性和局部稳定性。

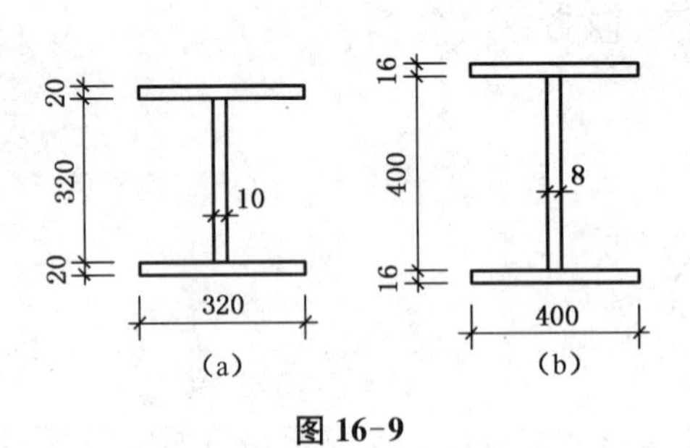

图16-9

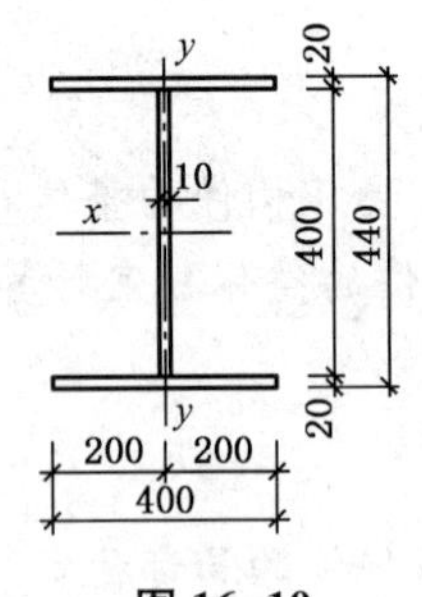

图16-10

17 钢 梁

17.1 钢梁的型式和应用

钢梁是实腹式受弯构件，应用广泛，如楼盖梁、工作平台梁(图 17-1)、吊车梁和框架梁等，可以做成简支梁、连续梁。梁的受弯可分为仅在主平面内受弯的单向弯曲和在两个主平面内受弯的双向受弯两种受力状态。

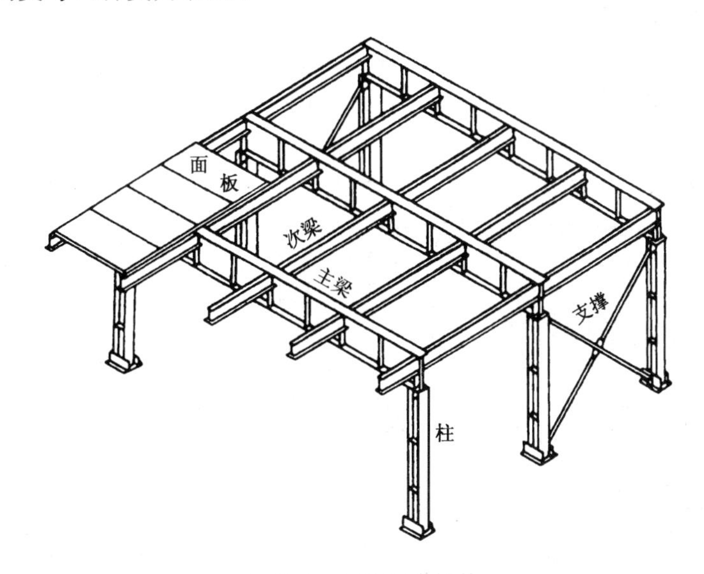

图 17-1 工作平台梁格

通常钢梁用热轧工字钢和槽钢等型钢制成，也有用于钢板或型钢经焊接、螺栓连接而成的组合梁(图 17-2)。

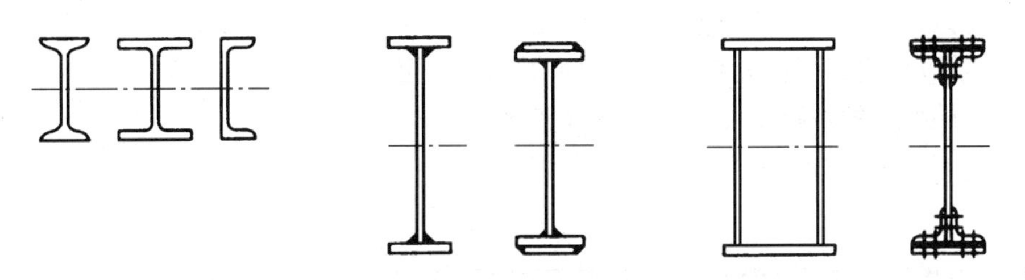

图 17-2 钢梁截面型式

钢结构中梁的布置称为梁格，它是由梁排列组成的结构承重体系，通常由主梁和次梁组成。按主梁和次梁的排列情况，梁格分 3 种结构型式(图 17-3)。

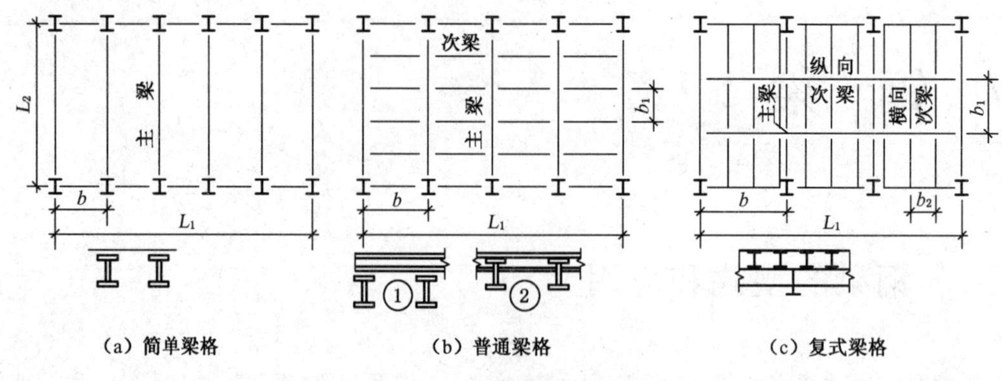

(a) 简单梁格　　(b) 普通梁格　　(c) 复式梁格

图 17-3　梁格结构型式

简单梁格——仅有主梁,适用于梁跨度较小的情况。

普通梁格——设置主梁和次梁,次梁支承于主梁。适用于大多数的梁格尺寸和荷载情况。

复式梁格——除了主梁和纵向次梁外,还在纵向次梁间设横向次梁,适用于荷载重、主梁跨度大的情况。

一般来说,后两种梁格结构型式比较经济。

钢梁的设计内容包括强度、刚度、整体稳定和局部稳定。

17.2　梁的强度和刚度

梁的设计首先应使强度和刚度满足要求。

17.2.1　强度

强度计算内容包括抗弯强度和抗剪强度验算,必要时还要验算局部压应力 σ_c。对梁的翼缘和腹板交接处,连续梁的支座处等各种应力较大的部位,还应验算折算应力 σ_{eq}。

1) 抗弯强度

钢梁弯曲时弯曲应力 σ 与应变 ε 的关系曲线与受拉时相似。钢材的塑性性能好,在达到极限强度以前已有一定的塑性变形。所以,设计时可以假定钢材为理想弹塑性材料,截面模量 W 应乘以截面塑性发展系数 γ。同时,应用净截面计算。

钢梁单向弯曲的抗弯强度应符合下式要求:

$$\sigma = \frac{M_x}{\gamma_x W_{nx}} \leqslant f \tag{17-1}$$

式中:M_x——绕 x 轴的弯矩设计值(工字形截面 x 为强轴)(N・mm);

γ_x——x 轴的截面塑性发展系数,工字钢 $\gamma_x = 1.05$,其他截面的塑性发展系数可见《钢结构设计标准》;

W_{nx}——对 x 轴的净截面模量(mm^3);

f——钢材抗弯强度设计值(N/mm^2)。

2) 抗剪强度

梁截面抗剪强度按以下公式验算：

$$\tau = \frac{VS}{It_w} \leqslant f_v \tag{17-2}$$

式中：V——计算截面沿腹板平面的剪力设计值(N)；

S——计算剪应力处以上毛截面对中和轴的面积矩(mm^3)；

I——毛截面惯性矩(mm^4)；

t_w——腹板厚度(mm)；

f_v——钢材的抗剪强度设计值(N/mm^2)。

工字形截面上的最大剪应力发生在腹板的中和轴处。

当梁的抗剪强度不足时，最有效的办法是增大腹板面积。由于腹板高度一般由梁的刚度条件和构造要求决定，因此常常是增大腹板厚度。

轧制工字钢的腹板厚度 t_w 都较大，抗剪强度均能满足，所以当无严重切割或开孔时可不验算剪应力。

3) 局部承压强度

当梁上翼缘承受沿腹板平面的集中荷载(例如，次梁传来的集中力、支座反力等)且在该荷载作用处未设支承加劲肋时，应验算腹板计算时高度上边缘的局部承受强度(局部压应力 σ_c)。

$$\sigma_c = \frac{\psi F}{t_w l_z} \leqslant f \tag{17-3}$$

$$l_z = 3.25\sqrt[3]{\frac{I_R + I_f}{t_w}} \tag{17-4}$$

或

$$l_z = a + 5h_y + 5h_R \tag{17-5}$$

式中：F——集中荷载设计值，对动力荷载应考虑动力系数(N)；

ψ——集中荷载的增大系数，对重级工作制吊车梁，$\psi = 1.35$；对其他梁，$\psi = 1.0$；

l_z——集中荷载在腹板计算高度上边缘的假定分布长度，宜按式(17-4)计算，也可采用简化式(17-5)计算(mm)；

I_R——轨道绕自身形心轴的惯性矩(mm^4)；

I_f——梁上翼缘绕翼缘中面惯性矩(mm^4)；

a——集中荷载沿梁跨度方向的支承长度(mm)，对钢轨上的轮压可取 50 mm；

h_y——自梁顶面至腹板计算高度上边缘的距离，对焊接梁为上翼缘厚度，对轧制工字形截面梁是梁顶面到腹板过渡完成点的距离(mm)；

h_R——轨道的高度，对梁顶无轨道的梁取值 0(mm)；

f——钢材的抗压强度设计值(N/mm^2)。

在梁的支座处，当不设置支承加劲肋时，也应按式(17-3)计算腹板计算高度下边缘的局部压应力，但 ψ 取 1.0。支座集中反力的假定分布长度，应根据支座具体尺寸按式(17-5)计算。

4）折算应力

在组合梁的腹板计算高度边缘处若同时受有较大的弯曲正应力 σ_1、剪应力 τ_1 和局部压应力，或同时受有较大的弯曲正应力 σ_1、剪应力 τ_1（如连续梁支座处或梁的翼缘截面改变处等）时，应按复杂应力状态计算其折算应力 σ_{eq}，如式(17-6)。

$$\sqrt{\sigma^2+\sigma_c^2-\sigma\sigma_c+3\tau^2}\leqslant\beta_1 f \tag{17-6}$$

$$\sigma=\frac{M}{I_n}y_1 \tag{17-7}$$

式中：σ、τ、σ_c——腹板计算高度边缘同一点上同时产生的正应力、剪应力和局部压应力，τ 和 σ_c 应按式(17-2)和式(17-3)计算，σ 应按式(17-7)计算，σ 和 σ_c 以拉应力为正值，压应力为负值(N/mm^2)；

练一练

I_n——梁净截面惯性矩(mm^4)；

y_1——所计算点至梁中和轴的距离(mm)；

β_1——强度增大系数，当 σ 与 σ_c 异号时，取 $\beta_1=1.2$；当 σ 与 σ_c 同号或 $\sigma_c=0$ 时，取 $\beta_1=1.1$。

17.2.2 刚度

梁的刚度按荷载标准值引起的最大挠度 v 来衡量，v 越小刚度越大。《钢结构设计标准》按全部荷载标准值作用、可变荷载标准值作用两种情况分别规定了梁的最大挠度限值 $[v_T]$ 和 $[v_Q]$，用 v 与跨度 l 的比值(相对挠度限值)表示。为保证梁的正常使用，挠度验算时应满足下式要求：

$$v\leqslant[v_T]\text{和}\ v\leqslant[v_Q] \tag{17-8}$$

梁的最大挠度 v 可用材料力学公式计算。例如，等截面简支梁承受均布荷载 q 时

$$v=\frac{5ql^4}{384EI} \tag{17-9}$$

式中：E——钢材的弹性模量；

I——梁截面的毛惯性矩。

挠度限值可查阅《钢结构设计标准》。例如，楼(屋)盖主梁和工作平台梁的挠度限值在全部荷载标准值下为 $l/400$、在可变荷载值下为 $l/500$，次梁则分别为 $l/250$ 和 $l/350$。其中 l 为梁的跨度。

增大截面高度可以提高梁的刚度，减小挠度。

【例题 17-1】 一工作平台的梁格布置如图 17-4 所示，次梁采用 Q235 型钢。经计算作用在次梁上的全部平台荷载标准值 $p_k=40.1$ kN/m。其中，可变荷载标准值 $q_k=31.25$ kN/m。全部荷载设计值 $p=51.2$ kN/m。试选择次梁截面。

【解】 次梁采用热轧普通工字钢。因梁上有面板焊接牢固，不必计算整体稳定。对型钢也不必计算局部稳定。所以，仅需计算强度和刚度。

(1) 抗弯强度计算

次梁内力

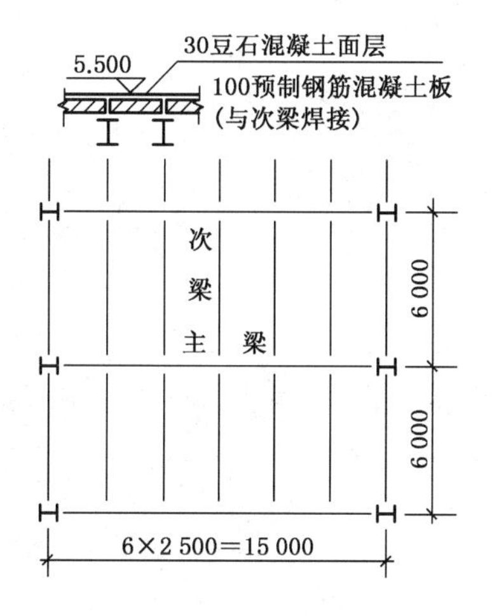

图 17-4

$$M_{\max} = \frac{1}{8}pl^2 = \frac{1}{8} \times 51.2\ \text{kN/m} \times (6\ \text{m})^2 = 230.4\ \text{kN} \cdot \text{m}$$

$$V_{\max} = \frac{1}{2}pl = \frac{1}{2} \times 51.2\ \text{kN/m} \times 6\ \text{m} = 153.6\ \text{kN}$$

截面塑性发展系数 $\gamma_x = 1.05$，所需截面模量为

$$W_n = \frac{M_{\max}}{\gamma_x f} = \frac{230.4 \times 10^6\ \text{N} \cdot \text{mm}}{1.05 \times 215\ \text{N/mm}^2} = 1021 \times 10^3\ \text{mm}^3$$

由型钢表初选 I40a，$W = 1\,090 \times 10^3\ \text{mm}^3 > 1\,021 \times 10^3\ \text{mm}^3$。其他截面几何性质：$I = 21\,700 \times 10^4\ \text{mm}^4$，$S = 631 \times 10^3\ \text{mm}^3$，$h = 400\ \text{mm}$，$b = 142\ \text{mm}$，$t_w = 10.5\ \text{mm}$（$t < 16\ \text{mm}$，抗弯设计强度 $f = 215\ \text{N/mm}^2$），满足要求。

采用轧钢型钢，抗剪强度自然满足，不需验算。

(2) 次梁挠度计算

全部标准荷载作用下

$$v = \frac{5p_k l^4}{384EI} = \frac{5 \times 40.1\ \text{N/mm} \times (6\,000\ \text{mm})^4}{384 \times 206 \times 10^3\ \text{N/mm}^2 \times 21\,700 \times 10^4\ \text{mm}^4}$$

$$= 15.1\ \text{mm} = \frac{l}{397} < [v_T] = \frac{l}{250}$$

可变荷载作用下

$$v = \frac{5q_k l^4}{384EI} = \frac{5 \times 31.25\ \text{N/mm} \times (6000\ \text{mm})^4}{384 \times 206 \times 10^3\ \text{N/mm}^2 \times 21\,700 \times 10^4\ \text{mm}^4}$$

$$= 11.8\ \text{mm} = \frac{l}{508} < [v_Q] = \frac{l}{350}$$

满足要求。

17.3　梁的整体稳定和局部稳定

17.3.1　整体稳定

钢梁在主平面内受弯，应保持其侧向平直无位移，否则发生整体失稳(图 17-5)。钢梁截面一般高而窄，为了保证其整体稳定性，需进行计算并采取相应的构造措施。

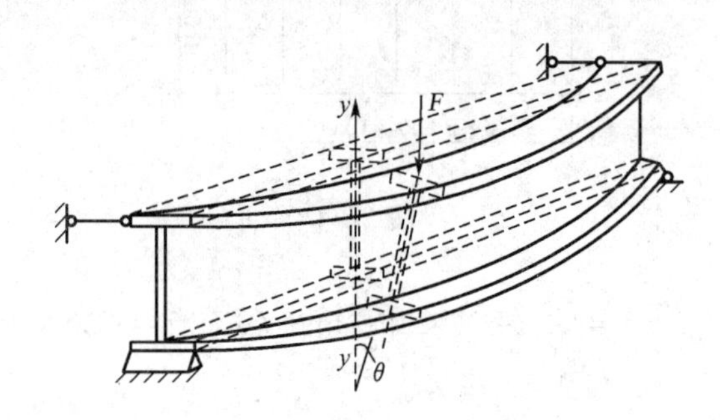

图 17-5　梁的整体失稳

1) 无需计算整体稳定性的情况

当梁符合下列情况之一时，可不计算其整体稳定性：

(1) 当铺板(各种钢筋混凝土板和钢板)密铺在梁的受压翼缘并与其牢固连接，能阻止梁受压翼缘侧向位移时。

(2) 当箱形截面简支梁符合上条的要求或截面尺寸(图 17-6)满足 $h/b_0 \leqslant 6$，$l_1/b_0 \leqslant 95\dfrac{235}{f_y}$ 时。

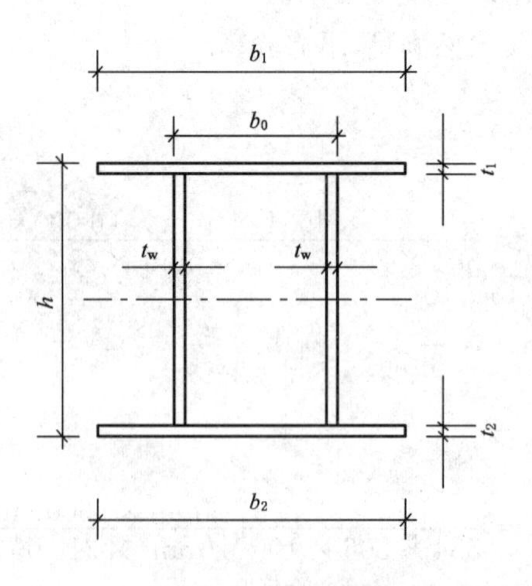

图 17-6　箱形截面

不论梁是否需要计算整体稳定，在其支座处均应采取构造措施以防止梁端截面的扭转，如图 17-7 所示梁夹支支座。

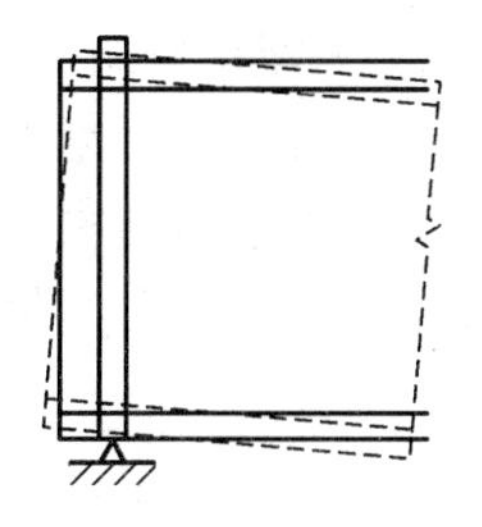

图 17-7 梁夹支支座

2) 梁的整体稳定性验算

(1) 验算公式

发生整体失稳时,钢梁的临界弯曲应力 σ_{cr} 小于钢材的抗弯强度 f,令两者的比值为 $\varphi_b = \sigma_{cr}/f$,并称其为整体稳定系数。

对在最大刚度主平面内单向弯曲的梁,整体稳定计算公式如下:

$$\frac{M_x}{\varphi_b W_x} \leqslant f \tag{17-10}$$

式中:M_x——绕强轴作用的最大弯矩设计值(N・mm);

W_x——按受压最大纤维确定的毛截面模量(mm),当截面板件宽厚比等级为 S1 级、S2 级、S3 级或 S4 级时,应取全截面模量;当截面板件宽厚比等级为 S5 级时,应取有效截面模量,均匀受压翼缘有效外伸宽度可取 $15\sqrt{235/f_y}$,腹板有效截面可按《钢结构设计标准》第 8.4.2 条的规定采用;

φ_b——梁的整体稳定系数,按《钢结构设计标准》附录 C 确定。

当梁的整体稳定性要求不满足时,可采用加大梁的截面尺寸或增加侧向支撑的办法。前一种办法中以增大受压翼缘的宽度最为有效,侧向支撑应设置在(或靠近)梁的受压翼缘。

(2) 整体稳定系数 φ_b

① 等截面焊接工字型和轧钢 H 型钢简支梁

$$\varphi_b = \beta_b \frac{4\,320}{\lambda_y^2} \cdot \frac{Ah}{W_x}\left[\sqrt{1+\left(\frac{\lambda_y t_1}{4.4h}\right)^2} + \eta_b\right]\frac{235}{f_y} \tag{17-11}$$

式中:β_b——梁整体稳定的等效临界弯矩系数,按附表 4-9 采用;

λ_y——梁在侧向支承点间对截面弱轴 $y-y$ 轴的长细比,$\lambda_y = l_1/i_y$,i_y 为梁毛截面对 y 轴的截面回转半径(mm),l_1 为梁受压翼缘侧向支承点之间的距离(mm);

A——梁的毛截面面积(mm^2);

h、t_1——梁截面的全高和受压翼缘厚度(mm),等截面铆接(或高强度螺栓连接)简支梁,其受压翼缘厚度 t_1 包括翼缘角钢厚度在内;

η_b——截面不对称影响系数,对双轴对称工字型截面 $\eta_b = 0$;对单轴对称工字型截面,加强受压翼缘时 $\eta_b = 0.8(2a_b - 1)$,加强受拉翼缘时 $\eta_b = 2a_b - 1$,$a_b = I_1/(I_1 + I_2)$,I_1 和 I_2 分别为受压翼缘和受拉翼缘对 y 轴的惯性矩(mm^3)。

当按式(17-11)计算所得 φ_b 值大于 0.6 时,应按下式计算 φ_b' 值代替 φ_b 值:

$$\varphi_b' = 1.07 - \frac{0.282}{\varphi_b} \leqslant 1.0 \tag{17-12}$$

梁的整体稳定临界荷载与梁的侧向抗弯刚度、抗扭刚度以及跨度等有关。等效临界弯矩系数 β_b，是不同横向荷载作用下梁的稳定系数与纯弯曲稳定系数的比值。

② 轧制普通工字钢简支梁。《钢结构设计标准》给出了轧制普通工字型钢简支梁整体稳定系数 φ_b 表，见附表 4-10。同样，当 φ_b 值大于 0.6 时，应用式(17-12)算得的 φ_b' 值替代 φ_b 值。

研究和工程实践表明，钢梁的稳定性与自由长度 l_1(受压翼缘侧向支承间的距离)及受压翼缘宽度 b_1 有关。所以，提高钢梁整体稳定性的最有效措施：一是加大受压翼缘的宽度 b_1，以增大梁的侧向抗弯刚度和抗扭刚度；二是增加梁受压翼缘的侧向支撑点，以减小其侧向自由长度 l_1。例如，钢梁在端部有支座侧向支承点，在跨中则由次梁连接及支撑体系、面板牢固连接等提供补充的侧向支承。《钢结构设计标准》还规定了各种截面梁的等效临界弯矩系数 β_b 的计算方法。

17.3.2 局部稳定

热轧工字型钢的腹板较厚，不可能发生局部失稳，故不必验算。在组合截面钢梁中，为了提高梁的强度和刚度并节约腹板钢材，腹板往往较高较薄；为了提高整体稳定性，翼缘板宜宽一些。但是，板件如过于宽薄，又容易丧失局部稳定。

组合梁腹板丧失局部稳定的概念和计算方法与轴心受压柱的腹板完全相同，只是应力状态较复杂。保证腹板局部稳定性的措施，一是增加腹板厚度，二是按计算配置加劲肋。加劲肋把腹板划分成较小的四边支承矩形区格，提高了临界应力，从而满足局部稳定性的要求。在腹板高厚比较大的梁中，后一措施能取得更好的经济效益。一般情况是配置垂直于梁轴线方向的腹板横向加劲肋，腹板高度比较大时还需要在腹板受压区加配沿梁轴线方向的纵向加劲肋，在梁的局部压应力较大的区格可配置短加劲肋(图 17-8)。提高腹板局部稳定性的加劲肋称为间隔加劲肋，同时可作为传递支座反力或较大固定集中荷载的加劲肋称为支承加劲肋(图 17-9)。

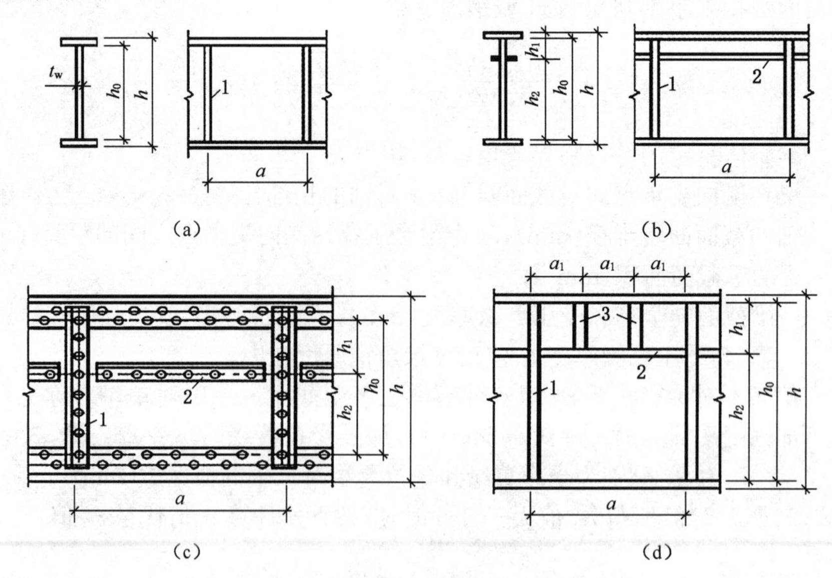

图 17-8 加劲肋布置

1—横向加劲肋；2—纵向加劲肋；3—短加劲肋

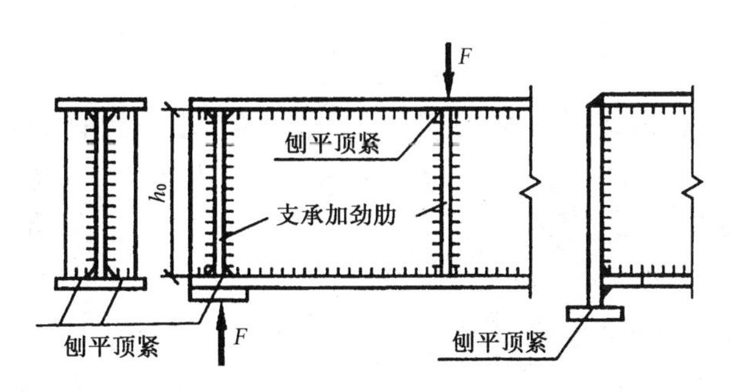

图 17-9 组合梁的加劲肋布置

《钢结构设计标准》规定了在组合梁腹板中宜配置加劲肋的场合和计算要求。

承受静力荷载和间接承受动力荷载的焊接腹板屈曲后强度，按《钢结构设计标准》有关焊接截面梁腹板考虑屈曲后强度计算的规定计算其受弯和受剪承载力。不考虑腹板屈曲后强度时，当 $h_0/t_w > 80\sqrt{\frac{235}{f_y}}$，焊接截面梁应计算腹板的稳定性。$h_0$ 为腹板的计算高度，t_w 为腹板的厚度。轻级、中级工作制吊车梁计算腹板的稳定性时，吊车轮压设计值可乘以折减系数 0.9。

焊接截面梁腹板配置加劲肋应符合下列规定：

(1) 当 $h_0/t_w \leqslant 80\sqrt{\frac{235}{f_y}}$ 时，对有局部压应力的梁，宜按构造配置横向加劲肋；当局部压应力较小时，可不配置加劲肋。

练一练

(2) 直接承受动力荷载的吊车梁及类似构件，应按下列规定配置加劲肋(图 17-8)：

① 当 $h_0/t_w > 80\sqrt{\frac{235}{f_y}}$ 时，应配置横向加劲肋。

② 当受压翼缘扭转受到约束且 $h_0/t_w > 170\sqrt{\frac{235}{f_y}}$、受压翼缘扭转未受到约束且 $h_0/t_w > 150\sqrt{\frac{235}{f_y}}$，或按计算需要时，应在弯曲应力较大区格的受压区增加配置纵向加劲肋。局部压应力很大的梁，必要时尚宜在受压区配置短加劲肋；对单轴对称梁，当确定是否要配置纵向加劲肋时，h_0 应取腹板受压区高度 h_c 的 2 倍。

③ 不考虑腹板屈曲后强度，当 $h_0/t_w > 80\sqrt{\frac{235}{f_y}}$ 时，宜配置横向加劲肋。

④ h_0/t_w 不宜超过 250。

⑤ 梁的支座处和上翼缘受有较大固定集中荷载处，宜设置支承加劲肋。

⑥ 腹板的计算高度 h_0 应按下列规定采用：对于轧制型钢梁，为腹板与上、下翼缘相连接处两内弧起点间的距离；对焊接截面梁，为腹板高度；对高强度螺栓连接(或铆接)梁，为上、下翼缘与腹板连接的高强度螺栓(或铆钉)线间最近距离(图 17-8)。

仅配置横向加劲肋的腹板(图 17-8(a))，其各区格的局部稳定应按下列公式计算：

$$\frac{\sigma}{\sigma_{cr}} + \left(\frac{\tau}{\tau_{cr}}\right)^2 + \frac{\sigma_c}{\sigma_{c,cr}} \leqslant 1.0 \tag{17-13a}$$

$$\tau = \frac{V}{h_w t_w} \tag{17-13b}$$

式中：σ——计算腹板区格内，由平均弯矩产生的腹板计算高度边缘的弯曲压应力(N/mm^2)；

τ——所计算腹板区格内，由平均剪力产生的腹板平均剪应力(N/mm^2)；

σ_c——腹板计算高度边缘的局部压应力，应按式(17-3)计算，但取式中的 $\psi = 1.0$(N/mm^2)；

h_w——腹板高度(mm)；

t_w——构件的腹板厚度(mm)；

V——所计算腹板区格内的平均剪力(kN)；

σ_{cr}、τ_{cr}、$\sigma_{c,cr}$——各种应力单独作用下的临界应力(N/mm^2)。

同时用横向加劲肋和纵向加劲肋加强的腹板(图 17-8(b)(c))，其局部稳定性应按下列公式计算：

(1) 受压翼缘与纵向加劲肋之间的区格

$$\frac{\sigma_2}{\sigma_{cr1}} + \left(\frac{\sigma_c}{\sigma_{c,cr1}}\right)^2 + \left(\frac{\tau}{\tau_{cr1}}\right)^2 \leqslant 1.0 \tag{17-14}$$

上式中 σ_{cr1}、τ_{cr1}、$\sigma_{c,cr1}$ 按《钢结构设计标准》(GB 50017—2017)规定的方法计算。

(2) 受拉翼缘与纵向加劲肋之间的区格

$$\frac{\sigma_2}{\sigma_{cr2}} + \left(\frac{\tau}{\tau_{cr2}}\right)^2 + \frac{\sigma_{c2}}{\sigma_{c,cr2}} \leqslant 1.0 \tag{17-15}$$

式中：σ_{cr2}、τ_{cr2}、$\sigma_{c,cr2}$——按《钢结构设计标准》(GB 50017—2017)规定的方法计算；

σ_2——所计算区格内由平均弯矩产生的腹板在纵向加劲肋处的弯曲压应力(N/mm^2)；

σ_{c2}——腹板在纵向加劲肋处的横向压应力，取 $0.3\sigma_c$(N/mm^2)。

在受压翼缘与纵向加劲肋之间设有短向加劲肋的区格(图 17-8(d))，其局部稳定性应按式(17-14)计算，详见《钢结构设计标准》的规定。

加劲肋的设置应符合下列规定：

① 加劲肋宜在腹板两侧成对配置，也可单侧配置，但支承加劲肋、重级工作制吊车梁的加劲肋不应单侧配置。

② 横向加劲肋的最小间距应为 $0.5h_0$，除无局部压应力的梁，当 $h_0/t_w \leqslant 100$ 时，最大间距可采用 $2.5h_0$ 外，最大间距应为 $2h_0$。纵向加劲肋至腹板计算高度受压边缘的距离应为 $h_c/2.5 \sim h_c/2$。

③ 在腹板两侧成对配置的钢板横向加劲肋，其截面尺寸应符合式(17-16)的规定。

外伸宽度：

$$b_s = \frac{h_0}{30} + 40 \tag{17-16a}$$

厚度：

$$\text{承压加劲肋 } t_s \geqslant \frac{b_s}{15}，\text{不受力加劲肋 } t_s \geqslant \frac{b_s}{19} \tag{17-16b}$$

④ 在腹板一侧配置的横向加劲肋，其外伸宽度应大于按式(17-16a)算得的 1.2 倍，厚

度应符合式(17-16b)的规定。

⑤ 在同时采用横向加劲肋和纵向加劲肋加强的腹板中，横向加劲肋的截面尺寸除符合上述①～④的规定外，其截面惯性矩 I_z 尚应符合式(17-17a)要求：

$$I_z \geqslant 3h_0 t_w^3 \tag{17-17a}$$

纵向加劲肋的截面惯性矩：

当 $a/h_0 \leqslant 0.85$ 时

$$I_y \geqslant 1.5h_0 t_w^3 \tag{17-17b}$$

当 $a/h_0 > 0.85$ 时

$$I_y \geqslant \left(2.5 - 0.45\frac{a}{h_0}\right)\left(\frac{a}{h_0}\right)^2 h_0 t_w^3 \tag{17-17c}$$

⑥ 短加劲肋的最小间距 $0.75h_1$。短加劲肋外伸宽度取横向加劲肋外伸宽度的 0.7～1.0 倍，厚度不应小于短加劲肋外伸宽度的 1/15。

⑦ 用型钢(H 型钢、工字钢、槽钢、肢尖焊于腹板的角钢)做成的加劲肋，其截面惯性矩不得小于相应钢板加劲肋的惯性矩。在腹板两侧成对配置的加劲肋，其截面惯性矩应按梁腹板中心线为轴线进行计算。在腹板一侧配置的加劲肋，其截面惯性矩应按加劲肋相连的腹板边缘为轴线进行计算。

⑧ 焊接梁的横向加劲肋与翼缘板、腹板相接处应切角，当作为焊接工艺孔时，切角宜采用半径 $R = 30$ mm 的 1/4 圆弧。

梁的支承加劲肋应符合下列规定：

① 应按承受梁支座反力或固定集中荷载的轴心受压构件计算其在腹板平面外的稳定性；此受压构件的截面应包括加劲肋和加劲肋每侧 $15h_w\sqrt{\dfrac{235}{f_y}}$ 范围内的腹板面积，计算长度取 h_0。

② 当梁支承加劲肋的端部为刨平顶紧时，应按其所承受的支座反力或固定集中荷载计算其端面承压应力；突缘加劲肋的伸出长度不得大于其厚度的 2 倍；当端部为焊接时，应按传力情况计算其焊缝应力。

③ 支承加劲肋与腹板的连接焊缝，应按传力需要进行计算。

【例题 17-2】 一焊接工字型等截面简支梁的跨度 $l = 4$ m，钢材 Q235B。均布荷载作用在下翼缘上，最大计算弯矩 $M_x = 1\,128$ kN·m。通过满应力设计，所选截面如图 17-10 所示。试验算该梁的整体稳定性。

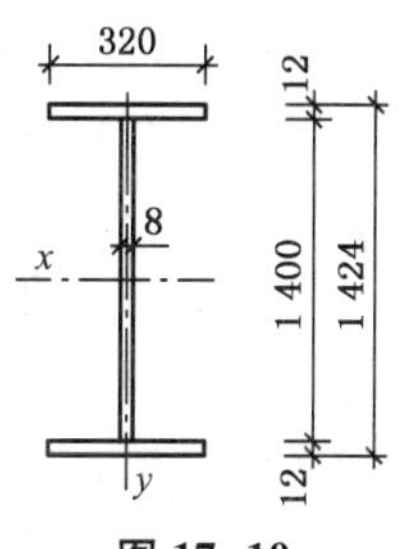

320
12
8
x
1 400
1 424
12
y

图 17-10

【解】 (1) 求整体稳定系数

截面几何性质

$$A = (1\,400 \times 8 + 2 \times 160 \times 12)\ \text{mm}^2 = 15\,040\ \text{mm}^2$$

$$I_x = \frac{1}{12} \times 8\ \text{mm} \times (1\,400\ \text{mm})^3 + 2 \times 160\ \text{mm} \times 12\ \text{mm} \times (706\ \text{mm})^2 = 37.43 \times 10^8\ \text{mm}^4$$

$$W_x = \frac{I_x}{y} = \frac{37.43 \times 10^8\ \text{mm}^4}{1\,400\ \text{mm}/2 + 12\ \text{mm}} = 5.257 \times 10^6\ \text{mm}^3$$

$$I_y = 2 \times \frac{1}{12} \times 12\ \text{mm} \times (160\ \text{mm})^3 = 0.082\,5 \times 10^8\ \text{mm}^4$$

$$i_y = \sqrt{I_y/A} = \sqrt{0.082\,5 \times 10^8/15\,040} = 23.4\ \text{mm}$$

$$\lambda_y = \frac{l_1}{i_y} = \frac{4\,000\ \text{mm}}{23.4\ \text{mm}} = 171$$

$$\xi = \frac{l_1 t_1}{b_1 h} = \frac{4\,000\ \text{mm} \times 12\ \text{mm}}{320\ \text{mm} \times 1\,424\ \text{mm}} = 0.105 < 2.0$$

由附表 4-9 查得 $\beta_b = 0.69 + 0.13\xi = 0.69 + 0.13 \times 0.105 = 0.704$，则

$$\begin{aligned}\varphi_b &= \beta_b \frac{4\,320}{\lambda_y^2} \frac{Ah}{W_x}\left[\sqrt{1+\left(\frac{\lambda_y t_1}{4.4h}\right)^2} + \eta_b\right]\frac{235}{f_y} \\ &= 0.704 \times \frac{4\,320}{171^2} \frac{15\,040\ \text{mm}^2 \times 1\,424\ \text{mm}}{5.257 \times 10^6\ \text{mm}^3} \times \left[\sqrt{1+\left(\frac{171 \times 12\ \text{mm}}{4.4 \times 1\,424\ \text{mm}}\right)^2} + 0\right] \times \frac{235}{235} \\ &= 0.446 < 1.0\end{aligned}$$

(2) 讨论

计算结果说明，梁的承载力取决于整体稳定性。该梁只能承受按强度设计的荷载的 44.6%，显然很不经济。为了提高梁的整体稳定的承载力，可在跨中设置一个可靠的侧向支承点，这时 $l_1 = 4\ \text{m}/2 = 2\ \text{m}$，$\lambda_y = 171/2 = 86$，由附表 4-9 查得 $\beta_b = 1.15$。由式(17-11)可算得 $\varphi_b = 2.88 > 0.6$，再由式(17-11)算得

$$\varphi'_b = 1.07 - \frac{0.282}{\varphi_b} = 1.07 - \frac{0.282}{2.88} = 0.972 \approx 1.0$$

这样，梁的抗弯强度不但能得到充分利用，而且整体稳定性也正好能保证。

17.4 次梁与主梁的连接

次梁与主梁的连接构造分为叠接和平接两类。

叠接构造是直接把次梁放在主梁上，并用焊缝或螺栓相连(图 17-11(a))。对简支次梁和连续次梁都可用。构造简单，但结构高度大，影响使用空间，且连接刚度较差，应用比较少。

平接的结构高度较小，增大了梁格的刚度，应用较多，但是次梁的端部需要切割。根据工程具体情况，次梁顶面可与主梁顶面持平、略高或略低。次梁端部与主梁翼缘冲突部分应切成圆弧过渡，避免产生严重的应力集中。图 17-11(b)所示为次梁腹板用螺栓连接于主梁加劲肋上，构造简单，安装方便。也可以利用两个短角钢将次梁连接于主梁腹部(图 17-11(c))，通常先在主梁腹板上焊上一个短角钢，待次梁就位后再加另一短角钢并用安装焊缝焊牢。

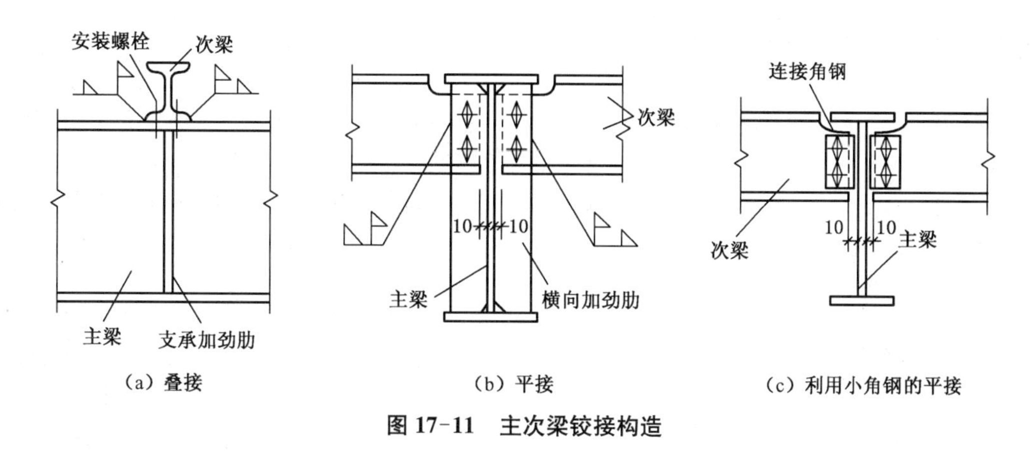

(a) 叠接 (b) 平接 (c) 利用小角钢的平接

图 17-11 主次梁铰接构造

以上平接做法是次梁和主梁的铰接构造。当次梁或主梁的跨度和荷载较大、为了减小梁的挠度,或为连续次梁时,一般可采用图 17-12 所示的刚接平接构造。次梁的支座反力传给焊接于主梁侧面的承托。在次梁的支座负弯矩作用下,由上翼缘的连接盖板传递拉力,下翼缘的承托水平顶板传递压力。

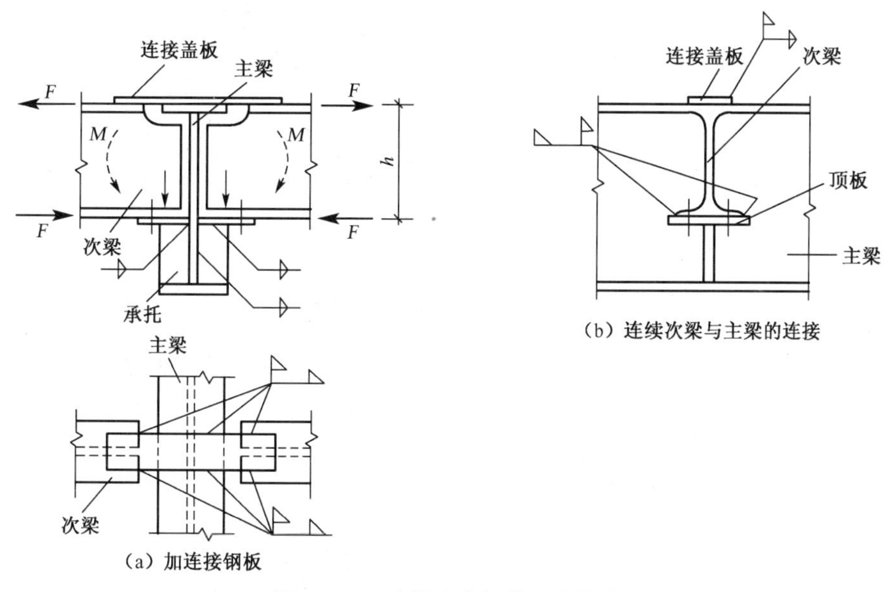

(a) 加连接钢板 (b) 连续次梁与主梁的连接

图 17-12 次梁和主梁的刚接构造

17.5 梁柱连接

梁与柱的铰接做法有两种构造型式。一种做法适用于顶层梁,梁直接置于柱顶(图 17-13)。顶柱与梁端加劲肋之间应有密切的联系,应在柱上端设置具有一定刚度的顶板。图 17-13(a)中,梁端支座加劲肋采用突缘板型式,其底部刨平或铣平,与顶柱板顶紧,传力明确,是较好的轴心受压杆与梁的连接构造。图 17-13(b)的连接构造简单,制造、安装方便,但两梁的荷载不等时柱为偏心受压。另一种做法是梁连接于柱侧的下部承托上(图 17-14)。其中图 17-14(a)所示应用较多,因为构造处理简单,传力明确,制造和安装也较为方便,但在梁端顶部还应设置顶部短角钢或垫板以防止梁端在受力后发生平面外的偏移,同时又不影响梁端在平面内比较自由地转动,使其较好地符合铰接计算简图的要求。图 17-14(b)所示的构造适用于梁支座反力较大时,梁的反力通过用厚钢板制成的承托传递到柱子上,传力明确,但对制造和安装精度的要求较高。

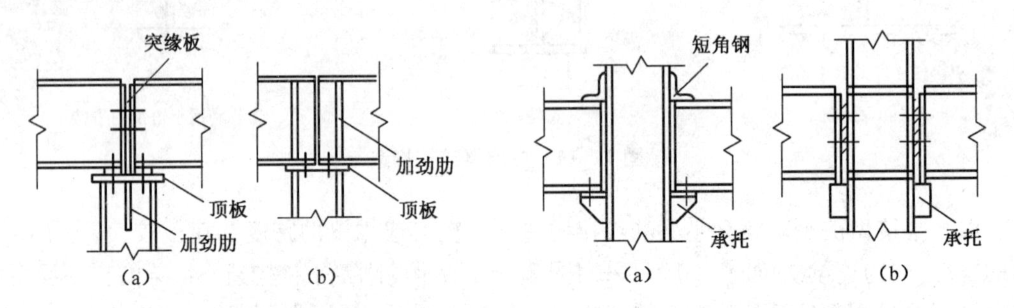

图 17-13 梁置于柱顶

图 17-14 梁与柱侧连接

多层框架结构中,梁与柱的连接节点应为刚接,以传递反力和弯矩,柱通常是上下贯通的梁与柱需在现场连接。一种做法是梁端部直接与柱相连接(图 17-15),其中图 17-15(a)中梁的翼缘和腹板与柱焊接连接,多用于梁悬臂段与柱在工厂的连接;图 17-15(b)中梁的翼缘与柱焊接,腹板则通过焊在柱上的连接件与柱用高强度螺栓连接;图 17-15(c)中梁通过端板与柱用高强度螺栓连接。为了保证柱腹板不致被压坏或局部失稳,通常在梁翼缘对应位置设置柱的横向加劲肋。另一种做法是把梁与预先焊在柱上的梁悬臂相连。

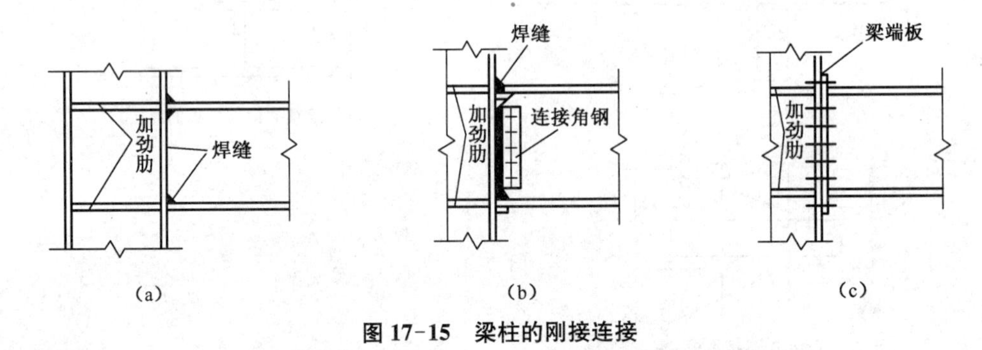

图 17-15 梁柱的刚接连接

本章小结

1. 梁的强度

强度计算内容包括抗弯强度和抗剪强度验算,必要时还要验算局部压应力 σ_c。对梁的翼缘和腹板交接处,连续梁的支座处等各种应力较大的部位还应验算折算应力 σ_{eq}。

(1) 抗弯强度

钢梁单向弯曲的抗弯强度应符合下式要求:

$$\sigma=\frac{M_x}{\gamma_x W_{nx}}\leqslant f$$

(2) 抗剪强度

梁截面抗剪强度按下列公式验算：

$$\tau = \frac{VS}{It_w} \leqslant f_v$$

(3) 局部承压强度

$$\sigma_c = \frac{\psi F}{t_w l_z} \leqslant f$$

$$l_z = 3.25\sqrt[3]{\frac{I_R + I_f}{t_w}} \quad 或 \quad l_z = a + 5h_y + 5h_R$$

(4) 折算应力

$$\sqrt{\sigma^2 + \sigma_c^2 - \sigma\sigma_c + 3\tau^2} \leqslant \beta_1 f$$

$$\sigma = \frac{M}{I_n} y_1$$

2. 梁的刚度

为保证梁的正常使用，挠度验算时应满足下式要求：

$$v \leqslant [v_T] \text{ 和 } v \leqslant [v_Q]$$

3. 梁的整体稳定

对在最大刚度主平面内单向弯曲的梁，整体稳定计算公式如下：

$$\frac{M_x}{\varphi_b W_x} \leqslant f$$

4. 梁的局部稳定

保证腹板局部稳定性的措施，一是增加腹板厚度，二是按计算配置加劲肋。

5. 次梁与主梁的连接构造分为叠接和平接两类。

6. 梁与柱的铰接做法有两种构造型式。一种做法适用于顶层梁，梁直接置于柱顶。顶柱与梁端加劲肋之间应有密切的联系，应在柱上端设置具有一定刚度的顶板。

复习思考题

思考题解析

17.1　钢梁的强度计算包括哪些内容？什么情况下须计算梁的局部压应力和折算应力？

17.2　梁发生强度破坏与丧失整体稳定有何区别？影响钢梁整体稳定的主要因素有哪些？提高钢梁整体稳定性的有效措施有哪些？

17.3　梁的整体稳定与局部稳定在概念上有何不同？

17.4　钢梁的拼接、主次梁连接各有哪些方式？其主要设计原则是什么？

习　题

17.1　试验算图17-16所示双对称工字型截面简支梁的整体稳定性。梁跨度6.9 m。

在跨中央有一集中荷载 500 kN(设计值)作用于梁的上翼缘，跨中无侧向支承，材料 Q235 钢。

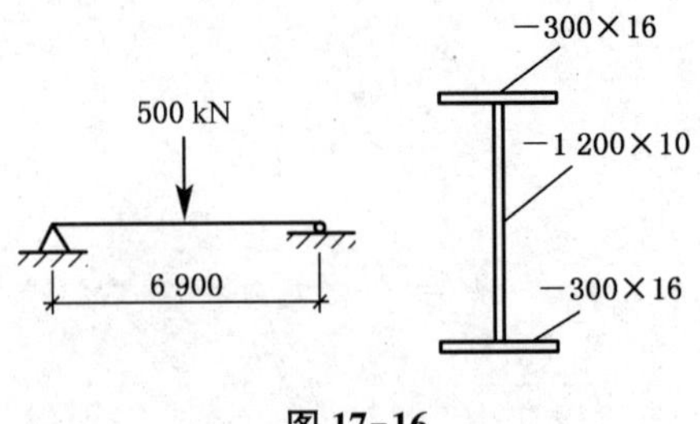

图 17-16

17.2 焊接工字型等截面简支梁(图 17-17)，跨度 15 m，在距支座 5 m 处各有一次梁，次梁传来的集中荷载(设计值) $F=200$ kN，钢材为 Q235。试验算其整体稳定性。

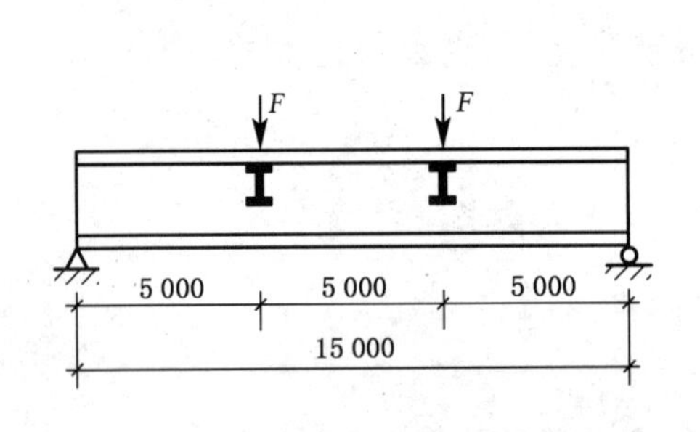

图 17-17

18 钢桁架

桁架是由直杆在端部互相连接而组成的格构式结构，主要承受横向荷载，整体受弯。

桁架的应用很广，最常用的是平面钢桁架，例如，建筑结构的屋架和吊车梁。各种型式的塔架、网架等则属于空间桁架结构。与实腹梁相比，桁架节省钢材，结构自重轻，因而适用于跨度或高度较大的结构。此外，还便于按照不同的使用要求制成各种所需要的外形。主要缺点是杆件节点较多，制造较费工。

钢桁架按杆件内力、杆件截面和节点构造特点可分为普通、重型和轻型钢桁架。普通钢桁架的杆件通常采用两个角钢组成的 T 形截面，在节点处用一块节点板连接，构造简单，应用最广。重型钢桁架杆件由钢板或型钢组成，需要两块平行的节点板，常用于跨度和荷载较大时。轻型钢桁架采用小角钢和圆钢或冷弯薄壁型钢截面，主要用于跨度较小、屋面较轻的屋盖结构。本节介绍普通钢桁架的设计要点。

钢桁架杆件通常采用焊缝连接，其支撑系统常采用 C 级普通螺栓或高强度螺栓连接。

18.1 桁架型式的选择

以屋架为例说明如何选择桁架型式。设计屋架的最主要工作是确定弦杆的布置形式，因为它对屋架的内力分布起决定性作用。屋架弦杆的布置形式主要有三角形、梯形、拱形和折线形等。图 18-1 比较了承受相同屋面均布荷载，相同跨度、矢高屋架的轴向力分布情况，图中“+”为拉力，“−”为压力。由图 18-1 可见，三角形屋架中的杆件内力大且很不均匀，为了减小内力，必须增大矢高，腹杆长，因而自重大，不经济。梯形屋架杆件的内力也不均匀，且由于端部高度较大，需在端部设置垂直支撑以保证屋架的稳定。拱形屋架的内力均匀，腹杆内力为零，但抛物线上弦杆制作不便，为此，可改成折线形，内力的分布基本不变。折线形屋架的上弦由几段直线杆件连接而成，具有拱形屋架的基本优点，又减缓了屋面的坡度。所以，拱形和折线形屋架有较好的技术经济指标。

屋架的跨度和间距根据工艺和建筑要求确定，简支于柱顶上的钢屋架的计算跨度取屋架支座反力间的距离。屋架的高度取决于建筑设计、刚度和经济三方面的要求，同时要考虑屋面坡度和运输界限的要求。通常，高度与跨度之比（高跨比）为：三角形屋架为 1/6～1/4；梯形屋架跨中为 1/10～1/6，端部高度一般为 1.8～2.1 m。

练一练

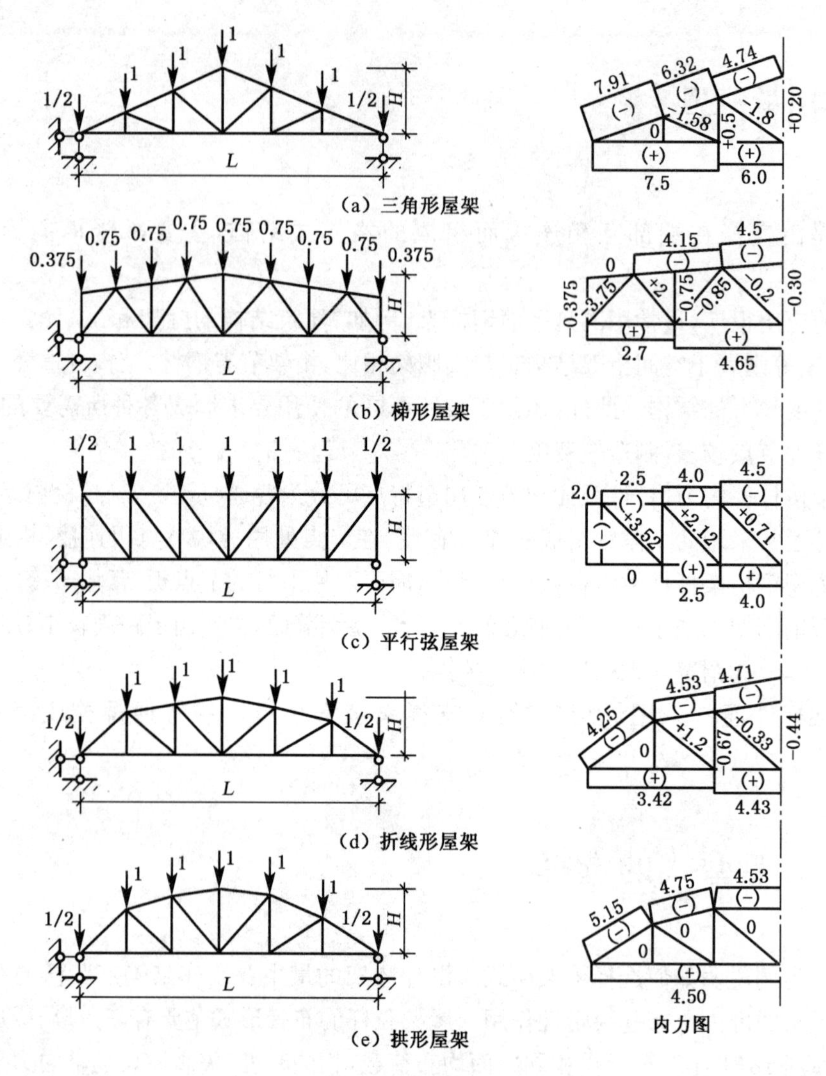

图 18-1 不同型式屋架的内力分布比较

18.2 桁架的荷载和内力

设计桁架时需先计算桁架荷载并由此计算各杆件的内力，下面以屋架为例说明。

1) 屋架上的荷载

屋面永久荷载有屋架自重(包括支撑自重)、屋面永久荷载(檐口板、屋面板、瓦以及屋面保温层、防水层等重量)；屋面可变荷载有屋面均布可变荷载、雪荷载、积灰荷载，风荷载等；有的房屋还有下弦的吊顶(棚)重、吊挂管道重等。

以上荷载应是均布于水平投影面积上的荷载，以“kN/m^2”计，其值可由《荷载规范》查得或按材料的厚度或规格计算。

屋架上的荷载通常以集中或均布的形式作用于上弦杆或下弦杆。当荷载为均布并通过檩条或大型屋面板的边肋传力时，每个集中荷载的计算范围取相邻屋架的中线与相邻檩条或边肋中线围成的面积(图 18-2)，其值等于这一面积乘以均布荷载设计值。

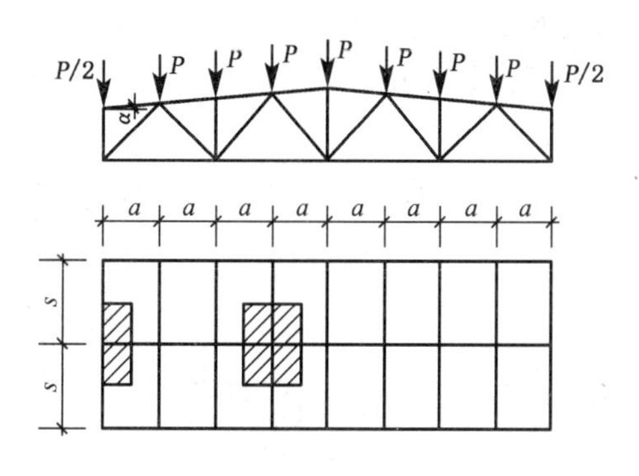

图 18-2 屋架节点荷载的计算

练一练

钢桁架杆件较细长，抗弯能力差，故布置桁架节点和节间时应尽量避免或减小节间荷载。

2) 桁架的内力计算

桁架节点一般为焊接、螺栓连接，具有较大的刚性。但是，由于通常钢桁架杆件截面较小，抗弯刚度不大，按节点刚接桁架计算得到的杆件轴力值与按节点铰接桁架计算的结果相差不多，弯矩较小。所以，当桁架仅承受节点荷载时，可以按铰接桁架计算杆件内力。对实际上存在的节点弯矩可以在节点的构造设计中予以考虑。

求得各种荷载下的杆件内力后，应进行内力组合，取每一杆件可能的最不利内力(拉力、压力)作为杆件截面设计内力。一般考虑 3 种荷载组合：

(1) 全跨永久荷载＋全跨可变荷载。

(2) 全跨永久荷载＋半跨可变荷载。

(3) 全跨屋架、天窗架和支撑自重＋半跨屋面板重＋半跨屋面可变荷载。

18.3 桁架杆件截面设计

选定桁架型式、确定钢材并求出各杆件的设计内力后，需再确定杆件在各个方向的计算长度、截面的组成型式、节点板厚度等，然后进行截面选择。

1) 桁架杆件的计算长度

杆件在桁架平面内、平面外的支承条件不同，计算长度应分别考虑。钢结构规范规定了杆件在桁架平面内的计算长度 l_{0x}和平面外的计算长度 l_{0y}。

2) 杆件的截面型式和一般构造

(1) 杆件截面型式

桁架杆件的截面型式应根据用料经济，连接构造简单和强度、刚度等要求确定。桁架中全部或多数杆件一般为轴心受力杆件，设计时应尽量使杆件在桁架平面内和平面外的长细比相接近 ($\lambda_x \approx \lambda_y$)，既使刚度和稳定性符合要求又节省钢材。一般支承条件下，普通钢桁架上、下弦杆通常采用短边相并的双不等边角组成的 T 形截面，λ_x 与 λ_y 相近，并能保证运输和吊装时的侧向刚度，也便于在上弦杆上放置屋面板或檩条。跨度和荷载较大的桁架弦杆也可采用双等边角钢T形等截面。支座腹杆通常采用长边相并的双不等边角钢T形截面。一般腹杆通常采用双等边角钢T形截面。双角钢十字形截面具有较大的回转半径，故桁架中长度较大而内力较小的受压杆件可采用十字形截面。支撑和轻型桁架的某些杆件可用单角钢截面。

各种截面型双角钢的 i_x、i_y、i_{x0}、i_{y0} 值由角钢表直接查得，这些截面 i_y/i_x 的大致比值如图18-3所示。

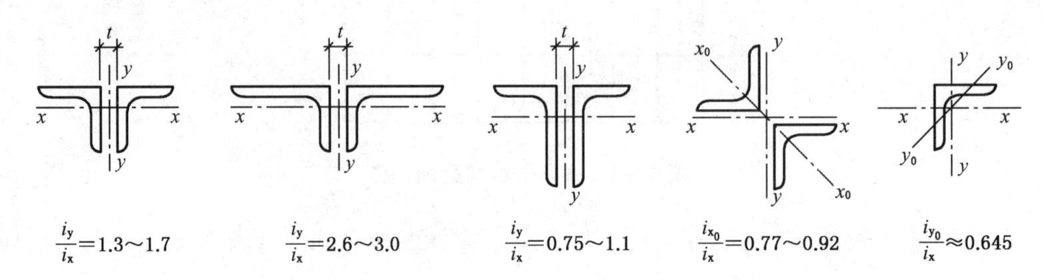

图18-3　角钢杆件截面及其回转半径比值

少数构件采用双等肢角钢组成的十字形截面，节点处用双角钢之间的节点板连接。

(2) 双角钢截面中角钢之间的填板

双角钢T形或十字形截面是组合截面，应每隔一定间距在角钢间放置填板以保证整体共同受力，如图18-4所示。填板宽度一般约60 mm，厚度 t 与节点板相同，填板间距 $l_d=40i_1$（压杆）和 $l_d=80i_1$（拉杆），i_1 为一个角钢对1-1形心轴的回转半径（T形截面中1-1轴平行于填板方向，十字形截面中1-1轴为斜向最小回转半径轴）。杆件在两个侧向支承点间的填板数量应不少于2个（T形截面）和3个（十字形截面，常用奇数）。

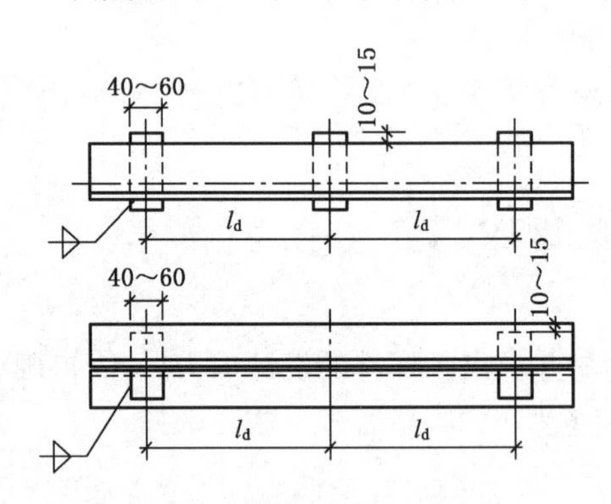

图18-4　双角钢截面杆件的填板

(3) 节点设计

屋架节点的作用是使杆件的内力通过各自的杆端焊缝传递至节点板，并在节点中心汇交取得平衡。节点设计应做到构造合理、安全可靠、制造安装方便。

节点板一般采用矩形或梯形，应有两边互相平行。其平面尺寸根据所连接杆件的截面尺寸及其连接焊缝的长度或螺栓数目确定，同时应满足节点构造的要求。节点板厚度通常根据工程经验确定，全桁架应统一。确定节点板厚度的主要依据是与节点板相连杆件的内力，应以最大内力为准，许多设计手册中列有节点板厚度参考值。屋架各杆件的形心线应与杆件轴线重合，并汇交于节点中心。节点板尺寸应框住所有杆件的角焊缝。图 18-5 所示为节点板与杆件连接的构造，其中 a 为腹杆与弦杆或腹杆与腹杆边缘之间的距离，当承受静力荷载或间接动力荷载时，取 $a = 10 \sim 15$ mm。

图 18-6～图 18-9 为屋架各种节点的一般构造。

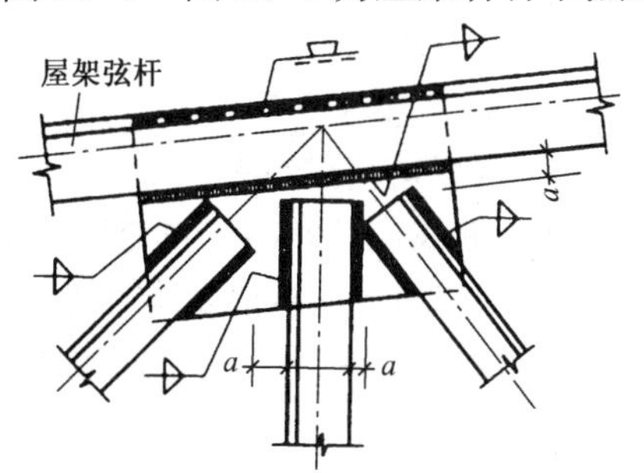

图 18-5　节点板与杆件连接的构造

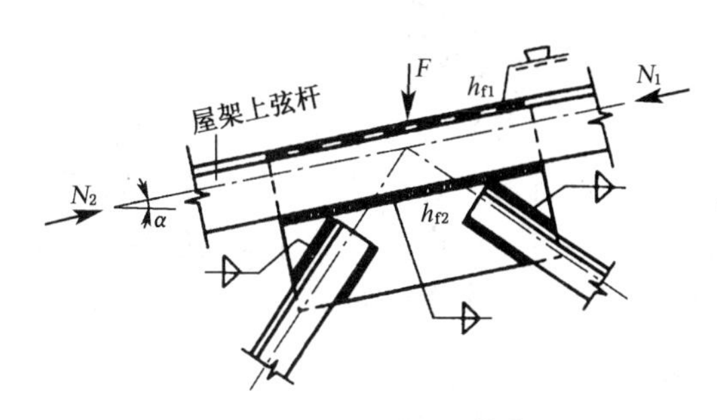

图 18-6　上弦中间节点

练一练

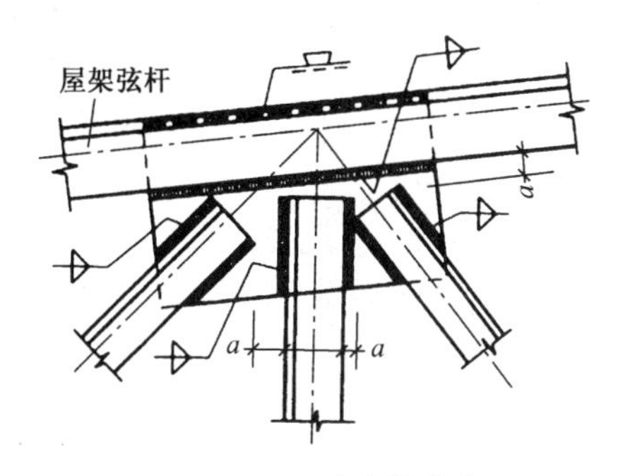

图 18-7　下弦中间节点

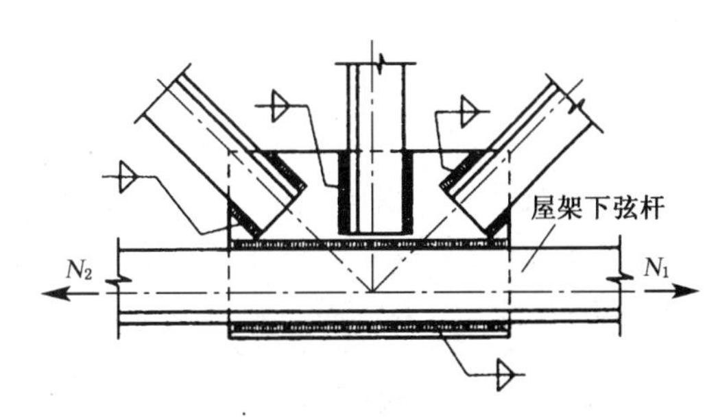

图 18-8　屋脊节点

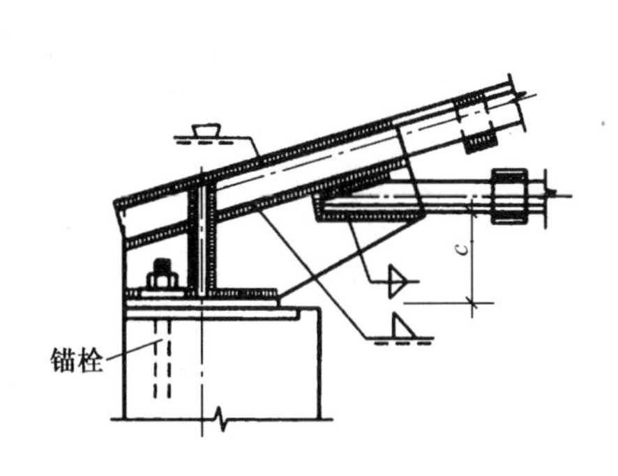

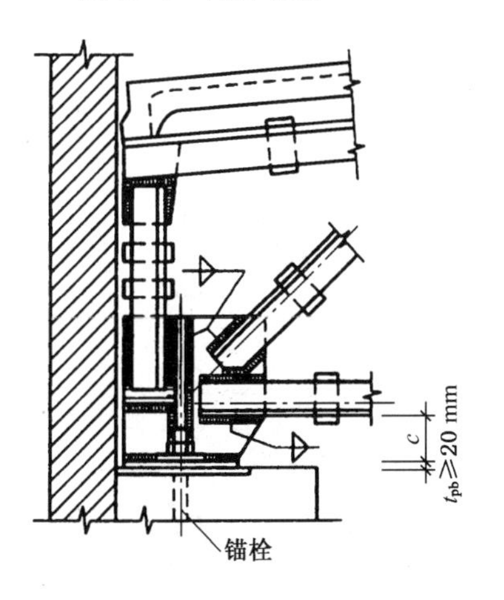

图 18-9　铰接支承的屋架支座节点

(4) 桁架杆件的截面选择和计算

① 截面选择的一般要求

应优先选用较宽较薄的角钢或钢板规格，目的是增大截面的回转半径。受压构件应满足局部稳定要求。上、下弦杆一般采用通长等截面杆件。一个桁架中角钢的规格常较多，设计时应尽量适当归并相近规格,以便于制造。边宽相同角钢的厚度至少应相差 2 mm,以便区别。角钢最小规格一般用∟50×5或∟75×50×5。当角钢上有螺栓孔时,应符合角钢最小边宽的规定。

② 桁架杆件的允许长细比

桁架杆件的最大长细比应不超过允许长细比[λ]:轴心受压或压弯杆件 [λ]= 150,轴心受拉或拉弯杆件 [λ]= 350。

(5) 桁架杆件截面选择的方法

桁架杆件一般是轴心受拉或轴心受压构件,若有节间荷载则是拉弯或压弯构件。当选择轴心受拉杆件截面时,应按净截面计算强度和刚度(对 x 轴和 y 轴或斜方向的长细比);对轴心受压构件还需按毛截面计算整体稳定(对 x 轴和 y 轴或斜方向),以及局部稳定。

桁架结构主要用作屋架,有关钢屋架的设计步骤和施工图绘制请参考专业书籍。

本章小结

1. 桁架是由直杆在端部互相连接而组成的格构式结构,主要承受横向荷载,整体受弯。

2. 钢桁架按杆件内力、杆件截面和节点构造特点可分为普通、重型和轻型钢桁架。

3. 钢桁架杆件通常采用焊缝连接,其支撑系统常采用 C 级普通螺栓或高强度螺栓连接。

4. 当桁架仅承受节点荷载时,可以按铰接桁架计算杆件内力。

5. 选定桁架型式、确定钢材并求出各杆件的设计内力后,需再确定杆件在各个方向的计算长度、截面的组成型式、节点板厚度等,然后进行截面选择。

复习思考题

思考题解析

18.1 如何选择桁架型式?

18.2 简述桁架截面设计的要点。

19 拉弯和压弯构件

19.1 拉弯和压弯构件的基本概念

同时承受弯矩和轴心拉力或轴心压力的构件称为拉弯或压弯构件。这里，构件的弯矩可由不通过截面形心的偏心纵向荷载引起，也可由横向荷载引起，或由构件端部转角约束产生的端部弯矩所引起。

19.1.1 拉弯和压弯构件的应用

拉弯和压弯构件是钢结构中常用的构件型式，尤其是压弯构件的应用更为广泛。例如(图 19-1)单层厂房的柱，多层或高层房屋的框架柱，承受不对称荷载的工作平台柱，以及支架柱、塔架、桅杆塔等常是压弯构件；桁架中承受节间荷载的杆件则是拉弯或压弯构件。

练一练

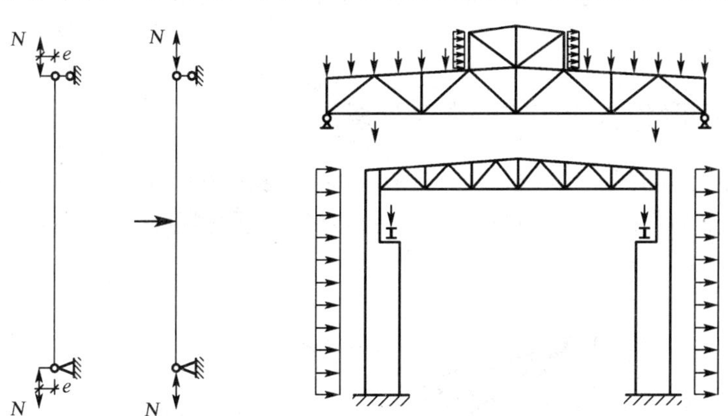

图 19-1　拉弯和压弯构件型式

19.1.2 拉弯和压弯构件的截面

拉弯和压弯构件的截面如图 19-2 所示。

拉弯或压弯构件的截面通常做成在弯矩作用方向具有较大的截面尺寸，使在该方向有较大的截面模量、回转半径和抗弯刚度，以便更好地承受弯矩。

在格构式构件中，通常使虚轴垂直于弯矩作用平面，以便能根据弯矩大小调整分肢间的距离。另外，可根据正负弯矩的大小情况采用双轴对称截面或单轴对称截面。

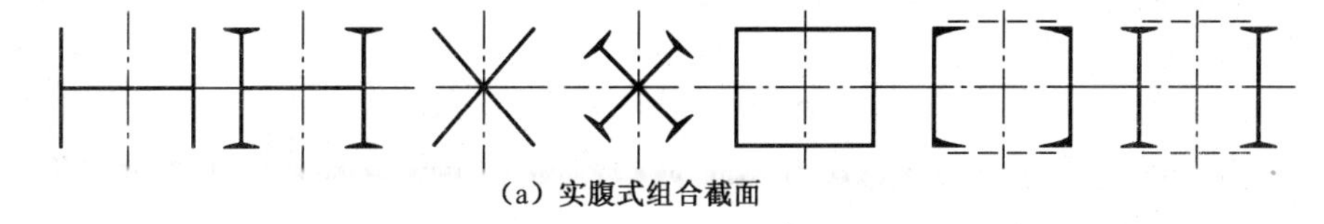

(a) 实腹式组合截面

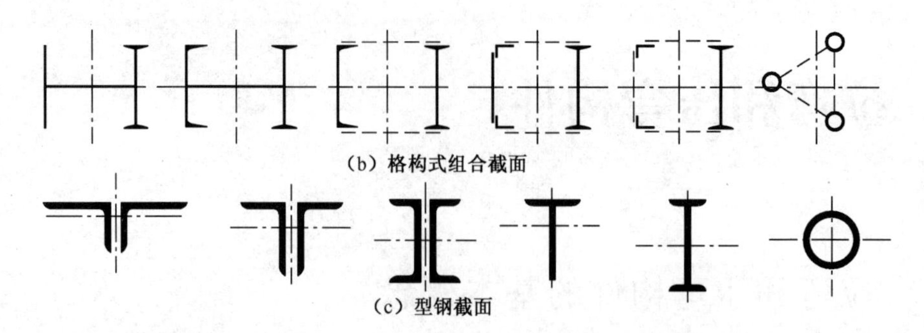

图 19-2　轴心受力构件和拉弯、压弯构件的截面型式

19.1.3　设计计算内容

压弯构件的设计应考虑强度、刚度、整体稳定和局部稳定 4 个方面。

拉弯构件的设计一般只考虑强度、刚度，但对以承受弯矩为主的拉弯构件，当截面一侧边缘纤维发生较大的压应力时，则应考虑构件的整体稳定和局部稳定。

19.2　拉弯和压弯构件的强度、刚度计算

19.2.1　拉弯和压弯构件的强度计算

同梁的强度计算类似，拉弯和压弯构件设计时考虑采用有限塑性，这里限制塑性区的深度不超过 0.15 倍的截面高度，如图 19-3。规范规定，截面强度采用下述相关公式计算：

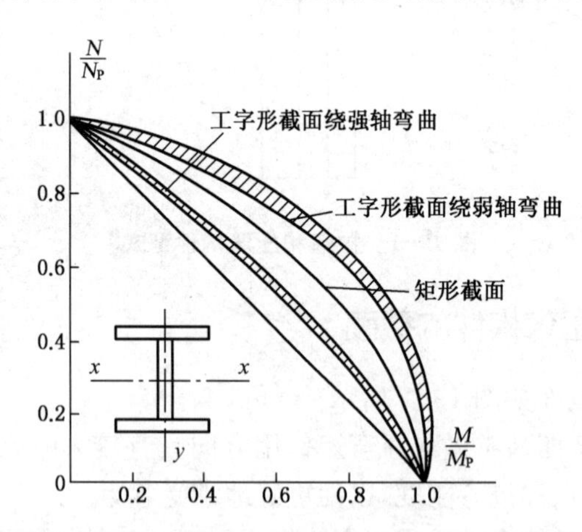

图 19-3　拉弯、压弯构件按塑性铰计算强度的相关曲线

单向弯矩作用时

$$\frac{N}{A_n} \pm \frac{M_x}{\gamma_x W_{nx}} \leqslant f \tag{19-1}$$

双向弯矩作用时

$$\frac{N}{A_n} \pm \frac{M_x}{\gamma_x W_{nx}} \pm \frac{M_y}{\gamma_y W_{ny}} \leqslant f \tag{19-2}$$

式中：M_x、M_y——两个主轴方向的弯矩设计值(N・mm)；

γ_x、γ_y——两个主轴方向的塑性发展系数；

N——构件轴心力设计值(N)；

A_n——构件的净截面面积(mm^2)。

当梁受压翼缘的自由外伸宽度与厚度之比大于 $13\sqrt{235/f_y}$ 而小于等于 $15\sqrt{235/f_y}$ 时，应取相应的 $\gamma_x = 1.0$。

对需要计算疲劳的拉弯、压弯构件取 $\gamma_x = \gamma_y = 1.0$。

工字形，$\gamma_x = 1.05$；$\gamma_y = 1.20$。

上式中弯曲正应力一项前面的正负号表示拉或压，计算时取两项应力的代数和之绝对值最大者。

19.2.2 拉弯和压弯构件的刚度计算

拉弯和压弯构件的刚度计算公式与轴心受力构件相同，是以它的长细比来控制的。对刚度的要求是

$$\lambda_{max} \leqslant [\lambda]$$

λ_{max}——构件最不利方向长细比最大值，一般为两主轴方向长细比的较大值；

$[\lambda]$——构件的容许长细比，可查表 16-2、表 16-3 选用。

【例题 19-1】 如图所示 I45a 工字钢构件，承受轴心拉力设计值 $N = 1\,500$ kN，构件长 5 m，两端铰接，跨中位置作用集中荷载 $F = 50$ kN，采用 Q235 钢材，$[\lambda] = 200$，试验算构件的强度和刚度。

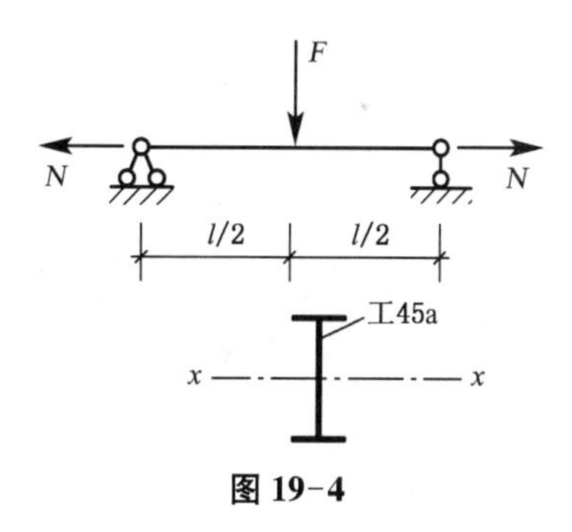

图 19-4

【解】 (1) 截面几何特性

由附表 4-3 可查得

$$A_n = 10\,240\ mm^2, W_x = 1\,430 \times 10^3\ mm^3$$

$$i_x = 177\ mm, i_y = 28.9\ mm$$

由工字形截面 $\gamma_x = 1.05$，$\gamma_y = 1.20$ 可得截面发展系数为 $\gamma_x = 1.05$

(2) 强度验算

最大弯矩 $M = \frac{1}{4}Fl = \frac{1}{4} \times 50\ kN \times 5\ m = 62.5\ kN \cdot m$

那么 $$\frac{N}{A_n} + \frac{M_x}{\gamma_x W_{nx}} = \frac{1\,500\ kN \times 10^3}{10\,240\ mm^2} + \frac{62.5\ kN \cdot m \times 10^6}{1.05 \times 1\,430 \times 10^3\ mm^3}$$

$$= 188.11\ N/mm^2 < f_y = 215\ N/mm^2$$

强度满足要求。

(3) 刚度验算

$$\lambda_x = \frac{l_{0x}}{i_x} = \frac{5\,000\ \text{mm}}{177\ \text{mm}} = 28.2 < [\lambda] = 200$$

$\lambda_y = \dfrac{l_{0y}}{i_y} = \dfrac{5\,000\ \text{mm}}{28.9\ \text{mm}} = 173 < [\lambda] = 200$，刚度满足要求。

19.3　实腹式压弯构件弯矩作用平面内的整体稳定

压弯构件的承载能力通常不是由强度而是由整体稳定控制的。

19.3.1　边缘纤维屈服准则

对于单向压弯构件，如图 19-5 所示，在 N 和 M 共同作用下，一开始就在弯矩平面内变形弯曲。当 N 和 M 同时增加到一定大小时则达到极限，超过此极限，若要维持内力和外力的平衡，必须减小 N 和 M。这种现象称为压弯构件在弯矩作用平面内丧失整体稳定。

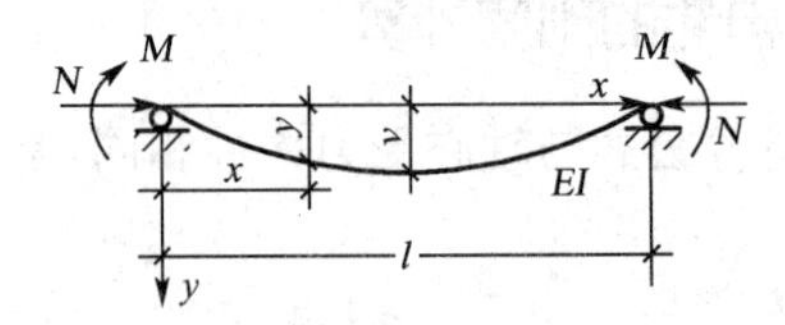

图19-5　等端弯矩作用的压弯构件

在轴心压力 N 和端部弯矩 M 共同作用下，构件跨中挠度为 v，距端部 x 处挠度为 y。则力的平衡方程为

$$EI\frac{\mathrm{d}^2 y}{\mathrm{d}x} + Ny = -M \tag{19-3}$$

假设构件的挠度曲线与正弦曲线的半波一致，则可以得到跨中截面最大弯矩为

$$M_{\max} = \frac{M}{1 - N/N_{Ex}} \tag{19-4}$$

将以上端部均匀受弯视为标准情况，跨中截面最大弯矩记做 M，则对于承受其他荷载作用的构件，其跨中截面最大弯矩可以用 $\beta_m M$ 来表达（如同计算长度系数，能够把各种不同的杆端约束情况等效成两端铰接）。

将各种缺陷等效成初弯曲 e_0，则边缘纤维屈服准则可以表达为

$$\sigma = \frac{N}{A} + \frac{\beta_m M + Ne_0}{W_{1x}(1 - N/N_{Ex})} = f_y \tag{19-5}$$

式中：e_0——考虑构件初偏心和初弯曲等缺陷的等效偏心距。

显然，$M=0$ 时压弯构件转化成轴心受压构件，解出 e_0 再回代，整理之后得到

$$\sigma = \frac{N}{\varphi_x A} + \frac{\beta_m M}{W_{1x}(1 - \varphi_x N/N_{Ex})} = f_y \tag{19-6}$$

考虑分项系数后得

$$\frac{N}{\varphi_x A}+\frac{\beta_m M}{W_{1x}(1-\varphi_x N/N_{Ex})}\leqslant f \tag{19-7}$$

以上是压弯构件按边缘纤维屈服准则导出的相关公式。

19.3.2 规范规定的实用计算公式

规范用数值解法计算压弯构件的承载力，对上式进行修正，规定的压弯构件弯矩作用平面内整体稳定计算公式为

$$\frac{N}{\varphi_x A}+\frac{\beta_{mx} M_x}{\varphi_x W_{1x}(1-0.8N/N'_{Ex})}\leqslant f \tag{19-8}$$

式中：$N'_{Ex}=\pi^2 EA/(1.1\lambda_x)^2$(mm)；

N——所计算构件段范围内的轴心压力设计值(N)；

M_x——所计算构件段范围内的最大弯矩设计值(N·mm)；

W_{1x}——弯矩作用平面内对较大受压纤维的毛截面模量(mm^3)；

N_{Ex}——欧拉临界力(N)；

φ_x——弯矩作用平面内的轴心受压构件稳定系数。

等效弯矩系数 β_{mx} 按下列规定采用：

(1) 无侧移框架柱和两端支撑的构件

① 无横向荷载作用时

$$\beta_{mx}=0.6+0.4M_2/M_1 \tag{19-9}$$

式中：M_1、M_2——端弯矩(N·mm)，使构件产生同向曲率(无反弯点)时取同号，反之取异号，$|M_1|\geqslant|M_2|$。

② 无端弯矩但有横向荷载作用时

跨中单个集中荷载：

$$\beta_{mx}=1-0.36N/N_{cr} \tag{19-10}$$

全跨均布荷载：

$$\beta_{mx}=1-0.18N/N_{cr} \tag{19-11}$$

$$N_{cr}=\frac{\pi^2 EI}{(\mu l)^2} \tag{19-12}$$

式中：N_{cr}——弹性临界力(N)；

μ——构件的计算长度系数。

③ 有端弯矩和横向荷载同时作用时，式(19-8)中的 $\beta_{mx}M_x$ 应按下式计算：

$$\beta_{mx}M_x=\beta_{mqx}M_{qx}+\beta_{m1x}M_1 \tag{19-13}$$

式中：M_{qx}——横向均布荷载产生的弯矩最大值(N·mm)；

M_1——跨中单个横向集中荷载的弯矩(N·mm)；

β_{mqx}——取按式(19-10)或式(19-11)计算的等效弯矩系数；

β_{m1x}——取按式(19-9)计算的等效弯矩系数。

(2) 有侧移框架柱和悬臂构件

① 除本款②项规定之外的框架柱，$\beta_{mx} = 1 - 0.36N/N_{cr}$。

② 有横向荷载的柱脚铰接的单层框架柱和多层框架的底层柱，$\beta_{mx} = 1.0$。

③ 自由端作用有弯矩的悬臂柱，$\beta_{mx} = 1 - 0.36(1-m)N/N_{cr}$。式中 m 为自由端弯矩与固定端弯矩之比，当弯矩图无反弯点时取正号，有反弯点时取负号。

对于塑性发展系数表格第3、4项的单轴对称截面的压弯构件，由于无翼缘端可能先达到受拉屈服，因此，除按上式计算外，尚应按下式计算：

$$\left|\frac{N}{A} - \frac{\beta_{mx}M_x}{\varphi_x W_{2x}(1-1.25N/N'_{Ex})}\right| \leqslant f \tag{19-14}$$

式中：W_{2x}——无翼缘端的毛截面模量(mm²)。

【例题 19-2】 某 I10 制作的压弯构件，两端铰接，长度 3.3 m，在长度的三分点处各有一个侧向支承以保证构件不发生弯扭屈曲。钢材为 Q235 钢。验算如图 19-6(a)、(b)和(c)所示 3 种受力情况构件的承载力。构件除承受相同的轴线压力 $N = 16$ kN 外，作用的弯矩分别为：图 19-6(a)在左端腹板的平面作用着弯矩 $M_x = 10$ kN·m；图 19-6(b)在两端同时作用着数量相等并产生同向曲率的弯矩 $M_x = 10$ kN·m；图 19-6(c)在构件的两端同时作用着数量相等但产生反向曲率的弯矩 $M_x = 10$ kN·m。

【解】 截面特性由附表 4-3 查得

$$A = 14.33\ \text{cm}^2,\ W_x = 49\ \text{cm}^3,\ i_x = 4.14\ \text{cm}$$

钢材的强度设计值 $f = 215\ \text{N/mm}^2$ 。

(1) 截面的最大弯矩发生在构件的端部，先按式验算构件的强度。由工字形截面的 $\gamma_x = 1.05$，$\gamma_y = 1.20$，知轧制工字形截面对强轴的塑性发展系数 $\gamma_x = 1.05$。

$$\frac{N}{A} + \frac{M_x}{\gamma_x W_{nx}} = \frac{16 \times 10^3\ \text{N}}{14.3 \times 10^2\ \text{mm}^2} + \frac{10 \times 10^6\ \text{N} \cdot \text{mm}}{1.05 \times 49 \times 10^3\ \text{mm}^3}$$

$$= 205.55\ \text{N/mm}^2 < f = 215\ \text{N/mm}^2$$

再验算构件在弯矩作用平面内的稳定性

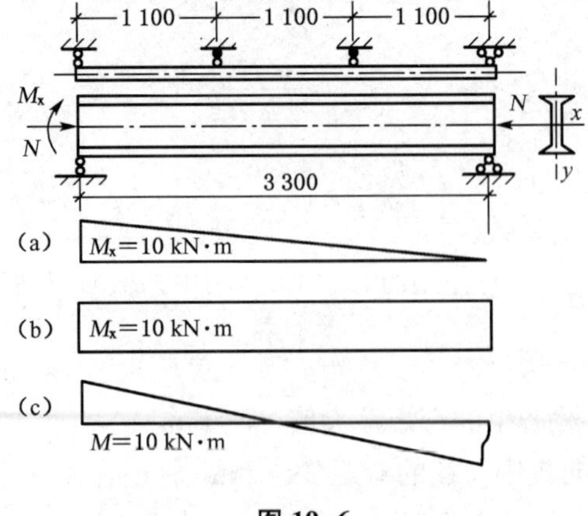

图 19-6

由图 19-6(a)知，$M_2=0, M_1=10\ \text{kN}\cdot\text{m}$，等效弯矩系数

$$\beta_{mx}=0.6+0.4M_2/M_1=0.60$$

构件绕强轴弯曲的长细比 $\lambda_x=(l_{0x}/i_x)=330\ \text{cm}/4.14\ \text{cm}=80$，按 a 类截面查附表 4-8，$\varphi_x=0.783$。

$$N'_{Ex}=\frac{\pi^2 EA}{1.1\lambda_x^2}=\frac{\pi^2\times 206\times 10^3\ \text{N/mm}^2}{1.1\times 80^2}\times 14.3\times 10^2\ \text{mm}^2=413\times 10^3\ \text{N}=413\ \text{kN}$$

$$\begin{aligned}&\frac{N}{\varphi_x A}+\frac{\beta_{mx}M_x}{\gamma_x W_x(1-0.8N/N'_{Ex})}\\&=\frac{16\times 10^3\ \text{N}}{0.783\times 14.3\times 10^2\ \text{mm}^2}+\frac{0.6\times 10\times 10^6\ \text{N}\cdot\text{mm}}{1.05\times 49\times 10^3\times(1-0.8\times 16\ \text{kN}/413\ \text{kN})\text{mm}^3}\\&=14.29\ \text{N/mm}^2+\frac{0.6\times 194.36\ \text{N/mm}^2}{(1-0.031)}\\&=134.64\ \text{N/mm}^2<f=215\ \text{N/mm}^2\end{aligned}$$

(2) 只需验算构件的整体稳定，$M_1=M_2=10\ \text{kN}\cdot\text{m}, \beta_{mx}=1.0$

$$\begin{aligned}\frac{N}{\varphi_x A}+\frac{\beta_{mx}M_x}{\gamma_x W_x(1-0.8N/N'_{Ex})}&=14.29\ \text{N/mm}^2+\frac{1.0\times 194.36\ \text{N/mm}^2}{(1-0.031)}\\&=214.87\ \text{N/mm}^2<f=215\ \text{N/mm}^2\end{aligned}$$

(3) 先验算构件的强度

构件端部与图 19-6(a)的情况相同，强度验算也相同，在此从略。

再验算构件的整体稳定

$$\beta_{mx}=0.6+0.4\times\frac{-10\ \text{kN}\cdot\text{m}}{10\ \text{kN}\cdot\text{m}}=0.2$$

$$\begin{aligned}\frac{N}{\varphi_x A}+\frac{\beta_{mx}M_x}{\gamma_x W_x(1-0.8N/N'_{Ex})}&=14.29\ \text{N/mm}^2+\frac{0.2\times 194.36\ \text{N/mm}^2}{(1-0.031)}\\&=54.41\ \text{N/mm}^2<f=215\ \text{N/mm}^2\end{aligned}$$

19.4 实腹式压弯构件弯矩作用平面外的整体稳定

同梁的失稳类似，当压弯构件侧向刚度较小时，一旦 N 和 M 达到某一值，构件将突然发生弯矩作用平面外的弯曲变形，并伴随着扭转而发生破坏。这种现象称为压弯构件在弯矩作用平面外丧失整体稳定。

考虑初始缺陷的压弯构件侧扭屈曲弹塑性分析过于复杂，对于理想的实腹式压弯构件，根据弹性稳定理论，其在弯矩作用平面外丧失整体稳定的临界条件是

$$\left(1-\frac{N}{N_{Ey}}\right)\left(1-\frac{N}{N_w}\right)-\left(\frac{M_x}{M_{cr}}\right)^2=0 \tag{19-15}$$

将上式表示的凸曲线改用直线方程表达，引入等效弯矩系数并考虑抗力分项系数就得

到规范规定的实用计算公式

$$\frac{N}{\varphi_y A}+\eta\frac{\beta_{tx}M_x}{\varphi_b W_{1x}}\leqslant 1 \tag{19-16}$$

式中：φ_y——弯矩作用平面外的轴心受压构件稳定系数，由附表 4-8 确定；

φ_b——均匀弯曲的受弯构件整体稳定系数，对闭口截面取 1.0；

M_x——所计算构件段范围内的最大弯矩设计值(N·mm)；

η——截面影响系数，闭口截面取 0.7，其他截面取 1.0；

β_{tx}——等效弯矩系数，按下列规定采用。

(1) 在弯矩作用平面外有支承的构件，应根据两相邻支承点间构件段内的荷载和内力情况确定

① 所考虑构件段无横向荷载作用时

$$\beta_{tx}=0.65+0.35\frac{M_2}{M_1} \tag{19-17}$$

M_1 和 M_2 是在弯矩作用平面内的端弯矩，使构件段产生同向曲率时取同号，反之取异号，且 $|M_1|\geqslant|M_2|$。

② 所考虑构件段内有端弯矩和横向荷载同时作用，使构件产生同向曲率时，$\beta_{tx}=1.0$；使构件产生反向曲率时，$\beta_{tx}=0.85$。

③ 所考虑构件段内无端弯矩但有横向荷载作用时 $\beta_{tx}=1.0$。

(2) 弯矩作用平面外为悬臂的构件 $\beta_{tx}=1.0$

19.5 实腹式压弯构件的局部稳定

实腹式压弯构件要求不出现局部失稳，其腹板高厚比、翼缘宽厚比应符合附表 4-11 规定的压弯构件 S4 级截面要求。

工字形和箱形截面压弯构件的腹板高厚比超过附表 4-11 规定的 S4 级截面要求时，其构件设计应符合下列规定：

应以有效截面代替实际截面按以下公式计算杆件的承载力。

强度计算：

$$\frac{N}{A_{ne}}\pm\frac{M_x+Ne}{\gamma_x W_{nex}}\leqslant f \tag{19-18}$$

平面内稳定计算：

$$\frac{N}{\varphi_x A_e f}+\frac{\beta_{mx}M_x+Ne}{\gamma_x W_{e1x}(1-0.8N/N'_{Ex})f}\leqslant 1.0 \tag{19-19}$$

平面外稳定计算：

$$\frac{N}{\varphi_y A_e f}+\eta\frac{\beta_{tx}M_x+Ne}{\varphi_b W_{e1x}f}\leqslant 1.0 \tag{19-20}$$

式中：A_{ne}、A_e——分别为有效净截面面积和有效毛截面面积(mm^2)；

W_{nex}——有效截面的净截面模量(mm^3)；

W_{elx}——有效截面对较大受压纤维的毛截面模量(mm^3)；

e——有效截面形心至原截面形心的距离(mm)。

(1) 工字形截面腹板受压区的有效宽度应取为

$$h_e = \rho h_c \tag{19-21}$$

当 $\lambda_{n,p} \leqslant 0.75$ 时：

$$\rho = 1.0 \tag{19-22a}$$

当 $\lambda_{n,p} > 0.75$ 时：

$$\rho = \frac{1}{\lambda_{n,p}}\left(1 - \frac{0.19}{\lambda_{n,p}}\right) \tag{19-22b}$$

$$\lambda_{n,p} = \frac{h_w/t_w}{28.1\sqrt{k_0}} \cdot \sqrt{\frac{f_y}{235}} \tag{19-23}$$

$$k_\sigma = \frac{16}{2 - \alpha_0 + \sqrt{(2-\alpha_0)^2 + 0.112\alpha_0^2}} \tag{19-24}$$

式中：h_c、h_e——分别为腹板受压区宽度和有效宽度(mm)，当腹板全部受压时，$h_c = h_w$；

ρ——有效宽度系数，按式(19-22)计算；

α_0——参数，$\alpha_0 = \dfrac{\sigma_{max} - \sigma_{min}}{\sigma_{max}}$。

(2) 工字形截面腹板有效宽度 h_e 应按下列公式计算：

当截面全部受压，即 $\alpha_0 \leqslant 1.0$ 时(图 19-7(a))：

$$h_{e1} = \frac{2h_e}{4 + \alpha_0} \tag{19-25}$$

$$h_{e2} = h_e - h_{e1} \tag{19-26}$$

当截面部分受拉，即 $\alpha_0 > 1.0$ 时(图 19-7(b))：

$$h_{e1} = 0.4h_e \tag{19-27}$$

$$h_{e2} = 0.6h_e \tag{19-28}$$

(3) 箱形截面压弯构件翼缘宽厚比超限时也应按式(19-19)计算其有效宽度，计算时取 $k_\sigma = 4.0$。有效宽度在两侧均等分布。

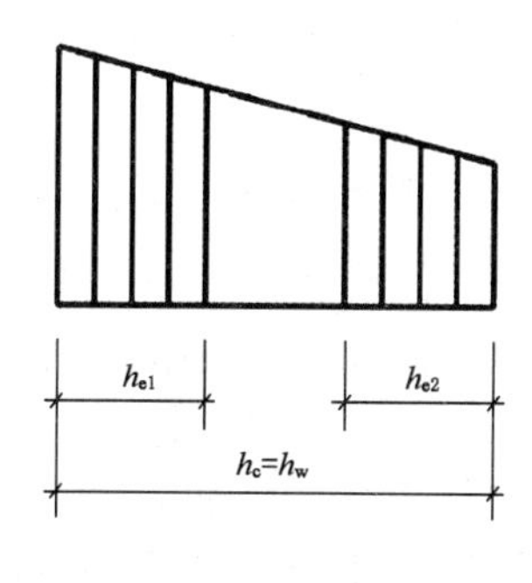

(a) 截面全部受压

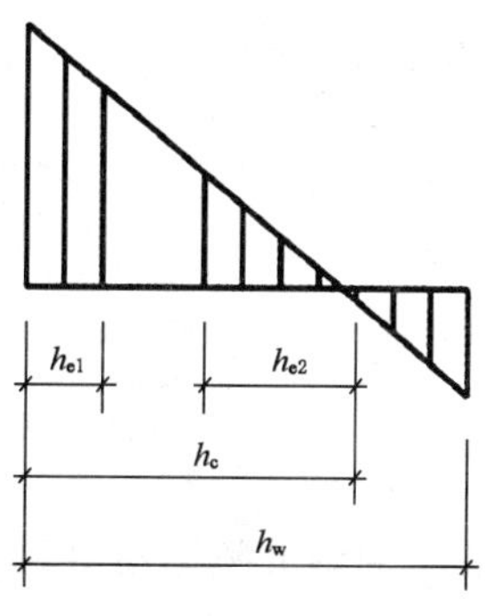

(b) 截面部分受拉

图 19-7　有效宽度的分布

19.6 格构式压弯构件

格构式压弯构件常用于厂房的框架柱和高大的独立柱。由于格构式截面的材料集中在远离形心的分肢，使截面惯性矩增大，从而可以节约材料，提高截面的抗弯刚度和稳定性。常用格构式压弯构件的截面型式如图 19-8 所示，可根据弯矩作用的大小和方向，选用双轴对称和单轴对称的截面。因为构件在弯矩作用平面内的宽度较大，所以，构件肢件之间的连接经常采用缀条，而很少采用缀板。缀材的设计方法和构造要求与格构式轴心受压构件基本相同。

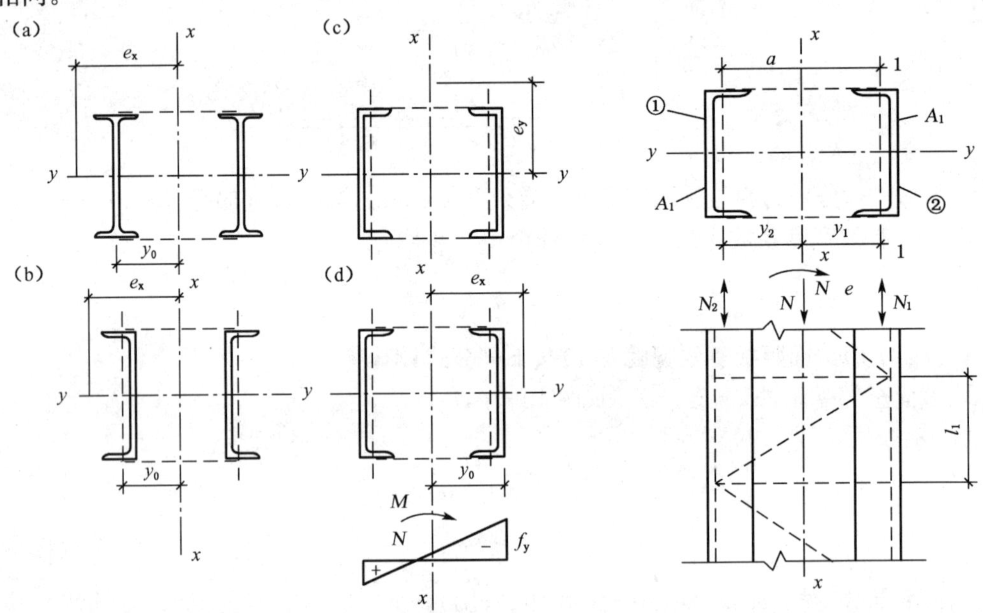

图 19-8 常用格构式压弯构件的截面型式

19.6.1 强度验算

$$\frac{N}{A_n}+\frac{M_x}{\gamma_x W_{nx}}\leqslant f \tag{19-29}$$

19.6.2 整体稳定验算

格构式压弯构件当弯矩实轴作用和绕虚轴作用时，其受力性能不同，故在整体稳定计算时，应采用不同的公式。

1) 弯矩绕虚轴作用时

$$\frac{N}{\varphi_x A}+\frac{\beta_{mx}M_x}{W_{1x}(1-N/N'_{Ex})}\leqslant f \tag{19-30}$$

(1) 弯矩作用平面内的整体稳定验算符号含义同上节，但 W_{1x} 按下式计算：

$$W_{1x}=I_x/y_0$$

式中：I_x——对虚轴（x 轴）的截面惯性矩；

y_0——按如图 19-8 取定。

（2）弯矩作用平面外的整体稳定性验算

用分肢的稳定性验算代替整个构件在弯矩作用平面外的整体稳定性验算。这时，将单肢看作桁架体系的弦杆，按下式确定两肢件的轴心力，如图 19-9 所示。

$$N_1 = \frac{y_1 + e}{c}N \qquad N_2 = N - N_1 \tag{19-31}$$

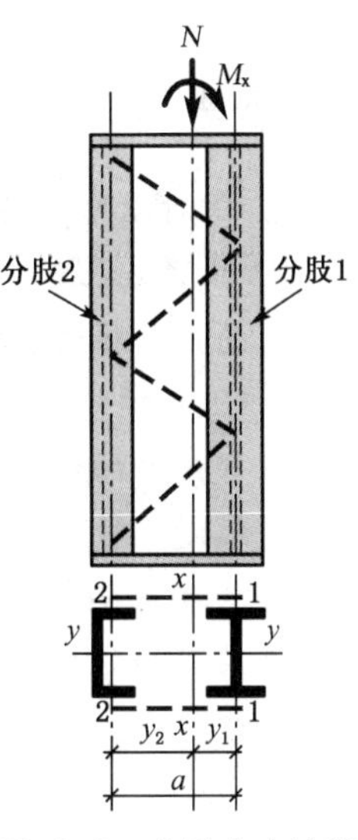

图 19-9　分肢内力计算

对缀条柱，按轴心受压构件的稳定验算公式验算其单肢的稳定性。单肢的计算长度，在弯矩作用平面内，取缀条体系节间的轴线距离；在弯矩作用平面外，取两侧向支承点间的轴线距离。对缀板柱的单肢，尚应考虑剪力作用引起的局部弯矩。

将按 $V=\frac{Af}{85}\sqrt{\frac{f_y}{235}}$ 算得的剪力和压弯构件的实际剪力比较后，取其大者作为构件的计算剪力，再按 $M = V_1\frac{a}{2}$ 确定作用在单肢上的计算弯矩。在弯矩作用平面内，按压弯构件验算单肢的稳定性。对焊接缀板，计算长度取两缀板间的单肢净长。螺栓连接的缀板，则取相邻两缀板边缘螺栓的最近距离。弯矩作用平面外，仍按轴心压杆计算单肢的稳定性，计算长度取两侧向支承点间的轴线距离。

2）弯矩绕实轴（y 轴）作用时

（1）弯矩作用平面内的整体稳定

与实腹式构件弯矩作用平面内的整体稳定相同。

（2）弯矩作用平面外的整体稳定

与实腹式构件弯矩作用平面外的整体稳定相同。

需要注意的是，计算公式需要将脚标对调，另外，这里的稳定系数 $\varphi_b = 1.0$。

19.6.3　刚度验算

刚度验算公式

$$\lambda_{max} = \left(\frac{l_0}{i}\right)_{max} \leqslant [\lambda] \tag{19-32}$$

其中当弯矩绕虚轴作用时，应取换算长细比验算。

19.6.4　缀条或缀板设计

和轴心受压格构柱相同。

19.6.5　有关构造规定

当剪力较大时，局部弯矩对缀板柱的不利影响较大，这时采用缀条柱更为适宜。详细的构造详见“轴心受压格构柱”。

本章小结

1. 同时承受弯矩和轴心拉力或轴心压力的构件称为拉弯或压弯构件。

2. 拉弯或压弯构件的截面通常做成在弯矩作用方向具有较大的截面尺寸，使在该方向有较大的截面模量、回转半径和抗弯刚度，以便更好地承受弯矩。

3. 压弯构件的设计应考虑强度、刚度、整体稳定和局部稳定 4 个方面。

拉弯构件的设计一般只考虑强度、刚度，但对以承受弯矩为主的拉弯构件，当截面一侧边缘纤维发生较大的压应力时，则也应考虑构件的整体稳定和局部稳定。

4. 拉弯和压弯构件的强度计算

单向弯矩作用时，如式(19-1)：

$$\frac{N}{A_n} \pm \frac{M_x}{\gamma_x W_{nx}} \leqslant f$$

双向弯矩作用时，如式(19-2)：

$$\frac{N}{A_n} \pm \frac{M_x}{\gamma_x W_{nx}} \pm \frac{M_y}{\gamma_y W_{ny}} \leqslant f$$

5. 实复式压弯构件弯矩作用平面内整体稳定计算公式为式(19-8)：

$$\frac{N}{\varphi_x A} + \frac{\beta_{mx} M_x}{\varphi_x W_{1x}(1-0.8N/N'_{Ex})} \leqslant f$$

6. 实复式压弯构件弯矩作用平面外整体稳定计算公式为式(19-16)：

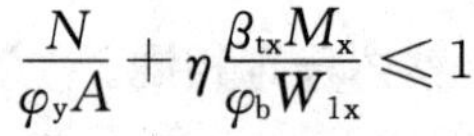

$$\frac{N}{\varphi_y A} + \eta \frac{\beta_{tx} M_x}{\varphi_b W_{1x}} \leqslant 1$$

思考题解析

7. 实腹式压弯构件要求不出现局部失稳，其腹板高厚比、翼缘宽厚比应符合《钢结构设计标准》规定的压弯构件 S4 级截面要求，如附表 4-11 所示。

8. 格构式压弯构件常用于厂房的框架柱和高大的独立柱。由于格构式截面的材料集中在远离形心的分肢，使截面惯性矩增大，从而可以节约材料，提高截面的抗弯刚度和稳定性。

复习思考题

19.1　拉弯压弯构件的设计需满足哪两个方面的要求？各包括什么内容？

19.2　简述压弯构件在弯矩作用平面内丧失整体稳定的概念。

19.3　简述压弯构件在弯矩作用平面外丧失整体稳定的概念。

19.4　等效弯矩系数 β_{mx} 如何采用？

19.5　试述 $\frac{N}{A_n} \pm \frac{M_x}{\gamma_x W_{nx}} \leqslant f$ 公式中各符号的含义。

19.6　工字型截面压弯构件腹板的受力与轴心受力构件有何区别？

19.7　格构式压弯和轴压构件的缀材计算有何异同？

附　录

附录 1

附表 1-1　民用建筑楼面均布活荷载标准值及其组合值、频遇值和准永久值系数

项次	类　别	标准值 (kN/m²)	组合值系数 ψ_c	频遇值系数 ψ_f	准永久值系数 ψ_q
1	(1) 住宅、宿舍、旅馆、办公楼、医院病房、托儿所、幼儿园 (2) 教室、试验室、阅览室、会议室、医院门诊室	2.0	0.7	0.5 0.6	0.4 0.5
2	食堂、餐厅、一般资料档案室	2.5	0.7	0.6	0.5
3	(1) 礼堂、剧场、电影院、有固定座位的看台 (2) 公共洗衣房	3.0 3.0	0.7 0.7	0.5 0.6	0.3 0.5
4	(1) 商店，展览厅，车站，港口，机场大厅及其旅客等候室 (2) 无固定座位的看台	3.5 3.5	0.7 0.7	0.6 0.5	0.5 0.3
5	(1) 健身房，演出舞台 (2) 舞厅	4.0 4.0	0.7 0.7	0.6 0.6	0.5 0.3
6	(1) 书库，档案库，储藏室 (2) 密集柜书库	5.0 12.0	0.9	0.9	0.8
7	通风机房，电梯机房	7.0	0.9	0.9	0.8
8	汽车通道及停车库： (1) 单向板楼盖(板跨不小于 2 m) 客车 消防车 (2) 双向板楼盖(板跨不小于 6 m×6 m)和无梁楼盖(柱网尺寸不小于 6 m×6 m) 客车 消防车	 4.0 35.0 2.5 20.0	 0.7 0.7 0.7 0.7	 0.7 0.7 0.7 0.7	 0.6 0.6 0.6 0.6
9	厨房： (1) 一般的 (2) 餐厅的	 2.0 4.0	 0.7 0.7	 0.6 0.7	 0.5 0.7
10	浴室、厕所、盥洗室： (1) 第 1 项中的民用建筑 (2) 其他民用建筑	 2.0 2.5	 0.7 0.7	 0.5 0.6	 0.4 0.5
11	走廊、门厅、楼梯： (1) 宿舍、旅馆、医院病房、托儿所、幼儿园、住宅 (2) 办公楼、教室、餐厅、医院门诊部 (3) 消防疏散楼梯，其他民用建筑	 2.0 2.5 3.5	 0.7 0.7 0.7	 0.5 0.6 0.5	 0.4 0.5 0.3
12	阳台： (1) 一般情况 (2) 当人群有可能密集时	 2.5 3.5	0.7	0.6	0.5

注：1. 本表所给各项活荷载适用于一般使用条件，当使用荷载较大时，应按实际情况采用。
2. 第6项书库活荷载当书架高度大于2 m时，书库活荷载尚应按每书架高度不小于2.5 kN/m^{2}确定。
3. 第8项中的客车活荷载只适用于停放载人少于9人的客车；消防车活荷载是适用于满载总重为300 kN的大型车辆；当不符合本表的要求时，应将车轮的局部荷载按结构效应的等效原则，换算为等效均布荷载。
4. 第11项楼梯活荷载，对预制楼梯踏步平板，尚应按1.5 kN集中荷载验算。
5. 本表各项荷载不包括隔墙自重和二次装修荷载。对固定隔墙和自重应按恒荷载考虑，当隔墙位置可灵活自由布置时，非固定隔墙的自重应取每延墙重（kN/m）的1/3作为楼面活荷载的附加值（kN/m^2）计入，附加不小于1.0 kN/m^2。

附表1-2 屋面均布活荷载

项次	类 别	标准值（kN/m^2）	组合值系数 ψ_c	频遇值系数 ψ_f	准永久值系数 ψ_q
1	不上人的屋面	0.5	0.7	0.5	0
2	上人的屋面	2.0	0.7	0.5	0.4
3	屋顶花园	3.0	0.7	0.6	0.5

注：1. 不上人的屋面，当施工或维修荷载较大时，应按实际情况采用，对不同结构应按有关设计规范的规定，将标准值作0.2 kN/m^{2}的增减。
2. 上人的屋面，当兼作其他用途时，应按相应楼面活荷载采用。
3. 对于因屋面排水不畅、堵塞等引起的积水荷载，应采取构造措施加以防止；必要时，应按积水的可能深度确定屋面活荷载。
4. 屋顶花园活荷载不包括花圃土石等材料自重。

附表1-3 屋面积灰荷载

<table>
<tr><th rowspan="3">项次</th><th rowspan="3">类 别</th><th colspan="3">标准值（kN/m^2）</th><th rowspan="3">组合值系数 ψ_c</th><th rowspan="3">频遇值系数 ψ_f</th><th rowspan="3">准永久值系数 ψ_q</th></tr>
<tr><th rowspan="2">屋面无挡风板</th><th colspan="2">屋面有挡风板</th></tr>
<tr><th>挡风板内</th><th>挡风板外</th></tr>
<tr><td>1</td><td>机械厂铸造车间（冲天炉）</td><td>0.50</td><td>0.75</td><td>0.30</td><td rowspan="8">0.9</td><td rowspan="8">0.9</td><td rowspan="8">0.8</td></tr>
<tr><td>2</td><td>炼钢车间（氧气转炉）</td><td>—</td><td>0.75</td><td>0.30</td></tr>
<tr><td>3</td><td>锰、铬铁合金车间</td><td>0.75</td><td>1.00</td><td>0.30</td></tr>
<tr><td>4</td><td>硅、钨铁合金车间</td><td>0.30</td><td>0.50</td><td>0.30</td></tr>
<tr><td>5</td><td>烧结室、一次混合室</td><td>0.50</td><td>1.00</td><td>0.20</td></tr>
<tr><td>6</td><td>烧结厂通廊及其他车间</td><td>0.30</td><td>—</td><td>—</td></tr>
<tr><td>7</td><td>水泥厂有灰源车间（窑房、磨坊、联合储库、烘干房、破碎房）</td><td>1.00</td><td>—</td><td>—</td></tr>
<tr><td>8</td><td>水泥厂无灰源车间（空气压缩机站、机修间、材料库、配电站）</td><td>0.50</td><td>—</td><td>—</td></tr>
</table>

注：1. 表中的积灰均布荷载，仅应用于屋面坡度 $\alpha \leqslant 25°$；当 $\alpha \geqslant 45°$ 时，可不考虑积灰荷载；当 $25° < \alpha < 45°$ 时，可按内插取值。
2. 清灰设施的荷载另行考虑。
3. 对第1～4项的积灰荷载，仅应用于距烟囱中心20 m半径范围内的屋面；当邻近建筑在该范围内时，其积灰荷载对第1、3、4项应按车间屋面无挡内板的采用，对第2项应按车间屋面挡风板外的采用。

附录 2

附表 2-1　混凝土强度标准值(N/mm²)

强度	混凝土强度等级													
	C15	C20	C25	C30	C35	C40	C45	C50	C55	C60	C65	C70	C75	C80
f_{ck}	10.0	13.4	16.7	20.1	23.4	26.8	29.6	32.4	35.5	38.5	41.5	44.5	47.4	50.2
f_{tk}	1.27	1.54	1.78	2.01	2.20	2.39	2.51	2.64	2.74	2.85	2.93	2,99	3.05	3.11

附表 2-2　混凝土强度设计值(N/mm²)

强度	混凝土强度等级													
	C15	C20	C25	C30	C35	C40	C45	C50	C55	C60	C65	C70	C75	C80
f_c	7.2	9.6	11.9	14.3	16.7	19.1	21.1	23.1	25.3	27.5	29.7	31.8	33.8	35.9
f_t	0.91	1.10	1.27	1.43	1.57	1.71	1.80	1.89	1.96	2.04	2.09	2.14	2.18	2.22

附表 2-3　混凝土的弹性模量(×10⁴ N/mm²)

混凝土强度等级	C15	C20	C25	C30	C35	C40	C45	C50	C55	C60	C65	C70	C75	C80
E_c	2.20	2.55	2.80	3.00	3.15	3.25	3.35	3.45	3.55	3.60	3.65	3.70	3.75	3.80

注:1. 当有可靠试验依据时,弹性模量值也可根据实测数据确定;
2. 当混凝土中掺有大量矿物掺合料时,弹性模量可按规定龄期根据实测值确定。

附表 2-4-1　普通钢筋强度标准值(N/mm²)

牌　　号	符号	公称直径 d(mm)	屈服强度标准值 f_{yk}	极限强度标准值 f_{stk}
HPB300	Φ	6～14	300	420
HRB335	Φ	6～14	335	455
HRB400 HRBF400 RRB400	Φ $Φ^F$ $Φ^R$	6～50	400	540
HRB500 HRBF500	Φ $Φ^F$	6～50	500	630

附表 2-4-2　普通钢筋强度设计值(N/mm²)

牌　　号	抗拉强度设计值 f_y	抗压强度设计值 f'_y
HPB300	270	270
HRB335	300	300
HRB400、HRBF400、RRB400	360	360
HRB500、HRBF500	435	435

附表 2-5-1 预应力筋强度标准值(N/mm^2)

种类		符号	公称直径 d(mm)	屈服强度标准值 f_{pyk}	极限强度标准值 f_{ptk}
中强度预应力钢丝	光面 螺旋肋	ϕ^{PM} ϕ^{HM}	5、7、9	620	800
				780	970
				980	1 270
预应力螺纹钢筋	螺纹	ϕ^{T}	18、25、32、40、50	785	980
				930	1 080
				1 080	1 230
消除应力钢丝	光面 螺旋肋	ϕ^{P} ϕ^{H}	5	1 380	1 570
				1 640	1 860
			7	1 380	1 570
			9	1 290	1 470
				1 380	1 570
钢绞线	1×3(3 股)	ϕ^{S}	8.6、10.8、12.9	1 410	1 570
				1 670	1 860
				1 760	1 960
	1×7(7 股)		9.5、12.7、 15.2、17.8	1 540	1 720
				1 670	1 860
				1 760	1 960
			21.6	1 590	1 770
				1 670	1 860

注：极限强度为 1 960 MPa 级的钢绞线作后张预应力配筋时，应有可靠的工程经验。

附表 2-5-2 预应力筋强度设计值(N/mm^2)

种类	极限强度标准值 f_{ptk}	抗拉强度设计值 f_{py}	抗压强度设计值 f'_{py}
中强度预应力钢丝	800	510	410
	970	650	
	1 270	810	
消除应力钢丝	1 470	1 040	410
	1 570	1 110	
	1 860	1 320	
钢绞线	1 570	1 110	390
	1 720	1 220	
	1 860	1 320	
	1 960	1 390	

续附表 2-5-2

种类	极限强度标准值 f_{ptk}	抗拉强度设计值 f_{py}	抗压强度设计值 f'_{py}
预应力螺纹钢筋	980	650	400
	1 080	770	
	1 230	900	

注:当预应力筋的强度标准值不符合本表规定时,其强度设计值应进行相应的比例换算。

附表 2-6　钢筋的弹性模量($\times10^5$ N/mm^2)

牌号或种类	弹性模量 E_s
HPB300	2.10
HRB335、HRB400、HRB500 HRBF400、HRBF500 RRB400 预应力螺纹钢筋	2.00
消除应力钢丝、中强度预应力钢丝	2.05
钢绞线	1.95

附表 2-7　混凝土保护层的最小厚度 c(mm)

环境等级	板　墙　壳	梁　柱
一	15	20
二 a	20	25
二 b	25	35
三 a	30	40
三 b	40	50

注:1. 混凝土强度等级不大于 C25 时,表中保护层厚度数值应增加 5 mm。
2. 钢筋混凝土基础宜设置混凝土垫层,其受力钢筋的混凝土保护层厚度应从垫层顶面算起,且不应小于 40 mm。

附表 2-8　纵向受力钢筋的最小配筋百分率

受力类型			最小配筋百分率 ρ_{min}(%)
受压构件	全部纵向钢筋	强度级别 500 N/mm^2	0.50
		强度级别 400 N/mm^2	0.55
		强度级别 300 N/mm^2、335 N/mm^2	0.60
	一侧纵向钢筋		0.20
受弯构件、偏心受拉、轴心受拉构件一侧的受拉钢筋			0.20 和 $45f_t/f_y$ 中的较大值

注:1. 受压构件全部纵向钢筋最小配筋百分率,当采用 C60 及以上强度等级的混凝土时,应按表中规定增加 0.10。
2. 板类受弯构件的受拉钢筋,当采用强度级别 400 N/mm^2、500 N/mm^2 的钢筋时,其最小配筋百分率应允许采用 0.15 和 $45f_t/f_y$ 中的较大值。
3. 偏心受拉构件中的受压钢筋,应按受压构件一侧纵向钢筋考虑。
4. 受压构件的全部纵向钢筋和一侧纵向钢筋的配筋率以及轴心受拉构件和小偏心受拉构件一侧受拉钢筋的配筋率均应按构件的全截面面积计算。
5. 受弯构件、大偏心受拉构件一侧受拉钢筋的配筋率应按全截面面积扣除受压翼缘面积$(b'_f-b)h'_f$后的截面面积计算。
6. 当钢筋沿构件截面周边布置时,"一侧纵向钢筋"系指沿受力方向两个对边中一边布置的纵向钢筋。

附表 2-9　钢筋混凝土矩形截面和 T 形截面受弯构件正截面受承载力计算系数表

ξ	γ_s	α_s	ξ	γ_s	α_s
0.01	0.995	0.010	0.31	0.845	0.262
0.02	0.990	0.020	0.32	0.840	0.269
0.03	0.985	0.030	0.33	0.835	0.275
0.04	0.980	0.039	0.34	0.830	0.282
0.05	0.975	0.048	0.35	0.825	0.289
0.06	0.970	0.056	0.36	0.820	0.295
0.07	0.965	0.067	0.37	0.815	0.301
0.08	0.960	0.077	0.38	0.810	0.309
0.09	0.955	0.085	0.39	0.805	0.314
0.10	0.950	0.095	0.40	0.800	0.320
0.11	0.945	0.104	0.41	0.795	0.326
0.12	0.940	0.113	0.42	0.790	0.332
0.13	0.935	0.121	0.43	0.785	0.337
0.14	0.930	0.130	0.44	0.780	0.343
0.15	0.925	0.139	0.45	0.775	0.349
0.16	0.920	0.147	0.46	0.770	0.354
0.17	0.915	0.155	0.47	0.765	0.359
0.18	0.910	0.164	0.48	0.760	0.365
0.19	0.905	0.172	0.482	0.759	0.364
0.20	0.900	0.180	0.49	0.755	0.370
0.21	0.895	0.188	0.50	0.750	0.375
0.22	0.890	0.196	0.51	0.745	0.380
0.23	0.885	0.203	0.518	0.741	0.384
0.24	0.880	0.211	0.52	0.740	0.385
0.25	0.875	0.219	0.53	0.735	0.390
0.26	0.870	0.226	0.54	0.730	0.394
0.27	0.865	0.234	0.55	0.725	0.400
0.28	0.860	0.241	0.56	0.720	0.403
0.29	0.855	0.248	0.57	0.715	0.408
0.30	0.850	0.255	0.576	0.712	0.410

注：1. 表中 $M=\alpha_s\alpha_1 f_c bh_0^2$

$$\xi=\frac{x}{h_0}=\frac{f_y A_s}{\alpha_1 f_c bh_0}$$

$$A_s=\frac{M}{f_y\gamma_s h_0} \text{或} A_s=\xi\frac{\alpha_1 f_c}{f_y}bh_0$$

2. 表中 $\xi>0.482$ 的数值不适用于 HRB500 级钢筋；$\xi>0.518$ 的数值不适用于 HRB400 级钢筋；$\xi>0.55$ 的数值不适用于 HRB335 级钢筋。

附表 2-10　钢筋的计算截面面积及理论重量表

公称直径(mm)	不同根数钢筋的计算截面面积(mm²)									单根钢筋理论重量(kg/m)
	1	2	3	4	5	6	7	8	9	
6	28.3	57	85	113	142	170	198	226	255	0.222
6.5	33.2	66	100	133	166	199	232	265	299	0.260
8	50.3	101	151	201	252	302	352	402	453	0.395
8.2	52.8	106	158	211	264	317	370	423	475	0.432
10	78.5	157	236	314	393	471	550	628	707	0.617
12	113.1	226	339	452	565	678	791	904	1017	0.888
14	153.9	308	461	615	769	923	1077	1231	1385	1.21
16	201.1	402	603	804	1 005	1 206	1 407	1 608	1 809	1.58
18	254.5	509	763	1 017	1 272	1 526	1 780	2 036	2 290	2.00
20	314.2	628	941	1 256	1 570	1 884	2 200	2 513	2 827	2.47
22	380.1	760	1 140	1 520	1 900	2 281	2 661	3 041	3 421	2.98
25	490.9	982	1 473	1 964	2 454	2 945	3 436	3 927	4 418	3.85
28	615.8	1 232	1 847	2 463	3 079	3 695	4 310	4 926	5 542	4.83
32	804.2	1 609	2 413	3 217	4 021	4 826	5 630	6 434	7 238	6.31
36	1 017.9	2 036	2 054	4 072	5 089	6 107	7 125	8 143	9 161	7.99
40	1 256.6	2 513	3 770	5 027	6 283	7 540	8 796	10 053	11 310	9.87

附表 2-11　钢筋混凝土板每米板宽内的钢筋截面面积(mm²)

钢筋间距(mm)	钢筋直径(mm)											
	3	4	5	6	6/8	8	8/10	10	10/12	12	12/14	14
70	101	179	281	404	561	719	920	1 121	1 369	1 616	1 908	2 199
75	94.3	167	262	377	524	671	859	1 047	1 277	1 508	1 780	2 053
80	88.4	157	245	354	491	629	805	981	1198	1 414	1 669	1 924
85	83.2	148	231	333	462	592	758	924	1127	1 331	1 571	1 811
90	78.5	140	218	314	437	559	716	872	1 064	1 257	1 484	1 710
95	74.5	132	207	298	414	529	678	826	1 008	1 190	1 405	1 620
100	70.6	126	196	283	393	503	644	785	958	1 131	1 335	1 539
110	64.2	114	178	257	357	457	585	714	871	1 028	1 214	1 399
120	58.9	105	163	236	327	419	537	654	798	942	1 112	1 283
125	56.5	100	157	226	314	402	515	628	766	905	1 068	1 232
130	54.4	96.6	151	218	302	387	495	604	737	870	1 027	1 184

续附表 2-11

钢筋间距(mm)	钢筋直径(mm)											
	3	4	5	6	6/8	8	8/10	10	10/12	12	12/14	14
140	50.5	89.7	140	202	281	359	460	561	684	808	954	1 100
150	47.1	83.8	131	189	262	335	429	523	639	754	890	1 026
160	44.1	78.5	123	177	246	314	403	491	599	707	834	962
170	41.5	73.9	115	166	231	296	379	462	564	665	786	906
180	39.2	69.8	109	157	218	279	358	436	532	628	742	855
190	37.2	66.1	103	149	207	265	339	413	504	596	702	810
200	35.3	62.8	98.2	141	196	251	322	393	479	565	668	770
220	32.1	57.1	89.3	129	178	228	292	357	436	514	607	700
240	29.4	52.4	81.9	118	164	209	268	327	399	471	556	641
250	28.3	50.2	78.5	113	157	201	258	314	383	452	534	616
260	27.2	48.3	75.5	109	151	193	248	302	368	435	514	592
280	25.2	44.9	70.1	101	140	180	230	281	342	404	477	550
300	23.6	41.9	65.5	94	131	168	215	262	320	377	445	513
320	22.1	39.2	61.4	88	123	157	201	245	299	353	417	381

附表 2-12　钢筋混凝土轴心受压构件的稳定系数 φ

l_0/b	≤8	10	12	14	16	18	20	22	24	26	28
l_0/d	≤7	8.5	10.5	12	14	15.5	17	19	21	22.5	24
l_0/i	≤28	35	42	48	55	62	69	76	83	90	97
φ	1.00	0.98	0.95	0.92	0.87	0.81	0.75	0.70	0.65	0.60	0.56
l_0/b	30	32	34	36	38	40	42	44	46	48	50
l_0/d	26	28	29.5	31	33	34.5	36.5	38	40	41.5	43
l_0/i	104	111	118	125	132	139	146	153	160	167	174
φ	0.52	0.48	0.44	0.40	0.36	0.32	0.29	0.26	0.23	0.21	0.19

注：1. l_0为构件的计算长度，对钢筋混凝土柱可按规范的规定取用。
2. b为矩形截面的短边尺寸，d为圆形截面的直径，i为截面的最小回转半径。

附表 2-13　受弯构件的挠度限值

构件类型		挠度限值
吊车梁	手动吊车	$l_0/500$
	电动吊车	$l_0/600$

续附表 2-13

构件类型		挠度限值
屋盖、楼盖及楼梯构件	当 $l_0 < 7$ m 时	$l_0/200(l_0/250)$
	当 7 m $\leqslant l_0 \leqslant$ 9 m 时	$l_0/250(l_0/300)$
	当 $l_0 > 9$ m 时	$l_0/300(l_0/400)$

注：1. 表中 l_0 为构件的计算跨度；计算悬臂构件的挠度限值时，其计算跨度 l_0 按实际悬臂长度的 2 倍取用。
2. 表中括号内的数值适用于使用上对挠度有较高要求的构件。
3. 如果构件制作时预先起拱，且使用上也允许，则在验算挠度时，可将计算所得的挠度值减去起拱值；对预应力混凝土构件，尚可减去预加力所产生的反拱值。
4. 构件制作时的起拱值和预加力所产生的反拱值，不宜超过构件在相应荷载组合作用下的计算挠度值。
5. 当构件对使用功能和外观有较高要求时，设计可对挠度限值适当加严。

附表 2-14　结构构件的裂缝控制等级及最大裂缝宽度的限值(mm)

环境类别	钢筋混凝土结构		预应力混凝土结构	
	裂缝控制等级	$w_{\lim}$	裂缝控制等级	$w_{\lim}$
一	三级	0.30(0.40)	三级	0.20
二 a		0.20		0.10
二 b			二级	—
三 a、三 b			一级	—

注：1. 表中的规定适用于采用热轧钢筋的钢筋混凝土构件和采用预应力钢丝、钢绞线及预应力螺纹钢筋的预应力混凝土构件。当采用其他类别的钢丝或钢筋时，其裂缝控制要求可按专门标准确定。
2. 对处于年平均相对湿度小于 60%地区一级环境下的受弯构件，其最大裂缝宽度限值可采用括号内的数值。
3. 在一类环境下，对钢筋混凝土屋架、托架及需作疲劳验算的吊车梁，其最大裂缝宽度限值应取为 0.20 mm；对钢筋混凝土屋面梁和托梁，其最大裂缝宽度限值应取为 0.30 mm。
4. 在一类环境下，对预应力混凝土屋架、托架及双向板体系，应按二级裂缝控制等级进行验算；对一类环境下的预应力混凝土屋面梁、托梁、单向板，按表中二 a 级环境的要求进行验算；在一类和二类环境下的需作疲劳验算的预应力混凝土吊车梁，应按一级裂缝控制等级进行验算。
5. 表中规定的预应力混凝土构件的裂缝控制等级和最大裂缝宽度限值仅适用于正截面的验算；预应力混凝土构件的斜截面裂缝控制验算应符合本规范第 7 章的要求。
6. 对于烟囱、筒仓和处于液体压力下的结构构件，其裂缝控制要求应符合专门标准的有关规定。
7. 对于处于四、五类环境下的结构构件，其裂缝控制要求应符合专门标准的有关规定。
8. 混凝土保护层厚度较大的构件，可根据实践经验对表中最大裂缝宽度限值适当放宽。

附表 2-15　等截面等跨连续梁在均布荷载和集中荷载作用下的内力系数表

说明：

均布荷载　　$M = k_{mg}gl_0^2 + k_{mq}ql_0^2 \quad V = k_{vg}gl_0 + k_{vq}ql_0$

集中荷载　　$M = k_{mG}Gl_0 + k_{mQ}Ql_0 \quad V = k_{vG}Gl + k_{vQ}Q$

式中：g——单位长度上的均布恒荷载；

q——单位长度上的均布活荷载；

G——集中恒荷载；

Q——集中活荷载；

k_{mg}、k_{mq}、k_{mG}、k_{mQ}、k_{vg}、k_{vG}、k_{vq}、k_{vQ}——系数，由表中相应栏内查得。

两跨梁

序号	荷载简图	跨内最大弯矩		支座弯矩	支座剪力			
		M_1	M_2	M_B	V_A	V_{Bl}	V_{Br}	V_C
1	g; A B C; l_0 l_0	0.070	0.070	−0.125	0.375	−0.625	0.625	−0.375
2	q; M_1 M_2	0.096	−0.025	−0.063	0.437	−0.563	0.063	0.063
3	G G	0.156	0.156	−0.188	0.312	−0.688	0.688	−0.312
4	Q	0.203	−0.047	−0.094	0.406	−0.594	0.094	0.094
5	G G G G	0.222	0.222	−0.333	0.667	−1.334	1.334	−0.667
6	Q Q	0.278	−0.056	−0.167	0.833	−1.167	0.167	0.167

注:V_{Bl}、V_{Br}分别为支座B左、右截面的剪力。

三跨梁

序号	荷载简图	跨内最大弯矩		支座弯矩		支座剪力					
		M_1	M_2	M_B	M_C	V_A	V_{Bl}	V_{Br}	V_{Cl}	V_{Cr}	V_D
1	q; A B C D; l_0 l_0 l_0	0.080	0.025	−0.100	−0.100	0.400	−0.600	0.500	−0.500	0.600	−0.400
2	q q; M_1 M_2 M_3	0.101	−0.050	−0.050	−0.050	0.450	−0.550	0.000	0.000	0.550	−0.450
3	q	−0.025	0.075	−0.050	−0.050	0.050	−0.050	0.500	−0.500	0.050	0.050
4	q	0.073	0.054	−0.117	−0.033	0.383	−0.617	0.583	−0.417	0.033	0.033
5	q	0.094	—	−0.067	0.017	0.433	−0.567	0.083	0.083	−0.017	−0.017

续附表

序号	荷载简图	跨内最大弯矩		支座弯矩		支座剪力					
		M_1	M_2	M_B	M_C	V_A	V_{Bl}	V_{Br}	V_{Cl}	V_{Cr}	V_D
6	G G G	0.175	0.100	−0.150	−0.150	0.350	−0.650	0.500	−0.500	0.650	−0.350
7	Q Q	0.213	−0.075	−0.075	−0.075	0.425	−0.575	0.000	0.000	0.575	−0.425
8	Q	−0.038	0.175	−0.075	−0.075	−0.075	−0.075	0.500	−0.500	0.075	0.075
9	Q Q	0.162	0.137	−0.175	−0.050	0.325	−0.675	0.625	−0.375	0.050	0.050
10	Q	0.200	—	−0.100	0.025	0.400	−0.600	0.125	0.125	−0.025	0.025
11	GG GG GG	0.244	0.067	−0.267	−0.267	0.733	−1.267	1.000	−1.000	1.267	−0.733
12	QQ QQ	0.289	−0.133	−0.133	−0.133	0.866	−1.134	0.000	0.000	1.134	−0.866
13	QQ	−0.044	0.200	−0.133	−0.133	−0.133	−0.133	−1.000	−1.000	0.133	0.133
14	QQ QQ	0.229	0.170	−0.311	−0.089	−0.689	−1.311	1.222	−0.778	0.089	0.089
15	QQ QQ	0.274	—	−0.178	0.044	0.822	−1.178	0.222	0.222	−0.044	−0.044

注：V_{Bl}、V_{Br}分别为支座 B 左、右截面的剪力；V_{Cl}、V_{Cr}分别为支座 C 左、右截面的剪力。

四跨梁

序号	荷载简图	跨内最大弯矩				支座弯矩			支座剪力							
		M_1	M_2	M_3	M_4	M_B	M_B	M_D	V_A	V_{Bl}	V_{Br}	V_{Cl}	V_{Cr}	V_{Dl}	V_{Dr}	V_E
1	g; A B C D E; l_0 l_0 l_0 l_0	0.077	0.036	0.036	0.077	−0.107	−0.071	−0.107	0.393	−0.607	0.536	−0.464	0.464	−0.536	0.607	−0.393
2	q q; M_1 M_2 M_3 M_4	0.100	−0.045	0.081	−0.023	−0.054	−0.036	−0.054	0.446	−0.554	0.018	0.018	0.482	−0.518	0.054	0.054
3	q q	0.072	0.061	—	0.098	−0.121	−0.018	−0.058	0.380	−0.620	0.603	−0.397	−0.040	−0.040	0.558	−0.442
4	q	—	0.056	0.056	—	−0.036	−0.107	−0.036	−0.036	−0.036	0.429	−0.571	0.571	−0.429	0.036	0.036
5	q	0.094	—	—	—	−0.067	0.018	−0.004	0.433	−0.567	0.085	0.085	−0.022	−0.022	0.004	0.004
6	q	—	0.074	—	—	−0.049	−0.054	0.013	−0.049	−0.049	0.496	−0.504	0.067	0.067	−0.013	−0.013
7	G G G G	0.169	0.116	0.116	0.169	−0.161	−0.107	−0.161	0.339	−0.661	0.554	−0.446	0.446	−0.554	0.661	−0.339
8	Q Q	0.210	−0.067	0.183	−0.040	−0.080	−0.054	−0.080	0.420	−0.580	0.027	0.027	0.473	−0.527	0.080	0.080

续附表

序号	荷载简图	跨内最大弯矩				支座弯矩			支座剪力							
		M_1	M_2	M_3	M_4	M_B	M_B	M_D	V_A	V_{Bl}	V_{Br}	V_{Cl}	V_{Cr}	V_{Dl}	V_{Dr}	V_E
9		0.159	0.146	—	0.206	−0.181	−0.027	−0.087	0.319	−0.681	0.654	−0.346	−0.060	−0.060	0.587	−0.413
10		—	0.142	0.142	—	−0.054	−0.161	−0.054	−0.054	−0.054	0.393	−0.607	0.607	−0.393	0.054	0.054
11		0.200	—	—	—	−0.100	0.027	−0.007	0.400	−0.60	0.127	0.127	−0.033	−0.033	0.007	0.007
12		—	0.173	—	—	−0.074	−0.080	0.020	−0.074	−0.074	0.493	−0.507	0.100	0.100	−0.020	−0.020
13		0.238	0.111	0.111	0.238	−0.286	−0.191	−0.286	0.714	−1.286	1.095	−0.095	0.905	−1.095	1.286	−0.714
14		0.286	−0.111	0.222	−0.048	−0.143	−0.095	−0.143	0.857	−1.143	0.048	0.048	0.952	−1.048	0.143	0.143
15		0.226	0.194	—	0.282	−0.321	−0.048	−0.155	0.679	−1.321	1.274	−0.726	−0.107	−0.107	1.155	−0.845
16		—	0.175	0.175	—	−0.095	−0.286	−0.095	−0.095	−0.095	0.810	−1.190	1.190	−0.810	0.095	0.095
17		0.274	—	—	—	−0.178	0.048	−0.012	0.822	−1.178	0.266	0.226	−0.060	−0.060	0.012	0.012
18		—	0.198	—	—	−0.131	−0.143	0.036	−0.131	−0.131	0.988	−1.012	0.178	0.178	−0.036	−0.036

注：V_{Bl}、V_{Br}分别为支座 B 左、右截面的剪力；V_{Cl}、V_{Cr}分别为支座 C 左、右截面的剪力；V_{Dl}、V_{Dr}分别为支座 D 左、右截面的剪力。

五跨梁

序号	荷载简图	跨内最大弯矩			支座弯矩				支座剪力										
		M_1	M_2	M_3	M_B	M_C	M_D	M_E	V_A	V_{Bl}	V_{Br}	V_{Cl}	V_{Cr}	V_{Dl}	V_{Dr}	V_{El}	V_{Er}	V_F
1	q; A B C D E F; l_0 l_0 l_0 l_0 l_0	0.078	0.033	0.046	−0.105	−0.079	−0.079	−0.105	0.394	−0.606	0.526	−0.474	0.500	−0.500	0.474	−0.526	0.606	−0.394
2	q q q; M_1 M_2 M_3 M_4 M_5	0.100	−0.046	0.085	−0.053	−0.040	−0.040	−0.053	0.447	−0.553	0.013	0.013	0.500	−0.500	−0.013	−0.013	0.553	−0.447
3	q q	−0.0263	0.079	−0.040	−0.053	−0.040	−0.040	−0.053	−0.053	−0.053	0.513	−0.487	0.000	0.000	0.487	−0.513	0.053	0.053
4	q q	0.073	0.059	—	−0.119	−0.022	−0.044	−0.051	0.380	−0.620	0.598	−0.402	−0.023	−0.023	0.493	−0.507	0.052	0.052
5	q q	—	0.055	0.064	−0.035	−0.111	−0.020	−0.057	−0.035	−0.035	0.424	−0.576	0.591	−0.409	−0.037	−0.037	0.557	−0.443
6	q	0.094	—	—	−0.067	0.018	−0.005	0.001	0.433	−0.567	0.085	0.085	−0.023	−0.023	0.006	0.006	−0.001	−0.001
7	q	—	0.074	—	−0.049	−0.054	0.014	−0.004	−0.049	−0.049	0.495	−0.505	0.068	0.068	−0.018	−0.018	0.004	0.004

续附表

序号	荷载简图	跨内最大弯矩			支座弯矩				支座剪力										
		M_1	M_2	M_3	M_B	M_C	M_D	M_E	V_A	V_{Bl}	V_{Br}	V_{Cl}	V_{Cr}	V_{Dl}	V_{Dr}	V_{El}	V_{Er}	V_F
8	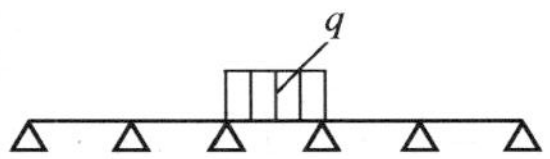 q	—	—	0.072	0.013	−0.053	−0.053	0.013	0.013	0.013	−0.066	−0.066	0.500	−0.500	0.066	0.066	−0.013	−0.013
9	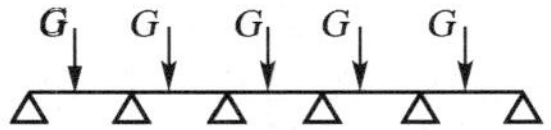 G G G G G	0.171	0.112	−0.132	−0.158	−0.118	−0.118	−0.158	0.342	−0.658	0.540	−0.460	0.500	−0.500	0.460	−0.540	0.658	−0.342
10	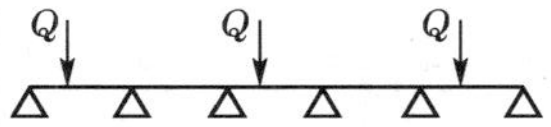 Q Q Q	0.211	−0.069	0.191	−0.079	−0.059	−0.059	−0.079	0.421	−0.579	0.020	0.020	0.500	−0.500	−0.020	−0.020	0.579	−0.421
11	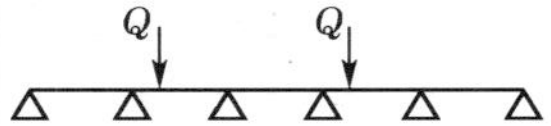 Q Q	0.039	0.181	−0.059	−0.079	−0.059	−0.059	−0.079	−0.079	−0.079	0.520	−0.480	0.000	0.000	0.480	−0.520	0.079	0.079
12	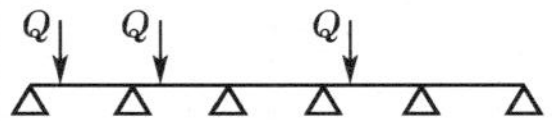 Q Q Q	0.160	0.144	—	−0.179	−0.032	−0.066	−0.077	0.321	−0.679	0.647	−0.353	−0.034	−0.034	0.489	−0.511	0.077	0.077
13	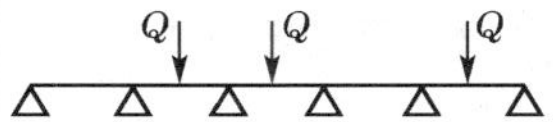 Q Q Q	—	0.140	0.151	−0.052	−0.167	−0.031	−0.086	−0.052	−0.052	0.385	−0.615	0.637	−0.363	−0.056	−0.056	0.586	−0.414
14	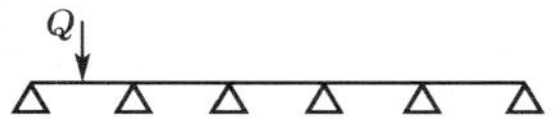 Q	0.200	—	—	−0.100	0.027	−0.007	0.002	0.400	−0.600	0.127	0.127	−0.034	−0.034	0.009	0.009	−0.002	−0.002
15	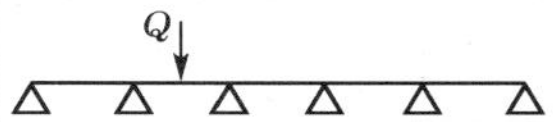 Q	—	0.173	—	−0.073	−0.081	0.022	−0.005	−0.073	−0.073	0.493	−0.507	0.102	0.102	−0.027	0.027	0.005	0.005

续附表

序号	荷载简图	跨内最大弯矩			支座弯矩				支座剪力										
		M_1	M_2	M_3	M_B	M_C	M_D	M_E	V_A	V_{Bl}	V_{Br}	V_{Cl}	V_{Cr}	V_{Dl}	V_{Dr}	V_{El}	V_{Er}	V_F
16		—	—	0.171	0.020	−0.079	−0.079	0.020	0.020	0.020	−0.099	−0.099	0.500	−0.500	0.099	0.099	−0.020	−0.020
17		0.240	0.100	0.122	−0.281	−0.211	−0.211	−0.281	0.719	−1.281	1.070	−0.930	1.000	−1.000	0.930	−1.070	1.281	−0.719
18		0.287	−0.117	0.228	−0.140	−0.105	−0.105	−0.140	0.860	−1.140	0.035	0.035	1.000	−1.000	−0.035	−0.035	1.140	−0.860
19		−0.047	−0.216	0.105	−0.140	−0.105	−0.105	−0.140	−0.140	−0.140	1.035	−0.965	0.000	0.000	0.965	−1.035	0.140	0.140
20		0.227	0.189	—	−0.319	−0.057	−0.118	−0.137	0.681	−1.319	1.262	−0.738	−0.061	−0.061	0.981	−1.019	0.137	0.137
21		—	0.172	0.198	−0.093	−0.297	−0.054	−0.153	−0.093	−0.093	0.796	−1.204	1.243	−0.757	−0.099	−0.099	1.153	−0.847
22		0.274	—	—	−0.179	0.048	−0.013	0.003	0.821	−1.179	0.227	0.227	−0.061	−0.061	0.016	0.016	−0.003	−0.003
23		—	0.198	—	0.131	−0.144	0.038	−0.010	−0.131	−0.131	0.987	−1.013	0.182	0.182	−0.048	−0.048	0.010	0.010
24		—	—	0.193	0.035	−0.140	−0.140	0.035	0.035	0.035	−0.175	−0.175	1.000	−1.000	0.175	0.175	−0.035	−0.035

注：V_{Bl}、V_{Br}分别为支座 B 左、右截面的剪力；V_{Cl}、V_{Cr}分别为支座 C 左、右截面的剪力；V_{Dl}、V_{Dr}分别为支座 D 左、右截面的剪力；V_{El}、V_{Er}分别为支座 E 左、右截面的剪力。

附表 2-16 双向板在均布荷载作用下的挠度和弯矩系数表

说明：(1) 板单位宽度的截面抗弯刚度按下列公式计算（按弹性理论计算方法）：

$$B_c = \frac{Eh^3}{12(1-\mu^2)}（板宽 1\ m 的截面抗弯刚度）$$

式中：E——弹性模量；

h——板厚；

μ——泊松比。

(2) 表中符号如下：

f、f_{max}——分别为板中心点的挠度和最大挠度；

M_x、M_{xmax}——分别为平行于 l_x 方向板中心点的弯矩和板跨内最大弯矩；

M_y、M_{ymax}——分别为平行于 l_y 方向板中心点的弯矩和板跨内最大弯矩；

M_x^0——固定边中点沿 l_x 方向单位板宽内的弯矩；

M_y^0——固定边中点沿 l_y 方向单位板宽内的弯矩。

(3) 板支承边的符号为：

ııııııııııııı固定边 ‐‐‐‐‐‐‐‐简支边

(4) 弯矩和挠度正负号的规定如下：

弯矩——使板的受荷面受压者为正；

挠度——变位方向与荷载作用方向相同者为正。

(5) 本表中各表的弯矩系数系对 $\mu = 0$ 算得的，对于钢筋混凝土，μ 一般可取为1/6，此时，对于挠度、支座中点弯矩，仍可按表中系数计算，对于跨中弯矩，一般也可按表中系数计算（即近似地认为 $\mu = 0$），必要时，可按下式计算：

$$M_x^{\mu} = M_x + \mu M_y$$

$$M_y^{\mu} = M_y + \mu M_x$$

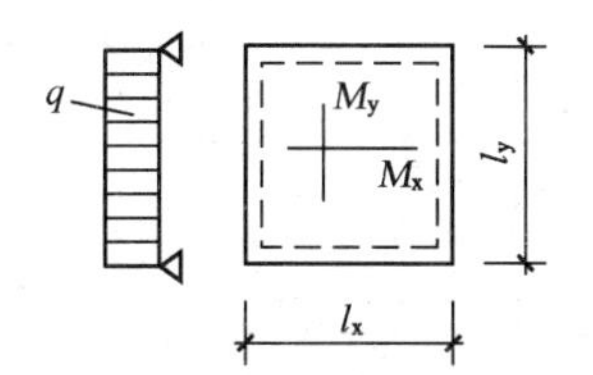

$$挠度 = 表中系数 \times \frac{ql_0^4}{B_c}$$

$$弯矩 = 表中系数 \times ql_0^2$$

式中：l_0 取用 l_x 和 l_y 中之较小者。

四边简支双向板

l_x/l_y	f	M_x	M_y	l_x/l_y	f	M_x	M_y
0.50	0.010 13	0.096 5	0.017 4	0.80	0.006 03	0.056 1	0.033 4
0.55	0.009 40	0.089 2	0.021 0	0.85	0.005 47	0.050 6	0.034 8
0.60	0.008 67	0.082 0	0.242 0	0.90	0.004 96	0.045 6	0.035 3
0.65	0.007 96	0.075 0	0.027 1	0.95	0.004 49	0.041 0	0.036 4
0.70	0.007 27	0.068 3	0.029 6	1.00	0.004 06	0.036 8	0.036 8
0.75	0.006 63	0.062 0	0.031 7				

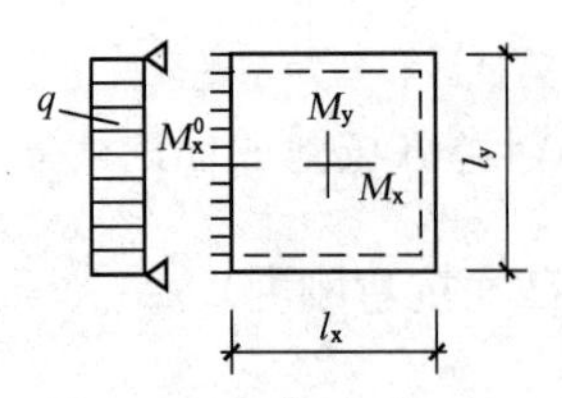

$$挠度 = 表中系数 \times \frac{ql_0^2}{B_c}$$

$$弯矩 = 表中系数 \times ql_0^2$$

式中：l_0 取用 l_x 和 l_y 中之较小者。

三边简支、一边固定双向板

l_x/l_y	l_y/l_x	f	f_{max}	M_x	M_{xmax}	M_y	M_{ymax}	M_x^0
0.50		0.004 88	0.005 04	0.058 3	0.064 6	0.006 0	0.006 3	−0.121 2
0.55		0.004 71	0.004 92	0.056 3	0.061 8	0.008 1	0.008 7	−0.118 7
0.60		0.004 53	0.004 72	0.053 9	0.058 9	0.010 4	0.011 1	−0.115 8
0.65		0.004 32	0.004 48	0.051 3	0.055 9	0.012 6	0.013 3	−0.112 4
0.70		0.004 10	0.004 22	0.048 5	0.052 9	0.014 8	0.015 4	−0.108 7
0.75		0.003 88	0.003 99	0.045 7	0.049 6	0.016 8	0.017 4	−0.104 8
0.80		0.003 65	0.003 76	0.042 8	0.046 3	0.018 7	0.019 3	−0.100 7
0.85		0.003 43	0.003 52	0.040 0	0.043 1	0.020 4	0.021 1	−0.096 5
0.90		0.003 21	0.003 29	0.037 2	0.040 0	0.021 9	0.022 6	−0.092 2
0.95		0.002 99	0.003 06	0.034 5	0.036 9	0.023 2	0.023 9	−0.088 0
1.00	1.00	0.002 79	0.002 85	0.031 9	0.034 0	0.024 3	0.024 9	−0.083 9
	0.95	0.003 16	0.003 24	0.032 4	0.034 5	0.028 0	0.028 7	−0.088 2
	0.90	0.003 60	0.003 88	0.032 8	0.034 7	0.032 2	0.033 0	−0.092 6
	0.85	0.004 09	0.004 17	0.032 9	0.034 7	0.037 0	0.037 8	−0.097 0
	0.80	0.004 64	0.004 73	0.032 6	0.034 3	0.042 4	0.043 3	−0.101 4
	0.75	0.005 26	0.005 36	0.031 9	0.033 5	0.048 5	0.049 4	−0.105 6
	0.70	0.005 95	0.006 05	0.030 8	0.032 3	0.055 3	0.056 2	−0.109 6
	0.65	0.006 70	0.006 80	0.029 1	0.030 6	0.062 7	0.063 7	−0.113 3
	0.60	0.007 52	0.007 62	0.026 8	0.028 9	0.070 7	0.071 7	−0.116 6
	0.55	0.008 38	0.008 48	0.023 9	0.027 1	0.079 2	0.080 1	−0.119 3
	0.50	0.009 27	0.009 35	0.020 5	0.024 9	0.088 0	0.088 8	−0.121 5

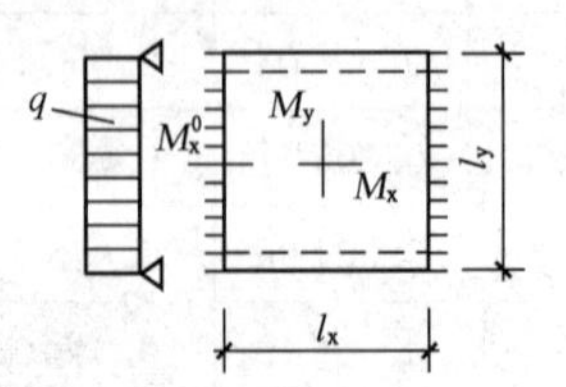

$$挠度=表中系数\times\frac{ql_0^2}{B_c}$$

$$弯矩=表中系数\times ql_0^2$$

式中：l_0 取用 l_x 和 l_y 中之较小者。

两对边简支、两对边固定双向板

l_x/l_y	l_y/l_x	f	M_x	M_y	M_x^0	l_x/l_y	l_y/l_x	f	M_x	M_y	M_x^0
0.50		0.002 61	0.041 6	0.0017	−0.0843		0.95	0.00223	0.0296	0.018 9	−0.074 6
0.55		0.002 59	0.041 0	0.002 8	−0.084 0		0.90	0.002 60	0.030 6	0.022 4	−0.079 7
0.60		0.002 55	0.040 2	0.004 2	−0.083 4		0.85	0.003 03	0.031 4	0.026 6	−0.085 0
0.65		0.002 50	0.039 2	0.005 7	−0.082 6		0.80	0.003 54	0.031 9	0.031 6	−0.090 4
0.70		0.002 43	0.037 9	0.007 2	−0.081 4		0.75	0.004 13	0.032 1	0.037 4	−0.095 9
0.75		0.002 36	0.036 6	0.008 8	−0.079 9		0.70	0.004 82	0.031 8	0.044 1	−0.101 3
0.80		0.002 28	0.035 1	0.010 3	−0.078 2		0.65	0.005 60	0.030 8	0.051 8	−0.106 6
0.85		0.002 20	0.033 5	0.011 8	−0.076 3		0.60	0.006 47	0.029 2	0.060 4	−0.111 4
0.90		0.002 11	0.031 9	0.013 3	−0.074 3		0.55	0.007 43	0.026 7	0.069 8	−0.115 6
0.95		0.002 01	0.030 2	0.014 6	−0.072 1		0.50	0.008 44	0.023 4	0.079 8	−0.119 1
1.00	1.00	0.001 92	0.028 5	0.015 8	−0.069 8						

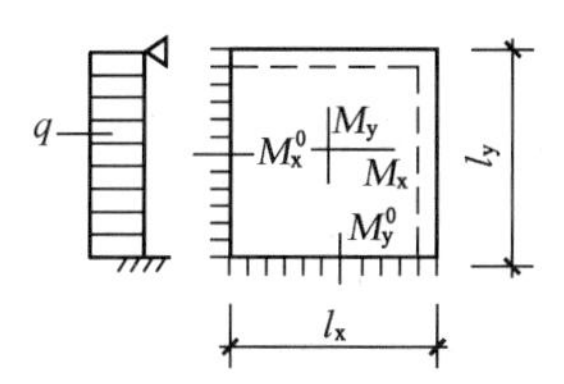

挠度=表中系数$\times\dfrac{ql_0^4}{B_c}$

弯矩=表中系数$\times ql_0^2$

式中:l_0 取用 l_x 和 l_y 中之较小者。

两邻边简支、两邻边固定双向板

l_x/l_y	f	f_{max}	M_x	M_{xmax}	M_y	M_{ymax}	M_x^0	M_y^0
0.50	0.004 68	0.004 71	0.055 9	0.056 2	0.007 9	0.013 5	−0.117 9	−0.078 6
0.55	0.004 45	0.004 54	0.052 9	0.053 0	0.010 4	0.015 3	−0.114 0	−0.078 5
0.60	0.004 19	0.004 29	0.049 6	0.049 8	0.012 9	0.016 9	−0.109 5	−0.078 2
0.65	0.003 91	0.003 99	0.046 1	0.046 5	0.015 1	0.018 3	−0.104 5	−0.077 7
0.70	0.003 63	0.003 68	0.042 6	0.043 2	0.017 2	0.019 5	−0.099 2	−0.077 0
0.75	0.003 35	0.003 40	0.039 0	0.039 6	0.018 9	0.020 6	−0.093 8	−0.076 0
0.80	0.003 08	0.003 13	0.035 6	0.036 1	0.020 4	0.021 8	−0.088 3	−0.074 8
0.85	0.002 81	0.002 86	0.032 2	0.032 8	0.021 5	0.022 9	−0.082 9	−0.073 3
0.90	0.002 56	0.002 61	0.029 1	0.029 7	0.022 4	0.023 8	−0.077 6	−0.071 6
0.95	0.002 32	0.002 37	0.026 1	0.026 7	0.023 0	0.024 4	−0.072 6	−0.069 8
1.00	0.002 10	0.002 15	0.023 4	0.024 0	0.023 4	0.024 9	−0.067 7	−0.067 7

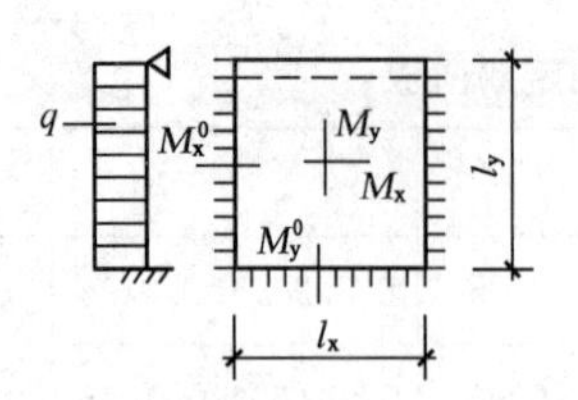

$$挠度=表中系数\times\frac{ql_0^4}{B_c}$$

$$弯矩=表中系数\times ql_0^2$$

式中：l_0 取用 l_x 和 l_y 中之较小者。

一边简支、三边固定双向板

l_x/l_y	l_y/l_x	f	f_{max}	M_x	M_{xmax}	M_y	M_{ymax}	M_x^0	M_y^0
0.50		0.002 57	0.002 58	0.040 8	0.040 9	0.002 8	0.008 9	−0.083 6	−0.056 9
0.55		0.002 52	0.002 55	0.039 8	0.039 9	0.004 2	0.009 3	−0.082 7	−0.057 0
0.60		0.002 45	0.002 49	0.038 4	0.038 6	0.005 9	0.010 5	−0.081 4	−0.057 1
0.65		0.002 37	0.002 40	0.036 8	0.037 1	0.007 6	0.011 6	−0.079 6	−0.057 2
0.70		0.002 27	0.002 29	0.035 9	0.035 4	0.009 3	0.012 7	−0.077 4	−0.057 2
0.75		0.002 16	0.002 19	0.033 1	0.033 5	0.010 9	0.013 7	−0.075 0	−0.057 2
0.80		0.002 05	0.002 08	0.031 0	0.031 4	0.012 4	0.014 7	−0.072 2	−0.057 0
0.85		0.001 93	0.001 96	0.028 9	0.029 3	0.013 8	0.015 5	−0.069 3	−0.056 7
0.90		0.001 81	0.001 84	0.026 8	0.027 3	0.015 9	0.016 3	−0.066 3	−0.056 3
0.95		0.001 69	0.001 72	0.024 7	0.025 2	0.016 0	0.017 2	−0.063 1	−0.055 8
1.00	1.00	0.001 57	0.001 60	0.022 7	0.023 4	0.016 8	0.018 0	−0.060 0	−0.055 0
	0.95	0.001 78	0.001 82	0.022 9	0.023 4	0.019 4	0.020 7	−0.062 9	−0.059 9
	0.90	0.002 01	0.002 06	0.022 8	0.023 4	0.022 3	0.023 8	−0.065 6	−0.065 3
	0.85	0.002 27	0.002 33	0.022 5	0.023 1	0.025 5	0.027 3	−0.068 3	−0.071 1
	0.80	0.002 56	0.002 62	0.021 9	0.022 4	0.029 0	0.031 1	−0.070 7	−0.077 2
	0.75	0.002 86	0.002 94	0.020 8	0.021 4	0.032 9	0.035 4	−0.072 9	−0.083 7
	0.70	0.003 19	0.003 27	0.019 4	0.020 0	0.037 0	0.040 0	−0.074 8	−0.090 3
	0.65	0.003 52	0.003 65	0.017 5	0.018 2	0.041 2	0.044 6	−0.076 2	−0.097 0
	0.60	0.003 86	0.004 03	0.015 3	0.016 0	0.045 4	0.049 3	−0.077 3	−0.103 3
	0.55	0.004 19	0.004 37	0.012 7	0.013 3	0.049 6	0.054 1	−0.078 0	−0.109 3
	0.50	0.004 49	0.004 63	0.009 9	0.010 3	0.053 4	0.058 8	−0.078 4	−0.114 6

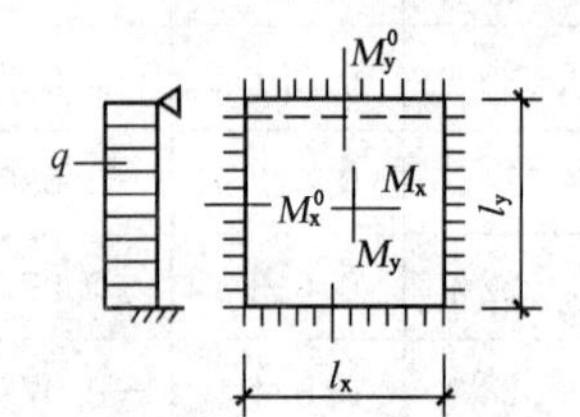

$$挠度=表中系数\times\frac{ql_0^4}{B_c}$$

$$弯矩=表中系数\times ql_0^2$$

式中：l_0 取用 l_x 和 l_y 中之较小者。

四边固定双向板

l_x/l_y	f	M_x	M_y	M_x^0	M_x^0
0.50	0.002 53	0.040 0	0.003 8	−0.082 9	−0.057 0
0.55	0.002 46	0.038 5	0.005 6	−0.081 4	−0.057 1
0.60	0.002 36	0.036 7	0.007 6	−0.079 3	−0.057 1
0.65	0.002 24	0.034 5	0.009 5	−0.076 6	−0.057 1
0.70	0.002 11	0.032 1	0.011 3	−0.073 5	−0.056 9
0.75	0.001 97	0.029 6	0.013 0	−0.070 1	−0.056 5
0.80	0.001 82	0.027 1	0.014 4	−0.066 4	−0.055 9
0.85	0.001 68	0.024 6	0.015 6	−0.062 6	−0.055 1
0.90	0.001 53	0.022 1	0.016 5	−0.058 8	−0.054 1
0.95	0.001 40	0.019 8	0.017 2	−0.055 0	−0.052 8
1.00	0.001 27	0.017 6	0.017 6	−0.051 3	−0.051 3

附表 2-17　规则框架和壁式框架承受均布及倒三角形分布水平力作用时反弯点高度比

附表 2-17-1　规则框架和壁式框架承受均布水平力作用时标准反弯点的高度比 y_0 值

n	m	K(或 K')													
		0.1	0.2	0.3	0.4	0.5	0.6	0.7	0.8	0.9	1.0	2.0	3.0	4.0	5.0
1	1	0.80	0.75	0.70	0.65	0.65	0.60	0.60	0.60	0.60	0.55	0.55	0.55	0.55	0.55
2	2	0.45	0.40	0.35	0.35	0.35	0.35	0.40	0.40	0.40	0.40	0.45	0.45	0.45	0.45
	1	0.95	0.80	0.75	0.70	0.65	0.65	0.65	0.60	0.60	0.60	0.55	0.55	0.55	0.50
3	3	0.15	0.20	0.20	0.25	0.30	0.30	0.30	0.35	0.35	0.35	0.40	0.45	0.45	0.45
	2	0.55	0.50	0.45	0.45	0.45	0.45	0.45	0.45	0.45	0.45	0.45	0.50	0.50	0.50
	1	1.00	0.85	0.80	0.70	0.75	0.70	0.65	0.65	0.60	0.60	0.55	0.55	0.55	0.55
4	4	−0.05	0.05	0.15	0.20	0.25	0.30	0.30	0.35	0.35	0.35	0.40	0.45	0.45	0.45
	3	0.25	0.30	0.30	0.35	0.35	0.40	0.40	0.40	0.40	0.45	0.45	0.50	0.50	0.50
	2	0.65	0.55	0.50	0.50	0.45	0.45	0.45	0.45	0.45	0.45	0.50	0.50	0.50	0.50
	1	1.10	0.90	0.80	0.75	0.70	0.70	0.65	0.65	0.65	0.60	0.55	0.55	0.55	0.55
5	5	−0.20	0.00	0.15	0.20	0.25	0.30	0.30	0.30	0.35	0.35	0.40	0.45	0.45	0.45
	4	0.10	0.20	0.25	0.30	0.35	0.35	0.40	0.40	0.40	0.40	0.45	0.45	0.50	0.50
	3	0.40	0.40	0.40	0.40	0.40	0.45	0.45	0.45	0.45	0.45	0.50	0.50	0.50	0.50
	2	0.65	0.55	0.50	0.50	0.50	0.50	0.50	0.50	0.50	0.50	0.50	0.50	0.50	0.50
	1	1.20	0.95	0.80	0.75	0.75	0.70	0.70	0.65	0.65	0.65	0.55	0.55	0.55	0.55
6	6	−0.30	0.00	0.10	0.20	0.25	0.25	0.30	0.30	0.35	0.35	0.40	0.45	0.45	0.45
	5	0.00	0.20	0.25	0.30	0.35	0.35	0.40	0.40	0.40	0.40	0.45	0.45	0.50	0.50
	4	0.20	0.30	0.35	0.35	0.40	0.40	0.40	0.45	0.45	0.45	0.45	0.50	0.50	0.50
	3	0.40	0.40	0.40	0.45	0.45	0.45	0.45	0.45	0.45	0.45	0.50	0.50	0.50	0.50
	2	0.70	0.60	0.55	0.50	0.50	0.50	0.50	0.50	0.50	0.50	0.50	0.50	0.50	0.50
	1	1.20	0.95	0.85	0.80	0.75	0.70	0.70	0.65	0.65	0.65	0.55	0.55	0.55	0.55

续附表 2-17-1

n	m	K(或 K′)													
		0.1	0.2	0.3	0.4	0.5	0.6	0.7	0.8	0.9	1.0	2.0	3.0	4.0	5.0
7	7	−0.35	−0.05	0.10	0.20	0.20	0.25	0.30	0.30	0.35	0.35	0.40	0.45	0.45	0.45
	6	−0.10	0.15	0.25	0.30	0.35	0.35	0.35	0.40	0.40	0.40	0.45	0.45	0.50	0.50
	5	0.10	0.25	0.30	0.35	0.40	0.40	0.40	0.45	0.45	0.45	0.45	0.50	0.50	0.50
	4	0.30	0.35	0.40	0.40	0.40	0.45	0.45	0.45	0.45	0.45	0.50	0.50	0.50	0.50
	3	0.50	0.45	0.45	0.45	0.45	0.45	0.45	0.45	0.45	0.45	0.50	0.50	0.50	0.50
	2	0.75	0.60	0.55	0.50	0.50	0.50	0.50	0.50	0.50	0.50	0.50	0.50	0.50	0.50
	1	1.20	0.95	0.85	0.80	0.75	0.70	0.70	0.65	0.65	0.65	0.55	0.55	0.55	0.55
8	8	−0.35	−0.15	0.10	0.15	0.25	0.25	0.30	0.30	0.35	0.35	0.40	0.45	0.45	0.45
	7	−0.10	0.15	0.25	0.30	0.35	0.35	0.40	0.40	0.40	0.40	0.45	0.50	0.50	0.50
	6	0.05	0.25	0.30	0.35	0.40	0.04	0.40	0.45	0.45	0.45	0.45	0.50	0.50	0.50
	5	0.20	0.30	0.35	0.40	0.40	0.45	0.45	0.45	0.45	0.45	0.50	0.50	0.50	0.50
	4	0.35	0.40	0.40	0.45	0.45	0.45	0.45	0.45	0.45	0.45	0.50	0.50	0.50	0.50
	3	0.50	0.45	0.45	0.45	0.45	0.45	0.45	0.45	0.50	0.50	0.50	0.50	0.50	0.50
	2	0.75	0.60	0.55	0.55	0.50	0.50	0.50	0.50	0.50	0.50	0.50	0.50	0.50	0.50
	1	1.20	1.00	0.85	0.80	0.75	0.70	0.70	0.65	0.65	0.65	0.55	0.55	0.55	0.55
9	9	−0.40	−0.05	0.10	0.20	0.25	0.25	0.30	0.30	0.35	0.35	0.45	0.45	0.45	0.45
	8	−0.15	0.15	0.25	0.030	0.35	0.35	0.35	0.40	0.40	0.40	0.45	0.45	0.50	0.50
	7	0.05	0.25	0.30	0.35	0.40	0.40	0.40	0.45	0.45	0.45	0.45	0.50	0.50	0.50
	6	0.15	0.30	0.35	0.40	0.40	0.45	0.45	0.45	0.45	0.45	0.50	0.50	0.50	0.50
	5	0.25	0.35	0.40	0.40	0.45	0.45	0.45	0.45	0.45	0.45	0.50	0.50	0.50	0.50
	4	0.40	0.40	0.40	0.45	0.45	0.45	0.45	0.45	0.45	0.45	0.50	0.50	0.50	0.50
	3	0.55	0.45	0.45	0.45	0.45	0.45	0.45	0.45	0.50	0.50	0.50	0.50	0.50	0.50
	2	0.80	0.65	0.55	0.55	0.50	0.50	0.50	0.50	0.50	0.50	0.50	0.50	0.50	0.50
	1	1.20	1.00	0.85	0.80	0.75	0.70	0.70	0.65	0.65	0.65	0.55	0.55	0.55	0.55

续附表 2-17-1

n	m	K(或 K′)													
		0.1	0.2	0.3	0.4	0.5	0.6	0.7	0.8	0.9	1.0	2.0	3.0	4.0	5.0
10	10	−0.40	−0.05	0.10	0.20	0.25	0.30	0.30	0.30	0.35	0.35	0.40	0.45	0.45	0.45
	9	−0.15	0.15	0.25	0.30	0.35	0.35	0.40	0.40	0.40	0.40	0.45	0.45	0.50	0.50
	8	0.00	0.25	0.30	0.35	0.40	0.40	0.40	0.45	0.45	0.45	0.45	0.50	0.50	0.50
	7	0.10	0.30	0.35	0.40	0.40	0.45	0.45	0.45	0.45	0.45	0.50	0.50	0.50	0.50
	6	0.20	0.35	0.40	0.40	0.45	0.45	0.45	0.45	0.45	0.45	0.50	0.50	0.50	0.50
	5	0.30	0.40	0.40	0.45	0.45	0.45	0.45	0.45	0.45	0.50	0.50	0.50	0.50	0.50
	4	0.40	0.40	0.45	0.45	0.45	0.45	0.45	0.45	0.45	0.50	0.50	0.50	0.50	0.50
	3	0.55	0.50	0.45	0.45	0.45	0.50	0.50	0.50	0.50	0.50	0.50	0.50	0.50	0.50
	2	0.80	0.65	0.55	0.55	0.55	0.50	0.50	0.50	0.50	0.50	0.50	0.50	0.50	0.50
	1	1.30	1.00	0.85	0.80	0.75	0.70	0.70	0.65	0.65	0.65	0.60	0.55	0.55	0.55
11	11	−0.40	0.05	0.10	0.20	0.25	0.30	0.30	0.30	0.35	0.35	0.40	0.45	0.45	0.45
	10	−0.15	0.15	0.25	0.30	0.35	0.35	0.40	0.40	0.40	0.40	0.45	0.45	0.50	0.50
	9	0.00	0.25	0.30	0.35	0.40	0.40	0.40	0.45	0.45	0.45	0.45	0.50	0.50	0.50
	8	0.10	0.30	0.35	0.40	0.40	0.45	0.45	0.45	0.45	0.45	0.50	0.50	0.50	0.50
	7	0.20	0.35	0.40	0.45	0.45	0.45	0.45	0.45	0.45	0.45	0.50	0.50	0.50	0.50
	6	0.25	0.35	0.40	0.45	0.45	0.45	0.45	0.45	0.45	0.45	0.50	0.50	0.50	0.50
	5	0.35	0.40	0.40	0.45	0.45	0.45	0.45	0.45	0.45	0.50	0.50	0.50	0.50	0.50
	4	0.40	0.45	0.45	0.45	0.45	0.45	0.45	0.50	0.50	0.50	0.50	0.50	0.50	0.50
	3	0.55	0.50	0.50	0.50	0.50	0.50	0.50	0.50	0.50	0.50	0.50	0.50	0.50	0.50
	2	0.80	0.65	0.60	0.55	0.55	0.50	0.50	0.50	0.50	0.50	0.50	0.50	0.50	0.50
	1	0.30	1.00	0.85	0.80	0.75	0.70	0.70	0.65	0.65	0.65	0.60	0.55	0.55	0.55

续附表 2-17-1

n	m	K(或K′)													
		0.1	0.2	0.3	0.4	0.5	0.6	0.7	0.8	0.9	1.0	2.0	3.0	4.0	5.0
12以上	↓ 1	−0.40	−0.05	0.10	0.20	0.25	0.30	0.30	0.30	0.35	0.35	0.40	0.45	0.45	0.45
	2	−0.15	0.15	0.25	0.30	0.35	0.35	0.40	0.40	0.40	0.40	0.45	0.45	0.50	0.50
	3	0.00	0.25	0.30	0.35	0.40	0.40	0.40	0.45	0.45	0.45	0.50	0.50	0.50	0.50
	4	0.10	0.30	0.35	0.40	0.40	0.45	0.45	0.45	0.45	0.45	0.50	0.50	0.50	0.50
	5	0.20	0.35	0.40	0.40	0.45	0.45	0.45	0.45	0.45	0.45	0.50	0.50	0.50	0.50
	6	0.25	0.35	0.40	0.45	0.45	0.45	0.45	0.45	0.45	0.45	0.50	0.50	0.50	0.50
	7	0.30	0.40	0.40	0.45	0.45	0.45	0.45	0.45	0.50	0.50	0.50	0.50	0.50	0.50
	8	0.35	0.40	0.45	0.45	0.45	0.45	0.45	0.50	0.50	0.50	0.50	0.50	0.50	0.50
	中间	0.40	0.40	0.45	0.45	0.45	0.45	0.50	0.50	0.50	0.50	0.50	0.50	0.50	0.50
	4	0.45	0.45	0.45	0.45	0.50	0.50	0.50	0.50	0.50	0.50	0.50	0.50	0.50	0.50
	3	0.60	0.50	0.50	0.50	0.50	0.50	0.50	0.50	0.50	0.50	0.50	0.50	0.50	0.50
	2	0.80	0.65	0.60	0.55	0.55	0.50	0.50	0.50	0.50	0.50	0.50	0.50	0.50	0.50
	↑ 1	1.30	1.00	0.85	0.88	0.75	0.70	0.70	0.65	0.65	0.65	0.55	0.55	0.55	0.55

注:1. 对框架，$K=\dfrac{i_{b1}+i_{b2}+i_{b3}+i_{b4}}{2i_c}$;对壁式框架,$K'=\dfrac{i'_{b1}+i'_{b2}+i'_{b3}+i'_{b4}}{2i'_c}\zeta^2$,$\zeta=H_\infty/H_c$。

2. n 为框架或壁式框架的总层数;m 为柱所在层数(自下至上计算)。

附表 2-17-2　规则框架和壁式框架承受倒三角形分布水平力作用时标准反弯点的高度比 y_0 值

n	m	K(或K')													
		0.1	0.2	0.3	0.4	0.5	0.6	0.7	0.8	0.9	1.0	2.0	3.0	4.0	5.0
1	1	0.80	0.75	0.70	0.65	0.65	0.60	0.60	0.60	0.60	0.55	0.55	0.55	0.55	0.55
2	2	0.50	0.45	0.40	0.40	0.40	0.40	0.40	0.40	0.40	0.45	0.45	0.45	0.45	0.50
	1	1.00	0.85	0.75	0.70	0.70	0.65	0.65	0.65	0.60	0.60	0.55	0.55	0.55	0.55
3	3	0.25	0.25	0.25	0.30	0.30	0.35	0.35	0.35	0.40	0.40	0.45	0.45	0.45	0.50
	2	0.60	0.50	0.50	0.50	0.50	0.45	0.45	0.45	0.45	0.45	0.50	0.50	0.50	0.50
	1	1.15	0.90	0.80	0.75	0.75	0.70	0.70	0.65	0.65	0.65	0.60	0.55	0.55	0.55
4	4	0.10	0.15	0.20	0.25	0.30	0.30	0.35	0.35	0.35	0.40	0.45	0.45	0.45	0.45
	3	0.35	0.35	0.35	0.40	0.40	0.40	0.40	0.45	0.45	0.45	0.45	0.50	0.50	0.50
	2	0.70	0.60	0.55	0.50	0.50	0.50	0.50	0.50	0.50	0.50	0.50	0.50	0.50	0.50
	1	1.20	0.95	0.85	0.80	0.75	0.70	0.70	0.70	0.65	0.65	0.55	0.55	0.55	0.55
5	5	−0.05	0.10	0.20	0.25	0.30	0.30	0.35	0.35	0.35	0.35	0.40	0.45	0.45	0.45
	4	0.20	0.25	0.35	0.35	0.40	0.40	0.40	0.40	0.40	0.45	0.45	0.50	0.50	0.50
	3	0.45	0.40	0.45	0.45	0.45	0.45	0.45	0.45	0.45	0.45	0.50	0.50	0.50	0.50
	2	0.75	0.60	0.55	0.55	0.50	0.50	0.50	0.50	0.50	0.50	0.50	0.50	0.50	0.50
	1	1.30	1.00	0.85	0.80	0.75	0.70	0.70	0.65	0.65	0.65	0.65	0.55	0.55	0.55
6	6	−0.15	0.05	0.15	0.20	0.25	0.30	0.30	0.35	0.35	0.35	0.40	0.45	0.45	0.45
	5	0.10	0.25	0.30	0.35	0.35	0.40	0.40	0.40	0.45	0.45	0.45	0.50	0.50	0.50
	4	0.30	0.35	0.40	0.40	0.45	0.45	0.45	0.45	0.45	0.45	0.50	0.50	0.50	0.50
	3	0.50	0.45	0.45	0.45	0.45	0.45	0.45	0.45	0.45	0.50	0.50	0.50	0.50	0.50
	2	0.80	0.65	0.55	0.55	0.55	0.55	0.50	0.50	0.50	0.50	0.50	0.50	0.50	0.50
	1	1.30	1.00	0.85	0.80	0.75	0.70	0.70	0.65	0.65	0.65	0.60	0.55	0.55	0.55

续附表 2-17-2

n	m	K(或 K')													
		0.1	0.2	0.3	0.4	0.5	0.6	0.7	0.8	0.9	1.0	2.0	3.0	4.0	5.0
7	7	−0.20	0.05	0.15	0.20	0.25	0.30	0.30	0.35	0.35	0.35	0.45	0.45	0.45	0.45
	6	0.05	0.20	0.30	0.35	0.35	0.40	0.40	0.40	0.40	0.45	0.45	0.50	0.50	0.50
	5	0.20	0.30	0.35	0.40	0.40	0.45	0.45	0.45	0.45	0.45	0.50	0.50	0.50	0.50
	4	0.35	0.40	0.40	0.45	0.45	0.45	0.45	0.45	0.45	0.45	0.50	0.50	0.50	0.50
	3	0.55	0.50	0.50	0.50	0.50	0.50	0.50	0.50	0.50	0.50	0.50	0.50	0.50	0.50
	2	0.80	0.65	0.60	0.55	0.55	0.50	0.50	0.50	0.50	0.50	0.50	0.50	0.50	0.50
	1	1.30	1.00	0.90	0.80	0.75	0.70	0.70	0.70	0.65	0.65	0.60	0.55	0.55	0.55
8	8	−0.20	0.50	0.15	0.20	0.25	0.30	0.30	0.35	0.35	0.35	0.45	0.45	0.45	0.45
	7	0.00	0.20	0.30	0.35	0.35	0.40	0.40	0.40	0.40	0.45	0.45	0.50	0.50	0.50
	6	0.15	0.30	0.35	0.40	0.40	0.45	0.45	0.45	0.45	0.45	0.50	0.50	0.50	0.50
	5	0.30	0.45	0.40	0.45	0.45	0.45	0.45	0.45	0.45	0.45	0.50	0.50	0.50	0.50
	4	0.40	0.45	0.45	0.45	0.45	0.45	0.45	0.50	0.50	0.50	0.50	0.50	0.50	0.50
	3	0.60	0.50	0.50	0.50	0.50	0.50	0.50	0.50	0.50	0.50	0.50	0.50	0.50	0.50
	2	0.85	0.65	0.60	0.55	0.55	0.55	0.50	0.50	0.50	0.50	0.50	0.50	0.50	0.50
	1	1.30	1.00	0.90	0.80	0.75	0.70	0.70	0.70	0.65	0.65	0.60	0.55	0.55	0.55

附表 2-17-3　上下层横梁线刚度比对 y_0 的修正值 y_1

I(或 I')	K(或 K')													
	0.1	0.2	0.3	0.4	0.5	0.6	0.7	0.8	0.9	1.0	2.0	3.0	4.0	5.0
0.4	0.55	0.40	0.30	0.25	0.20	0.20	0.20	0.15	0.15	0.15	0.05	0.05	0.05	0.05
0.5	0.45	0.30	0.20	0.20	0.15	0.15	0.15	0.10	0.10	0.10	0.05	0.05	0.05	0.05
0.6	0.30	0.20	0.15	0.15	0.10	0.10	0.10	0.10	0.05	0.05	0.05	0.05	0	0
0.7	0.20	0.15	0.10	0.10	0.10	0.10	0.05	0.05	0.05	0.05	0.05	0	0	0
0.8	0.15	0.10	0.05	0.05	0.05	0.05	0.05	0.05	0.05	0	0	0	0	0
0.9	0.05	0.05	0.05	0.05	0	0	0	0	0	0	0	0	0	0

注:1. 对框架,$I=\dfrac{i_1+i_2}{i_3+i_4}$,当 $i_1+i_2>i_3+i_4$ 时,则 I 取倒数,即 $I=\dfrac{i_3+i_4}{i_1+i_2}$,并且 y_1 值取负号“—”。

2. 对壁式框架,$I'=\dfrac{i'_1+i'_2}{i'_3+i'_4}$,当 $i'_1+i'_2>i'_3+i'_4$ 时,则 I' 取倒数,即 $I'=\dfrac{i'_3+i'_4}{i'_1+i'_2}$,并且 y_1 值取负号“—”。

附表 2-17-4　上下层高变化对 y_0 的修正值 y_2 和 y_3

α_2	α_3	K(或 K')													
		0.1	0.2	0.3	0.4	0.5	0.6	0.7	0.8	0.9	1.0	2.0	3.0	4.0	5.0
2.0		0.25	0.15	0.15	0.10	0.10	0.10	0.10	0.10	0.05	0.05	0.05	0.05	0.0	0.0
1.8		0.20	0.15	0.10	0.10	0.10	0.05	0.05	0.05	0.05	0.05	0.05	0.0	0.0	0.0
1.6	0.4	0.15	0.10	0.10	0.05	0.05	0.05	0.05	0.05	0.05	0.05	0.0	0.0	0.0	0.0
1.4	0.6	0.10	0.05	0.05	0.05	0.05	0.05	0.05	0.05	0.05	0.0	0.0	0.0	0.0	0.0
1.2	0.8	0.05	0.05	0.05	0.0	0.0	0.0	0.0	0.0	0.0	0.0	0.0	0.0	0.0	0.0
1.0	1.0	0.0	0.0	0.0	0.0	0.0	0.0	0.0	0.0	0.0	0.0	0.0	0.0	0.0	0.0

续附表 2-17-4

α_2	α_3	K(或 K′)													
		0.1	0.2	0.3	0.4	0.5	0.6	0.7	0.8	0.9	1.0	2.0	3.0	4.0	5.0
0.8	1.2	−0.05	−0.05	−0.05	0.0	0.0	0.0	0.0	0.0	0.0	0.0	0.0	0.0	0.0	0.0
0.6	1.4	−0.10	−0.05	−0.05	−0.05	−0.05	−0.05	−0.05	−0.05	−0.05	0.0	0.0	0.0	0.0	0.0
0.4	1.6	−0.15	−0.10	−0.10	−0.05	−0.05	−0.05	−0.05	−0.05	−0.05	−0.05	0.0	0.0	0.0	0.0
	1.8	−0.20	−0.15	−0.10	−0.10	−0.10	−0.05	−0.05	−0.05	−0.05	−0.05	−0.05	0.0	0.0	0.0
	2.0	−0.25	−0.15	−0.15	−0.10	−0.10	−0.10	−0.10	−0.10	−0.05	−0.05	−0.05	−0.05	0.0	0.0

注：1. y_2——按照 K 及 α_2 或按照 K' 及 α_2 求得，上层较高时取正值。

2. y_3——按照 K 及 α_3 或按照 K' 及 α_3 求得。

附录 3

附表 3-1　烧结普通砖和烧结多孔砖砌体的抗压强度设计值 f(MPa)

砖强度等级	砂浆强度等级					砂浆强度
	M15	M10	M7.5	M5	M2.5	0
MU30	3.94	3.27	2.93	2.59	1.26	1.15
MU25	3.60	2.98	2.68	2.37	2.06	1.05
MU20	3.22	2.67	2.39	2.12	1.84	0.94
MU15	2.79	2.31	2.07	1.83	1.60	0.82
MU10	—	1.89	1.69	1.50	1.30	0.67

注：当烧结多孔砖的孔洞率大于 30%时，表中数值应乘以 0.9。

附表 3-2　混凝土普通砖和混凝土多孔砖砌体的抗压强度设计值 f(MPa)

砖强度等级	砂浆强度等级					砂浆强度
	Mb20	Mb15	Mb10	Mb7.5	Mb5	0
MU30	4.61	3.94	3.27	2.93	2.59	1.15
MU25	4.21	3.60	2.98	2.68	2.37	1.05
MU20	3.77	3.22	2.67	2.39	2.12	0.94
MU15	—	2.79	2.31	2.07	1.83	0.82

附表 3-3　蒸压灰砂普通砖和蒸压粉煤灰普通砖砌体的抗压强度设计值 f(MPa)

砖强度等级	砂浆强度等级				砂浆强度
	M15	M10	M7.5	M5	0
MU25	3.60	2.98	2.68	2.37	1.05
MU20	3.22	2.67	2.39	2.12	0.94
MU15	2.79	2.31	2.07	1.83	0.82

注：当采用专用砂浆砌筑时，其抗压强度设计值按表中数值采用。

附表 3-4　单排孔混凝土砌块和轻骨料混凝土砌块对孔砌筑砌体的抗压强度设计值 f(MPa)

砖块强度等级	砂浆强度等级				砂浆强度
	Mb15	Mb10	Mb7.5	Mb5	0
MU20	5.68	4.95	4.44	3.94	2.33
MU15	4.61	4.02	3.61	3.20	1.89
MU10	—	2.79	2.50	2.22	1.31
MU7.5	—	—	1.93	1.71	1.01
MU5	—	—	—	1.19	0.70

注：1. 对错孔砌筑的砌体，应按表中数值乘以 0.8。
2. 对独立柱或厚度为双排组砌的砌块砌体，应按表中数值乘以 0.7。
3. 对 T 形截面砌体，应按表中数值乘以 0.85。
4. 表中轻骨料混凝土砌体为煤矸石和水泥煤渣混凝土砌块。

附表 3-5 双排孔或多排孔轻骨料混凝土砌块砌体的抗压强度设计值 f(MPa)

砌块强度等级	砂浆强度等级			砂浆强度
	Mb10	Mb7.5	Mb5	0
MU10	3.08	2.76	2.45	1.44
MU7.5	—	2.13	1.88	1.12
MU5	—	—	1.31	0.78

注:1. 表中的砌块为火山渣、浮石和陶粒轻骨料混凝土砌块。
2. 对厚度方向为双排组砌的轻骨料混凝土砌块砌体的抗压强度设计值,应按表中数值乘以 0.8。

附表 3-6 块体高度为 180～350 mm 的毛料石砌体的抗压强度设计值 f(MPa)

石材强度等级	砂浆强度等级			砂浆强度
	M7.5	M5	M2.5	0
MU100	5.42	4.80	4.18	2.13
MU80	4.85	4.29	3.73	1.91
MU60	4.20	3.71	3.23	1.65
MU50	3.83	3.39	2.95	1.51
MU40	3.43	3.04	2.64	1.35
MU30	2.97	2.63	2.29	1.17
MU20	2.42	1.15	1.87	0.95

注:对细料石砌体、粗料石砌体和干砌勾缝石砌体,表中数值应分别乘以调整系数 1.4、1.2 和 1.8。

附表 3-7 毛石砌体的抗压强度设计值 f(MPa)

石材强度等级	砂浆强度等级			砂浆强度
	M7.5	M5	M2.5	0
MU100	1.27	1.12	0.98	0.34
MU80	1.13	1.00	0.87	0.30
MU60	0.98	0.87	0.76	0.26
MU50	0.90	0.80	0.69	0.23
MU40	0.80	0.71	0.62	0.21
MU30	0.69	0.61	0.53	0.18
MU20	0.56	0.51	0.44	0.15

附表 3-8　沿砌体灰缝截面破坏时砌体的轴心抗拉强度设计值、弯曲抗拉强度设计值和抗剪强度设计值

（MPa）

强度类别	破坏特征	砌体种类	砂浆强度等级			
			≥M10	M7.5	M5	M2.5
轴心抗拉	沿齿缝	烧结普通砖、烧结多孔砖	0.19	0.16	0.13	0.09
		混凝土普通砖、混凝土多孔砖	0.19	0.16	0.13	—
		蒸压灰砂普通砖、蒸压粉煤灰普通砖	0.12	0.10	0.08	—
		混凝土和轻集料混凝土砌块	0.09	0.08	0.07	—
		毛石	—	0.07	0.06	0.04
弯曲抗拉	沿齿缝	烧结普通砖、烧结多孔砖	0.33	0.29	0.23	0.17
		混凝土普通砖、混凝土多孔砖	0.33	0.29	0.23	—
		蒸压灰砂普通砖、蒸压粉煤灰普通砖	0.24	0.20	0.16	—
		混凝土和轻集料混凝土砌块	0.11	0.09	0.08	—
		毛石	—	0.11	0.09	0.07
	沿通缝	烧结普通砖、烧结多孔砖	0.17	0.14	0.11	0.08
		混凝土普通砖、混凝土多孔砖	0.17	0.14	0.11	—
		蒸压灰砂普通砖、蒸压粉煤灰普通砖	0.12	0.10	0.08	—
		混凝土和轻集料混凝土砌块	0.08	0.06	0.05	
抗剪		烧结普通砖、烧结多孔砖	0.17	0.14	0.11	0.08
		混凝土普通砖、混凝土多孔砖	0.17	0.14	0.11	—
		蒸压灰砂普通砖、蒸压粉煤灰普通砖	0.12	0.10	0.08	—
		混凝土和轻集料混凝土砌块	0.09	0.08	0.06	—
		毛石	—	0.19	0.16	0.11

注：1. 对于用形状规则的块体砌筑的砌体，当搭接长度与块体高度的比值小于 1 时，其轴心抗拉强度设计值 f_t 和弯曲抗拉强度设计值 f_{tm} 应按表中数值乘以搭接长度与块体高度比值后采用。

2. 表中数值是依据普通砂浆砌筑的砌体确定，采用经研究性试验且通过技术鉴定的专用砂浆砌筑的蒸压灰砂普通砖、蒸压粉煤灰普通砖砌体，其抗剪强度设计值按相应普通砂浆强度等级砌筑的烧结普通砖砌体采用。

3. 对混凝土普通砖、混凝土和轻集料混凝土砌块砌体，表中的砂浆强度等级分别为≥Mb10、Mb7.5 及 Mb5。

附表 3-9　影响系数 φ（砂浆强度等级≥M5）

β	$\frac{e}{h}$ 或 $\frac{e}{h_T}$												
	0	0.025	0.05	0.075	0.1	0.125	0.15	0.175	0.2	0.225	0.25	0.275	0.3
≤3	1	0.99	0.97	0.94	0.89	0.84	0.79	0.73	0.68	0.62	0.57	0.52	0.48
4	0.98	0.95	0.90	0.85	0.80	0.74	0.69	0.64	0.58	0.53	0.49	0.45	0.41
6	0.95	0.91	0.86	0.81	0.75	0.69	0.64	0.59	0.54	0.49	0.45	0.42	0.38
8	0.91	0.86	0.81	0.76	0.70	0.64	0.59	0.54	0.50	0.46	0.42	0.39	0.36
10	0.87	0.82	0.76	0.71	0.65	0.60	0.55	0.50	0.46	0.42	0.39	0.36	0.33

续附表 3-9

β	$\frac{e}{h}$或$\frac{e}{h_T}$												
	0	0.025	0.05	0.075	0.1	0.125	0.15	0.175	0.2	0.225	0.25	0.275	0.3
12	0.82	0.77	0.71	0.66	0.60	0.55	0.51	0.47	0.43	0.39	0.36	0.33	0.31
14	0.77	0.72	0.66	0.61	0.56	0.51	0.47	0.43	0.40	0.36	0.34	0.31	0.29
16	0.72	0.67	0.61	0.56	0.52	0.47	0.44	0.40	0.37	0.34	0.31	0.29	0.27
18	0.67	0.62	0.57	0.52	0.48	0.44	0.40	0.37	0.34	0.31	0.29	0.27	0.25
20	0.62	0.57	0.53	0.48	0.44	0.40	0.37	0.34	0.32	0.29	0.27	0.25	0.23
22	0.58	0.53	0.49	0.45	0.41	0.38	0.35	0.32	0.30	0.27	0.26	0.24	0.22
24	0.54	0.49	0.45	0.41	0.38	0.35	0.32	0.30	0.28	0.26	0.24	0.22	0.21
26	0.50	0.46	0.42	0.38	0.35	0.33	0.30	0.28	0.26	0.24	0.22	0.21	0.19
28	0.46	0.42	0.39	0.36	0.33	0.30	0.28	0.26	0.24	0.22	0.21	0.19	0.18
30	0.42	0.39	0.36	0.33	0.31	0.28	0.26	0.24	0.22	0.21	0.20	0.18	0.17

附表 3-10　影响系数 φ(砂浆强度等级 M2.5)

β	$\frac{e}{h}$或$\frac{e}{h_T}$												
	0	0.025	0.05	0.075	0.1	0.125	0.15	0.175	0.2	0.225	0.25	0.275	0.3
≤3	1	0.99	0.97	0.94	0.89	0.84	0.79	0.73	0.68	0.62	0.57	0.52	0.48
4	0.97	0.94	0.89	0.84	0.78	0.73	0.67	0.62	0.57	0.52	0.48	0.44	0.40
6	0.93	0.89	0.84	0.78	0.73	0.67	0.62	0.57	0.52	0.48	0.44	0.40	0.37
8	0.89	0.84	0.78	0.72	0.67	0.62	0.57	0.52	0.48	0.44	0.40	0.37	0.34
10	0.83	0.78	0.72	0.67	0.61	0.56	0.52	0.47	0.43	0.40	0.37	0.34	0.31
12	0.78	0.72	0.67	0.61	0.56	0.52	0.47	0.47	0.40	0.37	0.34	0.31	0.29
14	0.72	0.66	0.61	0.56	0.51	0.47	0.43	0.43	0.36	0.34	0.31	0.29	0.27
16	0.66	0.61	0.56	0.51	0.47	0.43	0.40	0.40	0.34	0.31	0.29	0.26	0.25
18	0.61	0.56	0.51	0.47	0.43	0.40	0.36	0.37	0.31	0.29	0.26	0.24	0.23
20	0.56	0.51	0.47	0.43	0.39	0.36	0.33	0.34	0.28	0.26	0.24	0.23	0.21
22	0.51	0.47	0.43	0.39	0.36	0.33	0.31	0.32	0.26	0.24	0.23	0.21	0.20
24	0.46	0.43	0.39	0.36	0.33	0.31	0.28	0.30	0.24	0.23	0.21	0.20	0.18
26	0.42	0.39	0.36	0.33	0.31	0.28	0.26	0.28	0.22	0.21	0.20	0.18	0.17
28	0.39	0.36	0.33	0.30	0.28	0.26	0.24	0.26	0.21	0.20	0.18	0.17	0.16
30	0.36	0.33	0.30	0.28	0.26	0.24	0.22	0.24	0.20	0.18	0.17	0.16	0.15

附表 3-11　影响系数 φ(砂浆强度等级 0)

β	$\frac{e}{h}$或$\frac{e}{h_T}$												
	0	0.025	0.05	0.075	0.1	0.125	0.15	0.175	0.2	0.225	0.25	0.275	0.3
≤3	1	0.99	0.97	0.94	0.89	0.84	0.79	0.73	0.68	0.62	0.57	0.52	0.48
4	0.87	0.82	0.77	0.71	0.66	0.60	0.55	0.51	0.46	0.43	0.39	0.36	0.33
6	0.76	0.70	0.65	0.59	0.54	0.50	0.46	0.42	0.39	0.36	0.33	0.30	0.28
8	0.63	0.58	0.54	0.49	0.45	0.41	0.38	0.35	0.32	0.30	0.28	0.25	0.24
10	0.53	0.48	0.44	0.41	0.37	0.34	0.32	0.29	0.27	0.25	0.23	0.22	0.20
12	0.44	0.40	0.37	0.34	0.31	0.29	0.27	0.25	0.23	0.21	0.20	0.19	0.17
14	0.36	0.33	0.31	0.28	0.26	0.24	0.23	0.21	0.20	0.18	0.17	0.16	0.15
16	0.30	0.28	0.26	0.24	0.22	0.21	0.19	0.18	0.17	0.16	0.15	0.14	0.13
18	0.26	0.24	0.22	0.21	0.19	0.18	0.17	0.16	0.15	0.14	0.13	0.12	0.12
20	0.22	0.20	0.19	0.18	0.17	0.16	0.15	0.14	0.13	0.12	0.12	0.11	0.10
22	0.19	0.18	0.16	0.15	0.14	0.14	0.13	0.12	0.12	0.11	0.10	0.10	0.09
24	0.16	0.15	0.14	0.13	0.12	0.12	0.11	0.11	0.10	0.10	0.09	0.09	0.08
26	0.14	0.13	0.13	0.12	0.11	0.11	0.10	0.10	0.09	0.09	0.08	0.08	0.07
28	0.12	0.12	0.11	0.11	0.10	0.10	0.09	0.09	0.08	0.08	0.08	0.07	0.07
30	0.11	0.10	0.10	0.09	0.09	0.09	0.08	0.08	0.07	0.07	0.07	0.07	0.06

附录 4

附表 4-1　热轧 H 型钢规格及截面特性(按 GB/T 11263—2017)

说明:H——高度　　　t_2——翼缘厚度

B——宽度　　　r——圆角半径

t_1——腹板厚度

类别	型号(高度×宽度)(mm×mm)	截面尺寸(mm)					截面面积(cm^2)	理论重量(kg/m)	表面积(m^2/m)	惯性矩(cm^4)		惯性半径(cm)		截面模量(cm^3)	
		H	B	t_1	t_2	r				I_x	I_y	i_x	i_y	W_x	W_y
HW	100×100	100	100	6	8	8	21.58	16.9	0.574	378	134	4.18	2.48	75.6	26.7
	125×125	125	125	6.5	9	8	30.00	23.6	0.723	839	293	5.28	3.12	134	46.9
	150×150	150	150	7	10	8	39.64	31.1	0.872	1 620	563	6.39	3.76	216	75.1
	175×175	175	175	7.5	11	13	51.42	40.4	1.01	2 900	984	7.50	4.37	331	112
	200×200	200	200	8	12	13	63.53	49.9	1.16	4 720	1 600	8.61	5.02	472	160
		*200	204	12	12	13	71.53	56.2	1.17	4 980	1 700	8.34	4.87	498	167
	250×250	*244	252	11	11	13	81.31	63.8	1.45	8 700	2 940	10.3	6.01	713	233
		250	250	9	14	13	91.43	71.8	1.46	10 700	3 650	10.8	6.31	860	292
		*250	255	14	14	13	103.9	81.6	1.47	11 400	3 880	10.5	6.10	912	304
	300×300	*294	302	12	12	13	106.3	83.5	1.75	16 600	5 510	12.5	7.20	1 130	365
		300	300	10	15	13	118.5	93.0	1.76	20 200	6 750	13.1	7.55	1 350	450
		*300	305	15	15	13	133.5	105	1.77	21 300	7 100	12.6	7.29	1 420	466
	350×350	*338	351	13	13	13	133.3	105	2.03	27 700	9 380	14.4	8.38	1 640	534
		*344	348	10	16	13	144.0	113	2.04	32 800	11 200	15.1	8.83	1 910	646
		*344	354	16	16	13	164.7	129	2.05	34 900	11 800	14.6	8.48	2 030	669
		350	350	12	19	13	171.9	135	2.05	39 800	13 600	15.2	8.88	2 280	776
		*350	357	19	19	13	196.4	154	2.07	42 300	14 400	14.7	8.57	2 420	808
	400×400	*388	402	15	15	22	178.5	140	2.32	49 000	16 300	16.6	9.54	2 520	809
		*394	398	11	18	22	186.8	147	2.32	56 100	18 900	17.3	10.1	2 850	951
		*394	405	18	18	22	314.4	168	2.33	59 700	20 000	16.7	9.64	3 030	985
		400	400	13	21	22	218.7	172	2.34	66 600	22 400	17.5	10.1	3 330	1 120
		*400	408	21	21	22	250.7	197	2.35	70 900	23 800	16.8	9.74	3 540	1 170
		*414	405	18	28	22	295.4	232	2.37	92 800	31 000	17.7	10.2	4 480	1 530
		*428	407	20	35	22	360.7	283	2.41	119 000	39 400	18.2	10.4	5 570	1 930
		*458	417	30	50	22	528.6	415	2.49	187 000	60 500	18.8	10.7	8 170	2 900
		*498	432	45	70	22	770.1	604	2.60	298 000	94 400	19.7	11.1	12 000	4 370

续附表 4-1

类别	型号(高度×宽度)(mm×mm)	截面尺寸(mm)					截面面积(cm^2)	理论重量(kg/m)	表面积(m^2/m)	惯性矩(cm^4)		惯性半径(cm)		截面模量(cm^3)	
		H	B	t_1	t_2	r				I_x	I_y	i_x	i_y	W_x	W_y
HW	500×500	*492	465	15	20	22	258.0	202	2.78	117 000	33 500	21.3	11.4	4 770	1 440
		*502	465	15	25	22	304.5	239	2.80	146 000	41 900	21.9	11.7	5 810	1 800
		*502	470	20	25	22	329.6	259	2.81	151 000	43 300	21.4	11.5	6 020	1 840
HM	150×100	148	100	6	9	8	26.34	20.7	0.670	1 000	150	6.16	2.38	135	30.1
	200×150	194	150	6	9	8	38.10	29.9	0.962	2 630	507	8.30	3.64	271	67.6
	250×175	244	175	7	11	13	55.49	43.6	1.15	6 040	984	10.4	4.21	495	112
	300×200	294	200	8	12	13	71.05	55.8	1.35	11 100	1 600	12.5	4.74	756	160
		*298	201	9	14	13	82.03	64.4	1.36	13 100	1 900	12.6	4.80	878	189
	350×250	340	250	9	14	13	99.53	78.1	1.64	21 200	3 650	14.6	6.05	1 250	292
	400×300	390	300	10	16	13	133.3	105	1.94	37 900	7 200	16.9	7.35	1 940	480
	450×300	440	300	11	18	13	153.9	121	2.04	54 700	8 110	18.9	7.25	2 490	540
	500×300	*482	300	11	15	13	141.2	111	2.12	58 300	6 760	20.3	6.91	2 420	450
		488	300	11	18	13	159.2	125	2.13	68 900	8 110	20.8	7.13	2 820	540
	550×300	*544	300	11	15	13	148.0	116	2.24	76 400	6 760	22.7	6.75	2 810	450
		*550	300	11	18	13	166.0	130	2.26	89 800	8 110	23.3	6.98	3 270	540
	600×300	*582	300	12	17	13	169.2	133	2.32	98 900	7 660	24.2	6.72	3 400	511
		588	300	12	20	13	187.2	147	2.33	114 000	9 010	24.7	6.93	3 890	601
		*594	302	14	23	13	217.1	170	2.35	134 000	10 600	24.8	6.97	4 500	700
HN	*100×50	100	50	5	7	8	11.84	9.30	0.376	187	14.8	3.97	1.11	37.5	5.91
	*125×60	125	60	6	8	8	16.68	13.1	0.464	409	29.1	4.95	1.32	65.4	9.71
	150×75	150	75	5	7	8	17.84	14.0	0.576	666	49.5	6.10	1.66	88.8	13.2
	175×90	175	90	5	8	8	22.89	18.0	0.686	1 210	97.5	7.25	2.06	138	21.7
	200×100	*198	99	4.5	7	8	22.68	17.8	0.769	1 540	113	8.24	2.23	156	22.9
		200	100	5.5	8	8	26.66	20.9	0.775	1 810	134	8.22	2.23	181	26.7
	250×125	*248	124	5	8	8	31.98	25.1	0.968	3 450	255	10.4	2.82	278	41.1
		250	125	6	9	8	36.96	29.0	0.974	3 960	294	10.4	2.81	317	47.0
	300×150	*298	149	5.5	8	13	40.80	32.0	1.16	6 320	442	12.4	3.29	424	59.3
		300	150	6.5	9	13	46.78	36.7	1.16	7 210	508	12.4	3.29	481	67.7
	350×175	*346	174	6	9	13	52.45	41.2	1.35	11 000	791	14.5	3.88	638	91.0
		350	175	7	11	13	62.91	49.4	1.36	13 500	984	14.6	3.95	771	112
	400×150	400	150	8	13	13	70.37	55.2	1.36	18 600	734	16.3	3.22	929	97.8

续附表 4-1

类别	型号(高度×宽度)(mm×mm)	截面尺寸(mm)					截面面积(cm^2)	理论重量(kg/m)	表面积(m^2/m)	惯性矩(cm^4)		惯性半径(cm)		截面模量(cm^3)	
		H	B	t_1	t_2	r				I_x	I_y	i_x	i_y	W_x	W_y
HN	400×200	*396	190	7	11	13	71.41	56.1	1.55	19 800	1 450	16.6	4.50	999	145
		400	200	8	13	13	83.37	65.4	1.56	23 500	1 740	16.8	4.56	1 170	174
	450×150	*446	150	7	12	13	66.99	52.6	1.46	22 000	677	18.1	3.17	985	90.3
		450	151	8	14	13	77.49	60.8	1.47	25 700	806	18.2	3.22	1 140	107
	450×200	*446	199	8	12	13	82.97	65.1	1.65	28 100	1 580	18.4	4.36	1 260	159
		450	200	9	14	13	95.43	74.9	1.66	32 900	1 870	18.6	4.42	1 460	187
	475×150	*470	150	7	13	13	71.53	56.2	1.50	26 200	733	19.1	3.20	1 110	97.8
		*475	151.5	8.5	15.5	13	86.15	67.6	1.52	31 700	901	19.2	3.23	1 330	119
		482	153.5	10.5	19	13	106.4	83.5	1.53	39 600	1 150	19.3	3.28	1 640	150
	500×150	*492	150	7	12	13	70.21	55.1	1.55	27 500	677	19.8	3.10	1 120	90.3
		*500	152	9	16	13	92.21	72.4	1.57	37 000	940	20.0	3.19	1 480	124
		504	153	10	18	13	103.3	81.1	1.58	41 900	1 080	20.1	3.23	1 660	141
	500×200	*496	199	9	14	13	99.29	77.9	1.75	40 800	1 840	20.3	4.30	1 650	185
		500	200	10	16	13	112.3	88.1	1.76	46 800	2 140	20.4	4.36	1 870	214
		*506	201	11	19	13	129.3	102	1.77	55 500	2 580	20.7	4.46	2 190	257
	550×200	*546	199	9	14	13	103.8	81.5	1.85	50 800	1 840	22.1	4.21	1 860	185
		550	200	10	16	13	117.3	92.0	1.86	58 200	2 140	22.3	4.27	2 210	214
	600×200	*596	199	10	15	13	117.8	92.4	1.95	66 600	1 980	23.8	4.09	2 240	199
		600	200	11	17	13	131.7	103	1.95	75 600	2 270	24.0	4.15	2 520	227
		*606	201	12	20	13	149.8	118	1.97	88 300	2 720	24.3	4.25	2 910	270
	625×200	*625	198.5	13.5	17.5	13	150.6	118	1.99	88 500	2 300	24.2	3.90	2 830	231
		630	200	15	20	13	170.0	133	2.01	101 000	2 690	24.4	3.97	3 220	268
		*638	202	17	24	13	198.7	156	2.03	122 000	3 320	24.8	4.09	3 820	329
	650×300	*646	299	12	18	18	183.6	144	2.43	131 000	8 030	26.7	6.61	4 080	537
		*650	300	13	20	18	202.1	159	2.44	146 000	9 010	26.9	6.67	4 500	601
		*654	301	14	22	18	220.6	173	2.45	161 000	10 000	27.4	6.81	4 930	666
	700×300	*692	300	13	20	18	207.5	163	2.53	168 000	9 020	28.5	6.59	4 870	601
		700	300	13	24	18	231.5	182	2.54	197 000	10 800	29.2	6.83	5 640	721
	750×300	*734	299	12	16	18	182.7	143	2.61	161 000	7 140	29.7	6.25	4 390	478
		*742	300	13	20	18	214.0	168	2.63	197 000	9 020	30.4	6.49	5 320	601
		*750	300	13	24	18	238.0	187	2.64	231 000	10 800	31.4	6.74	6 150	721
		*758	303	16	28	18	284.8	224	2.67	276 000	13 000	31.1	6.75	7 270	859

续附表 4-1

类别	型号（高度×宽度）（mm×mm）	截面尺寸（mm）					截面面积（cm^2）	理论重量（kg/m）	表面积（m^2/m）	惯性矩（cm^4）		惯性半径（cm）		截面模量（cm^3）	
		H	B	t_1	t_2	r				I_x	I_y	i_x	i_y	W_x	W_y
HN	800×300	*792	300	14	22	18	239.5	188	2.73	248 000	9 920	32.2	6.43	6 270	661
		800	300	14	26	18	263.5	207	2.74	286 000	11 700	33.0	6.66	7 160	781
	850×300	*834	298	14	19	18	227.5	179	2.80	251 000	8 400	33.2	6.07	6 020	564
		*842	299	15	23	18	259.7	204	2.82	298 000	10 300	33.9	6.28	7 080	687
		*850	300	16	27	18	292.1	229	2.84	346 000	12 200	34.4	6.45	8 140	812
		*858	301	17	31	18	324.7	255	2.86	395 000	14 100	34.9	6.59	9 210	939
	900×300	*890	299	15	23	18	266.9	210	2.92	339 000	10 300	35.6	6.20	7 610	687
		900	300	16	28	18	305.8	240	2.94	404 000	12 600	36.4	6.42	8 990	842
		*912	302	18	34	18	360.1	283	2.97	491 000	15 700	36.9	6.59	10 800	1 040
	1 000×300	*970	297	16	21	18	276.0	217	3.07	393 000	9 210	37.8	5.77	8 110	620
		*980	298	17	26	18	315.5	248	3.09	472 000	11 500	38.7	6.04	9 630	772
		*990	298	17	31	18	345.3	271	3.11	544 000	13 700	39.7	6.30	11 000	921
		*1 000	300	19	36	18	395.1	310	3.13	634 000	16 300	40.1	6.41	12 700	1 080
		*1 008	302	21	40	18	439.3	345	3.15	712 000	18 400	40.3	6.47	14 100	1 220

注：1. *表示的规格为非常用规格。

2. 表中同一型号的产品，其内侧尺寸高度一致。

3. 表中截面面积计算公式为：$t_1(H-2t_2)+2Bt_2+0.858\gamma^2$。

附表 4-2　部分 T 型钢规格及截面特性（按 GB/T 11263—2017）

说明：h——高度　　t_2——翼缘厚度

B——宽度　　r——圆角半径

t_1——腹板厚度　　C_x——重心

类别	型号（高度×宽度）(mm×mm)	截面尺寸(mm)					截面面积(cm²)	理论重量(kg/m)	表面积(m²/m)	惯性矩(cm⁴)		惯性半径(cm)		截面模量(cm³)		重心 C_x (cm)	对应H型钢系列型号
		h	B	t_1	t_2	r				I_x	I_y	i_x	i_y	W_x	W_y		
TW	50×100	50	100	6	8	8	10.79	8.47	0.293	16.7	66.8	1.22	2.48	4.02	13.4	1.00	100×100
	62.5×125	62.5	125	6.5	9	8	15.00	11.8	0.368	35.0	147	1.52	3.12	6.91	23.5	1.19	125×125
	75×150	75	150	7	10	8	19.82	15.6	0.443	66.4	282	1.82	3.76	10.8	37.5	1.37	150×150
	87.5×175	87.5	175	7.5	11	13	25.71	20.2	0.514	115	492	2.11	4.37	15.9	56.2	1.55	175×175
	100×200	100	200	8	12	13	31.76	24.9	0.589	184	801	2.40	5.02	22.3	80.1	1.73	200×200
		100	204	12	12	13	35.76	28.1	0.597	256	851	2.67	4.87	32.4	83.4	2.09	
	125×250	125	250	9	14	13	45.71	35.9	0.739	412	1 820	3.00	6.31	39.5	146	2.08	250×250
		125	255	14	14	13	51.96	40.8	0.749	589	1 940	3.36	6.10	59.4	152	2.58	
	150×300	147	302	12	12	13	53.16	41.7	0.887	857	2 760	4.01	7.20	72.3	183	2.85	300×300
		150	300	10	15	13	59.22	46.5	0.889	798	3 380	3.67	7.55	63.7	225	2.47	
		150	305	15	15	13	66.72	52.4	0.899	1 110	3 550	4.07	7.29	92.5	233	3.04	
	175×350	172	348	10	16	13	72.00	56.5	1.03	1 230	5 620	4.13	8.83	84.7	323	2.67	350×350
		175	350	12	19	13	85.94	67.5	1.04	1 520	6 790	4.20	8.88	104	388	2.87	
	200×400	194	402	15	15	22	89.22	70.0	1.17	2 480	8 130	5.27	9.54	158	404	3.70	400×400
		197	398	11	18	22	93.40	73.3	1.17	2 050	9 460	4.67	10.1	123	475	3.01	
		200	400	13	21	22	109.3	85.8	1.18	2 480	11 200	4.75	10.1	147	560	3.21	
		200	408	21	21	22	125.3	98.4	1.2	3 650	11 900	5.39	9.74	229	584	4.07	
		207	405	18	28	22	147.7	116	1.21	3 620	15 500	4.95	10.2	213	766	3.68	
		214	407	20	35	22	180.3	142	1.22	4 380	19 700	4.92	10.4	250	967	3.90	
TM	75×100	74	100	6	9	8	13.17	10.3	0.341	51.7	75.2	1.98	2.38	8.84	15.0	1.56	150×100
	100×150	97	150	6	9	8	19.05	15.0	0.487	124	253	2.55	3.64	15.8	33.8	1.80	200×150
	125×175	122	175	7	11	13	27.74	21.8	0.583	288	492	3.22	4.21	29.1	56.2	2.28	250×175
	150×200	147	200	8	12	13	35.52	27.9	0.683	571	801	4.00	4.74	48.2	80.1	2.85	300×200
		149	201	9	14	13	41.01	32.2	0.689	661	949	4.01	4.80	55.2	94.4	2.92	

续附表 4-2

类别	型号（高度×宽度）(mm×mm)	截面尺寸(mm)					截面面积(cm^2)	理论重量(kg/m)	表面积(m^2/m)	惯性矩(cm^4)		惯性半径(cm)		截面模量(cm^3)		重心 C_x (cm)	对应H型钢系列型号
		h	B	t_1	t_2	r				I_x	I_y	i_x	i_y	W_x	W_y		
TM	175×250	170	250	9	14	13	49.75	39.1	0.829	1 020	1 820	4.51	6.05	73.2	146	3.11	350×250
	200×300	195	300	10	16	13	66.62	52.3	0.979	1 730	3 600	5.09	7.35	108	240	3.43	400×300
	225×300	220	300	11	18	13	76.94	60.4	1.03	2 680	4 050	5.89	7.25	150	270	4.09	450×300
	250×300	241	300	11	15	13	70.58	55.4	1.07	3 400	3 380	6.93	6.91	178	225	5.00	500×300
		244	300	11	18	13	79.58	62.5	1.08	3 610	4 050	6.73	7.13	184	270	4.72	
	275×300	272	300	11	15	13	73.99	58.1	1.13	4 790	3 380	8.04	6.75	225	225	5.96	550×300
		275	300	11	18	13	82.99	65.2	1.14	5 090	4 050	7.82	6.98	232	270	5.59	
	300×300	291	300	12	17	13	84.60	66.4	1.17	6 320	3 830	8.64	6.72	280	255	6.51	600×300
		291	300	12	20	13	93.60	73.5	1.18	6 680	4 500	8.44	6.93	288	300	6.17	
		297	302	14	23	13	108.5	85.2	1.19	7 890	5 290	8.52	6.97	339	350	6.41	
TN	50×50	50	50	5	7	8	5.920	4.65	0.193	11.8	7.39	1.41	1.11	3.18	2.950	1.28	100×50
	62.5×60	62.5	60	6	8	8	8.340	6.55	0.238	27.5	14.6	1.81	1.32	5.96	4.85	1.64	125×60
	75×75	75	75	5	7	8	8.920	7.00	0.293	42.6	24.7	2.18	1.66	7.46	6.59	1.78	150×75
	87.5×90	85.5	89	4	6	8	8.790	6.90	0.342	53.7	35.3	2.47	2.00	8.02	7.94	1.85	175×90
		87.5	90	5	8	8	11.44	8.98	0.348	70.5	48.7	2.48	2.06	10.4	10.8	1.93	
	100×100	99	99	4.5	7	8	11.34	8.90	0.389	93.5	56.7	2.87	2.23	12.1	11.5	2.17	200×100
		100	100	5.5	8	8	13.33	10.5	0.393	114	66.9	2.92	2.23	14.8	13.4	2.31	
	125×125	124	124	5	8	8	15.99	12.6	0.489	207	127	3.59	2.82	21.3	20.5	2.66	250×125
		125	125	6	9	8	18.48	14.5	0.493	248	147	3.66	2.81	25.6	23.5	2.81	
	150×150	149	149	5.5	8	13	20.40	16.0	0.585	393	221	4.39	3.29	33.8	29.7	3.26	300×150
		150	150	6.5	9	13	23.39	18.4	0.589	464	254	4.45	3.29	40.0	33.8	3.41	
	175×175	173	174	6	9	13	26.22	20.6	0.683	679	396	5.08	3.88	50.0	45.5	3.72	350×175
		175	175	7	11	13	31.45	24.7	0.689	814	492	5.08	3.95	59.3	56.2	3.76	
	200×200	198	199	7	11	13	35.70	28.0	0.783	1 190	723	5.77	4.50	76.4	72.7	4.20	400×200
		200	200	8	13	13	41.68	32.7	0.789	1 390	868	5.78	4.55	88.6	86.8	4.26	
	225×150	223	150	7	12	13	33.49	26.3	0.735	1 570	338	6.84	3.17	93.7	45.1	5.54	450×150
		225	151	8	14	13	38.74	30.4	0.741	1 830	403	6.87	3.22	108	53.4	5.62	
	225×200	223	199	8	12	13	41.48	32.6	0.833	1 870	789	6.71	4.36	109	79.3	5.15	450×200
		225	220	9	14	13	47.71	37.5	0.839	2 150	935	6.71	4.42	124	93.5	5.19	

续附表 4-2

类别	型号（高度×宽度）(mm×mm)	截面尺寸 (mm)					截面面积 (cm²)	理论重量 (kg/m)	表面积 (m²/m)	惯性矩 (cm⁴)		惯性半径 (cm)		截面模量 (cm³)		重心 C_x (cm)	对应H型钢系列型号
		h	B	t_1	t_2	r				I_x	I_y	i_x	i_y	W_x	W_y		
TN	237.5×150	235	150	7	13	13	35.76	28.1	0.759	1 850	367	7.18	3.20	104	48.9	7.50	475×150
		237.5	151.5	8.5	15.5	13	43.07	33.8	0.767	2 270	451	7.25	3.23	128	59.5	7.57	
		241	153.5	10.5	19	13	53.20	41.8	0.778	2 850	575	7.33	3.28	160	75.0	7.67	
	250×150	246	150	7	12	13	35.10	27.6	0.781	2 060	339	7.66	3.10	113	45.1	6.36	500×150
		250	152	9	16	13	46.10	36.2	0.793	2 750	470	7.71	3.19	149	61.9	6.53	
		252	153	10	18	13	51.66	40.6	0.799	3 100	540	7.74	3.23	167	70.5	6.62	
	250×200	248	199	9	14	13	49.64	39.0	0.883	2 820	921	7.54	4.30	150	92.6	5.97	500×200
		250	200	10	16	13	56.12	44.1	0.889	3 200	1 070	7.54	4.36	169	107	6.03	
		253	201	11	19	13	64.65	50.8	0.897	3 660	1 290	7.52	4.46	189	128	6.00	
	275×200	273	199	9	14	13	51.89	40.7	0.933	3 690	921	8.43	4.21	180	92.5	6.85	550×200
		275	200	10	16	13	58.62	46.0	0.939	4 180	1 070	8.44	4.27	203	107	6.89	
	300×200	298	199	10	15	13	58.87	46.2	0.983	5 150	988	9.35	4.09	235	99.3	7.92	660×200
		300	200	11	17	13	65.85	51.7	0.989	5 770	1 140	9.35	4.15	262	114	7.95	
		303	201	12	20	13	74.88	58.8	0.997	6 530	1 360	9.33	4.25	291	135	7.88	
	312.5×200	312.5	198.5	13.5	17.5	13	75.28	59.1	1.01	7 460	1 150	9.95	3.90	338	116	9.15	625×200
		315	200	15	20	13	84.97	66.7	1.02	8 470	1 340	9.98	3.97	380	134	9.21	
		319	202	17	24	13	99.35	78.0	1.03	9 960	1 160	10.0	4.08	440	165	9.26	
	325×300	323	299	12	18	18	91.81	72.1	1.23	8 570	4 020	9.66	6.61	344	269	7.36	650×300
		325	300	13	20	18	101.0	79.3	1.23	9 430	4 510	9.66	6.67	376	300	7.40	
		327	301	14	22	18	110.3	86.59	1.24	10 300	5 010	9.66	6.73	408	333	7.45	
	350×300	346	300	13	20	18	103.8	81.5	1.28	11 300	4 510	10.4	6.59	424	301	8.09	700×300
		350	300	13	24	18	115.8	90.9	1.28	12 000	5 410	10.2	6.83	438	361	7.63	
	400×300	396	300	14	22	18	119.8	94.0	1.38	17 600	4 960	12.1	6.43	592	331	9.78	800×300
		400	300	14	26	18	131.8	103	1.38	18 700	5 860	11.9	6.66	610	391	9.27	
	450×300	445	299	15	23	18	133.5	105	1.47	25 900	5 140	13.9	6.20	789	344	11.7	900×300
		450	300	16	28	18	152.9	120	1.48	29 100	6 320	13.8	6.42	865	421	11.4	
		456	302	18	34	18	180.0	141	1.50	34 100	7 830	13.8	6.59	997	518	11.3	

附表 4-3　工字钢规格及截面特性(按 GB/T 706—2016)

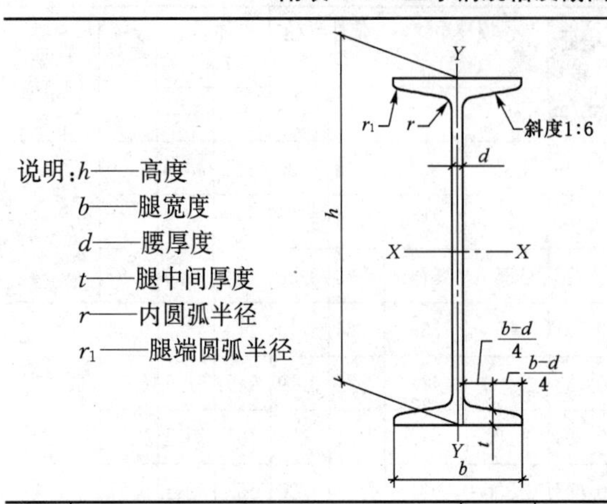

型号	截面尺寸(mm)						截面面积	理论重量	外表面积	惯性矩(cm^4)		惯性半径(cm)		截面模量(cm^3)	
	h	b	d	t	r	r_1	(cm^2)	(kg/m)	(m^2/m)	I_x	I_y	i_x	i_y	W_x	W_y
10	100	68	4.5	7.6	6.5	3.3	14.33	11.3	0.432	245	33.0	4.14	1.52	49.0	9.72
12	120	74	5.0	8.4	7.0	3.5	17.80	14.0	0.493	436	46.9	4.95	1.62	72.7	12.7
12.6	126	74	5.0	8.4	7.0	3.5	18.10	14.2	0.505	488	46.9	5.20	1.61	77.5	12.7
14	140	80	5.5	9.1	7.5	3.8	21.50	16.9	0.553	712	64.4	5.76	1.73	102	16.1
16	160	88	6.0	9.9	8.0	4.0	26.11	20.5	0.621	1 130	93.1	6.58	1.89	141	21.2
18	180	94	6.5	10.7	8.5	4.3	30.74	24.1	0.681	1 660	122	7.36	2.00	185	26.0
20a	200	100	7.0	11.4	9.0	4.5	35.55	27.9	0.742	2 370	158	8.15	2.12	237	31.5
20b		102	9.0				39.55	31.1	0.746	2 500	169	7.96	2.06	250	33.1
22a	220	110	7.5	12.3	9.5	4.8	42.10	33.1	0.817	3 400	225	8.99	2.31	309	40.9
22b		112	9.5				46.50	36.6	0.821	3 570	239	8.78	2.27	325	42.7
24a	240	116	8.9	13.0	10.0	5.9	47.71	37.5	0.878	4 570	280	9.77	2.42	381	48.4
24b		118	10.0				52.51	41.2	0.882	4 800	297	9.57	2.38	400	50.4
25a	250	116	8.0				48.51	38.1	0.898	5 020	280	10.2	2.40	402	48.3
25b		118	10.0				53.51	42.0	0.902	5 280	309	9.94	2.40	423	52.4
27a	270	122	8.5	13.7	10.5	5.3	54.52	42.8	0.958	6 550	345	10.9	2.51	185	56.5
27b	280	124	10.5				59.92	47.0	0.962	6 870	366	10.7	2.47	509	58.9
28a		122	8.5				55.37	43.5	0.978	7 110	345	11.3	2.50	508	56.6
28b		124	10.5				60.97	47.9	0.982	7 480	379	11.1	2.49	534	61.2
30a	300	126	9.0	14.4	11.0	5.5	61.22	48.1	1.031	8 950	400	12.1	2.55	597	63.5
30b		128	11.0				67.22	52.8	1.035	9 400	422	11.8	2.50	627	65.9
30c		130	13.0				73.22	57.5	1.039	9 850	445	11.6	2.46	657	68.5

续附表 4-3

型号	截面尺寸(mm)						截面面积(cm^2)	理论重量(kg/m)	外表面积(m^2/m)	惯性矩(cm^4)		惯性半径(cm)		截面模量(cm^3)	
	h	b	d	t	r	r_1				I_x	I_y	i_x	i_y	W_x	W_y
32a		130	9.5				67.12	52.7	1.084	11 100	460	12.8	2.62	692	70.8
32b	320	132	11.5	15.0	11.5	5.8	73.52	57.7	1.088	11 600	502	12.6	2.61	726	76.0
32c		134	13.5				79.92	62.7	1.092	12 200	544	12.3	2.61	760	81.2
36a		136	10.0				76.44	60.0	1.185	15 800	552	14.4	2.69	875	81.2
36b	360	138	12.0	15.8	12.0	6.0	83.64	65.7	1.189	16 500	582	14.1	2.64	919	84.3
36c		140	14.0				90.84	71.3	1.193	17 300	612	13.8	2.60	962	87.4
40a		142	10.5				86.07	67.6	1.285	21 700	660	15.9	2.77	1 090	93.2
40b	400	144	12.5	16.5	12.5	6.3	94.07	73.8	1.289	22 800	692	15.6	2.71	1 140	96.2
40c		146	14.5				102.1	80.1	1.293	23 900	727	15.2	2.65	1 190	99.6
45a		150	11.5				102.4	80.4	1.411	32 200	855	17.7	2.89	1 430	114
45b	450	152	13.5	18.0	13.5	6.8	114.4	87.4	1.415	33 800	894	17.4	2.84	1 500	118
45c		154	15.5				120.4	94.5	1.419	35 300	938	17.1	2.79	1 570	122
50a		158	12.0				119.2	93.6	1.539	46 500	1 120	19.7	3.07	1 860	142
50b	500	160	14.0	20.0	14.0	7.0	129.2	101	1.543	48 600	1 170	19.4	3.01	1 940	146
50c		162	16.0				139.2	109	1.547	50 600	1 200	19.0	2.96	2 080	151
55a		166	12.5				134.1	105	1.667	62 900	1 370	21.6	3.19	2 290	164
55b	550	168	14.5				145.1	114	1.671	65 600	1 420	21.2	3.14	2 390	170
55c		170	16.5				156.1	123	1.675	68 400	1 480	20.9	3.08	2 490	175
56a		166	12.5	21.0	14.5	7.3	135.4	106	1.687	65 600	1 370	22.0	3.18	2 340	165
56b	560	168	14.5				146.6	115	1.691	68 500	1 490	21.6	3.16	2 450	174
56c		170	16.5				157.8	124	1.695	71 400	1 560	21.3	3.16	2 550	183
63a		176	13.0				154.6	121	1.862	93 900	1 700	24.5	3.31	2 980	193
63b	630	178	15.0	22.0	15.0	7.5	167.2	131	1.866	98 100	1 810	24.2	3.29	3 160	204
63c		180	17.0				179.8	141	1.870	102 000	1 920	23.8	3.27	3 300	214

注：表中 r、r_1 的数据用于孔型设计，不做交货条件。

附表 4-4　槽钢规格及截面特性(按 GB/T 706—2016)

说明:h——高度
b——腿宽度
d——腰厚度
t——腿中间厚度
r——内圆弧半径
r_1——腿端圆弧半径

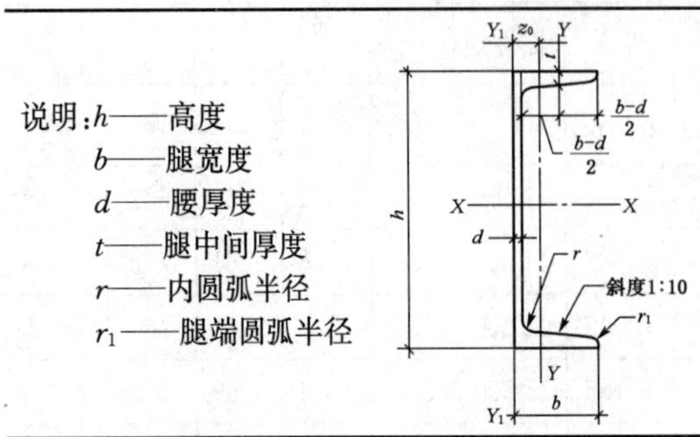

型号	截面尺寸(mm)						截面面积(cm²)	理论重量(kg/m)	外表面积(m²/m)	惯性矩(cm⁴)			惯性半径(cm)		截面模量(cm³)		重心距离(cm)
	h	b	d	t	r	r_1				I_x	I_y	I_{y1}	i_x	i_y	W_x	W_y	z_0
5	50	37	4.5	7.0	7.0	3.5	6.925	5.44	0.226	26.0	8.30	20.9	1.94	1.10	10.4	3.55	1.35
6.3	63	10	4.8	7.5	7.5	3.8	8.446	6.63	0.262	50.8	11.9	28.4	2.45	1.19	16.1	4.50	1.36
6.5	65	40	4.3	7.5	7.5	3.8	8.292	6.51	0.267	55.2	12.0	28.3	2.54	1.19	17.0	4.59	1.38
8	80	43	5.0	8.0	8.0	4.0	10.24	8.04	0.307	101	16.6	37.4	3.15	1.27	25.3	5.79	1.43
10	100	48	5.3	8.5	8.5	4.2	12.74	10.0	0.365	198	25.6	54.9	3.95	1.41	39.7	7.80	1.52
12	120	53	5.5	9.0	9.0	4.5	15.36	12.1	0.423	346	37.4	77.7	4.75	1.56	57.7	10.2	1.62
12.6	126	53	5.5	9.0	9.0	4.5	15.69	12.8	0.435	391	38.0	77.1	4.95	4.57	62.1	10.2	1.59
14a	140	58	6.0	9.5	9.5	4.8	18.51	14.5	0.480	564	53.2	107	5.52	1.70	80.5	13.0	1.71
14b		60	8.0				21.31	16.7	0.484	609	61.1	121	5.35	1.69	87.1	14.1	1.67
16a	160	63	6.5	10.0	10.0	5.0	21.95	17.2	0.538	866	73.3	144	6.28	1.83	108	16.3	1.80
16b		65	8.5				25.15	19.8	0.542	935	83.4	161	6.10	1.82	117	17.6	1.75
18a	180	68	7.0	10.5	10.5	5.2	25.69	20.2	0.596	1 270	98.6	190	7.04	1.96	141	20.0	1.88
18b		70	9.0				29.29	23.0	0.600	1 370	111	210	6.81	1.95	152	21.5	1.84
20a	200	73	7.0	11.0	11.0	5.5	28.83	22.6	0.654	1 780	128	244	7.86	2.11	178	24.2	2.01
20b		75	9.0				32.83	25.8	0.658	1 910	144	268	7.64	2.09	191	25.9	1.95
22a	220	77	7.0	11.5	11.5	5.8	31.83	25.0	0.709	2 390	158	298	8.67	2.23	218	28.2	2.10
22b		79	9.0				36.23	28.5	0.713	2 570	176	326	8.42	2.21	234	30.1	2.03
24a	240	78	7.0	12.0	12.0	6.0	34.21	26.9	0.752	3 050	174	325	9.45	2.25	254	30.5	2.10
24b		80	9.0				39.01	30.6	0.756	3 280	194	355	9.17	2.23	274	32.5	2.03
24c		82	11.0				43.81	34.4	0.760	3 510	213	388	8.96	2.21	293	34.4	2.00
25a	250	78	7.0				34.91	27.4	0.722	3 370	176	322	9.82	2.24	270	30.6	2.07
25b		80	9.0				39.91	31.3	0.776	3 530	196	353	9.41	2.22	282	32.7	1.98
25c		82	11.0				44.91	35.3	0.780	3 690	218	384	9.07	2.21	295	35.9	1.92

续附表 4-4

型号	截面尺寸(mm)						截面面积 (cm^2)	理论重量 (kg/m)	外表面积 (m^2/m)	惯性矩 (cm^4)			惯性半径 (cm)		截面模量 (cm^3)		重心距离 (cm)
	h	b	d	t	r	r_1				I_x	I_y	I_{y1}	i_x	i_y	W_x	W_y	z_0
27a		82	7.5				39.27	30.8	0.826	4 360	216	393	10.5	2.34	323	35.5	2.13
27b	270	84	9.5				44.67	35.1	0.830	4 690	239	428	10.3	2.31	347	37.7	2.06
27c		86	11.5				50.07	39.3	0.834	5 020	261	467	10.1	2.28	372	39.8	2.03
28a		82	7.5	12.5	12.5	6.2	40.02	31.4	0.846	4 760	218	388	10.9	2.33	340	35.7	2.10
28b	280	84	9.5				45.62	35.8	0.850	5 130	242	428	10.6	2.30	366	37.9	2.02
28c		86	11.5				51.22	40.2	0.854	5 500	268	463	10.4	2.29	393	40.3	1.95
30a		85	7.5				43.89	34.5	0.897	6 050	260	467	11.7	2.43	403	41.1	2.17
30b	300	87	9.5	13.5	13.5	6.8	49.89	39.2	0.901	6 500	289	515	11.4	2.41	433	44.0	2.13
30c		89	11.5				55.89	43.9	0.905	6 950	316	560	11.2	2.38	463	46.4	2.09
32a		88	8.0				48.50	38.1	0.947	7 600	305	552	12.5	2.50	475	46.5	2.24
32b	320	90	10.1	14.0	14.0	7.0	54.90	43.1	0.951	8 140	336	593	12.2	2.47	509	49.2	2.16
32c		92	12.0				61.30	48.1	0.955	8 690	374	643	11.9	2.47	543	52.6	2.09
36a		96	9.0				60.89	47.8	1.053	11 900	455	818	14.0	2.73	660	63.5	2.44
36b	360	98	11.0	16.0	16.0	8.0	68.09	53.5	1.057	12 700	497	880	13.6	2.70	703	66.9	2.37
36c		100	13.0				75.29	59.1	1.061	13 400	536	948	13.4	2.67	746	70.0	2.34
40a		100	10.5				75.04	58.9	1.144	17 600	592	1 070	15.3	2.81	879	78.8	2.49
40b	400	102	12.5	18.0	18.0	9.0	83.04	65.2	1.148	18 600	640	1 140	15.0	2.78	932	82.5	2.44
40c		104	14.5				91.04	71.5	1.152	19 700	688	1 220	14.7	2.75	986	86.2	2.42

注：表中 r、r_1 的数据用于孔型设计，不做交货条件。

附表 4-5　等边角钢规格及截面特性(按 GB/T 706—2016)

型号		单角钢										双角钢			
		圆角 r	形心距 z_0	截面面积	质量	惯性矩 I_x	截面模量		回转半径			i_y,当 a 为下列数值			
							W_x^{max}	W_x^{min}	i_x	i_{x_0}	i_{y_0}	6 mm	8 mm	10 mm	12 mm
		mm		cm²	kg/m	cm⁴	cm³		cm			cm			
∟20×	3	3.5	6.0	1.13	0.89	0.40	0.67	0.29	0.59	0.75	0.39	1.08	1.16	1.25	1.34
	4		6.4	1.46	1.15	0.50	0.78	0.36	0.58	0.73	0.38	1.11	1.19	1.28	1.37
∟25×	3	3.5	7.3	1.43	1.12	0.82	1.12	0.46	0.76	0.95	0.49	1.28	1.36	1.44	1.53
	4		7.6	1.86	1.46	1.03	1.36	0.59	0.74	0.93	0.48	1.30	1.38	1.46	1.55
∟30×	3	4.5	8.5	1.75	1.37	1.46	1.72	0.68	0.91	1.15	0.59	1.47	1.55	1.63	1.71
	4		8.9	2.28	1.79	1.84	2.06	0.87	0.90	1.13	0.58	1.49	1.57	1.66	1.74
∟36×	3		10.0	2.11	1.66	2.58	2.58	0.99	1.11	1.39	0.71	1.71	1.75	1.86	1.95
	4		10.4	2.76	2.16	3.29	3.16	1.28	1.09	1.38	0.70	1.73	1.81	1.89	1.97
	5		10.7	3.38	2.65	3.95	3.70	1.56	1.08	1.36	0.70	1.74	1.82	1.91	1.99
∟40×	3	5	10.9	2.36	1.85	3.59	3.30	1.23	1.23	1.55	0.79	1.85	1.93	2.01	2.09
	4		11.3	3.09	2.42	4.60	4.07	1.60	1.22	1.54	0.79	1.88	1.96	2.04	2.12
	5		11.7	3.79	2.98	5.53	4.73	1.96	1.21	1.52	0.78	1.90	1.98	2.06	2.14
∟45×	3		12.2	2.66	2.09	5.17	4.24	1.58	1.40	1.76	0.90	2.06	2.14	2.21	2.29
	4		12.6	3.49	2.74	6.65	5.28	2.05	1.38	1.74	0.89	2.08	2.16	2.24	2.32
	5		13.0	4.29	3.37	8.04	6.19	2.51	1.37	1.72	0.88	2.11	2.18	2.26	2.34
	6		13.3	5.08	3.99	9.33	7.0	2.95	1.36	1.70	0.88	2.12	2.20	2.28	2.36
∟50×	3	5.5	13.4	2.97	2.33	7.18	5.36	1.96	1.55	1.96	1.00	2.26	2.33	2.41	2.49
	4		13.8	3.90	3.06	9.26	6.71	2.56	1.54	1.94	0.99	2.28	2.35	2.43	2.51
	5		14.2	4.80	3.77	11.21	7.89	3.13	1.53	1.92	0.98	2.30	2.38	2.45	2.53
	6		14.6	5.69	4.47	13.05	8.94	3.68	1.52	1.91	0.98	2.32	2.40	2.48	2.56
∟56×	3	6	14.8	3.34	2.62	10.19	6.89	2.48	1.75	2.20	1.13	2.49	2.57	2.64	2.71
	4		15.3	4.39	3.45	13.18	8.63	3.24	1.73	2.18	1.11	2.52	2.59	2.67	2.75
	5		15.7	5.42	4.25	16.02	10.2	3.97	1.72	2.17	1.10	2.54	2.62	2.69	2.77
	6		16.1	6.42	5.04	18.69	11.61	4.68	1.71	2.15	1.10	2.56	2.64	2.71	2.79
	7		16.4	7.40	5.81	21.23	12.95	5.36	1.69	2.13	1.09	2.58	2.65	2.73	2.81
	8		16.8	8.37	6.57	23.63	14.0	6.03	1.68	2.11	1.09	2.60	2.67	2.75	2.83
∟60×	5	6	16.7	5.83	4.58	19.89	11.91	4.59	1.85	2.33	1.19	2.70	2.77	2.85	2.93
	6		17.0	6.91	5.43	23.25	13.68	5.41	1.83	2.31	1.18	2.71	2.79	2.86	2.94
	7		17.4	7.98	6.26	26.44	15.20	6.21	1.82	2.29	1.17	2.73	2.81	2.89	2.96
	8		17.8	9.02	7.08	29.47	16.56	6.98	1.81	2.27	1.17	2.76	2.83	2.91	2.99
∟63×	4	7	17.0	4.98	3.91	19.03	11.19	4.13	1.96	2.46	1.26	2.80	2.87	2.94	3.02
	5		17.4	6.14	4.82	23.17	13.32	5.08	1.94	2.45	1.25	2.82	2.89	2.97	3.04
	6		17.8	7.29	5.72	27.12	15.24	6.00	1.93	2.43	1.24	2.84	2.91	2.99	3.06
	7		18.2	8.41	6.60	30.87	16.96	6.88	1.92	2.41	1.23	2.86	2.93	3.01	3.09
	8		18.5	9.52	7.47	34.46	18.63	7.75	1.90	2.40	1.23	2.87	2.95	3.02	3.10
	10		19.3	11.66	9.15	41.09	21.29	9.39	1.88	2.36	1.22	2.91	2.99	3.07	3.15

续附表 4-5

型号	圆角 r	形心距 z_0	截面面积	质量	惯性矩 I_x	截面模量		回转半径			i_y，当 a 为下列数值			
						W_x^{max}	W_x^{min}	i_x	i_{x_0}	i_{y_0}	6 mm	8 mm	10 mm	12 mm
	mm		cm^2	kg/m	cm^4	cm^3		cm			cm			
∟70×4	8	18.6	5.57	4.37	26.39	14.19	5.14	2.18	2.74	1.40	3.07	3.14	3.21	3.28
∟70×5	8	19.1	6.88	5.40	32.21	16.86	6.32	2.16	2.73	1.39	3.09	3.17	3.24	3.31
∟70×6	8	19.5	8.16	6.41	37.77	19.37	7.48	2.15	2.71	1.38	3.11	3.19	3.26	3.34
∟70×7	8	19.9	9.42	7.40	43.09	21.65	8.59	2.14	2.69	1.38	3.13	3.21	3.28	3.36
∟70×8	8	20.3	10.7	8.37	48.17	23.73	9.68	2.12	2.68	1.37	3.15	3.23	3.30	3.38
∟75×5	9	20.4	7.41	5.82	39.97	19.59	7.32	2.33	2.92	1.50	3.30	3.37	3.45	3.52
∟75×6	9	20.7	8.80	6.91	46.95	22.68	8.64	2.31	2.90	1.49	3.31	3.38	3.46	3.53
∟75×7	9	21.1	10.16	7.98	53.57	25.39	9.93	2.30	2.89	1.48	3.33	3.40	3.48	3.55
∟75×8	9	21.5	11.50	9.03	59.96	27.89	11.2	2.28	2.88	1.47	3.35	3.42	3.50	3.57
∟75×9	9	21.8	12.83	10.07	66.10	30.32	12.43	2.27	2.86	1.46	3.36	3.44	3.51	3.59
∟75×10	9	22.2	14.13	11.09	71.98	32.42	13.64	2.26	2.84	1.46	3.38	3.46	3.53	3.61
∟80×5	9	21.5	7.91	6.21	48.79	22.69	8.34	2.48	3.13	1.60	3.49	3.56	3.63	3.71
∟80×6	9	21.9	9.40	7.38	57.35	26.19	9.87	2.47	3.11	1.59	3.51	3.58	3.65	3.72
∟80×7	9	22.3	10.86	8.53	65.58	29.41	11.37	2.46	3.10	1.58	3.53	3.60	3.67	3.75
∟80×8	9	22.7	12.30	9.66	73.49	32.37	12.83	2.44	3.08	1.57	3.55	3.62	3.69	3.77
∟80×9	9	23.1	13.73	10.77	81.11	35.11	14.25	2.43	3.06	1.56	3.57	3.64	3.72	3.79
∟80×10	9	23.5	15.13	11.87	88.43	37.63	15.64	2.42	3.04	1.56	3.59	3.66	3.74	3.81
∟90×6	10	24.4	10.64	8.35	82.77	33.92	12.61	2.79	3.51	1.80	3.91	3.98	4.05	4.13
∟90×7	10	24.8	12.30	9.66	94.83	38.24	14.54	2.78	3.50	1.78	3.93	4.00	4.07	4.15
∟90×8	10	25.2	13.94	10.95	106.47	42.25	16.42	2.76	3.48	1.78	3.95	4.02	4.09	4.17
∟90×9	10	25.6	15.57	12.22	117.72	45.98	18.27	2.75	3.46	1.77	3.97	4.04	4.11	4.19
∟90×10	10	25.9	17.17	13.48	128.58	49.64	20.07	2.74	3.45	1.76	3.98	4.05	4.13	4.20
∟90×12	10	26.7	20.31	15.94	149.22	55.89	23.57	2.71	3.41	1.75	4.02	4.10	4.17	4.25
∟100×6	12	26.7	11.93	9.37	114.95	43.05	15.68	3.10	3.90	2.00	4.30	4.37	4.44	4.51
∟100×7	12	27.1	13.80	10.83	131.86	48.66	18.10	3.09	3.89	1.99	4.31	4.39	4.46	4.53
∟100×8	12	27.6	15.64	12.28	148.24	53.71	20.47	3.08	3.88	1.98	4.34	4.41	4.48	4.56
∟100×9	12	28.0	17.46	13.71	164.12	58.61	22.79	3.07	3.86	1.97	4.36	4.43	4.50	4.58
∟100×10	12	28.4	19.26	15.12	179.51	63.21	25.06	3.05	3.84	1.96	4.38	4.45	4.52	4.60
∟100×12	12	29.1	22.80	17.90	208.90	71.79	29.48	3.03	3.81	1.95	4.41	4.49	4.56	4.63
∟100×14	12	29.9	26.26	20.61	236.53	79.11	33.73	3.00	3.77	1.94	4.45	4.53	4.60	4.68
∟100×16	12	30.6	29.63	23.26	262.53	89.79	37.82	2.98	3.74	1.94	4.49	4.56	4.64	4.72
∟110×7	12	29.6	15.20	11.93	177.16	59.85	22.05	3.41	4.30	2.20	4.72	4.79	4.86	4.92
∟110×8	12	30.1	17.24	13.53	199.46	66.27	24.95	3.40	4.28	2.19	4.75	4.82	4.89	4.96
∟110×10	12	30.9	21.26	16.69	242.19	78.38	30.60	3.33	4.25	2.17	4.78	4.86	4.93	5.00
∟110×12	12	31.6	25.20	19.78	282.55	89.41	36.05	3.35	4.22	2.15	4.81	4.89	4.96	5.03
∟110×14	12	32.4	29.06	22.81	320.71	98.98	41.31	3.32	4.18	2.14	4.85	4.93	5.00	5.07

续附表 4-5

型号	圆角 r	形心距 z_0	截面面积	质量	惯性矩 I_x	截面模量 W_x^{max}	W_x^{min}	回转半径 i_x	i_{x_0}	i_{y_0}	i_y，当 a 为下列数值 6 mm	8 mm	10 mm	12 mm
	mm		cm²	kg/m	cm⁴	cm³		cm			cm			
∟125×8		33.7	19.75	15.50	297.03	88.14	32.52	3.88	4.88	2.50	5.34	5.41	5.48	5.55
10		34.5	24.37	19.13	361.67	104.83	39.97	3.85	4.85	2.48	5.38	5.45	5.52	5.59
12		35.3	28.91	22.70	423.16	119.88	41.17	3.83	4.82	2.46	5.41	5.48	5.56	5.63
14		36.1	33.37	26.19	481.65	133.42	54.16	3.80	4.78	2.45	5.45	5.52	5.60	5.67
16	14	36.8	37.74	29.63	537.31	146.01	60.93	3.77	4.75	2.43	5.48	5.56	5.63	5.71
∟140×10		38.2	27.37	21.49	514.65	134.73	50.58	4.34	5.46	2.78	5.98	6.05	6.12	6.19
12		39.0	32.51	25.52	603.68	154.79	59.80	4.31	5.43	2.76	6.02	6.09	6.16	6.23
14		39.8	37.57	29.49	688.81	173.01	68.75	4.28	5.40	2.75	6.05	6.12	6.20	6.27
16		40.6	42.54	33.39	770.24	189.71	77.46	4.26	5.36	2.74	6.09	6.16	6.24	6.31
∟150×8		39.9	23.75	18.64	521.37	130.67	47.36	4.69	5.90	3.01	6.35	6.42	6.49	6.56
10		40.8	29.37	23.06	637.50	156.25	58.35	4.66	5.87	2.99	6.39	6.46	6.53	6.60
12	21	41.5	34.91	27.41	748.85	180.45	69.04	4.63	5.84	2.97	6.42	6.49	6.56	6.63
14		42.3	40.37	31.69	855.64	202.28	79.45	4.60	5.80	2.95	6.46	6.53	6.60	6.67
15		42.7	43.06	33.80	907.39	212.50	84.56	4.59	5.78	2.95	6.48	6.55	6.62	6.69
16		43.1	45.74	35.91	958.08	222.29	89.59	4.58	5.77	2.94	6.50	6.57	6.64	6.71
∟160×10		43.1	31.50	24.73	779.53	180.87	66.70	4.98	6.27	3.20	6.78	6.85	6.92	6.99
12		43.9	37.44	29.39	916.58	208.79	78.98	4.95	6.24	3.18	6.82	6.89	6.96	7.02
14		44.7	43.30	33.99	1 048.36	234.53	90.95	4.92	6.20	3.16	6.85	6.92	6.99	7.07
16	16	45.5	49.07	38.52	1 175.08	258.26	102.63	4.89	6.17	3.14	6.89	6.96	7.03	7.10
∟180×12		48.9	42.24	33.16	1 321.35	270.21	100.82	5.59	7.05	3.58	7.63	7.70	7.77	7.84
14		49.7	48.90	38.38	1 514.48	304.72	116.25	5.56	7.02	3.57	7.66	7.73	7.81	7.87
16		50.5	55.47	43.54	1 700.99	336.83	131.13	5.54	6.98	3.55	7.70	7.77	7.84	7.91
18		51.3	61.96	48.63	1 875.12	365.52	145.64	5.50	6.94	3.53	7.73	7.80	7.87	7.94
∟200×14		54.6	54.64	42.89	2 103.55	385.27	144.70	6.20	7.82	3.98	8.47	8.53	8.60	8.67
16		55.4	62.01	48.68	2 366.15	427.10	163.65	6.18	7.79	3.96	8.50	8.57	8.64	8.71
18	18	56.2	69.30	54.40	2 620.64	466.31	182.22	6.15	7.75	3.94	8.54	8.61	8.67	8.75
20		56.9	76.51	60.06	2 867.30	503.92	200.42	6.12	7.72	3.93	8.56	8.64	8.71	8.78
24		58.7	90.66	71.17	3 338.25	568.70	236.17	6.07	7.64	3.90	8.65	8.73	8.80	8.87
∟220×14		60.3	68.66	53.90	3 187.36	528.58	199.55	6.81	8.59	4.37	9.30	9.37	9.44	9.51
16		61.1	76.75	60.25	3 534.30	578.45	222.37	6.79	8.55	4.35	9.33	9.40	9.47	9.54
18	21	61.8	84.76	66.53	3 871.49	626.45	244.77	6.76	8.52	4.34	9.36	9.43	9.50	9.57
20		62.6	92.68	72.75	4 199.23	670.80	266.78	6.73	8.48	4.32	9.40	9.47	9.54	9.61
24		63.3	100.51	78.90	4 517.83	713.72	288.39	6.70	8.45	4.31	9.43	9.50	9.57	9.64
26		64.1	108.26	84.99	4 827.58	753.13	309.62	6.68	8.41	4.30	9.47	9.54	9.61	9.68
∟250×18		68.4	87.84	68.96	5 268.22	770.21	290.12	7.74	9.76	4.97	10.53	10.60	10.67	10.74
20		69.2	97.05	76.18	5 779.34	835.16	319.66	7.72	9.73	4.95	10.57	10.64	10.71	10.78
24		70.7	115.20	90.43	6 763.93	956.71	377.34	7.66	9.66	4.92	10.63	10.70	10.77	10.84
26		71.5	124.15	97.46	7 238.08	1 012.32	405.50	7.63	9.62	4.90	10.67	10.74	10.81	10.88
28	24	72.2	133.02	104.42	7 700.60	1 066.57	433.22	7.61	9.58	4.89	10.70	10.77	10.84	10.91
30		73.0	141.81	111.32	8 151.80	1 116.68	460.51	7.58	9.55	4.88	10.74	10.81	10.88	10.95
32		73.7	150.51	118.15	8 592.01	1 165.81	487.39	7.56	9.51	4.87	10.77	10.84	10.91	10.98
35		74.8	163.40	128.27	9 232.44	1 234.28	526.97	7.52	9.46	4.86	10.82	10.89	10.96	11.04

附表 4-6　等边角钢规格及截面特性(按 GB/T 706—2016)

型号		单角钢											双角钢							
		圆角 r	形心距		截面面积	质量	惯性矩		回转半径			i_{y_1}，当 a 为下列数值				i_{y_2}，当 a 为下列数值			
			z_x	z_y			I_x	I_y	i_x	i_y	i_{y_0}	6 mm	8 mm	10 mm	12 mm	6 mm	8 mm	10 mm	12 mm
			mm		cm^2	kg/m	cm^4		cm			cm				cm			
∟25×16×	3	3.5	4.2	8.6	1.16	0.91	0.22	0.70	0.44	0.78	0.34	0.84	0.93	1.02	1.11	1.40	1.48	1.57	1.65
	4		4.6	9.0	1.90	1.18	0.27	0.88	0.43	0.77	0.34	0.87	0.96	1.05	1.14	1.42	1.51	1.60	1.68
∟32×20×	3		4.9	10.8	1.49	1.17	0.46	1.53	0.55	1.01	0.43	0.97	1.05	1.14	1.22	1.71	1.79	1.88	1.96
	4		5.3	11.2	1.94	1.52	0.57	1.93	0.54	1.00	0.42	0.99	1.08	1.16	1.25	1.74	1.82	1.90	1.99
∟40×25×	3	4	5.9	13.2	1.89	1.48	0.93	3.08	0.70	1.28	0.54	1.13	1.21	1.30	1.38	2.06	2.14	2.22	2.31
	4		6.3	13.7	2.47	1.94	1.18	3.93	0.69	1.26	0.54	1.16	1.24	1.32	1.41	2.09	2.17	2.26	2.34
∟45×28×	3	5	6.4	14.7	2.15	1.69	1.34	4.45	0.79	1.44	0.61	1.23	1.31	1.39	1.47	2.28	2.36	2.44	2.52
	4		6.8	15.1	2.81	2.20	1.70	5.69	0.78	1.42	0.60	1.25	1.33	1.41	1.50	2.30	2.38	2.46	2.55
∟50×32×	3	5.5	7.3	16.0	2.43	1.91	2.02	6.24	0.91	1.60	0.70	1.38	1.45	1.53	1.61	2.49	2.56	2.64	2.72
	4		7.7	16.5	3.18	2.49	2.58	8.02	0.90	1.59	0.69	1.40	1.48	1.56	1.64	2.52	2.59	2.67	2.75
∟56×36×	3	6	8.0	17.8	2.74	2.15	2.92	8.88	1.03	1.80	0.79	1.51	1.58	1.66	1.74	2.75	2.83	2.90	2.98
	4		8.5	18.2	3.59	2.82	3.76	11.45	1.02	1.79	0.79	1.54	1.62	1.69	1.77	2.77	2.85	2.93	3.01
	5		8.8	18.7	4.42	3.47	4.49	13.86	1.01	1.77	0.78	1.55	1.63	1.71	1.79	2.80	2.87	2.96	3.04
∟63×40×	4	7	9.2	20.4	4.06	3.19	5.23	16.49	1.14	2.02	0.88	1.67	1.74	1.82	1.90	3.09	3.16	3.24	3.32
	5		9.5	20.8	4.99	3.92	6.31	20.02	1.12	2.00	0.87	1.68	1.76	1.83	1.91	3.11	3.19	3.27	3.35
	6		9.9	21.2	5.91	4.64	7.29	23.36	1.11	1.98	0.86	1.70	1.78	1.86	1.94	3.13	3.21	3.29	3.37
	7		10.3	21.5	6.80	5.34	8.24	26.53	1.10	1.96	0.86	1.73	1.80	1.88	1.97	3.15	3.23	3.30	3.39

续附表 4-6

型号	单角钢										双角钢							
	圆角 r	形心距		截面面积	质量	惯性矩		回转半径			i_{y_1}，当 a 为下列数值				i_{y_2}，当 a 为下列数值			
		z_x	z_y			I_x	I_y	i_x	i_y	i_{y_0}	6 mm	8 mm	10 mm	12 mm	6 mm	8 mm	10 mm	12 mm
	mm			cm^2	kg/m	cm^4		cm			cm				cm			
∟70×45× 4	7.5	10.2	22.4	4.55	3.57	7.55	23.17	1.29	2.26	0.98	1.84	1.92	1.99	2.07	3.40	3.48	3.56	3.62
5		10.6	22.8	5.61	4.40	9.13	27.95	1.28	2.23	0.98	1.86	1.94	2.01	2.09	3.41	3.49	3.57	3.64
6		10.9	23.2	6.65	5.22	10.62	32.54	1.26	2.21	0.98	1.88	1.95	2.03	2.11	3.43	3.51	3.58	3.66
7		11.3	23.6	7.66	6.01	12.01	37.22	1.25	2.20	0.97	1.90	1.98	2.06	2.14	3.45	3.53	3.61	3.69
∟75×50× 5	8	11.7	24.0	6.13	4.81	12.61	34.86	1.44	2.39	1.10	2.05	2.13	2.20	2.28	3.60	3.68	3.76	3.83
6		12.1	24.4	7.26	5.70	14.70	41.12	1.42	2.38	1.08	2.07	2.15	2.22	2.30	3.63	3.71	3.78	3.86
8		12.9	25.2	9.47	7.43	18.53	52.39	1.40	2.35	1.07	2.12	2.10	2.27	2.35	3.67	3.75	3.83	3.91
10		13.6	26.0	11.6	9.10	21.96	62.71	1.38	2.33	1.06	2.16	2.23	2.31	2.40	3.72	3.80	3.88	3.96
∟80×50× 5	8	11.4	26.0	6.38	5.01	12.82	41.96	1.42	2.56	1.10	2.02	2.09	2.17	2.24	3.87	3.95	4.02	4.10
6		11.8	26.5	7.56	5.94	14.95	49.49	1.41	2.55	1.08	2.04	2.12	2.19	2.27	3.90	3.98	4.06	4.14
7		12.1	26.9	8.72	6.85	16.96	56.16	1.39	2.54	1.08	2.06	2.13	2.21	2.28	3.92	4.00	4.08	4.15
8		12.5	27.3	9.87	7.75	18.85	62.83	1.38	2.52	1.07	2.08	2.15	2.23	2.31	3.94	4.02	4.10	4.18
∟90×56× 5	9	12.5	29.1	7.21	5.66	18.32	60.45	1.59	2.90	1.23	2.22	2.29	2.37	2.44	4.32	4.40	4.47	4.55
6		12.9	29.5	8.56	6.72	21.42	71.03	1.58	2.88	1.23	2.24	2.32	2.39	2.46	4.34	4.42	4.49	4.57
7		13.3	30.0	9.88	7.76	24.36	81.01	1.57	2.86	1.22	2.26	2.34	2.41	2.49	4.37	4.45	4.52	4.60
8		13.6	30.4	11.18	8.78	27.15	91.03	1.56	2.85	1.21	2.28	2.35	2.43	2.50	4.39	4.47	4.55	4.62

续附表 4-6

型号	单角钢										双角钢							
	圆角 r	形心距		截面面积	质量	惯性矩		回转半径			i_{y_1}，当 a 为下列数值				i_{y_2}，当 a 为下列数值			
		z_x	z_y			I_x	I_y	i_x	i_y	i_{y_0}	6 mm	8 mm	10 mm	12 mm	6 mm	8 mm	10 mm	12 mm
		mm		cm^2	kg/m	cm^4		cm			cm				cm			
∟100×63×6	10	14.3	32.4	9.62	7.55	30.94	99.06	1.79	3.21	1.38	2.49	2.56	2.63	2.71	4.78	4.85	4.93	5.00
7		14.7	32.8	11.11	8.72	35.26	113.45	1.78	3.20	1.38	2.51	2.58	2.66	2.73	4.80	4.87	4.95	5.03
8		15.0	33.2	12.58	9.88	39.39	127.37	1.77	3.18	1.37	2.52	2.60	2.67	2.75	4.82	4.89	4.97	5.05
10		15.8	34.0	15.47	12.14	47.12	153.81	1.74	3.15	1.35	2.57	2.64	2.72	2.79	4.86	4.94	5.02	5.09
∟100×80×6		19.7	29.5	10.64	8.35	61.24	107.04	2.40	3.17	1.72	3.30	3.37	3.44	3.52	4.54	4.61	4.69	4.76
7		20.1	30.0	12.30	9.66	70.08	123.73	2.39	3.16	1.72	3.32	3.39	3.46	3.54	4.57	4.64	4.71	4.79
8		20.5	30.4	13.94	10.95	78.58	137.92	2.37	3.14	1.71	3.34	3.41	3.48	3.56	4.59	4.66	4.74	4.81
10		21.3	31.2	17.17	13.48	94.65	166.87	2.35	3.12	1.69	3.38	3.45	3.53	3.60	4.63	4.70	4.78	4.85
∟110×70×6		15.7	35.3	10.64	8.35	42.92	133.37	2.01	3.54	1.54	2.74	2.81	2.88	2.97	5.22	5.29	5.36	5.44
7		16.1	35.7	12.30	9.66	49.01	153.00	2.00	3.53	1.53	2.76	2.83	2.90	2.98	5.24	5.31	5.39	5.46
8		16.5	36.2	13.94	10.95	54.87	172.04	1.98	3.51	1.53	2.78	2.85	2.93	3.00	5.26	5.34	5.41	5.49
10		17.2	37.0	17.17	13.48	65.88	208.39	1.96	3.48	1.51	2.81	2.89	2.96	3.04	5.30	5.38	5.46	5.53
∟125×80×7	11	18.0	40.1	14.10	11.07	74.42	227.98	2.30	4.02	1.76	3.11	3.18	3.25	3.32	5.89	5.97	6.04	6.12
8		18.4	40.6	15.99	12.55	83.49	256.77	2.28	4.01	1.75	3.13	3.20	3.27	3.34	5.92	6.00	6.07	6.15
10		19.2	41.4	19.71	15.47	100.67	312.04	2.26	3.98	1.74	3.17	3.24	3.31	3.38	5.96	6.04	6.11	6.19
12		20.0	42.2	23.35	18.33	116.67	364.41	2.24	3.95	1.72	3.21	3.28	3.35	3.43	6.00	6.08	6.15	6.23
∟140×90×8	12	20.4	45.0	18.04	14.16	120.69	365.64	2.59	4.50	1.98	3.49	3.56	3.63	3.70	6.58	6.65	6.72	6.79
10		21.2	45.8	22.26	17.46	146.03	445.50	2.56	4.47	1.96	3.52	3.59	3.66	3.74	6.62	6.69	6.77	6.84
12		21.9	46.6	26.40	20.72	169.79	521.59	2.54	4.44	1.95	3.55	3.62	3.70	3.77	6.66	6.74	6.81	6.89
14		22.7	47.4	30.47	23.91	192.10	594.10	2.51	4.42	1.94	3.59	3.67	3.74	3.81	6.70	6.78	6.85	6.93

续附表 4-6

型号		单角钢									双角钢							
		圆角 r	形心距		截面面积	质量	惯性矩		回转半径			i_{y_1}，当 a 为下列数值				i_{y_2}，当 a 为下列数值			
			z_x	z_y			I_x	I_y	i_x	i_y	i_{y_0}	6 mm	8 mm	10 mm	12 mm	6 mm	8 mm	10 mm	12 mm
		mm			cm^2	kg/m	cm^4		cm			cm				cm			
└ 150×90×	8	12	19.7	49.2	18.84	14.79	122.80	442.05	2.55	4.84	1.98	3.42	3.48	3.55	3.62	7.12	7.19	7.27	7.34
	10		20.5	50.1	23.26	18.26	148.62	539.24	2.53	4.81	1.97	3.45	3.52	3.59	3.66	7.17	7.24	7.32	7.39
	12		21.2	50.9	27.60	21.67	172.85	632.08	2.50	4.79	1.95	3.48	3.55	3.62	3.70	7.21	7.28	7.36	7.43
	14		22.0	51.7	31.86	25.01	195.62	720.77	2.48	4.76	1.94	3.52	3.59	3.66	3.74	7.25	7.32	7.40	7.48
	15		22.4	52.1	33.95	26.65	206.50	763.62	2.47	4.74	1.93	3.54	3.61	3.69	3.76	7.27	7.35	7.42	7.50
	16		22.7	52.5	36.03	28.28	217.07	805.51	2.45	4.73	1.93	3.55	3.62	3.70	3.78	7.29	7.37	7.44	7.52
└ 160×100×	10	13	22.8	52.4	25.32	19.87	205.03	668.69	2.85	5.14	2.19	3.84	3.91	3.98	4.05	7.56	7.63	7.70	7.78
	12		23.6	53.2	30.05	23.59	239.06	784.91	2.82	5.11	2.17	3.88	3.95	4.02	4.09	7.60	7.67	7.75	7.82
	14		24.3	54.0	34.71	27.25	271.20	896.30	2.80	5.08	2.16	3.91	3.98	4.05	4.12	7.64	7.71	7.79	7.86
	16		25.1	54.8	39.28	30.84	301.60	1 003.04	2.77	5.05	2.16	3.95	4.02	4.09	4.17	7.68	7.75	7.83	7.91
└ 180×110×	10	14	24.4	58.9	28.37	22.27	278.11	956.25	3.13	5.80	2.42	4.16	4.23	4.29	4.36	8.47	8.56	8.63	8.71
	12		25.2	59.8	33.71	26.46	325.03	1 124.72	3.10	5.78	2.40	4.19	4.26	4.33	4.40	8.53	8.61	8.68	8.76
	14		25.9	60.6	38.97	30.59	369.55	1 286.91	3.08	5.75	2.39	4.22	4.29	4.36	4.43	8.57	8.65	8.72	8.80
	16		26.7	61.4	44.14	34.65	411.85	1 443.06	3.06	5.72	2.38	4.26	4.33	4.40	4.47	8.61	8.69	8.76	8.84
└ 200×125×	12		28.3	65.4	37.91	29.76	483.16	1 570.90	3.57	6.44	2.74	4.75	4.81	4.88	4.95	9.39	9.47	9.54	9.61
	14		29.1	66.2	43.87	34.44	550.83	1 800.97	3.54	6.41	2.73	4.78	4.85	4.92	4.99	9.43	9.50	9.58	9.65
	16		29.9	67.0	49.74	39.05	615.44	2 023.35	3.52	6.38	2.71	4.82	4.89	4.96	5.03	9.47	9.54	9.62	9.69
	18		30.6	67.8	55.53	43.59	677.19	2 238.30	3.49	6.35	2.70	4.85	4.92	4.99	5.07	9.51	9.58	9.66	9.74

附表 4-7　轴心受压钢构件的截面分类

附表 4-7-1　轴心受压钢构件的截面分类（板厚 $t < 40$ mm）

截面形式		对 x 轴	对 y 轴
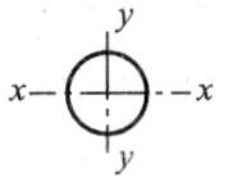 轧制		a类	a类
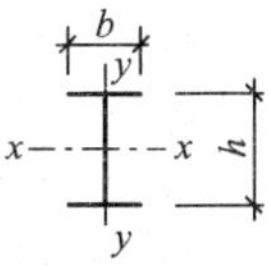 轧制	$b/h \leqslant 0.8$	a类	b类
轧制	$b/h > 0.8$	a* 类	b* 类
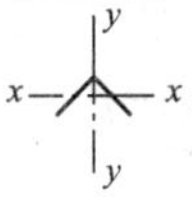 轧制等边角钢		a* 类	b* 类
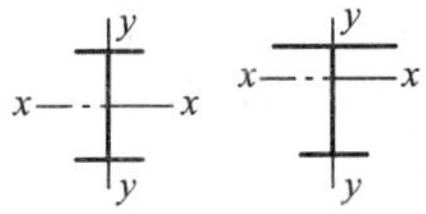 焊接、冀缘为焰切边	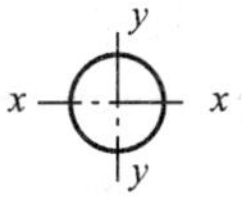 焊接	b类	b类
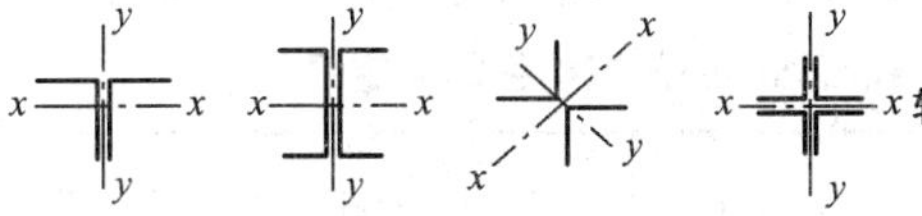 轧制		b类	b类
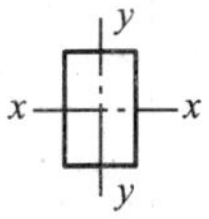 轧制，焊接(板件的宽厚比>20)	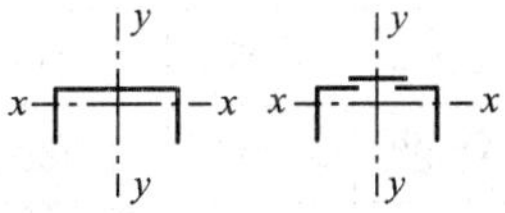 轧制或焊接	b类	b类
焊接 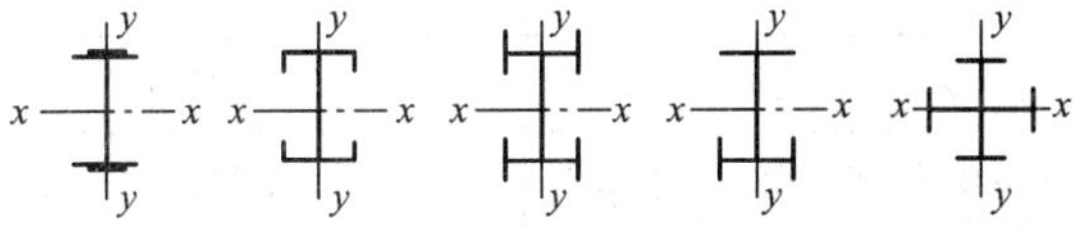	轧制截面和翼缘为焰切边的焊接截面 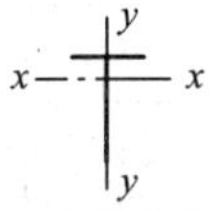	b类	b类
格构式 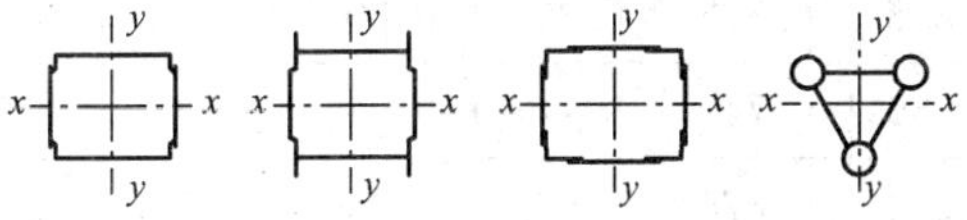	焊接，板件边缘焰切 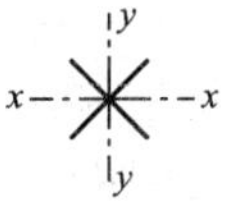	b类	b类
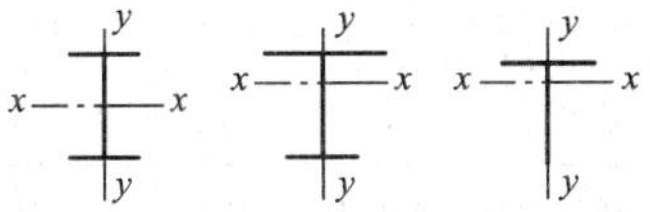 焊接，翼缘为轧制或剪切边		b类	c类
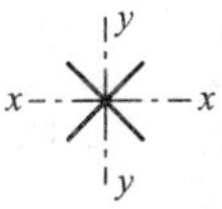 焊接，板件边缘轧制或剪切	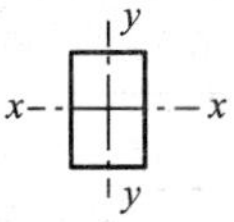 焊接，板件宽厚比≤20	c类	c类

注：1. a* 类含义为 Q235 钢取 b 类，Q345、Q390、Q420 和 Q460 钢取 a 类；b* 类含义为 Q235 钢取 c 类，Q345、Q390、Q420 和 Q460 钢取 b 类。

2. 无对称轴且剪心和形心不重合的截面，其截面分类可按有对称轴的类似截面确定，如不等边角钢采用等边角钢的类型；当无类似截面时，可取 c 类。

附表 4-7-2 轴心受压钢构件的截面分类(板厚 $t \geqslant 40$ mm)

截面形式		对 x 轴	对 y 轴
轧制工字形或H形截面	$t<80$ mm	b类	c类
	$t \geqslant 80$ mm	c类	d类
焊接工字形截面	翼缘为焰切边	b类	b类
	翼缘为轧制或剪切边	c类	d类
焊接箱形截面	板件宽厚比>20	b类	b类
	板件宽厚比≤20	c类	c类

附表 4-8 轴心受压钢构件的稳定系数

附表 4-8-1 a类截面轴心受压钢构件的稳定系数 φ

$\lambda\sqrt{\frac{f_y}{235}}$	0	1	2	3	4	5	6	7	8	9
0	1.000	1.000	1.000	1.000	0.999	0.999	0.998	0.998	0.997	0.996
10	0.995	0.994	0.993	0.992	0.991	0.989	0.988	0.986	0.985	0.983
20	0.981	0.979	0.977	0.976	0.974	0.972	0.970	0.968	0.966	0.964
30	0.963	0.961	0.959	0.957	0.954	0.952	0.950	0.948	0.946	0.944
40	0.941	0.939	0.937	0.934	0.932	0.929	0.927	0.924	0.921	0.918
50	0.916	0.913	0.910	0.907	0.903	0.900	0.897	0.893	0.890	0.886
60	0.883	0.879	0.875	0.871	0.867	0.862	0.858	0.854	0.849	0.844
70	0.839	0.834	0.829	0.824	0.818	0.813	0.807	0.801	0.795	0.789
80	0.783	0.776	0.770	0.763	0.756	0.749	0.742	0.735	0.728	0.721
90	0.713	0.706	0.698	0.691	0.683	0.676	0.668	0.660	0.653	0.645
100	0.637	0.630	0.622	0.614	0.607	0.599	0.592	0.584	0.577	0.569
110	0.562	0.555	0.548	0.541	0.534	0.527	0.520	0.513	0.507	0.500
120	0.494	0.487	0.481	0.475	0.469	0.463	0.457	0.451	0.445	0.439
130	0.434	0.428	0.423	0.417	0.412	0.407	0.402	0.397	0.392	0.387
140	0.383	0.378	0.373	0.368	0.364	0.360	0.355	0.351	0.347	0.343
150	0.339	0.335	0.331	0.327	0.323	0.319	0.316	0.312	0.308	0.305
160	0.302	0.298	0.295	0.292	0.288	0.285	0.282	0.279	0.276	0.273
170	0.270	0.267	0.264	0.261	0.259	0.256	0.253	0.250	0.248	0.245

续附表 4-8-1

$\lambda\sqrt{\frac{f_y}{235}}$	0	1	2	3	4	5	6	7	8	9
180	0.243	0.240	0.238	0.235	0.233	0.231	0.228	0.226	0.224	0.222
190	0.219	0.217	0.215	0.213	0.211	0.209	0.207	0.205	0.203	0.201
200	0.199	0.197	0.196	0.194	0.192	0.190	0.188	0.187	0.185	0.183
210	0.182	0.180	0.178	0.177	0.175	0.174	0.172	0.171	0.169	0.168
220	0.166	0.165	0.163	0.162	0.161	0.159	0.158	0.157	0.155	0.154
230	0.153	0.151	0.150	0.149	0.148	0.147	0.145	0.144	0.143	0.142
240	0.141	0.140	0.139	0.137	0.136	0.135	0.134	0.133	0.132	0.131
250	0.130	—	—	—	—	—	—	—	—	—

附表 4-8-2　b 类截面轴心受压钢构件的稳定系数 φ

$\lambda\sqrt{\frac{f_y}{235}}$	0	1	2	3	4	5	6	7	8	9
0	1.000	1.000	1.000	0.999	0.999	0.998	0.997	0.996	0.995	0.994
10	0.992	0.991	0.989	0.987	0.985	0.983	0.981	0.978	0.976	0.973
20	0.970	0.967	0.963	0.960	0.957	0.953	0.950	0.946	0.943	0.939
30	0.936	0.932	0.929	0.925	0.921	0.918	0.914	0.910	0.906	0.903
40	0.899	0.895	0.891	0.886	0.882	0.878	0.874	0.870	0.865	0.861
50	0.856	0.852	0.847	0.842	0.837	0.833	0.828	0.823	0.818	0.812
60	0.807	0.802	0.796	0.791	0.785	0.780	0.774	0.768	0.762	0.757
70	0.751	0.745	0.738	0.732	0.726	0.720	0.713	0.707	0.701	0.694
80	0.687	0.681	0.674	0.668	0.661	0.654	0.648	0.641	0.634	0.628
90	0.621	0.614	0.607	0.601	0.594	0.587	0.581	0.574	0.568	0.561
100	0.555	0.548	0.542	0.535	0.529	0.523	0.517	0.511	0.504	0.498
110	0.492	0.487	0.481	0.475	0.469	0.464	0.458	0.453	0.447	0.442
120	0.436	0.431	0.426	0.421	0.416	0.411	0.406	0.401	0.396	0.392
130	0.387	0.383	0.378	0.374	0.369	0.365	0.361	0.357	0.352	0.348
140	0.344	0.340	0.337	0.333	0.329	0.325	0.322	0.318	0.314	0.311
150	0.308	0.304	0.301	0.297	0.294	0.291	0.288	0.285	0.282	0.279
160	0.276	0.273	0.270	0.267	0.264	0.262	0.259	0.256	0.253	0.251
170	0.248	0.246	0.243	0.241	0.238	0.236	0.234	0.231	0.229	0.227
180	0.225	0.222	0.220	0.218	0.216	0.214	0.212	0.210	0.208	0.206
190	0.204	0.202	0.200	0.198	0.196	0.195	0.193	0.191	0.189	0.188

续附表 4-8-2

$\lambda\sqrt{\frac{f_y}{235}}$	0	1	2	3	4	5	6	7	8	9
200	0.186	0.184	0.183	0.181	0.179	0.178	0.176	0.175	0.173	0.172
210	0.170	0.169	0.167	0.166	0.164	0.163	0.162	0.160	0.159	0.158
220	0.156	0.155	0.154	0.152	0.151	0.150	0.149	0.147	0.146	0.145
230	0.144	0.143	0.142	0.141	0.139	0.138	0.137	0.136	0.135	0.134
240	0.133	0.132	0.131	0.130	0.129	0.128	0.127	0.126	0.125	0.124
250	0.123	—	—	—	—	—	—	—	—	—

附表 4-8-3 c类截面轴心受压钢构件的稳定系数 φ

$\lambda\sqrt{\frac{f_y}{235}}$	0	1	2	3	4	5	6	7	8	9
0	1.000	1.000	1.000	0.999	0.999	0.998	0.997	0.996	0.995	0.993
10	0.992	0.990	0.988	0.986	0.983	0.981	0.978	0.976	0.973	0.970
20	0.966	0.959	0.953	0.947	0.940	0.934	0.928	0.921	0.915	0.909
30	0.902	0.896	0.890	0.883	0.877	0.871	0.865	0.858	0.852	0.845
40	0.839	0.833	0.826	0.820	0.813	0.807	0.800	0.794	0.787	0.781
50	0.774	0.768	0.761	0.755	0.748	0.742	0.735	0.728	0.722	0.715
60	0.709	0.702	0.695	0.689	0.682	0.675	0.669	0.662	0.656	0.649
70	0.642	0.636	0.629	0.623	0.616	0.610	0.603	0.597	0.591	0.584
80	0.578	0.572	0.565	0.559	0.553	0.547	0.541	0.535	0.529	0.523
90	0.517	0.511	0.505	0.499	0.494	0.488	0.483	0.477	0.471	0.467
100	0.462	0.458	0.453	0.449	0.445	0.440	0.436	0.432	0.427	0.423
110	0.419	0.415	0.411	0.407	0.402	0.398	0.394	0.390	0.386	0.383
120	0.379	0.375	0.371	0.367	0.363	0.360	0.356	0.352	0.349	0.345
130	0.342	0.338	0.335	0.332	0.328	0.325	0.322	0.318	0.315	0.312
140	0.309	0.306	0.303	0.300	0.297	0.294	0.291	0.288	0.285	0.282
150	0.279	0.277	0.274	0.271	0.269	0.266	0.263	0.261	0.258	0.256
160	0.253	0.251	0.248	0.246	0.244	0.241	0.239	0.237	0.235	0.232
170	0.230	0.288	0.226	0.224	0.222	0.220	0.218	0.216	0.214	0.212
180	0.210	0.208	0.206	0.204	0.203	0.201	0.199	0.197	0.195	0.194
190	0.192	0.190	0.189	0.187	0.185	0.184	0.182	0.181	0.179	0.178
200	0.176	0.175	0.173	0.172	0.170	0.169	0.167	0.166	0.165	0.163
210	0.162	0.161	0.159	0.158	0.157	0.155	0.154	0.153	0.152	0.151

续附表 4-8-3

$\lambda\sqrt{\frac{f_y}{235}}$	0	1	2	3	4	5	6	7	8	9
220	0.149	0.148	0.147	0.146	0.145	0.144	0.143	0.142	0.140	0.139
230	0.138	0.137	0.136	0.135	0.134	0.133	0.132	0.131	0.130	0.129
240	0.128	0.127	0.126	0.125	0.124	0.124	0.123	0.122	0.121	0.120
250	0.119	—	—	—	—	—	—	—	—	—

附表 4-8-4　d 类截面轴心受压钢构件的稳定系数 φ

$\lambda\sqrt{\frac{f_y}{235}}$	0	1	2	3	4	5	6	7	8	9
0	1.000	1.000	0.999	0.999	0.998	0.996	0.994	0.992	0.990	0.987
10	0.984	0.981	0.978	0.974	0.969	0.965	0.960	0.955	0.949	0.944
20	0.937	0.927	0.918	0.909	0.900	0.891	0.883	0.874	0.865	0.857
30	0.848	0.840	0.831	0.823	0.815	0.807	0.798	0.790	0.782	0.774
40	0.766	0.758	0.751	0.743	0.735	0.727	0.720	0.712	0.705	0.697
50	0.690	0.682	0.675	0.668	0.660	0.653	0.646	0.639	0.632	0.625
60	0.618	0.611	0.605	0.598	0.591	0.585	0.578	0.571	0.565	0.559
70	0.552	0.546	0.540	0.534	0.528	0.521	0.516	0.510	0.504	0.498
80	0.492	0.487	0.481	0.476	0.470	0.465	0.459	0.454	0.449	0.444
90	0.439	0.434	0.429	0.424	0.419	0.414	0.409	0.405	0.401	0.397
100	0.393	0.390	0.386	0.383	0.380	0.376	0.373	0.369	0.366	0.363
110	0.359	0.356	0.353	0.350	0.346	0.343	0.340	0.337	0.334	0.331
120	0.328	0.325	0.322	0.319	0.316	0.313	0.310	0.307	0.304	0.301
130	0.298	0.296	0.293	0.290	0.288	0.285	0.282	0.280	0.277	0.275
140	0.272	0.270	0.267	0.265	0.262	0.260	0.257	0.255	0.253	0.250
150	0.248	0.246	0.244	0.242	0.239	0.237	0.235	0.233	0.231	0.229
160	0.227	0.225	0.223	0.221	0.219	0.217	0.215	0.213	0.211	0.210
170	0.208	0.206	0.204	0.202	0.201	0.199	0.197	0.196	0.194	0.192
180	0.191	0.189	0.187	0.186	0.184	0.183	0.181	0.180	0.178	0.177
190	0.175	0.174	0.173	0.171	0.170	0.168	0.167	0.166	0.164	0.163
200	0.162	—	—	—	—	—	—	—	—	—

注：1. 附表 4-8-1～附表 4-8-4 中的 φ 值按下列公式算得：

当 $\lambda_n=\frac{\lambda}{\pi}\sqrt{f_y/E}\leqslant 0.215$ 时：$\varphi=1-\alpha_1\lambda_n^2$

当 $\lambda_n>0.215$ 时：$\varphi=\frac{1}{2\lambda_n^2}\left[(\alpha_2+\alpha_3\lambda_n+\lambda_n^2)-\sqrt{(\alpha_2+\alpha_3\lambda_n+\lambda_n^2)^2-4\lambda_n^2}\right]$

2. 当构件的 $\lambda\sqrt{f_y/235}$ 值超出附表 4-8-1～附表 4-8-4 的范围时，则 φ 值按注 1 所列的公式计算。
3. 系数 α_1、α_2、α_3 按附表 4-8-5 采用。

附表 4-8-5　系数 α_1、α_2、α_3

截面类别		α_1	α_2	α_3
a类		0.41	0.986	0.152
b类		0.65	0.965	0.3
c类	$\lambda_n \leqslant 1.05$	0.73	0.906	0.595
	$\lambda_n > 1.05$		1.216	0.302
d类	$\lambda_n \leqslant 1.05$	1.35	0.868	0.915
	$\lambda_n > 1.05$		1.375	0.432

附表 4-9　H型钢和等截面工字型钢筋简支梁的系数 β_b

项次	侧向支承	荷　载		$\xi \leqslant 2.0$	$\xi > 2.0$	适用范围
1	跨中无侧向支承	均布荷载作用在	上翼缘	$0.69+0.13\xi$	0.95	对称截面及上翼缘加强的截面
2			下翼缘	$1.73-0.20\xi$	1.33	
3		集中荷载作用在	上翼缘	$0.73+0.18\xi$	1.09	
4			下翼缘	$2.23-0.28\xi$	1.67	
5	跨度中点有一个侧向支承点	均布荷载作用在	上翼缘	1.15		对称截面、上翼缘加强及下翼缘加强的截面
6			下翼缘	1.40		
7		集中荷载作用在截面高度上任意位置		1.75		
8	跨中有不少于两个等距离侧向支承点	任意荷载作用在	上翼缘	1.20		
9			下翼缘	1.40		
10	梁端有弯矩，但跨中无荷载作用			$1.75-1.05\left(\frac{M_2}{M_1}\right)+0.3\left(\frac{M_2}{M_1}\right)^2$ 且 $\leqslant 2.3$		

注：1. ξ 为参数，$\xi=\frac{l_1 t_1}{b_1 h}$，$l_1$、$t_1$ 和 b_1 是梁受压翼缘的自由长度、厚度和宽度。

2. M_1、M_2 为梁的端弯矩，使梁产生同向曲率时 M_1、M_2 取同号，产生反向曲率时取异号，$|M_1| \geqslant |M_2|$。

3. 表中项次 3、4、7 的集中荷载是指一个或少数几个集中荷载位于跨中附近，梁的弯矩图接近等腰三角形的情况。对其他情况的集中荷载，应按表中项次 1、2、5、6 内的数值取用。

4. 当集中荷载作用于侧向支承点处时，对表中项次 8、9 取 $\beta_b=1.20$。

5. 荷载作用在上翼缘系指荷载作用点在翼缘表面，方向指向截面形心；荷载作用在下翼缘系指荷载作用点在翼缘表面，方向背向截面形心。

6. 对 $a_b>0.8$ 的加强受压翼缘工字形截面，下列情况的 β_b 值应乘以相应的系数：

项次 1：当 $\xi \leqslant 1.0$ 时，乘以 0.95；

项次 3：当 $\xi \leqslant 0.5$ 时，乘以 0.90；当 $0.5<\xi \leqslant 1.0$ 时，乘以 0.95。

附表 4-10　轧制普通工字钢简支梁的 φ_b 值

项次	荷载情况			工字钢型号	自由长度 l_1(m)								
					2	3	4	5	6	7	8	9	10
1	跨中无侧向支承点的梁	集中荷载作用	上翼缘	10～20	2.00	1.30	0.99	0.80	0.68	0.58	0.53	0.48	0.43
				22～32	2.40	1.48	1.09	0.86	0.72	0.62	0.54	0.49	0.45
				36～63	2.80	1.60	1.07	0.83	0.68	0.56	0.50	0.45	0.40
2			下翼缘	10～20	3.10	1.95	1.34	1.01	0.82	0.69	0.63	0.57	0.52
				22～40	5.50	2.80	1.84	1.37	1.07	0.86	0.73	0.64	0.56
				45～63	7.30	3.60	2.30	1.62	1.20	0.96	0.80	0.69	0.60
3		均布荷载作用	上翼缘	10～20	1.70	1.12	0.84	0.68	0.57	0.50	0.48	0.41	0.37
				22～40	2.10	1.30	0.93	0.73	0.60	0.51	0.45	0.40	0.36
				45～63	2.60	1.45	0.97	0.73	0.59	0.50	0.44	0.38	0.35
4			下翼缘	10～20	2.50	1.55	1.08	0.83	0.68	0.56	0.52	0.47	0.42
				22～40	4.00	2.20	1.45	1.10	0.85	0.70	0.60	0.52	0.46
				45～63	5.60	2.80	1.80	1.25	0.95	0.78	0.65	0.55	0.49
5	跨中有侧向支承点的梁(不论荷载作用点在截面高度上的位置)			10～20	2.20	1.39	1.01	0.79	0.66	0.57	0.52	0.47	0.42
				22～40	3.00	1.80	1.24	0.96	0.76	0.65	0.56	0.49	0.43
				45～63	4.00	2.20	1.38	1.01	0.80	0.66	0.56	0.49	0.43

注：表中数值适用于 Q235 钢。对其他钢号，表中数值应乘以 $235/f_y$。

附表 4-11　压弯和受弯构件的截面板件宽厚比等级及限值

构件	截面板件宽厚比等级		S1 级	S2 级	S3 级	S4 级	S5 级
压弯构件(框架柱)	H 形截面	翼缘 b/t	$9\varepsilon_k$	$11\varepsilon_k$	$13\varepsilon_k$	$15\varepsilon_k$	20
		腹板 h_0/t_w	$(33+13\alpha_0^{1.3})\varepsilon_k$	$(38+13\alpha_0^{1.39})\varepsilon_k$	$(40+18\alpha_0^{1.5})\varepsilon_k$	$(45+25\alpha_0^{1.66})\varepsilon_k$	250
	箱形截面	壁板(腹板)间翼缘 b_0/t	$30\varepsilon_k$	$35\varepsilon_k$	$40\varepsilon_k$	$45\varepsilon_k$	—
	圆钢管截面	径厚比 D/t	$50\varepsilon_k^2$	$70\varepsilon_k^2$	$90\varepsilon_k^2$	$100\varepsilon_k^2$	—
受弯构件(梁)	工字形截面	翼缘 b/t	$9\varepsilon_k$	$11\varepsilon_k$	$13\varepsilon_k$	$15\varepsilon_k$	20
		腹板 h_0/t_w	$65\varepsilon_k$	$72\varepsilon_k$	$93\varepsilon_k$	$124\varepsilon_k$	250
	箱形截面	壁板(腹板)间翼缘 b_0/t	$25\varepsilon_k$	$32\varepsilon_k$	$37\varepsilon_k$	$42\varepsilon_k$	—

注：1. ε_k 为钢号修正系数，其值为 235 与钢材牌号中屈服点数值比值的平方根。
2. b 为工字形、H 形截面的翼缘外伸宽度，t、h_0、t_w 分别是翼缘厚度、腹板净高和腹板厚度，对轧制型截面，腹板净高不包括翼缘腹板过渡处圆弧段；对于箱形截面，b_0、t 分别为壁板间的距离和壁板厚度；D 为圆管截面外径。
3. 箱形截面梁及单向受弯的箱形截面柱，其腹板限值可根据 H 形截面腹板采用。
4. 腹板的宽厚比可通过设置加劲肋减小。
5. 当按国家标准《建筑抗震设计规范》(GB 50011—2010)第 9.2.14 条第 2 款的规定设计，且 S5 级截面的板件宽厚比小于 S4 级经 ε_σ 修正的板件宽厚比时，可视作 C 类截面。ε_σ 为应力修正因子，$\varepsilon_\sigma=\sqrt{f_y/\sigma_{max}}$。

参考文献

[1] 中华人民共和国住房和城乡建设部. 建筑结构可靠性设计统一标准(GB 50068—2018)[S]. 北京:中国建筑工业出版社,2018

[2] 中华人民共和国住房和城乡建设部. 建筑结构荷载规范(GB 50009—2012)[S]. 北京:中国建筑工业出版社,2012

[3] 中华人民共和国住房和城乡建设部. 混凝土结构设计规范(GB 50010—2010)(2015 年版)[S]. 北京:中国建筑工业出版社,2015

[4] 中华人民共和国住房和城乡建设部. 建筑抗震设计规范(GB 50011—2010)(2016 年版)[S]. 北京:中国建筑工业出版社,2016

[5] 中华人民共和国住房和城乡建设部. 建筑地基基础设计规范(GB 50007—2011)[S]. 北京:中国建筑工业出版社,2012

[6] 蓝宗建. 钢筋混凝土结构与砌体结构[M]. 4 版. 南京:东南大学出版社,2016

[7] 蓝宗建. 混凝土结构[M]. 2 版. 北京:中国电力出版社,2016

[8] 丁大钧. 混凝土结构学(中册)[M]. 2 版. 北京:中国铁道出版社,1991

[9] 东南大学,同济大学,天津大学. 混凝土结构(下册)[M]. 4 版. 北京:中国建筑工业出版社,2014

[10] R. Park, T. Paulay. Reinforced concrete structures[M]. New York: John Wiley and Sons, 1975

[11] 重庆建筑大学. 钢筋混凝土连续梁和框架考虑内力重分布设计规程 CECS51·93[M]. 北京:中国计划出版社,1993

[12] 吴德安. 混凝土结构计算手册[M]. 3 版. 北京:中国建筑工业出版社,2016

[13] 中华人民共和国机械工业部. 厂房建筑模数协调标准(GBJ 6—1986)[S]. 北京:中国计划出版社,1987

[14] 四川省建筑科学研究所. 钢筋混凝土平腹杆双肢柱考虑杆件间刚度变化的计算方法[G]. 国家建设委员会建筑科学研究院. 钢筋混凝土结构研究报告选集(2). 北京:中国建筑工业出版社,1981

[15] 中华人民共和国住房和城乡建设部. 高层建筑混凝土结构设计规程(JGJ 3—2010)[S]. 北京:中国建筑工业出版社,2010

[16] 四川省建筑科学研究所. 单层厂房考虑整体空间工作的计算[G]. 中国建筑科学研究院. 钢筋混凝土结构研究报告选集(2). 北京:中国建筑工业出版社,1981

[17] 框架节点专题研究组. 低周反复荷载下钢筋混凝土框架梁柱节点核心区的受力性能[J]. 建筑结构,1982(4):14-19

[18] 施楚贤. 砌体结构[M]. 3 版. 北京:中国建筑工业出版社,2012

[19] 砌体结构设计规范(GB 50003—2011)[S]. 北京:中国建筑工业出版社,2012

[20] 王伟. 砌体结构设计数据资料一本全[M]. 北京:中国建材工业出版社,2007

[21] 罗福午. 建筑结构[M]. 武汉:武汉理工大学出版社,2012
[22] 徐建. 一、二级注册结构工程师专业考试应试题解[M]. 北京:中国建筑工业出版社,2011
[23] 刘立新. 砌体结构[M]. 3 版. 武汉:武汉理工大学出版社,2008
[24] 唐岱新. 砌体结构[M]. 2 版. 北京:高等教育出版社,2009
[25] 何培玲,尹维新. 砌体结构[M]. 北京:北京大学出版社,2013
[26] 黄双华,宋健夏. 混凝土结构及砌体结构(下册)[M]. 2 版. 重庆:重庆大学出版社,2014
[27] 黄明. 混凝土结构及砌体结构(下册)[M]. 重庆:重庆大学出版社,2005
[28] 熊慧霞. 砌体结构[M]. 郑州:黄河水利出版社,2011
[29] 魏明钟,钢结构[M]. 2 版. 武汉:武汉理工大学出版社,2002
[30] 钢结构设计标准(GB 50017—2017)[S]. 北京:中国建筑工业出版社,2018
[31] 新钢结构设计手册编委会. 新钢结构设计手册[M]. 北京:中国计划出版社,2018
[32] 刘声扬. 钢结构[M]. 5 版. 北京:中国建筑工业出版社,2010
[33] 陈绍蕃,顾强. 钢结构(上册):钢结构基础[M]. 4 版. 北京:中国建筑工业出版社,2019